普通高等教育电气工程与自动化（应用型）“十二五”规划教材

现代民用建筑电气工程设计

胡国文　蔡桂龙
卜迎春　郑　祥　姚康宁　编　著

机械工业出版社

本书是在作者多年从事该方面的教学、工程设计及科研工作实践的基础上，为适应该领域形势不断发展需要，面对该领域教学和工程实际需要而编写的。

全书共分13章。内容有：民用建筑电气工程施工图的识读与绘制；现代民用建筑供配电系统与设计；现代民用建筑供配电线路与设计；现代民用建筑防雷保护与接地、接零设计；现代民用建筑电气照明技术与设计；现代民用建筑电梯系统与设计；现代民用建筑空调系统与设计；现代民用建筑给排水系统与设计；现代民用建筑通信和CATV系统与设计；现代民用建筑安全防范和监控系统与设计；现代民用建筑自动消防系统与设计；现代民用建筑设备自动化和智能化系统与设计；现代民用建筑电气工程总体设计等。

本书可作为普通高等学校建筑电气与智能化专业、电气工程及其自动化专业的建筑电气方向、自动化专业的楼宇自动化方向等建筑电气工程类相关本科专业的教材，同时也可作为普通高等院校相关专业的选修教材及参考书，并可作为从事该方面工程设计技术人员的实用参考书。

图书在版编目（CIP）数据

现代民用建筑电气工程设计/胡国文等编著．—北京：机械工业出版社，2012.8（2023.8重印）
普通高等教育电气工程与自动化（应用型）“十二五”规划教材
ISBN 978-7-111-39707-6

Ⅰ.①现… Ⅱ.①胡… Ⅲ.①民用建筑—电气设备—建筑设计—高等学校—教材 Ⅳ.①TU85

中国版本图书馆CIP数据核字（2012）第213167号

机械工业出版社（北京市百万庄大街22号 邮政编码100037）
策划编辑：贡克勤 责任编辑：贡克勤 王保家 卢若薇
版式设计：霍永明 责任校对：潘 蕊
封面设计：张 静 责任印制：常天培
北京机工印刷厂有限公司印刷
2023年8月第1版第6次印刷
184mm×260mm · 24.5印张 · 608千字
标准书号：ISBN 978-7-111-39707-6
定价：59.80元

电话服务	网络服务
客服电话：010-88361066	机 工 官 网：www.cmpbook.com
010-88379833	机 工 官 博：weibo.com/cmp1952
010-68326294	金 书 网：www.golden-book.com
封底无防伪标均为盗版	机工教育服务网：www.cmpedu.com

前　言

现代民用建筑电气与智能化系统是以电气工程及自动化技术、通信技术、计算机技术为主要手段，以现代民用建筑为对象来创造和改善人们居住或工作的生活环境的电、光、声、冷和暖环境的一门跨学科的综合性的科学技术。它主要涉及建筑学、近代物理学、电工学、机械电子学、供配电技术、新能源技术、安全防范技术、通信技术、自动化技术、计算机网络技术等科学和技术。它是强电和弱电与具体建筑相结合的有机整体。随着科学与技术的不断发展和形势发展的需要，还将产生许多新的变化，将会进一步向多功能的纵深方向和综合应用方向发展。

本书是在作者多年从事该方面的教学、工程设计及科研工作实践的基础上，为了适应该领域形势不断发展的需要，面对该领域的教学和工程实际需要而编写的，可作为普通高等学校建筑电气与智能化专业、电气工程及其自动化专业的建筑电气方向、自动化专业的楼宇自动化方向等建筑电气工程类相关本科专业的教材，并可供从事现代民用建筑电气工程设计与施工设计人员参考。该书已于2011年3月被中国机械工业教育协会全国高校电气工程（应用型）教学分委员会和机械工业出版社列为普通高等教育电气工程与自动化（应用型）“十二五”规划教材。在编写过程中，我们本着培养面向21世纪高层次本科应用型人才的要求，在注意本书的系统性、理论性、适用性的基础上，强调设计和应用能力的提高及创新能力的培养。尽可能正确处理好基础理论与应用之间的关系，使基础理论紧紧为应用服务；注重加强工程设计应用能力的提高；注重最新知识和最新技术的介绍。其目的是让读者通过本书的系统学习，获得应用现代电气技术知识于现代民用建筑电气工程设计中的基本应用能力及设计能力。

全书共分13章。主要内容有：民用建筑电气施工图的识读与绘制；现代民用建筑供配电系统与设计；现代民用建筑供配电线路与设计；现代民用建筑防雷保护与接地、接零设计；现代民用建筑电气照明技术与设计；现代民用建筑电梯系统与设计；现代民用建筑给排水系统与设计；现代民用建筑空调系统与设计，其中包括地源热泵等空调系统的内容；现代民用建筑通信和CATV系统与设计；现代民用建筑安全防范和监控系统与设计；现代民用建筑自动消防系统与设计；现代民用建筑设备自动化和智能化系统与设计；现代民用建筑电气工程总体设计等。

本书第1章、第12章由盐城工学院卜迎春工程师和胡国文教授共同编写；第2章由江苏省电力公司盐城供电公司蔡桂龙高级工程师、郑祥高级工程师、姚康宁工程师共同编写；第3～11章、第13章及附录由胡国文教授编写；全书由胡国文负责统稿和定稿。

本书在编写过程中得到了中国机械工业教育协会全国高校电气工程（应用型）教学分委员会和机械工业出版社的鼎力支持和指导。同时，本书在编写过程中参阅了大量参考书籍，作者在此一并表示诚挚的谢意。

由于作者水平有限，书中的缺点和错误在所难免，恳切希望使用本书的广大读者批评指正。

作　者

目　录

第1章 民用建筑电气工程施工图的识读与绘制

建筑电气施工图是一门重要的工程语言，作为一门通用的语言就必定有严格的语法知识。本章主要介绍民用建筑电气施工图基本知识，民用建筑电气施工图识读及绘制。通过本章的学习使读者可以对民用建筑电气施工图有一个完整的认识和了解。

1.1 概述

建筑电气图纸是电气工程师依据设计规范并结合有关设计要求所表达的工程语言。而这些基本组成元素是图例符号和元件符号。设计单位用图纸表达设计思想和设计意图；建设单位用图纸作为编制招标书的依据，或用以指导使用和维护；施工单位用图纸作为编制施工组织计划、编制投标报价及准备材料、组织施工的依据。建筑工程领域，任何工程技术人员和管理人员都要求具有一定的绘图能力和读图能力，否则就不能胜任工作。

1.1.1 建筑电气施工图基本知识

（1）图幅尺寸 建筑电气施工图纸的幅面一般分0~6号，具体尺寸见表1-1。各种图纸一般不加宽，只是在必要时可以按照长度的1/8的整数倍数加长，常见0号图纸一般不加长。

表1-1 图幅尺寸 （单位：mm）

图纸代号	0	1	2	3	4	5
长×宽	1189×841	841×594	594×420	420×297	297×210	210×148
边宽	10			5		
装订宽度	25					

（2）图标 图标相当于商品的商标或电器设备的铭牌。图标一般放在图纸的底端或右侧，其主要内容可能因设计单位的不同而有所不同，大致包括：设计单位、工程名称、图纸内容、设计人、校对人、审核人、审定人、专业负责人、工程负责人、设计号、图号、比例、完成日期、注册师印章区等。

（3）图线和字体 图线就是在图纸中使用的各种线条。图线均应遵循制图标准中的有关要求。标准实线宽度应在0.4~1.6mm范围内选择，其余各种图形的线宽按图的大小比例和复杂程度来选择，比例大的用线粗一些。应注意在同一工程或同一图纸内应保持一致。中实线（如建筑电气施工图的平面与系统图纸中干线、支线、电缆线、架空线等均用中实线）。细实线（如建筑电气施工图的底图线，即建筑平面图，要用细实线）。特殊线型（如加标志的线型）主要应用于线型比较繁多的强弱电系统，以便突出电气专业绘制的电路。图纸中的字体应采用直体长仿宋字体。图中书写的各种字母和数字可采用向右倾斜与水平成75°角的斜体字。当与汉字混合书写时，可采用直体字，但物理量符号应采用斜体字。各种字体应从左往右整齐排列，笔画清晰，不得用不规范的简化字和繁体字。

（4）尺寸标注 工程图纸上标注的尺寸通常采用mm（毫米）为单位，只有总平面或特大设备用 m（米）为单位，所以电气图纸一般不标注单位。

（5）比例和方位标志 建筑电气施工图常用的比例有 1∶50、1∶100、1∶150、1∶200。大样图的比例可以用1∶20、1∶10 或1∶5。外线工程图常用小比例，做概预算统计工程量时就需要用到这类比例尺。图纸中的方位按国际惯例通常是上北下南、左西右东。有时为了使图面布局更加合理，也有可能采用其他方位，但必须在所绘制的底层图纸中标明指北针。

（6）标高 建筑图纸中的标高通常是相对标高。一般将 ±0.00 设定在建筑物首层室内地平面，往上为正值，往下为负值。电气图纸中设备的安装标高以各层楼（地面）为基准，例如住宅用户终端配电箱的安装高度暗装 1.8m，是指距各楼层地面 1.8m。室外电气安装工程常用绝对标高。

（7）图例 为了简化作图，国家有关标准和一些设计单位有针对性地将常见的材料构件、施工方法等规定了一些固定的画法式样，有的还附有文字符号标注。建筑电气施工图纸中的图例如果是由国家统一规定的称为国标符号，由有关部委颁布的称为部标符号。另外一些大的设计院还有其内部的补充规定，即所谓院标，或称之为习惯标注符号。

建筑电气施工图纸中的电气符号的种类很多，主要有电气设计有关的强电、电信、高压系统、低压系统等，具体见附录 A。

国际上通用的电气图形符号标准是 IEC（国际电工委员会）标准。我国新的国家标准图形符号（GB）和 IEC 标准是一致的，国标序号为 GB4728。这些通用的电气符号在施工图册内都有，因而电气施工图中就不再介绍它们的名称含义了。但如果电气设计图纸里采用了非标准符号，那么应列出图例表。

（8）平面图定位轴线 凡是建筑物的承重墙、柱子、主梁及房架都应设置轴线。纵轴编号是从左起用阿拉伯数字表示，而横轴用大写英文字母自下而上标注。轴线间距是由建筑结构尺寸确定的。电气平面图中，为了突出电气线路，通常只在外墙外侧画出横竖轴线，建筑平面内轴线可以不画。

1.1.2 民用建筑电气施工图的内容

民用建筑电气施工图包括基本图和详图两大部分。基本图中包括以下内容：

（1）设计说明 包括设计工程基本资料、设计内容、供电方式、电压等级、系统形式、主要线路敷设方式、防雷、接地及图中未能表达的各种电气安装高度、工程主要技术数据、施工和验收要求以及有关事项等。

（2）节能专篇 分为居住建筑和公共建筑节能专篇，主要为灯具技术要求及照度计算。

（3）消防专篇 描述本工程各类用电负荷等级，消防用电设备的配电及安装要求，火灾自动报警系统防护等级及技术要求等。

（4）主要材料设备表 包括工程所需的各种设备、管材、导线等的名称、型号、规格、数量等。设备材料表上所列的主要材料的数量，由于与工程量的计算方法和要求不同，不能作为工程量编制预算依据，只能作为参考数量。

（5）配电系统图 配电系统图的内容包括：

1）整个配电系统的连接方式，从主干线至各分支回路的路数；

2）主要变、配电设备的名称、型号、规格及数量；

3）主干线路及主要分支线路的敷设方式、型号、规格。

（6）电气平面图　分为变、配电平面图、动力平面图、照明平面图、弱电平面图、室外工程平面图及防雷、接地平面图等。内容包括：

1）民用建筑物的平面布置、轴线分布、尺寸以及图纸比例；

2）各种变、配电设备的编号、名称、各种用电设备的名称、型号，以及在平面图上的位置；

3）各种配电线路的起点、敷设方式、型号、规格、根数，以及在建筑物中的走向、平面和垂直位置；

4）民用建筑物和电气设备的防雷、接地的安装方式以及在平面图上的位置。

（7）控制原理图　根据控制电器的工作原理，按规定的线段和图形符号绘制成的电路展开图。

（8）详图

1）电气工程详图。它是指柜、盘的布置图和某些电气部件的安装大样图，对安装部件的图纸的种类很多，各部位注有详细尺寸，一般是在没有标准图可选用并有特殊要求的情况下才绘制的图；

2）标准图。它是指通用性详图，表示一组设备或部件的具体图形和详细尺寸，便于制作安装；

3）节点详图。它是指对局部设备控制图太小而采取放大处理的电气图，以便识图。

总之，民用建筑电气设计施工图纸从设计说明到详图各个部分相互对应、相互补充，在民用建筑电气工程设计中缺一不可。

1.2　民用建筑电气施工图的识图方法及步骤

在完整的民用建筑电气施工图中，除了需要画出全部的民用建筑电气施工图和结构施工图外，还应包括室内给水、排水、采暖、通风和电气照明等方面的工程图纸，这些图纸一般统称为设备施工图。由于这些设备都是房屋中不可缺少的附属设备，作为民用建筑电气工程技术人员，对此应该掌握。因为这些设备的配置，应该在功能上完全配合建筑的要求。因此，这些图纸必须与建筑设计图纸互相呼应，以达到很好地沟通各设计专业的设计意图和在施工上密切配合的目的。

1.2.1　民用建筑电气施工图的特点

民用建筑电气施工图作为一类工程语言有其自身的特点：

1）民用建筑电气施工图纸都是由各种空间管线和一些设备装置的符号组成的。就管线而言，不同的管线、多变的管径，难以采用真实投影的方法加以表达。各种设备装置一般都是工业制成品，也没有必要画出其全部详图。因此电气设备装置和电路多采用国家标准规定的统一图例符号表示。所以，在阅读图纸时，应首先了解与图纸有关的图例符号及其所代表的内容。

2）民用建筑电气线路在房屋的空间布置是纵横交错的，所以用各层电气平面图难以把它们表达清楚。因此，除了要用平面图表示其位置外，还要画出对应的电气系统图和电力干线图，阅读时平面图、系统图前后应对照阅读。

3）民用建筑电气平面图或对应的系统图，它们本身都有一个来源，即建筑电气线路中的电流都要按一定方向流动，最后和设备相连接，例如：电源（变配电所）→进户线→配电箱（柜）→干线→分配电箱→支线→用电设备。

1.2.2 民用建筑电气施工图的图形符号和文字符号

构成民用建筑电气工程的设备、元器件很多，结构类型不一，安装方法各异。在民用建筑电气工程图中，设备、元器件、线路及其安装方法等，在许多情况下是用统一的图形符号和文字符号来表达的，与一般的建筑电气工程图的图形符号和文字符号是相同的。图形符号和文字符号犹如建筑电气工程语言中的“词汇”，所以在绘制民用建筑电气工程设计图时，应首先熟悉这些“词汇”（图形符号、文字符号），并弄清它们各代表的含义。

1. 民用建筑电气图形符号

电气图形符号通常可分为3种，即：不代表独立元器件和设备的基本图形符号，如Y、△、+、-等；代表某一大类元器件或设备的一般图形符号，如电机图形符号等；代表具体元器件或设备的明细图形符号，如三极管等电子器件。民用建筑电气图纸中的电气图形符号通常包括：系统图图形符号、平面图图形符号、电气设备文字符号和系统图的电路标号。这些符号和标号都有国家统一标准。新的国家制图标准GB/T23371.3—2009《电气设备用图形符号基本规则》和GB/T5465.2—2008《电气设备用图形符号》，分别于2009年3月和2008年5月发布并开始使用。国家制图标准GB4728《电气简图用图形符号》于1985年1月开始使用，共有13部分，目前其中大部分基本符号仍在使用，部分内容分别于1996年、1999年、2000年、2005年进行了修订。

2. 民用建筑电气图中文字符号

在电气图中，文字符号是配合图形符号作进一步说明作用的标注符号。民用建筑电气图纸中的文字符号通常包括：灯具的标注文字符号、配电电路的标注文字符号、建筑的电气设备标注文字符号等。

有些电气工程设计中，统一图例（国标）可能还不足以满足图纸表达的需要，可以根据工程的具体情况，设定某些图形符号，并在设计图纸中列出加以说明。每项工程应有图例说明。为了便于查阅，本书将建筑电气设计中常用的平面图用图形符号及文字符号（国家标准GB4728中部分内容）摘录于附录A中。

1.2.3 识读民用建筑电气施工图的一般步骤

识读民用建筑电气施工图，除了应了解民用建筑电气施工图的图形符号和文字符号及特点外，还应该按照一定顺序进行识读，才能比较迅速、全面准确地读懂图纸，了解设计人员的设计意图。一般应按如下步骤依次识读，必要时需要相互对照识读。

1）图纸目录；

2）设备材料表；

3）阅读电气设计施工说明；

4）配电干线图、电气系统图、照明系统图、弱电系统图等；

5）强弱电气原理图和接线图；

6）强弱电干线平面、电气照明平面布置图等；

7）安装大样图（详图）。

对于有些图纸需反复阅读多遍。同时，有时还应配合阅读建筑立面、剖面、平面图和有关施工检验规范、质量检验评定标准，以及全国通用电气装置标准图集。从详细了解安装技术要求及具体安装方法出发，读懂图、掌握图，以便更好地利用图纸和标准指导施工，保证安装质量符合要求。

1.2.4　识读民用建筑电气施工图的方法

识读民用建筑电气施工图，除需了解民用建筑电气施工图所规定的统一图形符号和文字符号，以及通常的识读程序外，还必须注意采用正确的阅读方法。读懂电气施工图，才能对整个电气工程有一个全面的了解，在预埋、施工安装中全面计划、有条不紊地进行施工，以确保工程圆满地完工。

为了读懂民用建筑电气施工图，读图时应抓住以下要领：

（1）首先阅读文字说明　通过看设计施工说明书，可以对民用建筑物的具体情况、设计内容、设备的控制要求、施工安装要求，以及与系统和其他设备的关系，有一个概况了解，以便进一步阅读有关图纸，进而指导施工。

（2）对照建筑电气图形符号和文字符号进行识读　民用建筑电气施工图中常用的图形符号和文字符号，是建筑电气工程中施工图的通用技术语言，是人们进行技术交流的基础。而具体的设计施工图纸就是由这些图形符号和文字符号按照一定的系统功能要求绘制而成的，体现着电气设计人员的意图。读者必须熟悉常用图形符号和文字符号才能顺利阅读。识读图纸时，要注意对照有关联的图纸，并熟悉有关建筑电气设计图纸的常见的标注形式。建筑电气设计图纸常用的标注形式有：

1）灯具的标注形式。灯具的标注形式为

$$\boxed{a}-\boxed{b}\frac{\boxed{c}\times\boxed{d}}{\boxed{e}}\boxed{f}$$

其中，a 表示灯具的组数，表示有 a 组这样的灯具；b 表示灯具型号或符号，常用拼音字母来表示；c 表示灯具所含灯泡的数目；d 表示一个灯泡的功率数；e 表示安装高度，是指从地面到灯具的高度（单位为 m），若为吸顶式安装，安装高度及安装方式可简化为“—”；f 表示安装方式，见表 1-2。

表 1-2　常见灯具安装方式的标注文字符号表

序　号	名　称	代　号
1	线吊式	CP
2	固定线吊式	CP1
3	防水线吊式	CP2
4	吊线器式	CP3
5	链吊式	Ch
6	管吊式	P
7	壁装式	W
8	吸顶式或直附式	S
9	嵌入式（嵌入不可进入的顶棚）	R
10	顶棚内安装（嵌入可进入的顶棚）	CR
11	墙壁内安装	WR
12	台上安装	T
13	支架上安装	SP
14	柱上安装	CL
15	座装	HM

例 1-1　在电气照明平面图中标有

$$2-Y\frac{2\times30W}{2.5}Ch$$

它表示有两组荧光灯，每组由 2 根 30W 的灯管组成，采用链条吊装形式，吊装高度为 2.5m。

2）配电线路的标注形式。配电线路的标注形式为

$$a-(b\times c)d-e$$

其中，a 为导线型号；b 为导线根数；c 为导线截面积；d 为敷设方式及穿管管径；e 为敷设部位。

例 1-2　某照明系统图中标注有 BV-4×50+1×25SC70-FC。

它表示该线路是采用铜芯聚氯乙烯绝缘线，4 根截面积为 $50mm^2$，1 根截面积为 $25mm^2$，穿钢管敷设，管径 70mm，沿地面暗设。本例中导线型号 BV 表示铜芯聚氯乙烯绝缘线；BV 中加一个 L，成 BLV，表示铝芯聚氯乙烯绝缘电线；BX 表示铜芯橡胶绝缘线；BLX 表示铝芯橡胶绝缘线；SC 表示穿钢管敷设；FC 表示沿地面或地板内敷设。

例 1-3　有一栋楼，电源进户电缆线标注是 VV_{22}-1kV-(3×50+1×25)SC50-FC。表示该线路是采用铜芯塑料绝缘、塑料护套钢带铠装 4 芯电力电缆，其中 3 芯是 $50mm^2$，一芯是 $25mm^2$，穿钢管敷设，管径 50mm，暗敷设在梁内。电线、电缆敷设标注文字符号见表 1-3、表 1-4。电缆及导线的型号繁多，可以参见电气施工图册或产品样本。

表 1-3　导线敷设的标注符号表

序　号	名　称	代　号
1	导线或电缆穿焊接钢管敷设	SC
2	穿电线管敷设	TC
3	穿硬聚氯乙烯管敷设	PC
4	穿阻燃半硬聚氯乙烯管敷设	FPC
5	用绝缘子（瓷瓶或瓷柱）敷设	K
6	用塑料线槽敷设	PR
7	用钢线槽敷设	SR
8	用电缆桥架敷设	CT
9	用瓷夹板敷设	PL
10	用塑料夹敷设	PCL
11	穿蛇皮管敷设	CP
12	穿阻燃塑料管敷设	PVC

表 1-4　导线敷设部位的标注符号对照表

序　号	名　称	代　号
1	沿钢索敷设	SR
2	沿屋架或跨屋架敷设	BE
3	沿柱或跨柱敷设	CLE
4	沿墙面敷设	WE
5	沿天棚面或顶板面敷设	CE
6	在能进入的吊顶内敷设	ACE
7	暗敷设在梁内	BC
8	暗敷设在柱内	CLC
9	暗敷设在墙内	WC
10	暗敷设在地面或地板内	FC
11	暗敷设在屋面或顶板内	CC
12	暗敷设在不能进入的吊顶内	ACC

3）导线根数标注在系统图中，可以根据导线标注方式确定导线根数。如图1-1所示，BV－3×4 PVC 25－WC表示3根$4mm^2$导线。在平面图中一般不标注的导线根数为两根，3根及3根以上采用数字表示。

4）总开关及熔断器的规格型号，出线回路数量、用途、用电负载功率数及各条照明支路分相情况。如图1-1所示，L7-10/1/C表示是L7系列小型断路器，10表示容量为10A，1表示保护线路用单极，C为电气特征曲线为C型。

5）电参数。配电系统图上，还应表示出该工程总的设备容量（P_e）、需要系数（K_n）、计算容量（P_j）、计算电流（I_j）、功率因数等。通常采用绘制一个小表格的方式标出每条配电回路的用电参数。

6）配电回路参数。电气系统图中各条配电回路上，应标出该回路编号（WL——照明回路，WX——插座回路）和照明设备的总容量，其中也包括电风扇、插座和其他用电器具等的容量。电气系统图一般都是用单线条表示，如图1-1所示。

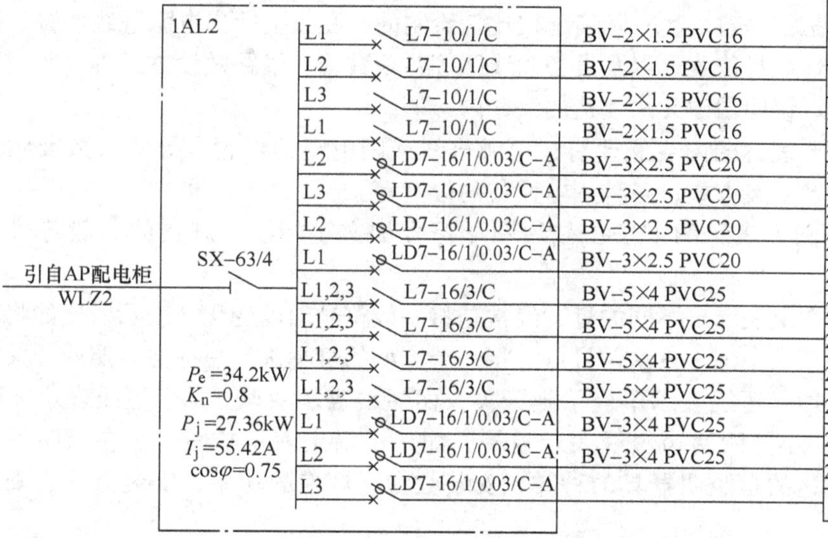

回路编号	负荷名称	容量/kW	电流/A
2WL1	照明	0.88	4.0
2WL2	照明	1.12	5.1
2WL3	照明	0.88	4.0
2WL4	照明	0.52	2.36
2WX1	插座	0.50	2.7
2WX2	插座	0.50	4.5
2WX3	插座	0.60	3.6
2WX4	插座	0.20	1.0
2WX5	空调	6.0	9.1
2WX6	空调	6.0	9.1
2WX7	空调	6.0	9.1
2WX8	空调	6.0	9.1
2WX9	空调	2.5	11.4
2WX10	空调	2.5	11.4
	备用		

图1-1　照明配电系统图

（3）遵循从系统图到敷设图的识读顺序　从电源配电盘到配线柜和施工方式的识读过程应该看懂电源从何而来、哪种配线方式、导线的截面积大小、电气设备所在的用电系统等。不同的工程有不同的要求，要根据图纸理解清楚。

（4）应先简后难读比较复杂的电路图　应先简后难，采取先化整为零，后集零为整的方法识读比较复杂的电路图。一般从主电路着手逐一查读，首先要看系统原理接线图，然后看安装接线图。对于电气系统图和原理图，可依据功能关系从上到下或从左到右，一个电路、一个电路地阅读。也可以采用查线读图法，从上到下、从左到右，从主电路到控制电路，从电源开始查起，以某一输出元件为对象逐一来回查找、反复阅读，区分各种控制信号电路和控制电路，进行化整为零，最后集零为整。

（5）注意将电气系统图和电气平面布置图结合起来识读　这两种图纸是建筑电气工程中的关键用图，必须熟读，以便正确指导施工。

（6）尽可能结合该电气工程的所有施工图和资料一起阅读，尤其要读懂配电系统图和电气平面图　只有这样，才能了解设计意图和工程全貌。阅读时，首先应阅读设计说明，以了解设计意图和施工要求等，然后阅读配电系统图及电气平面图，以了解电气工程的全貌和局部细节，最后阅读电气工程详图、加工图及主要材料设备表等。当然，在阅读过程中，各种图纸和资料往往需结合起来看，局部到全面、全面到局部，反复阅读，直至弄清每个部分。

（7）熟悉施工程序后阅读施工图　一般室内配线的施工程序为：① 根据电气施工图确定电器设备安装位置、导线敷设方式、导线敷设路径及导线穿墙过楼板的位置；② 结合土建施工将各种预埋件、线管、接线盒、保护管等埋设在指定位置（暗敷时），或在抹灰前预埋好各种预埋件、支持构件、保护管等（明敷时）；③ 装设绝缘支持物线夹等，敷设导线；④ 安装灯具及电器设备；⑤ 测试导线绝缘，自查及试通电；⑥ 验收。

1.2.5　照明平面图的阅读

电气照明平面图是根据建筑物实际情况按比例绘制的，在图上标出电源进线位置、配电箱位置、开关、插座、灯具位置，以及设备和线路等各项数据、线路敷设方式等。照明平面图上一般还有标注，以说明图中无法表达的一些内容。

照明平面图上需要表达的内容主要有：电源进线或配电箱的位置，导线根数及敷设方式，灯具位置、型号及安装方式，各种用电设备的位置等。

照明器具在平面图上表示的方法往往用图形符号加文字标注。灯具的一般符号见国标 GB4728。

为了在照明平面图上表示出不同的灯，经常是将一般符号加以变化来表示，比如将圆圈下部涂黑表示壁灯，圆圈中画×表示信号灯。将一个类型的灯具进行总标注。照明开关也是这样，将一般符号上加一短线表示单极手把开关，两短线表示双联，n 个短线表示 n 联开关。t 表示延时开关，小圆圈两边出线表示双控，加一个箭头表示拉线等。在照明平面图中，文字标注主要表达的是照明器具的种类、安装数量、灯泡的功率、安装方式、安装高度等。

对于初学者应掌握判断各导线根数的规律：

1）各灯具的开关必须接在相线（俗称火线）上。无论是几联开关，只送入开关一根相线。从开关出来的电线称为控制线（或称回火），n 联开关就有 n 条控制线，所以 n 联开关共有（$n+1$）根导线。双联开关就有 3 根导线。

2）按照新的规范，照明支路和插座支路应分开，因为在插座支路上要安装漏电保护器，在照明支路上则可以不装。插座支路导线根数单相一般 3 根导线，三相一般为 5 根导线。

3）对于大开间灯具控制可采用小型断路器进行控制，如图 1-2 所示。

在划分照明线路时应注意：① 支路负荷分配应尽量使三相平衡；② 照明支路最大负荷量不应超过 15A，各支路的出线口（一个灯头、一个插座都应分别算为一个出线口）应在 25 个以内，如最大负荷都在 10A 以下者，可增加到 26 个。

图 1-2 中照明配电箱 2-1AL2 共有 7 个照明回路（WL1-WL7），二加三单相插座 4 个，32 盏 TC96 型荧光灯内含两支 36W 的荧光灯管，距地 3.2m 吊杆安装，2-Y-YG220B（A）为 2

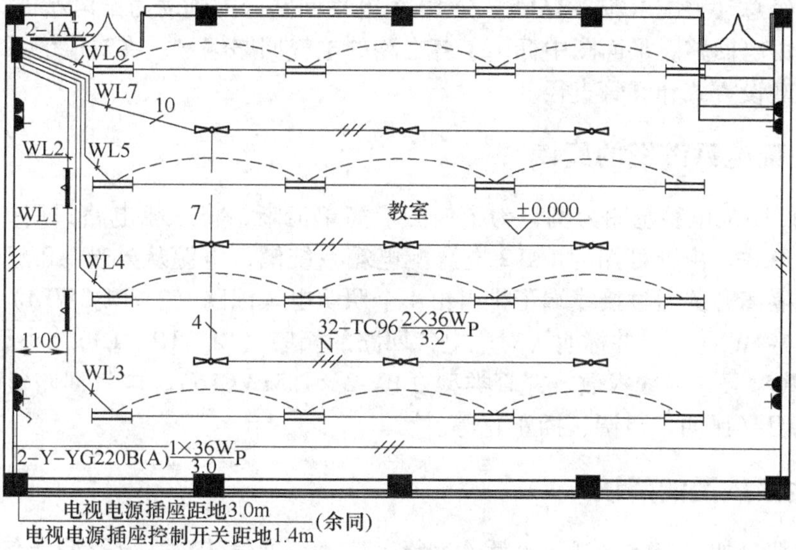

图 1-2　某教室照明平面图

盏 YG220B（A）型黑板灯，内含一支 36W 的 220V 荧光灯管，距地 3.0m 吊杆安装。

1.2.6　电气动力平面图阅读

电气动力平面图是根据建筑物实际情况按比例绘制的，在图上标出电源进线位置、动力配电盘（箱）位置、机械加工设备或生产设备的位置，以及线路和设备等各项数据、线路敷设方式等。动力平面图上一般还有标注，以说明图中无法表达的一些内容。图 1-3 为某实验室动力平面图。由图可见，电源为三相五线制，380/220V。

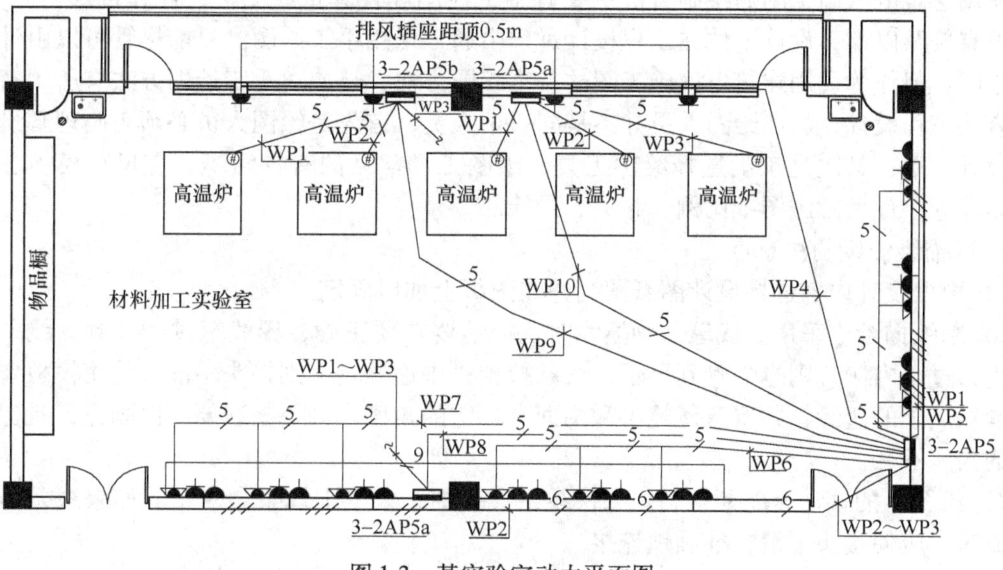

图 1-3　某实验室动力平面图

实验室内动力配线均采用 BV 铜芯塑料线或 VV22 聚氯乙烯电力电缆，穿钢管埋地或沿墙暗敷。电源经总动力配电箱3-2AP5，分10个电气回路分配到动力配电箱3-2AP5a～c配电箱和其他插座用电回路。平面图中标出了各支路的电气回路编号，在对应的系统图中标出导线型号规格、敷设方式和穿管直径。

1.2.7 照明配电系统图的阅读

以图1-1照明配电系统图为例，为了使图形简单清晰，将三相电路只用一根线来表示，即绘成单线图形式。由图可知为1AL2电源配电箱系统图，电源从外部AP配电柜引来，经过63A 4级的隔离开关通过接线端子排引出4个照明电气回路（2WL1-2WL4）、10个插座电气回路（2WX1-2WX10），并标明了对应电气回路的相序（L1、L2、L3）、小型断路器（L7-10/1/C）、导线型号、导线根数、穿管类型（BV-2×1.5PVC16）、电气回路负荷、计算电流及电气回路说明（照明、空调、插座）等。

1.2.8 其他系统图的阅读

对于其他部分如：有线电视、电话、网络、广播等通信传输系统及综合布线系统等系统平面图、系统图的阅读须遵循以下步骤：

1）了解各个系统的基本知识及其系统基本组成。

2）了解组成每个系统的基本元素的图例及其工作原理。

3）了解每个基本元素相互之间的联系方式及其联系所用的电缆及导线的型号、穿管保护、敷设方式等。

1.3 民用建筑电气施工图的手工绘制方法

民用建筑电气施工图的绘制方法主要有手工绘图和计算机绘图，在计算机及CAD绘图软件没有普及以前，设计单位在工程设计过程中通常采用手工绘图。目前尽管可以由计算机进行绘图，但作为民用建筑电气施工图的基本绘图方法，还应对手工绘图方法有所了解。

有些工程设计人员和绘图人员并不是同一个人员，首先是绘图人员必须正确理解设计人员的设计意图；其次是正确选择绘图工具，绘图工具常见的有针管笔、直尺、模板、绘图板、刀片等；最后考虑图纸比例、布局、描绘。

（1）描绘图纸的注意点

1）根据设计内容选择设计图纸图幅并在图板上加以固定。

2）图纸描绘应采用墨线笔。画墨线时，握笔姿势要正确，墨线笔过于外倾，线条不容易画直；过于内倾，则笔尖触到尺子，线条拉墨；中途停笔，则接头不准。使用模板要避免笔针紧靠尺子的边缘，并留意使笔尖和画面有一定的角度。画一条线要一次画完，且保持和图纸的角度不变。

3）绘图笔的移动速度要均匀。太快线条会变细，太慢则线条会变粗。如果线条需要几次完成时，应使接头平滑，准确地连接。

4）画图顺序。一般先曲后直，先细后粗，先上后下，先左后右，这样不容易弄脏图面。细线容易干，不影响上墨进度，最后画边框和写标题。

5）如果有画错的地方，不要急于修改。应等墨干透以后，用刀片刮去，再用橡皮擦去。对于初学者可以先用铅笔打好底线，然后再绘图，这样可以减少错误。

（2）绘制图纸顺序

1）平面图——设备布置（灯具、开关、插座等）、导线连接、平面标注（灯具标注、导线标注、上下引线标注、配电箱标注等）；

2）详图——设备布置、尺寸定位；

3）系统图的绘制、负荷计算。

4）设计施工说明、统计设备材料表及图纸目录。

（3）手工绘图当前的应用　由于手工绘图在绘图和改图上存在一定的缺陷，随着 IT 行业的发展，高性能的计算机普及、完善的 CAD 平台应用软件的推广，手工绘图被局限在一定范围内。通常用于设计初期的平面方案草图的勾勒和系统配电方案拟订。当然，对于计算机绘图中出现的一些微小错误可以通过手工来改写。

总的来说，手工绘图在一定范围、一定时间内还存在，但设计行业发展总的趋势是计算机辅助设计。下一节我们将重点讲述计算机在民用建筑电气工程设计中的应用。

1.4　民用建筑电气施工图的计算机辅助设计方法

1.4.1　计算机辅助设计方法简介及步骤

计算机绘制电气平面图的显著优点之一就是可以直接利用建筑专业绘制好的建筑平面图作为电气平面图的条件图，或称建筑外框。由于绘制电气图时某些命令的一些自动判别标准与建筑图中图元的类型和图层有关，因此这些命令对建筑条件图就有一定的要求。也就是说，不是所有的命令都能适用于任何建筑条件图。下面以天正建筑 CAD 软件 TElec 绘制的建筑图作为电气条件图进行绘图，并予以简单讲述。

绘制电气平面图的大致步骤：

1）调入建筑平面图，包括对已有建筑图进行一些修改；

2）在平面图中布置设备和导线；

3）对设备和导线进行标注；

4）利用绘制好的电气平面图自动生成材料表或手工绘制材料表；

5）利用绘制好的电气平面图自动生成系统或手工绘制系统图。

当然，上述的步骤顺序并不是绝对的。事实上 TElec 的各类命令之间并无绝对的先后关系。列出以上几个步骤的目的只是为了使读者尽快熟悉 TElec 软件。本节中将结合一个实例，介绍绘制简单电气平面图的全过程。介绍中不可能涉及所有有关命令，也不可能详细地解释命令的具体操作。

1.4.2　计算机绘制建筑电气图

将天正建筑 CAD 软件绘制的建筑图作为电气图的条件图时，只需使用【调建筑图】命令将图调入就可以了。调入后的建筑图还可以用有关命令进行编辑、修改。如果是用其他软件绘制的建筑图，则需对图中的层和图元类型作一些调整。

1. 调入建筑图

命令：Ptarch；

菜单位置：【主菜单】→【平面图】→【调建筑图】；

功能：调入一张已有的建筑图作为电气条件图，在此基础上可绘制电气平面。

在菜单上选取本命令后，屏幕命令行提示：**请输入建筑平面图的名称。**

同时屏幕上出现如图1-4所示的对话框。利用这个对话框可以找到并输入任意盘的任意目录下的图形文件名。对话框的使用方法与AutoCAD的Open命令中的对话框使用方法相同。建筑图名输入后，单击“OK”按钮，对话框消失，所选定的图被调入。

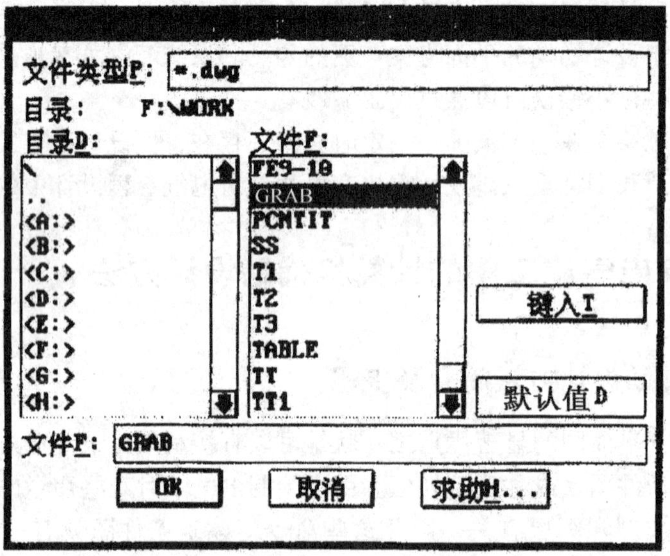

图1-4　输入建筑平面图名称的对话框

一般情况下，应在打开一张新图后使用本命令。如果在图中已有一些图线的情况下使用本命令，则会出现提示：

调入建筑图也许会删去原图中的一些内容，继续进行吗（Y/N）

如果键入“Y”表示仍要调入建筑图，则在建筑图调入的同时还会删去原图中的标注及一些公共图层上的东西。因此尽量不要在一张图画到一半时使用本命令。

建筑图调入后，程序还会自动对图进行一些处理，删去一些无用层上的图元（例如立面、剖面、图框等层上的图元），隐去门窗标注文字。并将原有的公共文字层上的图元转至建筑文字层，将建筑文字层和轴线层冻结起来。这样可使图面更简洁。如果需要原建筑图中的文字和轴线时可使用AutoCAD的图层管理命令Layer，将这两个层解冻。用本命令可以调入本节例题所需的建筑条件图，如图1-5所示。

2. 建筑图的编辑修改

如果需要，建筑条件图调入之后，还可以利用主菜单中【建筑】菜单下的各种建筑绘图命令对调入的建筑图进行必要的修改。

调入的建筑条件图是多种颜色的，而一些设计者有时希望建筑条件图是单色的，这样可使以后绘制的电气部分更加突出。使用【主菜单】→【建筑】→【条件图】→【图变单

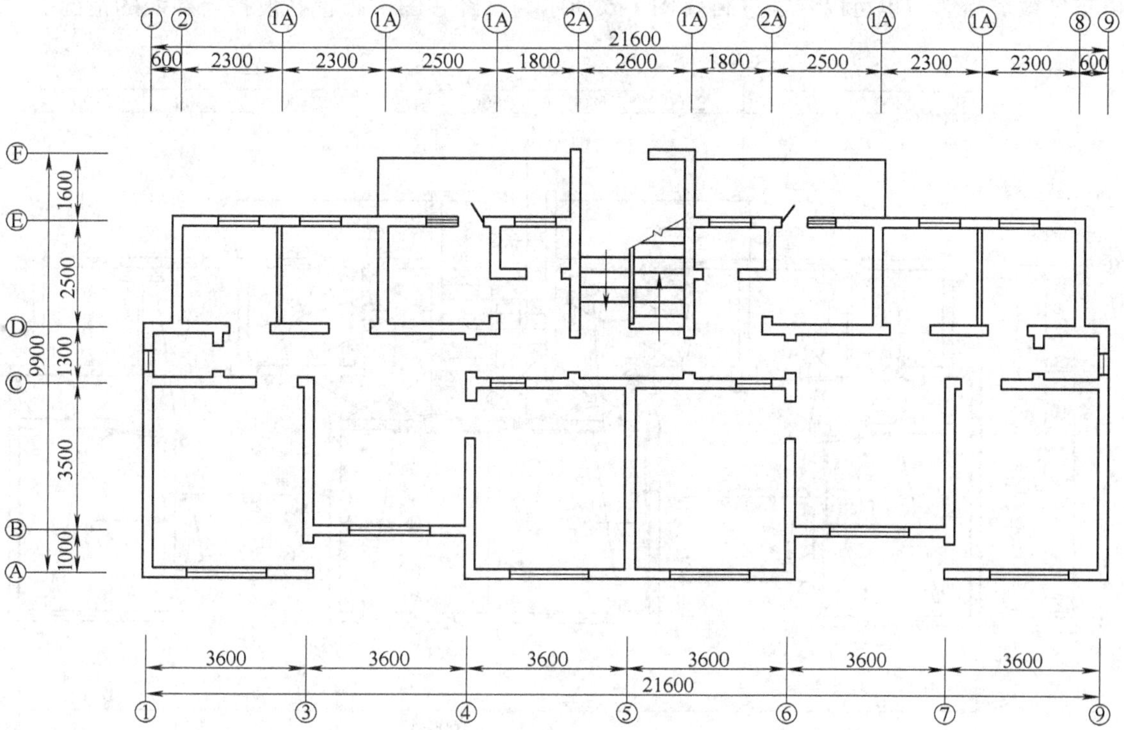

图 1-5　建筑条件图

色】命令可达到此目的。这个命令可将多色的建筑图变为单一的颜色。已经变成单一颜色的图还可以利用同一目录下的【颜色恢复】命令将图的色彩恢复。

另外，在调入建筑图并对其进行编辑修改之后，使用与上述两命令在同一菜单下的【消除重线】命令对整个图消一次重线。所谓重线就是图中重叠，或本应为一条线但被断为两截的线。这样的线存在于图中，会给以后的设备图块插入工作带来麻烦。

用其他软件绘制的建筑图作条件图：

所使用的建筑条件图如果是天正建筑 CAD 软件绘制的，可直接调入使用。如果使用其他软件绘制的建筑图作为条件图，则需要对原图先进行一些预处理。预处理的步骤如下：

1）打开这张建筑图。

2）利用【主菜单】→【接口】菜单下的命令对这张图进行处理。

3）将处理过的建筑图换一个名存盘（Save as…）。

经过这样的预处理后，就可得到一张以新名字命名的、可被 TElec 接受的建筑条件图。

在【接口】菜单下有【总体】、【轴线】、【墙线】、【柱子】、【窗户】、【阳台】等几个命令，这些命令的作用是改变原图中图元的类型和所在的层，使之与天正软件所绘的图相符。与 TElec 关系密切的图元主要是墙线和门窗。其他的图元也可不做处理。

天正软件的墙线应是位于“WALL”层上的 Line 或 Arc 线，门窗应是位于“WINDOW”层上的图块。只要使图中的图元满足这样的条件，TElec 都可以接受。所以并非一定要用上述的这些命令来处理。

3. 布置设备与导线

建筑条件图调入之后，便可以在其中布置设备和导线。一般的顺序是先布置设备，然后再布导线。当然，也可以穿插进行。图1-6所示为已经在图中布置好设备与导线的情况。

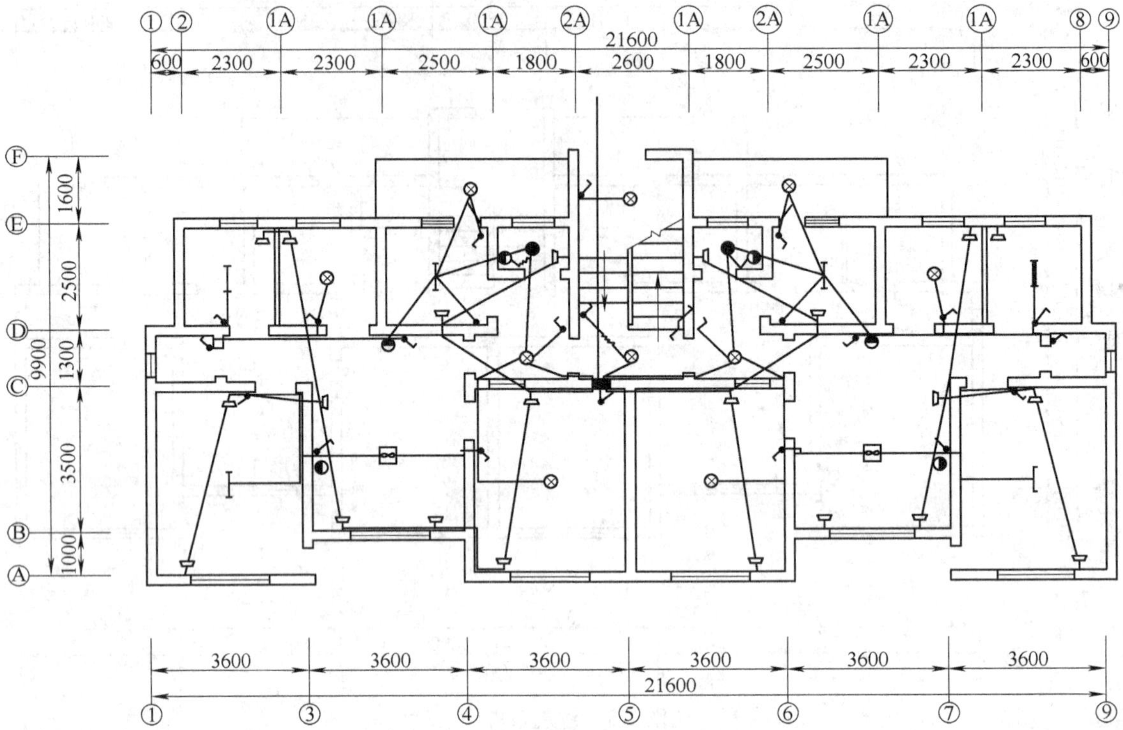

图1-6　布置好设备与导线的电气平面图

在TElec中，各种设备如灯具、开关、插座、配电箱等是一些事先制作好的图块。所谓布设备就是将这些图块插入图中的指定位置。插入设备块可分为两种情况：一种是在空间的任意位置插入；另一种是沿墙插入。图中的大部分灯具和风扇插入属前一种情况。而插座、开关、壁灯和配电箱的插入属后一种情况。TElec针对这两种情况设置了不同的命令，任意位置插入时，所插入设备的插入点和插入方向是固定的，而沿墙插入时程序能自动判别墙线的方向，并可指定设备插入点离墙线的距离。在空间位置布设备时，如果设备插入点比较随意，可采用【任意布置】命令。但大多数情况下，您可能希望设备插入到比较精确的位置，例如图1-6中在各房间中央布灯。此时可采用【两点均布】或【自动布灯】命令。

【两点均布】命令特别适用于本例中在房中央布灯的情况，因为在房间两对角点连线上均布一盏灯，就正好能布在房间的中央。【自动布灯】命令则更适用于在房间中均匀布置多盏灯的情况。例如图1-6中整个建筑中部的过道上布置3盏灯的情况。如果遇到更复杂的布灯情况，还可以先用画辅助网格的命令在图中绘出布灯用的辅助网格，然后在这些网格线上布灯具或其他设备。

沿墙布置设备时，如果插入位置比较随意可使用【沿墙布置】命令。在门的一侧布置开关可使用【门侧布置】命令。

在图中插入设备后，有时其大小和方向可能不尽如人意。此时可以用【设备缩放】、【设备旋转】和【设备翻转】命令来对其进行调整。

设备布置好之后，布置设备间的连线也分为两种情况：直接连线和沿墙布线。因此布导线命令有【通用布线】和【沿墙布线】。用【沿墙布线】命令布线时如果点取了墙线上的点，则导线自动沿墙线布置，并且能使导线离开墙线一段指定的距离。根据需要两个命令可以互相穿插使用。

需要画配电箱的引出线时，可使用【配电引出】命令。这样画出的引线间距均匀，比较美观。布线时，导线在设备上的接线点位置有时不合设计者的要求，此时可用【移线端点】命令移动接线点的位置。

所有的导线都绘好之后，可以用【导线加粗】命令将绘制的导线加粗为粗导线。加粗导线的粗细可由【设置线宽】命令来设置。有些使用喷墨绘图机的用户可能希望将不同粗细的导线设置成不同的颜色，以后在出图时再设定线宽，而不是直接在图中绘制具有一定宽度的导线。为此 TElec 提供了一种“以颜色代线宽”的方式。使用何种方式，可在主菜单下的【初始设置】命令中设定。

4. 导线与设备的标注

TElec 中对导线进行标注时，实际上做了两件工作：① 在图中写入标注文字；② 将标注的数据附加到被标注的导线和设备图元中。后一项工作的目的是供以后造材料表时自动搜索数据时使用。图 1-7 所示为导线和设备标注后的电气平面图。当然，图中只能显示出标注的文字，附加到图元中的数据是看不到的，这些数据在造材料表时将被使用。

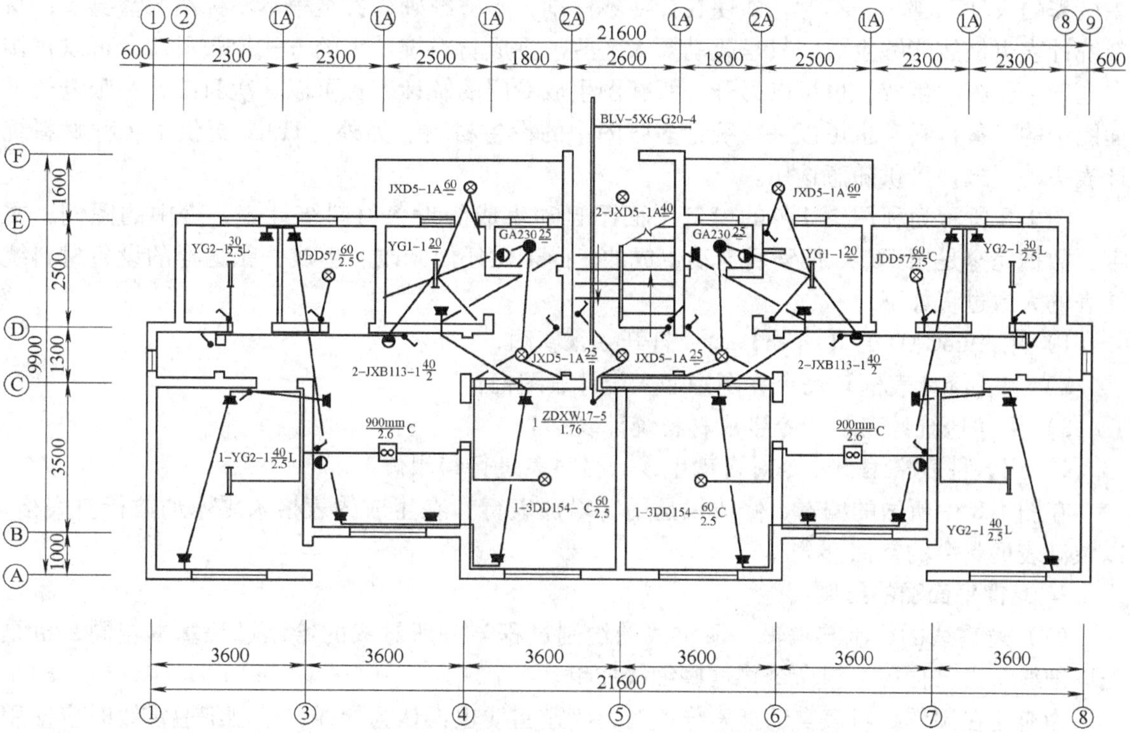

图 1-7　导线和设备标注后的电气平面图

标注时输入标注文字的方式有两种：一种是用键盘键入；另一种是从事先输入的词条列表中选取。对于导线标注，TElec 还可以根据导线载流量的大小自动确定导线截面积和根据导线的截面积、导线类型及配线方式自动确定穿导线管的直径。

5. 使用 AutoCAD 命令编辑修改

除了 TElec 提供的命令之外，各种 AutoCAD 命令也可以直接被用于图中设备、导线的修改编辑。最常用的 AutoCAD 命令包括复制（Copy）、移动（Move）和镜像复制（Mirror）等。用这些命令移动或复制时不会使原导线、设备中的附加数据丢失，新生成的导线或设备中也会包含同样的附加数据。有时使用 AutoCAD 命令编辑能节省大量的绘图时间。

本章所举的实例中采用了镜像复制的方法。仔细观察一下图 1-7 不难发现，图中的左右两侧房间中设备及导线布置是完全对称的。像这样的情况，在绘图时只需绘出其中一侧的设备和导线，然后将其镜向复制到另一侧就可以了。这样可以节省不少时间。如果在复制之前设备和导线是已经标注过的，则标注的信息也可以被带到复制出来的图元中。需要注意的是标注文字不要用镜像复制的方式来复制，因为这样复制的文字位置顺序会发生颠倒。这些标注文字可以用【Copy】命令复制，也可以逐个对需标注的设备和导线再标注一次。由于复制的设备和导线中已经存在标注信息，故重新标注很容易。

6. 编制材料统计表

电气设备材料的统计常常是一件令人厌烦的事。TElec 提供的编制材料统计表的功能可使这项工作大大简化。如果在绘制电气平面图时已对设备和导线作了必要的标注，那么由 TElec 自动生成的材料表只要做很少的改动就可以付诸实用了。标注越细致、准确，材料表中所需的改动就越小。不过，即使在标注不仔细，不够准确，甚至根本不标注的情况下，材料统计表也仍然能够生成，只是改动要大一些。生成材料统计表的方式比较灵活，可以直接在电气平面图中生成，也可以另开一张新图生成专门的统计表；可以一次只统计一张电气平面图中的设备材料，也可以一次统计多张图中的设备材料。另外，TElec 提供了 4 种材料统计表头的形式，可供随意选用。

图 1-8 所示为利用图 1-7 的电气平面图自动生成的设备材料统计表，表中的图例、文字、数据完全是由 TElec 搜索后自动生成的，尚未做任何修改。生成一张这样的设备材料统计表的大致过程如下：

1）用 AutoCAD 的【Open】命令打开一张新图；

2）用【统计表框】命令在图中插入统计表图框；

3）用【造统计表】命令生成材料统计表；

4）用各种表格编辑命令对自动生成的材料表进行编辑修改。

在图 1-8 中所做的编辑、修改仅是用【增加表行】在生成的表格末尾添加数行空表格，以填满表框剩余的空白部分。

7. 避雷平面图的绘制

（1）避雷线的绘制与编辑　避雷线的绘制过程与一般导线的绘制过程基本相同，也是先以细线绘出，再用加粗命令将这些细线加粗。

为避免在制作材料表自动搜索导线时，将避雷线也误认为导线，绘制细避雷线时应使用专用的命令，而不要用一般的画导线命令。避雷线加粗时所取的宽度与一般导线的相同，也可用【设置线宽】命令来设置。

（2）自动避雷线

命令：Litngnet；

菜单位置：【主菜单】→【平面图】→【避雷线】→【自动避雷】；

主要设备及材料表

序号	图例	名称	规格	单位	数量	备注
1		球形灯	GA230 1×25W	套	2	
2		壁灯	JXB113–1 1×40W	套	4	
3		壁灯	JXB66 1×40W	套	2	
4		灯	JDD154 1×60W	套	2	
5		灯	JXD5–1A 1×25W	套	2	
6		灯	JXD5–1A 1×40W	套	2	
7		灯	JXD5–1A 1×50W	套	2	
8		灯	JDD57 1×60W	套	2	
9		荧光灯	YG2–1 1×40W	套	2	
10		荧光灯	YG2–1 1×30W	套	2	
11		荧光灯	YG1–1 1×20W	套	2	
12		风扇	900MM	台	2	
13		暗装双极开关			2	
14		暗装接地单相插座			22	
15		照明配电箱			1	
16		暗装单极开关			23	
17		导线	BLV6.0	m	33	
18		导线	BLV1.5	m	278	
19		管	G15	m	139	
20		管	G20	m	7	

图 1-8　自动生成的设备材料统计表

默认图层：避雷导线，- LTN - WIRE；

功能：自动搜索封闭的外墙线，沿墙线按一定偏移距离绘制避雷线。

在菜单上选取本命令后，屏幕命令行提示：请在要布避雷线的外墙线上点一下 <退出>。

此时要点在作为基准的外墙线上，而这个外墙线也必须是封闭的，否则自动搜索可能会出错。

点取后，命令行提示：

请点取避雷线偏移的方向 <退出>。同时从外墙线上的被点取点拉出一条可拉伸线，可拉伸线从始点到端点指向偏移的方向，用鼠标拖动可拉伸线并点取偏移方向后，TElec 开始搜索墙线。

如果搜索成功，命令行提示：

请输入避雷线到外墙线的距离 <120>。

此时可以键入，也可以利用可拉伸线点取这段距离。输入后，TElec 根据搜到的外墙线和给定的偏移距离绘出避雷线。这样的避雷线还只是细线，用【避雷加粗】命令将细线加粗后才是真正需要的避雷线。图 1-9 是自动绘制避雷线的例子。**外墙线不封闭，或情况比较复杂时，墙线的搜索可能会失败。**

（3）手工避雷线

命令：Litngnet；

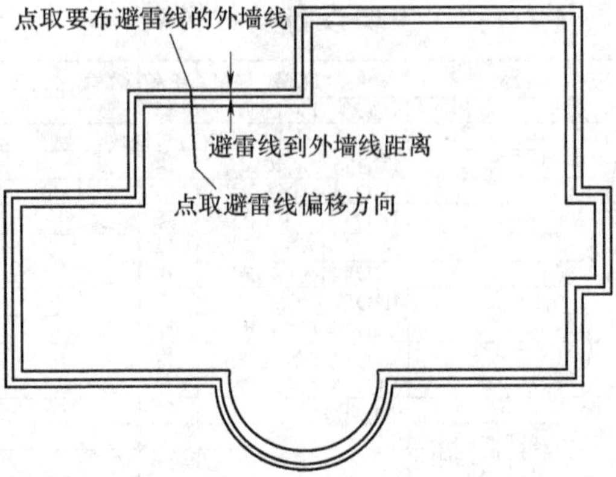

图 1-9　自动绘制避雷线示例

菜单位置：【主菜单】→【平面图】→【避雷线】→【手工避雷】；

默认图层：避雷导线—LTN—WIRE；

默认颜色：青 4；

图元类型：LINE，ARC；

功能：手工点取作为绘制避雷线基准的外墙线位置，沿墙线按一定的偏移距离绘制避雷线。

本命令是【自动避雷】命令的补充，如果执行【自动避雷】命令时搜索墙线失败，可使用本命令手工点取确定作为绘避雷线基准的外墙线的位置，从而绘出避雷线。在菜单上选取本命令后，屏幕命令行提示：

请在要画避雷线的外墙线上点取起始点 <退出>。

点取外墙线的起始点后，命令行反复提示：

下一点/A－弧线/U－回退/<结束>。

依次点取外墙线上的各转折点，如果碰到弧线墙可键入“A”，改为取弧线状态，此时还要在点取弧线终点后，再根据提示点取弧墙上的一点。所有墙线上转折点都点取过之后，屏幕命令行提示：

请点取避雷线的偏移方向 <退出>。

利用可拉伸线点取偏移方向后，命令行提示：

请输入避雷线到外墙线的距离 <120>。

输入距离后，TElec 根据点取的外墙线位置和给定的偏移距离，绘出避雷线。图 1-10 为手工点取墙线绘制避雷线的例子。

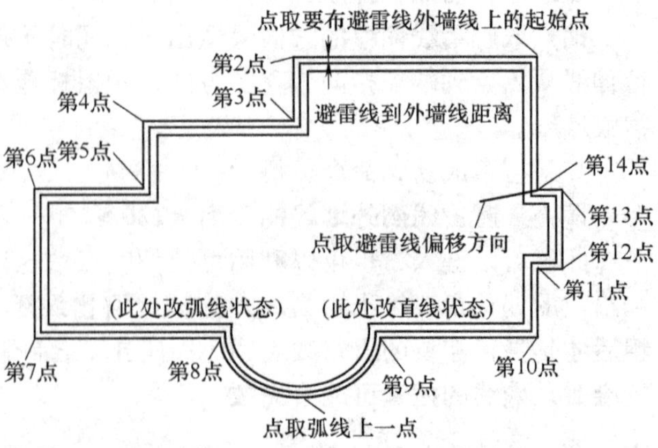

图 1-10　手工点取墙线绘制避雷线示例

(4) 任意避雷线

命令：Plitngwr；

菜单位置：【主菜单】→【平面图】

→【避雷线】→【任意避雷线】；

默认图层：避雷导线—LTN—WIRE；

默认颜色：青 4；

图元类型：LINE，ARC；

功能：在平面图中绘制避雷线。

本命令与【任意布线】命令几乎完全相同。只是用本命令画出的线是在避雷导线层上的，因此可以用【避雷加粗】来加粗为避雷线；而【任意布线】绘制的线在导线层上，不能加粗为避雷线。

在菜单上选取本命令后，屏幕命令行提示：

请给出避雷线的起始点（弧线按逆时针方向）<退出>。

点取起始点后，命令行反复提示：

下一点/A－弧线/U－回退/<结束>。

依次点取避雷线的转折点，键入“A”可改为画弧线状态；绘制完成时，<回车>便结束本命令执行。

（5）擦避雷线

命令：Pltngera；

菜单位置：【主菜单】→【平面图】→【避雷线】→【擦避雷线】；

默认图层：避雷导线—LTN—WIRE；

功能：擦除粗、细避雷线。

在菜单上选取本命令后，屏幕命令行提示：

请选取要擦除的避雷线<退出>：Select Objects。

用各种 AutoCAD 选图元方式选定要擦除的避雷线后，选中的避雷线被擦除。使用本命令不会选到除粗、细避雷线以外的其他图元。

（6）避雷线加粗

命令：Itngtopl；

菜单位置：【主菜单】→【平面图】→【避雷线】→【避雷加粗】；

默认图层：加粗：—TH—＊(＊为各导线层)；

默认颜色：青 4；

图元类型：POLYLINE；

功能：将避雷导线层上的细避雷线加粗为粗避雷线，并按一定间距加入避雷线的支持卡选择所有避雷线后，并输入支持卡。

8. 自动生成电气系统图

（1）自动生成系统图的条件　一张系统图可以由多张平面图共同生成。要利用一张平面图快速、准确地生成对应的系统图，对这张平面图绘制需有一定的条件要求。

1）导线与设备间的连线要正确，也就是要使导线的端点正好落在设备块的图元上。在沿导线搜索设备块时，如果导线只是穿过一个设备块，而其端点并不在这个设备块上，则这个设备块不会被搜到。

2）平面图中的导线和设备块必须在 TElec 指定的层上。对于用 TElec 的命令绘制的导线和设备块，这一点可不必担心。

3）设备（主要是灯具）最好是预先标注过的。这样在搜索时，其标注数据就可直接被利用。

4）配电箱的引出支线最好预先已被标注过支线号。这样在生成系统图时就可不必再输入了。

以上几个条件如果能满足，则用这样的平面图生成系统图将比较容易。但并不是说不满足以上条件的平面图就不能用来生成系统图了。其实一张平面图即使以上的4个条件一个都不满足也完全可以用于生成对应的系统图，只是操作上比较繁琐，从而也就失去自动搜索的意义了。

（2）自动生成系统图　用平面图自动生成系统图的步骤可用图1-11所示的框图来表示。如果一张系统图涉及多张平面图，则可以多次调入平面图，并依次生成系统图，组合在一起。清理图形的工作可在最后一次进行。

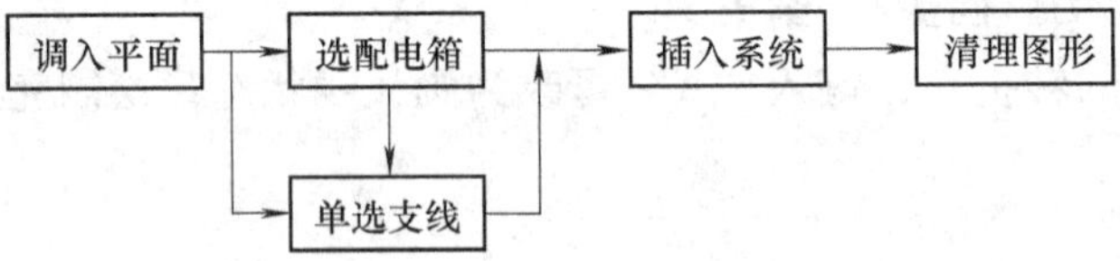

图1-11　平面图生成系统框图

1）调入平面

命令：Sindwg；

菜单位置：【主菜单】→【系统图】→【造系统】→【调入平面】；

默认图层：平面＊—Pl—＊（＊为对应平面图中各图层）；

功能：调入用来生成系统图的电气平面图。

在菜单上选取本命令之后，屏幕命令行提示：

请输入生成系统图所用的电气平面图名称。

同时屏幕上出现“电气平面图名称输入”对话框，这种对话框与打开一张图时选择图名的对话框相同。在对话框中选定要调入的平面图后，这张图便被调入，由于在图形调入过程中还需对图中的图元逐个进行分析，所以当调入一张比较大的图时，可能需要较长的时间。

调入的电气平面图主要是用于生成系统图的，这张图中图元所在的图层与一般平面图的图层不同，因此不要在其中修改，更不要将其作为一张平面图储存起来。一张平面图搜索、生成系统图之后，如果需要可以再调入另一张平面图用以生成系统图的另一部分。在调入第二张平面图时，TElec首先会将前一张平面图的内容删除。最后，可以用【清理图形】命令删除图中当前存在的那张平面图。

用【Open】命令打开的平面图不能用于生成系统图。

2）选配电箱

命令：Sseldsp；

菜单位置：【主菜单】→【系统图】→【造系统】→【选配电箱】；

默认图层：系统＊—SYS—＊（＊为对应平面图中各图层）；

功能：选定要做支线系统图的配电箱，搜索出所有配电箱引出的支线线图。

在菜单上选取本命令之后，屏幕命令行提示：

请选取要生成系统图的配电箱 <退出>。

生成支线选取一个配电箱后，如果与这个配电箱相连的各支线尚未标注过支线号，TElec 还会提示输入各支线的支线号。之后，TELec 沿此配电箱引出各支线搜索与支线相连的设备块。搜索过程中，凡已被搜索到的导线和设备块会被亮显，这主要是为了便于观察有哪些支线和设备被搜索到了。

如果因为某种原因，应该搜索到的支线及其中的设备未被搜索到，则还可以用下面将提到的【单选支线】命令来逐个选取。

如果在执行本命令前，支线图中已存在有一个支线回路网，此时 TELec 会提示：

当前回路图中已有图元存在，要删除吗（Y/N）？ <Y>。

一般情况下应删除原有的电气回路网，再插入新的电气回路网。

本命令生成的回路图被放在系统 *（SYS—*）层上，这里“*”，是指对应平面图中的各层，以后生成系统图时所需的数据就来自这个回路图。

3）单选支线

命令：Sbrhsel；

菜单位置：【主菜单】→【系统图】→【造系统】→【单选支线】；

默认图层：系统 *—SYS—*（* 为对应平面图中各图层）；

功能：逐个选取某一条或几条支线上的导线和设备，添加到电气回路图中。

本命令是【选配电箱】命令的补充。如果【选配电箱】命令搜索时遗漏了某些设备块，可以用本命令手工选取。在菜单上选取本命令之后，屏幕命令行提示：

请输入支线号 <退出>。

此时应输入欲加入到电气回路图中去的设备所属支线的支线号。输入后请选取属于支线的导线和设备 <退出>：Select Objects。命令行提示：

可以用各种 AutoCAD 选图元方式选定要加入到电气回路图中的设备块和导线。

选取时请注意要选属于前面指定支线的设备块和导线。选定后选中的设备块和导线加入到电气回路图中，然后命令行重复前面的提示，可以再补充添加属于另一条支线的导线和设备块。

4）插入系统

命令：Sinsys；

菜单位置：【主菜单】→【系统图】→【造系统】→【插入系统】；

默认图层：导线-WIRE，设备-EQUIP；

功能：利用电气回路图中的信息，生成相应的系统图支路，注出每条支线上的设备功率总和。

在菜单上选取本命令后，TElec 首先自动搜索电气回路图中的设备，检查其是否被标注过，如果发现未标注过的设备就将其变为红色，然后屏幕命令行提示：

图中变为红色的设备为未注设备；

请选取需标注功率的设备（不同功率分批选）<选择结束>：

Select Objects。

此时如果需要对一些未注设备（例如插座）标注功率，可选取这些设备。设备选定后，命令行提示：

请输入选定设备的单台功率（W）<不输入>。

输入功率值后，刚才选定的那些设备块便被附加上了这个功率信息。之后，命令行又出现前面的提示，可以选取另一组需标功率的设备，也可以<回车>停止标功率。然后屏幕转换到系统图，并在命令行提示：

请点取系统图中支线的插入点/D-动态放缩/<退出>。

此时可点取插入点位置，如果插入点位置不在当前屏幕下，可输入“D”，进入动态放缩的状态，以鼠标中键和右键改变图的大小，或移动鼠标改变当前图的位置，直至插入点位置出现在当前图上。之后，命令行相继提示：

请指定本支线母线位置/D－动态放缩/<退出>；

请给定支线的间隔/D－动态放缩/<退出>；

请给定支线绘制长度/D－动态放缩/<退出>。

依次输入所需位置和长度后，将图1-12所示的系统图绘制在图中。

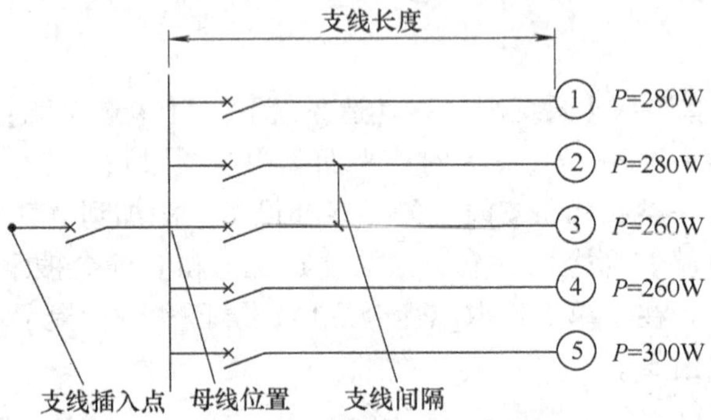

图1-12　生成系统图示例

5）清理图形

命令：Spurg；

菜单位置：【主菜单】→【系统图】→【造系统】→【清理图形】；

功能：删除为生成系统图而调入和生成的电气平面图和电气回路图。

为了生成系统图而生成的电气平面图和电气回路图，在系统图生成之后就没有用了，应该使用本命令将这两部分图形删去。在菜单上选取本命令之后，屏幕命令行提示：

是否真的要删除图中的平面和回路部分（Y/N）?（Y）。

键入“Y”，表示同意后，TElec将系统图生成过程中产生的无用的图元删除。

（3）生成系统图过程中的视窗控制　在平面图生成系统图的过程中，一共有3部分图形存在，即平面图、回路图和系统图。在各命令执行过程中，TElec会自动在屏幕上显示所需要的图，所以一般情况下可以使屏幕显示工作在单视窗的状态，此时使用【显示平面】、【显示回路】和【显示系统】3个命令可以改变屏幕显示的图形，只要在菜单上选取其中一个命令，屏幕上就显示对应的图形。另外，有时也许需要同时看到这3部分图形，这时可用【视窗还原】命令将单视窗改为三视窗状态；【视窗放大】命令则将三视窗改为单视窗状态。图1-13所示为屏幕显示三视窗时的情况。

当屏幕显示为三视窗时，左上视窗显示的为平面图，左下视窗显示回路图，右视窗为系

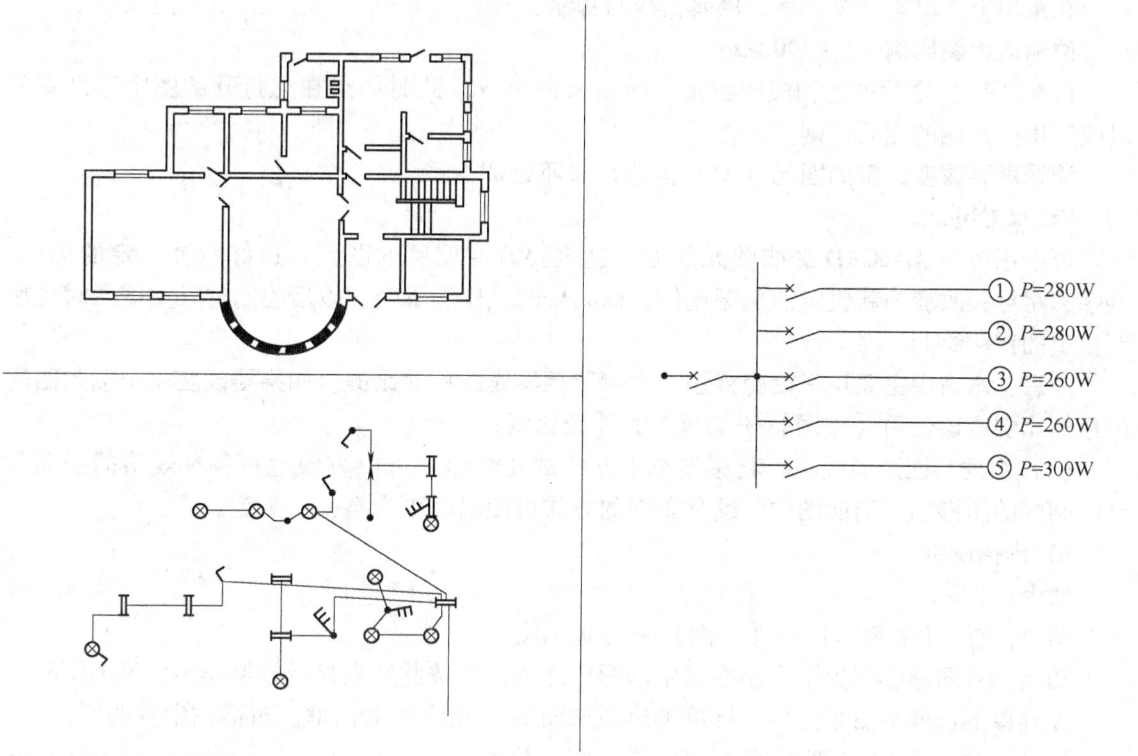

图 1-13　屏幕显示三视窗时的情况

统图。

9. 图面布置与出图

图形绘制完成之后，在出图之前要对图面进行一定的编辑修改，并绘制或插入图框。一般建筑电气设计软件都为用户提供了这方面的工具。用户使用这些工具可以在图中插入图框，将几个图形文件的图插入到一幅图中或是改变图形比例、移动图形等。

（1）出图比例

命令：Chscl；

菜单位置：【主菜单】→【出图比例】；

功能：设定文字和线宽的比例，使其在出图时保持适当的大小尺寸。

利用本命令可以设定图中的文字，标注粗导线的线宽等的比例。在设定了出图比例之后画出的文字、标注和粗导线都按新设置的比例绘制。在绘制了一部分图形之后也可以改变其大小比例，但改变后的标注文字有时会与其他图形发生干涉，因此建议在绘图之前最好先设定好其出图比例。一般情况下这个出图比例应与设定的绘图机出图比例相同，这样出图时绘出的标注文字高度和导线宽度就为【初始设置】中指定的高度和宽度；但如果绘图机出图比例与本命令设定的出图比例不同，则绘出的标注文字高度和导线宽度就与【初始设置】所指定的不同。例如，绘图机出图比例设为 1∶100，而图中设定的出图比例为 1∶200，则绘出的标注数字高度就比【初始设置】中指定的高度增加一倍。总之，只要使绘图机出图比例与本命令设置的出图比例保持一致，就可以保证在绘制各种出图比例图时，都获得相同尺寸的标注文字和线宽。

在菜单上选取本命令之后，屏幕命令行提示：

请输入出图比例 <1 :100 >1:。

可在“1:”之后输入相应的数值，然后 < 回车 >。此时如果在您打开的图中已经有可以改变出图比例的图元，则屏幕提示：

请选取要改变比例的图元（ALL-全选） **< 不选取 > :**

Select Objects。

可以用各种 AutoCAD 选取图元的方法选定要改变比例的图元。选好后被选定的标注、文字和粗导线改变为新设定的出图比例，而其余图元比例不变。以后绘制这几类图元时也按新设定的比例绘制。

注意：本命令主要用于改变标注、文字及粗导线的尺寸比例。如果要改变某个插入图的图形的比例应该使用【布图】子菜单下的【变比例】命令。

（2）图框与图形的插入　利用本节中介绍的几个命令可以方便地将各种规格的图框和已绘制好的图形插入当前图中。这种布图的方式可使图面更为整齐、美观。

1）虚插图框

命令：Title；

菜单位置：【主菜单】→【布图】→【虚插图框】；

功能：将图形绘图界限限制在指定的图幅之内，并按此界限显示栅格作为虚设的图框。

在菜单上选取本命令之后，屏幕上出现如图 1-14 所示的对话框。对话框中各选项：

【标准图幅】共有 5 种标准图幅可供选择。单击本栏中某一图幅的互锁钮，就选定了对应的图幅。

【加长】在此列表框中列出对应当前标准图幅的加长图幅，默认值为不加长。

【尺寸】包括图长和图宽两个方向的尺寸，选定标准或标准加长图幅后，这两个编辑框中自动显示对应数值，如果图幅尺寸为非标准的，可直接在这两个编辑框中输入尺寸数据。

【格式】图纸可以按其布图位置设成立式或横式，单击本栏中相应的互锁按钮就可以选定图纸格式。

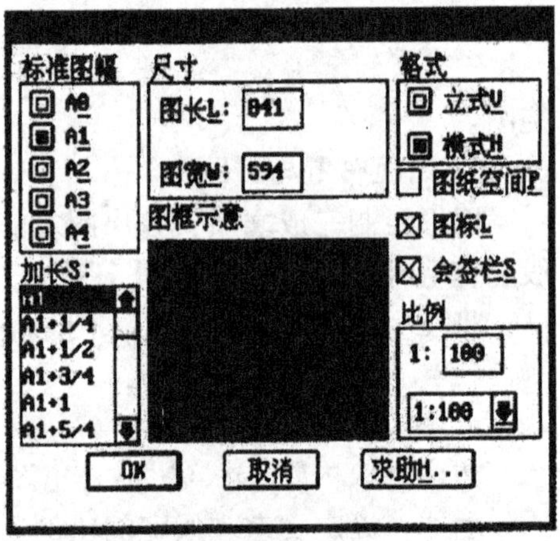

图 1-14　图框插入对话框

【图标】选中此项即在图框右下角加入图标（虚图框无意义）。

【会签栏】选中此项即在图框左上角加入会签栏（虚图框无意义）。

【图纸空间】选中此项，图框将被加入到图纸空间。

【比例】标准的出图比例，此数字应与出图时为绘图机设定的出图比例一致。可以在此栏中第一行键入比例数字，也可以单击第二行下拉式列表框右边的小箭头，列出标准的比例数字，单击其中某一项，选定对应的比例。

可以利用【标准图幅】先选定所需的图幅，需加长时利用【尺寸】列表选定相应的加长图幅，再确定是否需要“图标”和“会签栏”及如何布置图纸。所有选项确定之后，单击“OK”按钮，屏幕上出现一个虚线的图框，另有一个可随光标移动的亮显图框，屏幕上方状态行中坐标值显示的是图纸左下角的位置。移动光标将活动的图框放在适当的位置，然后单击鼠标左键，在图纸界限内出现一片栅格点。设置这样的虚图框可以帮助在作图时确认图纸的边界。这个虚插的图框在输出图纸时不会对图面起任何作用。对插入实图框亦不会产生影响。

2）实插图框

命令：Title；

菜单位置：【主菜单】→【布图】→【实插图框】；

默认图层：公共图框—PUB_TITLE；

默认颜色：青 4；

图元类型：LINE（图框），INSERT（图标及会签栏）；

功能：在图中插入图框。

与【虚插图框】命令相同，在菜单上选取本命令之后，屏幕上也出现如图 1-15 和图 1-16所示的对话框。利用这个对话框可选定需插入图框的规格（有关这个对话框的使用与虚插图框方法类似）。选定之后，屏幕上出现一活动图框，随光标移动。在屏幕上点取一点确认图框位置，一个带有图标与会签栏的图框绘制在图中。

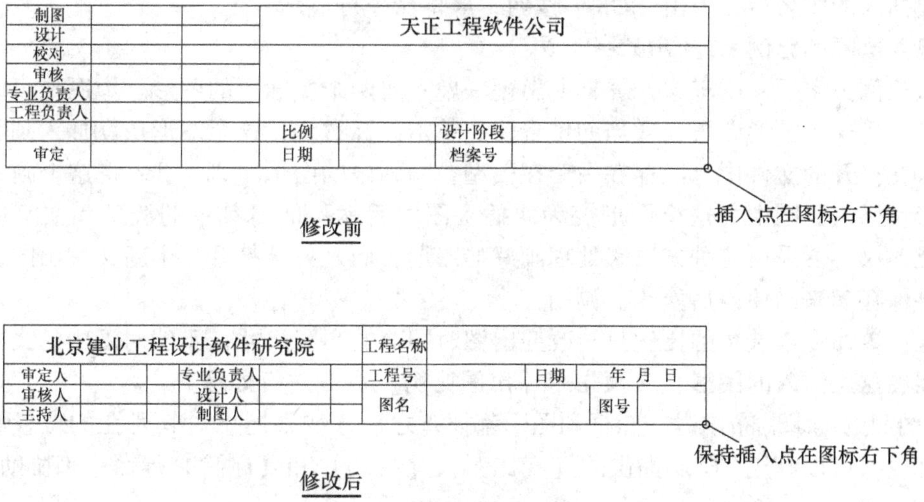

图 1-15　修改前与修改后的图标

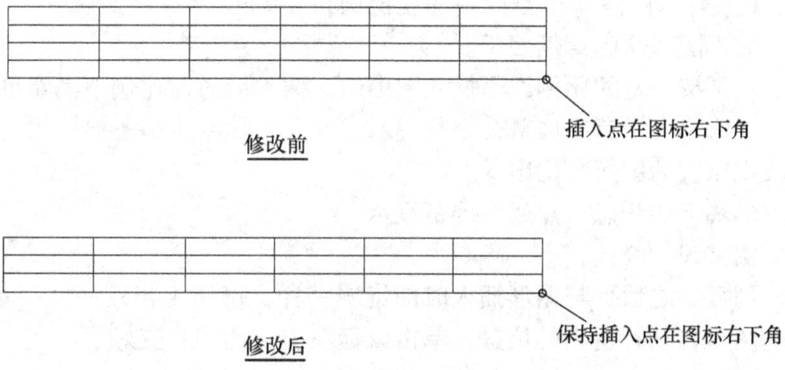

图 1-16　修改前与修改后的会签栏

插入的图框中的图标及会签栏是以块的形式存在的，因此不能对其中的某条线或某个文字进行修改。如果所用的图标与 TElec 提供的不同，可以从 C：\ TCH \ SYS 路径下（C：为安装 TElec 的盘名）用【Open】命令调出“_LABEL1”（会签栏）或“_LABEL2”（图标）进行修改。在修改时应注意不要改变右下角的位置，这个右下角的坐标位置应该为（0，0）。如果此点位置发生了变化将使插入的图标块不能位于正确的位置。修改后以 Qsave 命令，用原名存入原路径下，以后再插入图框时 TElec 便自动使用修改后的图标和会签栏。

3）插入图形

命令：Mview1；

菜单位置：【主菜单】→【布图】→【插入图形】；

默认图层：公共窗口—PUB_WlNDW；

图元类型：INSERT；

功能：将外部或内部的图形以块的形式插入到图中。

在菜单上选取本命令之后，如果在打开的文件中没有画好的图形或仅有作为块插入的图形（以下“图形块”），则在屏幕上出现【请选择要插入的图名】的对话框，利用这个对话框输入要插入的图名后，单击“OK”按钮，屏幕命令行显示：

请输入该图的比例 <1：100>1：。

键入比例数字后 <回车>，屏幕上出现一虚一实两个要插入的图形。虚图形可以随十字光标移动，将这个图形布置在适当的位置后，单击鼠标右键，这个图形块就插入到图中了。

如果在打开的文件中已经存在一个在模型空间画好的图形，则 TElec 将这个画好的图形变为图形块插入到图中。这个图形变为块插入图中后就不能对其中的线条和文字进行编辑了。因此建议不要采用这种方法来处理画好的图形，而是另外打开一个新文件出图，将原来的图文件保存起来以便以后修改、调用。

注意：该命令中选用的比例只能改变出图时图形的实际尺寸，不能对图中的文字进行调整，所以在这里插入的图形，应预先用【出图比例】命令进行处理。

4）图面的编辑。布图时，图框和图形都插入之后，如果还想对其所在的位置或比例大小进行修改，可以利用 TElec 提供的【变比例】、【移动】和【删除】等命令来协助完成。

① 变比例

命令：Chscale；

菜单位置：【主菜单】→【布图】→【变比例】；

功能：改变插入图形块的比例因子。

布图时图形块是按一定的比例因子插入图中的。插入后对此比例不满意可用本命令加以修改。在菜单上选取本命令后，屏幕命令行提示：

请点取要改变比例的图形 <退出>。

点取相应图形块上的任意一点后，屏幕显示：

请输入新比例 <100>1：。

输入新的比例数字之后，与图形插入时的情况一样，屏幕上出现一实一虚的两个图形，用十字光标将虚图形移动到适当的位置，单击鼠标左键，比例就变好了。

② 移动

命令：Move；

菜单位置：【主菜单】→【布图】→【移动】；

功能：移动图形块的位置。

在菜单上选取本命令之后，屏幕命令行提示：

请点取要移动的图元 <退出>。

选定要移动的图元后，屏幕上出现一实一虚的两个图形当的位置，单击鼠标左键，图形块便移至相应位置。

③ 删除

命令：Erasep；

菜单位置：【主菜单】→【布图】→【删除】；

功能：删除图形块。

在菜单上选取本命令之后，屏幕命令行提示：

请点取要删除的图元 <退出>。

选定要删除的图元后，被选中的图形块被删除。用十字光标将虚图形移动到适当位置。

（3）出图

命令：Plot；

菜单位置：【主菜单】→【出图】；

功能：对图形进行一定的处理后，用绘图机或图形打印机出图。

在菜单上选取本命令后，屏幕上出现如图 1-17 所示的【出图设置】对话框，利用对话框可以选定出图时的处理项目。以下说明对话框中各项的具体用法。

【隐去细导线 H】选定是否要隐去图中的细导线，选中此项时（方框中有“×”），图中细导线被隐去。在图中导线已被加粗，同时部分加粗导线被断开的情况下，应选中此项。

【设置轴线线型 A】选定是否要将图中轴线设为点画线，选中此项时（方框中有“×”），图中轴线被设为点画线。

【设置虚线线型 D】选定是否要将虚线层上的线设为虚线，选中此项时，（方框中有“×”）图中轴线被设为虚线。

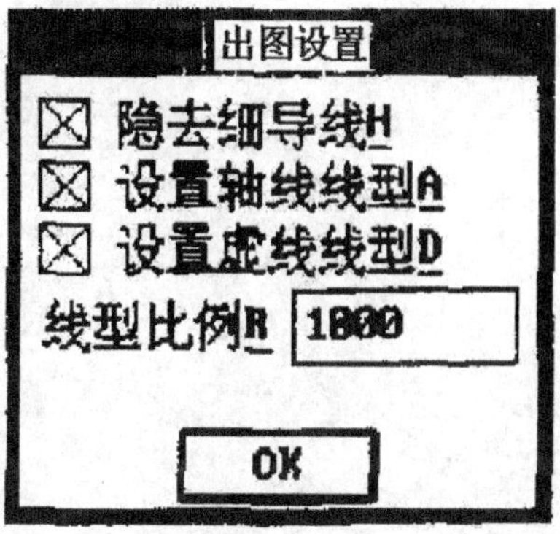

图 1-17　出图设置对话框

【线型比例 R】需要设置轴线或虚线线型时，应在此项中设定线型比例。一般情况下，使用 TElec 给定的默认值即可。

选定对话框中所有选项后，单击“OK”按钮，对话框消失。TElec 先对图中的有关图元进行出图前的预处理。处理的对象除上述对话框中涉及的几项内容外，还会自动关闭导线分格短线所在的层。然后，调用 AutoCAD 的 Plot 命令出图，有关 Plot 命令可参见 AutoCAD R14 参考手册。出图后所关闭的图层不会自动打开。

如果不希望在出图前进行预处理，则可直接使用 AutoCAD 出图命令 Plot。

以上只是建筑电气图用 CAD 软件绘制的步骤，要想熟练掌握绘图技巧必须熟悉 AutoCAD 软件及以其为平台开发的软件。

思考题与习题

1-1　建筑电气施工图的识图方法及步骤有哪些?

1-2　建筑电气施工图由哪些图组成? 各种图的含义是什么?

1-3　建筑电气施工图的图文框标注有哪些内容?

1-4　建筑电气施工图的手工绘制方法及步骤有哪些?

1-5　建筑电气施工图的计算机辅助设计方法及步骤有哪些?

1-6　请画出你所在学校的某一教学楼的建筑平面图。

1-7　请画出你所在学校或单位的某一食堂与所住宿舍楼的建筑平面图。

第2章　现代民用建筑供配电系统与设计

随着现代民用建筑业的不断发展，现代民用建筑对供配电系统的安全、可靠、连续性供电要求越来越高。电力供应如果突然中断，不仅给民用建筑造成严重后果，甚至会发生人身伤亡事故。因此，合理的供配系统与设计至关重要。本章将从供配电系统的基本概念、民用建筑用电负荷的分级划分和计算方法入手，简单介绍现代民用建筑供配电系统的电能质量控制及中性点接地方式、供配电设施形式的选用等内容。重点介绍现代民用建筑对供配电系统的设计要求、高层民用建筑供配电系统的供电方式和特点。

2.1　概述

2.1.1　现代民用建筑供配电系统的基本概念

1. 现代电力系统的构成

现代电力系统是一个由电能的生产（发电）、输送与分配（输电、变电、配电）、消费（用电负荷）组成的系统。除此以外，为了保证电力系统的经济、可靠与灵活运行，现代电力系统必须具备保证系统正常运行和处理异常与事故状态的先进控制手段。这包括电力系统的调度自动化、继电保护和安全稳定控制、电力专用通信网及各电力设备的运行监控系统等。这个控制系统称为电力系统的二次系统，也是电力系统不可分割的有机组成部分。电能的输送与分配系统，即是各级电压输电、变电、配电构成的电力网。典型的电力系统结构示意图如图2-1所示。图2-2是电力系统及电力网示意图。

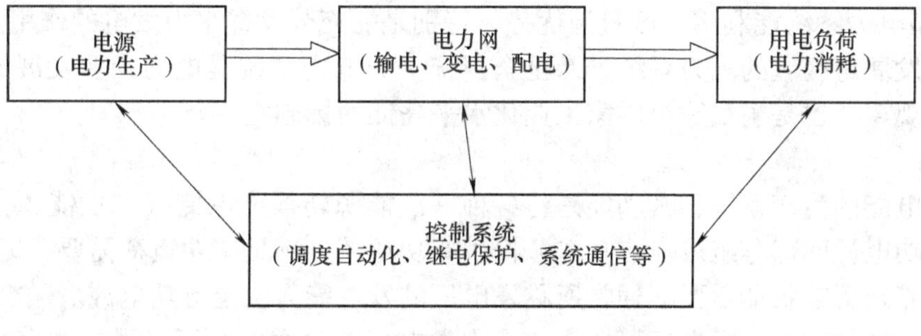

图2-1　典型的电力系统结构示意图

由发电厂、变电所、输配电线路和用电负荷等电力设施，可组成简单的电力系统，实现电力生产与消费的平衡。但简单的电力系统满足不了经济、可靠与运行灵活等要求。随着电力工业的发展，简单的或孤立的地区电力系统将发展为区域性电力系统，并进一步发展为跨区域的互联电力系统。

构成大型电力系统的优点：

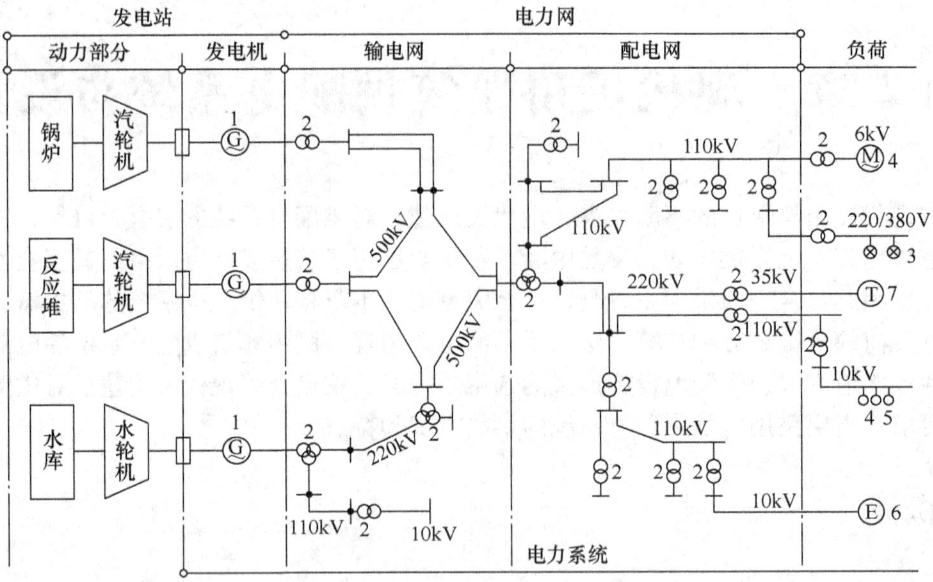

图 2-2 电力系统及电力网示意图

1—发电机 2—变压器 3—电灯 4—电动机 5—电热设备 6—电解冶炼 7—电气化铁路

1）提高了供电可靠性。由于大型电力系统的构成，能耐受较大的故障冲击，使得电力系统提高了稳定性，抗干扰能力强。

2）电力系统运行具有灵活性，各地区可以通过电力网互相支援，从而为保证电力系统电力供应所必需的备用发电机组可以大大减少。

3）形成电力系统便于发展大型机组。目前，我国区域性电力系统中，单机容量为 200 ~ 600MW 的发电机组已成为系统中的主力机组。

4）频率稳定。系统容量越大，频率变化幅度越小，电能质量越高。

5）利用峰谷效应，合理利用能源，实行经济调度，提高整个电力系统的经济效益。

6）大型电力系统能利用地区资源优势，特别是能充分发挥水力发电的作用。

因此，发展跨区域的电力系统，乃至全国统一的电力系统是电力工业发展的必然趋势，是客观发展规律，也是衡量一个国家工业化水平高低的标志之一。

2. 电源

电源是电能的生产系统，其功能是将各种一次能源转换成电能（二次能源），电源由有功电源和无功电源两部分组成。有功电源提供有功功率，满足有功负荷需要；无功电源提供无功功率，满足无功负荷需要。通常所称发电厂的发电能力统指有功电源。

按发电能源的类型，发电厂可分为：水力发电厂、火力发电厂（燃油或燃煤）、核能发电厂。

电力系统的无功电源有同步发电机、调相机、静止补偿器、并联电容器等。电力系统的无功电源问题总是和无功功率补偿及电压调节问题紧密联系的。它关系到电力系统的稳定、广大用户的电能质量及电力系统的经济运行。

3. 电力网与配电网

电力网是指电力系统中不包括发电厂及负荷的电力输送与分配网络。电力网由输电网、变电所和配电网组成。输电网作为输送电能的主干渠道或系统之间互送电能的联络渠道，主要指以高压或超高压将发电厂、变电所或变电所之间连接起来的电力网络。交流输电网按运行电压的高低又分为高压输电网（60～220kV）、超高压输电网（330kV 以上，1000kV 以下）和特高压输电网（1000kV 及以上）。世界上首条投入运营的交流 1000kV 特高压线路由我国国家电网公司投资建设，从山西晋东南起至湖北荆门段，线路全长约 640km（公里）。

配电网是在输电主干线将电力送到电能消费地区经过降压后，再向用户供电的分配手段。输电网与用户之间都属于配电网范围。配电网的电压可根据供电范围和供电容量的大小分为高压配电电压（35～110 kV）、中压配电电压（6kV、10kV、20kV）和低压配电电压（220/380V、660V）。这种划分并不严格，不同的电力系统或不同的国家不尽相同。根据用电负荷的需要，配电方式也有多种形式。高、中压配电网多为三相三线制，低压配电网常为三相四线制、三相三线制和单相二线制，某些特殊负荷，如电气化铁道为单相交流供电等。

4. 负荷

电能经过发电、输电、变电、配电等环节供应给用户，用户负荷是电能的消费系统，根据需要，电能可以转换成各种形式的能（如机械能、化学能、光能、热能、磁能等），以满足国民经济各行业及城乡居民的需要。用户对电力系统的要求是向它提供“充足、可靠、合格、安全、廉价”的电能。

根据用电设备物理性能，负荷可分为有功负荷、无功负荷；根据电力系统停电后对用户造成损失的严重程度，又可分为重要负荷、非重要负荷。用户的负荷是随时间不断变化的，所以，电力系统要做好长短期电力负荷的分析及预测，掌握负荷曲线及特性指标，还要重视特种负荷对电力系统的影响，研究对负荷的控制与调节手段，制订经济可靠的供电方式，满足用户的供电需要。

5. 电力网的控制

现代电力系统的控制系统主要包括调度自动化继电保护与安全稳定控制及电力系统通信等部分，正在向智能化方向发展。它是电力系统的重要组成部分，不仅贯穿于电力系统正常、异常、紧急及恢复等运行状态的各个过程，还直接或间接与系统中每一电力设备相联系，是保证现代电力系统安全优质经济运行的技术手段。

完整的电力系统调度自动化系统包括能量管理系统（Energy Management System，EMS）及配电管理系统（Distribution Management System，DMS）两大部分。根据各个电力网的具体情况不同，可以具有不同规格、不同规模和功能。其中对 EMS 最基本的要求是实现监控与数据采集（Supervisory Control and Data Acquisition，SCADA）。在此基础上，还可以增加自动发电控制（Automatic Generation Control，AGC）、经济调度（Economic Dispatch Control，EDC）和安全分析等功能，以实现电力生产管理的高度自动化。

2.1.2　现代民用建筑供配电系统的特点和发展趋势

1. 现代民用建筑供配电系统的特点

1）高电压、大电流、高频率以及电压波动、电磁干扰等。如高电压、高频设备，产生谐波源的设备，直流设备等。

2）大容量和较高的电源电压。随着用电单位用电容量增大，要求大容量的供电系统和较高的电源电压，相应地增大了电力系统的短路容量。

3）电气安全的广泛性要求。用电设备的应用，除正常环境外，还有爆炸火灾危险场所、腐蚀多尘场所、高温和潮湿场所等。

4）节约电能和经济运行。节约电能是我国的国策。因此，节约电能是一个不容忽视的问题。对于用电单位必须采用节能型设备和采取节能措施，推广经济运行，减少电能损耗。

5）适应不同的环境要求。我国幅员辽阔，不同地区的温度、湿度相差很大，日照、雨、雪、大风、雷暴等自然环境各不相同。在工业建筑中，有些产品要求恒温、恒湿或洁净的环境。而在民用建筑中要求舒适美观方便的生活环境。因此，供电系统不仅要适应不同的环境要求，而且还要为创造适当的优良环境而努力。

2. 现代民用建筑供配电的发展趋势

（1）电源的发展趋势　对于大型建筑物群，随着负荷的增加，将采用高压甚至超高压供电。而中、低压配电系统，从增加供电容量、提高电能质量和减少电能损耗出发，正在局部应用中压20kV和低压660V电压等级；低压660V电压等级已于2009年首次列入GB5002《供配电系统设计规范》。除供电部门提供质量合格的电源外，建筑物内部也将会采取技术措施，保证电能质量，满足各种用电设备需求。此外，不断开发污染少、价格低的新能源，如风能、太阳能、水力、海洋能、地热和生物质能等可再生能源及天然气等不可再生的清洁能源将成为一种发展趋势。

（2）电力系统的发展趋势　电力系统的发展方向是智能电力系统，或者叫坚强智能电网。根据用电负荷的重要性级别和用电设备的实际要求，采用自动化技术，建立集中监控和保护，提高故障检测和诊断技术。应用人工智能技术建立高可靠性、高质量、节约电能、具有多指标自动运行能力的电力系统。智能电力系统是一个广义的坚强智能电网，能够有效破解电力工业未来发展所面临的难题。

（3）用电设备的发展趋势　随着现代科学技术的发展，新技术、新材料、新工艺的使用，用电设备也向着高分断能力、高绝缘水平、低损耗、免维护、智能化、小型化、方便操作的方向发展。

（4）增强环境保护、安全和节能意识　许多用电设备本身及其线路即是电磁辐射和产生噪声的污染源，必须采取措施或开发新型产品以适应环境保护的要求。供电系统中的安全技术问题要和国际电工标准接轨，在理论上有所突破，设备上有所提高和完善。如电力系统中性点接地方式问题、建筑物内的等电位联结问题等。不断开发和采用低耗高效的设备，采用新的节能措施等现代化设备和手段，达到节能的目的。

（5）利用电力电子技术和计算机技术　近年来，利用电力电子技术对传统工业设备进行技术改造，取得了很大成果。这些成果已应用于电解、电镀、感应加热、变频调速、无功补偿及生活电器等方面，产生了很好的经济和节能效果。电力电子技术不断发展，在电气设备生产领域将实现机电一体化。计算机技术应用在供电部门和用电单位，通过计算机及其支持软件，将各种信息实时采集、处理、传递，实现有效地控制和协调。使供电部门的运行监控、系统保护、负荷管理，用电单位的产品设计、产品检验、计划管理、仓库管理、销售管理等办公自动化，达到全面动态优化的目的。

2.2 民用建筑供配电负荷的分级和计算

2.2.1 民用建筑供配电负荷的分级和供电要求

1. 民用建筑供配电负荷的分级

民用建筑供配电负荷根据对供电可靠性的要求及中断供电在政治、经济上所造成的损失或影响的程度，分为一级负荷、二级负荷、三级负荷。

（1）一级负荷　属于下列情况之一时，应为一级负荷：

1）中断供电将造成人身伤亡的负荷。

2）中断供电将造成重大政治、经济损失的负荷。如民用建筑中的大型银行营业厅的照明、一般银行的防盗系统；大型博物馆、展览馆的防盗信号电源、珍贵展品室的照明电源等。

3）中断供电将影响有重大政治、经济意义的用电单位的正常工作，或造成公共场所秩序严重混乱的负荷。如重要通信枢纽、重要交通枢纽、重要的经济信息中心、特级或甲级体育建筑、国宾馆、国家级及承担重大国事活动的会堂以及经常用于重要国际活动的大量人员集中的公共场所等用电单位中的特别重要负荷。

（2）二级负荷　属于下列情况之一时，应为二级负荷：

1）中断供电将在政治上造成较大影响的负荷。

2）中断供电将在经济上造成较大损失的负荷。如中断供电将会造成主要设备损坏、大量产品报废、连续生产过程被打乱需较长时间才能恢复、重点企业大量减产等。

3）中断供电将影响重要用电单位正常工作的负荷。如交通枢纽、通信枢纽等用电单位中的重要电力负荷。

4）中断供电将造成重要的公共场所秩序混乱的负荷，如大型影剧院、大型商场等较多人员集中的公共场所的重要电力负荷。高层住宅建筑亦属二级负荷。

（3）三级负荷　不属于一级、二级负荷的均属于三级负荷。一般民用建筑的用电负荷等均属于三级负荷。

民用建筑用电负荷的分级见表 2-1。

表 2-1　民用建筑用电负荷级别

序号	建筑物名称	电力负荷名称	负荷级别
1	19 层及以上普通高层住宅、建筑装修标准高和设有空调系统的高级住宅	1. 生活水泵、消防用电设备、应急照明、消防电梯 2. 公共场所照明	一级 二级
	10～18 层普通高层住宅	1. 消防用电设备、应急照明、消防电梯 2. 生活水泵电力、公共场所照明	二级 二级
	9 层及以下普通多层住宅	1. 客梯、生活水泵电力、主要通道照明 2. 其他	三级 三级
2	住宅（小）区中建筑面积超过 $5000m^2$ 的地下商场或公共场所	消防用电设备、应急照明	一级

（续）

序号	建筑物名称	电力负荷名称	负荷级别
3	一、二级旅馆	经营管理用电子计算机系统、设备管理用电子计算机系统电源	一级①
		宴会厅电声、新闻摄影、录像电源、宴会厅、餐厅、娱乐厅、高级客房、康乐设施、厨房、主要通道照明、地下室污水泵电力、厨房部分电力、部分客梯电力	一级
		其余客梯电力、一般客房照明	二级
4	重要办公建筑	客梯电力、主要办公室、会议室、总值班室、档案室及主要通道照明	一级
5	部省级办公建筑	客梯电力、主要办公室、会议室、总值班室、档案室及主要通道照明	二级
6	高等学校教学楼	客梯电力、主要通道照明	二级②
7	高等学校	重要实验室	一级③
8	科研院所	重要实验室	一级③
9	市（地区）级及以上气象台	主要业务用电子计算机系统电源	一级①
		气象雷达、电报及传真收发设备、卫星动力接收机、语言广播电源、天气绘图及预报照明	一级
		客梯电力	二级
10	计算中心	主要业务用电子计算机系统电源	一级①
		客梯电力	二级
11	大型博物馆、展览馆	防盗信号电源、珍贵展品展室的照明	一级①
		展览用电	二级
12	甲等剧院	调节器用电子计算机系统电源	一级①
		舞台、贵宾室、演员化妆室外照明、舞台机械电力、电声、广播及电视转播、新闻摄影电源	一级
13	甲等电影院	照明、音响、放电影设备电源	二级
14	重要图书馆	检索用电子计算机系统电源	一级①
		其他用电	二级
15	省、自治区、直辖市及以上体育馆、体育场	计时计分用电子计算机系统电源	一级①
		比赛厅（场）、主席台、贵宾室、接待室、广场照明、电声、广播及电视转播、新闻摄影电源	一级
16	中型百货商店	营业厅、门厅照明，客梯电力	二级
17	大型百货商店	经营管理用电子计算机系统电源	一级①
		营业厅、门厅照明	一级
		自动扶梯、客梯电力	二级
18	县（区）级及以上医院	急诊部用房、监护病房、手术部、分娩室、婴儿室、血液病房的净化室、血液透析室、病理要片分析、CT 扫描室、区域用中心血库、高压氧化、加速器机房和治疗室、配血室的电力及照明、培养箱、冰箱、恒温箱的电源	一级
		电子显微镜电源、客梯电力	二级

（续）

序号	建筑物名称	电力负荷名称	负荷级别
19	银行	主要业务用电子计算机系统电源，防盗信号电源	一级①
		客梯电力，营业厅、门厅照明	二级④
20	火车站	特大型站和国境站的旅客站房、站台、天桥、地道的用电设备	一级
21	民用机场	航行管制、导航、通信、气象、助航灯光系统的设施和台站；边防、海关、安全检查设备；三级以上油库存；为旅行及旅客服务的办公用房；旅客活动场所的事故照明	一级①
		候机楼、外航驻机场办事处、机场宾馆及旅客过夜用房、站坪照明、站坪机务用电	一级
		其他用电	二级
22	水运客运站	通信枢纽、导航、收发信台	一级
		港口重要作业区、一等客运站用电	二级
23	汽车客运站	一、二级站	二级
24	广播电台	电子计算机系统电源	一级①
25	电视台	直接播出的语言播音室、控制室、微波设备、发射机房的电力及照明	一级
		主要客梯电力、楼梯照明	二级
		电子计算机系统电源	一级①
26	市话局、电信枢纽、卫星地面站	直接播出的电视演播厅中心机房、录像室、微波机房、发射机房的电力及照明	一级
		洗印室、电视电影室、主要客梯电力、楼梯照明	二级
		载波机、微波机、长途电话交换机、市内电话交换机、文件传真机、会议电话、移动通信、卫星通信等通信设备的电源；载波机室、微波机室、交换室、测量室、转接台室、电力室、电池室、文件传真机室、会议电话室、移动通信室、高度机室、卫星地面站的应急照明、营业厅照明、用户电传机	一级⑤
27	冷库	主要客梯电力、楼梯照明	二级
		大型冷库、有特殊要求的冷库的一台氨压缩机及其附属设备的电力、电梯电力、库存内照明	二级
28	监狱	警卫照明	一级

① 所注负荷为一级负荷中特别重要负荷。

② 仅当建筑物为高层建筑时，其客梯电力、楼梯照明为二级负荷。

③ 此处系指高等学校、科研院所中，一旦中断供电将造成人身伤亡或重大政治、经济损失的实验室，例如生物制品实验室等。

④ 在面积较大的银行营业厅中，供暂时工作用的应急照明为一级负荷。

⑤ 重要通信枢纽的一级负荷为特别重要负荷。

2. 民用建筑用电负荷对供电电源的要求

根据民用建筑的负荷容量和分布，应尽量使提供供电电源的供配电设施靠近用电负荷中心。不同级别的负荷对供电电源的要求如下：

（1）一级负荷

1）一级负荷应由双电源供电，当其一路电源发生故障时，另一路电源不应同时受到损坏，且能承担全部负荷。负荷容量较大或有中压用电设备时，应采用两路中压电源。如一级负荷容量不大，应优先采用从电力系统或临近单位取得第二低压电源，也可采用应急发电机组。如一级负荷仅为照明或电信负荷时，宜采用不间断电源 UPS 或 EPS 作为备用电源。

2）一级负荷中特别重要的负荷，除上述两路电源外，还必须增设应急电源。为确保对特别重要负荷的供电，严禁将其他负荷接入应急供电系统，且设备的供电电源的切换时间应满足设备允许中断供电时间的要求。工程设计中，对于其他专业提出的特别重要负荷，应仔细研究。凡能采取非电气保安措施者，宜减少特别重要负荷的负荷量，但需要双重保安措施者除外。

3）当用电负荷中含有大量一级负荷中的特别重要负荷或大量的消防负荷时，两路双重电源应同时供电。

（2）二级负荷

1）二级负荷应由两个电源供电，即应由两条供电线路供电，供电变压器亦应有两台（两台变压器不一定在同一变电所）。做到当发生电力变压器故障或电力线路常见故障（不包括铁塔倾倒或龙卷风引起的极少见的故障）时不致中断供电或中断后能迅速恢复。

2）在负荷较小或地区供电条件困难时，可由一条 6kV 及以上专用架空线供电；当采用电缆线路时，应采用两根电缆组成的电缆线路供电，其每根电缆应能承受 100% 的二级负荷；为了解决线路和变配电设备的检修以及突然停电后，设备能安全停产问题，可选用小容量柴油发电机，其容量由实际需要确定。

（3）三级负荷　对于三级负荷供电无特殊要求，但应采取技术措施，尽可能不断电，以保证民用建筑中居民的生活用电。

2.2.2　民用建筑用电负荷的计算

1. 民用建筑用电负荷计算的目的和计算方法

（1）负荷计算的目的　在做民用建筑供配电设计时，首先应知道民用建筑用电量有多少，这就需要进行负荷计算。准确的负荷计算，使设计工作建立在可靠的基础上，做出来的设计方案比较经济合理。若负荷计算过大，将造成投资和设备器材的浪费；负荷计算过小，则因为设备承受不了实际的负荷电流而发热，加速绝缘老化，直至损坏设备，影响安全供电。所以电力负荷的计算是做供配电设计时首先要解决的问题，应将实际使用的负荷尽量准确地计算出来。

（2）负荷计算的常用方法　电力负荷的计算方法较多，而且各个行业根据行业特点分别采用不同的计算方法。特别是有些行业在不同的设计阶段又采用不同的计算方法，诸如单位产品耗电量法、单位面积功率法（即单位面积容量计算法）、需用系数法、利用系数法、二项式法等。民用建筑用电负荷计算一般推荐采用单位面积功率法、需用系数法或二项式法。上述推荐电力负荷计算方法，设计过程中可根据实际负荷性质、负荷特点及不同的设计阶段，灵活运用。

1）单位面积功率法。该计算方法是根据不同建筑类别的建筑物单位面积的用电指标之和，确定负荷。在方案设计阶段，可以通过单位面积功率法（即单位面积容量法）对用电负荷进行估算。我国地域宽广，各地经济发展情况不一，单位面积功率也各不相同。例如广东省要求商用负荷按 100～120W/ m^2、办公按 80～100W/m^2 估算，江苏省要求对于办公、物业负荷按 60～100W/m^2、商业负荷按 100～150W/m^2 估算。

2）需用系数法。该计算方法是用设备功率乘以需用系数和同时负荷系数，直接计算负荷。由于这种计算方法比较简便，因此得到广泛应用。当各设备的电动机功率级差相当悬殊时，利用这种计算方法的计算结果往往偏小。为此推荐在初步设计或扩大初步设计阶段作负荷统计，或施工图设计阶段确定变、配电所的电力负荷时采用。

3）二项式法。该计算方法是在设备组容量之和的基础上，考虑若干容量最大设备的影响，采用经验系数进行加权求和法计算负荷。这种方法也比较简便，但计算结果往往偏大。在民用建筑电气设计中，该方法仅作为负荷计算的辅助方法。因此一般推荐在施工图设计阶段对支干线和动力配电箱的负荷计算中采用。

2. 负荷计算

（1）单位面积功率法确定计算负荷

$$S_c = \frac{\sum CS_j}{1000} \tag{2-1}$$

式中　S_c——视在计算功率（kV · A）；

C——各类建筑物的建筑面积（m^2）；

S_j——单位建筑面积的负荷容量指标（V · A/m^2）。

目前国内各类建筑物的单位建筑面积用电指标见表 2-2、表 2-3。

表 2-2　各类建筑物的单位建筑面积用电指标

建筑类别	用电指标/（W/m^2）	变压器容量指标/（V · A/m^2）
公寓	30～50	40～70
宾馆、饭店	40～70	60～100
办公楼	30～70	50～100
商业建筑	一般：40～80 大中型：60～120	60～120 90～180
体育场、馆	40～70	60～100
剧场	50～80	80～120
医院	30～70	50～100
高等院校	20～40	30～60
中小学	12～20	20～30
展览馆、博物馆	50～80	80～120
演播室	250～500	500～800
汽车库（机械停车库）	8～15（17～23）	12～34（25～35）

表 2-3　住宅用电负荷标准表

住宅类别	套　型	用电负荷标准/kW
普通住宅	一类	2.5
	二类	2.5
	三类	4
	四类	4

（续）

住宅类别	套型	用电负荷标准/kW
康居住宅	基本型	4
	提高型	6
	先进型	8

（2）需用系数法确定计算负荷

1）用电设备组的计算负荷

$$P_c = K_n P_s \tag{2-2}$$

$$Q_c = P_c \tan\varphi \tag{2-3}$$

$$S_c = \sqrt{P_c^2 + Q_c^2} \tag{2-4}$$

式中 P_s——用电设备组的负荷（kW）；

P_c——用电设备的有功计算负荷（kW）；

Q_c——用电设备的无功计算负荷（kvar）；

S_c——用电设备的视在计算功率（kV·A）；

K_n——需用系数，见表2-4和表2-5、表2-6；

$\tan\varphi$——用电设备功率因数角的正切值，见表2-4、表2-7。

表2-4 民用建筑用电设备的 K_n、$\cos\varphi$ 及 $\tan\varphi$

用电设备组名称		K_n	$\cos\varphi$	$\tan\varphi$
影院动力		0.7~0.8	0.8~0.85	0.75~0.62
剧院动力		0.6~0.7	0.75	0.88
体育馆动力		0.65~0.75	0.75~0.8	0.8~0.75
采暖通风用电设备	风机、空调器	0.70~0.80	0.80	0.75
	通风机	0.60~0.70	0.80	0.75
	恒温空调箱	0.60~0.70	0.95	0.33
	冷冻机	0.85~0.90	0.80	0.75
	集中式电热器	1.00	1	0
	分散式电热器<100kW	0.85~0.95	1	0
	分散式电热器>100kW	0.75~0.85	1	0
	分散式电热器>100kW	0.75~0.85	1	0
	小型电热设备	0.30~0.50	0.95	0.33
给排水用电设备	水泵≤1.5kW	0.75~0.80	0.80	0.75
	水泵≥1.5kW	0.60~0.70	0.87	0.57
载人、运输设备	客梯≤1.5t	0.35~0.50	0.50	1.73
	客梯≥2.0t	0.60	0.50	1.02
	货梯	0.25~0.35	0.35	0.88
	电梯	0.18~0.50	0.5	1.73
	起重机	0.10~0.20	0.35	1.73
锅炉房用电设备		0.75~0.85	0.85	0.62

（续）

用电设备组名称		K_n	$\cos\varphi$	$\tan\varphi$
消防用电设备		0.50～0.67	0.80	0.75
厨房卫生设备	食品加工机械	0.50～0.70	0.80	0.75
	电饭锅、电烤箱	0.85	1	0
	电炒锅	0.70	1	0
	电冰箱	0.60～0.70	0.70	1.02
	电热水器（淋浴用）	0.65	1	0
	电除尘器	0.30	0.85	0.62
家用电器	电视、音响、风扇	0.50～0.55	0.75	0.88
	电吹风、电熨斗	0.50～0.55	0.75	0.88
	电钟、电铃、电椅等	0.50～0.55	0.75	0.88
	客房床头控制箱	0.15～0.25	0.60	1.33
	计算机	0.05～0.20	0.80	0.75
	洗衣机	0.30～0.35	0.70	1.02
	窗式空调机	0.35～0.45	0.80	0.75
照明	客房	0.35～0.45	0.90	0.48
	其他场所	0.50～0.70	0.60～0.90	1.33～0.48

表 2-5　一般照明负荷需用系数 K_n

建筑物类别	需用系数 K_n	建筑物类别	需用系数 K_n
公用设施	0.90	电影院	0.70～0.80
办公楼及生活设施	0.80	剧 院	0.70～0.80
住宅楼	0.40～0.60	体育馆	0.65～0.75
单身宿舍	0.60～0.70	展览馆	0.70～0.80
宿舍区、居民区	0.60～0.80	库 房	0.50～0.70
科研楼	0.80～0.90	锅炉房	0.80～0.90
设计室	0.90～0.95	俱乐部、文化娱乐场所	0.50～0.60
教学楼	0.80～0.90	变配电所	0.50～0.70
商场	0.85～0.95	阅览室	0.80～0.95
餐厅	0.85～0.95	机场	0.65～0.85
医院门诊楼	0.80～0.90	车站码头	0.70～0.85
高层建筑	0.40～0.50	博物馆	0.80～0.90
多功能厅、会议室	0.50～0.60	星级宾馆	0.45～0.65
文化场馆	0.65～0.80	碘钨灯、霓虹灯	0.95～1.00
医院病房楼	0.50～0.60	道路照明	0.95～1.00
旅馆	0.60～0.80		

表 2-6　住宅用电负荷的需要系数 K_n

按单相配电计算时所连接的基本户数	按三相配电计算时所连接的基本户数	需要系数 K_n	
		通用值	推荐值
3	9	1	1
4	12	0.95	0.95
6	18	0.75	0.80
8	24	0.66	0.70
10	30	0.58	0.65
12	36	0.50	0.60
14	42	0.48	0.55
16	48	0.47	0.55
18	54	0.45	0.50
21	63	0.43	0.50
24	72	0.41	0.45
25 ~ 100	75 ~ 300	0.40	0.45
125 ~ 200	375 ~ 600	0.33	0.35
262 ~ 300	780 ~ 900	0.26	0.30

注：1. 表中通用值系数为目前采用的住宅需用系数值，推荐值是为计算方便而提出。
2. 住宅的公用照明及公用电力负荷的需要系数，一般可按 0.8 选取。

表 2-7　照明用电设备的 $\cos\varphi$ 及 $\tan\varphi$

光源类别		$\cos\varphi$	$\tan\varphi$
白炽灯、卤钨灯		1.00	0.00
荧光灯	电感镇流器（无补偿）	0.50	1.73
	电感镇流器（有补偿）	0.90	0.48
	电子镇流器	0.95 ~ 0.98	0.33 ~ 0.20
高压汞灯		0.40 ~ 0.55	2.29 ~ 1.52
高压钠灯		0.40 ~ 0.50	2.29 ~ 1.73
金属卤化物灯		0.40 ~ 0.55	2.29 ~ 1.52
氙灯		0.90	0.48
霓虹灯		0.40 ~ 0.50	2.29 ~ 1.73

2）配电干线或单项工程的计算负荷

$$P_c = K_{pt}\sum(K_n P_s) \tag{2-5}$$

$$Q_c = K_{qt}(K_n P_s \tan\varphi) \tag{2-6}$$

$$S_c = \sqrt{P_c^2 + Q_c^2} \tag{2-7}$$

式中　K_{pt}——干线有功同时负荷系数（取 0.8 ~ 0.9），也可查有关手册或表。现有功同时负荷和无功同时负荷系数已有所不同，过去都认为相同，此处特作注明，以便引起注意；

K_{qt}——干线无功同时负荷系数（取 0.93 ~ 0.97）。

其他符号意义同前。

3）变、配电所的计算负荷

$$P_c = K_{Pt}K_{pt}(K_n P_s) \tag{2-8}$$

$$Q_c = K_{Qt}K_{qt}(K_n P_s) \tag{2-9}$$

$$S_c = \sqrt{P_c^2 + Q_c^2} \tag{2-10}$$

式中　K_{Pt}——总有功同时负荷系数（取 0.8 ~ 1.0），也可查有关表；

K_{Qt}——总无功同时负荷系数（取 0.95 ~ 1.0），也可查有关表。

其他符号意义同前。

（3）单相负荷计算　单相用电设备应均衡分配到三相上，使各相的计算负荷尽量相近。

1）计算原则

① 单相负荷与三相负荷同时存在时，应将单相负荷换算为等效三相负荷，再与三相负荷相加。等效三相负荷可按下述 2）、3）中的方法计算。

② 在进行单相负荷换算时，一般采用需要系数法计算功率。

上述所称单相负荷，在各种具体情况下分别代表需要功率、平均功率或设备功率，此外，单相用电设备接于线电压或相电压时的负荷，相应地称为线间负荷和相负荷。

2）单相负荷换算为等效三相负荷的一般方法。对于既有线间负荷又有相负荷的情况，计算步骤如下：

① 先将线间负荷换算为相负荷，各相负荷分别为

a 相：

$$P_a = P_{ab}P_{(ab)a} + P_{ca}P_{(ca)a} \tag{2-11}$$

$$Q_a = P_{ab}q_{(ab)a} + P_{bc}q_{(ca)a} \tag{2-12}$$

b 相：

$$P_b = P_{ab}P_{(ab)b} + P_{bc}P_{(bc)b} \tag{2-13}$$

$$Q_b = P_{ab}q_{(ab)b} + P_{bc}q_{(bc)b} \tag{2-14}$$

c 相：

$$P_c = P_{bc}P_{(bc)c} + P_{ca}P_{(ca)c} \tag{2-15}$$

$$Q_c = P_{bc}q_{(bc)c} + P_{ca}q_{(ca)c} \tag{2-16}$$

式中　P_{ab}、P_{bc}、P_{ca}——接于 ab、bc、ca 线间负荷（kW）；

P_a、P_b、P_c——换算为 a、b、c 相有功负荷（kW）；

Q_a、Q_b、Q_c——换算为 a、b、c 相无功负荷（kvar）；

$P_{(ab)a}$、$q_{(ab)a}$、…——接于 ab、…线间负荷换算为 a、…相负荷的有功及无功换算系数，见表 2-8。

② 各相负荷分别相加，选出最大相负荷，取其 3 倍作为等效三相负荷。

表 2-8　相负荷的换算系数

换算系数	负荷功率因数								
	0.35	0.4	0.5	0.6	0.65	0.7	0.8	0.9	1.0
$P_{(ab)a}$，$P_{(bc)b}$，$P_{(ca)c}$	1.27	1.17	1.0	0.89	0.84	0.8	0.72	0.64	0.5
$P_{(ab)b}$，$P_{(bc)c}$，$P_{(ca)a}$	−0.27	−0.17	0	0.11	0.16	0.2	0.28	0.36	0.5
$q_{(ab)a}$，$q_{(bc)b}$，$q_{(ca)c}$	1.05	0.86	0.58	0.38	0.3	0.22	0.09	−0.05	−0.29
$q_{(ab)a}$，$q_{(bc)b}$，$q_{(ca)c}$	1.63	1.44	1.16	0.96	0.88	0.8	0.67	0.53	0.29

3）单相负荷换算为等效三相负荷的简化方法

① 只有线间负荷时，将各线间负荷相加，选取较大两项数据进行计算。现以 $P_{ab} \geqslant P_{bc} \geqslant P_{ca}$ 为例：

当 $P_{bc} > 0.15P_{ab}$ 时，
$$P_d = 1.5(P_{ab} + P_{bc}) \tag{2-17}$$

当 $P_{bc} \leqslant 0.15P_{ab}$ 时，
$$P_d = \sqrt{3}P_{ab} \tag{2-18}$$

当只有 P_{ab} 时，
$$P_d = \sqrt{3}P_{ab} \tag{2-19}$$

式中 P_{ab}、P_{bc}——ab、bc 线间负荷（kW）；

P_d——等效三相负荷（kW）。

② 只有相负荷时，等效三相负荷取最大相负荷的 3 倍。

③ 当多台单相用电设备的设备功率小于计算范围内三相负荷设备功率的 15% 时，按三相平衡负荷计算，不需换算。

2.3 现代民用建筑供配电系统与设计

2.3.1 现代民用建筑供配电系统中性点接地方式与选用

1. 中、高压系统

民用建筑中、高压系统的中性点接地方式对系统的运行至关重要，涉及的问题比较多，如供电可靠性、设备绝缘水平、继电保护、通信干扰、系统稳定等。但根据国内外电力系统发展经验，一般着重考虑供电可靠性与设备绝缘水平两方面的问题。

中、高压电力系统中性点接地方式有：不接地、经电阻接地、经电抗接地、经消弧线圈接地、直接接地等。目前普遍采用的中性点接地方式为不接地、经消弧线圈接地和经低电阻接地 3 种。

（1）中性点不接地方式　是指配电网的中性点与大地绝缘的一种运行方式。现代民用建筑中、高压系统如采用中性点不接地方式，当发生单相接地故障时，线电压仍保持不变，允许配电网带故障运行一段时间，但需要在 2h 内切除故障，以免发展成相间短路和长期过电压，对设备造成损害。中性点不接地方式一般适用于电容电流小于 10A 的配电网络。

（2）中性点经消弧线圈接地方式　也称谐振接地方式，是指配电网中性点经消弧线圈与大地连接。现代民用建筑中、高压系统如采用中性点经消弧线圈接地的方式，当发生单相接地故障时，可形成一个与对地电容电流的大小接近但方向相反的感性电流，对系统的电容电流进行补偿，使接地处的电流变化很小，从而消除接地处的电弧及其所造成的危害，同时电流过零后电弧熄灭。中性点经消弧线圈接地方式一般适用于电容电流大于 10A 小于 150A 的配电网络。

（3）中性点经低电阻接地方式　指在中性点与大地之间接入一定阻值的电阻。该电阻与系统对地电容构成并联回路，由于电阻是耗能元件，也是电容电荷释放元件和谐振的阻压元件，对防止谐振过电压和间歇性电弧接地过电压有一定优越性。现代民用建筑中、高压系统如采用中性点经低电阻接地的方式，可以有效抑制系统的谐振过电压，加速泄放电气回路的残余电荷，同时提供一定零序电流，方便配置单相接地故障保护，可在短时内有选择地切除接地故障电路。当发生单相接地故障时，可以有效降低工频过电压和弧光过电压。中性点经低电阻接地方式一般适用于电容电流大于 150A 的配电网络。

随着城市化进程的不断推进，我国城市配电网电缆化率不断提高，电容电流随之增大，单相接地故障电弧增大的能量使单相接地故障很快转化为相间短路，迫使中压故障电气回路电源端断路器切断电源，原采用不接地方式的中压系统在发生一个接地故障后仍能保证供电连续性的优点已不复存在。因此，在一些经济发达城市和地区，10kV、20kV 配电系统已由不接地方式相继改为低电阻接地方式，以降低对电网绝缘的要求和建设投资。

由于设备绝缘方面的投资在各级电压中所占的比重各不相同，我国现有中、高压系统的中性点接地方式在各级电压中具体应用情况为

1）220kV、110kV：直接接地方式。

2）35kV：不接地方式。

3）20kV：经消弧线圈接地或经低电阻接地方式。

4）10kV：不接地或经低电阻接地方式。

2. 低压系统的接地方式

低压系统的接地一般为直接接地和不接地两种方式。国际电工委员会（IEC）将低压系统接地形式分为：TN 系统、TT 系统和 IT 系统。第一个字母表示电源的带电导体与大地的关系，T 指电源点的一点与大地直接连接；I 指电源与大地隔离或电源的一点经高阻抗与大地连接。第二个字母表示电气装置的外露导电部分与大地的关系，T 指外露导电部分直接接大地，它与电源的接地无联系；N 指外露导电部分通过与接地的电源中性点的连接而接地。

IEC 标准将 TN 系统中 N 线和 PE 线的不同组合又分为 TN-C、TN-S、TN-C-S 系统，不同接地系统的特点和适用场所如下：

（1）TN-C 接地系统　TN-C 接地系统是指将电气设备的外露导电部分通过与接地的电源中性点的连接而接地，如图 2-3 所示。在全系统内中性线 N 线和保护线 PE 线是合一的，它的系统接地与保护接地共用，也称作保护性中性线，用 PEN 表示。

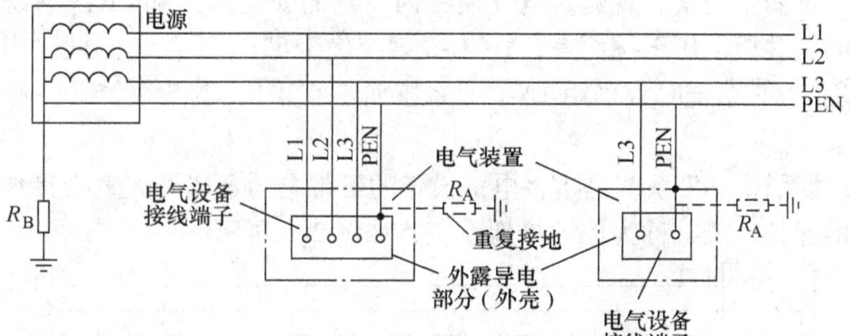

图 2-3　TN-C 系统

TN-C 系统的特点是系统内的 PEN 线兼起 PE 线和 N 线的作用，可节约一根导线，比较经济。但电气安全性不高，当系统为一个单相回路时，当 PEN 线中断时，设备金属外壳对将带 220V 的故障电压，电击死亡的危险很大。TN-C 系统现已很少采用。

（2）TN-S 接地系统　TN-S 接地系统是指将电气设备的外露导电部分通过与接地的电源

中性点的连接而接地，在全系统内中性线 N 线和保护线 PE 线是分开的，如图 2-4 所示。

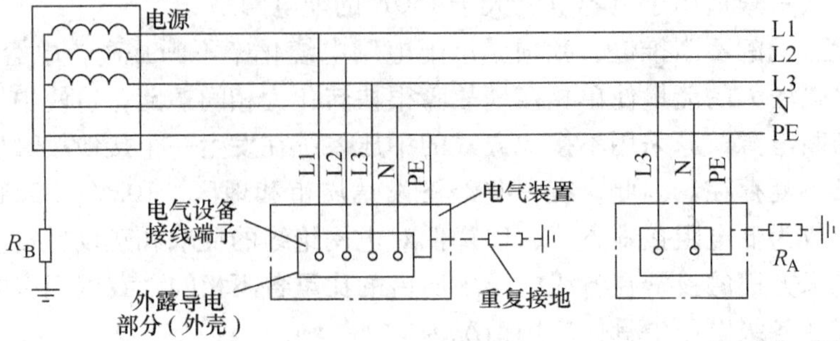

图 2-4　TN-S 系统

TN-S 系统的特点是系统内除微量对地泄漏电流外，PE 线平时不通过电流，也不带电位。它只在发生接地故障时通过故障电流，因此电气装置的外露导电部分对地平时几乎不带电位，比较安全。TN-S 系统适用于内部设有变电所的建筑物。

（3）TN-C-S 接地系统　TN-C-S 接地系统是指将电气设备的外露导电部分通过与接地的电源中性点的连接而接地，在全系统内中性线 N 线和保护线 PE 线仅在低压电气装置电源进线点前是合一的，在低压电气装置电源进线点后则是分开的，如图 2-5 所示。

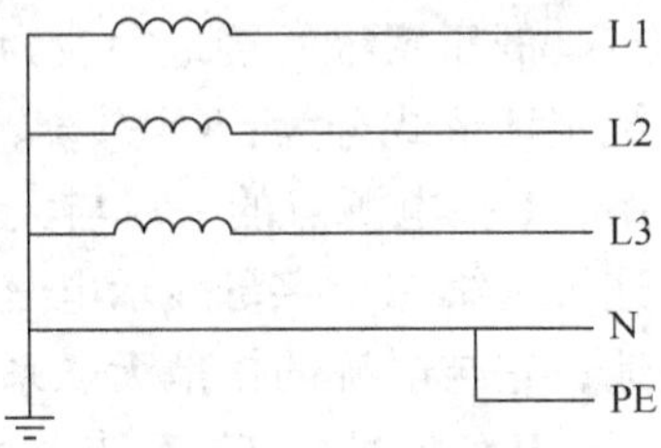

图 2-5　TN-C-S 系统

TN-C-S 系统的特点是系统自电源到另一建筑物用户电气装置之间节省了一根专用的 PE 线。这一段 PEN 线上的电压降使整个电气装置对地电压升高 ΔU_{pen}。但由于电气装置内设有等电位联结点。且在电气装置电源进线点后 PE 线即和 N 线即分开，而 PE 线并不产生电压降。整个电气装置对地电位都是 ΔU_{pen}，在装置内并没有出现电位差。因此不会发生 TN-C 系统的种种电气不安全因素。在建筑电气装置内，它的安全水平和 TN-S 系统是相仿的。对信息技术设备的抗共模电压干扰而言，TN-C-S 系统优于 TN-S 系统。因此，当建筑物以低压供电，如果采用 TN-S 系统时宜采用 TN-C-S 系统而不宜采用 TN-S 系统。一些发达国家就是这样做的。

（4）TT 接地系统　TT 系统是指将电气设备的不带电的金属外壳直接接地，电源端中性点同时也接地的保护系统，称为保护接地系统，如图 2-6 所示。

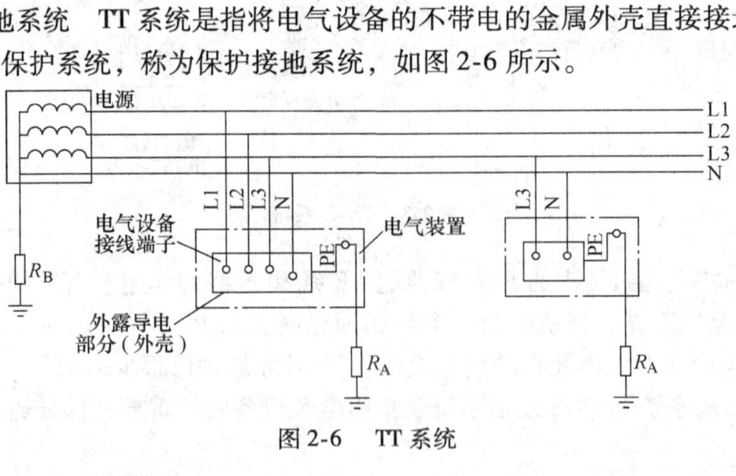

图 2-6　TT 系统

TT 系统的特点是系统电气装置的保护接地各有其自已的接地极。正常时装置内的外露导电部分为地电位，电源侧和各装置出现的故障电压不会互窜。但发生接地故障时因故障电气回路内包含两个接地电阻 R_A 和 R_B，故障电气回路阻抗较大，故障电流较小，一般不能用过电流防护兼作接地故障防护。因此为防人身电击事故必须装有剩余电流动作保护器（RCD）来快速切断电源。

（5）IT 接地系统　IT 系统是指将电气设备的不带电的金属外壳直接接地，但电源端中性点不做系统接地的接地系统，如图 2-7 所示。

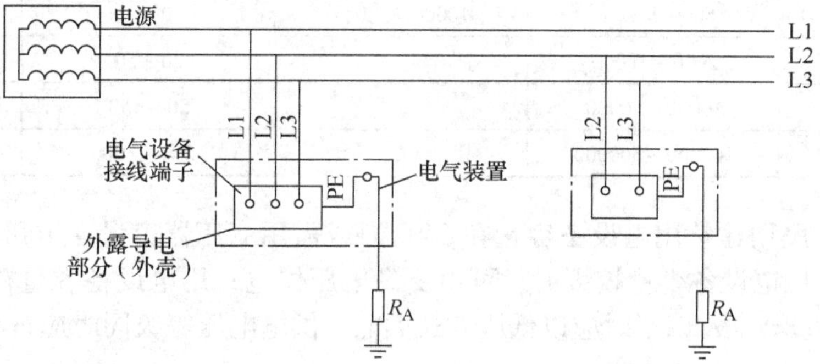

图 2-7　IT 系统

IT 系统的特点是系统在发生第一次接地故障时由于不具备故障电流返回电源的通道，其故障电流仅为两非故障相对地电容电流的相量和，其值甚小。因此在保护接地的接地电阻 R_A 上产生的对地故障电压很低，不致引发电击事故。所以发生第一次接地故障时不需切断电源而使供电中断。但它一般不引出中性线，不能提供照明、控制等需用的 220V 电源，且其故障防护和维护管理较复杂，加上其他原因，使其应用受到限制。它适用于对供电不间断和防电击要求很高的场所。发达国家对电气安全要求高，一般民用高层建筑的消防应急电源、重要的电气控制电路等都采用 IT 系统。

（6）接地系统的选用　为保证民用建筑的用电安全，民用建筑的低压配电系统不宜采用 TN-C 接地系统，应采用 TT 系统以及进行等电位联结的 TN-S 或 TN-C-S 接地系统。TN-S 或 TN-C-S 系统相对 TT 系统而言，有如下优点：

1）TN-S 或 TN-C-S 系统一般可利用保护线路绝缘的过电流防范电器兼作接地故障防护，比较简单，而 TT 系统通常需装设 RCD 作接地故障防护，比较复杂。

2）TN-S 或 TN-C-S 系统的 PE 线自中性线分支引出，发生对地过电压时，设备绝缘承受的对应电压较小。而 TT 系统的 PE 线引自就近的零电位的接地极，设备对地绝缘较易受过电压损害。

两种接地系统各有短长，工程设计中应根据具体情况选用合适的接地系统。

2.3.2　现代民用建筑供配电系统供电电压的选择

民用建筑供配电系统的供电电压应根据用电容量、用电设备特性、供电距离、供电线路的电气回路数、当地公用电网现状及其发展规划等因素进行设计和选择，并要考虑保证电压质量和尽量减少电能损耗，经技术经济比较确定。各级配电电压的送电容量和送电距离见表 2-9。

表 2-9 各级配电电压的送电容量和送电距离

标称电压/kV	送电容量/kV · A		送电距离/km	
	架空线路	电缆线路	架空线路	电缆线路
0.22	50 及以下	100 及以下	0.15 及以下	0.20 及以下
0.38	100 及以下	175 及以下	0.25 及以下	0.35 及以下
6	2000 及以下	3000 及以下	5 ~ 10	8 及以下
10	3000 及以下	5000 及以下	8 ~ 15	10 及以下
20	6000 及以下	10000 及以下	10 ~ 25	15 及以下
35	2000 ~ 10000		20 ~ 50	
110	10000 ~ 50000		50 ~ 150	
220	100000 ~ 500000		200 ~ 300	

一般来说，民用建筑用电设备容量在 250kW 或需用变压器容量在 160kV · A 以上应以中压方式供电；用电设备容量较大时，可由更高电压供电；用电设备容量在 250kW 或需用变压器容量在 160kV · A 以下时应以低压方式供电。供电电压等级同时应符合供电部门的具体规定。

在城市中，用电单位的供电电压要根据所在地区的电源条件来确定，用电容量偏大时，可以用增加供电线路电气回路数来解决。特别是用电缆线路供电时，增加电气回路数既可以保护电压质量，又可以降低电流密度，延长电缆工作寿命。增加回路还可以大大提高供电可靠性，这一点国内外均有成熟的运行经验。

当供电电压为 35kV 及以上时，用电单位的一级配电电压应用 10kV 或 20kV，当 6kV 用电设备的总容量较大，选用 6kV 经济合理时，宜采用 6kV。低压配电电压宜采用 220/380V；当安全需要时，应采用小于 50V 电压（在医院内科诊疗术室、手术室等特殊医疗场所和对电磁干扰有特殊要求的精密电子设备室等场所，为防止误触及电气系统部件而造成人身伤害，或因电磁干扰较大引起控制功能丧失或混乱从而造成重大设备损毁或人身伤亡，可采用安全电压进行配电。安全电压通常采用 42V、38V、24V、12V、6V）。

近几年来，我国国民经济有了较大发展，城市负荷增长很快，上海、郑州、广州等地城市负荷密度达 9.7 ~ 14.8MW/km^2，部分繁华地区负荷最大密度分别达 54MW/km^2 和 31MW/km^2。为了适应城市中心负荷密度不断增长的压力，提高线路的送电能力，降低线路的电能损耗和电压损耗，全面推广应用 20kV 配电电压引发热议。国际上美国、法国、德国、新加坡等一些发达国家和地区使用 20kV 作为配电电压，已经取得较好的效果。国家标准 GB/T156—2007《标准电压》已将 20kV 列入标准电压。我国江苏苏州市的苏州工业园区 1993 年就在全国率先使用了 20kV 配电电压。2008 年，江苏其他城市也在各地负荷密度较高地区设置 20kV 专供区域，降损效益明显。但现有 10kV 配电网络全面升压改造为 20kV 十分困难，可以考虑在新开发的地区或城市科技工业园区应用推广。

2.3.3 现代民用建筑供配电系统设计

1. 现代民用建筑供配电方案设计

现代民用建筑供电的任务是确保用电设备完成其功能要求，在保证电气安全的前提下，最大限度地节约电能和材料，以取得最大经济效益。为了确保任务的完成，必须做好以下几项工作：

1）按建筑功能要求进行电气工程的设计；

2）在确保用电设备完成其功能要求和保证电气安全的前提下，要注意节约电能和材料；

3）现代民用建筑电气工程的设计应考虑日后安全管理要求。

2. 配电方式设计

根据负荷级别对供电可靠性的要求、变压器的容量及分布、地理环境及电力网络的现状和发展规划，中压配电系统宜采用放射式，也可以采用树干式、环式或其他组合方式。

（1）放射式　供电可靠性高，故障发生后影响范围较小，切换操作方便，保护简单，便于自动化，但配电线路和高压开关柜数量多而造价较高。

（2）树干式　配电线路和高压开关柜数量少而且投资少，但故障影响范围较大，供电可靠性较差。

（3）环式　有闭路环式和开路环式两种。为简化保护，一般采用开路环式，其供电可靠性较高，运行比较灵活，但切换操作较繁琐。随着城市的发展，闭路环式将占据主导地位。

（4）格式　在环网中增加纵横线路，构成网格，节点处的用电设备可得到两路以上的备用电源，供电可靠性提高，但管线与开关设备多，投资大，而且保护整定困难。国外纽约、东京、巴黎等大城市即采用了此种方式。

（5）其他方式　随着负荷密度的增加，城市高压配电变电所的容量也随之加大，而变电所的中压馈线数量由于路径受到限制，影响了变电所的输出容量。为解决这个问题，在城市负荷密集地区推行“卫星式”网络，即根据负荷密集程度在城市变电所中压配电馈线设置开闭所，电源分别来自变电所的两台主变压器，每段母线可以有馈线6～10路，从而可以满足部分一、二级负荷的供电。这实际上是“放射式”的一种扩展，可以有效地节约线路投资，在各地大中型城市应用较为普遍。

3. 现代民用建筑常用配电系统设计

现代民用建筑供配电系统，按建筑内用电负荷的不同规模，可分为4种类型进行设计：

1）对于用电负荷在250kW以下的一般民用建筑供电系统，一般不必单独设置变压器，根据不同负荷容量按需选择设置低压配电室或计量柜（箱），采用220/380V低压供电即可。

2）对于用电负荷在250kW以上的小型民用建筑供电系统，一般需设置降压变电所，把电源进线的6～10kV电压，经过变压器降至220/380V低压，供给用电设备。可根据用电负荷的状况和使用环境选用露天变电所、箱式变电所或室内变电所。

3）中型民用建筑供电系统　电源进线电压一般为6～10kV，经过开闭所配出多路中压馈线，将电能分别送至各建筑物的变电所或箱式变电所，供给用电设备，其供电系统如图2-8所示。

4）大型民用建筑供电系统　电源进线电压一般为35kV，需要经过二次降压。第一次在总变电所先降为6～10kV，再通过多路中压配电线，将电能分别送到各建筑物的变电所或箱式变电所，使中压变为220/380V低压，供给用电设备，其供电系统如图2-9所示。

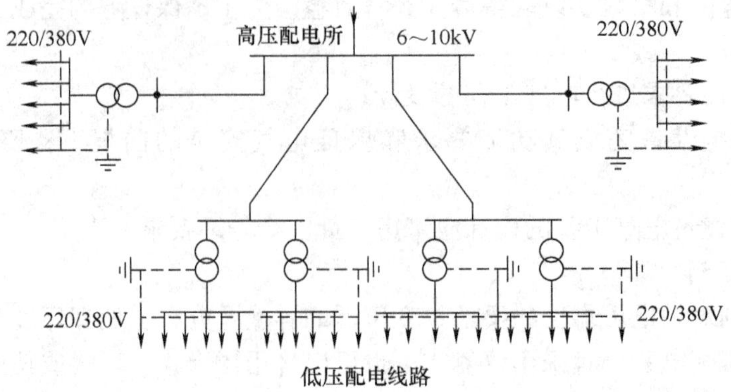

图 2-8　中型民用建筑供电系统

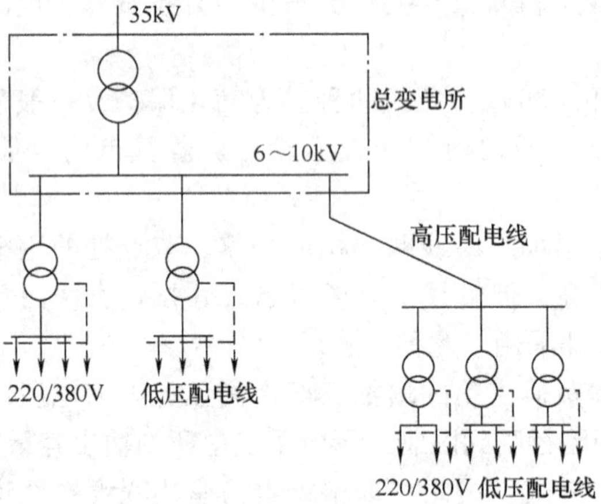

图 2-9　大型民用建筑供电系统

2.3.4　现代民用建筑供配电系统变配电所设施形式的选用

现代民用建筑供配电所设施形式根据使用功能、结构形式的不同一般分为开闭所、通用变电所、分支箱及低压配电室 4 类。

1. 开闭所

开闭所也称开关站，指接受并分配中、高压电力的配电设施，是仅有接通断开功能的配电所，母线上不设变压器，其电源进线侧和出线侧的电压相同。作为高压变电站母线的延伸，适用于以下情况：① 高压变电站中压馈线开关柜数量不足时；② 高压变电站出线走廊受限时；③ 为减少相同路径的电缆电路时；④ 为大型住宅区的若干个拟建变电所供电时。

开闭所宜建于负荷中心区，其电源应取自不同变电站或同一变电站的不同母线，以提高供电可靠性。开闭所接线应简化，一般采用单母线分段接线。10kV 开闭所的最大供电容量不宜超过 15000kV · A。单母线分段接线的开闭所如图 2-10 所示。

如受环境限制，开闭所也可设于户外箱体内，称为箱式开闭所。因开闭所内广泛应用了结构紧凑、体积小、安装方便的环网柜，因此安装于户外的箱式开闭所也称户外环网柜，箱式开闭所一般采用单母线接线。单母线不分段接线的开闭所如图 2-11 所示。

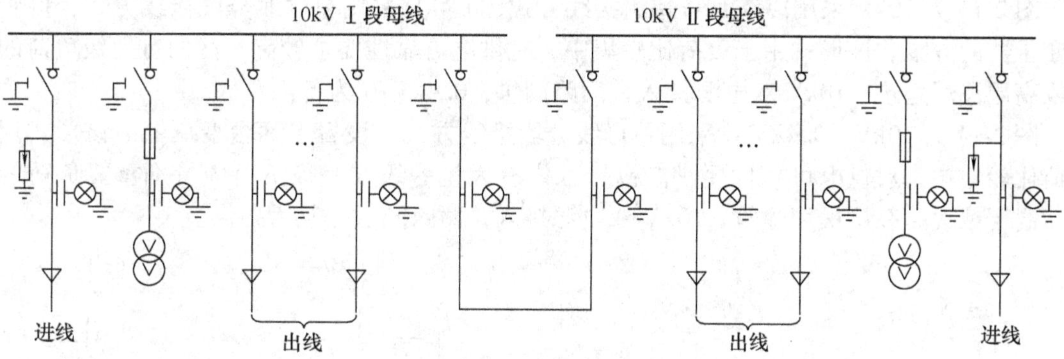

图 2-10　单母线分段接线的开闭所

2. 通用变电所

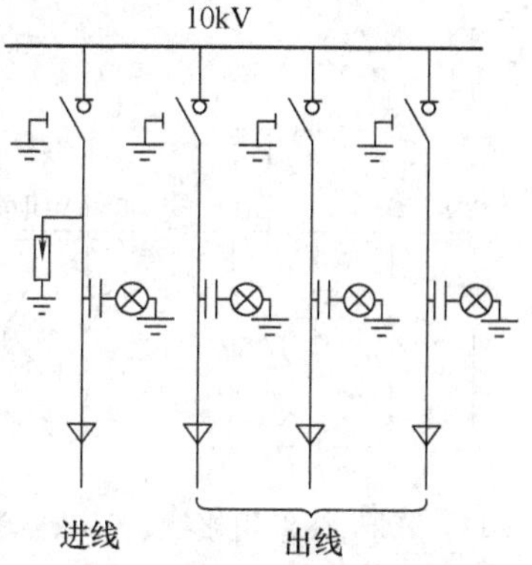

图 2-11　单母线不分段接线的开闭所

通用变电所主要指电力系统中对电能的电压和电流进行变换、集中和分配的配电设施。民用建筑中应用较普遍的是将 10kV 降压至 0.4kV，以 220/380V 电压向用电负荷供电的 10kV 通用变电所。

根据安装环境的不同，可分为露天变电所、室内变电所、箱式变电所。

（1）露天变电所　主要指变压器位于露天台架上的变电所，一般用于需用变压器容量为 500kV · A 以下、对环境要求不高、采用架空进线的小型民用建筑。露天变电所应采用以线路号编组接线方式进行连接，如图 2-12 所示，变压器高压侧采用跌落式熔断器作过载和短路保护。

（2）室内变电所　指变压器及变配电装置装设于建筑物内的变电所。如条件允许，宜设于独立建筑物内；受条件限制时，也可依附建筑物而建或设于非底层的公共建筑物内。主要用于集中居住区和低压负荷密度较高的民用建筑供电。根据变压器高压侧接线方式的不同又分为简易型变电所及一般型变电所。

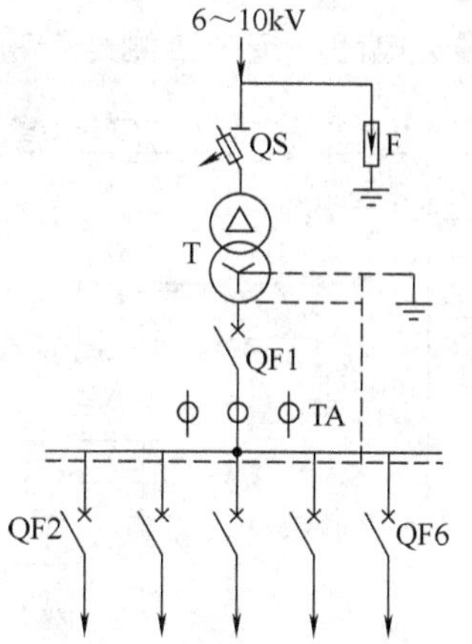

图 2-12　露天变电所接线图

简易型变电所变压器高压侧无母线，采用装设于变压器室墙上的负荷开关 + 熔断器组合电器实现对变压器过载和短路保护的室内变电所。适用于变压器容量为 630kV · A 以下，采用电缆进线、用电负荷仅为三类负荷的小型民用建筑。

一般型变电所由中压配电室、变压器室、低压配电室三部分组成。当建设场地受限时，也可将中低压开关设施设置于同一室。

变电所根据变压器台数、不同负荷分级对供电可靠性的要求，确定是否采用以线路号编组、单母线或单母线分段接线。

图 2-13 为 10kV 采用以线路号编组接线方式、0.4kV 采用单母线分段接线方式，设置两台变压器的方案。该形式用于负荷比较集中，对供电可靠性要求较高，区内有一级负荷的多层或高层民用建筑。10kV 双电源接入，两路同供；0.4kV 互为备供。

图 2-14 为 10kV、0.4kV 均采用单母线分段接线方式，设置了两台变压器。该形式用于负荷比较集中，对供电可靠性要求较高，区内有大量一级或一级负荷中特别重要负荷的多层、高层或大型高层民用建筑。10kV 双电源接入，两路同供，互为备供。

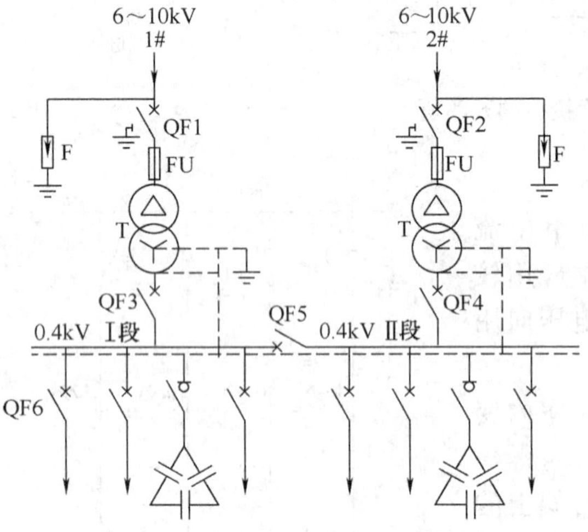

图 2-13　10kV 线编组接线、0.4kV 单母线分段接线

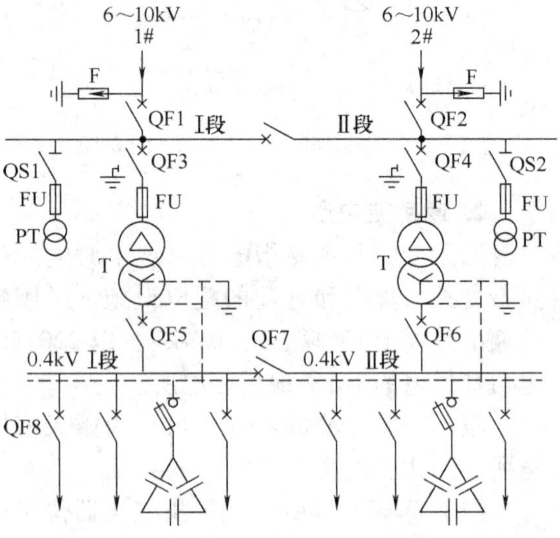

图 2-14　10kV、0.4kV 单母线分段接线

(3) 箱式变电所　图 2-15、图 2-16 为组合型和预装型箱式变电所接线，适用于城市繁华地段或受场地限制无法建设室内变电所的场所，一般为多层住宅建筑或高层及大型民用建筑内的三类负荷提供电源。单台变压器容量不宜大于 800kV · A，用于从中压系统向低压系统输送电能。按中压侧是否带环线分为环网型和终端型。

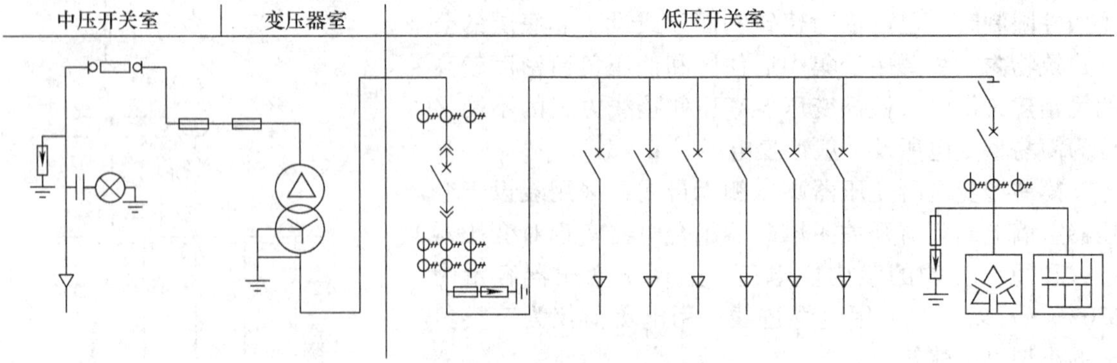

图 2-15　组合型箱式变电所接线图

组合型箱式变电所指将变压器器身、开关设备、熔断器、分接开关及相应辅助设备进行组合的变压器，俗称美式箱变。具有体积小、占地面积小、便于安放、容易与周围环境相协调、投资省的优势。

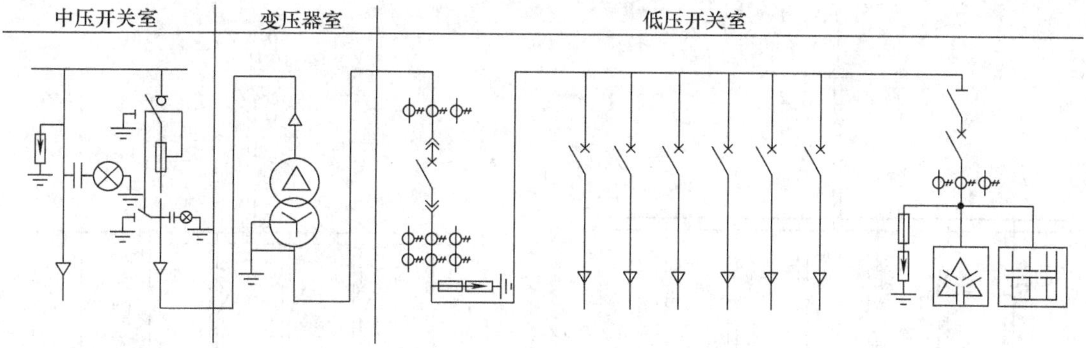

图 2-16　预装型箱式变电所接线图

预装型箱式变电所指预先将中压开关设备、变压器、低压开关设备、电能计量设备、无功补偿设备、辅助设备和连接件组装在一个或多个箱体内的成套配电设备，俗称欧变。与美变相比，具备中压可扩展、各功能单元独立、运行更灵活的优点。

近年来，应城市的发展需要，一种安装在地下或地坑内的景观式地埋箱式变电所应运而生，俗称地埋变。它由地下式变压器、灯箱式开关柜和预制式地坑组合而成，适用于用地紧张或对市容环境要求极高的人口密集的中心城区、街道、机场、旅游景点、别墅等场所。

3. 电缆分支箱

电缆分支箱主要指完成配电系统中电缆线路的汇集和分接功能的配电设施。按电压等级不同分为10kV 电缆分支箱和0.4kV 电缆分支箱，适用于同电压等级向民用建筑中末端零散小容量用电负荷放射式供电。10kV 电缆分支箱一般分为无开关和单断点式（仅进线装设负荷开关）两种，如图 2-17、图 2-18 所示。

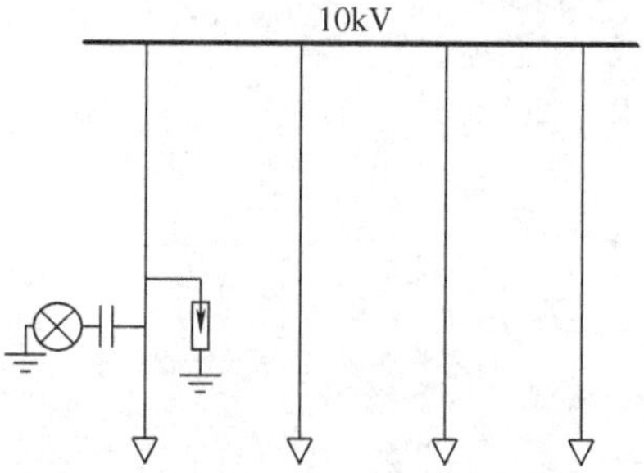

图 2-17　10kV 电缆分支箱（无开关）接线图

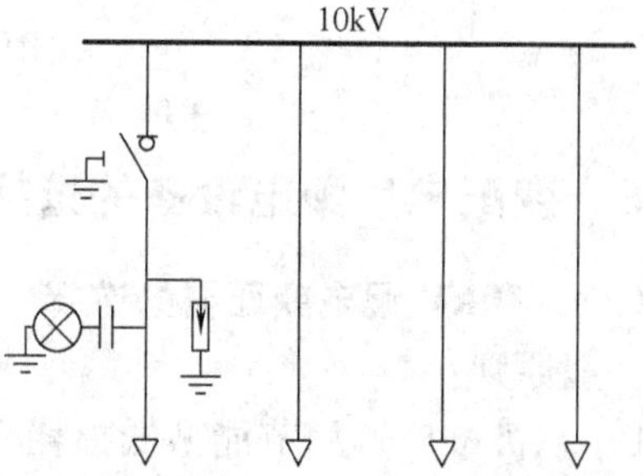

图 2-18　10kV 电缆分支箱（单断点式）接线图

因出线未装设开关设备，任一条电气回路出现故障停电均会对其他非故障回路造成影响，因此，从供电可靠性角度考虑，10kV 电缆分支线箱最大进、出线规模不宜超过一进四出。

0.4kV 电缆分支线根据结构形式一般分为进、出线均为熔断器和进线为隔离刀闸、出线为断路器两种，如图 2-19、图 2-20 所示。考虑施工方便的需要及干线故障停电对分支线的影响，低压电缆分支箱进线电流不宜大于630A，出线不宜超过 6 条电气回路。

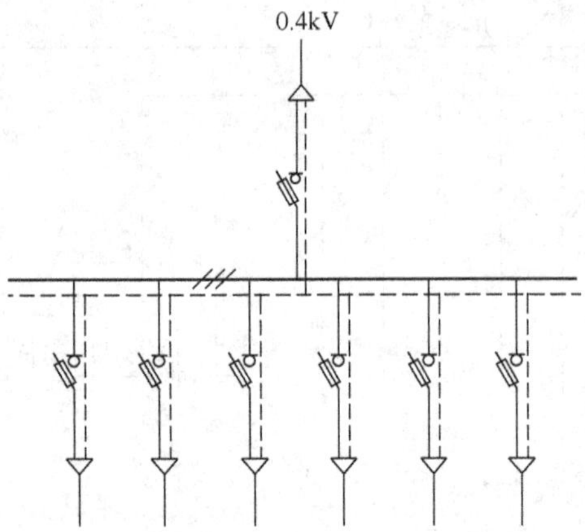

图 2-19　进、出线均为熔断器的低压分支箱接线

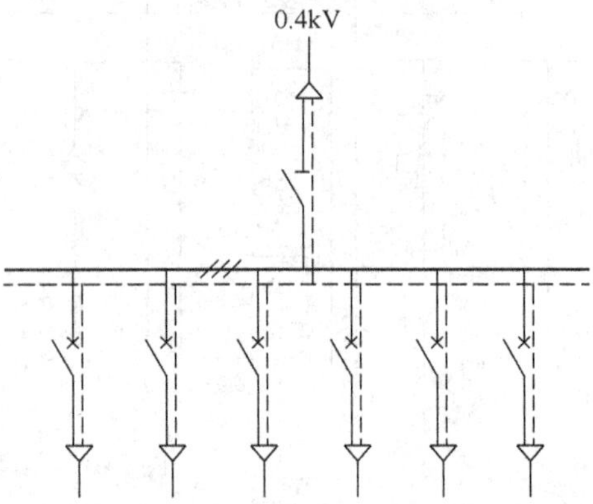

图 2-20　进线刀闸、出线断路器型的低压分支箱接线

4. 低压配电室

低压配电室指接受并分配低压电力，并可安装计量及无功补偿装置的建筑物内配电设施，如图 2-21 所示。一般用于采用低压供电的民用建筑。

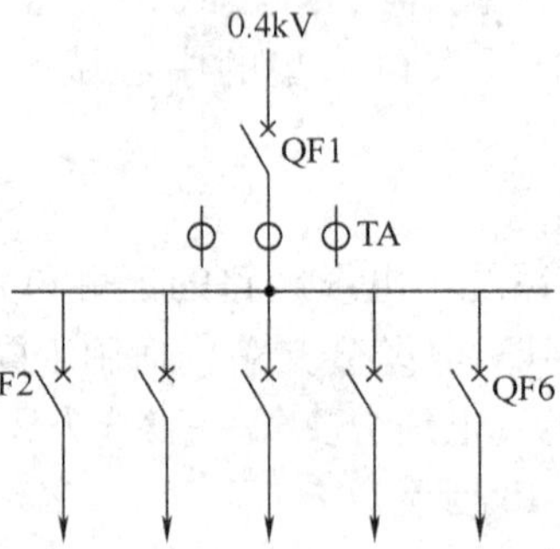

图 2-21　低压配电室接线

2.3.5　变配电所配电设备的选择

1. 6～10kV 配电变压器的选择

一般原则：

1）积极推广选用节能型低损耗变压器。

2）变压器的台数应根据负荷特点和经济运行进行选择。符合下列条件之一时，宜设两台及以上的变压器：① 有大量一级或二级负荷；② 季节性负荷变化较大；③ 集中负荷较大。

3）装有两台以上变压器的变电所，当任一台变压器断开时，其余变压器的容量应能满足用户一级、二级的负荷用电，且不应小于 60% 的全部负荷。

4）高层或多层主体建筑内的变电所，应选用干式、气体绝缘或不燃、难燃型变压器。

5）在多尘或有腐蚀性气体，严重影响变压器安全运行的场所，应选用防尘型或防腐型变压器。

6）低压为 0.4kV、0.7kV 的住宅小区变电所中，单台变压器的容量不宜大于 1250kV · A；

预装式变电所内变压器，单台容量不宜大于 800kV · A；其他变电所单台变压器容量不宜大于 2500kV · A。当用电设备容量较大、负荷集中且运行合理时，可选用较大容量的变压器。

7）一般情况下，动力和照明宜共用变压器，当照明负荷较大，或动力和照明共用变压器严重影响照明质量或灯泡寿命时，可设专用变压器。

8）具有下列情况之一时，应选用接线为 Dyn11 型变压器。

① 三相不平衡负荷超过变压器每相额定功率 15% 以上者；

② 需要提高单相电流值，确保低压单相接地保护装置灵敏度者；

③ 需要限制 3 次谐波含量者。

9）大型民用建筑应根据用电负荷容量及分布，使变压器深入负荷中心，以降低电能损耗和有色金属消耗。有下列情况之一时，宜分散设置变压器：

① 单体建筑面积大或场地大，负荷分散；

② 超高层建筑；

③ 大型建筑群。

10）6 ~ 10kV 变电所变压器，不宜采用有载调压变压器。但在当地电源电压偏差不能满足要求且用电单位有对电压要求严格的设备，单独调压装置技术经济不合理时，也可采用有载调压变压器。

2. 6 ~ 10kV 开关柜选择

（1）选择原则

1）绝缘等级应和电力系统的额定电压相匹配；

2）额定电压应不低于电路的最高运行电压；

3）额定工作电流应大于电路计算工作电流；

4）动稳定电流应大于电源进线末端的三相短路电流峰值；

5）热稳定电流应大于电流进线末端三相短路电流有效值。

（2）结构形式选择　结构形式选择应综合考虑用户要求、投资环境、技术先进、经济合理、安全可靠等因素。目前国产 6 ~ 10kV 高压开关柜结构形式有固定式、移开式（手车式）、环网固定式、环网移开式（手车式）4 种。其中固定式和移开式高压开关柜中采用的断路器按灭弧介质和灭弧方式分为油断路器、真空断路器和 SF_6 断路器（负荷开关）3 种，选用时应优先选用具有真空断路器的高压开关柜。环网固定式和环网移开式高压开关柜中采用的主要高压电器为真空负荷开关和 SF_6 负荷开关，选型时宜优先选用具 SF_6 负荷开关的环网柜。

3. 低压配电设备的选择

（1）选择原则　低压配电设计所选用的电器应符合国家现行的有关标准，并应符合下列要求：

1）额定电压应与所在电气回路的标称电压相适应；

2）额定电流不应小于所在电气回路的计算电流；

3）额定功率与所在电气回路频率相适应；

4）应适应所在场所的环境条件；

5）应满足短路条件下的动稳定与热稳定的要求。对于用于断开短路电流的通、断保护电器，应满足短路条件下的通、断能力。

对低压电器按短路工作条件选择，应遵循的原则如下：

1）可能通过短路电流的电器，如刀开关、熔断器式刀开关等，应尽量满足在短路条件下短时和峰值耐受电流的要求。此要求主要是指满足动、热稳定电流的条件。

2）断开短路电流的保护电器，如熔断器、低压断路器等，应尽量满足在短路条件下分断能力的要求。具体为

① 要满足原则1）所列动、热稳定性的要求。

② 要满足分断能力的要求。

对于熔断器：

$$I_{fvr} \geqslant I_d \tag{2-20}$$

式中　I_{fvr}——以交流电流周期分量有效值表示的熔断器极限分断能力；

I_d——三相短路电流周期分量有效值。

对于低压断路器：

分断时间大于0.02s时

$$I_{fvz} \geqslant I_d \tag{2-21}$$

式中　I_{fvz}——交流电流周期分量有效值表示的低压断路器的极限分断能力。

分断时间小于0.02s时

$$I_{fvz} \geqslant I_{ch} \tag{2-22}$$

式中　I_{ch}——短路开始第一周期内的全电流有效值。

（2）熔断器的选择

1）熔断器的保护特性要同保护对象的过载能力相匹配，使保护对象在全范围内得到可靠的保护。

2）为防止发生越级熔断、扩大停电事故范围，各级熔断器间应有良好的协调匹配，使下一级熔断器比上一级的先熔断，而且在它熔断后上一级的熔断器能够自动复原。

2.4　高层民用建筑供配电系统与设计

高层建筑是城市现代化的标志之一，它在一定程度上反映了一个国家和地区的经济、技术及管理水平。随着经济迅速发展，由于节约城市建设用地的需要，高层民用建筑也在迅速发展，各大中城市兴建的高层民用建筑日益增多。要保证高大建筑物供用电运行安全可靠，使用合理，必然对高层电气设计提出更高的要求。

什么是高层建筑？多少层才算是高层建筑？这个概念在不同地区、不同国家、不同时期有不同的含义，人们对它往往也有不同的理解。在我国，按照《高层民用建筑设计防火规范》的规定，建筑总高度超过24m的非单层民用建筑和10层以上的建筑称为高层建筑。通常把10~18层的住宅建筑（包括底层设备、商业服务网点的住宅楼）称为小高层建筑，9层及以下民用建筑称为多层建筑，19层以上的建筑称为一般高层建筑。而把高度超过100 m以上，楼层在40层以上的建筑称为超高层建筑。

高层民用建筑相对于普通建筑增加了很多重要的电力负荷。一般来说，有消防用电设备、应急照明、生活水泵电力、公共场所照明、客梯等电力负荷，其负荷级别也不相同。在我国，按照《小康住宅设计导则》的规定：19层及以上的高层住宅中的消防用电设备、应急照明、消防电梯等属于一级负荷；生活水泵电力、公共场所照明等属于二级负荷；10~18

层高层住宅中的消防用电设备、客梯以及生活水泵电力、公共场所照明等属于二级负荷。

高层民用建筑的用途不同，其用电量也有所不同。但总的来说，耗电量很大，而且用电时间也比较集中。目前，我国内地高层住宅单位面积用电容量为 10 ~ 35W/m²，香港地区为 10 ~ 60W/m²。内地一些主要旅游饭店或宾馆大约为 60 ~ 120W/m²，其中有空调的大约为 70 ~ 120W/m²，无空调的为 30 ~ 60W/m²。国外旅馆宾馆，一般为 60 ~ 70W/m²，高级宾馆为 120 ~ 140W/m²。国外办公大楼的负荷水平大致为 100W/m²。

2.4.1　高层民用建筑供配电系统设计的基本原则

1. 保证供电可靠性

高层民用建筑一般位于建筑稠密地段，内部人员密集，用电设备多，负荷大，对供电可靠性要求很高。应根据建筑物内用电负荷的性质和大小、外部电源情况以及电源与负荷之间的距离，确定电源的电气回路数，保证供电可靠性。同时应对负荷进行分析，合理地划分级别，以便合理地设计供配电系统，不致造成浪费使基建投资增加。

对于高层民用建筑中的一级负荷应由两个及以上电源供电，可根据允许停电时间长短和负荷容量选择电源。如一级负荷容量不大时，应优先采用从电力系统或临近单位取得第二电源，也可采用柴油发电机组或蓄电池组作为备用电源；当一级负荷容量较大时，应采用两路高压电源。

消防用电设备的两个电源或两路电气回路，应在最末一级配电箱自动切换。自备发电设备，应设有自动起动装置。消防用电设备应采用单独的供电回路，其配电设备应设有明显标志。备用柴油发电机组的容量一般占变压器容量的 10% ~ 20%（实际应用中取 16%），备用发电机应有自起动和自动投入装置。根据负荷大小，同供电单位协商确定两路电气回路电源是同时供电，还是一用一备的供电方式，并由此确定高压供电系统是单母线运行还是单母线分段运行。两路电气回路同时供电，单母线分段运行方式供电可靠性高，操作方便，比较适用于负荷大，高压出线电气回路少的高层民用建筑。

2. 减少电能损耗

高层民用建筑配电电压一般采用 10kV，只有证明 6kV 确有显著优越性时，才采用 6 kV 电压。有条件时也可采用 35 kV 或 20 kV 配电电压。高电压深入负荷中心，减少 6 ~ 10 kV 配电电路中的电能损耗，这对节约用电及降低经营成本，对加强维护管理等方面都有实际意义。根据负荷的分布和大小，合理确定变压器的位置，对节能降损也有较大的作用。

3. 接线简单灵活

供电系统的接线方式力求简单灵活，便于维护管理和自动化运行，能适应负荷的变化，并留有必要的发展余地。同时要充分考虑节约投资，降低运行费用。

目前在实际应用中有电力、照明用同一变压器混合供电的，也有采用电力与照明分别由各自的变压器供电的。两种方式各有优缺点，应就每个工程的不同特点，进行综合技术经济比较后确定。混合供电方式的优点是当负荷变低时可以减少变压器的运行台数，节约电能损耗；当一台变压器发生故障时，其所带负荷可由另一台变压器供电，保证对重要负荷不间断供电。

2.4.2　高层民用建筑常用的几种高压供电方案

高层民用建筑的变、配电所一般由用电单位自行管理，电力部门检修。供电方案应简单可靠，便于上一级变电所或电力部门远程调度管理；配置可靠的继电保护和自动装置，便于投入备用电源，缩短停电时间，减少或避免事故扩大。目前，大部分的此类变、配电所均采用无人值班方式运行。

高层民用建筑配电所电源一般采用电缆进线，高压侧接线不采用双母线或旁路，常用的几种高压供电方案如图 2-22 所示。图 a 为两路高压电源，正常时一用一备，即当正常工作电源事故或检修停电时，另一路备用电源自动投入。这种供电方案在我国目前电力供应状况下是比较恰当的。它要求每一电气回路能够带全部 100% 的负荷，可以减少中间母线联络柜和电压互感器柜，对节省基建投资和减少高压配电室建筑面积比较有利。正常时备用电路在上一级变电所侧为合闸状态，电路处于热备用状态，一旦发生故障，备用自投动作投入另一电源，上一级变电所能够及时发现，停电时间为继电保护动作时间。

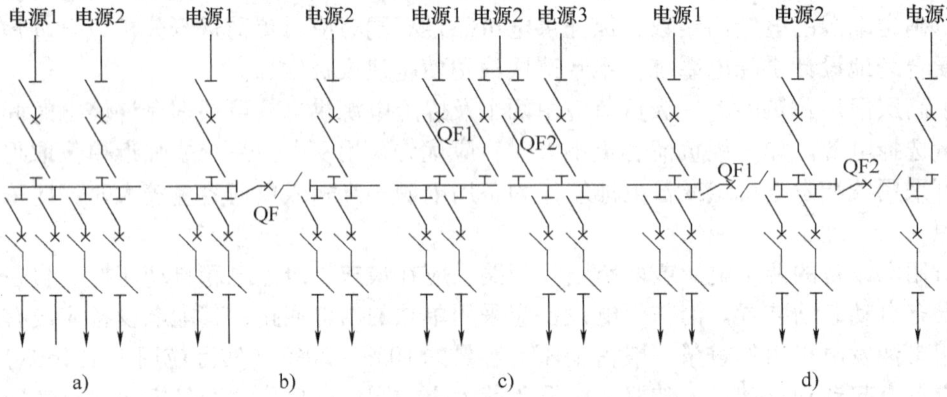

图 2-22　高层民用建筑常用的几种高压供电方案

图 b 为两路电源同时工作，QF 断路器处于分闸位置，当其中一路电源故障时，备用自投动作，合上 QF，由另一路电源对故障回路供电。它要求每一路电源的富余容量能够带另一侧的负荷，否则就应采取限负荷的措施。相对图 a，增加了母线联络柜和电压互感器柜，增加了高压配电装置室的建筑面积。

图 c 为 3 路电源，正常时两用一备，断路器 QF1、QF2 处于分闸位置，电源 2 电路处于热备用状态，电源 1、电源 3 供电。当任一工作电源故障时，备自投动作合上相应的断路器，保证供电。电源 2 的电路容量应取电源 1 和电源 2 中较大者。电力系统调度更加灵活。

图 d 为 3 路电源同时供电，断路器 QF1、QF2 分闸运行，3 路电源各带一部分负荷。电源 1 与电源 2 和电源 2 与电源 3，通过母线联络开关互为备用。各路电源均要求有较大的富余容量，相应增加了母线联络柜和电压互感器柜，增加配电装置建筑面积。

对于规模较小的高层建筑，由于用电量不大，就地获得两路独立的高压电源较困难，附近又有可靠的 400V 低压电源，可以采用一路高压电源作为主供电源，低压电源作为备用电源。这种接线方式比较适用于高层住宅。

当高层民用建筑对供电可靠性的要求很高，就地只能得到一路高压电源，或取得第二电源需要较大投资时，经技术经济比较，可以采用一路高压专用线为主供电源，柴油发电机组作为第二电源，用不间断供电装置（EPS 或 UPS）作为第三电源，保证计算、防火通信系统、事故照明、电话等特别重要的一级负荷供电可靠性的要求。当然，对特别重要的一级负荷，即使有两路高压电源，经比较，也可以采用柴油发电机组和不间断供电装置作为备用电源。

2.4.3　高层民用建筑变、配电所位置选择和负荷计算

1. 变、配电所位置选择

高层民用建筑因楼层多、负荷分散，为保证配电干线最大电压降不超过允许值，减少电能损耗，其变、配电所位置选择十分重要。高层建筑一般设室内变电所或户内组合式变电所，其位置应考虑到大型设备的运输、高低压电缆的进出以及防火、防水、通风等方面的要求。

1）高层民用建筑变、配电所，宜设置在地下层或首层；当建筑物高度超过 100m 时，也可在避难层或设备层上设置变电所。

2）高层民用建筑地下层变、配电所的位置，宜设置在通风、散热条件好的场所。

3）变、配电所位于高层民用建筑（或其他地下建筑）的地下室时，不宜设在最底层。当地下仅有一层，应采取适当抬高地面等防水措施。并应避免洪水或积水从其他渠道淹渍变、配电所。

4）高层民用建筑主体建筑内不宜设置装有可燃性油的电气设备的变、配电所，一般采用干式变压器。当受条件限制必须设置时，应设在底层靠外墙部位，且不应设在人员密集场所的正下方、正上方，疏散出口的两侧。并应按现行高层民用建筑设计防火规范等国家标准的规定，采取相应的防火措施。

5）40 层以上高层民用建筑变、配电所位置选择。当楼层为 20 ~ 30 层时，变压器多设在地下室或辅助建筑物内。当楼层超过 40 层时，普遍采用地下室和最高层设置变压器，或者分别在地下室、中间层和最高层设置变压器。美国纽约帝国大厦建筑物主体部分 84 层，塔层部分 102 层，变压器设在地下 2 层、41 层和 84 层等 3 个位置。芝加哥的商业中心大厦主体部分 18 层，塔层部分 24 层，这种楼层较少的建筑物，其变压器都设在中间层。日本东京新宿京王广场饭店建筑物地下 3 层，地上 47 层，其 3 台变压器全部设在地下室。

以前我国高层或多层建筑的变压器多设在地下室或辅助建筑内，其中一个重要原因是过去 10kV 干式变压器尚未系统化生产，采用国外设备，代价太高，若将油浸变压器布置于高层建筑内，难于解决防火、运输等问题。现在我国生产的环氧树脂浇注式干式变压器具有体积小、难燃、防尘、耐潮以及过载能力强的特点，很适合在高层建筑内使用。高层建筑的高低电缆沿强电竖井敷设，电缆竖井的面积、出口大小和位置对变电所址位置选择也有影响。

在具体工程中应根据建筑物的性质和用途以及负荷分布的特点，经技术经济比较后确定。高层民用建筑变压器设置方案示意图如图 2-23 所示。

2. 高层民用建筑的负荷特征

高层民用建筑的电力负荷一般可分为空调、动力、电热、照明等类，对于全空调的商业性楼宇，空调负荷属于大宗用电。由于地理环境不同，空调要求也不同，它对高层建筑的计算负荷有举足轻重的影响。

动力负荷主要指电梯、水泵、排烟风机、正压风机、洗衣机等设备。一般高层民用建筑的动力负荷都比较小，随着建筑高度的增加，在超高层民用建筑中，由于电梯负荷和水泵容量的增大，动力负荷的比重将明显地增加。

在采用电热水器的高层住宅中，电热负荷约占 40% ~60%。对于商业性楼宇，为了节

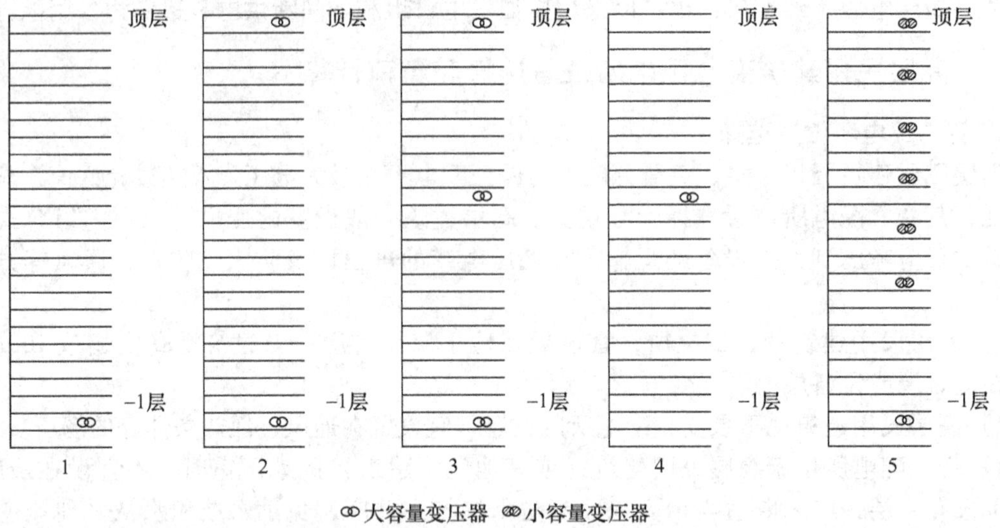

图 2-23　高层民用建筑变压器设置方案示意图

省电力消耗，有的采用燃油、燃气锅炉，或者设置中央热水供应系统和太阳能热水系统。

随着我国国民经济的发展和人民生活水平的提高，民用高层建筑内部装饰水平日益提高，照明用电大量增加，特别是商业楼宇和营业性餐厅，有的照明负荷超过了空调设备。

一般情况下，商业性高层建筑的用电负荷的分布如下：

空调设备：40% ~50%；

电气照明：30% ~35%（包括少量电热负荷）；

动力照明：20% ~25%。

由此可见，商业高层民用建筑的空调负荷约占总用电量的近一半，这些空调设备一般都设置在建筑物的地下室、顶层或下部。此外，洗衣机、水泵等动力设备也大都设在下部。因此，为靠近负荷，方便进出，比较适宜将变压器设在建筑物的底部。

在 40 层及以上的高层民用建筑中，电梯设备较多，此类负荷大部分集中在建筑物的顶部，竖向中段层数较多，一般设有分区电梯和中间泵站。在这种情况下，宜将变压器上、下配置，或上、中、下分别设置。供电变压器的供电范围大约为 15 ~20 层。

3. 负荷计算

高层民用建筑的负荷计算是为了确定建筑物的用电计算负荷，以便正确合理地选择电气设备和线路器材，并为进行无功补偿提供依据。例如，只有确定用户的计算负荷才能确定用户电能表的量程、进线开关容量及进户线截面积大小，才能合理地选择电力变压器的容量，才能确定达到当地供电部门规定功率因数所需要的补偿电容器容量；只有确定每区域每层的计算负荷，才能确定该区域楼层配电屏（箱）总进线开关及导线的规格等。

由于各种商业和服务大楼的功能繁多，民用住宅也受居住对象、地理气候、居民生活习惯和收入等因素的影响，造成用电负荷不确定因素较多，负荷计算很难具有非常高的准确性。因此，必须加强调查研究，认真分析负荷特性，采用适当的负荷计算方法。工程中常用需用系数法、负荷密度法和单位指标法，具体的负荷计算方法请参见 2.2 节。

进行负荷计算时，对高层民用建筑的用电设备容量应考虑以下原则：

1）反复短时工作制用电设备应折算到负载持续率为25%以下的有功功率。

2）备用生活水泵、备用电热水器、备用空调制冷设备及其他备用设备不列入设备容量之内。

3）消防水泵、专用消防电梯以及在消防状态下才使用的送风机、排烟机等及在非正常状态下投入使用的用电设备都不应列入总设备容量之内。

4）当夏季有吸收式制冷的空调系统，而冬季则利用锅炉采暖时，在后者容量小于前者的情况下，锅炉的设备容量也不应列入总设备容量之内。

负荷计算，还要考虑15～20年负荷增加的部分。日本电设工业协会技术委员会对集中住宅的负荷增长率按每年2%递增。我国虽没有这方面的规定，由于人民生活水平提高，家用电器日益增多，而且高层民用建筑变、配电所以及电缆线路扩建或更换不易，计算时应考虑负荷增长发展。

建筑物的计算负荷确定后，建筑物供电变压器总装机容量S（kV·A）可按下式确定：

$$S=\frac{P_c}{\beta\cos\varphi} \tag{2-23}$$

式中 P_c——建筑物的计算负荷（kW）；

$\cos\varphi$——补偿后的平均功率因数；

β——变压器的负荷率。

$\cos\varphi$取决于当地供电部门对用电单位的要求，一般要求无功就地平衡，用户高压侧的平均功率因数不小于0.9。因此，变压器容量的最终确定就在于选定变压器的负荷率，然后再按选用的变压器的标称系统来规整即可得到。

变压器的负荷率影响变压器的经济运行，变压器的损耗与负荷率有很大关系，不同型号的变压器的最佳负荷率β是不同的，而且与损失比α有关。干式变压器运行效率最高点一般在负荷率60%左右。但在实际运行中，建筑物负荷曲线是依时间而变化的。因此，从节能及提高经济效益的角度来看，应力求在一段时间内变压器的平均效率接近最佳效率才有实际意义。民用建筑的用电一般在深夜至第二天清晨这段时间是处于轻微的，在一天运行过程中负载也时有变化。按上式确定变压器装机容量时，β值不能按变压器的最佳负荷率来选取，而是应略高于变压器的最佳负荷率。

综合考虑各方面的因素，单台变压器运行时，建议β的取值范围以70%～80%为宜。损失比大的变压器取低值，损失比小的变压器取高值。当采用两台变压器时，变压器的总装机容量的选择不但要考虑节能时的负荷率，还应考虑供电负荷级别所需的变压器的备用容量。这两方面虽然出于两种不同的目的和概念，但对于选择变压器的容量是密切相关的。

2.4.4 高层民用建筑低压配电系统设计

低压配电网络是高层民用建筑供配电设计的重要组成部分，低压配电网络的设计，包括配电方式、配电系统的确定，导线、电缆型号、规格的选择和线路敷设方式等内容。在设计过程中，还要涉及配电系统的保护问题。

在确定低压配电系统时，必须保证系统的可靠性和电能质量的要求。要考虑到当一台变压器或配电干线发生故障时，均不影响建筑物内重要设备的用电，把故障造成的影响缩减至最小。因此，变压器的负荷率不能太高，应有一定的裕量。高层建筑的配电，一般都分成工作和事故两个独立系统，两个系统的配电干线之间设有联络开关，互为备用。低压配电系统的各级保护用开关，宜采用自动空气开关。保护装置的整定，要注意级间的选择性配合。对于高层民用住宅，在终端配电箱装设漏电保护开关，保证安全用电。

国内外由于电费制度的不同，内部配电方式也不相同。国外较普遍的做法是采用最高需量表的综合计费方式，电力和照明采用单一电价，内部配电线路只要一套，采用电力和照明混合配电方式。我国目前推行的是电力和照明分别计费的两部电价制，配电系统的设计，必须将电和照明分开。对于照明容量较大而又集中的高层民用建筑，在条件许可的情况下，可装设照明专用变压器。

1. 低压配电系统设计

低压配电系统一般按放射式、树干式、链式、混合式等方式设计。

（1）放射式配电系统　每一电气回路相互独立，任一电气回路发生故障时，不致影响其他非故障线路，供电可靠性较高。配电设备集中，检修方便，但系统灵活性较差，有色金属消耗量较多，一般适用于容量大、负荷集中或重要的用电设备，如图 2-24 所示。

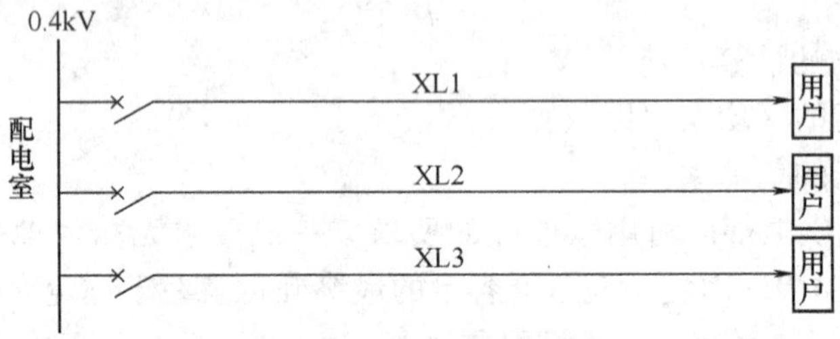

图 2-24　放射式配电系统

（2）树干式配电系统　如图 2-25 所示，所需的配电设备及有色金属消耗量较少，系统灵活性好，但干线故障时影响范围大，一般适用于用电设备比较均匀、容量不大、又无特殊要求的场所。

（3）链式配电系统　如图 2-26 所示，特点与树干式配电系统相似，链接的设备一般不超过 5 台，设备总容量不超过 10kW。一般适用于距离变、配电所较远，而彼此相距又较近的不重要的小容量用电设备。

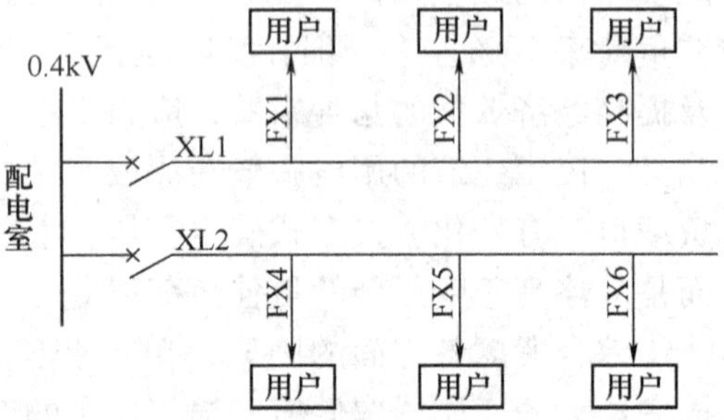

图 2-25　树干式配电系统

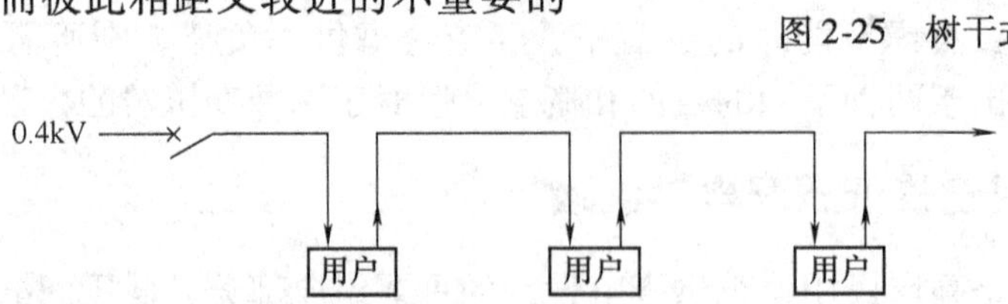

图 2-26　链式配电系统

2. 配电干线设计

国内外高层民用建筑低压网络的配电方式基本上都采用放射式系统，楼层配电则采用混合式系统，而且普遍采用插接式绝缘母线槽沿竖井敷设。水平干线因为走线困难，多采用全塑电缆与竖井的母线连接。由于低压负荷电流可达数千安培，对于大容量的配电干线有以下要求：

1）能承受很大的短路负荷并具有抗振性。

2）通过很大的负荷电流时，电压降较小。

3）绝缘可靠。

4）便于连接和敷设。

5）价格低廉。

6）拆换容易，搬运方便。

国内常用配电干线材料有铝排、铜排、铜芯电缆和装配式母线等，工程中根据负荷大小选择。

现代高层建筑的配电系统分成工作和事故两个独立系统，当电力与照明分开时，则有电力工作、电力事故、照明工作、照明事故等 4 个配电系统。

3. 配电系统方式选择

大型的高层民用建筑物，多采用放射式和干线式相结合的混合式配电系统。

地下设备层和裙层，大容量的用电设备较多，应采用电缆放射式对单台设备或设备组供电，电缆可沿电缆沟、电缆支架或电缆托盘敷设。如果电缆数量较多，线路较短，则可采用穿钢管暗敷，这样可以不影响地面的使用。

高层民用建筑上部各层配电有几种方式，工作电源采用分区树干式。所谓“分区”，就是将整个楼层依次分成若干个供电区，分区层数一般为 2 ~ 6 层，每区可以是一个配电回路，也可分成照明、电力等几个回路。电源线路引至某层后，通过“Π”形分线箱，再分配至各层总配电箱。各层总配电箱直接用链式接线方式连接。

工作电源也可采用由底层至顶层垂直的大树干式向所有各层供电，干线采用铜母线。各层的总配电箱通过接触器箱式低压断路器（自动空气开关）接到母线上，以便在配电室或消防控制中心进行遥控，在发生事故时切断事故层的电源。为了供电可靠，通常设置一回备用母干线，各层总配电箱设双投开关与两路母干线相连，母干线安装在竖井内。

各层事故照明也可用分区树干式或垂直大树干式供电。事故照明配电方式不受工作电源配电方式的影响，事故照明电源直接引自变电所低压配电屏事故照明回路。

如果楼层不多（仅为十多层），负荷也不大，则可采用导线穿钢管在竖井内敷设，钢管也可在墙体内暗敷。

顶层电梯电气回路不能与同楼层用电电气回路共用，应由变电所低压配电屏单独电气回路供电。消防电梯、排烟、送风设备属于重要的消防用电设备，应由两个供电电气回路（其中一路作为备用供电电气回路）供电，并在最后一级配电箱实现自动切换。

楼层的配电方式有两种：

1）照明与插座分开配电。这种配电方式是将楼层各房间照明和插座分别分成若干个支路，再接到配电箱内。其优点是照明与插座互不干扰，如果房间照明发生故障，房间内还可以临时利用插座回路照明。宾馆、办公楼、科研楼等采用这种配电方式。

2）高层住宅、宾馆客房的另一种配电方式是每套住宅或房间内设置一小配电箱。以每户或每个房间为单位，作为一个配电支路，各层配电箱以树干式向各个房间配电。这种配电方式的优点是故障时互不影响，且容易计费。

图 2-27 为典型的高层民用建筑低压配电系统方案。

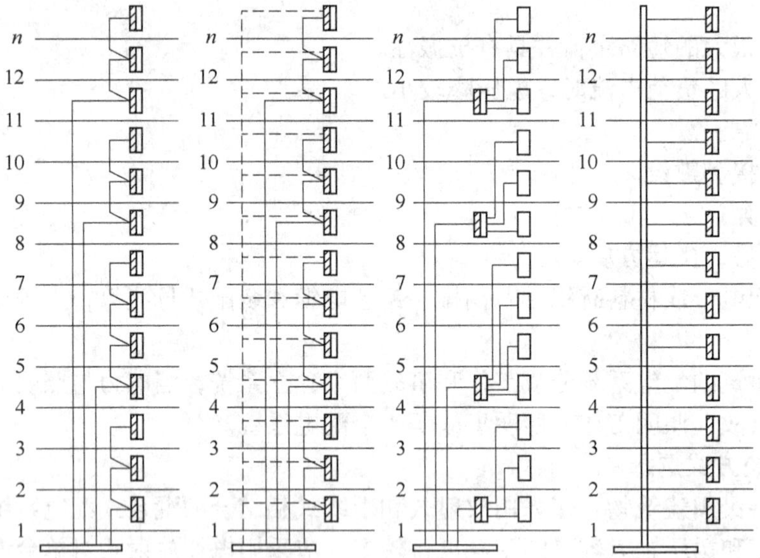

a)　b)　c)　d)

图 2-27　典型的高层民用建筑低压配电系统

图 a 为混合式配电系统，又称分区树干式配电系统，每一电气回路干线对一个供电分区供电，分区楼层间采用链式配电方式，可靠性一般。

图 b 与图 a 基本相同，只是增加一路公用的备用供电电气回路，备用供电电气回路也采用树干式配电方式，提高了配电可靠性。

图 c 与图 a、图 b 比较，增加了一个中间配电箱，各层配电箱相互独立，分层配电箱前端设有总的保护装置，从而提高配电可靠性。

图 d 适用于楼层数量多、负荷大的大型建筑，如宾馆、饭店等，采用大树干式配电方式，可以大大减少低压配电屏的数量，安装维修方便，容易寻找故障。分层配电箱置于竖井内，通过专用插件与母线“T”形连接。

采用分区树干式配电方式时，一般采用电缆配线。配电分区的楼层数量，应根据用电负荷性质、负荷密度、防火要求和维护管理等条件确定。当负荷密度为 $50W/m^2$ 左右时，一般为 5 ~ 6 层，对于一般高层住宅，可适当增加分区层数，但最多不超过 10 层。

为了安全可靠，大型宾馆各层配电和各种用电设备的分支线路，宜采用钢管配线，并采用铜芯绝缘线。为了消防安全和节约能源，各客房的电源可采取集中控制，实行统一管理。

另外，在设计低压配电系统时要注意：

1）应保证对重要负荷的供电可靠性，一级负荷和重要的二级负荷应有备用电源；

2）一般应将动力和照明分别配电，配电系统要接线简单，操作方便，便于检修；

3）由建筑物外引来的配电电路，应在室内靠近进线处便于操作维护的地方装设进线开关；

4）由变、配电所低压配电屏引出的馈电线的每一回路的负荷应在 150 ~ 260kW 之间，如负荷过小则要增加馈电回路和配电屏数量，造成浪费，负荷过大，则会使导线截面积增大，不便于施工安装；

5）采用链式配电方式时，配电箱不宜多于 4 台，如为电动机，一般为 3 ~5 台，其中最大一台电动机的容量不宜大于 10kW；

6）单相用电设备应适当配置，力求三相平衡。对于三相负荷不平衡的场所，由单相负荷不平衡所引起的中性线电流不得超过变压器低压侧额定电流的 25%，且任何一相的负荷电流都不得超过额定电流值。

2.5　现代民用建筑自备电源和应急照明系统与设计

2.5.1　现代民用建筑自备电源系统与设计

对于一级负荷，通常采用多路电源供电，以提高供电可靠性。但对其中特别重要负荷（如重要枢纽、高层民用建筑等），即使市电供电相当可靠，有的达到 4 路或以上，但为确保消防设施及其他重要负荷用电，仍需设置自备电源。

根据负荷使用性质和容量，自备应急电源可采用柴油发电机组、燃汽轮发电机组和不间断电源。通常对仅有事故照明的负荷采用带有直流电池的灯具，而对设有消防电梯、消防泵的负荷则采用发电机组，其中用得较多的是柴油发电机组。即使采用了自起动的柴油发电机组，但对事故报警装置等特别关键的负荷仍需设置直流备用电源，以保证其不间断的工作。

1. 柴油发电机组

柴油发电机组主要适用于发电机额定电压 230/400V，装机容量 800kW 及以下，新建、改建和扩建的电气工程中。

（1）设计原则

1）符合下列情况之一时，宜设自备应急柴油发电机组：

① 为保证一级负荷中特别重要的负荷用电；

② 用电负荷为一级负荷，但从市电取得第二电源有困难或技术经济不合理时；

③ 大、中型商业性大厦及建筑高度超过 100m 的公用建筑，当市电中断供电将会危及人的生命安全或造成经济效益有较大损失时。

2）机组宜靠近一级负荷或配变电所设置。当布置在地下层时，应处理好通风、防潮、机组的排烟、消音和减振等。

3）机房一般设有发电机间、控制及配电室、燃油准备及处理间、备品备件贮藏间等。

4）当机组需遥控时，应设有机房与控制室联系的信号装置及测量仪表。

5）对不需要机组供电的低压配电电路，在系统电源发生故障停电后，应自动切除。

6）发电机间、控制室及配电室不应贴邻或设在厕所、浴室或其他经常积水场所的正下方。

7）属于一类防火建筑的柴油发电机房，应设卤代烷或二氧化碳等固定灭火装置及火灾自动报警装置；二类防火建筑的柴油发电机房，应设火灾自动报警装置和手提式灭火装置。

（2）发电机组的选择

1）机组的容量与台数应根据应急负荷的大小和投入顺序以及单台电动机最大的起动容量等因素综合考虑确定。机组总台数不宜超过两台。

2）在方案或初步设计阶段，可按供电变压器容量的 10% ~20% 估算柴油发电机的容量。

3）在施工设计阶段可根据一级负荷、消防负荷以及某些重要的二级负荷容量，按下述方法计算选择其最大者：

① 按稳定负荷计算发电机容量；

② 按最大的单台电动机或成组电动机起动的需要，计算发电机容量；

③ 按起动电动机时容许电压降计算发电机容量。

4）柴油机的额定功率，系指外界大气压力为 100kPa（760mmHg）、环境温度为 20℃、空气相对湿度为 50% 的情况下，能以额定方式连续运行 12h 的功率（包括超负荷 10% 运行 1h），如连续运行时间超过 12h，则应按 90% 额定功率使用。如气温、气压、温度与上述规定不同，应对柴油机的额定功率进行修正。

5）笼型电动机全压起动最大容量时发电机母线电压不应低于额定电压的 80%；当无电梯负荷时，其母线电压不应低于额定电压的 75%，或通过计算确定。为缩小发电机装机容量，当条件允许时，电动机可采用减压起动方式。

6）多台机组应选择型号、规格一致的成套设备，所用燃油性质应一致。

7）宜选用高速柴油发电机组和无刷型自动励磁装置，选用机组应装设快速自动起动及电源自动切换装置，并应具有连续 3 次自起动的功能。不宜采用压缩空气起动。

2. EPS 备用自备应急电源

EPS 备用自备应急电源主要用于应急照明系统及允许中断供电时间为 0.25s 以上的负荷。作为应急照明系统的备用电源，EPS 为以电力变流器构成的保证供电连续性的静止型交流备用电源装置。EPS 与 UPS 有所不同，EPS 提供的是后备电源的转换，有毫秒级的间断，而 UPS 则无此间断。UPS 的结构要比 EPS 复杂，同容量的价格要高于 EPS。EPS 主要由交流输入电源系统、电力变流器、蓄电池室等组成，适用于电感性及混合性的照明负荷。

1）EPS 电源装置应按负荷性质、容量及要求的持续供电时间等因素选择，供电时间不应小于 90min；其输出功率不小于所连接的应急负荷总容量的 1.3 倍。

2）10kW 及以下小容量可选单相 EPS 电源，10kW 以上宜选用三相 EPS 电源。

3）应急电源装置，宜配置通信接口。

4）集中式 EPS 电源装置容量较大时，宜在电源侧采取高次谐波的治理措施。

5）EPS 电源系统各级保护装置之间应有选择性配合。

6）EPS 电源装置本体噪声应低于 55dB。

3. UPS 不间断应急电源

UPS 为小型不间断应急电源系统。

1）符合下列情况之一时，应设置 UPS 不间断应急电源：

① 当用电负荷为不允许中断供电的，如实时性计算机电子数据处理装置系统等；

② 用于允许中断供电时间为毫秒级的重要场所，如监控中心、消防中心通信系统、计算机房及安防中心等。

2）UPS 不间断应急电源的选择，应符合下列规定：

① UPS 不间断电源装置适用于电容性和电阻性负荷；

② 电源装置的输出功率选择。对电子计算机系统供电时，其额定输出功率应大于计算

机各设备额定功率总和的 1.2 倍；对其他用电设备供电时，为最大计算负荷的 1.3 倍；

③ 蓄电池组容量，应根据用户性质、工程的电源条件，停电时持续供电时间的要求选定；

④ UPS 不间断电源的工作制式，宜按在线运行连续工作制考虑；

⑤ UPS 不间断电源装置的本体噪声，在正常运行时不应超过 75dB，小型不间断电源装置不应超过 65dB。

3）容量较大时应考虑 UPS 不间断电源装置所含的高次谐波电流对变压器、供电线路、电容补偿装置和供电网的影响，谐波量超过限值时应采取谐波治理措施。

4）不间断电源系统设计时，其配电系统各级保护装置之间应有选择性配合。

5）在 TN-S 系统中，如果负载要求 N 线与大地等电位时，应考虑采用隔离变压器或采用专用变压器为 UPS 不间断电源装置供电，在装置的出线端形成独立的 TN-S 或 TN-C-S 系统。

6）UPS 不间断电源的交流输入电源、装置室及接地系统的设计要求，与 EPS 备用自备应急电源相同。

4. 太阳能光伏应急电源

当主体工程设有太阳能光伏电源系统时，宜利用太阳能光伏电源系统作为应急电源。

光伏电池组件由于太阳光的照射产生电效应，对蓄电池组充电并通过逆变器将直流转换为交流，向用电负荷供电。

光伏电源系统宜与市电并网运行，向一般负荷供电，也可以向应急负荷供电。当发生火灾时，自动接通应急负荷，同时切除一般负荷。

（1）太阳能光伏电源系统的组成　作为交流负荷供电的光伏电源系统，一般由太阳能电池组件、逆变器、保护开关、控制器、储能装置（蓄电池组）及其充电装置等组成。将直流变换为交流，向交流用电负荷供电。为直流负荷供电的光伏电源系统，由太阳能电池组件与蓄电池及电设备组成，直接向直流负荷供电。

为提高光伏电源系统的供电可靠性，宜采用并网型光伏电源系统，即正常情况下外电网与光伏电源系统并网运行，以达到节能的目的，当外网故障失电时，即由光伏电源系统自动向负荷供电。

（2）太阳能光伏电池组件容量的确定

1）太阳能光伏电池组件容量的确定。太阳能光伏电池组件由太阳能电池片经串并联组合形成不同规格的电池板。电池片的主要材料分单晶硅、多晶硅和非晶硅 3 种，大多数（约占 80% 左右）都选用光电转化效能、性价比较好的多晶硅材料制作。

① 太阳能光伏电池组件的功率由下式确定：

$$W_p = \frac{PmK}{R} \tag{2-24}$$

式中　W_p——太阳能光伏电池组件功率（kW）；

P——照明和其他应急负荷功率之和（kW）；

m——每天持续的供电时间（h）；

K——冗余系数，取 1.6～2；

R——当地平均日照时间（h）。

② 太阳能光伏电池组件的额定输出功率与负荷输入功率之比，一般取2∶1～4∶1（根据每天所需供电时间及连续阴雨天数等因素决定）。

③ 太阳能光伏电池组件的面积大小由太阳能电池组件单位面积的发电量（一般按120W/m² 计算）决定，即

$$S=\frac{W_p}{E} \tag{2-25}$$

式中 S——太阳能电池组件的总面积（m²）；

W_p——太阳能光伏电池组件功率（kW）；

E——太阳能电池组件单位面积发电量（120W/m²）。

2）蓄电池的形式选择和容量确定

① 用于太阳能光伏电源的蓄电池宜选用铅酸蓄电池（含胶体蓄电池），只有在高寒地区的户外系统采用镉镍电池。

② 蓄电池组的容量由下式计算确定：

$$A=\frac{PmnK}{U} \tag{2-26}$$

式中 A——蓄电池组容量（A·h）；

P——照明和其他应急负荷功率之和（kW）；

m——每天持续的供电时间（h）；

n——连续阴雨天数（天）；

K——冗余系数，取1.6～2；

U——蓄电池组的电压（V）。

（3）光伏电源系统的选择

1）民用建筑应急照明宜选用储能式并网型交流光伏电源系统。

2）用于室外照明的电源，宜选用分散式并网型光伏电源系统。

3）无外部电源条件、分散和居民用户的供电源，宜选用储能式交流光伏电源系统。

（4）太阳能光伏电源系统的运行，应满足下列要求：

1）当电网停电时，应首先切断系统的非应急负荷，以保证太阳能光伏电源对应急负荷的正常供电。

2）为应急照明负荷供电时，其供电持续时间不应小于90min。

3）光伏电源系统的电源装置应具有自动监测、控制保护功能，开关柜等设备应有明显标志。

4）当太阳能光伏电源与市电电网系统采用并网运行方式时，尚应符合下列规定：① 光伏电源系统的接线方式应与市电电网的接线方式相同，并应设有电能计量装置；② 采用不可逆流的并网方式时，应在供电变压器的输出端设置逆流检测装置；③ 光伏电源系统在其功率调节器与供电负荷之间应设置隔离开关，在市电电网与负荷之间也应设置隔离开关；④ 光伏电源系统在并网处宜设置专用的低压开关箱（柜），并设置专用标志；⑤ 光伏电源系统与电网连接的开关柜中应设置手动和自动断路开关，并具有可视断开点的机械开关（除非当地供电部门要求，一般不应采用电子式开关）。

（5）并网型太阳能光伏电源系统输出的电能质量，应符合下列规定：

1）光伏电源系统的电压与电网接口处的电压允许偏差值：三相制时为额定电压的±7%，单相制式时为额定电压的+7%～-10%。

2）光伏电源系统应与电网同步运行，频率偏差不应大于0.5Hz。

3）光伏电源系统的输出端总谐波电流含有率应不小于其功率调节器输出的5%。

4）光伏电源系统并网运行时，逆变器向电网馈送的直流分量，不应超过其交流额定值的1%。

（6）并网型太阳能光伏电源系统的保护和检测控制装置的设置，应具有如下功能：

1）当并网接口处的电压超出下表规定的范围时，光伏电源系统应通过其自动监测电压及并网切断控制功能装置，立即停止向电网送电。

2）光伏电源系统在并网接口处的频率偏差超出规定限值时，频率保护装置应0.2s内动作，与电网断开。

3）当电网失压时，防孤岛效应保护装置应在2s内将光伏电源系统与电网断开。

4）光伏电源系统与电网系统之间应设置相应的短路保护装置。当电网短路时，逆变器的过电流应不大于额定电流的1.5倍，并应在0.1s内将光伏电源系统与电网断开。

5）非逆流型并网光伏系统，应在电网供电变压器次级设置逆流检测装置。当检测到的逆电流超出逆变器额定输出的5%时，逆向功率保护装置应在0.5s至2s内将光伏电源系统与电网断开。

6）光伏电源系统与电网之间应设置隔离开关和断路器，并且应是断电型开关电器。

接口处的电压波动范围与控制要求见表2-10。

表 2-10　接口处的电压波动范围与控制要求

电压（电网接口处）	开关断电最大分闸时间/s
$U<50\%\ U_{正常}$	0.1
$50\%\ U_{正常}\leqslant U\leqslant 85\%\ U_{正常}$	2
$85\%\ U_{正常}\leqslant U\leqslant 11\%\ U_{正常}$	继续运行
$110\%\ U_{正常}\leqslant U\leqslant 135\%\ U_{正常}$	2
$U\geqslant 135\%\ U_{正常}$	0.05

注：开关断电最大分闸时间是指异常状态发生到逆变器停止向电网送电的时间。

2.5.2　现代民用建筑应急照明系统与设计

1. 应急照明的分类和照度设计参数要求

应急照明是现代民用建筑的重要组成部分。当正常照明因故障、检修或紧急情况熄灭后，提供使用的照明称为应急照明。国家新的标准规定的应急照明分为三类：疏散照明、安全照明、备用照明。

疏散照明的照度设计参数要求不得小于0.5lx。

安全照明的照度值不应低于正常照度的5%，特别危险的作业应为10%，为满足特殊需要也可提供更高的照度。

备用照明是指正常照明因故障熄灭后，用来确保正常工作或活动继续进行的一种应急照明。

应急疏散标志灯，国际上有许多的通用表示方式和技术要求，如图 2-28 所示。

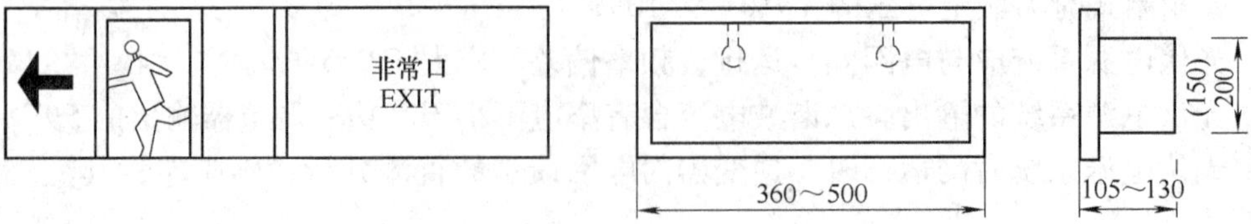

图 2-28　应急疏散照明的标志

2. 应急照明的转换时间要求

当正常照明发生故障后接通应急照明的时间，称为应急照明的转换时间，它是选择应急照明灯具的一个重要参数。用直管荧光灯作光源的应急照明，常为瞬间起动，但也需要一定的时间。CIE 推荐转换时间如下：

1）疏散照明，不应大于 15s，这是考虑了适应应急发电机自起动条件，如使用其他应急电源，应争取更短。

2）安全照明不宜大于 0.5s，因为涉及人身安全，要求比较高。应急电源只能使用电网线路自动转换或者采用蓄电池。

3）备用照明不应大于 15s。对于有爆炸危险的生产场所等，应视生产工艺特点，按需要确定用更短的时间。对于商场的收银台，转换时间不应大于 1.5s，以防止混乱。各类应急照明对电源切换时间的要求见表 2-11。

表 2-11　各类应急照明对电源切换时间的要求

应急照明种类	备用照明	安全照明	疏散照明
切换时间/s	≤15	<0.5	≤15
持续供电时间/min	按要求定	20	20

3. 应急照明的连续供电时间要求

应急照明灯的连续供电时间越长，成本越高，但时间过短，又达不到其应起的作用。防火规范规定为不应小于 20min。确定合理的限量的时间，要综合考虑人员在紧急状态下各种情况，比如人员拥挤、标志灯位置的选择、路途障碍的多少、人员年龄、心理素质等，应取平均因素推荐一个疏散区最远点的人正常速度步行到安全区的时间作为应急灯连续供电时间。

1）疏散照明时间，不应小于 30min。主要应考虑发生火灾或者其他灾难时，人员的疏散、在建筑物内搜寻人员、求援等所需要的时间。对于超高层建筑、规模特大的多层建筑、大型医院等，应考虑更长的持续时间，如 60 min、90 min。

2）安全照明和备用照明，应视生产或工作的特点及持续时间长短确定。特别重要的公共建筑物，如通讯中心、广播电台、电视台、发电及配电中心、交通枢纽等场所，应长时间持续工作。

4. 应急照明的配电线路设计

应急照明的配电线路属于消防配电线路的一部分，设计要求相同。主要要求有：

（1）选用耐热配线　当导线穿钢管时也可用耐热温度大于 105℃ 的非延燃型导线，如

BV-105。采用绝缘和保护套为非延燃烧材料型电缆时，可不穿金属管保护，但要敷设在电缆井内。强电和弱电电缆共用一个竖井时，应将其分别敷设于井的两侧。交叉时，应穿钢管保护。竖井内每隔3层要设阻燃材料作的隔离板，并将上下通孔堵死。

（2）线路的共管敷设　不同系统、不同电压、不同电流类别的线路不可穿在同一个管内或同一个线槽的同一槽孔内。不同电压、不同电流类别的线路在配电箱内的端子板要分开隔离，而且应标注清楚。不同防火区的线路也不能共穿一根管。

（3）穿管的截面面积要求　穿管的绝缘导线或电缆的总截面积不得大于管孔净截面积的40%。敷设于封闭或线槽内的导线或电缆的总截面积不应大于线槽净截面积的60%。

（4）线路必须使用铜芯电线或电缆　近年来，绝缘铜线的应用范围日趋广泛，一般情况下常用塑料铜线。而橡皮铜线的弯曲性能好，而且耐寒。乙丙橡皮绝缘电缆具有优异的电气、机械特性，即使在潮湿的环境中也有耐高温性能，线芯长期工作允许温度可达90℃。采用氯磺化氯乙烯护套的乙丙橡皮绝缘电缆可以满足阻燃的场所。

（5）疏散指示照明　疏散指示照明和应急插座线路要分开敷设，如图2-29所示。

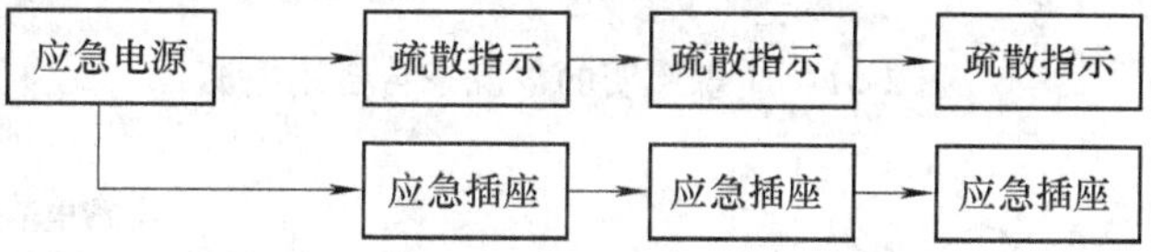

图2-29　线路敷设中疏散指示和应急插座

接线盒板的防火不易解决时，宜将钢管直径加大而不用接线盒，分支盒改为双管。

5. 应急照明电源的设计

（1）一般要求　对于一级负荷的应急电源的类型，应根据一级负荷中特别重要负荷的容量、允许中断供电的时间以及要求的电源为交流或直流等条件来进行。由于蓄电池装置供电可靠、稳定、无切换时间、投资少，所以凡是允许停电时间为毫秒级，且容量不大的特别重要负荷，可采用直流电源的，应由蓄电池装置作为应急电源。若特别重要负荷要求交流供电，允许停电时间为毫秒级，且容量比较大，可采用静止型不间断供电装置。若特别重要负荷中有需要驱动的电动机负荷，起动电流冲击负荷较大的，又允许停电时间为毫秒级，可采用机械储能电机型不间断供电装置或柴油机不间断供电装置。若电动机负荷允许停电时间为15s以上的，可采用快速自起动的发电机组，这是考虑一般快速自起动的发电机组一般在10s左右。

对于二级负荷，由于其停电造成的损失较大，且其包括的范围一般也比一级负荷广，其供电方式的确定，应根据供电费用及供配电系统停电几率所带来的停电损失等综合比较来确定是否合理。

（2）解决应急照明电源的方法　作为应急照明的电源主要有以下几类：

1）照明与电力负荷在母线上分开供电，如图2-30所示。应急照明与正常照明分开。即来自同一电网与正常电源分开。

2）应急照明的电源来自备用电源，如图2-31所示。

3）应急照明的电源来自蓄电池组，如图2-32所示。

4）应急照明的电源来自另一台变压器，在母线上分开供电，正常照明和应急照明电源

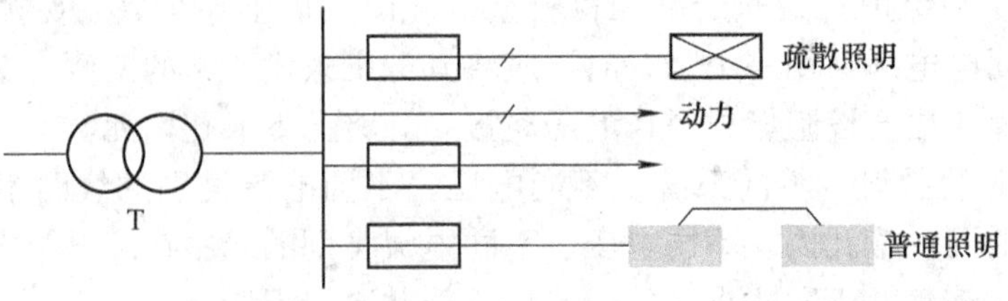

图 2-30　一台电压变压器时的应急照明电路

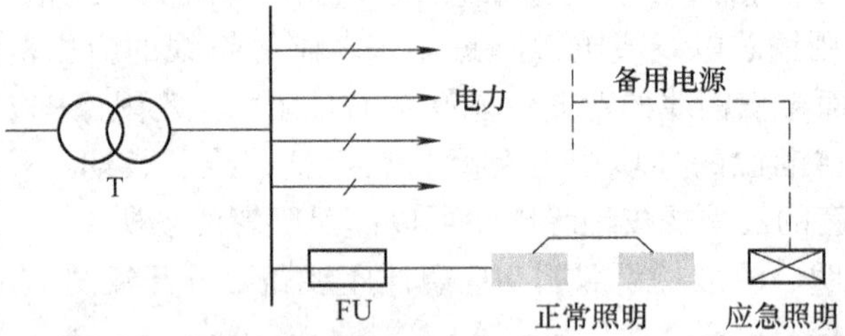

图 2-31　应急照明的电源来自备用电源

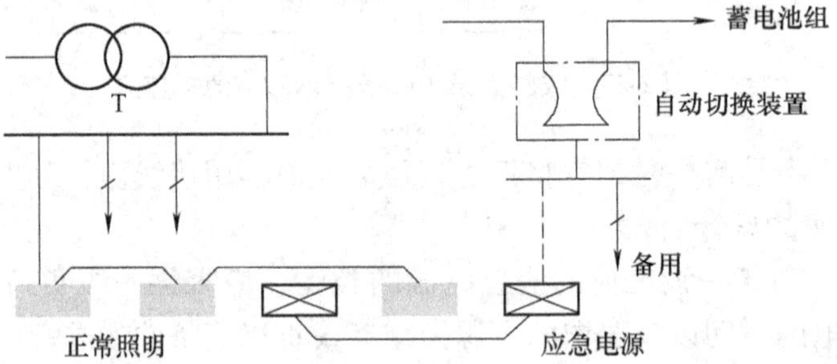

图 2-32　应急照明的电源来自变压器以外的蓄电池组

来自不同的变压器，此处电路图略。

5）应急照明的电源来自两台变压器，在母线上有联络断路器，正常照明和应急照明电源来自相邻的变压器，应急照明由两段干线交叉供电，此处电路图略。

6）应急照明的电源来自第三电源，设有自动投入装置（BZT）。第三电源也可以视为发电机组或蓄电池等小型电源，此处电路图略。

应急照明的电源设置形式有 3 种：集中设置、分区设置、应急灯自带蓄电池。

思考题与习题

2-1　我国规定的电能质量两个重要参数是什么？它们的允许偏差各是什么？超过允许偏差对用电有何影响？

2-2　我国现行电力系统的电压等级有哪些？现行各种电压等级的送电容量和送电距离是多少？

2-3　什么是计算负荷？在确定多组用电设备的总视在负荷时，可不可以直接将各组的视在计算负荷相加，为什么？

2-4　什么叫尖峰电流？计算尖峰电流的目的是什么？如何计算多台设备的尖峰设备？

2-5　某实验室有 220Ve 单相加热器 5 台，其中 3 台各为 1kW，2 台各为 3kW。试合理分配各单相加热器于 220/380V 的线路上，并求其计算负荷 $P_{\Sigma C}$、$Q_{\Sigma C}$、$S_{\Sigma C}$和 $I_{\Sigma C}$。

2-6　某大楼采用三相四线制 220/380V 供电，楼内装有单相用电设备：电阻炉 4 台各为 2kW，干燥器 5 台各为 3kW，照明用电共 5kW。试将各类单相用电设备合理分配在三相四线制线路上，并确定大楼的计算负荷。

2-7　有一条线路供电给 5 台电动机，其负荷资料如题 2-7 负荷资料表。试计算该线路的计算电流和尖峰电流。（提示：计算电流可近似地用公式 $I_c = K_n \sum I_N$ 计算，K_n 可根据台数多少选取，这里可假定为 0.9 。

题 2-7　负荷资料表

参数	电动机				
	1M	2M	3M	4M	5M
额定电流/A	10.2	32.4	30	6.1	20
起动电流/A	663	227	165	34	140

2-8　某建筑工地用电设备用数据如题 2-8 用电设备数据表所示，试确定工地变电所低压母线上的总计算负荷。

题 2-8　用电设备数据表

序号	用电设备名称	功率/kW	台数	总功率/kW	K_n，$\tan\varphi$
1	混凝土搅拌机	10	4	40	0.7，1.17
2	砂浆搅拌机	4.5	4	18	0.7，1.17
3	升降机	4.5	2	9	0.25，1.02
4	传送带	7.0	5	35	0.6，0.88
5	起重机	30	2	60	0.25，1.02
6	电焊机	32	3	96	（单相 380V）0.45，1.98
7	照明			20	1，0

2-9　在现代民用建筑低压供电线路中，每一支线的最大允许电流是多少？每一单相干线的最大允许电流是多少？

2-10　在高层民用建筑中如何设置供配电系统？大型高层民用建筑配电系统的配电方式如何选择？

2-11　现代民用建筑自备电源和应急照明系统的设计参数有哪些？应如何进行设计？

2-12　请计算出你所在学校某一教学楼的总计算负荷，并画出该教学楼某一层建筑平面的设备布置图和该教学楼的供电系统图。

第3章　现代民用建筑供配电线路与设计

本章主要介绍现代民用建筑供配电线路设计的基本知识，重点介绍低压配电系统的室外架空配电线路、室内低压配电线路的设计和低压配电设备的选择。随着我国城市建设要求的不断提高，电缆配电线路得到广泛应用。因此本章对现代民用建筑的电缆配电线路的设计内容也进行了重点介绍。

3.1　现代民用建筑供配电线路与电线电缆选择

3.1.1　现代民用建筑低压供配电线路

现代民用建筑的特点是楼层高、建筑的体量大、大容量用电设备多、用电负荷较为集中。因此供电容量大、电压等级也较高。往往需要高压深入到负荷中心，需要大量使用电缆线路。目前现代民用建筑的供电线路常采用10kV以上的高压供电线路，高压供电线路直接深入到高层建筑或大型民用建筑的配电负荷中心。

低压供配电电压常采用220/380V。我国常用低压供电线路为单相二线制、两相三线制、三相三线制和三相四线制，如图3-1所示。

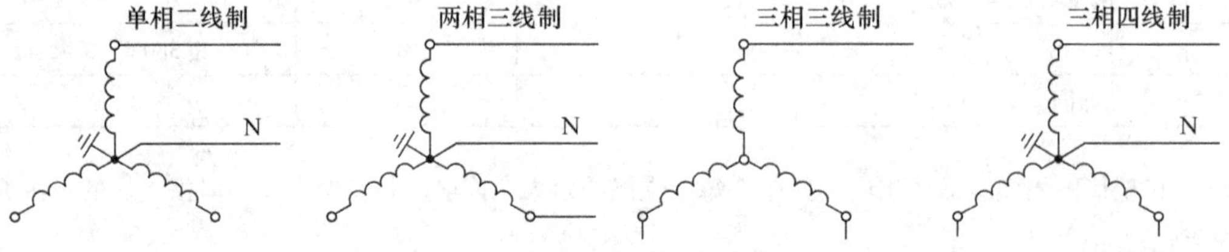

图3-1　我国常用低压供电线路

低压供配电线路常采用如下几种配电方式：

1. 树干式配电方式

正常环境下的建筑物内，当大部分设备为中小型容量，且无特殊要求时，以采用树干式配电为宜。其示意如图3-2所示（图例中不论采用哪种常用配电方式，均用单线图表示）。

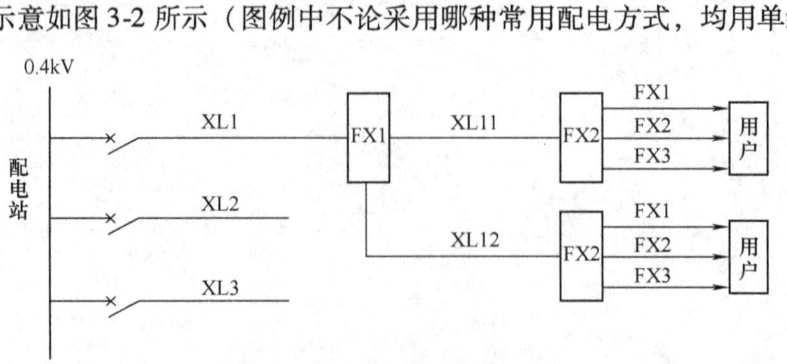

图3-2　某树干式配电示意图

采用树干式配电的主要优点是结构简单，节省投资和有色金属。能节约一定数量的配电设备和线路，可不设专用的低压配电室，有较好的供电可靠性。

2. 放射式配电方式

负荷性质重要或用电设备容量大，或有特殊要求的建筑物内，以采用放射式供电为宜，如图 3-3 所示。

采用放射式配电的主要优点是结构简单，维护方便，供电的可靠性较树干式强，但投资较大。特别是一些新建的住宅小区，为了美观，低压电缆代替了低压架空线，但低压电缆的资金投资不容忽略。

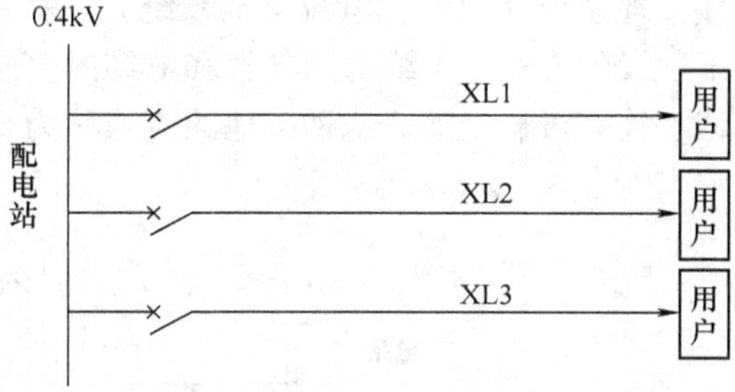

图 3-3　放射式配电示意图

3. 链式配电方式

当部分用电设备距离供电点较远，且用电设备彼此又相距很近、容量很小的次要用电设备，可采用链式配电方式，如图 3-4 所示。但每一环链设备不宜超过 5 台，其总容量不宜超过 10kW，而容量较小的用电设备数量可适当增加。

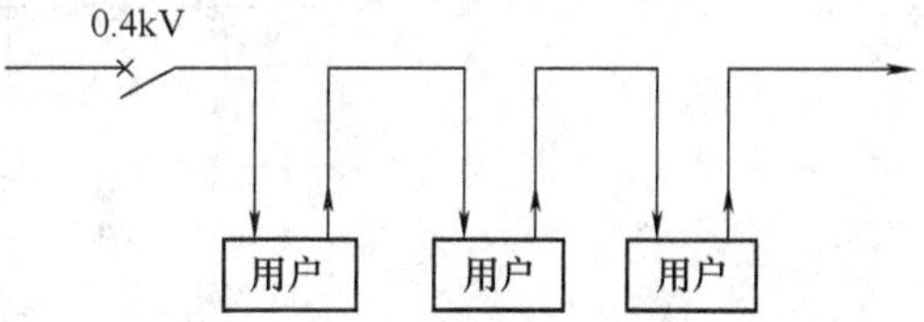

图 3-4　链式配电示意图

供电容量较小的一般设备的插座，采用链式配电时其环链数量可适当增加。此规定给出容量较小的用电设备对携带型用电设备容量在 1kW 以下时，可以在满负荷情况下经常合闸，用插座供电的设备因容量较小可以不受此条上述数量的限制，其数量可以适当增加。对远距离次要性的小负荷可采用链式配电。

4. 混合式配电方式

以上 3 种配电方式在实际应用中，可灵活使用，即采用混合式配电方式。对部分较大容量较集中或重要负荷，应从低压配电室以放射式配电。高层建筑物内，当向楼层各配电点供电时，宜采用分区树干式配电。

5. 现代民用建筑供电线路举例

以上对低压供电线路的配电方式作了简要介绍，下面举一现代民用建筑的供电线路作简要说明，以帮助理解。

如图 3-5 供电线路所示，高压侧采用了 10kV 进线，低压侧采用了 400V 放射式加树干式

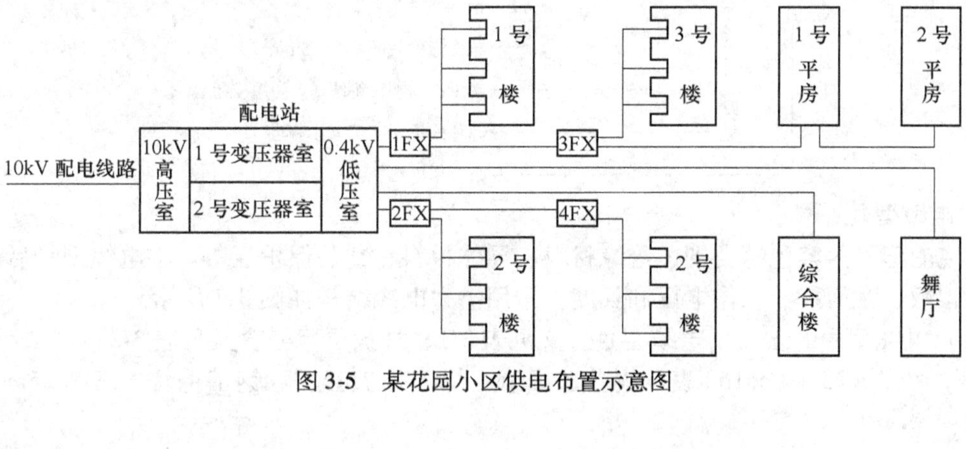

图 3-5　某花园小区供电布置示意图

和链式的混合式分区供电方式。

从图 3-6 电气接线图中可以看出，变压器低压侧中性线是直接接地的，构成了 0.4kV 直接接地系统（也称大电流接地系统），这一点接地称为工作接地。整个小区采用低压电缆地下敷设的方式，电缆沟的支架和电缆的金属外壳都应保证可靠接地，并在低压分线箱处与 N 线相连并可靠接地。这种接地的方式称为重复接地，以保证单相短路时可靠跳闸。

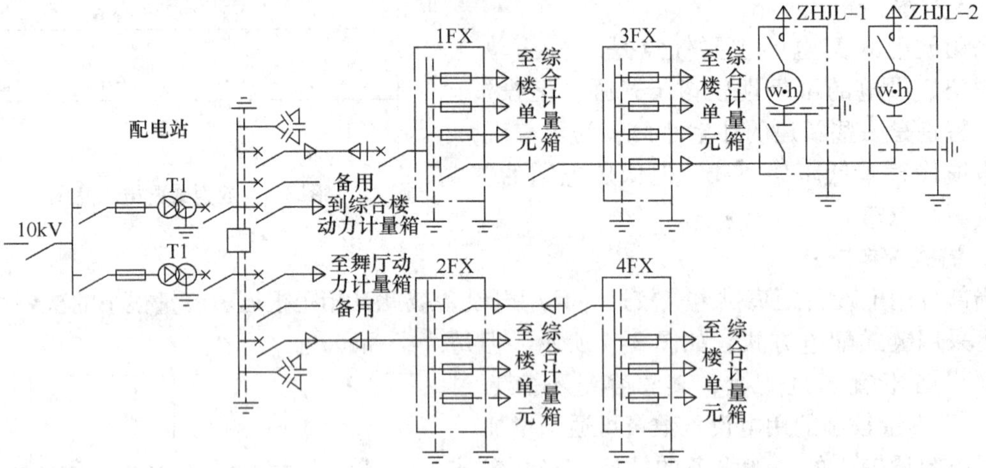

图 3-6　某花园小区供电电气接线图

各低压分线箱 FX 的外壳是单独接地的，这种接地称为保护接地。故要求该接地点与分线箱的 N 零线接地点保持 5m 以上的距离。综合计量箱也采用了与低压分线箱相同的接地保护方式。

从图 3-6 电气接线图中可以看出，在低压配电系统中，舞厅和综合小楼采用放射式供电，民用住宅楼和小平房采用树干式供电，同时配电站、低压分线箱和小平房之间又构成了链式供电。

3.1.2　民用建筑低压供配电线路常用电线、电缆的型号与选择

1. 电线型号

根据导线材料和绝缘材料分，可分为塑料（聚氯乙烯）绝缘线、橡皮绝缘线以及铜芯线或铝芯线，主要有 BV、BLV、BX、BLX 等型号。其型号含义如下：

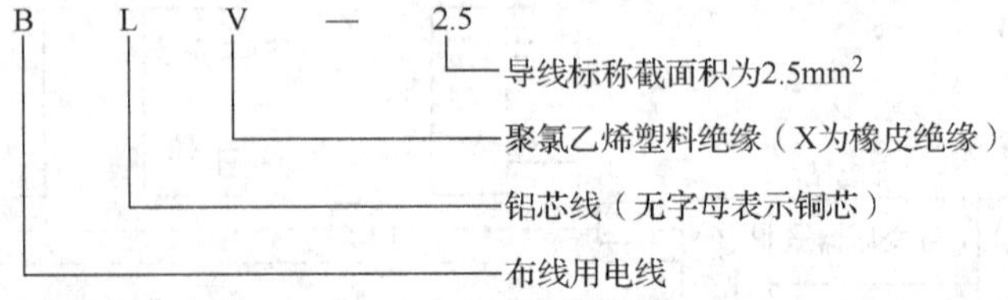

2. 电缆型号

电缆的型号内容包括类别、绝缘材料、导体材料、铠装保护层等。在电缆型号后面还注有芯线根数、截面积、工作电压和长度。常用电力电缆结构如图 3-7 所示。

（1）电缆型号的含义　电缆型号含义见表 3-1，外护层代号含义见表 3-2。例如：$VV_{22}-(3\times25+1\times16)$表示铜芯、聚氯乙烯内外护套、双钢带铠装、三芯 $25mm^2$、一

根 16mm^{2}的电力电缆。新型电缆有 4 +1 芯，便于用在五线制供电系统。多种型号 PVC 型聚乙烯绝缘聚氯乙烯护套电力电缆铜芯和铝芯截面积有 1.5 ~400mm^{2}多种型号。

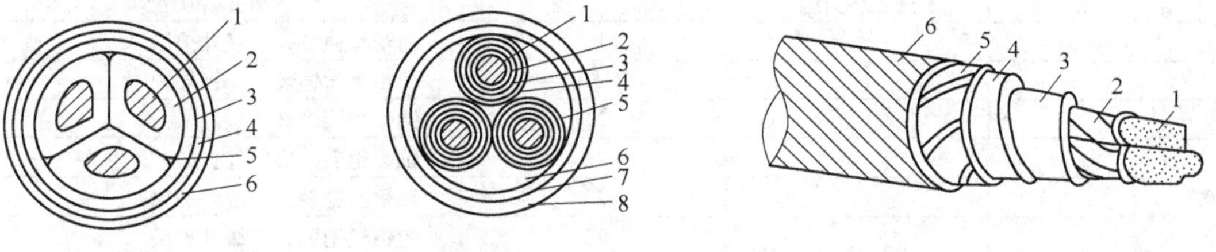

a) 聚氯乙烯塑料电缆结构　　b) 橡皮电缆结构　　c) 油浸绝缘、铅包、钢带铠装电缆结构

图 3-7　常用电力电缆结构

1—导线　2—聚氯乙烯绝缘　3—聚氯乙烯内护套　4—铠装层（铅或铝）　5—填料　6—聚氯乙烯外护套

1—导线　2—导线屏蔽层　3—橡皮绝缘层　4—半导体屏蔽层　5—铜带屏蔽层　6—填料　7—橡皮布带层　8—聚氯乙烯外护套

1—线芯　2—纸包绝缘　3—铅包护层　4—塑料护套　5—钢带铠装　6—沥青麻护层

$YJLV_{22}$ –（3 ×120）–10 –300 表示铝芯、交联聚乙烯绝缘、聚氯乙烯内外护套、双钢带铠装、三芯 120mm^2、电压为 10kV、长度为 300m 的电力电缆。

Q_{21} –（3 ×50）–10 –250 表示铜芯、纸绝缘、铅包、双钢带铠装、纤维外被层、三芯 50mm^2、电压为 10kV、长度为 250m 的电力电缆。

表 3-1　电缆型号含义

类　别	导　体	绝　缘	内 护 套	特　征
电力电缆（省略不表示）	T：铜线（可省）	Z：纸绝缘	Q：铅包	D：不滴油
		X：天然橡皮	L：铝包	P：分相金属护套
K：控制电缆	L：铝线	（X）DJJ 基橡皮	H：橡套	
P：信号电缆		（X）E 乙丙橡皮	（H）P：非燃性橡套	P：屏蔽
B：绝缘电缆		V：聚氯乙烯		
R：绝缘软缆		Y：聚乙烯	Y：聚氯乙烯护套	
Y：移动式软缆		YJ：交联聚乙烯		
H：市内电话缆			Y：聚乙烯护套	

表 3-2　电缆的外护层代号含义

铠装层代号		外护套代号	
代　号	铠装层类型	代　号	外护层类型
0	无	11	裸金属护套，一级外护层（麻）
1	裸金属护套	12	钢带铠装，一级外护层
2	双钢带	120	裸钢带铠装，一级外护层
4	细圆钢丝	13	细钢丝铠装，一级外护层
		130	裸细钢丝铠装，一级外护层

（续）

铠装层代号		外护套代号	
代　号	铠装层类型	代　号	外护层类型
		15	粗钢丝铠装，一级外护层
		150	裸粗钢丝铠装，一级外护层
		21	钢带加固麻被护层
		22	钢带铠装，二级外护层
		23	细钢丝铠装，二级外护层
		25	粗钢丝铠装，二级外护层
		29	内钢带铠装
		39	内细钢带铠装
		59	内粗钢丝铠装

（2）五芯电力电缆　五芯电力电缆的出现是为了符合 TN-S 供电系统的需要，其型号见表 3-3。

表 3-3　五芯电力电缆型号

型　号		电缆名称	芯数	标准截面积/mm^2
铜　芯	铝　芯			
VV	VLV	PVC 绝缘 PVC 护套电力电缆	3+2	4～185
VV_{22}	VLV_{22}	PVC 绝缘钢带铠装 PVC 护套电力电缆	4+1	4～185
ZR-VV	ZR-VLV	阻燃型 PVC 绝缘 PVC 护套电力电缆	5	4～185
ZR-VV_{22}	ZR-VLV_{22}	阻燃型 PVC 绝缘钢带铠装 PVC 护套电力电缆	5	4～185

（3）聚氯乙烯绝缘聚氯乙烯护套电力电缆　聚氯乙烯绝缘聚氯乙烯护套电力电缆长期工作温度不超过 70℃，电缆导体的最高温度不超过 60℃。短路最长持续时间不超过 5s，施工敷设最低温度不得低于 0℃，最小弯曲半径不小于电缆直径的 10 倍。聚氯乙烯绝缘聚氯乙烯护套电力电缆技术数据见表 3-4。

表 3-4　聚氯乙烯绝缘聚氯乙烯护套电力电缆技术数据

产品型号		芯　数	标称截面积/mm^2
铜　芯	铝　芯		
VV/VV_{22}	VLV/VLV_{22}	1	1.5～800
			2.5～800
			10～800
VV/VV_{22}	VLV/VLV_{22}	2	1.5～805
			2.5～805
			10～805
VV/VV_{22}	VLV/VLV_{22}	3	1.5～300
			2.5～300
			4～300
VV/VV_{22}	VLV/VLV_{22}	3+1	4～300
VV/VV_{22}	VLV/VLV_{22}	4	4～185

（4）电缆供电的特点

1）不受外界风、雨、冰雹、人为损伤，供电可靠性高。

2）材料和安装成本都高，同等供电容量的线路成本约为架空线的 10 倍。

3）供电容量较大。

4）不占用土地，有利于环境美观。

5）与架空线比较，截面积相同时电缆供电容量较大，电缆导线的阻抗小。

3. 电线、电缆型号选择原则

1）贯彻“以铝代铜”原则，在满足线路敷设要求的前提下，尽量采用铝芯导线。一般室内工程适宜选用铜芯导线，室外工程适宜选用铝芯导线。

2）尽量选用塑料绝缘线，这是因为塑料绝缘线的生产工艺简单、绝缘性能好、成本低。

3）电缆的选用应注意坚持“以铝代铜”，“以铝包代替铅包铜”，“以合成材料（如塑料等）代替橡胶材料”等原则。

4）注意选用新材料、新品种的电线和电缆，不选用淘汰的产品和限制产品。

5）电线和电缆的具体型号选用应根据使用环境和敷设方式而定，见表 3-5。

表 3-5 按使用环境和敷设方式选择电线和电缆型号

环境特征	线路敷设方法	常用电线、电缆型号	导线名称
正常干燥环境	绝缘线瓷珠、瓷夹板或铝皮卡子明敷 绝缘线、裸线瓷瓶明配 绝缘线穿管明敷或暗敷 电缆明敷或放在沟中	BBLX，BLV，BLVV，BVV，BLX BBLX，BLV，LJ，LMY BBLX，BLV，BVV ZLL，ZLL_{11}，VLV，YJV，YJLV，XLV，ZLQ	BLX：橡皮绝缘铝芯线 BBLX：铝芯玻璃丝编织橡皮线 BX：橡皮绝缘铜芯线 BLV：铝芯聚氯乙烯绝缘线 BLVV：铝芯塑料护套线 BVV：铜芯塑料护套线 LJ：裸铝绞线 LMY：硬铝裸导线 ZLL：油浸绝缘纸电缆 VLV：塑料绝缘铝芯电缆 VJV：塑料绝缘铜芯电缆 YJLV：塑料绝缘（聚乙烯）铝芯电缆 XLV：橡皮绝缘电缆（铝芯） ZLQ：油浸纸绝缘电缆 BV：铜芯塑料绝缘线 XLHF：橡皮绝缘电缆 其他型号的电线和电缆可查阅有关手册，此处略。
潮湿和特别潮湿的环境	绝缘线瓷瓶明配（敷高 >3.5m） 绝缘线穿管明敷或暗敷 电缆明敷	BBLX，BLV，BVV，BLX BBLX，BLV，BVV，BLX ZLL_{11}，VLV，YJV，XLV	
多尘环境（不包括火灾及爆炸危险尘埃）	绝缘线瓷珠、瓷瓶明敷 绝缘线穿钢管明敷或暗敷 电缆明敷或放在沟中	BBLX，BLV，BLVV，BVV，BLX BBLX，BLV，BVV ZLL，ZLQ，VLV，YJV，XLV，XLHF	
有腐蚀性的环境	塑料线瓷珠、瓷瓶明线 绝缘线穿塑料管明敷或暗敷 电缆明敷	BLV，BLVV，BVV，BX BBLX，BLV，BV，BVV，BLX VLV，YJV，ZLL_{11}，XLV	
有火灾危险的环境	绝缘线瓷瓶明线 绝缘线穿钢管明敷或暗敷 电缆明敷或放在沟中	BBLX，BLV，BVV，BLX BBLX，BLV，BVV ZLL，ZLQ，VLV，YJV，XLV，XLHF	
有爆炸危险的环境	绝缘线穿钢管明敷或暗敷 电缆明敷	BBX，BV，BVV，BX ZL_{120}，ZQ_{20}，VV_{20}	

3.1.3 导线截面积的选择

从配电变压器到用电负荷的线路有架空线路和电缆线路两种形式。无论室内或室外的配电导线及电缆截面积其基本选择方法是一样的。

1. 电线和电缆线芯截面积选择的基本要求

1）最大工作电流作用下的缆芯温度，不得超过按电缆使用寿命确定的允许值。

2）最大短路电流作用时间产生的热效应，应满足热稳定条件。

3）连接回路在最大工作电流作用下的电压降，不得超过该回路允许值。

4）较长距离的大电流回路或35kV以上高压电缆，当符合上述条件时，宜选择经济截面积，可按“年费用支出最小”原则。

5）铝芯电缆截面积不宜小于4mm²。

6）水下电缆敷设需电缆芯承受拉力且较合理时，可按抗拉要求选用截面积。

7）导线截面积的选择应同时满足机械强度、工作电流和允许电压降的要求。

其中导线承受最低机械强度的要求是指诸如导线的自重、风、雪、冰封等而不致断线；导线应能满足负载长时间通过正常工作最大电流的需要以及导线上的电压降应不超过规定的允许电压降。一般公用电网电压降不得超过额定电压的5%。电力电缆线芯截面积选择不当时，会造成影响可靠运行、缩短使用寿命、危害安全、带来经济损失等弊病，不容忽视。

8）电缆线芯持续工作温度应满足持续工作温度要求。电缆线芯持续工作温度，关系着电缆绝缘的耐热寿命，一般按30~40年使用寿命，并依据不同绝缘材料选择性确定工作温度允许值。当工作温度比允许值大时，相应的使用寿命缩短，如交联聚乙烯电缆工作温度较允许值增加约8℃，对应载流量增加7%，则使用寿命降低一半。电缆线芯持续工作温度，还涉及影响线芯导体连接的可靠性，需考虑工程实际可能的导体连接工艺条件来拟定。

9）短路电流作用于电缆线芯产生的热效应，应满足不影响电缆绝缘的暂态物理性能维持正常使用要求，且使含有电缆接头的导体连接能可靠工作，以及符合热稳定条件。否则会出现纸绝缘铅包被炸裂、绝缘纸烧焦、电缆线芯被弹出、电缆端部冒烟等故障。

2. 常用导线截面积选择的基本方法

导线截面积选择的基本方法主要可从以下3个方面进行考虑：

（1）机械强度选择要求　对于架空线路主要考虑机械强度要求，对于高压架空线路除要考虑机械强度要求外，还要考虑经济电流运行密度要求。

（2）发热条件即安全载流量要求　对于送电距离 $L \leqslant 200$m 的线路，一般可先按发热条件计算方法（即安全载流量计算方法）要求来选择导线截面积，然后再用电压损失条件和机械强度条件要求进行校验。

（3）电压损失条件要求　对于送电距离 $L > 200$m 的较长线路，一般可先按电压损失条件要求计算方法来选择导线截面积，然后再用发热条件和机械强度条件要求进行校验。

3. 按机械强度选择导线截面积

1）架空导线截面积不得小于表3-6要求。

表3-6　架空导线截面积按机械强度选择导线截面积　　（单位：mm²）

	铜线		铝线		
	绝缘线	裸线	绝缘线	铝绞线	钢芯铝绞线
室外	6	10	10	25	16

接户线必须用绝缘线，铜线用截面积不小于4mm²，铝线用截面积不小于6mm²。

2）固定敷设的导线最小线芯截面积应符合表3-7的规定。

表 3-7　固定敷设的导线最小线芯截面积　　（单位：mm^2）

敷设方式	导线截面积	
	铜　芯	铝　芯
裸导线敷设于绝缘子上	10	10
裸导线敷设于绝缘子上：室内 $L \leqslant 2m$	1	2.5
室外 $L \leqslant 2m$	1.5	2.5
室内、外 $2m < L \leqslant 6m$	2.5	4
室内、外 $6m < L \leqslant 16m$	4	6
室内、外 $16m < L \leqslant 25m$	6	10
绝缘导线穿管、板敷设	1	2.5
绝缘导线线槽敷设	0.75	2.5
塑料绝缘护套导线扎头直敷	1	2.5

注：L 为绝缘子支持间距。

3）保护线采用单芯绝缘导线时，按机械强度要求：有机械保护时为 $2.5mm^2$；无机械保护时为 $4mm^2$。装置外导线体严禁用作保护中性线。在 TN-C 系统中，保护中性线严禁接入开关设备。保护线（PE）最小截面积应该满足表 3-8 的要求。

表 3-8　保护线（PE）最小截面积

相线线芯截面积 S/mm^2	保护线最小截面积$/mm^2$
$\leqslant 16$	16
$16 < S \leqslant 35$	16
> 35	35/2

4. 按导线发热条件即安全载流量选择导线截面积

导线必须能够承受负载电流长期通过所引起的温升，不能因过热而损坏导线的绝缘。导线所允许长时间运行最大电流称为该截面积的安全载流量。同导线截面积不同的敷设条件下的安全载流量是不一样的。例如同一截面积的导线作架空线敷设比穿管敷设的安全载流量大。穿管线的根数等都影响安全载流量。

表 3-9 是绝缘导线的持续载流量，更多的技术数据见附录 B。表 3-10 是橡皮绝缘导线的持续载流量。计算方法是先求出负载的实际计算电流，再按实际计算电流查导线持续载流量表即可得导线截面积。

表 3-9　BV 绝缘导线明敷及穿管持续载流量

环境温度/℃	30	35	40	30				35				40			
导线根数	1	1	1	2～4	5～8	9～12	>12	2～4	5～8	9～12	>12	2～4	5～8	9～12	>12
标称截面积/mm^2	导线明敷载流量/A			导线穿管载流量/A											
1.5	23	22	20	13	9	8	7	12	9	7	6	11	8	7	6
2.5	31	29	27	17	13	11	10	16	12	10	9	15	11	9	8
4	41	39	36	24	18	15	13	22	17	14	12	21	15	13	11
6	53	50	46	31	23	19	17	29	21	18	16	30	20	16	15

（续）

环境温度/℃	30	35	40	30				35				40			
导线根数	1	1	1	2 ~ 4	5 ~ 8	9 ~ 12	> 12	2 ~ 4	5 ~ 8	9 ~ 12	> 12	2 ~ 4	5 ~ 8	9 ~ 12	> 12
标称截面积/mm^2	导线明敷载流量/A			导线穿管载流量/A											
10	74	69	64	44	33	28	25	41	31	26	23	38	29	24	21
16	99	93	86	60	45	38	34	57	42	35	32	52	39	32	29
25	132	124	115	83	62	52	47	77	57	48	43	70	53	44	39
36	161	151	140	103	77	64	58	96	72	60	54	88	66	55	49
50	201	189	175	127	95	79	71	117	88	73	66	108	81	67	60
70	259	243	225	165	123	103	92	152	114	95	85	140	105	87	78
95	316	297	275	207	155	129	116	192	144	120	108	176	132	110	99
120	374	351	325	245	184	153	138	226	170	141	127	208	156	130	117
150	426	400	370	288	216	180	162	265	199	166	149	244	183	152	137
185	495	464	430	335	251	209	188	309	232	193	174	284	213	177	159
240	592	556	515	396	297	247	222	366	275	229	206	336	252	210	189

表 3-10　BX 绝缘导线的持续载流量

环境温度/℃	30	35	40	30				35				40			
导线根数	1	1	1	2 ~ 4	5 ~ 8	9 ~ 12	> 12	2 ~ 4	5 ~ 8	9 ~ 12	> 12	2 ~ 4	5 ~ 8	9 ~ 12	> 12
标称截面积/mm^2	导线明敷载流量/A			导线穿管载流量/A											
1.5	24	22	20	13	9	8	7	12	9	7	6	11	8	7	6
2.5	31	28	26	17	13	11	10	16	12	10	9	15	11	9	8
4	41	38	35	23	17	14	13	21	16	13	12	20	15	12	11
6	53	49	45	29	22	18	16	28	21	17	15	25	19	16	15
10	73	68	62	43	32	27	24	40	40	25	22	37	27	23	20
16	98	90	83	58	44	36	33	53	55	33	30	49	37	31	28
25	130	120	110	80	60	50	45	73	68	46	40	68	51	42	38
35	165	153	140	99	74	62	56	91	84	57	51	84	63	52	47
50	201	185	170	122	92	76	69	112	108	70	63	104	78	65	58
70	254	234	215	155	116	97	87	144	114	90	81	132	99	82	74
95	313	289	265	198	149	124	111	193	144	120	108	168	126	105	94
120	366	338	310	231	173	144	139	213	160	133	102	196	147	122	110
150	419	387	355	269	201	168	151	248	186	155	139	228	171	142	128
185	484	447	410	311	233	194	175	287	215	179	161	264	198	165	148
240	584	540	373	373	279	233	209	344	258	215	193	316	237	197	177

注：额定电压 0.75kV，导体工作温度 65℃。

负载的计算电流为

$$I_C = K_n \frac{\sum P}{\sqrt{3}U_l \cos\varphi} \tag{3-1}$$

式中　I_C——线路计算电流；

K_n——需要系数，因为许多负载不同时使用，也不一定同时满载，还要考虑电机等电气设备效率 η 不等于 1，所以需要打个折扣，称作需要系数；

U_l——线路线电压；

$\sum P$——各负载电动机铭牌功率的总和；

$\cos\varphi$——负载的平均功率因数。

例 3-1　有一个钢筋加工现场，负载总功率为 176kW，平均功率因数 $\cos\varphi = 0.8$，需要系数 K_n = 为 0.5，电源线电压为 380V，用 BX 线，请用安全载流量法求导线的截面积。

解：

$$I_C = K_n \frac{\sum P}{\sqrt{3}U_l \cos\varphi} = 0.5 \times \frac{176 \times 1000}{\sqrt{3} \times 380 \times 0.8} \text{A} = 166\text{A}$$

查得 25℃时导线明敷设可得截面积为 35mm²。它的安全载流量为 170A，大于实际电流 166A。室内穿管线安全载流量和管内导线根数有关。室内 BV 型绝缘线穿钢管敷设时的安全载流量及钢管管径对照表见表 3-11；塑料绝缘电线空气中敷设长期负载下的载流量见表 3-12。

表 3-11　室内 BV 型绝缘线穿钢管敷设时的安全载流量及钢管管径对照表　　（单位：A）

截面积/mm²	2 根					3 根					4 根				
	25℃	30℃	35℃	40℃	SC	25℃	30℃	35℃	40℃	SC	25℃	30℃	35℃	40℃	SC
1	14	13	12	11	15	13	12	11	10	15	11	10	9	8	15
1.5	19	17	16	15	15	17	15	14	13	15	16	14	13	12	15
2.5	26	24	22	20	15	24	22	20	18	15	22	20	19	17	15
4	35	32	30	27	15	31	28	26	24	15	28	26	24	22	15
6	47	43	40	37	15	41	38	35	32	15	37	34	32	29	20
10	65	60	56	51	20	57	53	49	45	20	50	46	43	39	25
16	82	76	70	64	25	73	68	63	57	25	65	60	56	51	25
25	107	100	92	87	25	95	88	82	75	32	85	79	73	67	32
35	133	124	116	105	32	115	107	99	90	32	105	98	90	83	32
50	165	154	142	130	32	146	136	126	115	40	130	121	112	102	50
70	250	191	177	162	50	183	171	158	144	50	165	154	142	130	50
95	250	233	216	197	50	225	210	194	177	50	200	187	173	158	70
120	290	271	250	229	50	260	243	224	205	50	230	215	195	181	70
150	330	308	285	261	70	300	280	259	237	70	264	247	229	209	70
185	380	355	328	300	70	340	317	294	268	70	300	280	259	237	80

表 3-12　塑料绝缘电线空气中敷设长期负载下的载流量

标称截面积/mm^2	铝芯/A	铜芯/A	标称截面积/mm^2	铝芯/A	铜芯/A
0.4		7	10	62	85
0.5		9	16	85	110
0.6		11	20	100	130
0.7		14	25	110	150
0.8		17	35	140	180
1	15	20	50	175	230
1.5	19	25	70	225	290
2	22	29	95	270	350
2.5	26	34	120	330	430
3	28	36	150	380	500
4	34	45	185	450	580
5	0.8	50	240	540	710
6	44	57	300	630	820
8	54	70	400	770	1000

注：电线型号为 BLV、BV、BVR、RVB、RVS、RFB、RFS，线芯允许温度为 +65℃。

照明线路敷设中，相线与中性线宜采用不同的颜色；中性线应采用淡蓝色，保护地线采用绿、黄双色绝缘导线。

5. 按允许电压损失选择导线截面积

当供电线路较长时，线路上的电压损失就比较大，如果供电线路允许电压降为 $\Delta U(\Delta U = U_1 - U_2)$，需要系数为 K_n，则按导线材料等因素推导出导线截面积计算公式如下：

$$S = K_n \frac{\sum(PL)}{C\Delta U\% \times 100} = K_n \frac{M}{C\Delta U\% \times 100} \tag{3-2}$$

式中　M——负荷矩的总和，$M = \sum(PL)$（kW · m）；

$\Delta U\%$——电压变化率，即允许电压损失，$\Delta U\% = \frac{U_1 - U_2}{U_N} \times 100\%$；

C——计算系数，三相四线制供电线路时，铜线的计算系数 $C_{Cu} = 77$，铝线的计算系数为 $C_{Al} = 46.3$；在单相 220V 供电时，铜线的计算系数 $C_{Cu} = 12.8$，铝线的计算系数 $C_{Al} = 7.75$。

公用电网用电一般规定允许电压降为额定电压的 ±5%，单位自用电源可降到 6%，临时供电线路可降到 8%。

例 3-2　有一建筑工地配电箱动力用电 P_1 为 20kW，距离变压器 200m，P_2 为 18kW，距离变压器 300m，如图 3-8 所示。$\Delta U = 5V$，$K_n = 0.8$，$\cos\varphi = 0.8$，按允许电压降计算铝导线截面积。

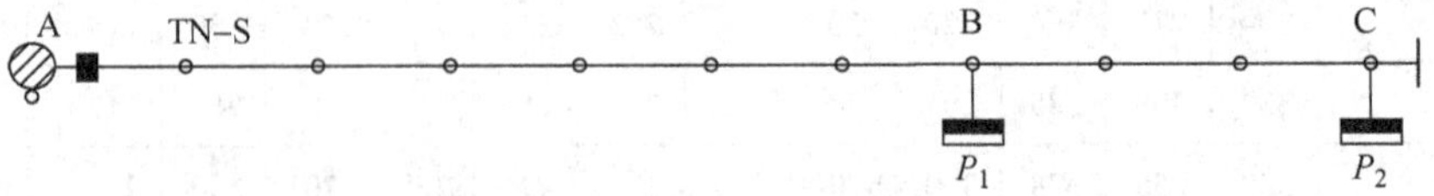

图 3-8　例 3-2 和例 3-3 图

解：
$$S=K_{\text{n}}\frac{\sum(PL)}{C\Delta U\%\times100}=0.8\times\frac{20\times200+18\times300}{46.3\times5\%\times100}\text{mm}^2\approx32.48\text{mm}^2$$

根据上式计算结果可选铝导线截面积为35mm²，再按发热条件要求进行校验计算：

$$I_{\text{c}}=K_{\text{n}}\frac{\sum P}{\sqrt{3}U_l\cos\varphi}=0.8\frac{(20+18)\times1000}{\sqrt{3}\times380\times0.8}\text{A}=57.74\text{A}$$

查表3-12可选铝导线截面积为10mm²，但由于送电距离 $L>200$m，应先满足电压降要求，因电压降是主要矛盾。

答：最后确定铝导线截面积为35mm²。

例3-3　亚运会有一建筑工地配电箱动力用电 P_1 为66 kW，P_2 为28kW，如图3-8所示，杆距为30m。用BBLX导线，$\Delta U=5$V，$K_{\text{n}}=0.6$，平均功率因数 $\cos\varphi=0.76$，试计算AB段的BBLX导线截面积。

解：
$$I_{\text{c}}=K_{\text{n}}\frac{\sum P}{\sqrt{3}U_l\cos\varphi}=0.6\times\frac{(28+66)\times1000}{\sqrt{3}\times380\times0.76}\text{A}=112.75\text{A}$$

查表3-13可得导线截面积为35mm²，它的安全载流量为138A，大于实际电流112.75A，再按电压降计算：

$$S=K_{\text{n}}\frac{\sum(PL)}{C\Delta U\%\times100}=0.6\times\frac{66\times90+28\times120}{46.3\times5\%\times100}\text{mm}^2\approx24.15\text{mm}^2$$

按电压降可选BBLX-25mm²，但按安全载流量要求导线截面积应选35mm²，说明安全载流量是主要矛盾。

答：最后确定为BBLX（3×35+1×16）。

表3-13　BBLX导线安全载流量

导线截面积/mm²	10	16	25	35	50	70
安全载流量/A	65	85	110	138	175	220

3.2　现代民用建筑架空供配电线路与设计

3.2.1　架空供配电线路的特点和一般要求

在现代民用建筑供配电线路中，架空线路主要用于10kV以上高压供电线路。在低压供配电系统中已很少使用。而现在在10kV高压供电线路上，也在减少使用架空线路。在现代民用建筑供配电线路中，为了减少建设和使用成本，架空线路主要用于平面区域较大的大型现代民用建筑，如大型住宅小区、城市街道等。架空线路主要有如下一般要求。

1）架空线路应沿道路平行敷设，宜避免通过各种大型设备频繁活动地区和各种露天堆场。

2）应尽可能减少与其他设施的交叉和跨越建筑物。

3）接近有爆炸物、易燃物和可燃（液）体的厂房、仓库、贮罐等设施，应符合“爆炸和火灾危险场所电力装置设计规范”。

4）在离海岸5km以内的沿海地区或工业区，应视腐蚀性气体和尘埃产生腐蚀作用的严重程度，选用不同防腐性能的防腐型钢芯铝绞线。

5）架空线路不应采用单股的铝合金线，高压线路不应采用单股铜线。架空线路导线截面积不应小于表 3-14 所列数值。

表 3-14　导线最小截面积　　（单位：mm^2）

导线种类	35kV 线路	3～10kV 线路		3kV 以下线路
		居民区	非居民区	
铝绞线及铝合金线	35	35	25	16
钢芯铝绞线	35	25	16	16
铜线		16	16	10kV 线直径 3.75mm

注：1. 居民区指厂矿区、港口、码头、火车站、城镇及乡村等人口密集地区。

2. 非居民区指居民区以外的其他地区，此外，虽有车辆、行人或农业机械到达，但未建房屋或房屋稀少地区，亦属非居民区。

6）架空线路的导线与地面的距离，在最大计算弧垂情况下，不应小于表 3-15 所列数值。

表 3-15　导线与地面的最小距离　　（单位：m）

线路经过地区	线路电压/kV		
	35	3～10	<3
居民区	7.0	6.5	6.0
非居民区	6.0	5.5	5.0
交通困难地区	5.0	4.5	4.0

7）架空线路的导线与建筑之间的距离，不应小于表 3-16 所列数值。

表 3-16　导线与建筑间的最小距离　　（单位：m）

线路经过地区	线路电压/kV		
	35	3～10	<3
导线跨越建筑物垂直距离（最大计算弧垂）	4	3	2.5
边导线与建筑物水平距离（最大计算风偏）	3	1.5	1

注：1. 架空线中不应跨越屋顶为易燃材料的建筑物。

2. 对其他建筑也应尽量不跨越。

8）架空线路的导线与街道道路树间的距离，不应小于表 3-17 所列数值。

表 3-17　导线与街道道路树间的最小距离　　（单位：m）

线路电压/kV	35	3～10	<3
最大计算弧垂情况下的垂直距离	3.0	1.5	1.0
最大计算风偏情况下的水平距离	3.5	2.0	1.0

9）3～10kV 高压接户线的截面积，不应小于下列数值：

铝绞线　　$25mm^2$

铜绞线　　$16mm^2$

3.2.2　架空供配电线路的设计

架空线路的设计主要涉及架空线路导线的最大使用应力计算、架空导线排列、绝缘子选择、横担设计和选择等。

1. 架空导线的最大使用应力计算

架空导线的最大使用应力（在弧垂最低点）应按下式计算：

$$\delta_{\max}=\frac{\delta_{p}}{K_{x}} \tag{3-3}$$

式中　δ_p——架空导线的瞬时破坏应力（N/mm^2）；

K_x——架空导线的最小安全系数，不应小于表 3-18 所列数值。

表 3-18　架空导线的最小安全系数 K_x

导线种类	单　股	多　股	
		一般地区	重要地区
铝绞线、钢芯铝线及铝合金线	—	2.5	3
铜线	2.5	2	2.5

注：重要地区指大、中城市的主要街道及人口稠密的地方。

2. 架空导线排列

架空导线的排列应按照以下要求进行。

1）35kV 架空线路的导线，一般采用三角排列或水平排列。

2）6～10kV 架空线路的导线，一般采用三角或水平排列。多条电气回路的导线宜采用三角、水平混合排列或垂直排列。

3）1kV 以下架空线路的导线，一般采用水平排列。

4）向一般负荷供电的高低压线路可同杆架设。为了维修和减少停电机会，直线杆横担不宜超过 4 层（包括路灯线路），具体可按下列情况而定：

① 仅高压线路时为两条电气回路；

② 仅低压线路时为 4 条电气回路；

③ 高低压同杆时为 4 条电气回路（其中允许有两条电气回路高压）。同杆架设的线路，高压线路在上，低压线路在下，路灯照明回路应架设在最下面。

5）重要负荷供电的双电源线路，不应同杆架设。

3. 导线间隔

导线间隔应符合以下要求：

1）10kV 及以下线路与 35kV 线路同杆架设时，导线间垂直距离，不应小于 2m。同杆架设 10kV 及以下双回路线路的横担垂直距离，不应小于表 3-19 所列数值。

表 3-19　同杆架设 10kV 及以下线路的横担间的最小垂直距离　（单位：m）

6～10kV	0.8	0.45/0.60
6～1kV	1.2	1.0
1kV 以下	0.6	0.3

注：表中 0.45/0.60 是指转角杆横担距上面的横担取 0.45m，距下面的横担取 0.60m。

2）通信电缆与6~10kV架空线路合杆时，其间距不得小于2.5m。

3）广播线路及通信电缆与380V及以下架空线路合杆时，其间距不得小于1.5m。

4. 绝缘子的选择

绝缘子的选择应按照以下要求进行：

1）针式绝缘子多用于10kV及以下的直线杆和转角合力不大的转角杆。

2）蝴蝶形绝缘子多用于380V线路终端、耐张及转角杆上。在6~10kV线路中还可与悬式绝缘子组成绝缘子串，从而简化金具结构。因这种绝缘子耐电性能差，故不宜单独用作高压线路绝缘子组件。

3）悬式绝缘子使用于6kV及以上的线路上。

4）拉紧绝缘子用于拉线上作为拉线绝缘和连接用。

5）瓷横担绝缘子适用于10kV以上的线路作支持导线和绝缘之用，可取代针式绝缘子及部分悬式绝缘子。

5. 横担设计和选择

横担设计和选择时应按照以下要求进行：

1）设计横担时，应尽量使用同一种导线用的单横担与双横担，采用相同规格的钢材，并在同一区段内的同一种横担的线间距应尽量相同，以便减少横担的规格种类。

2）根据受力情况可分为中间型、耐张型和终端型横担。中间型横担只承受导线的垂直荷载。耐张型横担主要承受两侧导线的拉力差。终端型横担主要承受导线的最大允许拉力。横担选择时可按照横担结构类型与之相适应的杆型及受力情况进行，具体见表3-20。

表3-20 横担类型及其受力情况

横担类型	杆型	承受荷载
单横担	直线杆，15°以下转角杆	导线的垂直荷载
双横担	15°~45°转角杆，耐张杆（两侧导线拉力差为零）	导线的垂直荷载
	45°以上转角杆，终端杆、分支杆	1. 一侧导线最大允许拉力的水平荷载 2. 导线的垂直荷载
	耐张杆（两侧导线有拉力差）大跨越杆	1. 两侧导线拉力差的水平荷载 2. 导线的垂直荷载
带斜撑的双横担	终端杆，分支杆，终端型转角杆	1. 一侧导线最大允许拉力的水平荷载 2. 导线的垂直荷载
	大跨越杆	1. 两侧导线拉力差的水平荷载 2. 导线的垂直荷载

3.3 现代民用建筑电缆供配电线路与设计

3.3.1 电缆供配电线路适用范围

在现代民用建筑供配电线路中，为了美化环境和提高供电可靠性，现在大多使用电缆线路。如大型现代民用建筑和高层民用建筑、大型住宅小区、城市街道等。电缆供配电线路适用范围如下。

1）6～10kV 供配电线路有下列情况之一时，宜选用电缆线路：

① 用电群集的车间、厂房、港口、码头、车站、机场、体育场馆，剧院及其他公益建筑，高层建筑；

② 繁华地区、重要地段、主要道路及城镇规划和市容环境有特殊要求的地区；

③ 技术难以解决的严重污染和腐蚀地段；

④ 供电可靠性要求较高或重要负荷用户；

⑤ 重点风景旅游区；

⑥ 沿海地区易受热带风暴侵袭的区段的主要城镇的重要供电区域；

⑦ 电网结构或运行安全的需要。

2）1kV 以下供配电线路有下列情况之一时，宜选用电缆线路：

① 用电设备群集的场所；

② 负荷密度高的城镇中心区；

③ 建筑面积较大的新建居民住宅区及高层建筑区；

④ 依据规划不宜通过架空线路的城镇街道或地区；

⑤ 经综合经济技术比较采用电缆线路合理时。

3.3.2　电缆供配电线路的设计

1. 电缆截面积选择与计算

电缆截面积的选择，一般按电缆长期允许持续载流量和线路允许电压损失 $\Delta U\%$ 数选择。同时考虑环境温度变化，多根电缆并列及土壤热电阻的影响。若选出的电缆截面积为非标准截面积时，应按上限选择标准截面积。

（1）按计算负荷选择电缆截面积

$$I_{yx} \geqslant I_c \tag{3-4}$$

式中　I_{yx}——电缆允许持续载流量（A）；

I_c——线路计算电流 A。

电缆型号的选择请参见本章 3.1 节。各型电缆允许持续载流量与环境温度及敷设方式有关，其数值可查阅各类电缆手册。确定电缆持续允许载流量的环境温度，应按使用地区的气象温度多年平均值，并计入实际环境的温升影响。10kV 及以下电缆在不同环境温度时的允许持续载流量修正系数见表 3-21。

表 3-21 中，其他环境温度下载流量的修正系数 K 可按下式计算：

$$K = \sqrt{\frac{\theta_m - \theta_2}{\theta_m - \theta_1}} \tag{3-5}$$

式中　θ_m—— 电缆线芯最高工作温度（℃）；

θ_1——对应于额定允许持续载流量的基础环境温度（℃）；

θ_2——实际环境温度（℃）。

表 3-21　10kV 及以下电缆在不同环境温度时的允许持续载流量修正系数

敷设地点		空气中				土壤中			
环境温度/℃		30	35	40	45	20	25	30	35
电缆线芯最高工作温度/℃	60	1.22	1.11	1.0	0.86	1.07	1.0	0.93	0.85
	65	1.18	1.09	1.0	0.89	1.06	1.0	0.94	0.87
	70	1.15	1.08	1.0	0.91	1.05	1.0	0.94	0.88
	80	1.11	1.08	1.0	0.93	1.04	1.0	0.95	0.90
	90	1.09	1.05	1.0	0.94	1.04	1.0	0.95	0.92

（2）对于高压电缆还应作热稳定校验

$$S_{\min}=\frac{I_{\infty}}{C}\sqrt{T_{j}} \tag{3-6}$$

式中　$S_{\min}$——导体所需最小截面积（mm^2）；

I_{∞}——稳态短路电流（kA）；

T_j——假想时间，即短路电流作用时间（s）；

C——热稳定系数，1～10kV 油浸纸绝缘电缆及不滴流电缆：铝芯 95，铜芯 165；交联聚乙烯绝缘电缆：铝芯 80，铜芯 135；聚氯乙烯绝缘电缆：铝芯 65，铜芯 100。

选择短路计算条件应符合下列规定：

1）系统接线应采取正常运行方式，宜按工程建成后 5 年以上规划发展考虑。

2）故障点应选取在通过电缆电气回路最大短路电流可能发生处。

3）宜按三相短路计算。

4）短路电流作用时间，应取保护切除时间与断路器全分闸时间之和。对电动机直馈线，应采取主保护时间；其他情况，宜按后备保护计。

（3）电缆截面积选择后，对于 6～10kV 电缆线路还要按经济电流密度进行校验，见表 3-22。

表 3-22　电缆线路经济电流密度　　（单位：A/mm^2）

最大负荷利用小时（小时/年）	<3000（一班制）	3000～5000（二班制）	>5000（三班制）
铝芯	1.92	1.73	1.54
铜芯	2.50	2.25	2.00

（4）按允许电压损失百分比 $\Delta U_{yx}\%$ 选择电缆截面积

$$\Delta U_{yx}\% \geqslant \Delta U_{jx}\% \tag{3-7}$$

式中　$\Delta U_{yx}\%$——线路允许的电压损失百分比，对于 6～10kV 电缆线路取值为 5%；对于 1kV 以下取值为 4%；

$\Delta U_{jx}\%$——线路计算电压损失百分比，可通过计算或查各类电缆手册求得。

2. 电缆供配电线路的敷设

在设计电缆供配电线路时应考虑电缆的敷设方式。电缆供配电线路的敷设主要有以下几种敷设方式。

（1）电缆直接埋地敷设　图 3-9 所示为电缆直接埋地敷设方式。其特点是经济，施工方便，但易受机械损伤、化学腐蚀、电腐蚀，故其可靠性较差，检修不方便，一般多用于根数不多的地方。

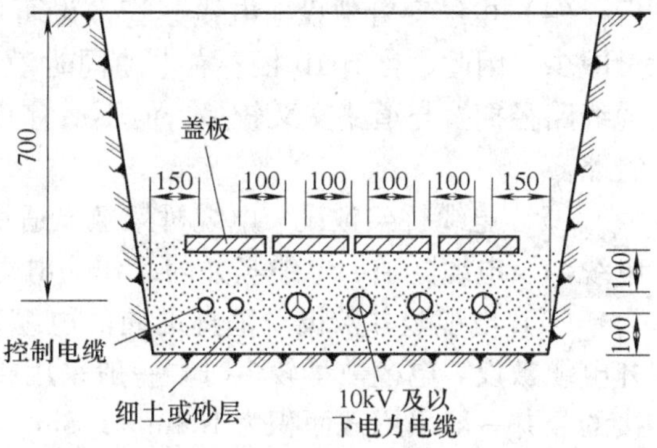

图 3-9　电缆直接埋地敷设方式

当沿同一路径敷设的室外电缆根数为 8 根以下且场地有条件限制时，宜采用直埋电缆敷设。电缆通过有振动和承受压力的地段应穿管保护。电缆引入和引出建筑物的基础、楼板和过墙等地方时，保护管管口应做好防水。电缆与建筑物平行敷设时，电缆应埋设在建筑物的散水坡外。电缆引入建筑物时，所穿保护管应超出建筑物散水坡 100mm。

（2）在电缆沟内敷设　图 3-10 所示为电缆在电缆沟内敷设方式。其特点是投资省，占地少，走向灵活，能容纳较多电缆，但检修维护不方便，适用于电缆更换机会较少的地方。

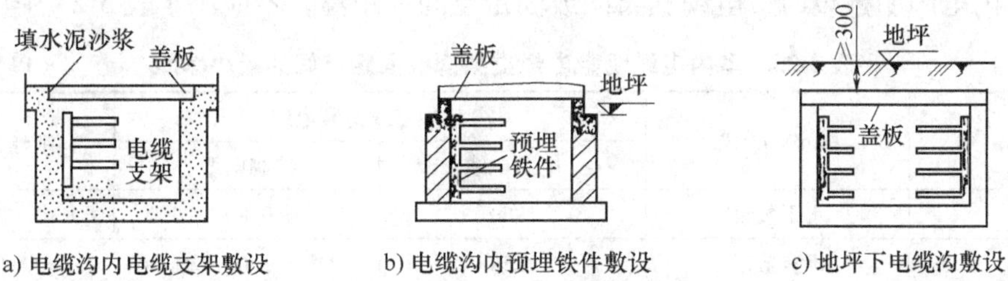

a) 电缆沟内电缆支架敷设　b) 电缆沟内预埋铁件敷设　c) 地坪下电缆沟敷设

图 3-10　电缆在电缆沟内敷设方式

（3）电缆隧道敷设　图 3-11 所示为电缆隧道敷设方式。其特点是敷设、检修和更换电缆方便，能容纳大量电缆，但投资大，耗用材料多，适用于有大量电缆的配电装置处。

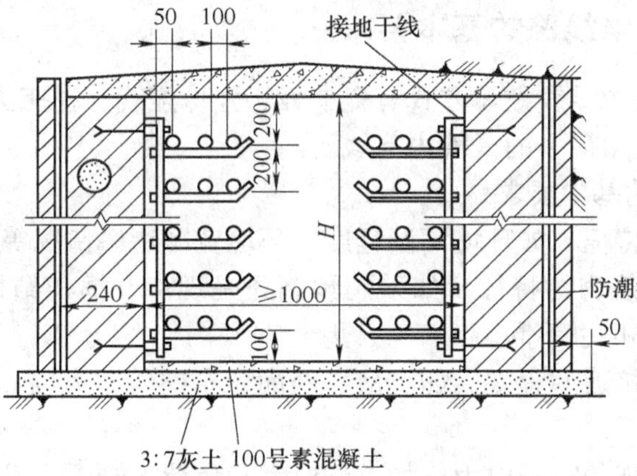

图 3-11　电缆隧道敷设方式

同一路径的电缆根据数为 18 根以上时，宜采用电缆隧道敷设。电缆在隧道内敷设时，其水平净距为 35mm，但不应小于电缆外径。

（4）电缆穿管敷设　电缆穿管敷设可以使电缆避免受损伤，但造价高，电缆允许载流量减少。因此，当有10根左右电缆同时敷设时才采用穿管敷设。电缆穿管敷设，适用于电缆线路径拥挤与道路交叉较多，但不适宜直埋或电缆沟敷设的电缆数量不超过12根的电缆线路。

（5）电缆桥架敷设　电缆桥架敷设适用于电缆数量较多或电缆集中的室内、室外架空、电缆沟及电缆隧道、电缆竖井内，作为电力电缆、控制电缆、通信电缆敷设使用。

（6）电缆竖井敷设　垂直走向的电缆，宜沿墙、柱敷设，当数量较多时宜采用电气竖井电缆敷设。电缆数量较多时，一般采用砖或混凝土竖井敷设；与大型控制室电缆夹层相连接的竖井一般采用截面积为1.8m×1.8m以上的电气竖井；靠墙或柱子的竖井一般采用角钢结构竖井。

（7）室内电缆明敷及穿管暗敷　室内电缆数量较多的房间，一般采用电缆在室内沿墙、柱、梁建筑物构件明敷或电缆穿金属管暗敷。

相同电压的电缆明敷设时，电缆的净距不应小于35mm，并不应小于电缆外径。1kV以下电力电缆及控制电缆与1kV以上电力电缆宜分开敷设，当其明敷设时，其净距不应小于0.15m。室内电缆明敷设时，电缆支架间或固定点间的距离，不应小于表3-23中所列数值。

表3-23　室内电缆明敷电缆支架间或固定点间的最小净距　　（单位：m）

序号	敷设方式	各型护套或铠装电缆		细丝铠装电缆
		电力电缆	控制电缆	
1	水平敷设	1.00	0.80	3.00
2	垂直敷设	1.50	1.00	6.00

3.4　现代民用建筑室内低压供配电线路与设计

3.4.1　室内低压供配电线路的基本要求

室内低压供配电线路的导线敷设方式有瓷夹板、瓷珠配线、瓷瓶配线、钢索吊线、大瓷瓶配线、管内穿线等。应用最多的是管内穿线。

1. 室内供配电线路的基本要求

1）符合场所环境的特征，如环境潮湿程度、环境宽敞通风情况等。

2）符合建筑物和构筑物的特征，如采用预制还是现浇、框架结构、滑升模板施工等，情况不同则管线的设计部位也不同。

3）人与布线之间可接近的程度，如机房、仓库、车间等，人与布线之间可接近的程度显然不同。

4）考虑短路可能出现的机械应力，如总配电室和负荷末端用户显然不同。

5）考虑在运行中布线可能遭受的其他应力和导线的自重影响。

2. 低压进户线的要求

（1）接户线、进户线要求

1）接户线应采用绝缘线，铝芯线的导线截面积不应小于6mm²，铜芯线的导线截面积不应小于 2.5mm²。进户线必须与通信线、广播线分开进户。进户线穿墙时应装硬质绝缘管，并在户外做滴水弯。用户应加装控制刀开关、熔丝和家用剩余电流动作保护器。

2）用户计量装置在室内时，从低压电力线路到用户室外第一支持物的一段线路为接户线；从用户室外第一支持物至用户室内计量装置的一段线路为进户线。

3）用户计量装置在室外时，从低压电力线路到用户室外计量装置的一段线路为接户线；从用户室外计量箱出线端至用户室内第一支持物或配电装置的一段线路为进户线。

（2）低压电力用户计量装置应符合 GB/T 16934—1997《电能计量柜》的规定要求

1）用户用电必须实行一户一表计量，公用设施用电必须单独装表计量。

2）严禁使用国家明令淘汰及不合格的电能表，电能表选用应符合 GBJ 63—1990《电力装置的电测量仪表装置设计规范》和 GB/T 16934—1997《电能计量柜》等标准的要求。

（3）接户线的相线和中性线或保护中性线应从同一电杆引下，其档距不应大于 25m，超过 25m 时应加装接户杆，但接户线的总长度（包括沿墙敷设部分）不宜超过 50m。

（4）接户线和室外进户线应采用耐气候型绝缘电线，电线截面积按允许载流量选择，其最小截面积应符合表 3-24 的规定。

表 3-24　接户线和室外进户线最小允许截面积

架设方式	档距/m	铜线/mm²	铝线/mm²
自电杆引下	10 及以下 10～25	2.5 4	6.0 10.0
沿墙敷设	6	2.5	6.0

3.4.2　室内低压供配电线路设计

1. 线缆选型

（1）接户线选型

1）架空绝缘线及集束线：单芯 YJV-0.6/1.0kV 2 芯或 3+1 芯。

2）架空电缆：YJLV-0.6/1kV 或 YJV-0.6/1kV 2 芯或 3+1 芯。

3）地埋电缆：$YJLV_{22}$-0.6/1kV 或 YJV_{22}-0.6/1kV 2 芯或 3+1 芯。

4）高层建筑：封闭母线、YJLV-0.6/1kV 或 YFD 预制分支电缆。

5）线缆截面积：架空线及集束线最小为 16mm²，架空及地埋电缆最小为 10mm²。

（2）进户线选型　采用 YJV 型绝缘线。导线截面积：平房、多层建筑，单相及三相四线制进计量箱截面积不大于 35mm²；高层建筑按负荷计算定，进户线与接户线的连接采用安普线夹或其他线夹。

（3）入户线选型　BV-1.0 型绝缘线，截面积不小于 10mm²。

2. 线缆敷设方式

（1）接户线

1）支架采用一字形、π 形和门形三种方式的任何一种，视现场实际而定。

2）线缆可沿建筑物外围墙用热镀锌角钢支架、绝缘子固定，钢索明敷或地埋 3 种方式接入。

3）架空绝缘线在支架上的排列方式分水平和垂直两种。

4）架空绝缘线方式接户线安装高度不低于2.95m，地埋电缆埋设深度不小于0.7m。

（2）进户线

1）架空绝缘线进户线进口高度不低于2.7m。地埋方式的电缆进户线穿经防腐处理的钢或厚壁塑料绝缘管进入计量箱，室外段埋地深度不小于0.7m，室内段须埋入地坪下。

2）进户线管线敷设方式随所选用的计量箱型式而定，如采用悬挂式，则进户线为穿钢管或硬塑料管沿墙明敷。如采用嵌入式箱，则进户线为穿钢管或硬塑料管在墙内明敷。

3）建筑的进户线，禁止一路进户线从一个计量箱内并联接至另一个计量箱内。此时进户线应分别进入不同的计量箱（架空及地埋方式均如此）。

（3）入户线　入户线分穿钢管或塑料管在墙内明敷、沿墙明敷或用硬塑料槽板沿墙明敷3种方式。管内导线根数不应超过8根。

3. 高层民用建筑室内配电线路及敷设方式

高层民用建筑室内配电线路除可采用前述电气竖井敷设方式外，还可采用如图3-12所示的配电线路方式和敷设方式。

高层民用建筑室内配电线路通常采用插接式绝缘母线槽配线方式和敷设配线。其特点是体积小，载流量大，敷设方便，与分支线接线容易，在高层建筑中广泛使用。常在高层建筑竖井内敷设，每层有插接箱。

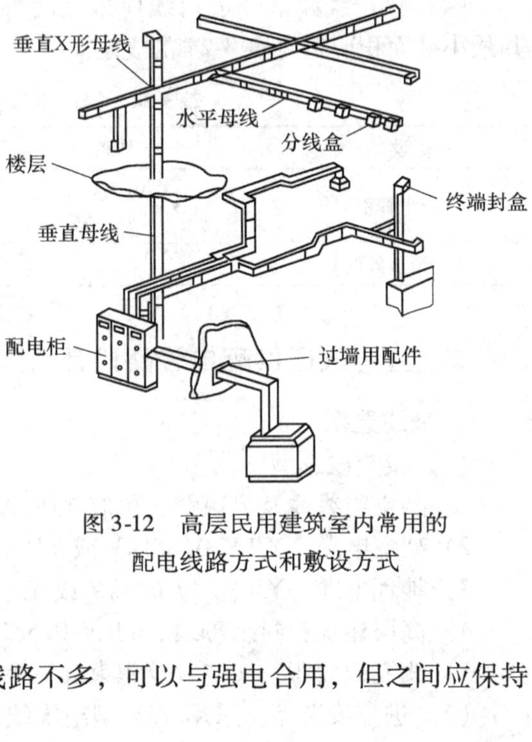

图3-12　高层民用建筑室内常用的配电线路方式和敷设方式

绝缘母线槽配线规程规定：

1）线槽中载流导线不宜超过30根，导线总面积不超过线槽的20%。

2）穿钢管的交流线路（>25A），应将同一回路穿同一钢管内。

3）照明电气回路可以由几个电气回路同时穿入一个管内，但导线根数不应多于8根，穿管面积不超过内截面积的40%。

4）一般一个防火分区设1~2个竖井，约2000~3000m²设置一个带竖井的配电小间。

5）强、弱电竖井配电小间应分开，若弱电线路不多，可以与强电合用，但之间应保持一定距离。

4. 室内配电线路的安全用电要求

1）每单元进户线处应做重复接地。接地网可用人工接地网或利用建筑基础内主筋。室外人工接地网埋深0.8m，距建筑物外围墙3m，当利用建筑物基础地板内主筋作为重复接地体时，可利用构造柱内主筋作为接地线，工频接地电阻不大于10Ω。

2）架空绝缘线及集束进户线的接地线引入方式：从重复接地装置引出端用截面积不小于25mm²的钢绞线，穿硬塑料管保护，引至进户线处，后改用截面积不小于25mm²的铜芯绝缘线与L、N线同管进计量箱内端子。地埋电缆：从重复接地装置处，用截面积不小于25mm²的铜芯绝缘线穿管保护引至计量箱内的PE端子。

3）电缆分支箱外壳应可靠接地。

3.5　现代民用建筑常用供配电箱及选择

1. 配电箱的种类

在低压配电系统中，通常配电箱是指墙上安装的小型动力或照明配电设备，而配电柜或开关柜指落地安装的体型较大的动力或照明配电设备。配电箱（柜）内装有控制设备、保护设备、测量仪表和漏电保安器等。通常分为标准型和非标准型，标准型是按照国家统一标准进行设计和生产的标准配电箱（柜）。它在电气系统中起的作用是分配和控制各支路的电能，并保障电气系统安全运行。

2. 照明配电箱选择

照明配电箱的结构大部分是采用冲压件，如冲压的流线型面板，外形平整、线条分明。箱内零部件一般有互换性。箱壁进出线有进出线孔，适应我国土建工程的特点。箱两侧各有两个安装孔，可以用来进行并装。

（1）照明配电箱的型号

例 3-4

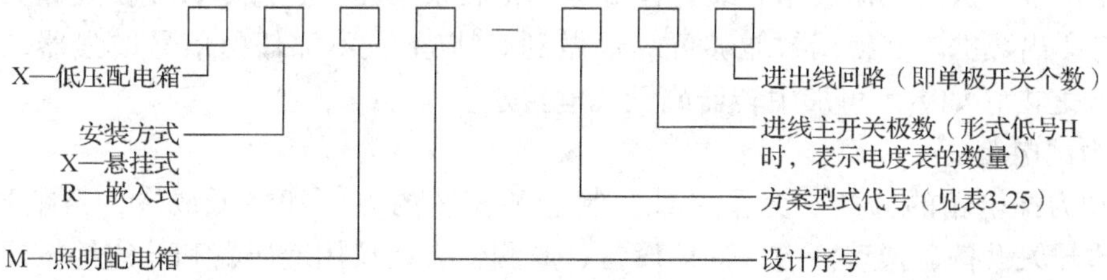

表 3-25　方案型式

方　案　号	含　义
A	进线主开关
B	进线主开关为 DZ47-60/2
C	进线主开关为 DZ47-60/3
D	进线主开关为 DZ47-100/3
E	带有单相电能表一只及主开关为 DZ47-60/2
F	带有三相四线电能表一只及主开关为 DZ47-60/3
G	带有三相电能表一只及主开关为 DZ20-100/3
H	单相电能表箱

例 3-5

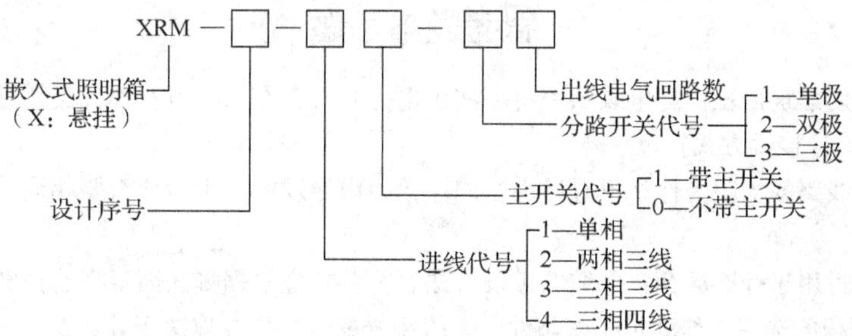

（2）带漏电开关的配电箱

例 3-6

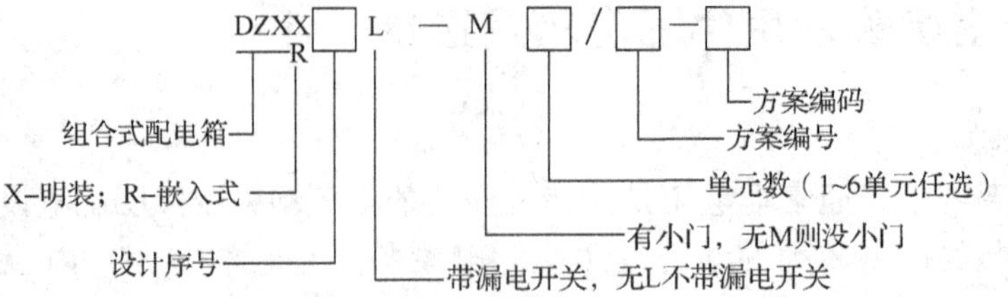

这种配电箱的特点是设备可以采用组合装配，以 86mm 为一个单元的各种电器元件进行组装。可以任意排列，互换性强，适应新的使用要求。总电流在 60A 以下，如 DZ20-60/3。

此外还有电能表箱、三表出户计量箱（三表是指电能表、水表和煤气表）等。新建住宅电能表应该设置在户外，而水表和煤气表装在户内，为了抄表方便不扰民，利用电子技术和传感技术，在户外装设一套计量仪表，可以完成户外计量三表的工作，给物业管理提供了方便。抄表可以用人工或机器两种方式。

机器抄表主要是指通过数据线联网，在任意点完成全部用户的三表读数功能。这种工作方式要求每户门口安装一套 CBB 装置，其入户端接户内水表和煤气表，经过函数变换器形成特种专用信号，送入共用数据总线。再传送到接收采集器，经过函数变换还原为原形，通过打印机打印出数据。变换函数能够可靠地做到 2^{22} 以上，不加任何信号增强器，可靠工作半径在 1km 之内，如更远可加中转器或无线电传送。

3. 动力配电箱

（1）动力配电箱的分类　为了设计、制造和安装的方便和降低成本，目前通常把一、二次电路的开关设备、操动机构、保护设备、监测仪表及仪用变压器和母线等按照一定的线路方案组装在一个配电箱中，供一条线路的控制、保护使用。

动力配电箱可分为双电源箱、配电用动力箱、控制电机用动力箱、插座箱、低压分线箱、低压计量箱、补偿柜、高层住宅专用配电柜等。

（2）动力配电箱的型号　动力配电箱的型号国家有统一的标准，大型制造厂家也有各自的编号。作为电气设计施工人员，了解这些编号是必不可少的。我国动力箱编号是 XL 系列，有 XL-10、XL-12、XL-(F) 14、XL-(F) 15、XL-20、XL-21、XLW-1（户外型）等。动力配电箱适用于发电厂、建筑、企业作 500V 以下三相动力配电之用。正常使用温度为 40℃，而 24h 内的平均温度不高于 35℃。环境温度不低于 15℃。在 +40℃时，相对湿度不超过 50%，在低温时允许有较大的湿度。如在 +20℃以下时，相对湿度为 90%。海拔不超过 2000m。

思考题与习题

3-1　在现代民用建筑低压供配电线路中有哪些供电方式？各有何特点？现代民用建筑住宅建筑中，低压供配电一般采取何种接线方式？

3-2　低压架空线路的档距为什么不宜过大？同一档距内导线的弧垂为什么要相同？导线的弧垂应根据季节因素如何调节？

3-3　电缆线路适用于什么场合？电缆的敷设方法有哪些？应根据哪些因素来选择敷设方法？

3-4　导线截面积的选用必须满足哪些条件？导线型号的选择主要取决于什么？

3-5　为什么低压线路一般先按发热条件选择截面积，再按电压损失条件和机械强度校验？为什么低压照明线路一般先按电压损失条件选择截面积，再按发热条件和机械强度校验？

3-6　某工地照明干线负荷共计 55kW，$K_n=1$，$\cos\varphi=1$，导线长 250m，用 220/380V 三相四线制供电，设干线上的电压损失不超过 5%，敷设地点的环境温度为 30℃，采用明敷。试选择干线 BLX 的截面积。

3-7　某工地一动力干线负载为 57.2kW，$K_n=0.7$，$\cos\varphi=0.8$，导线长度为 50m，采用 BLV500（4X25），明敷，环境温度 $t=30$℃，在 220/380V 电压下是否满足使用要求？若导线长度为 150m，情况又如何？若满足使用要求，应如何选择？（要求 $\Delta U\%<5\%$）

3-8　某施工现场使用的电气设备清单如下表所列，负荷采用树干式配电，干线长 90m，试选择干线 BLX 的截面积（导线明敷，环境温度为 30℃）。

题 3-8　某施工现场使用的电气设备清单

序号	设备名称	台数	额定容量	效率	额定电压	相数	备注
1	混凝土搅拌机	2	7.5kW	0.9	380V	3	
2	砂浆搅拌机	2	2.8kW	0.92	380V	3	
3	电焊机	4	22kV·A		380V	1	65%
4	起重机	1	40kW	0.9	380V	3	65%
5	照明		10kW		220V	1	白炽灯

3-9　某 220/380V 负荷 $I_C=50$A，TN-S 方式供电，当地月均最高气温 35℃，请按发热条件选择 BV 线供电方式的沿墙明敷，穿钢管及阻燃塑料管的导线截面积和穿管管径。

3-10　某建筑工地以图 3-13 方式供电，图中 P_1、P_2 为两个动力箱负荷，分别为 66kW、28kW、$K_n=0.6$，$\cos\varphi=0.76$，架空输电距离为 30m，电缆线路为 15m 和 20m，环境温度为 32.5℃，要求 $\Delta U\%\leqslant5\%$，求架空线和电缆线的截面积。

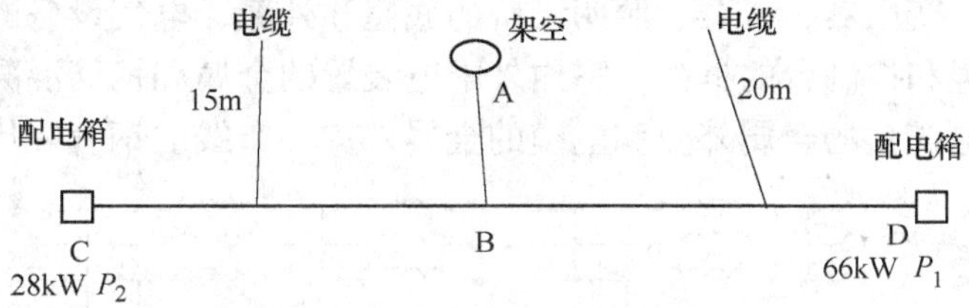

图 3-13　题 3-10 图

第4章　现代民用建筑防雷保护与接地、接零设计

电气设备在运行过程中由于绝缘损坏等原因，使正常不带电的金属外壳带电，被人触及从而造成触电事故。而雷电通过建筑物或建筑电气设备对大地放电时，也会对建筑物或建筑电气设备产生破坏作用并威胁人身安全。本章主要介绍现代民用建筑的接地和接零的有关概念；雷电的基本知识；防雷保护的措施及设计。

4.1　现代民用建筑供配电系统的接地和接零

在现代民用建筑供电线路中，用金属把建筑电气设备的某一部分与地作良好的连接，称为接地。埋入地中并直接与大地接触的金属导体，称为接地体（或接地极）。兼作接地用的直接与大地接触的各种金属构件、金属井管、钢筋混凝土建筑物的基础、金属管道和设备等，称为自然接地体；为了接地埋入地中的接地体，称为人工接地体。连接电气设备接地部位与接地体的金属导线，称为接地线。接地体和接地线的总和，称为接地装置。

为了人身安全和供电系统安全工作的需要，要求电气设备采取接地或接零措施。接地和接零类型主要可分为工作接地、保护接地、保护接零3种，如图4-1所示。在现代民用建筑供电线路中，电机、变压器、电器、照明设备的底座和外壳，电气设备的传动装置，互感器的二次线圈，配电屏和控制台的框架，室内外配电装置的金属和钢筋混凝土构架，以及带电部分的金属遮栏，电缆盒的金属外壳和电缆的金属外皮，布线的钢管等均应接地。

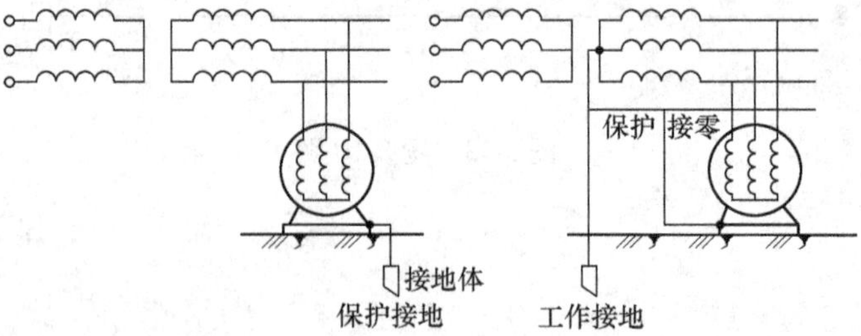

图4-1　工作接地、保护接地和保护接零

1. 工作接地

电力系统由于运用和安全的需要，常将中性点接地，这种接地方式称为工作接地。如果变压器低压中性点没有工作接地，当发生供电系统一相线路接地时将导致的结果是：接地电流不大，故障电路不能自动切断而长时间存在；接零设备对地电压接近相电压，触电危险性大；其他两相对地电压升高至接近线电压，单相触电危险性增加。为泄放雷电流而设置的防雷接地是防雷设施的工作接地。

2. 保护接地

保护接地就是将电气设备的金属外壳（正常情况下不带电）与地作电气连接。保护接

地适用于中性点不接地的低压系统，即 IEC 标准中所分类的 IT 系统。

中性点不接地供电系统，而当一相接地后，似乎不能构成电气回路，但是由于每相导线对地有绝缘电阻和分布电容，因此接地的一相可通过绝缘电阻和分布电容与另外两相构成回路。在没有采用保护接地的情况下，当电气设备的某处绝缘损坏，金属外壳带电，人体一旦触及，就会触电。如果电气设备有保护接地措施，当发生上述情况接地电流将同时沿着接地体和人体两条通路流过，由于人体电阻 R_t 与接地电阻 R_E 并联，且 $R_t \gg R_E$，因此通过人体的电流很小，使人体避免或减轻触电的伤害。需要注意的是：在中性点不接地的系统中，只允许采用保护接地，而不允许采用保护接零。若采用保护接零，当发生任一相落地时，将使接零设备外壳对地的电压等于电源的相电压，这是十分危险的，如图 4-2 所示。

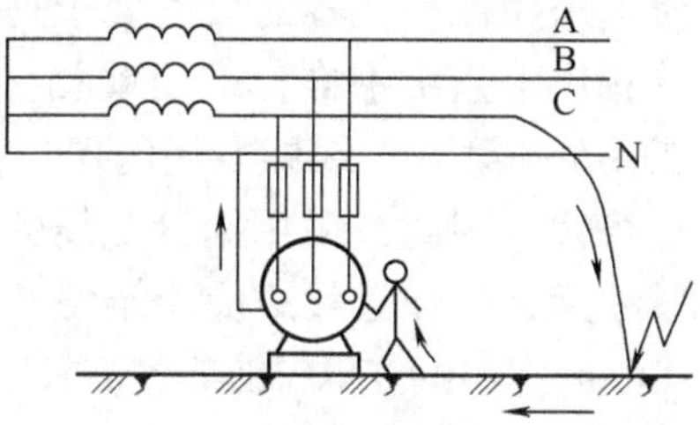

图 4-2　电源中性点不接地系统采用保护接零的危险示意

3. 保护接零

在中性点接地系统中不允许采用保护接地，如图 4-3 所示，若采用保护接地，当电气设备绝缘损坏时，接地电流 I_E 将为

$$I_E = \frac{U_P}{R_E + R'_E} \tag{4-1}$$

式中　U_P——系统相电压；

R_E——工作接地的电阻；

R'_E——保护接地的电阻。

如果系统电压为 220/380V，$R_E = R'_E = 4\Omega$，则接地电流

$$I_E = \frac{220}{4+4}\text{A} = 27.5\text{A}$$

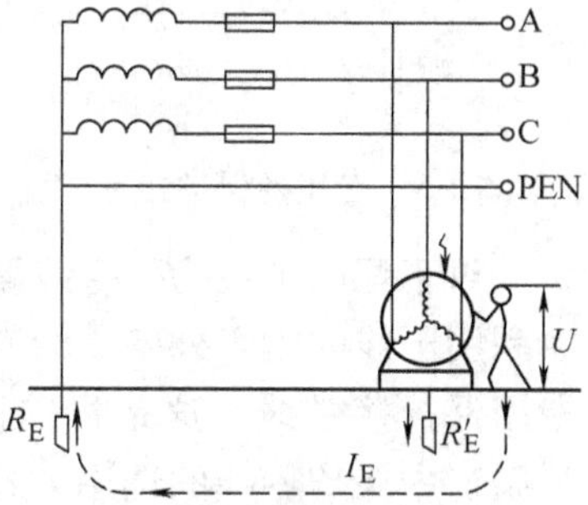

图 4-3　电源中性点接地系统采用接地保护的危险示意图

为了保证保护装置能可靠地动作，根据有关规定，接地电流应不小于继电保护装置动作电流的 1.5 倍或熔丝额定电流的 3 倍。因此 27.5A 的接地电流只能保证断开动作电流不超过(27.5/1.5)A = 18.3A 的继电保护装置或额定电流不超过(27.5/3)A = 9.2A 的熔丝。如果电气设备容量较大，就得不到保护，接地电流长期存在，外壳也将长期带电，这时，外壳对地电压为

$$U = I_E R_E = (27.5 \times 4)\text{V} = 110\text{V}$$

此电压仍很危险，如图 4-3 所示。因此，在中性点接地系统中，必须采用保护接零措施。

保护接零就是将电气设备在正常情况下不带电的金属部分与零线作良好的金属连接。保护接零适用于中性点接地的低压系统中，即 IEC 标准中的 TN-C 系统，如图 4-4 所示。

如果采取了保护接零措施，当电气设备绝缘损坏时，相电压经过外壳到零线，形成通路，将产生很大的短路电流，此电流远远超过保护电器（如熔断器、自动开关）的动作电流值，因此保护电器立即动作，故障设备也就脱离电源，从

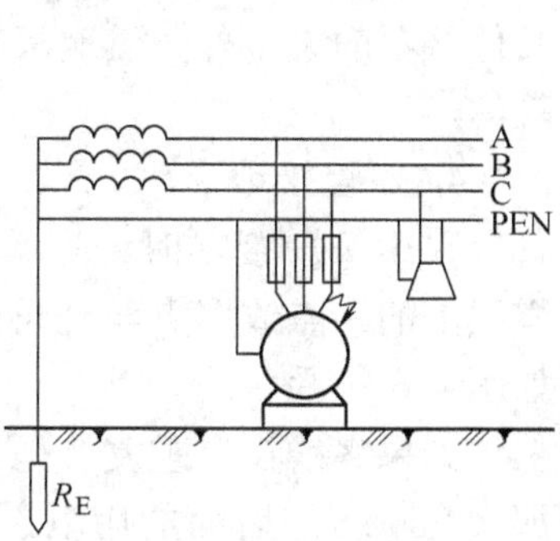

图 4-4　工作零线兼作保护接零线示意（TN-C 系统）

而防止了人身触电的可能性。

保护接零线可以利用三相四线制中的工作零线兼作保护接零线，如图 4-4 所示。也可设专用的保护接零线，如图 4-5 所示。前者可节省一条线路，但是当工作零线断线时有可能使所有采用保护接零的设备处于高电位之下。因此，三相供电系统中推荐采用三相五线方式；单相供电系统中推荐采用单相三线式，即 IEC 标准中所包含的 TN-S 系统，如图 4-5 所示。图 4-5 中第五条线即专用的保护接零线，称为 PE 线。这第五条线也可以利用穿线钢管的外壁替代，因此，采用钢管配线的设计可基本不增加专用保护接零线的费用。采用专用保护接零线后，工作零线应完全绝缘，在照明配电箱内的工作零线端子也应与铁箱绝缘。图 4-6 为 IEC 标准中的 TN-C-S 系统，其中一部分为专用保护接零线，另一部分为工作零线兼作保护接零线。

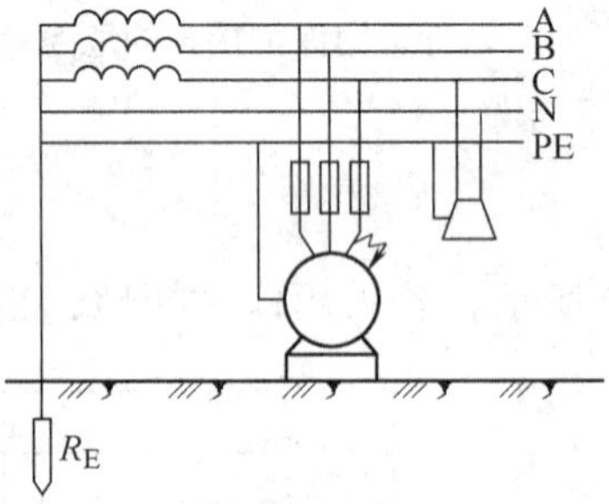

图 4-5　专用的保护接零示意（TN-S 系统）

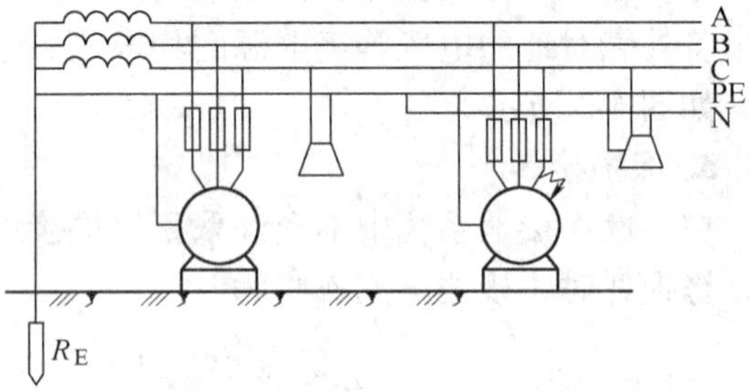

图 4-6　专用的保护接零示意（TN-C-S 系统）

对于配电干线为架空线路的系统，在架空线路段，可采用工作零线兼作保护零线；进户后利用干线的钢管外壁作为专用保护接零线；支路线如采用塑料管配线时，管路中加穿一根专用保护接零线。这是目前民用建筑通常采用的保护接零系统中保护零线的选用方式。

在选择接地类型时还须注意的是：在同一系统中，应采用同一种保护方式，或全部采用接地，或全部采用接零。不允许一部分用电设备接零，而另一部分接地。

保护接地与保护接零共用的危险示意图如图 4-7 所示。因为当接地设备发生碰壳引起接地短路，而保护电器又不动作时，零线与大地之间就出现 110V 电压，于是其他接零的设备外壳对地都有 110V 高的电压，这是很危险的。

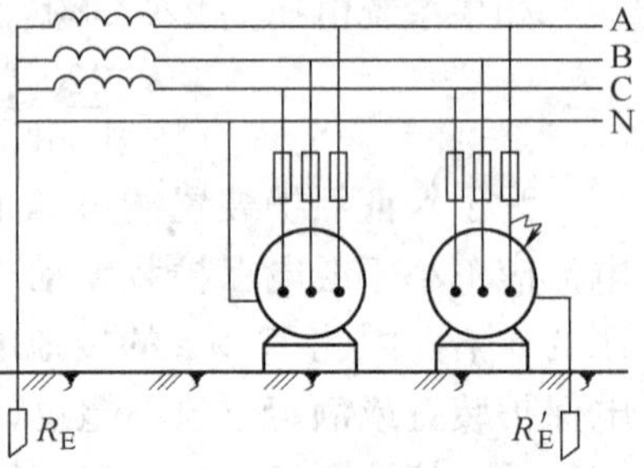

图 4-7　保护接地与保护接零共用的危险示意图

4. 重复接地

采用保护接零时，除系统的中性点工作接地外，将零线上的一点或多点与地再作金属连接，称为重复接地，如图 4-8 所示。

如果零线没有重复接地，一旦出现零线断线的情况，那么在断线处后面的用电设备的相线碰壳时，保护电器就不会动作，该设备以及后面的所有接零设备外壳都存在接近于相电压的对地电压，危险极大。如果有了重复

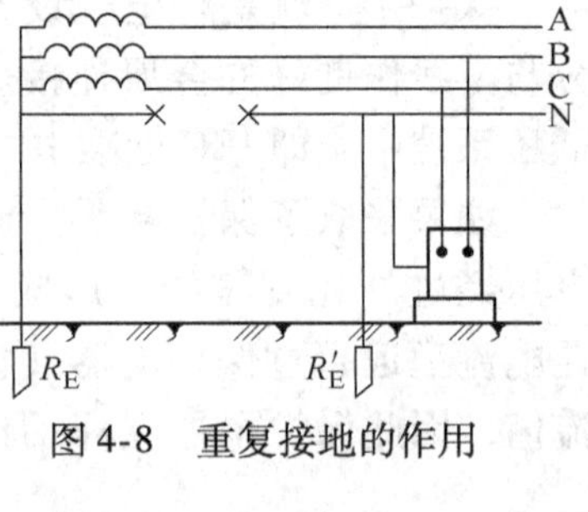

图 4-8　重复接地的作用

接地，即使零线断线，带电外壳也可以通过重复接地装置与系统中性点构成电气回路，产生接地短路电流，使保护电器动作。若用电设备容量较大，即使保护电器因整定电流大于接地短路电流而不动作，也可降低断线处后边的设备外壳的对地电压，减少触电的危险性。因此，在接零系统中重复接地必不可少，一般要求在架空线路的干支和分支线的终端以及沿每一公里处的零线上重复与接地体相连；在室内，零线应与配电屏、控制屏的接地装置相连。

4.2　现代民用建筑电子设备的接地

在现代民用建筑供电线路中，电子设备的大量使用给接地和接零也带来了许多复杂性问题。电子设备的接地主要有以下几种情况：

1. 信号接地及功率接地

电子设备的信号接地（也称逻辑接地）是指信号电路中放大器、混频器、扫描电路、逻辑电路等的统一基准电位接地。信号接地的目的是不致引起信号量的误差。功率接地是所有继电器、电动机、电源装置、大电流装置、指示灯等电路的统一接地。功率接地的目的以保证在这些电路中的干扰信号泄漏到地中时，不至于干扰灵敏的信号电路。

2. 屏蔽接地

屏蔽接地的作用，一方面为了防止外来电磁波的干扰和侵入，造成电子设备的误动作或通信质量的下降；另一方面是为了防止电子设备产生的高频能向外部泄放。为此需要将线路中的滤波器、变压器的静电屏蔽层、电缆的屏蔽层、屏蔽室的屏蔽网等进行接地，称为屏蔽接地。高层建筑为减少竖井内垂直管道受雷电流感应产生的感应电动势，将竖井混凝土壁内的钢筋予以接地，也属于屏蔽接地。

3. 防静电接地

静电是由于摩擦等原因而产生的积蓄电荷，要防止静电放电产生事故或影响电子设备的正常工作，就需有能使静电荷迅速向大地泄放的接地装置，这种接地称为防静电接地。

4. 等电位接地

医院中的某些特殊的检查和治疗室、手术室以及病房中，病人所能接触到的金属部分（如床架、床灯、医疗电器等），不应发生有危险的电位差，因此需把这些金属部分相互连接起来，成为等电位体并予以接地，称为等电位接地。高层建筑中为了减少雷电流造成的电位差，将每层的钢筋网及大型金属物体连接成一体并接地，也属于等电位接地。

5. 安全接地

安全接地即将电子设备的金属外壳、框架等接地或接零，以保证人身的安全。

6. 电子计算机接地

电子计算机接地主要是“逻辑接地”、“功率接地” 和“安全接地”。

小型电子计算机内部的逻辑接地、功率接地、安全接地一般在机柜内已接到同一个接地端子上，称为混合接地系统。

计算机柜内的逻辑接地、功率接地、安全接地分别都接到木地板下与大地相绝缘的铜排上，称为悬浮接地。在大型电子计算机中采用这种方式难以满足较高的绝缘性能要求，故这种接地方式大多用于小型电子计算机系统。

交直流分开的接地系统是：将逻辑接地与直流功率接地合在一起接在单独的接地网上；

将机柜的安全接地与交流功率接地合在一起接在公用接地网上。

若将计算机中逻辑接地、功率接地、安全接地分开，各自接到机柜上 3 个相互绝缘的接地端子，然后由 3 个接地端子各自引出独立的接地线，都接在一个接地网上称为一点接地系统。

单独接地时若出现问题，容易查清故障原因，但安装要求复杂。各个接地电阻一般要求不大于 10Ω。采取分开接地线而后联合在一起接地（一点接地系统），比较容易处理和检查故障。一般要求接地电阻不大于 4Ω。

4.3 现代民用建筑的防雷保护

4.3.1 雷电的形成及对建筑物的危害

1. 雷电的产生

雷电产生的原因解释很多，现象也比较复杂。通常的解释是：

1）地面湿气受热上升，在空中与不同冷热气团相遇，凝成水滴或冰晶，形成积云。

2）当积云受到强烈气流吹袭时，分裂为较小水滴和较大雨滴（实验证明：较小水滴带负电，较大雨滴带正电）。较小水滴被气流带走形成带负电的雷云；较大雨滴留下来则形成带正电的雷云。

3）在上下气流的强烈撞击和摩擦下，雷云中的电荷越聚越多，一方面在空中形成了正负不同雷云间的强大电场；另一方面临近地面的雷云使大地或建筑物感应出与其极性相反的电荷，这样雷云与大地或建筑物之间便形成强大的电场。

4）当电场强度达到足以使空气绝缘破坏（约 25～30kV/cm）时，空气便开始游离，变为导电的通道，这个导电的通道是由雷云逐步向地面发展的，这个过程叫先导放电。由于雷云中的电荷分布并不均匀，地面上感应的电荷分布也不均匀，因此，不同极性的雷云的电荷中心间或雷云的电荷中心与地面上感应电荷中心之间的电场强度是最强的。因此先导放电是沿着这条场强最强的路径发展的。

5）当先导放电的头部接近异性雷云电荷中心或地面感应电荷中心就开始进入放电的第二阶段，即主放电阶段。主放电又叫回击放电，其放电的电流即雷击流，可达几十万安，电压可达几百万伏，温度可达 2×10^4℃。在几微秒内，使周围的空气通道变成白热化而猛烈膨胀，出现耀眼的亮光和巨响，这就是通常所说的“打闪”和“打雷”。打到地面上的闪电称“落雷”，落雷击中建筑物、树木或人畜称为“雷击事故”。

2. 雷电的种类

（1）直击雷　雷电直接打击在大地或建筑物上，称为直击雷。直击雷一般作用于建筑物顶部的突出部分或高层建筑的侧面（又叫侧击）。

（2）感应雷　感应雷又称雷电的二次作用，或叫雷电感应，可分为静电感应雷和电磁感应雷两种。静电感应雷是雷云接近地面时，在地面凸出物顶部感应大量异性电荷，形成强电场放电后，凸出物顶部的电荷失去束缚，以强电磁波高速传播而形成。电磁感应雷是在直击雷雷击后，雷电流在周围空间产生迅速变化的强磁场而形成电磁感应雷。处在强磁场范围内的金属导体上会感应出很高的过电压。

（3）雷电波侵入　雷电打击在架空线路或金属管道上，雷电波将沿着这些管线侵入建筑物内部，危及人身或设备安全，这叫雷电波侵入，又称高电位引入，其传播的速度可达 300m/μs。

3. 雷电的危害

（1）雷电的热效应　巨大的雷电流通过被击物时，会产生极大的热量，但在短时间内又不易散发出来，伤害极大。凡雷电流流过的物体，金属被熔化，树木被烧焦。尤其是雷电流流过易燃、易爆物体时，会引起火灾或爆炸，造成建筑物倒塌、设备毁坏及人身伤害的重大事故。

（2）雷电的电磁效应　当有很强的带电雷云出现在建筑物上空时，就会在建筑物上感应出与雷云等量而异性的束缚电荷。当雷云在空间对地放电后，空中电场立即消失，但在建筑物上聚集的电荷并不能很快泄入大地，因而对地形成相当高的电压。此时同样，对其周围的输电线，金属管道等也会产生很高的感应过电压。其幅值高达几十万伏，它足以破坏一般电气设备的绝缘，造成短路，导致火灾和爆炸，对建筑物产生很大的破坏力。有时还会沿着输电线或金属管道将过电压引入建筑物内，造成设备的损坏及人身触电伤亡事故。感应雷的形成如图 4-9 所示。

（3）雷电的机械效应　当雷电流通过被击物体时，能产生巨大的电动力作用，或使物体内水分受热蒸发生成大量气体，或使物体内缝隙的气体剧烈膨胀，造成内压力骤增，使被击物体劈裂甚至爆炸。为了防止雷电带来的危害，应对建筑物和电气设备采取必要的防雷保护措施。

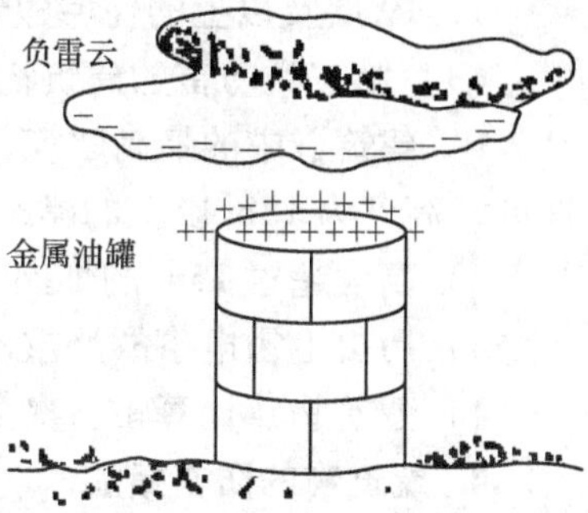

图 4-9　感应雷的形成

4.3.2　建筑物的防雷等级和防雷措施

1. 雷电的活动规律

雷电的活动主要取决于气象、季节、地域及地物等因素。从气候上看，热而潮湿的地区比冷而干燥的地区雷电活动多，我国以华南、西南及长江流域比较多，华北、东北较少，西北最少；从地域上看，山区的雷电活动多于平原，平原的雷电活动多于沙漠，陆地的雷电活动多于湖海；从季节上看，雷电主要活动在夏季，其次是春夏和夏秋之交时期。

2. 容易遭受雷击的建筑物及相关因素

1）建筑群中的高耸建筑物及尖顶建筑物、构筑物，如水塔、宝塔、烟囱及发射台天线等。

2）空旷地区孤立物，如野外孤立建筑、输电线杆、塔及高大树木等。

3）建筑物的突出部位，如屋脊、屋角、女儿墙、屋顶蓄水箱、烟囱及天线等。

4）屋顶为金属结构的建筑物、地下埋设有金属管道的建筑物、内部有大量金属设备的厂房或排放导电尘埃的工厂等。

5）特别潮湿的建筑物和地下水位较高的地方。

6）金属矿藏地区，由于地下金属矿的存在，容易引起雷电感应，从而造成雷击。

3. 建筑物的防雷等级

根据建筑物的重要性、使用性质、发生雷电事故的可能性和后果的严重性等因素把建筑物划分为三类防雷等级，以采取不同的防雷措施。

（1）第一类防雷的建筑物

1）具有特别重要用途和重大政治意义的建筑物。如国家级的会堂和办公建筑；大型体育和展览建筑；特等火车站；国际性的航空港、通信枢纽、国宾馆、大型旅游建筑等。

2）国家级重点文物保护的建筑物。

3）超高层建筑物。

4）制造、使用或贮存大量爆炸物质（如炸药、火药、起爆药等）和因火花可能引起爆炸，会造成巨大破坏和人身伤亡的工业厂房。

（2）第二类防雷的建筑物

1）重要的或人员密集的大型建筑物。如部、省级办公楼，省级大型体育馆、博览馆，交通、通信、商厦、影剧院等建筑物。

2）省级重点文物保护的建筑物。

3）19 层及以上的住宅建筑和高度超过 50m 的其他民用建筑和一般工业建筑。

（3）第三类防雷的建筑物

1）建筑群中的最高建筑；或处于边缘地带高度为 20m 以上的建筑物；在雷电活动强烈地区，高度为 15m 以上的建筑物；雷电活动较弱地区其高度在 25m 以上的建筑物。

2）高度超过 15m 的烟囱、水塔等孤立的建筑物。

3）历史上雷电事故严重地区的建筑物或雷电事故较多地区的较重要建筑物。

4）建筑物年计算雷击次数达到 0.01 及以上的民用建筑。

4. 建筑物的防雷措施

建筑物的防雷措施，应当在当地气象、地形、地貌、地质等环境条件下，根据雷电活动规律和被保护建筑物的特点，因地制宜地采取切实可行的措施，做到安全、可靠、经济合理。对安全可靠的要求，三类建筑物有不同的要求，对于第一类建筑物应防止直击雷、感应雷及雷电波侵入。对于第二类建筑物主要防直击雷，但也应根据具体情况，采取措施防止感应雷及雷电波入侵。对于第三类建筑物一般只在容易遭受直接雷击的部位采取一定措施，进行重点保护。

（1）防止直击雷的措施　为了防止直击雷，建筑物应装设防雷装置。防雷装置由接闪器、引下线和接地装置三部分组成。图 4-10 所示为烟囱防雷系统示意图。

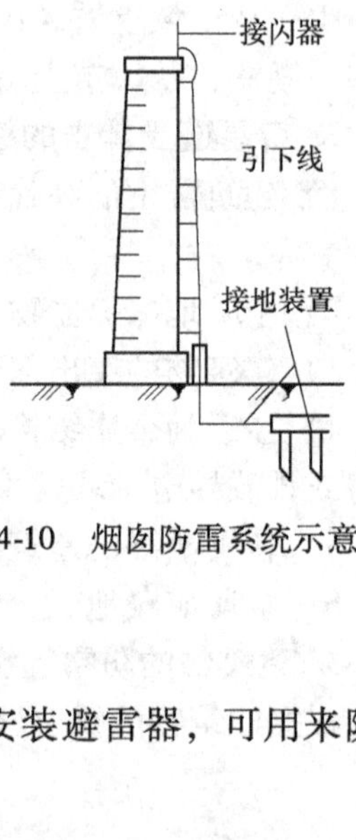

图 4-10　烟囱防雷系统示意图

接闪器的基本形式有避雷针、避雷带、避雷网和笼网等，安装在建筑物顶端。接闪器的作用是将附近的雷云放电诱导过来，通过引下线注入大地，从而使建筑物免遭直接雷击。

（2）防感应雷的措施　防止感应雷的措施是将建筑物的金属框架、钢窗等与接地装置连接，同时将建筑物内的金属设备、金属管道、构架、电缆的金属外皮等与接地装置可靠连接。这样可使残留在建筑物上的电荷迅速引入大地，消除建筑物内部出现的高电位。

（3）防雷电波侵入的措施　在进户架空线或进户电缆的首端安装避雷器，可用来防护雷电产生的高电位沿线路侵入建筑物。避雷器的作用是将雷电流引入大地，保护建筑物。避雷器的形式有阀形避雷器、管型避雷器和羊角保护间隙避雷器。

4.4　现代民用建筑防雷装置的设计

4.4.1　防雷装置的组成和避雷针的保护范围

一套完整的防雷装置都由三部分组成：接闪器、引下线和接地极，如图 4-11 所示。

1. 接闪器

接闪器又称受雷装置，是接受雷电流的金属导体，即通常所指的避雷针、避雷带或避雷网。当建筑物由于美观上的要求，不允许装设避雷针时，可采用避雷带或避雷网，利用直接敷设在屋顶和房屋突出部分的金属条（圆钢或扁钢）作为接闪器。

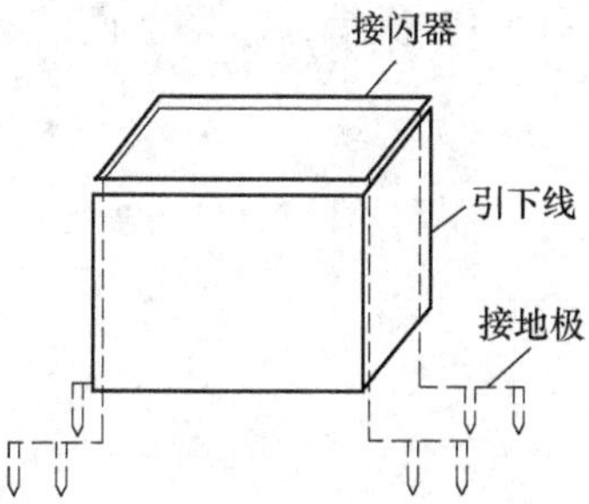

图 4-11　防雷装置组成示意

2. 引下线

引下线又称引流器，它是把雷电流由接闪器引到接地装置的导体，一般敷设在外墙面或暗敷于混凝土柱子内。

3. 接地装置

接地装置是埋在地下的接地导体（即水平连接线）和垂直打入地内的接地体的总称。接地装置的作用是把雷电流疏散到大地中去。

4. 避雷针的保护范围

避雷针是建筑物防雷保护装置的重要组成之一。一般装在建筑物的尖顶端，顶部两端或顶部四周的女儿墙上，有时也专设独立式的避雷针。就其实质而言，避雷针不是避雷而是引雷。利用它高耸空中的有利位置，承受雷击，把雷电流泄入大地，使被保护物免受破坏。根据被保护物的高度及体积的大小，可分别采用单针、双针或多针几种。这里只介绍单支避雷针的保护范围。对避雷针的保护范围，根据国际电工委员会 IEC 标准规定采用“滚球法”来确定。

所谓“滚球法”，就是选择一个半径为 h_r（滚球半径）的球体，沿需要保护直击雷的部位在地上滚动，要求滚球的表面始终与避雷针针尖 1 接触（见图 4-12），于是形成以避雷针针尖为顶点的圆锥体，圆锥体内的部位就在避雷针的保护范围之内。

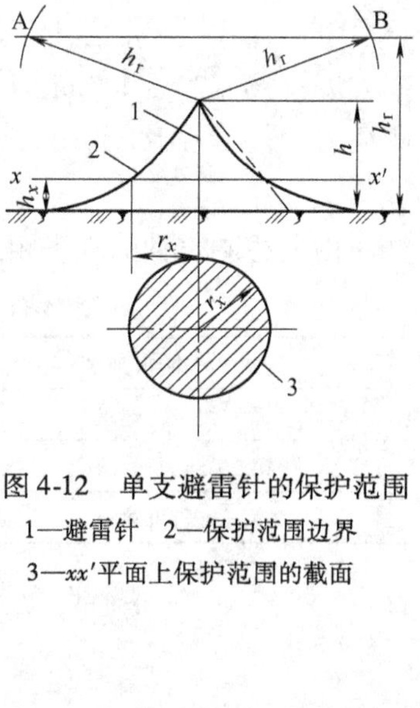

图 4-12　单支避雷针的保护范围
1—避雷针　2—保护范围边界
3—xx'平面上保护范围的截面

单支避雷针的保护范围，按下列方法确定（见图 4-12）：

（1）当避雷针高度 $h \leqslant h_r$时的保护范围

1）距地面 h_r处作一平行于地面的平行线；

2）以避雷针的针尖为圆心，h_r为半径，作弧线与平行线交于 A、B 两点；

3）以 A、B 为圆心，h_r为半径，以避雷针的针尖为起点作弧线，直至与地面相切，由此弧线（图 4-12 中的 2）形成的整个锥形空间就是避雷针的保护范围；

4）在避雷针的保护范围内，被保护物高度为h_x的xx'平面上的保护半径r_x的计算公式为

$$r_x = \sqrt{h(2h_r - h)} - \sqrt{h_x(2h_r - h_x)} \tag{4-2}$$

式中　h_r——滚球半径（m），按表4-1确定。

（2）当避雷针高度$h > h_r$时的保护范围　确定避雷针保护范围的步骤与上述一致，所不同的只是在避雷针上取高度的一点来代替避雷针的针尖作为圆心，其余的作法如$h \leqslant h_r$的做法。

例4-1　某厂一座30m高的水塔旁边，建有一水泵房（三类防雷建筑物），尺寸如图4-13所示，水塔上面装有一支2m的避雷针。试问此避雷针能否保护这一泵房。

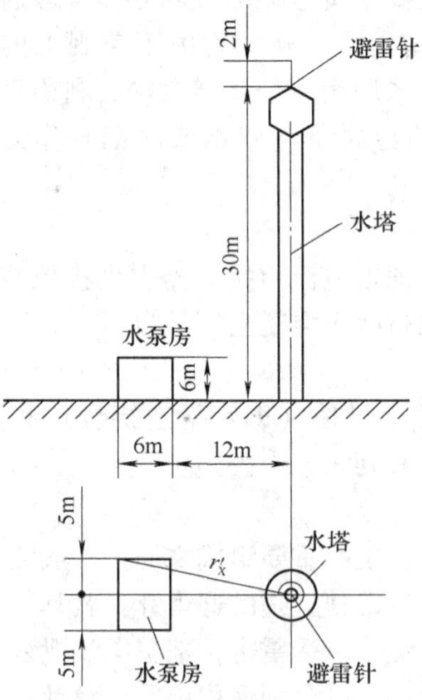

图4-13　例4-1避雷针的保护范围

解：先求保护半径。根据查表4-1得滚球半径$h_r = 60$m；根据题意得

$$r_x = \sqrt{32 \times (2 \times 60 - 32)}\text{m} - \sqrt{6 \times (2 \times 60 - 6)}\text{m} = 26.9\text{m}$$

$h = (30 + 2)\text{m} = 32\text{m}$，$h_x = 6\text{m}$，代入式（4-2）再算出水泵房在$h_x = 6$m高度上最远处的距离$r'_x$，并与$r_x$比较。

$$r'_x = \sqrt{(12 + 6)^2 + 5^2}\text{m} = 18.7\text{m} < r_x$$

由上述避雷针的水平距离r'_x与r_x比较，可见水塔上的避雷针完全能保护这一水泵房。

表4-1　建筑物的防雷类别和接闪器的布置及其滚球半径

建筑物的防雷类别	避雷网尺寸/m^2	滚球半径/m
第一类防雷建筑	5×5	30
第二类防雷建筑	10×10	46
第三类防雷建筑	20×20	60

4.4.2　避雷带和避雷网与雷电的“反击”现象

1. 避雷带和避雷网

雷击建筑物有一定的规律，最可能受雷击的地方是山墙、屋脊、烟囱、通风管道以及单屋顶的边缘等。在建筑物最可能受雷击的地方装设接闪装置（如屋脊、山墙处敷设导线，大面积平屋顶采用避雷网），这样便构成了避雷带，避雷网的保护方式。也有利用钢筋混凝土屋面中的钢筋做接闪器的所谓暗装避雷网保护方式。图 4-14 为用避雷带组成的防雷平面图。

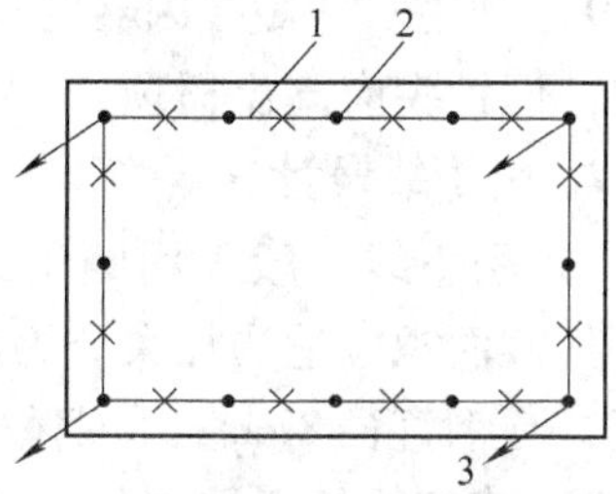

图 4-14　用避雷带组成的防雷平面图

1—ϕ8mm 镀锌圆钢　2—混凝土支座

3—防雷装置引下线

2. “反击”现象及其防止

当防雷装置接受雷击时，雷电流沿着接闪器、引下线和接地体流入大地，并且在它们上面产生很高的电位。如果防雷装置与建筑物内外电气设备、电线或其他金属管线绝缘距离不够大，它们之间就会产生放电现象，这种现象称为“反击”。“反击”会造成电气设备绝缘破坏，金属管道烧穿，甚至引起火灾和爆炸。

防止“反击”的措施有两种：一种是将建筑物的金属物体（含钢筋）与防雷装置的接闪器、引下线分隔开，并且保持一定距离；另一种是当防雷装置不易与建筑物内的钢筋、金属管道分隔开时，则将建筑物内的金属管道系统的主干道与靠近的防雷装置相连接。有条件时宜将建筑物每层的钢筋与所有的防雷引下线连接。

4.4.3　防雷装置的设计和高层民用建筑的防雷

1. 接闪器设计

1）避雷针一般用镀锌圆钢或焊接钢管制成，圆钢截面积不得小于 100mm^2，钢管厚度不得小于 3mm。其直径不应小于下列数值：

针长 1m 以下时：圆钢 12mm，钢管 20mm；

针长 1 ~ 2m 时：圆钢 16mm，钢管 25mm；

烟囱顶上的针：圆钢 20mm。

2）明装避雷网和避雷带一般用圆钢或扁钢制成，其尺寸不应小于下列数值：圆钢直径 8mm；扁钢截面积 48mm^2；扁钢厚度 4mm。

3）明装避雷带距离屋顶面或女儿墙顶面的高度为 10 ~ 20cm，其支点间距不应大于 1.5m。在建筑物的沉降缝处应多留出 10 ~ 20cm。第一类建筑防感应雷的避雷网格为 8 ~ 10m。当有超出屋面的通气管道、铁烟囱等均应与屋顶避雷网相连。

4）除存有易燃、易爆物品的建筑外，建筑物的金属屋面可用作接闪装置。

5）利用建筑物钢筋混凝土屋面板作为避雷网时，其中的钢筋直径应不小于 3mm，并应连接良好，当屋面装有金属旗杆或其他金属柱时，均应与避雷带（网）连接起来。

6）接闪器应镀锌或涂漆，在腐蚀较强的场所，还应适当加大接闪器的截面积或采取其他防腐措施。

7）避雷针的顶端可做成尖形、圆形或扁形，没有必要做成三叉或四叉。

8）砖木结构房屋，可把避雷针敷设于山墙顶部或屋脊上，用抱箍或对锁螺栓固定于梁上，固定部位的长度约为针高的1/3。避雷针插在砖墙内的部分为针高的1/3，插在水泥墙内的部分约为针高的1/5～1/4。

9）利用木杆做接闪器的支持物时，针尖的高度必须超出木杆30cm。也可利用大树作支持物，但针尖应高出树顶。

2. 引下线设计

1）引下线一般采用圆钢或扁钢制成，其截面积不应小于48mm^2；在易遭受腐蚀的部位，其截面积应适当加大。为避免很快腐蚀，引下线最好不采用绞线。其尺寸不应小于下列数值：圆钢直径8mm；扁钢截面积48mm^2；扁钢厚度4mm。

2）建筑物的金属构件，如消防梯、烟囱的铁扒梯等可作为引下线，但所有金属部件之间均应连成电气通路。

3）引下线的敷设分明装和暗装两种。明装引下线沿建筑物外墙面敷设，从接闪器到接地体，引下线的敷设路径应尽可能短而直。根据建筑物的具体情况，不可能直线引下时，也可以弯曲。暗装引下线常见于高层建筑或建筑艺术较高的建筑物。在这些建筑物的防雷装置中将引下线预埋在墙内，但导线截面积应相应加大。若利用混凝土柱内钢筋作引下线时，主钢筋应焊接牢靠使之成为良好的电气通路。

4）一般情况下，引下线不得少于两根，其间距不大于30m。当技术上处理有困难时，允许放宽到40m，最好是沿建（构）筑物周边均匀引下。但对于周长和高度均不超过40m的建（构）筑物，可只设一根引下线。

5）引下线的固定支点间距不应大于2m，敷设引下线时，应保持一定的松紧度。

6）引下线应避开建筑物的出入口和行人较易接触的地点。

7）在易受机械损伤的地方，离地面约1.7m处至地下0.3m处的一段引下线应加保护措施，也可用竹筒或绝缘材料将引下线包缠起来。

8）采用多根明装引下线时，为便于测量接地电阻以及检验引下线和接地线的连接状况，宜在每条引下线距地面1.8～2.2m处设置断接卡子。

3. 接地装置设计

接地装置是埋设在地下的金属导体，它由接地线和接地体组成，其作用是把雷电流迅速流散到周围土壤中去，以限制防雷装置对地电压过高。因此接地体的接地电阻要小（一般不超过10Ω）。

接地体分人工接地体和自然接地体两种。

人工接地体就是用圆钢、角钢、钢管、扁钢等制成并敷设在地下。按照敷设形式的不同，人工接地体又分为垂直埋设和水平埋设两种。

自然接地体就是利用建筑物的钢筋混凝土基础内的钢筋作为接地体，不再专门设置接地体。防雷接地体所用材料最小尺寸见表4-2。

表4-2 防雷接地体所用材料最小尺寸

圆钢直径/mm	扁钢		角钢厚度/mm	钢管壁厚/mm
	截面积/mm^2	厚度/mm		
10	100	4	4	3.5

接地体的布置方式和几何尺寸应根据防雷接地电阻的要求和周围土壤电阻率等因素而定。对于自然接地体的水泥标号、钢筋长度和截面积以及周围土壤的含水量等也有一定的要求。

4. 高层建筑的防雷装置设计

高层建筑的防雷，尤其是防直击雷，有特殊的要求和措施。因为，一方面越是高层的建筑，落雷的次数越多；另一方面，由于建筑物很高，有时雷云接近建筑物时发生超前放电现象，屋面接闪器未能起到作用，有时雷云随风飘移，使建筑物受到雷电的侧击。

不同的高层建筑，其防雷措施也有所不同。高层建筑的防雷主要是增设防止侧击雷的措施，具体要求和做法是：

1）建筑物的顶部，全部采用避雷网。

2）从 30m 以上，每三层沿建筑物四周设置避雷带。

3）从 30m 以上，金属栏杆、金属门窗等较大的金属物体，应与防雷装置连接。

4）每三层沿建筑物周边的水平方向设均压环；所有的引下线以及建筑物内的金属结构、金属物体，都与均压环相连接。

5）要求引下线与引下线之间的间距要更小（一类建筑不大于 18m，二类建筑不大于 24m）。接地装置应围绕建筑物构成闭合电气回路，要求其接地电阻值要求符合最小值（一、二类建筑不大于 5Ω）。

6）建筑物内的电气线路全部采用钢管配线，垂直敷设的电气线路，其带电部分与金属外壳之间应装设击穿保护装置。

7）室内的主干金属管道与电梯轨道，应与防雷装置相连接。

总之，高层建筑为防止侧击雷，应设置多层避雷带、均压环，以及在外墙的转角处设引下线。一般在高层建筑物的边缘和突出部分，少用避雷针，多用避雷带，以防雷电侧击。

目前，高层建筑的防雷设计，是把整个建筑物的梁、板、柱、基础等主要结构的钢筋，通过焊接连成一体。在建筑物的顶部设避雷网屋顶；在建筑物的腰部，多处设置避雷带、均压环。这样，使整个建筑物及每层分别连成一个整体笼式避雷网，对雷电起到均压作用。当雷击时，建筑物各处构成了等电位面，对人和设备都安全。同时由于屏蔽效应，笼内空间电场强度为零，笼上各处电位基本相等，则导体间不会发生反击现象。建筑物内部的金属管道由于与房屋建筑的结构钢筋已作电气连接，也能起到均衡电位的作用。此外，各个结构钢筋连为一体，并与基础钢筋相连有利于防雷。由于高层建筑基础深，面积大，利用钢筋混凝土基础中的钢筋作为防雷接地体，其接地电阻一般都能满足小于 5Ω 的要求。

4.5　现代民用建筑接地和接零装置的设计

现代民用建筑的接地和接零装置的设计内容包括：各种接地的相互关系和共同接地的低压系统中中性点接地还是不接地的选择；接零保护的设计；接地电阻的计算和接地装置的选择。

4.5.1　各种接地类型的相互关系和共同接地

1. 各种接地类型的电阻值要求

在 1kV 以下的低压配电系统中各种接地类型的电阻值要求如下：

1）工作接地通常可分为交流工作接地（如三相电源中性点接地等）和直流工作接地（如电子计算机等电子设备的工作接地等）。一般交流工作接地装置的接地电阻值 $R_E \leqslant 4\Omega$；直流工作接地的电阻值应按设备说明书要求，其接地电阻值一般为 $R_E \leqslant 4\Omega$。

2）电气设备的安全接地一般要求接地电阻值 $R_E \leqslant 4\Omega$。

3）重复接地要求其接地装置的接地电阻值 $R_E \leqslant 10\Omega$。

4）防雷接地一、二类建筑防直接雷的接地电阻值 $R_{sh} \leqslant 10\Omega$；一、二类建筑防感应雷的接地电阻值 $R_{sh} \leqslant 5\Omega$；三类建筑的防雷接地电阻值 $R_{sh} \leqslant 30\Omega$。

5）屏蔽接地一般要求其接地电阻值 $R_E < 10\Omega$。

2. 各种接地的相互关系和共同接地

上述各种接地类型中，有些可以共用同一个接地装置，而有些则不能共用，在设计使用时必须注意，严格区分。

因接地部位的不同有 3 种性质的接地：设备内部接地、建筑物内接地、室外接地。这 3 种接地一般只要能分开，允许单独接地的应尽量分开，做不到分开的予以联合共用接地。3 种接地中主要是建筑物内接地。

建筑物内的接地又可分为：电力系统方面的接地、弱电设备的接地和防雷接地。在无爆炸危险的一般环境中，允许多种性质的接地共用。一般将弱电系统接地线与强电系统接地线单独分开，其余的可实行联合接地。电力系统接地与防雷接地之间的处理是：当建筑物为砖混凝土结构时，防雷装置需要与建筑物内的电气管道及其他金属管道保持一定的距离。防雷接地应与零线的重复接地或设备的保护接地分开，以防雷电反击乱窜而引起电气设备上电位的升高。但在钢筋混凝土框架结构的高层建筑中，防雷装置的避雷带及引下线必须在钢筋混凝土内埋设支持卡子。而钢筋混凝土内埋设的电气管路可通过钢筋与防雷装置进行连接。此时若将防雷接地与一般接地分开，会造成不同系统间的电位差而发生闪络，所以应将它们共同接地并将它们之间的各部分连接起来。共同接地的接地电阻按要求阻值最低的数据设计。

总之，对于各种接地的具体处理原则是

1）当允许又有可能将各种不同用途和不同电压的电气设备的接地共用一个总的接地装置时，其接地电阻值应满足其中最小电阻值的要求。

2）在有多个接地体的情况下，接地体之间的电气设备距离不应小于 3m，接地体与建筑物之间的距离一般不小于 1.5m，利用建筑基础深埋接地体的情况除外。

3）其他接地体与独立避雷针接地体之间（在地下）的距离不应小于 3m。

4）防雷保护的接地装置（除独立避雷针外）可与一般电气设备的接地装置相连接，并应与埋地金属管道相互连接。还可利用建筑物的钢筋混凝土基础内的钢筋接地网作为接地装置，其接地电阻值应满足该接地系统中最小值的要求。

5）避雷器的接地可与 1kV 以下线路的重复接地相连接，其接地电阻一般不超过 10Ω。

6）弱电系统及专用电子设备（如计算机、医疗电气设备等）的接地，应与其他设备的接地、强电系统接地和防雷接地分开，单独设备接地装置，并应与防雷接地装置的距离保持 5m 以上，以防雷电的干扰和冲击。专用电气设备本身的交流保护接地和直流工作接地不能在室内混用，也不能共用接地装置，以防高频干扰，一般应分别设置接地装置，并相隔一定的距离。

4.5.2　接零系统设计

接零系统的设计首先需要了解接零的使用范围和要求，在设计中要进行有关的计算，如单相短路电流的计算、零线截面积选择的计算等。

1. 单相短路电流的计算

接零系统设计中计算单相短路电流是为了验算发生碰壳短路时，线路上的保护装置是否能够可靠动作而切断电源。线路上的保护装置是否迅速动作主要决定于单相短路电流的大小和保护装置动作电流的大小。单相短路电流越大或保护装置动作电流越小，保护装置动作越快；反之，动作越慢。

单相短路电流可按下式计算：

$$I_{k(1)} \geqslant KI_{NF} \tag{4-3}$$

式中　$I_{k(1)}$——单相短路电流（A）；

I_{NF}——熔断器熔体额定电流，断路器为电流脱扣器的短路整定电流（A）；

K——保护装置动作系数，当采用熔断器保护时，其值为 4，处于有爆炸危险的场所时其值为 5；当采用断路器作保护时，其值为 1.25，处于有爆炸危险的场所时则为 1.5。

一般情况下，单相短路电流可按下式作简单计算：

$$I_{k(1)} = \frac{U_N}{Z_{LN}} \tag{4-4}$$

式中　U_N——低压网络额定相电压（V）；

Z_{LN}——相线与零线之间电气回路的总阻抗（Ω）。

2. 对零线的基本要求

在保护接零系统中，零线起着十分重要的作用。此外，在三相四线制系统中，零线还起着使负荷侧的三相相电压平衡的作用。因此，尽管有重复接地，也需防止零线断裂，以保证零线的连续性。零线的截面积选择要适当，一方面要考虑三相不平衡时通过零线的电流密度的要求；另一方面还应使零线有足够的机械强度。零线截面积的选择可按第 5 章有关要求进行。零线的连接应牢固可靠、接触良好。零线的连接线与设备的连接应用螺栓压接。所有电气设备的接零线，均应以并联方式接在零线上，不允许串联。在零线上禁止安装熔丝或单独的断流开关。在有腐蚀性物质的环境中，为了防止零线的腐蚀，应在其表面涂以必要的防腐涂料。

3. 接地装置的设计

（1）接地电阻及其要求　接地电阻是接地体的流散电阻与接地线和接地体电阻的总和。由于接地线和接地体的电阻相对很小，可略去不计。因此，可以认为接地电阻就是指接地体流散电阻。通常所指的接地电阻实际上就是工频接地电阻和冲击接地电阻 R_F。冲击接地电阻是指雷电流流经接地装置所呈现的接地电阻，称为冲击接地电阻。我国有关规程规定的部分电力装置所要求的工作接地电阻值列于表 4-3 中。

（2）接地装置的设计要求

1）一般要求。在设计和装设接地装置时，首先应充分利用自然接地体，以节约投资，节约钢材。如果实地测量所利用的自然接地体电阻已能满足要求，又能满足热稳定条件，就不必再装设人工接地装置，否则应装设人工接地装置作为补充。

电气设备的人工接地装置的布置，应使接地装置附近的电位分布尽可能均匀，以降低接触电压和跨步电压，保证人身安全，如接触电压和跨步电压超过规定值时，应采取措施。

表 4-3　部分电力装置所要求的工作接地电阻值

序号	电力装置名称	接地的电力装置特点	接地电阻
1	1kV 以上大电流接地系统	仅用于该系统的接地装置	$R_E \leqslant \frac{2000V}{I_{K(1)}}$ 当 $I_{K(1)}$ >4000A 时 $R_E \leqslant 0.5\Omega$
2	1kV 以上小电流接地系统	仅用于该系统的接地装置	$R_E \leqslant \frac{250V}{I_E}$ 且 $R_E \leqslant 10\Omega$
3		与 1kV 以下系统共用的接地装置	$R_E \leqslant \frac{120V}{I_E}$ 且 $R_E \leqslant 10\Omega$
4	1kV 以下系统	与总容量在 1000kV · A 以上的发电机或变压器相连的接地装置	$R_E \leqslant 4\Omega$
5		上述（序号 4）装置的重复接地	$R_E \leqslant 10\Omega$
6		与总容量在 100kV · A 及以下的发电机或变压器相连的接地装置	$R_E \leqslant 10\Omega$
7		上述（序号 6）装置的重复接地	$R_E \leqslant 30\Omega$
8	建筑物防雷装置	第一类防雷建筑物（防感应雷）	$R_{sh} \leqslant 10\Omega$
9		第一类防雷建筑物（防直击雷及雷电波侵入）	$R_{sh} \leqslant 10\Omega$
10		第二类防雷建筑物（防直击雷感应雷及雷电波侵入共用）	$R_{sh} \leqslant 10\Omega$
11		第三类防雷建筑物（防直击雷）	$R_{sh} \leqslant 30\Omega$
12	供电系统防雷装置	保护变电所的独立避雷针	$R_E \leqslant 10\Omega$
13		杆上避雷器或保护间隙（在电气上与旋转电机无联系）	$R_E \leqslant 10\Omega$
14	电气设备	杆上避雷器或保护间隙（但与旋转电机有电气联系）	$R_E \leqslant 5\Omega$

2）利用自然接地体的要求。可作为自然接地体的有：建筑物的钢结构和钢筋、行车的钢轨、埋地的金属管道（但可燃液体和可燃气体的管道除外），以及敷设于地下而数量不少于两根的金属电缆外皮等。对于变配电所来说，可利用它自身建筑物的钢筋混凝土基础作为自然接地体。

利用自然接地体时，一定要保证良好的电气连接，在建构筑物钢结构的接合处，凡用螺栓连接或其他除焊接外的连接形式的，都要采用跨接焊接，而且跨接焊接线的尺寸不得小于规定值。

3）人工接地体的设置。人工接地体有垂直埋设和水平埋设两种基本结构形式，如图 4-15 所示。最常用的垂直接地体是直径为 50mm，长为 2.5m 的钢管。如果采用直径小于 50mm 的钢管，则由于钢管的机械强度较小，易弯曲，不适于采用机械方法打入地（土）中；如果采用直径大于 50mm 的钢管，例如直径由 50mm 增大到 125mm 时，流散电阻仅而减少 15%，钢材消耗却大大增加，经济上极不合算。如果采用的钢管长度小于 2.5m 时，流散电阻增加很多；如果钢管长度大于 2.5m 时，则既难于打入地（土）中，而且流散电阻减少也不显著。由此可见，采用上述直径为 50mm，长度为 2.5m 的钢管是最为经济合理的。但为了减少外层温度变化对流散电阻的影响，埋入地下的垂直接地体上端距地面不应小于 0.5m。

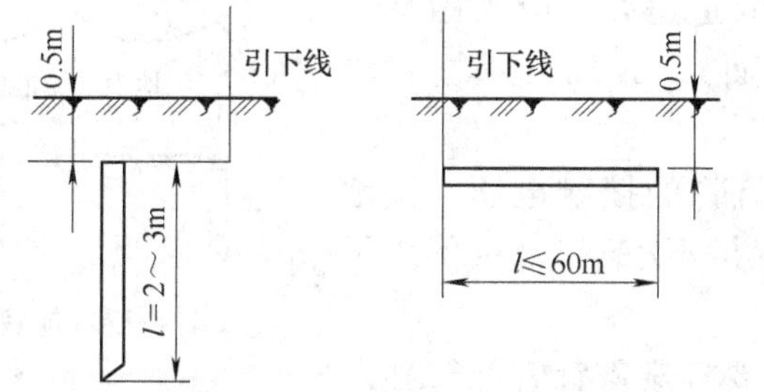

a) 垂直埋设的棒形接地体　b) 水平埋设的带形接地体

图 4-15　人工接地体

当土壤电阻率偏高时，为降低接地装置的接地电阻，可采取以下措施：① 采用多支外引线接地装置；② 如地下较深处土壤 ρ 较低时，可采用深埋式接地体；③ 对局部土壤进行置换处理，以 ρ 较低的粘土或黑土换掉原有的土壤，或者进行土壤化学处理，填充降阻剂。

钢接地体和接地线的最小尺寸规格见表 4-4。对于敷设在腐蚀性较强的场所的接地装置，应根据腐蚀的性质，采用热镀锡、热镀锌等防腐措施，或适当加大截面积。

表 4-4　钢接地体和接地线的最小尺寸规格

材　料	规格及单位	地上尺寸		地下尺寸
		室　内	室　外	
圆钢	直径/mm	5	6	8
扁钢	截面积/mm^2	24	48	48
扁钢	厚度/mm	3	4	4
角钢	厚度/mm	2	2.5	4
钢管	管壁厚度/mm	2.5	2.5	3.5

当多根接地体相互靠拢时，入地电流的流散相互受到排挤。对入地电流流散的这种影响，称为屏蔽效应，如图 4-16 所示。由于这种屏蔽效应，使得接地装置的利用率下降，所以垂直接地体的间距一般应大于 $2l$（l 为接地体长度），水平接地体的间距一般应大于 5m。

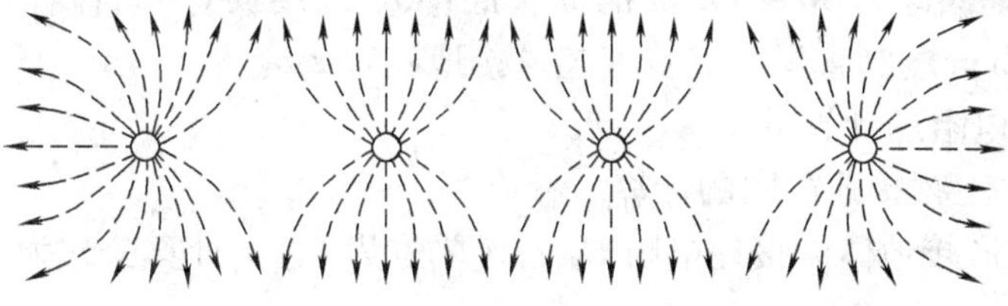

图 4-16　接地体的屏蔽效应

4）接地网的布置。接地网的布置，应尽量使地面的电位分布均匀，以减小接触电压和跨步电压。人工接地网外缘应闭合，外缘各角应做成圆弧形。35-110/6-10kV 变电所的接地网内应敷设水平均压带，如图 4-17 所示。为保证人身安全，经常有人出入的走道处，应采用高绝缘路面（如沥青碎石路面），或加装帽檐式均压带。

此外，为了减小建筑物的接触电压，接地体与建筑物的基础间应保持不小于 1.5m 的水平距离，一般取 2～3m。

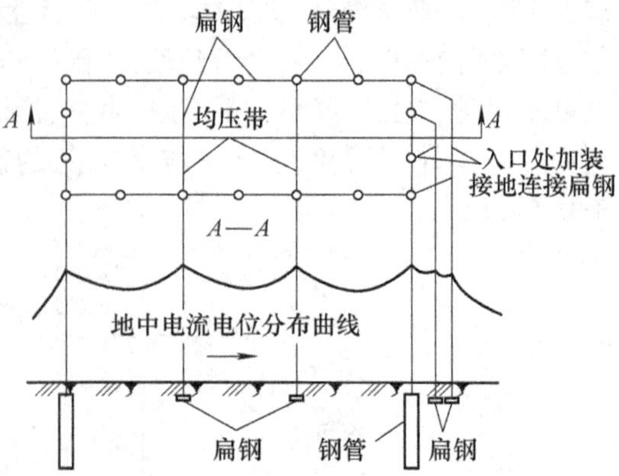

图 4-17　加装均压带使电位分布均匀

5）防雷装置的接地要求避雷针宜配置独立的接地装置，而且避雷针及其接地装置与被保护的建筑物之间和与配电装置及其接地装置之间应分别保持足够的安全距离，以免雷击时发生反击闪络事故，如图 4-18 所示。安全距离的要求与建筑物的防雷等级有关，但最小距离 $S_0 \geqslant 5\text{m}$（与被保护的建筑物之间），$S_E \geqslant 3\text{m}$（与被保护的配电装置及其接地装置之间）。

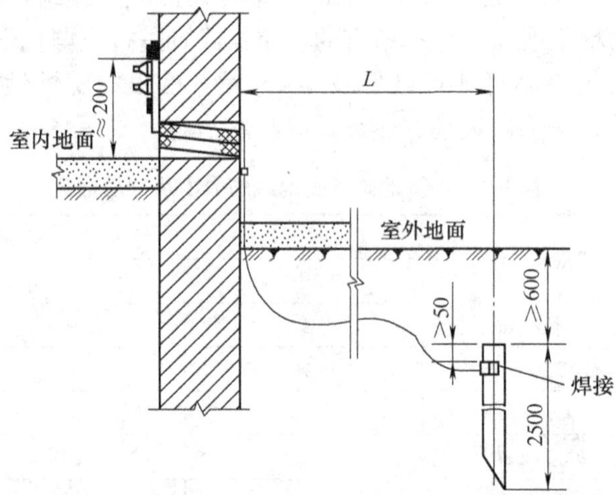

图 4-18　接地装置安全距离要求

为了降低跨步电压，防护直击雷的接地装置距离建筑物出人口及人行道，不应小于 3m。当小于 3m 时，应采取下列措施之一：① 水平接地体局部埋深不小于 1m；② 水平接地体局部包以绝缘体，例如涂厚为 50～80mm 的沥青层；③ 采用沥青碎石路面，或在接地装置上面敷设厚为 50～80mm 的沥青层，其宽度超过接地装置 2m。

（3）接地装置电阻的计算

1）人工接地体工频接地电阻的计算

① 单根垂直管形接地体的接地电阻 $R_{E(1)}$（单位为 Ω），计算公式为

$$R_{E(1)} \approx \frac{\rho}{L} \tag{4-5}$$

式中　ρ——土壤电阻率（$\Omega \cdot m$）；

L——接地体长度（m）。

② 多根垂直管形接地体的接地电阻 R_E（单位为 Ω）的计算。n 根垂直接地体并联时，由于接地体间屏蔽效应的影响，使得总的接地电阻 $R_E < R_{E(1)}$。实际总的接地电阻（单位为 Ω）为

$$R_E = \frac{R_{E(1)}}{n\eta_E} \tag{4-6}$$

式中　η_E——接地体的利用系数。

③ 单根水平带形接地体的接地电阻计算。图 4-19a 为单根水平接地体，其接地电阻（单位为 Ω）计算公式为

$$R_{E(1)} \approx 2\frac{\rho}{L} \tag{4-7}$$

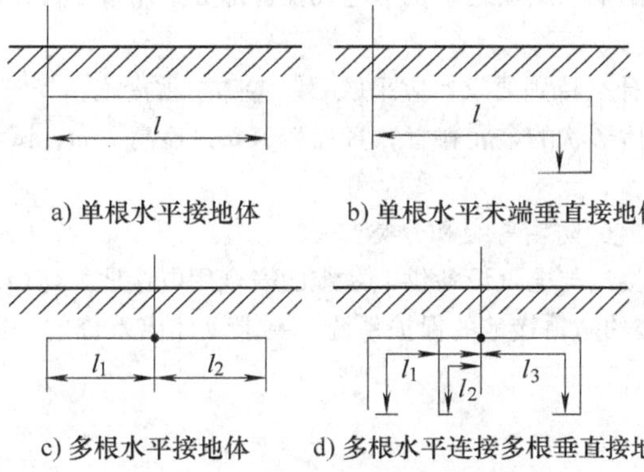

图 4-19　接地体实际长度的计算

④ n 根放射形水平接地带的接地电阻计算。若 $n \leqslant 12$，每根长度 $L \approx 60$m 的接地电阻（单位为 Ω）为

$$R_E \approx 0.062\frac{\rho}{n+1.2} \tag{4-8}$$

⑤ 环形接地带的接地电阻计算。环形接地带的接地电阻（单位为 Ω）为

$$R_E \approx 0.6\frac{\rho}{\sqrt{A}} \tag{4-9}$$

式中　A——环形接地带所包围的面积（m^2）。

2）自然接地体工频接地电阻的计算　自然接地体工频接地电阻是工频接地电流流经接地装置所呈现的接地电阻，称之为工频接地电阻。不同形式的工频接地电阻的计算公式如下：

① 电缆金属外壁和水管等的工频，接地电阻为

$$R_E \approx 2\frac{\rho}{L} \tag{4-10}$$

式中　ρ——土壤电阻率（$\Omega \cdot m$）。

L——电缆和水管等的埋地长度（m）。

R_E——接地体工频接地电阻（Ω）。

② 钢筋混凝土基础的工频接地电阻为

$$R_E \approx 0.2 \frac{\rho}{\sqrt[3]{V}} \tag{4-11}$$

式中 V——钢筋混凝土基础的体积（m^3）。

思考题与习题

4-1 什么叫保护接地和保护接零？各适用于什么场合？它们是如何保护用电设备及人身安全的？

4-2 什么叫重复接地？它有什么作用？

4-3 现代民用建筑的电子设备接地方式有哪些？各有何特点？

4-4 同一供电系统中，为什么不能同时采用保护接地和保护接零？请分析一下中性点不接地系统采用保护接零的危险性？

4-5 请分析一下三相四线制中性点接地系统中电气设备部分采用接零保护而部分采用保护接地保护的危险性。

4-6 高层民用建筑防雷有什么特别要求？应采取哪些特殊防雷措施？

4-7 已知保护对象为圆柱体形状的金属料管，直径为16m，顶高20m，试计算其避雷针应高出被保护物的高度。

4-8 如何划分现代民用建筑的防雷等级和分类？

4-9 现代民用建筑的防雷接地与电气设备供电系统的安全用电接地如何协调？

4-10 请设计你所住宿舍楼的防雷接地的保护系统，要求设计出系统的3部分施工图（可用避雷针或避雷带来设计）。

第5章　现代民用建筑电气照明技术与设计

电气照明是现代民用建筑中不可缺少的部分，一个好的照明设计将会衬托出一个好的建筑艺术与良好的环境效果。本章主要介绍现代民用建筑照明设计要求；照度计算法；照明供电与照明控制系统设计；电气照明施工图的设计。

5.1　现代民用建筑电气照明技术概述

现代民用建筑电气照明设计主要有两方面的内容：一是根据照度标准进行技术标准设计，以满足现代人们工作的视觉质量和视力健康要求；二是从环境和艺术角度要求出发，运用照明手段，通过装修、陈设、装饰、色调、风格、选型等艺术照明设计和施工手段，从空间和环境上达到满足人们的最佳心理的效果。

1. 照明技术的基本概念

（1）光通量 Φ　光通量是指光源在单位时间内向周围空间辐射，并引起光感的能量大小。光通量用符号 Φ 表示，单位为 lm（流明）。

（2）发光强度（光强）I　光源在某一特定方向上的单位立体角内（单位球面度内）所发出的光通量，称为光源在该方向上的发光强度。它是用来反映光源发光强弱程度的一个物理量，用符号 I 表示，单位为 cd（坎德拉）。

（3）照度 E 和照度标准　通常把物体表面所得到的光通量与这个物体表面积的比值叫做照度，用 E 表示，单位为 lx（勒克斯）。通常在40W 白炽灯下，1m 远之外的照度为30 lx；晴朗的白天，室内约为 100 ~ 500 lx。

照度标准是关于照明质量的规定，是根据视觉工作的等级来规定的最低照度，常见民用建筑照度标准的推荐值见表 5-1。

表 5-1　常见民用建筑的照度标准推荐值　　（单位：lx）

居住建筑	厕所、盥洗室	5 ~ 15
	餐室、厨房、起居室	15 ~ 30
	卧室	20 ~ 50
	单身宿舍、活动室	30 ~ 50
公共办公室等建筑	厕所、盥洗室、楼梯间、走道	5 ~ 15
	食堂、传达室	30 ~ 75
	厨房	50 ~ 100
	医务室、报告厅、办公室、接待室	75 ~ 150
	实验室、阅览室、书库、教室	75 ~ 150
	设计室、绘图室、打字室	100 ~ 200
	电子计算机房	150 ~ 300

（续）

医疗建筑	厕所、盥洗室、楼梯间、走道	5～15
	病房、健身房	15～30
	X线诊断室、化疗室、同位素扫描室	15～30
	理疗室、麻醉室、候诊室	30～75
	解剖室、化验室、药房、诊室、护士站	75～150
	医生值班室、门诊挂号病案室	75～150
	手术室、加速器治疗室	100～200
	电子计算机X线扫描室	100～200
商业建筑	厕所、更衣室、热水间	5～15
	楼梯间、冷库、库房	10～20
	一般旅社的客房、浴池	20～50
	大门厅、售票室、小吃店	30～75
	餐厅、照相馆营业厅、菜场、菜店	50～100
	粮店、钟表眼镜店	50～100
	银行出纳厅、邮电营业厅	50～100
	理发室、书店、服装商店	75～150
	字画商店、百货商场	100～200
旅游饭店建筑	贮藏间、楼梯间、公共卫生间	10～20
	衣帽间、库房、冷库、客房走道	15～30
	客房、电梯厅、台球房、保龄球房	30～75
	洗衣间、客房卫生间、邮电厅	75～150
	健身房	30～75
	酒吧、咖啡厅、茶室、游艺厅	50～100
	游泳厅、电影院、小舞厅、屋顶旋转厅、餐厅、小卖部、休息室、会议厅、网球房、美容室	100～200
	大宴会厅、大门厅、厨房	150～300
	多功能大厅、总服务台	300～750
影剧院、礼堂建筑	主楼梯间、公共走道、卫生间	5～15
	倒片室	15～30
	放映室、电梯厅、衣帽厅	20～50
	转播室、录音室、化妆室	50～100
	后台、门厅	50～100
	美工室、排练厅、休息厅、会议厅	75～150
	观众厅	75～150
	报告厅、接待厅、小宴会厅	100～200
	大宴会厅、大会堂	200～500

（4）亮度 L　通常把被视物表面在某一视线方向或特定方向的单位投影面上所发出或反射出的发光强度，称为该物体表面在该方向上的亮度，用符号 L 来表示，其单位为 cd/m^2。

（5）光源的色温与显色性　光源的发光颜色与温度有关，当温度不同时，光源发出光的颜色是不同的。如当白炽灯的灯丝温度高时，灯丝将发白，发出的光将红变白。所谓色温，是指光源发射光的颜色与黑体（能吸收全部光而不反射、不透光的理想物体）在某一温度下辐射的光色相同时，黑体所处的温度称为该光源的色温，用热力学温度（单位为K）表示。

所谓光源的显色性，是指不同光谱的光源分别照射在同一颜色的物体上时，所呈现出不同颜色的特性。通常用显色指数来表示光源的显色性。光源的色温对显色性是有直接影响的。为了方便建筑电气工程设计，我国照明设计标准按照CIE的建议，通常将室内照明常用光源的相关色表分作暖、中、冷三类。

（6）光源的色调　不同颜色的光照射在同一物体上面，对人们视觉产生的效果是不同的，光源的这种视觉颜色特性称为色调。光源发出光的颜色直接影响人的情趣，它可以影响人们的工作效率和精神状态等。

（7）眩光　眩光是指由于亮度分布或亮度范围不合适，或在短时间内相继出现的亮度相差过大，造成观看物体的感觉不舒适的现象。眩光分为直射眩光和反射眩光两种。眩光是照明质量的重要特征，它对视觉有着极不利的影响，通常在正常情况下，现代人工照明对眩光的限制都很重视。但有时在舞台艺术照明中往往还会利用眩光特性，产生特殊的艺术照明效果。而在正常工作环境中必须加以限制。

（8）照明的种类　民用建筑中的照明种类按用途可分为：正常工作照明（即一般照明）、重点部位局部照明、事故照明、警卫值班照明、障碍照明、道路照明、体育照明、商场（商厦）照明、舞台照明、节日彩灯和装饰照明等。

眩光、照度、亮度、光源颜色、色温与显色性等是照明质量的重要指标。

2. 电气照明设计主要内容及设计程序

现代民用建筑的电气照明设计主要有如下几方面的设计内容及设计程序：

1）了解照明场所的有关设计条件，并收集有关设计资料，如供电、建筑平面和立面结构等。

2）照度标准的确定，可按照GB 50034—2004《建筑照明设计标准》执行。

3）照明种类的选择。

4）光源和照明灯具的选择。

5）灯具的合理布置与安装及照明节能。

6）照度计算。

7）照明负荷计算。

8）照明供配电系统设计。

9）照明控制系统与照明智能控制系统设计。

10）照明设备材料的选择。

11）照明导线的选择及敷设方式和部位的确定。

12）向土建专业提交电气设计资料并与其他专业进行管网汇总。

13）绘制施工图和编制概预算书。

3. 电气照明施工图的设计

电气照明施工图是根据照明设计要求而设计出的最终图纸形式，是指导施工的依据，它是根据特定的图形符号和文字而设计出的图纸。主要有以下几种图纸：

1）照明设备平面布置图和照明线路平面布置图。

2）照明配电系统图。

3）照明控制系统图。

4）外线平面图。

5）构件大样图和详图。

6）施工图说明和图纸说明及图纸目录。

5.2　常用照明电光源和灯具的选择与布置

5.2.1　常用照明电光源

目前，常用照明电光源主要有两类：一类是热辐射光源，这是利用某一物质通电加热而辐射发光的原理而制成的光源，如白炽灯、卤钨灯等；另一类是气体放电光源，这是利用气体放电时发光的原理制成的光源，如荧光灯和高强度气体放电灯。

目前，使用较多的照明电光源主要有：白炽灯、卤钨灯、荧光灯、高压汞灯、高压钠灯、新型紧凑型节能荧光灯、LED 节能灯等。

白炽灯是靠电流加热灯丝至白炽状态而发光的一种电光源，是一种最为普通而使用广泛的普通电光源。其特点是：显色性较好、频闪效应小、价格低廉、使用方便。缺点是：发光效率低、不节能、使用寿命不太长。目前已开始限制使用。

卤钨灯是对白炽灯的改进，其灯泡壳大都采用石英玻璃管，灯头一般为陶瓷，灯丝通常做成螺旋形直线状，灯管内充入适量的氩气和微量卤素（碘或溴），是一种金属卤化物灯。

荧光灯是一种低气压汞蒸气放电光源。荧光灯主要由灯头、热阴极、内壁涂有荧光粉的玻璃管等组成，灯管内抽真空后充入气压极低的汞蒸气和惰性气体氩。因管内壁所涂荧光粉不同，而有日光色、冷白色及暖红色之分。荧光灯管的发光效率较高，使用寿命为 2000～3000h。

荧光高压汞灯是一种高气压汞蒸气气体放电光源，荧光高压汞灯的发光效率高，使用寿命约为 5000h，但光色差。因此，常常把它用在对色彩分辨要求不高的街道、公路、施工工地等场合。

高压钠灯是一种高光效电光源，是利用高压钠蒸气放电形成的。它的辐射光的波长集中在人眼感受较敏感的范围内，光效较高，透雾性强，寿命长达 10000h 以上，广泛用于道路和广场上。

新型紧凑型荧光灯是一种特种荧光灯，是 20 世纪 80 年代以来逐渐发展起来的一种新型高效荧光灯。它由细玻璃管做成各种灯头如双曲灯、H 灯、双 D 灯等，如图 5-1a 所示。这种灯的主要优点是尺寸紧凑，单端引出。一支 9W 的 H 形灯管比一支铅笔还短。其中双曲灯、H 灯等将镇流器、辉光启动器、灯管组装在一起，单端引出，可以直接替换白炽灯。图 5-1b 所示为 YD-H 型荧光灯结构，在底座中装有电子式镇流器，灯管、辉光启动器、镇流器紧凑在一起，可直接替换白炽灯。一支 9W 的 H 灯的照度与 60W 的白炽灯相当，与普通的 40W 荧光灯相当。这种灯的另一个主要优点是电耗很低，节约用电。H 灯的节电情况（与白炽灯对比）见表 5-2。这种灯兼有白炽灯和荧光灯的优点，光效高、光线柔和、光色好、寿命较长，也适用于装饰用。由于以上优点，这种灯具已被广泛应用于宾馆、饭店、医院、剧场、商场、机场、车站、办公楼、住宅楼等民用建筑的室内顶棚照明、局部照明和装饰照明等。国产 YD-H 型荧光灯的主要规格和技术参数见表 5-3。

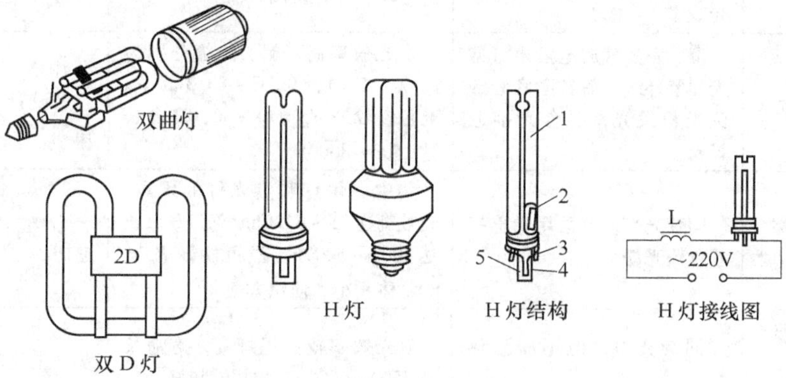

a) 几种紧凑型荧光灯外型　　b) YD-H 荧光灯结构图及接线图

图 5-1　紧凑型节能荧光灯外形及结构和接线图

1—放电管　2—电极　3—电极引脚　4—定位凹轴孔　5—辉光启动器

表 5-2　H 灯的节能情况

型　号	灯功率/W（相同的照明光照度）		
H 形荧光灯	7	9	11
白炽灯	45	60	75

表 5-3　YD-H 型荧光灯的主要规格和参数

灯型号 / 技术指标	YD-H		
电源电压/V	200V 50Hz		
功率/W	7	9	11
电压/V	45	60	90
电流/mA	180	170	150
输出光通量/lm	360	540	810
相关色温/K	3200	3200	3200
平均寿命/h	2500	2500	2500

注：预热灯丝电流均为 190mA。

常用光源的特点和应用场所见表 5-4。除上述各种电光源外，还有 LED 电光源，目前正在发展中。目前各种常用照明电光源的技术参数见附录 C。

表 5-4　常用光源的特点和应用场所

序号	光源名称	发光原理	特　点	应用场所
1	白炽灯泡	钨丝通过电流时被加热而发光的一种热辐射光	结构简单、成本低、显色性好，$R_a=95\sim99$，使用方便，有良好的调光性能	日常生活照明，工矿企业普通照明，剧院、舞台以及应急照明
2	卤钨灯泡	白炽体充入微量的卤素蒸气，利用卤素的循环提高发光效率	体积小，光线集中，显色性好，$R_a=95\sim99$，使用方便	剧院电视播放、绘图、摄影
3	荧光灯管	氩、汞蒸气放电发出可见光和紫外线，后者激励管壁荧光粉发光，混合光接近日光	发光效率高，粗、细管分别为26.7～57.1，58.3～83.3lm/W。显色性较好 $R_a=70\sim80$，寿命长达1500～8000h	住宅、学校、商业、办公、设计室、医院、图书馆等
4	紧凑型高效节能荧光灯管	同荧光灯，但采用稀土三基色荧光粉	集中白炽灯和荧光灯的优点，光效高达35～81.8lm/W，寿命长达1000～5000h，显色性好 $R_a=80$，体积小、使用方便	住宅、商业、宾馆等照明
5	荧光高压汞灯泡	同荧光灯，但不需预热灯丝	发光效率较白炽灯高，寿命长达3500～6000h，耐振性较好	道路、广场、车站、码头、工地和高大建筑的室内外照明
6	自镇流荧光高压汞灯管	同荧光高压汞灯，无须镇流器	发光效率较白炽灯高、耐振性较好，省去镇流器，使用方便	广场、车间 、工地等
7	金属卤化物灯泡	将金属卤化物作为添加剂充入高压汞灯内，被高温分解为金属和卤素原子，金属原子参与发光。在管壁低温处，金属和卤素原子又重新复合成金属卤化物分子	发光效率高，达76.7～110lm/W，显色性较好 $R_a=63\sim65$，寿命长达6000～9000h	剧院、体育场、馆、展览馆、娱乐场所、道路、广场、停车场、车站、码头、工厂等
8	管形镝灯	同金属卤化物灯	发光效率高，达44～80lm/W，显色性好，$R_a=70\sim90$，体积小，使用方便	机场、码头、车站、建筑工地、露天矿、体育场及电影外景摄制、电视转播等
9	钪钠灯泡	同金属卤化物灯	发光效率高，达60～80lm/W，显色性较好，$R_a=55\sim65$，体积小，使用方便	工矿企业、体育场、馆、车站、码头、机场、建筑工地、电视（彩色）转播等
10	普通高压钠灯泡	是一种高压钠蒸气放电的灯泡，其放电管采用抗钠腐蚀的半透明多晶氧化铝陶瓷管制成，工作时发出金白色光	发光效率很高，达64.3～140lm/W，寿命长达12000～24000h，透雾性能好	道路、机场、码头、车站、广场、体育场及工矿企业
11	中显色高压钠灯泡	在普通高压钠灯基础上，适当提高电弧管内的钠分子，从而使平均显色指数和相关色温得到提高	发光效率高达72～95lm/W，显色性较好，$R_a=60$，寿命长，使用方便	高大厂房、商业、游泳池、体育馆、娱乐场所等室内照明
12	管形氙灯	电离的氙气激发而发光	功率大，发光效率较高，为20～27lm/W，触发时间短，不需镇流器，使用方便	广场、港口、机场、体育场等老化试验等要求有一定紫外线辐射的场所

5.2.2　常用照明电光源的选择

照明电光源的选择应根据照明要求、使用场所的环境条件和光源的特点进行合理选择。一般可按表 5-5 国际照明委员会（CIE）的建议，选择各种场合的光源种类。

表 5-5　各类应用场合对灯性能的要求及推荐的灯种

使用场所		要求的灯性能			推荐的灯：　优先选用☆　可用○											
		光输出	显色性能	色温	白炽灯		荧光灯				汞灯	金属卤灯		高压钠灯		
					I	H	S	H·C	3	C	F	S	H·C	S	I·C	H·C
工业建筑	高顶棚	高	Ⅲ/Ⅳ	1/2		○	○				○	○		☆	○	
	低顶棚	中	Ⅲ/Ⅱ	1/2			☆				○	○		☆	☆	
办公室、学校		中	Ⅲ/Ⅱ/IB	1/2			☆		☆	○		○	○	○	○	
商店	一般照明	高/中	Ⅱ/IB	1/2	○	○	○	☆	☆	○			☆			☆
	陈列照明	中/小	IB/IA	1/2	☆	☆		☆	☆							☆
饭店与旅馆		中/小	IB/IA	1/2	☆	☆	○	○	☆	☆			○			☆
博物馆		中/小	IA/IB	1/2	○	☆		☆	○							
医院	诊断	中/小	IB/IA	1/2	☆	○		☆								
	一般	中/小	Ⅱ/IB	1/2	○	○	○		☆							
住宅		小	Ⅱ/IB/IA	1/2	☆		○		☆	☆						
体育馆		中	Ⅱ/Ⅲ	1/2		○	○					☆	☆	○	☆	

光源选择时还应注意以下基本要求：

1. 使用场所和环境要求

室内照明一般宜采用白炽灯、荧光灯或其他气体放电光源，但在选用放电光源时，应防止电磁干扰和频闪效应的影响。

2. 光源的显色性要求

在需要正确辨色的场所，应采用显色性指数较高的光源，如白炽灯、荧光灯和卤钨灯等。在同一场所内，当使用一种光源不能满足光色要求时，可采用两种或两种以上光源的混光来照明。

3. 光源的色调要求

在选择照明光源时，应考虑被照对象和场所对光源的色调要求。因为光源的色调直接影响人们的情趣，所以在现代民用建筑中色调也较为重要。对照明有较高要求的场所，如现代民用建筑中的高级宾馆、饭店、展览馆等，可以从下述所举照明效果来选择光源的色调。

1）暖色光能使人感到距离近些，而冷色光使人感到距离较远。

2）暖色光里的明色有柔软感；冷色光里的明色有光滑感。暖色调的物体看起来密度大些、重些和坚固些；冷色调的看起来轻一些。在狭窄的空间宜用冷色光里的明色，以形成宽敞明亮的感觉。

3）一般红色、橙色有兴奋的作用，而紫色则有抑制的作用。

5.2.3　灯具的选择和布置与安装

1. 灯具的作用和特性

灯具是指包括光源在内的由照明附件组成的照明装置，是光源、灯罩和灯座等附件的总称。灯具的作用主要是配光和限制眩光，即将光源的光通量进行合理分配，避免由光源引起的眩光，以及固定光源和保护光源，还起着装饰和美化环境的作用。

灯罩可以使光源光通量得到重新分布，并把它分配在需要的方向范围内。衡量灯具的特性如何主要有 3 点：光强分布曲线（配光曲线）、灯具效率、灯具保护角。

2. 灯具的分类

根据照明工程各种不同的要求和目前灯具行业已生产出的各种各样照明灯具，灯具的分类方法大致有 4 种：一是按灯具的安装方式和用途分类；二是按灯具发出的光通量在空间的分布分类；三是按灯具外壳防护等级分类；四是按防触电保护分类。

根据光通量在空间上、下半球的分布情况，灯具主要分为直射型、半直射型、漫射型、半反射型、反射型五类。

常用的直射型灯具如图 5-2 所示。此类照明灯具绝大部分（90% ~100%）光通量直接投照到下方，所以这类灯具的利用率最高。

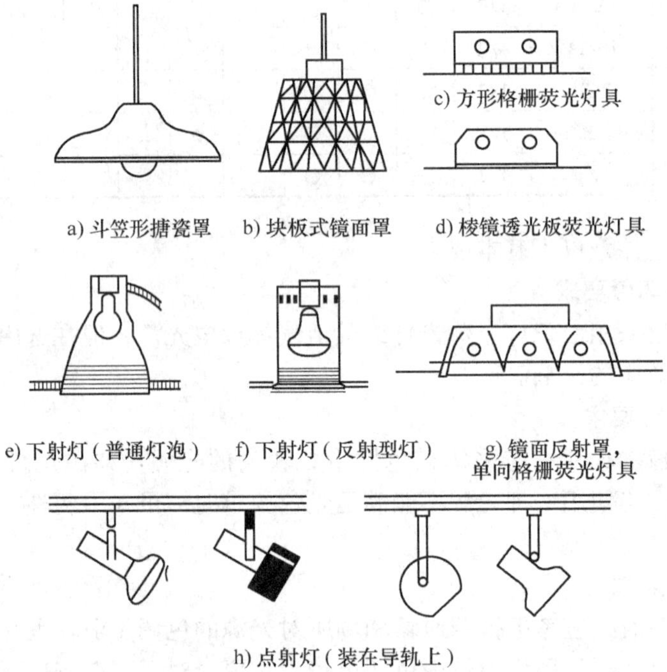

图 5-2　常用的直射型照明灯具

3. 灯具的选择

灯具应根据使用环境、房间用途、光强分布、限制眩光等要求进行选择。在满足上述技术条件下，应选用效率高、维护检修方便的灯具。选择灯具时主要考虑以下几条：

1）按使用环境的要求选择灯具。

2）按光强分布特性不同选择灯具。

3）按灯具与建筑艺术的配合要求选择灯具。现代民用建筑中采用艺术手段常用照明方式如图 5-3 所示。

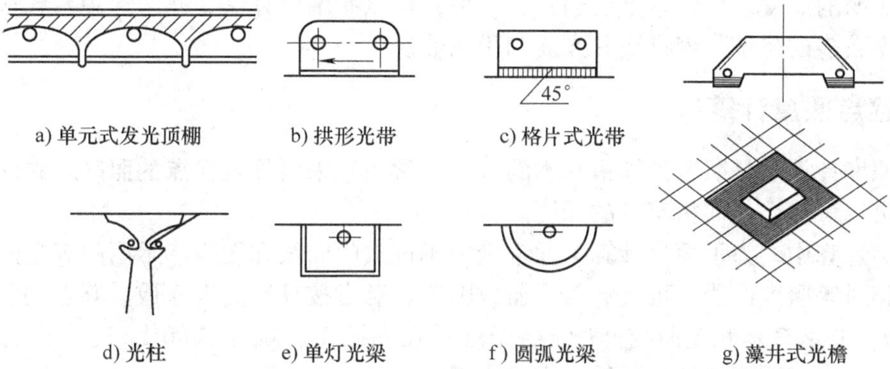

a) 单元式发光顶棚　b) 拱形光带　c) 格片式光带　d) 光柱　e) 单灯光梁　f) 圆弧光梁　g) 藻井式光檐

图 5-3　现代民用建筑常用照明方式

4）按经济性和照明节能要求选择灯具，尽可能采用：高效光源、高效灯具、合理的照度方案、合理的建筑艺术照明设计、装设必要的节能装置等。

4. 灯具的布置和安装

灯具的布置和安装，应从满足工作场所照度的均匀性、亮度的合理分布以及眩光的限制要求等，去考虑布置方式和安装高度等要求。

室内灯具的布置方式分为均匀布置和选择布置两种。均匀布置是指灯具间距按一定规律均匀布置的方式，如按正方形、矩形、菱形等形式布置，可使整个工作面上获得较均匀的照度。均匀布置方式适用于室内灯具的布置，如教室、实验室、会议室等。选择布置是指满足局部要求的一种灯具布置方式，适用于采用均匀布置达不到所要求的照度分布的场所中。

灯具在均匀布置时，灯具的布灯间距 L 与灯具在工作面上的悬挂高度（也称计算高度）h 之间的比（L/h），称为距高比。当灯具按矩形或菱形均匀布置时，灯具间距按 $L=\sqrt{L_1L_2}$ 确定，L_1 和 L_2 分别为矩形的行之间和列之间的距离或分别为菱形的两对对角线间的距离。

室外灯具的布置可采用集中布置、分散布置、集中与分散相结合等布置方式，常用灯杆、灯柱、灯塔或利用附近的高层建筑物来装设照明灯具。道路照明应与环境绿化、美化统一规划来设置灯杆或灯柱。对于一般道路可采用单侧装置，对于主要干道可采用双侧布置。灯杆的间距一般为 25～50m。

选择性布置在现代民用建筑中主要考虑与装饰照明相配合进行布置。

为了限制眩光，使工作面上获得较理想的照明效果，室内照明灯具安装要求灯具距地面的安装高度要比有关手册中规定的数值要求要高。此外，灯具的安装应牢固，便于维修和更换，不应将灯具安装在高温设备表面，或有气流冲击的地方。此外在室内照明和室外照明灯具安装中，要注意与现代装饰照明设计要求相配合，保证装饰照明的设计效果。为了使照度均匀，灯具离墙不能太远，通常灯具离墙的距离为灯具间距 L 的 1/3～1/2。

5.3 电气照明的照度计算方法

电气照明的照度计算基本方法通常有 3 种：逐点照度计算法、光通利用系数法、单位容量法。用得较多的是单位容量法和光通利用系数法。

5.3.1 逐点照度计算法

逐点照度计算法是照度计算最基本的方法，常用它来验算工作点的照度。它的特点是准确度高，可以计算出任何指定点的照度。

在实际计算中，为了简化计算，通常借助于现成的曲线和图表。常用的有空间等照度曲线和平面相对等照度曲线，可查有关手册或图表。通常按计算高度 h 或计算点到各个灯具的直线距离 r，并从灯具配光曲线上查出各个灯具在光源光通量为 1000 lm 时 α 角方向所产生的发光强度，然后按下述公式计算出实际水平照度，即

$$E_{n} = \frac{\Phi I_{\alpha(1000)}}{1000kh^{2}}\cos\alpha \tag{5-1}$$

$$E_{nh} = \frac{\Phi I_{\alpha(1000)}}{1000kh^{2}}\cos\alpha \tag{5-2}$$

式中 E_n——在采用旋转对称配光的照明场所中，被照面指定点上的照度（lx）；
E_{nh}——在非对称配光的照明场所中，被照面指定点上的照度（lx）；
Φ——每个灯具内光源的总光通量（lm），见表 5-6；
$I_{\alpha(1000)}$——灯具按光源光通量为 1000lm 时配光曲线上 α 角方向的光强（cd）；
k——照度补偿系数，见表 5-7；
h——灯具的计算高度，指灯具距离工作面的高度（m）；
α—— 入射光线与计算点所在被照平面法线的夹角。

式（5-1）适用于具有空间等照度曲线，旋转对称配光的水平面照度的计算。式（5-2）适用于具有平面相对等照度曲线的非对称配光的水平面照度的计算。利用此两式即可对计算点的照度进行较准确验算或用来进行设计方案的比较。

表 5-6 常用光源光通量推荐值

光源额定功率/W 光通量/lm 光源类型	30	40	60	100	125	150	200	250	300	400	500	1000	2000
白炽灯	—	350	580	1140		1880	2700		4270	—	7680	—	—
卤钨灯	—	—	—	—	—	—	—	—	—	—	8200	18000	38000
荧光灯	1550	2400	—	5500	—	—	—	—	—	—	—	—	—
荧光高压汞灯	—	—	—	—	4750	—	—	10500	—	20000	—	50000	—

表 5-7　照度补偿系数（k）

环 境 类 别	白炽灯、荧光灯、荧光高压汞灯	卤 钨 灯	灯具擦洗次数
清洁	1.3	1.2	每月一次
一般	1.4	1.3	每月一次
污染严重	1.5	1.4	每月两次
室外	1.4	1.3	每月一次

5.3.2　光通利用系数法

光通利用系数法是根据房屋的空间系数等因素，利用多次相互反射的理论，求得灯具的利用系数，计算出要达到平均照度值所需要的灯具数的计算方法。这种计算方法，需要大量的反映各种不同情况的系数图表，因此比较复杂。

光通利用系数法适用于均匀布置灯具的一般照明，可进行平均照度的计算和确定照明灯具的数量，以及光源的功率等。下面介绍一种较为简便的方法，即利用查表和公式计算的综合方法。

1. 计算公式

凡无直射型灯具的室内照明，很适宜采用此法计算，例如办公室、教室等。其计算公式如下：

$$E_{av}=\frac{N\Phi K_u\eta}{Sk} \tag{5-3}$$

式中　E_{av}——工作面上的平均照度（lx）；

Φ——每盏灯具光源的光通量（lm）；

N——灯具数量；

K_u——光通利用系数（见表 5-8）；

η——灯具效率（见表 5-8）；

S——房间面积（m^2）；

k——照度补偿系数（见表 5-7）。

照度补偿系数的倒数（$k_r=1/k$）称为减光系数或维护系数。

若照度标准为最低照度时，必须将平均照度 E_{av} 换算成最低照度 E_{min}，其换算关系式如下：

$$E_{min}=\frac{E_{av}}{Z} \tag{5-4}$$

式中　E_{av}——工作面上的平均照度（lx）；

E_{min}——工作面上的最低照度（lx）；

Z——最低照度系数（见表 5-9）。

表 5-8　部分灯具的利用系数（K_u）和效率（η）表

P_t/%	70				50				30				0
P_q/%	70	50	30	10	70	50	30	10	70	50	30	10	0
K_{RC}	K_u（筒式荧光灯 YG2-1，η = 88%，1×40W，2400lm）												
1	0.93	0.89	0.86	0.83	0.89	0.85	0.83	0.80	0.85	0.82	0.80	0.78	0.73
2	0.85	0.79	0.73	0.69	0.81	0.75	0.71	0.67	0.77	0.73	0.69	0.65	0.62
3	0.78	0.70	0.63	0.58	0.74	0.67	0.61	0.57	0.70	0.65	0.60	0.56	0.53
4	0.71	0.61	0.54	0.49	0.67	0.59	0.53	0.48	0.64	0.57	0.52	0.47	0.45
5	0.65	0.55	0.47	0.42	0.62	0.53	0.46	0.41	0.59	0.51	0.45	0.41	0.39
6	0.60	0.49	0.42	0.36	0.57	0.48	0.41	0.36	0.54	0.46	0.40	0.36	0.34
7	0.55	0.44	0.37	0.32	0.52	0.43	0.36	0.31	0.50	0.42	0.36	0.31	0.29
8	0.51	0.40	0.33	0.27	0.48	0.39	0.32	0.27	0.46	0.37	0.32	0.27	0.25
9	0.47	0.36	0.29	0.24	0.45	0.35	0.29	0.24	0.43	0.34	0.28	0.24	0.22
10	0.43	0.32	0.25	0.20	0.41	0.31	0.24	0.20	0.39	0.30	0.24	0.20	0.18
K_{RC}	K_u（吸顶式荧光灯 YG6-1，η = 86%，2×40W，2×2400lm）												
1	0.82	0.78	0.74	0.70	0.73	0.70	0.67	0.64	0.65	0.68	0.60	0.58	0.49
2	0.74	0.67	0.62	0.57	0.66	0.61	0.56	0.52	0.59	0.54	0.51	0.48	0.40
3	0.68	0.59	0.53	0.47	0.60	0.53	0.48	0.44	0.53	0.48	0.44	0.40	0.34
4	0.62	0.52	0.45	0.40	0.55	0.47	0.41	0.37	0.49	0.43	0.38	0.34	0.28
5	0.56	0.46	0.39	0.34	0.50	0.42	0.36	0.31	0.45	0.38	0.33	0.29	0.24
6	0.52	0.42	0.35	0.29	0.46	0.38	0.32	0.27	0.41	0.34	0.29	0.25	0.21
7	0.48	0.37	0.30	0.25	0.43	0.34	0.28	0.24	0.38	0.31	0.26	0.22	0.18
8	0.44	0.34	0.27	0.22	0.40	0.31	0.25	0.21	0.35	0.28	0.23	0.19	0.16
9	0.41	0.31	0.24	0.19	0.37	0.28	0.22	0.18	0.33	0.26	0.21	0.17	0.14
10	0.38	0.27	0.21	0.16	0.34	0.25	0.19	0.15	0.30	0.22	0.18	0.14	0.11

表 5-9　部分灯具的最小照度系数（Z）值表

灯具名称	灯具型号	光源种类及容量/W	距高比 $L:h$				$(L:h)/Z$ 的最大允许值
			0.6	0.8	1.0	1.2	
			Z				
配照型灯具	GC1—A/B—1	B150	1.30	1.32	1.33		1.25/1.33
		G125		1.34	1.33	1.32	1.41/1.29
广照型灯具	GC3—A/B—2	G125	1.28	1.30			0.98/1.32
		B200、150	1.30	1.33			1.02/1.33
深照型灯具	GC5—A/B—3	B300		1.34	1.33	1.30	1.40/1.29
		G250		1.35	1.34	1.32	1.45/1.32
	GC5—A/B—4	B300、500		1.33	1.34	1.32	1.40/1.31
		G400	1.29	1.34	1.35		1.23/1.32

（续）

灯具名称	灯具型号	光源种类及容量/W	距高比 L∶h				(L∶h)/Z 的最大允许值
			0.6	0.8	1.0	1.2	
			Z				
筒式荧光灯具	YG1-1	1×40	1.34	1.34	1.31		1.22/1.29
	YG2-1			1.35	1.33	1.28	1.28/1.28
	YG2-2	2×40		1.35	1.33	1.29	1.28/1.29
吸顶荧光灯具	YG6-2	2×40	1.34	1.36	1.33		1.22/1.29
	YG6-3	3×40		1.35	1.32	1.30	1.26/1.30
嵌入式荧光灯具	YG15-2	2×40	1.34	1.34	1.31	1.30	1.02/1.29
	YG15-3	3×40	1.37	1.33			1.05/1.30
房间较矮反射条件较好		灯排数≤3	1.15~1.2				
		灯排数>3	1.10				

注：表中 L 为灯具的间距；h 为灯具至工作面的高度。

从表 5-9 可知：最小照度系数 Z 与灯具型式、光源种类、距高比等有关。

将式（5-3）代入式（5-4）可得最低照度计算公式为

$$E_{\min}=\frac{E_{av}}{Z}=\frac{N\Phi K_u\eta}{SkZ} \tag{5-5}$$

式中　$E_{\min}$——标准照度的最低值或工作面上的最低照度值（lx）；

Z——最小照度系数，可查表 5-9。

2. 光通利用系数 K_u 的确定

光通利用系数是表示照明光源的光通利用程度的参数。其值为光源经过灯具的照射和墙、顶棚等反射到计算工作面上的光通量与房间内所有光源发出的总光通量之比。即

$$K_u=\frac{\Phi_j}{N\Phi} \tag{5-6}$$

式中　Φ_j——投射到计算工作面上的总光通量（lm）；

Φ——每只灯具内光源的光通量（lm）；

N——照明灯具数。

光通利用系数 K_u 与灯具的效率、配光特性（即灯具的光强分布特性）、灯具的悬挂高度、室空间结构、房间内各面的反射系数等有关。利用式（5-6）是很难求得光通利用系数 K_u 的。通常可得用房间的室形系数和反射系数，从照明设计手册或图表上的灯具光通利用系数表中，用插值法查取某种形式灯具的光通利用系数 K_u。室空间可划分为 3 个空间，如图 5-4 所示。

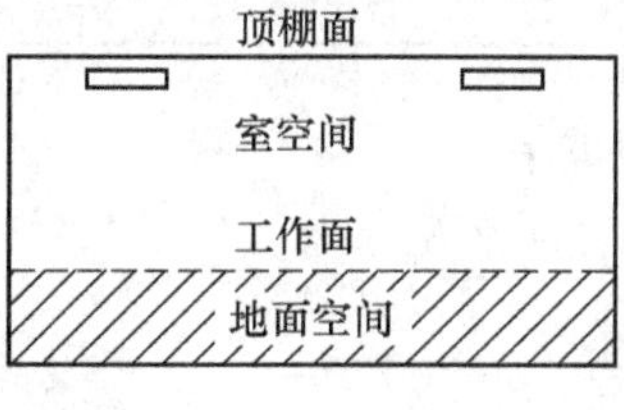

a) 灯具吸顶安装

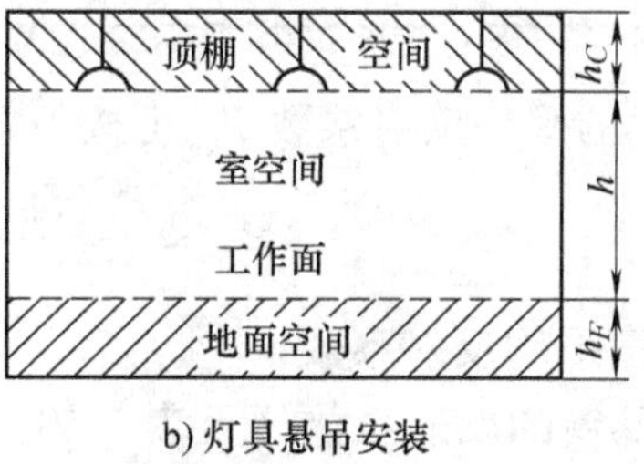

b) 灯具悬吊安装

图 5-4　室内 3 个空间的划分

为了反映室形特性，通常用3个室形系数来表示，即顶棚空间系数K_{CC}、室空间系数K_{RC}、地面空间系数K_{FC}。对于装设为吸顶式或嵌入式灯具的房间，则无顶棚空间；如工作面为地面时，则无地面空间。3个空间系数较常用的是室空间系数K_{RC}。

$$K_{RC}=\frac{5h(a+b)}{ab} \tag{5-7}$$

式中 a——房间的长度（m）；

b——房间的宽度（m）；

h——室内间高度，即计算高度（m）。

如将式（5-7）中的高度h分别换成顶棚空间高度或地面空间高度即可求得顶棚空间系数（顶空比K_{CC}）或地面空间系数（地空比K_{FC}）。即

$$K_{CC}=\frac{5h_C(a+b)}{ab} \tag{5-8}$$

$$K_{FC}=\frac{5h_F(a+b)}{ab} \tag{5-9}$$

房间的反射系数是指墙面反射系数P_q、顶棚反射系数P_t、地面反射系数P_d。这些反射系数与所使用的建筑材料的性质和颜色有关，具体参考值见表5-10。此表已考虑了窗面对墙面反射系数的影响。

如要准确计算P_q、P_t、P_d，可按下述平均反射系数方法求取它们的值。即整个墙的平均反射系数P_{qw}、顶棚空间平均有效反射系数P_{tc}、地面平均有效反射系数P_{dc}。

表5-10 顶棚、墙面和地面反射系数P_q、P_t、P_d参考值

反射面性质	反射系数（%）
抹灰并大白粉刷的顶棚和墙面（装有白色窗帘）	70~80
砖墙或混凝土屋面顶棚喷白（石灰、大白）（涂色窗帘或未挂窗帘）	50~60
墙、顶棚为水泥沙浆抹面	30
混凝土屋面板，红砖墙	30
灰砖墙、木地板（浅色）	20
混凝土地面	10~25
钢板地面或浅色地板砖地面	10~30
广漆地板或涂色木地板	10
沥青地面	11~12
无透明玻璃	8~10
白色棉织物	35

对于整个墙面的平均反射系数P_{qw}可按下式计算：

$$P_{qw}=\frac{P_q(S_w-S_p)+P_pS_p}{S_w} \tag{5-10}$$

式中 P_{qw}——墙面平均反射系数；

P_p——玻璃窗的反射系数（见表5-10）；

P_q——墙面反射系数（见表5-10）

S_w——整个墙面的面积（m^2）；

S_p——玻璃窗的面积（m^2）。

顶棚空间平均有效反射系数 P_{tc} 可从图 5-5 中求取。

利用顶棚反射系统 P_t 和墙壁反射系数 P_q 以及顶空比 K_{CC}，查图 5-5 计算曲线，即可求得 P_{tc} 值。

地面平均有效反射系数 P_{dc} 也可以采用图 5-5 的曲线查得地面有效反射系数，将其中顶棚反射系数 P_t 换成地面反射系数 P_d，顶空比 K_{CC} 换成地空比 K_{FC}，则所得的 P_{tc} 即为 P_{dc}。

编制的利用系数表，一般是将地面平均反射系数 P_{dc} 取为 20%。

在求得上述室形系数和反射系数后，即可通过光通利用系数表，用插值法进行查取。

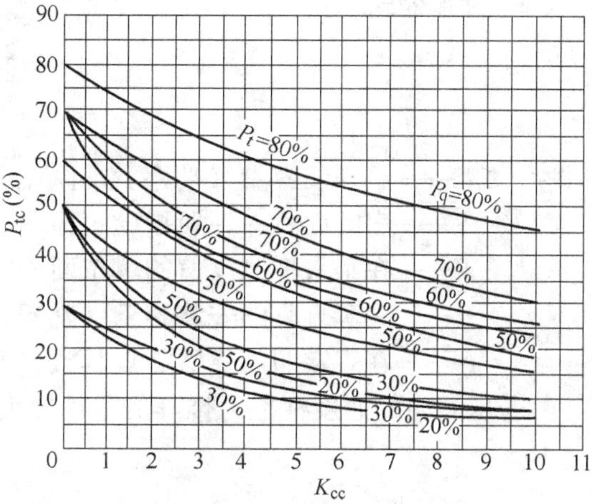

图 5-5　顶棚空间平均有效反射系数计算曲线

P_t—顶棚反射系数　P_q—墙面反射系数

根据已知的室空比 K_{RC}、顶棚空间反射系数 P_t、墙面反射系数 P_q 等值，从照明设计手册或图集中，用插值法查取该型式灯具的利用系数 K_u（插值查表法具体见后面例题）。将有关各数据代入式（5-3）或式（5-5）进行计算。

在查表时，如求得墙面平均反射系数 P_{qw} 和顶棚空间有效反射系数 P_{tc}，则可用 P_{qw} 代替 P_q 和 P_{tc} 代替 P_t 值进行查表。

3. 计算每只灯具内光源的光通量 Φ 和房间内光源的总光通量 $\Sigma\Phi$

当照明装置的 K_u、Z 等已知时，由式（5-5）即可求得 Φ 和 $\Sigma\Phi$，即

$$\Phi = \frac{E_{min}SkZ}{K_u N\eta} \tag{5-11}$$

$$\Sigma\Phi = N\Phi = \frac{E_{av}Sk}{K_u\eta} = \frac{E_{min}ZSk}{K_u\eta} \tag{5-12}$$

4. 计算灯具数

当已知每只灯具内光源的光通量 Φ，由式（5-13）即可求得房间内的灯具数。即

$$N = \frac{\Sigma\Phi}{\Phi} \tag{5-13}$$

式中　Φ——每只灯具内光源的光通量（lm）；

$\Sigma\Phi$——房间内所有灯具中光源的总光通量（lm）。

由以上所介绍的方法可计算房间内的平均照度，根据平均照度或者规定的照度标准，计算房间内应安装的灯具数或光源。

5.3.3　单位容量法

单位容量法是从光通利用系数演变而来的，是在各种光通利用系数和光的损失等因素相对固定的条件下，得出的平均照度的简化计算方法。一般在已知房间的被照面积后，就可根

据推荐的单位面积安装功率，来计算房间所需的总的电光源功率。这是一种常用的方法，它适用于设计方案或初步设计的近似计算和一般的照度计算。这对于估算照明负载或进行简单的照度计算是很适用的，具体方法如下。

1. 计算公式

$$\Sigma P = WS \tag{5-14}$$

$$N = \frac{\Sigma P}{P} \tag{5-15}$$

式中　ΣP——总安装容量（功率），不包括镇流器的功率损耗（W）；

S——房间面积，一般指建筑面积（m^2）；

W——在某最低照度值的单位面积安装容量（功率）W/m^2，可查表 5-11；

P——一套灯具的安装容量（功率）W，不包括镇流器的功率损耗；

N——在规定照度下所需灯具数（套）。

若房间内的照度标准为推荐的平均照度值 E_{av} 时，则应由下式来确定 ΣP 值：

$$\Sigma P = \frac{W}{Z}S \tag{5-16}$$

计算 ΣP 值，两种方法均可：一种是按平均照度值查 W 值表，然后按式（5-16）计算；另一种是平均照度换算成最低照度查 W 值表，然后按式（5-16）计算。计算时一般不考虑补偿系数，只有在污染严重的环境中或室外照明，才适当计及补偿系数。当房间长度 $a > 2.5b$ 时（b 为房间宽度），按 $2.5b^2$ 的房间面积查表，计算时仍以房间实际面积（ab）进行。这样可适当增加单位面积容量值，以满足狭长房间的照度要求。

表 5-11　荧光灯均匀照明近似单位容量值　　（单位：W/m^2）

计算高度 h/m	E/lx S/m^2	30W，40W 带罩						30W，40W 不带罩					
		30	50	75	100	150	200	30	50	75	100	150	200
2～3	10～15	2.5	4.2	6.2	8.3	12.5	16.7	2.8	4.7	7.1	9.5	14.3	19.0
	15～25	2.1	3.6	5.4	7.2	10.9	14.5	2.5	4.2	6.3	8.3	12.5	16.7
	25～50	1.8	3.1	4.8	6.4	9.5	12.7	2.1	3.5	5.4	7.2	10.9	14.5
	50～150	1.7	2.8	4.3	5.7	8.6	11.5	1.9	3.1	4.7	6.3	9.5	12.7
	150～300	1.6	2.6	3.9	5.2	7.8	10.4	1.7	2.9	4.3	5.7	8.6	11.5
	>300	1.5	2.4	3.2	4.9	7.3	9.7	1.6	2.8	4.2	5.6	8.4	11.2
3～4	10～15	3.7	6.2	9.3	12.3	18.5	24.7	4.3	7.1	10.6	14.2	21.2	28.2
	15～20	3.0	5.0	7.5	10.0	15.0	20.0	3.4	5.7	8.6	11.5	17.1	22.9
	20～30	2.5	4.2	6.2	8.3	12.5	16.7	2.8	4.7	7.1	9.5	14.3	19.0
	30～50	2.1	3.6	5.4	7.2	10.9	14.5	2.5	4.2	6.3	8.3	12.5	16.7
	50～120	1.8	3.1	4.8	6.4	9.5	12.7	2.1	3.5	5.4	7.2	10.9	14.5
	120～300	1.7	2.8	4.3	5.7	8.6	11.5	1.9	3.1	4.7	6.3	9.5	12.7
	>300	1.6	2.7	3.9	5.3	7.8	10.5	1.7	2.9	4.3	5.7	8.6	11.5
4～6	10～17	5.5	9.2	13.4	18.3	27.5	36.6	6.3	10.5	15.7	20.9	31.4	41.9
	17～25	4.0	6.7	9.9	13.3	19.9	26.5	4.6	7.6	11.4	15.2	22.9	30.4
	25～35	3.3	5.5	8.2	11.0	16.5	22.0	3.8	6.4	9.5	12.7	19.0	25.4
	35～50	2.6	4.5	6.6	8.8	13.3	17.7	3.1	5.1	7.6	10.1	15.2	20.2
	50～80	2.3	3.9	5.7	7.7	11.5	15.5	2.6	4.4	6.6	8.8	13.3	17.7
	80～150	2.0	3.4	5.1	6.9	10.1	13.5	2.3	3.9	5.7	7.7	11.5	15.5
	150～400	1.8	3.0	4.4	6.0	9	11.9	2.0	3.4	5.1	6.9	10.1	13.5
	>400	1.6	2.7	4.0	5.4	8	11.0	1.8	3.0	4.5	6.0	9.0	12.0

除上述所介绍的 3 种照度计算方法外，还有一种利用灯具计算图表计算照度的概算曲线法，是工程上常用的方法。它是利用各种灯具的概算曲线和图表，直接查得灯具数量和进行照度计算。也是在工程实际使用中运用光通利用系数法和逐点照度计算法进行简化计算的方法之一。上述几种计算方法，都只能做到计算结果基本准确，一般计算结果与实际值的误差在 +20% ~ −10% 范围内，是允许的。

例 5-1　某实验室面积为（12 ×5） m^2，桌面高 0.8m，灯具吸顶安装吊高 3.8m。拟采用 YG6-2 型双管 2 ×40W 吸顶式荧光灯照明，灯具效率为 86%。假定墙面反射系数 P_q 为 0.6，顶棚反射系数 P_t 为 0.7。试计算桌面最低照度，并确定房间内的灯具数。

解：（1）采用光通利用系数法计算

据题意知：$h=(3.8-0.8)\mathrm{m}=3\mathrm{m}$，$S=(12\times5)\mathrm{m}^2=60\mathrm{m}^2$。查表 5-1，实验室平均照度推荐值为 75 ~ 150lx，取 150lx。

1）确定室形系数 K_{RC}

$$K_{RC}=\frac{5h(a+b)}{ab}=\frac{5\times3\times(12+5)}{12\times5}=4.25$$

2）确定光通利用系数 K_u。按 $K_{RC}=4.25$，$P_t=70\%$，$P_q=60\%$，查表 5-8，求 YG6-2 荧光灯的光通利用系数。查表采用插入法，具体步骤为

① 先取 $K_{RC}=4$ 和 $K_{RC}=5$，$P_t=70\%$，$P_q=50\%$ 和 $P_q=70\%$，查表 5-12 得 K_u 值，见表 5-12 左侧。

② 然后在 $K_{RC}=4$ 和 $K_{RC}=5$ 之间插入 $K_{RC}=4.25$，得 K_u 值，见表 5-12 中间，插入 $K_{RC}=4.25$ 求 K_u，当 $P_q=70\%$，$P_t=70\%$ 时，得此时 K_u 值为

$$K_u=0.62-\frac{0.62-0.56}{(5-4)}\times(4.25-4)=0.605$$

③ 在表 5-12 中 $P_q=70\%$ 和 $P_q=50\%$ 之间插入 $P_q=60\%$，得所要求的 K_u 值，见表 5-12 右侧，插入 $P_q=60\%$ 求 K_u，当 $K_{RC}=4.25$，$P_t=70\%$ 时，得所求 K_u 值为

$$K_u=0.605-\frac{0.605-0.505}{(70-50)}\times(70-60)=0.555$$

表 5-12　K_u 值的插值求取

K_{u1}				K_{u2}				K_u		
K_{RC}	4	0.62	0.52	K_{RC}	4.25	0.605	0.505	K_{RC}	4.25	0.555
	5	0.56	0.46							
P_q（%）		70	50	P_q（%）		70	50	P_q（%）		60
P_t（%）		70		P_t（%）		70		P_t（%）		70

3）计算桌面最低照度。取距高比 $L/h=1.22$（最大允许值），查表 5-9，得 $Z=1.29$，则

$$E_{min}=\frac{E_{av}}{Z}=\frac{150}{1.29}\mathrm{lx}=116\mathrm{lx}$$

4）确定灯具数。查表 5-7 得照度补偿系数 $k=1.3$，查表 5-8 得灯具效率 $\eta=0.86$（考虑灯具效率时）。

$$\Sigma\Phi=\frac{E_{av}Sk}{K_u\eta}=\frac{150\times60\times1.3}{0.555\times0.86}\mathrm{lm}\approx24513\mathrm{lm}$$

根据题意，采用 YG6-2 型双管 2×40W 吸顶式荧光灯，从表 5-8 知：$\Phi=(2\times2400)\text{lm}=4800\text{lm}$，故房间内的灯具数为

$$N=\frac{\Sigma\Phi}{\Phi}=\frac{24513}{4800}\approx5.1\text{ 套}$$

灯具布置可按 5 套布置，如按 5 套布置时其照度验算为

$$E_{av}=\frac{N\Phi K_u\eta}{kS}=\frac{5\times4800\times0.555\times0.86}{1.3\times60}\text{lx}=147\text{lx}$$

稍小于平均照度推荐值，可以满足使用要求。

（2）用单位容量法计算。根据题意 $S=60\text{m}^2$，$h=3\text{m}$，查表 5-11，平均照度取 150 lx，则得单位面积安装容量 $W=8.6\text{W/m}^2$，总安装容量

$$\Sigma P=\frac{W}{Z}S=\left(\frac{8.6}{1.29}\times60\right)\text{W}=400\text{W}$$

根据表 5-16，YG6-2 荧光灯的功率为 $P=80\text{W}$，则

$$N=\frac{\Sigma P}{P}=\frac{400}{80}=5\text{ 套}$$

从上例中可看出：当需要进行照度计算和验算时，利用光通利用系数法较方便；当需要确定灯具数时，宜采用单位容量法。

5.4 现代民用建筑照明供电与负荷计算

5.4.1 现代民用建筑照明供电要求

1. 电压要求

照明灯具端电压的允许偏移有明确的规定。向上的偏移值不得高于额定电压的 5%；向下偏移值为额定电压的百分比，依下列情况有不同的规定。

1）对视觉要求较高的室内照明为 2.5%。

2）一般工作场所的室内照明、室外照明为 5%，但少数远离变电所的场所，允许降低为 10%。

3）事故照明、道路照明、警卫照明及电压 12～36V 的照明，均可为 10%。

2. 其他要求

1）照明供电系统设计时应以当前设计要求为主，但应考虑发展，留有适当发展余量。

2）一般情况下，正常照明可与其他电力负荷共用变压器供电，当电压偏移或波动不能保证照明质量或影响光源寿命时，在技术经济合理的条件下，应采用有载自动调压电力变压器、调压器或照明专用变压器供电。

3）在无具体设备连接的情况下，现代民用建筑中的每个插座，可按 100W 计算。

4）照明系统中的每一单相支线负荷电路电流不宜超过 15A，但花灯、彩灯、大面积照等回路除外；所选用的开关电器和导线应满足设计要求，并要留有适当发展余地和余量。

5）现代民用建筑与工业建筑一样，应尽量采用制造厂已定型的配电箱和其他配电设备。在办公楼等类似建筑物内，不论线路敷设为明敷，还是暗敷，均宜采用嵌入式配电箱。配电箱

和电能表箱，宜采用铁制或非燃性的塑料材料制作，箱内应备有保护接零（地）端子排。

6）对于气体放电灯宜采用分相接入法，以降低频闪效应的影响。

7）照明用电按一幢建筑物或一个建筑单元设电能表计量，一般将表装在总配电箱内。凡与电能表直接连接的线路，宜采用铜芯绝缘线。住宅的用户电能表箱，宜分层集中设置在楼梯间内，也可设在户厅内。

5.4.2 照明供电线路的供电方式及控制方式

1. 照明供电线路的供电方式设计及布置要求

照明线路的供电系统应根据工程规模、设备布置、负荷容量等情况来设计确定。当负荷较小，一般永久性单相负荷电流在30A以下，无三相用电设备时，设计时可采用单相交流220V二线制或单相三线制供电（其中一根为相线，一根为零线，另一根为保护线）。为了保证电压质量和负荷均衡分配要求，当永久性单相负荷电流超过30A，或单相负荷总容量超过10kV·A时，设计时则应考虑采用如图5-6所示的220/380V三相四线制线路供电。还须说明：对于临时性负荷如建筑工地等，若为单相，电流在50A以下，可临时采用单相供电；若为单相，电流在50A以上，应采用三相四线制供电。

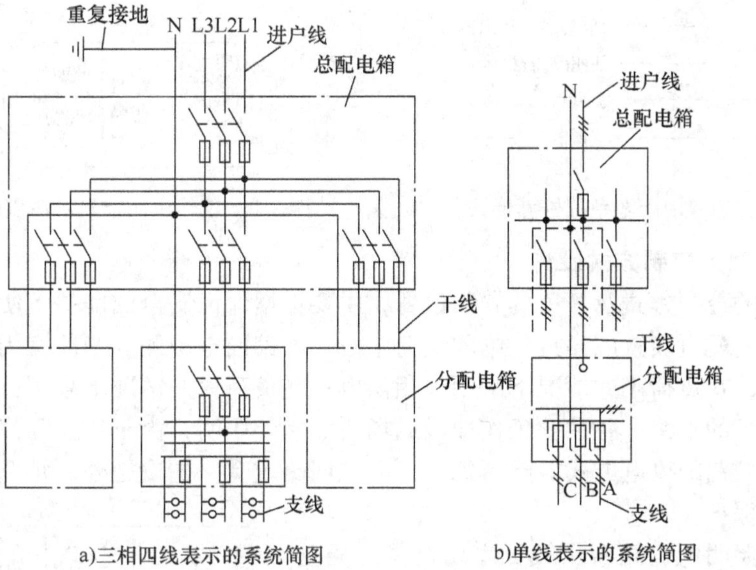

图5-6 照明供电系统简图

图5-6中：进户线是指从室外进户支架的供电线路末端引向室内第一个配电箱的这一段线路。进户线一般不长，应穿管接至室内配电设备。

图5-6中N线代表零线。配电箱之间的三相四线制线路称作干线；由配电箱引出向负载供电的线路称作支线，支线多为单相二线制。支线电流不宜超过15A（或16A），当超过15A（或16A）时应再分支线。对于家用电器中的空调、电热水器等大负荷用电设备应采用专用插座支线供电。单相支线供电范围，其支线长度不宜超过20~30m。所接灯和插座总数不宜超过20个，最高不应超过25个。如需安装较多的插座，可专设向插座供电的支线，以便于控制和提高可靠性。并且按国家现行规范要求，为了安全用电，对于供家用电器使用的

插座供电支线应装设带有漏电保护功能的自动开关或断路器。此外，住宅的总进线开关也应考虑常漏电保护功能的开关。对于住宅，此处推荐采用如图 5-7 所示的配电系统形式。图中照明分两条线路，其目的是当一路出问题时，另一路能向部分灯具供电，以保证室内照明不间断。配电箱中各相的负荷，应尽量达到平衡。

综上所述，当由公共低压电网引出照明负荷时，线路电流不超过 30A 时，设计时可采用 220V 单相供电。否则，应以 220/380V 三相四线（或五线）供电。

低压配电级数，从变压器二次侧至照明用户电能表箱不宜超过三级。并应考虑分级保护和安全用电问题。如图 5-8 所示，低压配电屏（或箱）及照明配电箱配电形式有放射式、树干式、变压器干线式、链式，常用放射式。

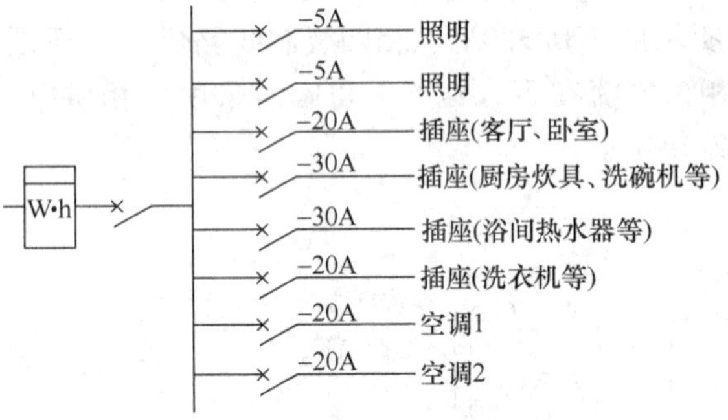

图 5-7　住宅室内配电系统推荐形式

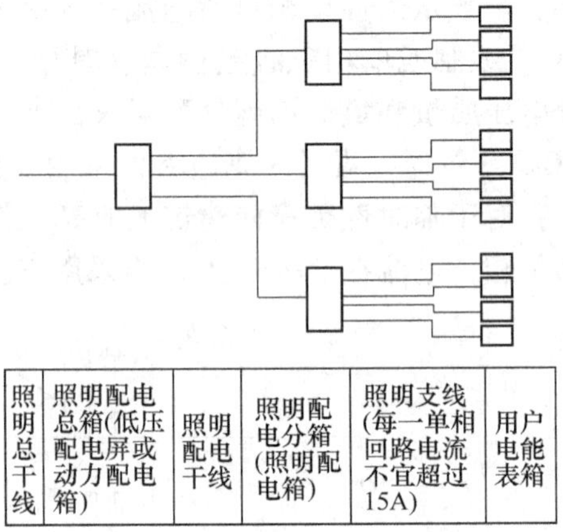

图 5-8　现代民用建筑照明供电系统常用形式

2. 照明线路的控制方式设计

照明线路的控制方式及开关的安装位置，主要根据保证安全的前提下便于使用、管理和维修来定。照明配电装置应靠近供电的负荷中心，略偏向电源侧。一般宜用二级控制方式。

道路照明，在负荷小的情况下采用单相供电；在负荷大的情况下采用三相四线供电，并应注意三相负荷的平衡。各独立工作地段或场所的室外照明，由于用途和使用时间不同，应采用就地单独控制的供电方式。除了每一个电气回路应有保护设施外，每个照明装置还应设单独的熔断器保护。

下面对从照明配电箱引出线到室内灯具、插座等电器之间的控制电路的设计进行简要介绍，供设计时参考。

（1）插座　插座是移动式用电设备、家用电器和小功率动力设备等的供电点。安装方式有暗装式和明装式。

插座按插孔分类有二孔（单相二级）、三孔（单相三级）、四孔（三级四级），插座设计常用配线示意图如图 5-9 所示。

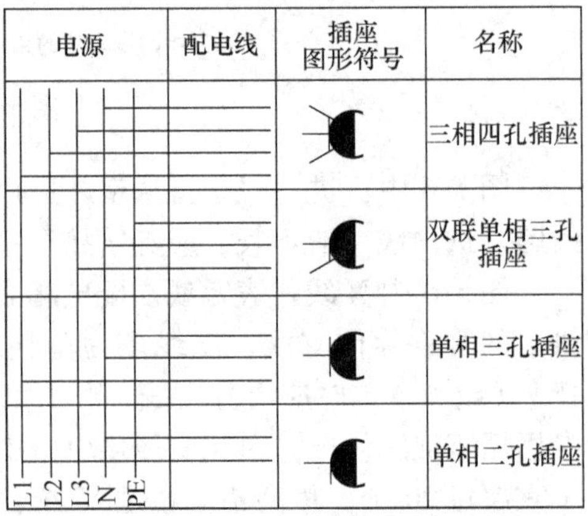

图 5-9　插座常用配线示意图

单相插座额定电压和电流分别为 50V、110V、125V、240V、250V，5A、10A、15A、20A、30A；

三相插座额定电压为 380V，其额定电流有 15A、25A、40A。

插座有单联、双联和三联；有的插座附设有开关、电源指示灯、熔管等。

（2）灯开关　灯开关是最常见的照明控制电器，是控制灯具点亮和关断的最后一级开关，其型号、用途在电气设备手册或厂家产品样本中可查得。下面介绍常用的灯开关和设计电路。

1）一只单极单控开关控制一盏或多盏灯，如图 5-10 所示。

2）两只单极双控开关控制一盏灯，如图 5-11 所示。常用于楼梯间和走廊灯控制。在甲、乙两地都可以单独开灯或关灯。

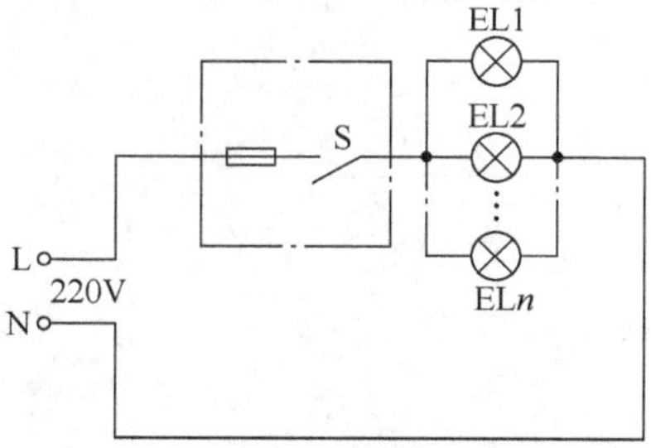

图 5-10　单极单控开关一地控制电路

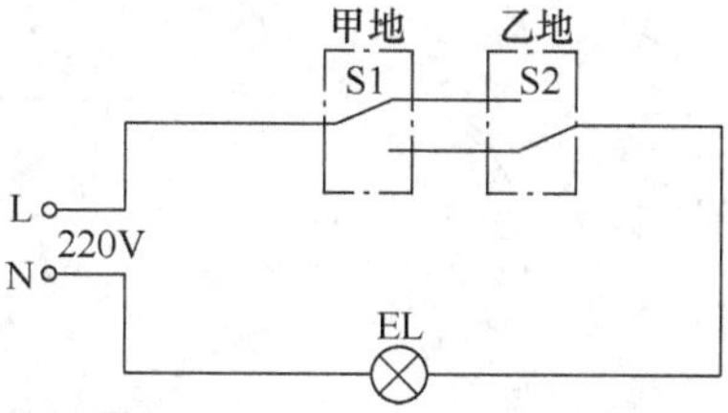

图 5-11　单极双控开关两地控制线路

3）两只单极双控开关加一只两极双控开关在三地控制一盏灯，如图 5-12 所示。常用于楼梯或走廊及其他特殊要求的场合。在甲、乙、丙任何一地可以单独控制开灯或关灯。

4）住宅楼或办公楼（以 5 层为例）楼梯间灯开关及其控制电路，如图 5-13 所示。S1 ~ S5 分别装在 1 ~5 层楼梯间。在任何一层都可控制楼梯间所有照明灯。

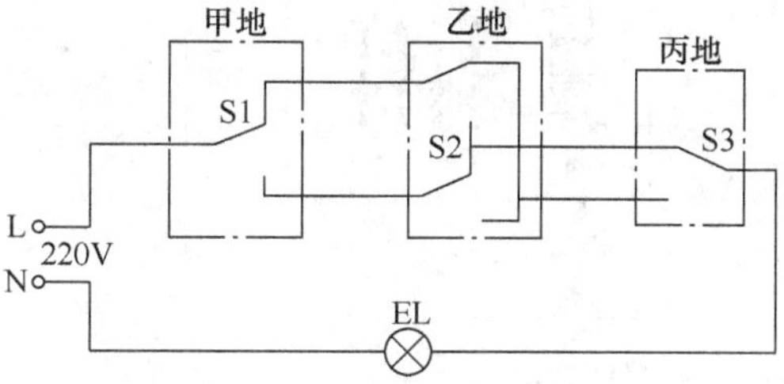

图 5-12　三地控制电路

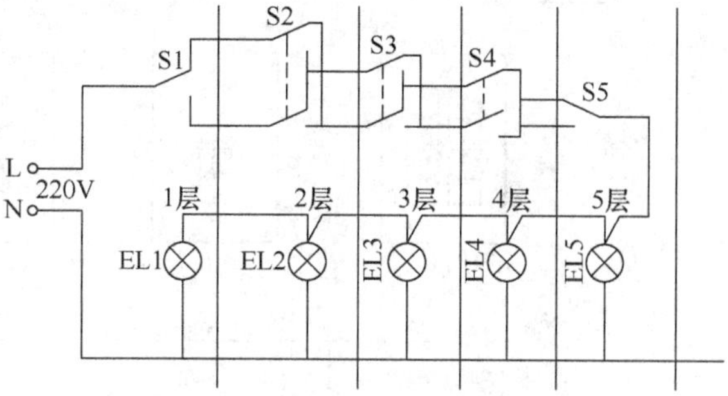

图 5-13　多地控制多盏灯电路

3. 智能建筑中的照明控制方式设计

在智能建筑中，为了有效实现照明的节能和智能控制，设计时主要是利用建筑设备自动化系统总线的接口，通过控制中心实现对照明设备的智能控制。设计时，常用的控制方式有以下几种。

（1）定时控制方式　定时控制方式如图 5-14 所示。

（2）光电感应开关控制方式　光电感应控制方式如图 5-15 所示。

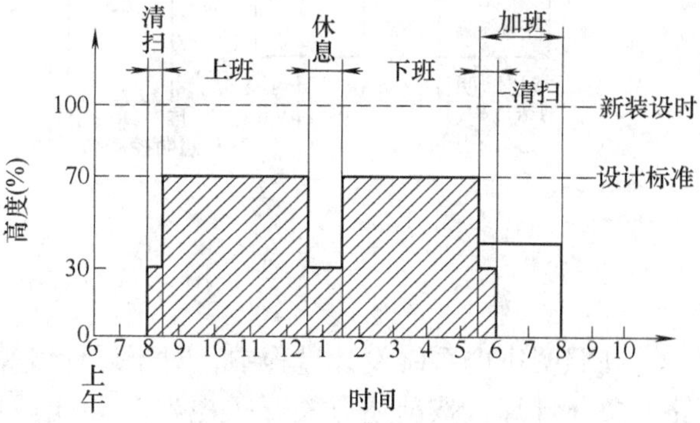

图 5-14　定时控制方式

（3）智能控制器控制方式　智能控制器控制方式如图 5-16 所示。可由定时控制和光电感应控制及建筑设备自动化系统总线的接口，通过控制中心构成照明智能控制系统。

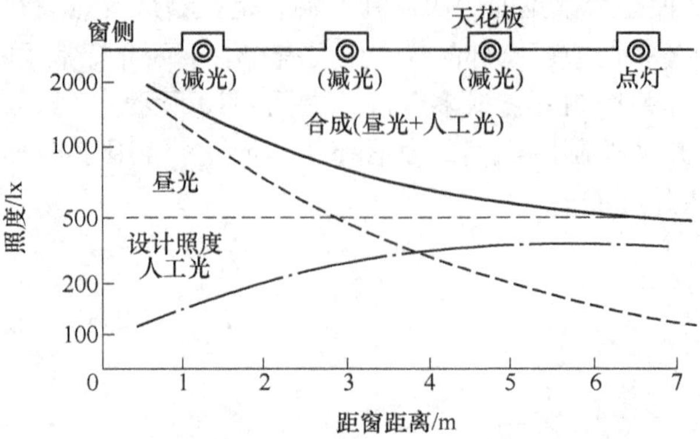

图 5-15　光电感应控制方式

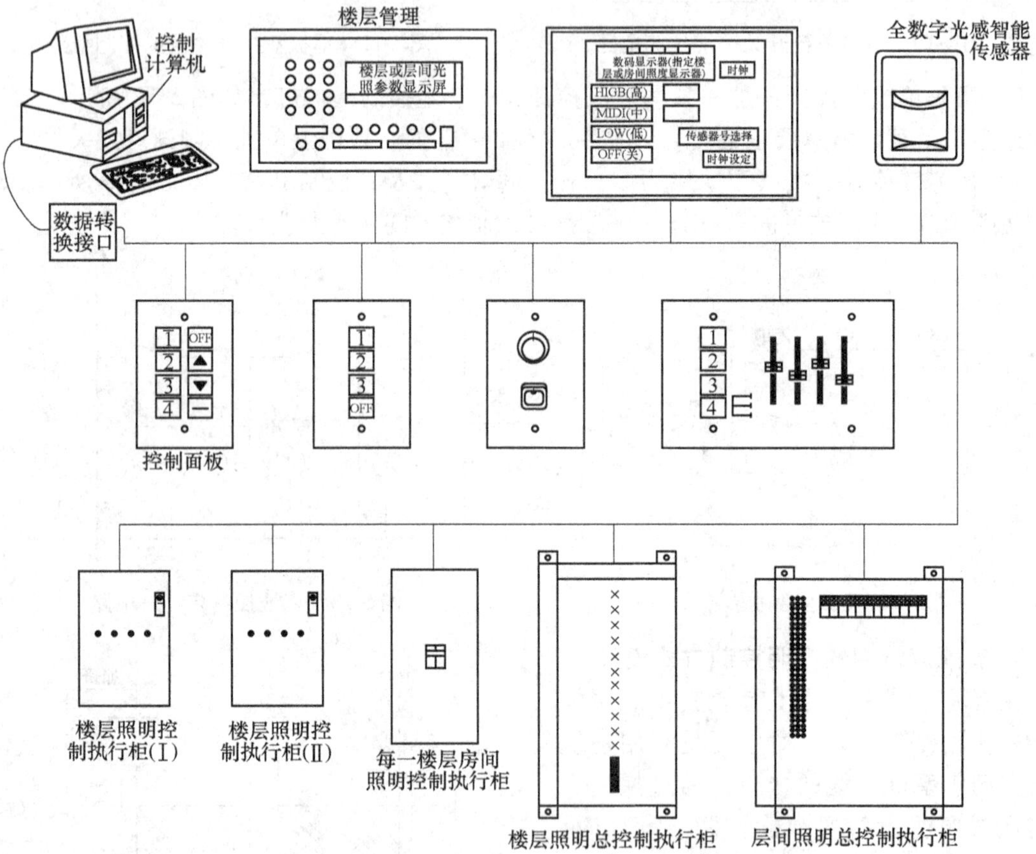

图 5-16　智能控制器控制方式

在照明供电系统设计过程中，对于设计线路中的开关电器和导线截面积，应根据各段线路的负荷计算，按前述有关开关电器和导线截面积选择方法进行正确选择，并应留有适当余量。

5.4.3　现代民用建筑照明供电线路的负荷计算

在初步设计和方案设计阶段，可以采用单位面积容量法进行估算，即根据建筑物类别，选取照明装置单位面积的耗电量，然后乘该建筑物的面积，得到该建筑物照明负荷的估算值。

在施工图设计阶段，可采用下述公式计算：

1. 支线和干线负荷的计算

照明分支线路的计算负荷为

$$P_C = \Sigma P(1 + K_a) \tag{5-17}$$

照明主干线的计算负荷为

$$P_C = K_n \Sigma P(1 + K_a) \tag{5-18}$$

照明负荷分布不均匀时的计算负荷为

$$P_C = 3K_n \Sigma P_m (1 + K_a) \tag{5-19}$$

照明变压器低压侧的计算负荷为

$$S_C = K_t\left(K_n \Sigma P \frac{1 + K_a}{\cos\varphi}\right) \tag{5-20}$$

式中　ΣP——正常照明或事故照明光源总安装容量（kW）；

K_a——镇流器及其附件的损耗系数，白炽灯和卤钨灯 $K_a = 0$，高压汞灯 $K_a = 0.08$，荧光灯及其他气体放电灯 $K_a = 0.2$；

ΣP_m——最大一相照明光源容量之和（kW）；

K_n——照明设备需要系数，见表 5-13；

K_t——照明负荷同时负荷系数，见表 5-14；

$\cos\varphi$——光源功率因数，见表 5-15；

S_C——变压器低压侧计算负荷（kV·A）。

式（5-20）仅适用于只供照明用电的系统。

表 5-13　民用建筑照明用电负荷需要系数 K_n

建筑类别	K_n	备　注	建筑类别	K_n	备　注
住宅楼	0.4～0.6	单元式住宅、每户两室，6～8 个插座，户装电能表	餐厅	0.8～0.9	
单身宿舍	0.6～0.7	标准单间，1～2 灯，2～3个插座	体育馆	0.65～0.75	
办公楼	0.7～0.8	标准单间，2 灯，2～3个插座	展览馆	0.7～0.8	
科研楼	0.8～0.9	标准单间，2 灯，2～3个插座	设计室	0.9～0.95	
教学楼	0.8～0.9	标准教室，6～8 灯，1～2个插座	食堂、礼堂	0.9～0.95	
商店	0.85～0.95	有举办展销会可能时	托儿所	0.55～0.65	

（续）

建筑类别	K_n	备　注	建筑类别	K_n	备　注
浴室	0.8～0.9		局部照明（检修用）	0.7	
病房楼	0.5～0.6		一般照明插座	0.2，0.4	
影院	0.7～0.8		仓库	0.5～0.7	
剧院	0.6～0.7		社会旅馆	0.7～0.8	
汽车库、消防车库	0.8～0.9		社会旅馆附对外餐厅	0.8～0.9	
实验室、医务室、变电所	0.7～0.8		旅游旅馆	0.35～0.45	
屋内配电装置，主控制楼	0.85		门诊楼	0.6～0.7	
锅炉房	0.9		地下室照明	0.9～0.95	
多功能厅、会议室	0.5～0.6		井下照明	1	
文化场馆	0.65～0.8		小型仓库	1	
图书馆阅览室	0.8		由大跨度组成的商场建筑	0.95	
书库	0.3		实验楼、学校、医院门诊楼、托儿所	0.8	
试验所	0.5，0.7		大型仓库、配电所、变电所等	0.6	
屋外照明（无投光灯者）	1		道路照明	0.95～1	
屋外照明（有投光灯者）	0.85		星级宾馆	0.4～0.65	
事故照明	1		博物馆	0.8～0.9	

表 5-14　照明负荷同时负系数 K_t

工作场所	K_t值		工作场所	K_t值	
	正常照明	事故照明		正常照明	事故照明
生产车间	0.8～1.0	1.0	道路及警卫照明	1.0	
锅炉房	0.8	1.0	其他露天照明	0.8	
主控制楼	0.8	0.9	礼堂、剧院（不包括舞台灯光）	0.6～0.8	
机械运输系统	0.7	0.8	商店、食堂	0.6～0.8	
屋内配电装置	0.3	0.3	住宅（包括住宅区）	0.5～0.7	
屋外配电装置	0.3		宿舍（单身）	0.6～0.8	
辅助生产建筑物	0.6		旅馆、招待所	0.5～0.7	
生产办公楼	0.7		行政办公楼	0.5～0.7	

表 5-15　照明用电设备的 $\cos\varphi$ 及 $\tan\varphi$ 值

光源类别	cosφ	tanφ	光源类别	cosφ	tanφ
白炽灯、卤钨灯	1	0	高压钠灯	0.45	1.98
荧光灯（无补偿）	0.6	1.33	金属卤化物灯	0.4～0.61	2.29～1.29
荧光灯（有补偿）	0.9～1	0.48～0	镝灯	0.52	1.6
高压汞灯	0.45～0.65	1.98～1.16	氙灯	0.9	0.48

注：快速启动荧光灯目前各生产厂家技术数据不一致，设计中可按 $\cos\varphi=0.9\sim0.95$ 取值。高压汞灯又叫高压水银灯。

2. 照明线路负荷电流的计算

为了选择照明线路的熔断器、熔丝、开关设备的额定电流及导线截面积，需要计算线路的负荷电流，通常是计算线路持续工作时所出现的最大负荷电流。下面分别对单相二线支线、二相三线支线、三相四线制干线的负荷电流进行计算。

（1）单相二线制支线负荷电流的计算

对于容量为 5A 的插座，可按 $P_s=100\text{W}$、$\cos\varphi_S=0.8$ 计算。

如支线内有几个照明负荷，它们的安装容量和功率因数分别为 P_1、$\cos\varphi_1$，P_2、$\cos\varphi_2$，…，P_n、$\cos\varphi_n$，则总有功功率 ΣP 为

$$\Sigma P=P_1+P_2+\cdots+P_n \tag{5-21}$$

总无功功率 ΣQ 为

$$\Sigma Q=P_1\tan\varphi_1+P_2\tan\varphi_2+\cdots+P_n\tan\varphi_n \tag{5-22}$$

总有功电流 ΣI_R 为

$$\Sigma I_R=\frac{\Sigma P}{U_N} \tag{5-23}$$

总无功电流 ΣI_Q 为

$$\Sigma I_Q=\frac{\Sigma Q}{U_N} \tag{5-24}$$

线路计算电流 I_C 为

$$I_C=\sqrt{(\Sigma I_R)^2+(\Sigma I_Q)^2} \tag{5-25}$$

线路功率因数 $\cos\varphi$ 为

$$\cos\varphi=\frac{\Sigma I_R}{I_C} \tag{5-26}$$

若为纯电阻性单相光源则计算公式为

$$I_C=\frac{P_C}{220\text{V}} \tag{5-27}$$

式中　I_C——计算电流（A）；

P_C——计算功率（W）；

220V——单相线路额定电压。

若为有感性光源（荧光灯等），则计算公式为

$$\begin{cases}I_R=\dfrac{P_C}{220\text{V}\times\cos\varphi}\\ I_Q=I_C\tan\varphi\end{cases} \tag{5-28}$$

式中 I_R——有功电流（A）；

I_Q——无功电流（A）；

$\cos\varphi$——感性负载功率因数。

若为白炽灯与荧光灯等放电灯混合线路，其计算电流由下式决定：

$$I_C = \sqrt{(I_r + I_R)^2 + I_Q^2} \tag{5-29}$$

式中 I_r——混合照明线路中白炽灯（卤钨灯）负荷电流（A）；

I_R——混合照明线路中感性光源的有功电流（A）。

（2）二相三线制支线负荷电流的计算　计算方法与单相电路相同，只是把二相三线电路分成两次计算，零线电流为两根相线上的相电流的相量和。如果二相负载对称，则零线电流与相线上的相电流大小相等。

当二相上的负载功率因数不同时，则功率因数大的设备应接在电压超前相上，以保证零线电流不超过任何一根相线上的相电流。如果功率因数大的设备接在电压落后的相上，则零线电流就会大大超过相线上的相电流，这是应该尽力避免的。

（3）三相四线制干线负荷电流的计算　对于三相四线制干线的负荷计算可采用式（5-18）和式（5-19）求其干线的计算负荷，计算时要考虑负荷的需要系数 K_n。当三相负荷不平衡时，应以负荷最大相相线上的相电流作为各相线上的相电流来进行计算。线路的总功率因数可按下式计算：

$$\cos\varphi = \frac{\Sigma P}{\sqrt{(\Sigma P)^2 + (\Sigma Q)^2}} = \frac{\Sigma I_R}{\sqrt{(\Sigma I_R)^2 + (\Sigma I_Q)^2}} \tag{5-30}$$

式中 ΣP——干线各相有功功率之和（kW）；

ΣQ——干线各相无功功率之和（kvar）；

ΣI_R——干线各相有功电流之和（A）；

ΣI_Q——干线各相无功电流之和（A）。

则线路的总计算电流 I_C 为

$$I_C = K_n \sqrt{(\Sigma I_R)^2 + (\Sigma I_Q)^2} \tag{5-31}$$

3. 住宅照明线路的用电负荷计算

由于家庭生活的不断现代化，家用电器发展较快，使得住宅用电量不断增加，其中主要是插座用电量的增加，照明用电量的增加是很有限的。住宅中的插座所连接的用电设备，除了台灯之外就是各种家用电器（属于照明负荷计算范围），设计时应考虑到这一问题，而不能只按照明用电单位面积耗电量来进行估算。为了解决这一问题，现在有关设计部门对住宅用电负荷的计算，提出了两种设计和计算方法：一种是按《多层和高层建筑电气设计要点》和国家行业标准 JGJ 16—2008《民用建筑电气设计规范》确定设计标准，然后按统计的方法计算出住宅的用电负荷；另一种是以户为基准的分类法确定每户的用电负荷。下面分别进行介绍。

（1）按设计标准法确定住宅照明线路用电负荷　首先确定照明用电量，照明光源可采用白炽灯或荧光灯，然后确定插座用电量。具体住宅用电负荷设计标准可按表 5-16 和国家行业标准 JGJ 16—2008《民用建筑电气设计规范》来确定，表 5-16 可作为最低设计标准来考虑，实装容量可根据当地具体情况进行调整。根据表 5-15 中所列的两项数据，以及对照明用电和插座的统计数即可计算出住宅的用电负荷。根据 JGJ 16—2008《民用建筑电气设计规范》进行确定设计标准时，可按普通住宅、康居住宅、多层住宅、高层住宅、住宅小区、别墅群区来确定设计标准。普通住宅按使用面积可分为 4 类进行设计；康居住宅可按基本型（4kW/户）、提高型（6kW/户）、先进型（8kW/户）来考虑电气设计标准。

表 5-16　按设计标准法确定的住宅用电负荷值

用电场所	照明用电量/W		插座用电量/W	备　注
	白炽灯	荧光灯		
每户大居室	60	30	3 × 100（3 个单相插座）	分为两组或三组
每户小居室、客厅	40	20	各为（2 ~ 3）× 100（单相插座）	分为一组或二组
厨房、卫生间	25		各为 100（单相三极插座）	
厕所、走道（长 6m 左右）	15 ~ 25			
楼梯间	15 ~ 25			
门厅、电梯间	25 ~ 60			
管理室、修理间	60	40		
电梯机房、泵房	60			每开间
水箱间、管道间	25			每开间
地下室	25 ~ 40			每开间

注：采用壁灯时需将计算负荷容量提高一级或增加盏数。

（2）以户为基准的分类法确定每户的用电负荷　对于无炊事用电和电热电器等大容量用电的一般住宅，每户的用电负荷可取为 1kW；在使用电作为炊事能源的住宅，每户的用电负荷可取为 3kW；对于生活水平较高的高级住宅，用户的用电负荷应在一般住宅用电负荷的基础上，各增加 0.5 ~ 1kW；对于设有电热淋浴器或窗式空调器的住宅，则需另加 3kW；或者按用电设备的实际功率计入每户的用电负荷中。

采用以住户为基准确定用电负荷时，对住宅内插座布置的数量和位置应从方便使用来设计，计算时不再单独计入插座的容量。

如上所述，可计算出每幢住宅的用电负荷。对于把电作为炊事能源的住宅，考虑到大容量用电设备几乎都在同一时间内使用，因此在进行每幢住宅的干线负荷计算时，需要系数应高些，取 0.8 ~ 0.9，其他的仍按前述有关规定进行计算。

上述所介绍的两种方法中，以户为基准的分类法是比较符合实际情况的，并能适应今后的发展，应该是值得推广的一种计算方法。

4. 照明用电负荷计算举例

例 5-2　某住宅区有 4 幢住宅楼，1 幢托儿所楼。该区的照明供电系统中，各建筑物均采用三相四线制进线，线电压为 380V，各幢楼的光源容量已由单相负荷换算为三相负荷，各荧光灯具均采用电容器补偿。每幢住宅楼安装白炽灯的光源容量为 5kW，安装荧光灯的光源容量为 4.8kW；托儿所楼安装荧光灯的光源容量为 2.8kW，安装白炽灯的光源容量为 0.8kW。试确定该住宅区各幢楼的照明计算负荷及变压器低压侧的计算负荷。

解：根据前述的资料：荧光灯的损耗系数 $K_a = 0.2$，白炽灯的损耗系数 $K_a = 0$。查表 5-13，选取照明用电设备需要系数 K_n，住宅楼 $K_n = 0.6$，托儿所 $K_n = 0.6$。每幢住宅楼的

照明计算负荷为

$$P_{C1}=K_n\sum P(1+K_a)$$
$$=0.6\times[4.8\times(1+0.2)+5\times(1+0)]\text{kW}=6.5\text{kW}$$

托儿所的照明计算负荷为

$$P_{C2}=K_n\sum P(1+K_a)$$
$$=0.6\times[2.8\times(1+0.2)+0.8\times(1+0)]\text{kW}=2.5\text{kW}$$

查表 5-14 和表 5-15，分别选取 $K_t=0.7$，$\cos\varphi_1=\cos\varphi_2=1$ 则变压器低压侧的计算负荷为

$$S_C=K_t\left(K_n\sum P\frac{1+K_a}{\cos\varphi}\right)=K_t\left(\frac{nP_{C1}}{\cos\varphi_1}+\frac{P_{C2}}{\cos\varphi_2}\right)$$
$$=0.7\times\left(\frac{4\times6.5}{1}+\frac{2.5}{1}\right)\text{kV}\cdot\text{A}=20\text{kV}\cdot\text{A}$$

式中的 $n=4$，是指住宅楼 4 幢。

本例已考虑了住宅中的家用电器负荷。考虑的具体方法是按表 5-16 的规定，给住宅楼每户设置 6 ~ 8 个插座，并由此来确定照明负荷的需要系数 K_n。

例 5-3　如图 5-17 所示的某一三相四线制照明供电线路，试计算干线的计算电流 I_C 和功率因数 $\cos\varphi$。已知负荷中荧光灯 $\cos\varphi_f=0.55$，镇流器的功耗为 8W，$K_n=0.85$。插座额定容量为 5A，按 $P_S=100\text{W}$ 及 $\cos\varphi_S=0.8$，试计算其负荷电流。

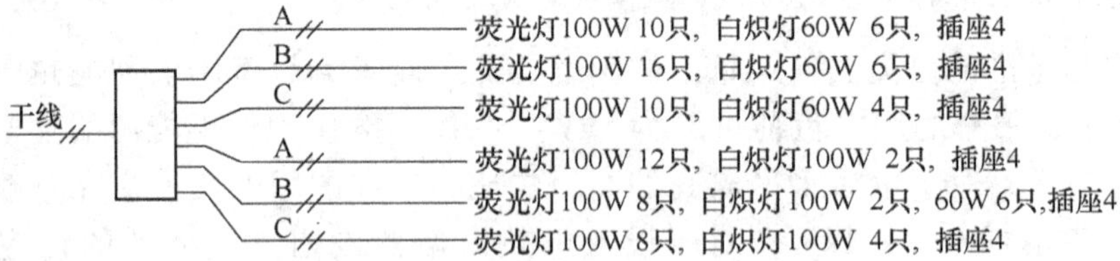

图 5-17　例 5-3 的图

解： A 相负载如下：

荧光灯的有功功率 P_f 和无功功率 Q_f 为

$$P_f=(100\times22+8\times22)\text{W}=2376\text{W}$$
$$Q_f=P_f\tan\varphi_f=(2376\times1.518)\text{var}=3606.77\text{var}$$

白炽灯有功功率 P_W 为

$$P_W=(60\times6+100\times2)\text{W}=560\text{W}$$

插座有功功率 P_S 和无功功率 Q_S 为

$$P_S=(100\times8)\text{W}=800\text{W}$$
$$Q_S=800\tan\varphi_S\text{var}=600\text{var}$$

总有功电流 $\sum I_R$ 和总无功电流 $\sum I_Q$ 为

$$\sum I_R=\frac{2376+560+800}{220}\text{A}=16.98\text{A}$$

$$\sum I_Q=\frac{3606.77+600}{220}\text{A}=19.12\text{A}$$

A 相线路的计算电流 I_{CA} 为

$$I_{CA}=\sqrt{(\sum I_R)^2+(\sum I_Q)^2}=\sqrt{16.98^2+19.12^2}\text{A}=25.57\text{A}$$

同理，求得 B 相电流为

$$\sum I_R=17.96\text{A}$$
$$\sum I_Q=20.61\text{A}$$
$$I_{CB}=27.34\text{A}$$

同理，求得 C 相电流为

$$\sum I_R=15.38\text{A}$$
$$\sum I_Q=16.14\text{A}$$
$$I_{CC}=22.30\text{A}$$

B 相计算电流 $I_{CB}=27.34\text{A}$ 为最大，以此为准，再乘以 $K_n=0.85$，得三相四线制线路的计算电流 I_C 为

$$I_C=I_{CB}K_n=(27.34\times0.85)\text{A}=23.24\text{A}$$

根据式（5-30）得总功率因数 $\cos\varphi$ 为

$$\cos\varphi=\frac{16.98+17.96+15.38}{\sqrt{(16.98+17.96+15.38)^2+(19.12+20.61+16.14)^2}}=0.669$$

5.5 现代民用建筑电气照明设计

5.5.1 电气照明设计内容要求和程序及图纸设计

1. 电气照明设计的主要内容

现代民用建筑的电气照明设计主要根据土建设计所提供的建筑空间尺寸，或道路、场地的环境状况，结合使用要求，按照明设计的有关规范、规程和标准，进行合理设计，包括拟定和确定设计方案与进行具体的照明设计。照明设计主要内容有：确定合理的照明种类和照明方式以及智能照明系统设计等；选择照明光源和灯具，确定灯具布置方案；进行必要的照度计算和供电系统的负荷计算，照明电气设备与线路的选择计算；绘制出照明系统平面布置图及相应的供电系统图等。

2. 电气照明设计应满足的要求

电气照明设计应满足的要求主要有：工作面的照度应符合规定值；保证一定的照明质量要求，如限制眩光，光源的显色性和色调要求，合理的亮度分布等；供电的安全可靠；维护检修的安全方便；照明装置与建筑物及其周围环境的协调统一；根据国情积极慎重地采用先进技术；注意结合国家在电力、设备和材料方面的实际可能，提出合理的设计方案；主动采取必要的照明节能措施，尽可能合理地使用资金和节约能源。

3. 电气照明设计的程序

照明设计的程序主要分为如下阶段：收集照明设计的初始材料；确定照明线路设计方案；进行具体的照明计算和设计（又称深度设计）；绘制照明设计的正式施工图等。

（1）收集照明初始资料　初始资料主要有：建筑的平面、立面和剖面图；室内布置图；照明设计要求，即照明设计任务书，照明电源的进线方案等。收集这些资料的目的是为了弄

清建筑结构的状况，初步考虑照明供电系统和线路，以及灯具的安装方法等。

（2）确定照明设计方案　根据所收集的有关资料和照明设计任务书，进行初步照明设计，拟定和比较方案，从而确定照明设计方案，然后编制初步设计文件和进行初步设计；在方案设计时应适当考虑今后发展要求，以及智能照明系统要求，留有适当发展余地。

（3）进行深度设计，绘制照明设计的正式施工图　这一步工作很重要，是照明设计的核心，主要内容包括：确定照度和照度补偿系数；选择照明方式；按照前述有关要求选择光源和灯具；确定合理的布灯方案；进行必要的照度计算，决定安装灯具的数量和光源的容量，确定照明的供电负荷；确定照明供电系统和照明支线的负荷，以及走线的路径；选择照明线路的导线型号和截面积及开关电器，以及敷设方式；进行汇总，并向土建施工方面提交设计资料；绘制电气照明设计的正式图纸；列出电气照明设备和主要材料表；进行必要的概算（主要指照明设计部分的概算）。

4. 电气照明设计的施工图及其绘制

在进行了方案设计和资料准备及照度计算、负荷计算等工作后，接下来就是进入施工图设计阶段。施工图设计必须按规定要求进行，最终的图纸要能指导施工，是施工的正式依据和法律文件。施工图主要包括以下几种图纸：

（1）电气照明线路平面布置图　电气照明线路平面布置图是供电气施工用的图纸，应按统一的规范进行绘制。应便于施工人员阅读。图 5-18 为一座三层办公楼的底层照明平面布置图。为简明起见，该图中未画出楼梯。二楼和三楼的照明布置与一楼相同，进户线设在二楼。照明线路平面布置图实际上就是在土建施工用的平面图上绘制电气照明的分布图，即在土建平面图上先用细线画出建筑和室内布置的轮廓（如建筑物的墙，可画出墙的轮廓，也可用一直线代替），并在各房间注明房间名称和照度等。然后按照电气照明设备和线路的图例（见附录表 A-2、表 A-3）规定，在土建平面图上画出全部灯具，线路和电源的进线，

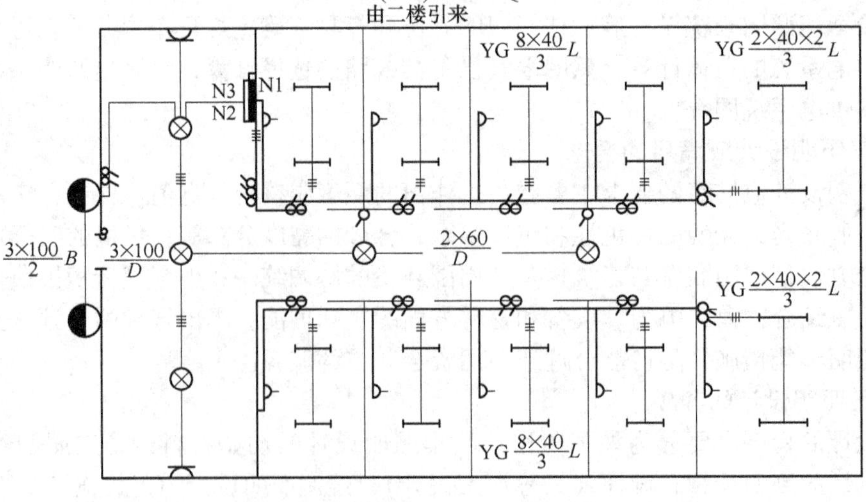

图 5-18　办公楼底层照明平面布置图

配电盘（箱）等的位置、型号规格，穿线管径、数量、容量大小、敷设方式，干支线的编号、走向，开关、插座、灯具的种类、安装高度和方式等。

对有些难以在平面图上标明和绘制的内容，如总安装容量、总计算电流、施工安装中的特殊措施和要求等，应另加必要的说明和出具必要的图纸。阅读图 5-18 时，可按附录图例的规定说明和第 1 章中有关内容进行识读。

（2）照明配电系统图　它反映整个建筑物内的配电系统和容量分配情况，包括所用的配电装置、配电线路、总的设备容量等，是需要绘制的电气施工图之一。图 5-19 为上述办公楼的照明配电系统图。图上标出了各级配电装置和照明线路；各配电装置内的开关、熔断器等电器的规格、导线型号、截面积、敷设方式、所用管径、灯具的安装容量（kW）等，详细说明见第 13 章和附录 A。对于较简单的电气照明设计，系统图可附在平面图上，不单出系统图。照明配电系统图有总系统图和分系统图之分。

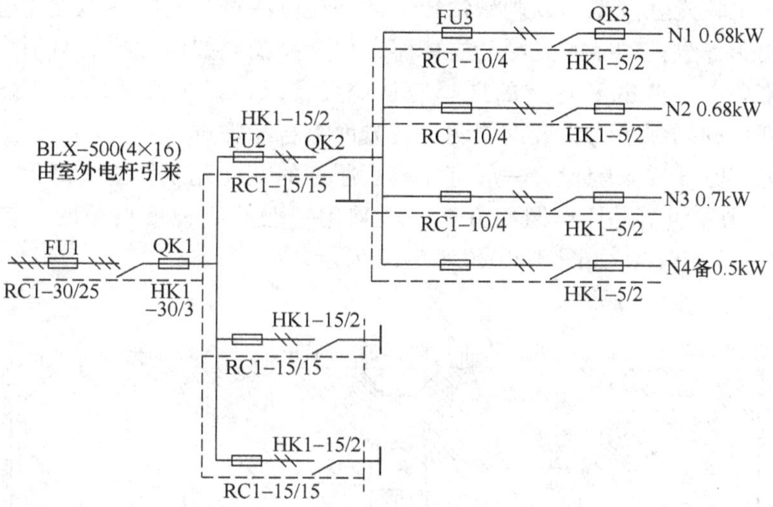

图 5-19　办公楼照明配电系统图

照明设计的施工图纸，除主要有上述的平面布置图和系统图外，还有外线平面图、构件大样图和详图，此外还应有图纸目录、材料表、图纸说明等。

（3）电气照明设计说明书　在设计出上述各有关施工图后，对于较大的电气照明工程，还应出一份电气照明设计说明书。对有些难以在平面图纸上标注和绘制的内容，如总安装容量、总计算电流、施工安装中的特殊措施和要求等要进行进一步详细补充说明。此外对设计的依据、设计范围、照明方案设计、照度计算、负荷计算、供电设计、设计图纸的规定、绘图标准、施工图纸设计的补充说明、与其他专业（土建等）的关系及要求、施工说明及验收标准、材料表及材料要求等进一步进行说明。

对于较小的电气照明工程，可以不出说明书，而出一个设计说明或在图纸旁加注设计说明即可。

5.5.2　现代民用建筑电气照明设计举例

1. 商厦电气照明设计

（1）照明特点　从设计角度来说，商厦照明可分为环境照明和商品照明两大类。从商厦的环境照明而言应提供人们以舒适愉快、显现商厦风貌和档次的照明环境，多以一般照明和装饰照明来营造。从商品照明角度而言，应展现商品的可见度，合理展示商品、强化商品魅力，所以一般大多采用重点照明。

（2）照明质量要求　对于商厦来说，良好的照明质量比其他建筑显得尤为重要，它能渲染和表现商品特色、质地，引起顾客的购买欲。所以对商厦的不同区域的照度水平要求是不一样的，一般都要求有较高的照度。

在商厦中对于照度的均匀度问题并不强调。为了突出重点商品、重点部位，往往人工有意识制造出不同区域的照度不均匀性。对于重点推销的商品区往往采取有较高照度，以烘托热烈气氛，渲染促销。而“顾客止步”地段，则灯光要暗一些。

对于光源的色温和显色性则要求较高，以便顾客正确辨别商品的色泽。对于眩光应加以适当限制，应限制不舒适眩光等级（Ⅱ级），即中等质量，有轻微眩光感。在节假日时，有时可适当利用一定眩光感灯光，以刺激销售。此外还应注意商品的造型立体感，通过必要的照明手段，以阴影等烘托物品的光泽和立体感，使展品栩栩如生，更具吸引力。

（3）光源和灯具　光源和灯具的选择应从照度要求、显色性要求、装饰要求，以及一般照明、重点部位的局部照明、装饰照明等几方面综合考虑选择。

灯具应根据实际需要来配置，一般宜用垂直照度的宽配光或斜配光灯具。

（4）照明方式和照明设计　照明方式一般采用一般照明、重点照明、装饰照明 3 种方式相结合的混合照明方式，如图 5-20 和表 5-17 所示。

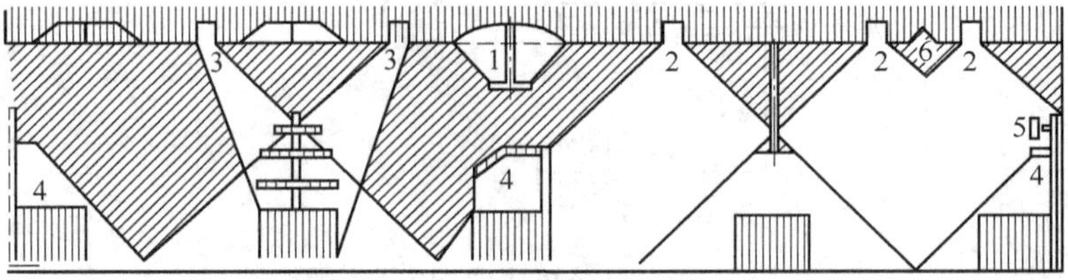

图 5-20　商厦营业厅照明方式

表 5-17　商厦照明方式实例

照明方式	一般照明	重点照明	装饰照明
灯具安装方式	荧光灯：嵌入明装 白炽灯：吸顶嵌入	投光灯：固定或移动 吊　灯：可调高度 鱼眼灯：可调方向	霓虹灯、流星灯、柱灯、彩虹灯、壁灯：向上照或向下照

对于商厦的照明设计应有计划、有步骤地进行，在立体工程结构完成后，以及业主提出要求和资金到位后，即可进行照明方案的设计和修改工作。一般应完成规范学习、收集资料、借阅相关已建成工程图纸、参观现场、接触业主、专业配合、初步设计、施工图设计、工程技术交底、协调装修这些工作程序。并且要与建筑设计师配合，与装修施工单位配合。图 5-21 为某商厦营业厅照明平面线路及灯具布置图，对于其他楼层、门面、重点部位、供电线路等施工图已省去。此图即为该营业厅的照明施工的主要图纸之一，上面已标注了灯具及位置和布线要求。

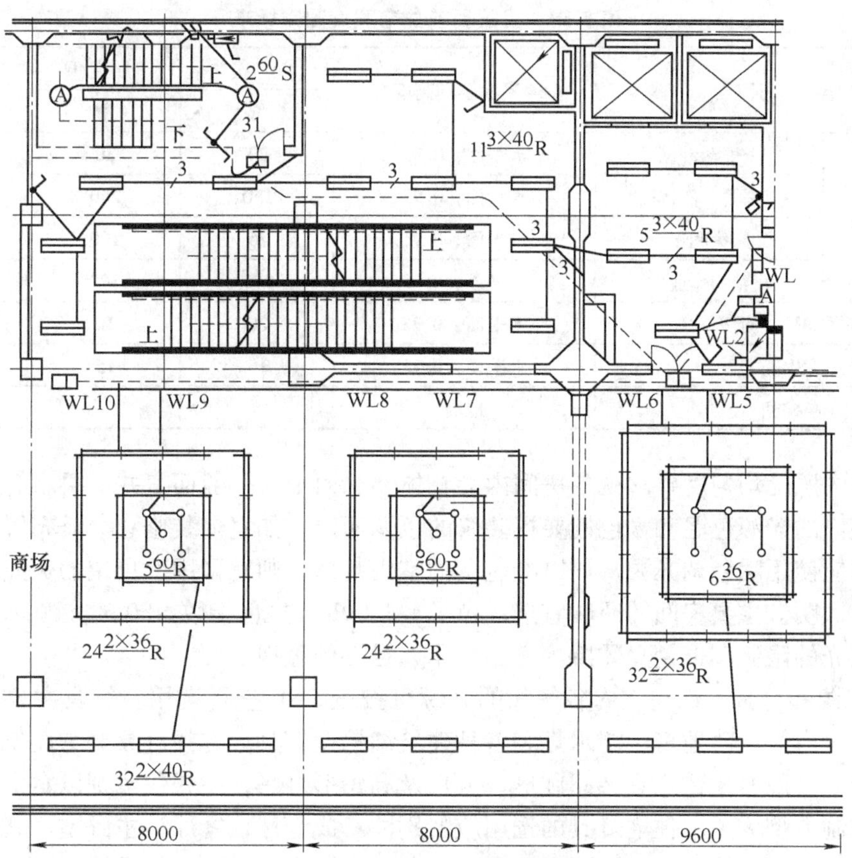

图 5-21　某商厦营业厅照明设计平面布置图

2. 住宅照明设计

（1）照明特点和照明质量要求　现代民用建筑住宅照明不同于其他类型建筑照明的一个突出特点是，它的设备选购和布置大都由户主自己决定。一般而言，应创造一个温馨的生活条件。白天应以天然光为主，人工照明为辅；夜晚应以人工照明为主体，除了功能性要求之外，同时要具有丰富的艺术想象力的照明，运用照明的数量和质量，塑造出如华丽、宁静、温馨、舒适等室内家庭风格。

照度水平应逐步向小康型住宅要求迈进，应在现有国家标准基础上，提高 1 ~ 2 个等级是必要的。国外住宅照度标准见表 5-18。我国目前住宅照度标准见表 5-19。

表 5-18　国外住宅照度标准　（单位：lx）

序号	名称 国家	起居室	卧室	阅读 书写	缝纫	短时 阅读	餐桌 餐厅	卫生间	走道 楼梯	厨房	备注
1	美国	75	75	750	750	300	150	300	150	300	指中间值
2	前苏联	100	100	400	400	200	200	50	50	100	
3	德国	依住户 需要而定	依住户 需要而定	750	750	200	—	120	—	250	
4	日本	50	20 500	1000	1000	200	30	100	50	75 (300)	指中间值，括号内指作业照度
5	CIE	依住户 需要而定	依住户 需要而定	300 ~ 500	300 ~ 500	150 ~ 200	100 ~ 200	100 ~ 200	—	300 ~ 500	指国际照明委员会推荐

表 5-19 我国目前住宅照度国家标准

类别		参考平面及其高度/m	照度/lx		
			低	中	高
起居室、卧室	一般活动区	水平面，0.75	20	30	50
	书写、阅读	水平面，0.75	150	200	300
	床头阅读	水平面，0.75	75	100	150
	精细作业	水平面，0.75	200	300	500
餐厅或厅、厨房		水平面，0.75	20	30	50
卫生间		水平面，0.75	10	15	20
楼梯间		地面	5	10	15

住宅内的照度均匀度要求视各房间内的具体要求而定，一般而言并不要求有多高的均匀照度。住宅内的光源色温和显色性要视装修的色调而定。如室内装修和家具布置以暖色调为主，则照明应使用暖色调光源，如以冷色调的室内装修，则宜采用冷色调的荧光灯或其他紧凑型荧光灯照明。主要房间的照明宜选用色温≤3300K、显色指数>80 的光源。

对于眩光的限制和造型立体感等方面应予以足够的重视。

(2) 光源和灯具 住宅室内各房间的光源可按表 5-20 进行选用。灯具主要有：各种吊花灯、壁灯、台灯、落地灯、防水灯和各种建筑结构型灯具。选择灯具要与建筑类型和装修要求相结合。一般西式住宅宜选用圆形、方形及高角形灯具；中式住宅则以宫灯为多；日式住宅则以木制方型为主。住宅灯具的选用应特别注意成套性，客厅、主卧室、儿童室的主要灯具应选择同一种风格，而以不同尺寸和形式的变化，求得表现房间的特点。

表 5-20 住宅室内光源选择

房间名称	照明要求	适用光源
卧室	暖色调，低照度，需要宁静温馨的气氛在卧室内长时间阅读书写时则要求高照度	一般照明及台灯可用紧凑型荧光灯
起居室	明亮、高照度，点灯连续时间长	紧凑型荧光灯、环型荧光灯、直管荧光灯
客厅	要求较高的艺术装修和豪华的气氛，要求高照度	白炽灯的花灯、台灯、壁灯，重点照明用低压卤钨灯
梳妆台	暖色光、显色性好，富于表现人的肌肤和面貌，照度要求较高	白炽灯为主
小厅	亮度高，连续点灯时间长，要求节能	紧凑型荧光灯
餐厅	以暖色调为主，显色性好，还原食物色泽，增加食欲	白炽灯
书房	书写及阅读要求高照度以重点照明为主	白炽灯
盥洗室、厕所	光线柔和、灯泡开关次数频繁	白炽灯
门道、楼梯间、储藏室	照度要求较低开关频繁	白炽灯

(3) 照明方式和照明设计 现代民用建筑住宅的照明方式，宜采用直接照明和间接照明及装饰照明相结合的方式，即可采用一般照明、重点照明和装饰照明相结合的方式。

起居室（客厅）具有多功能的特点。作为招待宾客方便交谈，应适合人们休息、阅读、欣赏音乐等活动。厅内布局应能充分显示主人的个性和修养。图 5-22 为某住宅的起居室（客厅）的照明平面设计图。

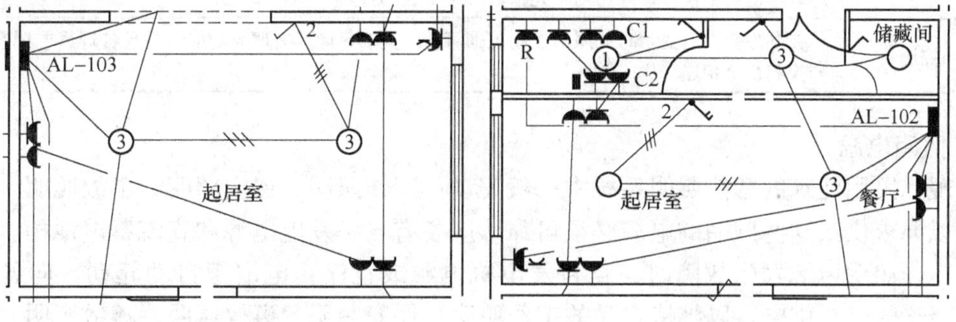

图 5-22　某住宅起居室（客厅）照明设计平面设计图

卧室照明一般以一般照明和重点照明为主的方式，适当采用装饰照明，以营造一种舒适、温馨、安静的环境。卧室的一般照明宜采用白炽灯，不宜采用荧光灯和紧凑型荧光灯；其重点部位的照明以台灯为主，宜采用紧凑型荧光灯、装饰照明可以花吊灯为主。

书房照明一般照度不宜很高，要求光线柔和，宜采用白炽磨砂玻璃灯或嵌入式筒灯，照度在 50～75lx。书桌等重点部位以台灯为主。其他各房间（如厨房、餐厅、卫生间等）的照明可根据具体情况决定设计。

5.5.3　现代民用建筑中的智能电气照明设计

现代民用建筑和智能建筑中的智能电气照明设计除应注意正常的照明设计要求和设计程序外，还应注意如下几点：

1. 确定合理的照度标准

智能建筑的照度标准一般都较高，国内一般写字楼的照度标准大都为 100～200lx，国外一般为 500～750lx。因此，现在设计智能建筑照度标准一般取 500lx。以便满足调光控制等要求。

工作区位置排列与工作人员的方位要与灯具排列相联系，尽量避免直射眩光和反射眩光，避免灯光从作业面对眼睛直接反射，损坏对比度，降低能见度。要注意保证照度的均匀，以保证照度衔接。对现代民用建筑中的智能照明和智能建筑中的智能照明视觉环境，必须注意与建筑设计师的总体构思相符合，必须与室内的色彩、家具等相协调。设计时应注意选择合适的灯具、照明方式、灯具布置、光源控制方式等。智能照明的视觉环境基本内容及要求见表 5-21。

表 5-21　智能照明的视觉环境基本内容及要求

基 本 内 容	要　求
照度	水平面照度应维持在 500lx 以内
灯具布置	灯具布置以线型为主，并保证桌面及其周围的照度差异不大

（续）

基本内容	要　求
灯具	为下口开放型灯具，并且眩光指数大于Ⅱ级，要求灯具在办公用途变动时，其格栅、反射板和灯管等也可更换，最好选用眩光指数大于Ⅰ级的灯具
照明控制	在办公室间隔变动时，照明控制范围可随之变动，应具有调光功能，并且各灯具电源宜于表现与控制系统相连

2. 照明电源

在现代民用建筑的智能照明系统中一般需设：工作照明、保安照明、事故照明、疏散照明。所以要求供给这些照明的电源必须可靠，应备有自备发电电源和直流蓄电池柜。

当工作照明电源发生故障时，自备发电机电源或直流蓄电池柜自动起动，向各工作点10%～15%的灯具供电，以维持必需的工作照明、保安照明、事故照明、疏散照明。当工作照明电源和自备发电电源皆出现故障时，直流柜蓄电池应能自动点亮事故照明系统，同时通过逆变器转为交流电或直接点亮疏散照明系统。

3. 照明系统和照明控制系统

照明干线应将自备电源电缆引出，沿电缆桥架敷设，走电缆竖井。一般在竖井内安装照明盘。智能高档写字楼一般都需要随时计算或打印用电量，以便出租等使用。通常解决的办法是，在各照明配电箱中安装电流互感器，互感器二次侧接数字式单项电能表，同时通过传感器把电量值在中控室进行综合计算，需要时可打印出用电付费单据。

现代民用建筑智能大厦的大堂、门厅、走道、车库等共同场所的照明也要求中央控制室根据预定时间程序，或智能控制方式，实现对各区公共照明的控制，同时监测各主要开关状态及过负荷报警。因此照明系统控制箱要与自控系统连接，在强电配电箱中应留出控制用的连接端子。

当楼宇内有事件发生时，需要各区域照明作出相应的联动配合。当有火警时，联动正常照明系统关闭，事故照明应及时打开；当有保安报警时，联动相应区域的照明灯开启。常用智能建筑照明区域控制系统功能框图如图5-23所示。图中DDC为照明区域控制系统的核心，一个DDC分站所控制的规模可以是一个楼层的照明或整座楼的装饰照明，区域可以按照地域来划分，也可按功能区来划分。各照明区域控制系统通过通信系统联成一个整体，成为建筑设备自动化系统（BAS）的一个子系统。

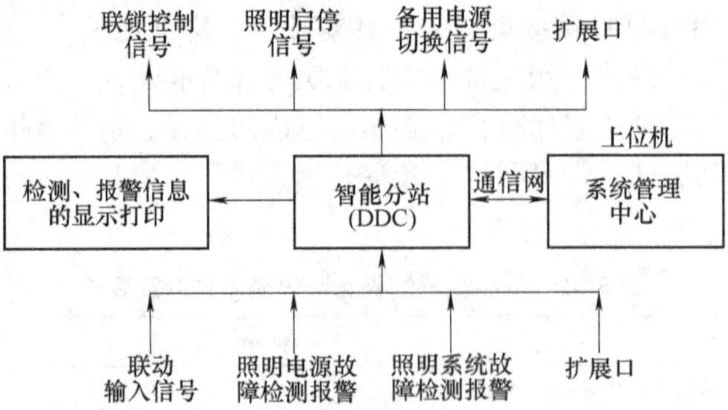

图5-23　常用智能建筑照明区域控制系统功能框图

思考题与习题

5-1　现代民用建筑室内照明有哪几种方式？它们的特点是什么？

5-2　现代民用建筑常用电光源有哪几种？各自的工作原理和特点是什么？

5-3　某民用住宅建筑的房间面积为（8 × 6）m^2，房间净高 3m，工作面高 0.8m，天棚放射系数为 70%，墙壁反射系数为 55%。拟采用荧光灯吸顶照明，试计算需安装灯具的数量。

5-4　某民用建筑的会议室面积为（12 × 8）m^2，天棚距地面 2.8m，工作面距地面 0.8m，墙壁刷白，窗户装有白色窗帘，木制顶棚，采用荧光灯吸顶安装。试确定光源的功率和数量。

5-5　某民用建筑的办公楼，安装荧光灯的光源容量为 6.8kW，安装白炽灯的光源容量为 3.8kW，插座容量为 6kW，空调 12kW。试确定该办公楼的照明计算负荷。

5-6　某学校照明白炽灯 18kW，荧光灯 30kW（其中 24kW 有补偿电容，功率因数为 0.9；另外 6kW 无补偿，功率因数为 0.5）。试确定变压器低压侧的照明计算负荷。

5-7　什么叫接户线、进户线、干线和支线？对于单相支线和干线的允许载流量和所接负载数目有何要求？

5-8　某民用建筑物的三相四线制照明线路上，接有 250W 的荧光高压汞灯和白炽灯两种光源，各相负载分配是：A 相接有 4 盏荧光灯高压汞灯和 2kW 白炽灯；B 相接有 8 盏荧光高压汞灯和 1kW 白炽灯；C 相接有两盏荧光高压汞灯和 3kW 白炽灯负载。试求线路的工作电流和功率因数。（注：需要系统 K_n 取 0.95）

5-9　现代民用建筑智能化电气照明系统设计有哪些具体要求？

5-10　请设计你所住宿舍楼的照明供电系统和照明系统，画出施工图。

设计要求：1）设计图纸包括照明设备平面布置图，照明设备连线图，照明配电系统图；

2）图纸需包含必要的文字说明与施工说明；

3）图纸的绘制需符合规范要求。

第 6 章　现代民用建筑电梯系统与设计

本章主要介绍现代民用建筑电梯系统的组成和工作原理及特点，同时介绍现代民用建筑电梯系统的基本设计方法。主要介绍现代民用建筑电梯系统、电梯的构造、电梯的电气控制系统、电梯的供电系统、现代民用建筑建筑电梯系统的设计方法。

6.1　现代民用建筑电梯系统的分类和结构

6.1.1　现代民用建筑电梯系统的分类

现代民用建筑电梯系统可从不同角度进行分类。

（1）按用途分　主要有：① 乘客电梯系统；② 载货电梯系统；③ 客货电梯系统；④ 病床电梯系统；⑤ 住宅电梯系统；⑥ 杂物电梯系统，又称服务电梯系统；⑦ 船舶电梯系统；⑧ 观光电梯系统；⑨ 车辆电梯系统；⑩ 自动扶梯系统；⑪ 其他电梯系统，主要有冷库电梯、防爆电梯、建筑工程电梯、自动人行道、斜行电梯、矿井电梯等各种专用电梯系统等。

（2）按速度分　主要有：① 低速电梯（速度不大于 1m/s 的电梯）系统；② 中（快）速电梯（速度大于 1m/s，低于 2m/s 的电梯）系统；③ 高速电梯（速度在 2m/s 及以上的电梯系统）。

（3）按拖动方式分　主要有：① 交流电梯（交流单速电梯、交流双速电梯、交流调速电梯、交流变频变压（VVVF）电梯）系统；② 直流电梯系统；③ 液压电梯系统；④ 齿轮齿条式电梯系统（电动机—齿轮传动机构装在轿厢上，靠齿轮在齿条上的爬行来驱动轿厢，一般为工程电梯）。

（4）按有无司机分　主要有：① 有司机电梯系统；② 无司机电梯系统；③ 有/无司机电梯系统（可变换控制电路，平时由乘客操纵，客流量大时或必要时改由司机操纵的电梯）。

（5）按电梯控制方式分　主要有：① 手柄操纵控制电梯系统；② 按钮控制电梯系统；③ 信号控制电梯系统；④ 集选控制电梯系统；⑤ 并联控制电梯系统；⑥ 程序控制梯群电梯系统；⑦ 智能控制梯群电梯系统。

6.1.2　电梯的基本结构

电梯的基本结构如图 6-1 所示，主要由轿厢、对重、曳引机、控制柜、导轨等组成。

如图 6-1 所示电梯的机房通常设在建筑物的顶楼，机房内设有电梯的控制柜和曳引机以及防止电动机超速运行的保护装置——限速器。机房曳引机由曳引电动机、减速机、曳引轮和电磁抱闸组成。电梯轿厢和对重通过钢丝绳悬挂在曳引轮（有时还有一个导向轮，以便拉开二者的距离）的两侧，靠曳引轮与钢丝绳之间的摩擦力带动轿厢运动。钢丝绳通常经

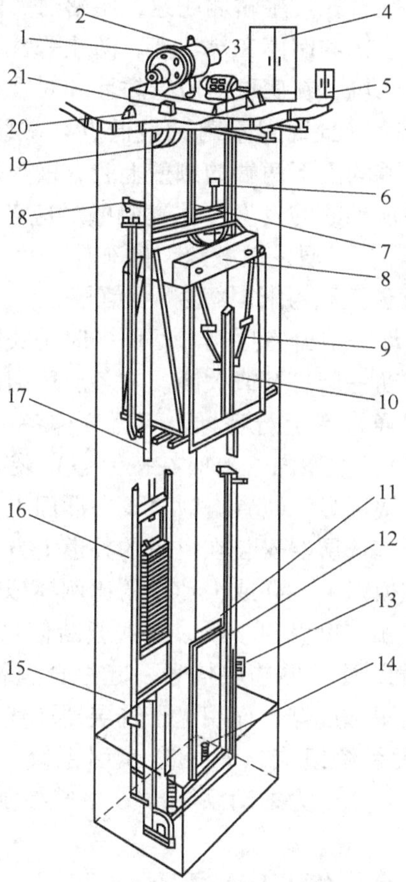

图6-1　电梯的基本结构

1—电磁制动器　2—曳引机　3—测速装置　4—控制柜　5—电源控制屏　6—平层器　7—曳引钢丝绳　8—开门机　9—轿厢　10—轿厢导轨　11—厅门楼层指示器　12—厅门　13—楼层呼梯按钮　14—缓冲器　15—平衡块导轨　16—平衡块（对重）　17—导轨　18—极限开关　19—控绳轮　20—极限开关　21—限速器

过一套动、静滑轮组来吊住轿厢（对重亦然）。这样可以起到进一步减速的作用，同时又可减轻钢丝绳的张力，从而可以选用不太粗的钢丝绳，因较细的钢丝绳有较好的柔韧性。在行程较大的电梯中，轿厢底部与对重底部还连有一个补偿链（或补偿绳），用以补偿当轿厢在接近底部或顶部时，轿厢、对重两侧由于曳引钢丝绳长度不同造成的重量差。

轿厢内门的一侧共有一个操纵盘，盘上设有选层按钮及相应的指示灯。还有开、关门按钮、急停按钮、有无司机开关及各种显示电梯运行状态的指示灯，显示轿厢所在楼层的数码管通常装在操纵盘的上方，有时设在门的上方。轿厢底部或上部吊挂处装有称重装置（低档电梯无称重装置），称重装置将轿厢的负载情况通报给控制系统，以便实现可靠控制。轿厢门的上方装有开门机，开门机由一台小型电动机驱动来实现开、关门动作，在门开启到不同位置时，压动行程开关，发出位置信号用以控制开门机减速或停止。在门上或门框上装有机械的或电子的门探测器，当门探测器发现门区有障碍时便发出信号给控制部分停止关门、重新开门，待障碍消除后，方可关门。从而防止关门时夹人、夹物。在机房曳引机的下方便是贯穿于建筑物通体高度的方形竖直通道，俗称井道，井道侧壁上安装有竖直的导轨，作为引导轿厢、对重运动的导向装置，在发生轿厢超速或坠落时，限速器会自动地将安全钳的楔形钳块插入导轨和导靴之间，将轿厢制停在导轨上，防止恶性事故的发生。井道的底部平面低于建筑物底层的地面，俗称底坑，在底坑对应着轿厢和对重重心的投影点处分别安装有缓冲器，以便在轿厢蹲底或冲顶时（此时对重落到最低点）减缓冲击用。底坑中还设有限速器钢丝绳的张紧轮装置。在井道的上下两端的侧壁上装有极限位置的强迫减速、停车、断电的行程开关，以防止蹲底、冲顶事故的发生。井道侧壁对应各楼层的相应位置装设有减速、平层开关的遮磁板（或磁铁等），以便发送减速、停车信号用。有的电梯在井道中还设有各层的楼层编码开关的磁块（或磁铁），用作楼层指示信号。

在井道对应的各楼层候梯厅一侧开有厅门。厅门平时是关闭的，只有当轿厢停靠在该层时，厅门被轿厢的联动机构带动一起打开或关闭。在各层厅门的一侧面对候梯厅装有呼梯按钮和楼层显示装置，呼梯按钮通常有上行呼梯、下行呼梯各一个（最底层只有上行呼梯按钮，最高层只有下行呼梯按钮），按钮内（有时在按钮旁）装有呼梯响应指示灯，该灯亮表示呼梯信号被控制系统登记。楼层显示装置有时也设在厅门上方。

有些电梯采用机械选层器，选层器安装在机房的井道上方，轿厢的运动通过选层器钢带传递给选层器，选层器的动拖板以 1：40 或 1：60 的比例模拟轿厢的运动，随着动拖板的运动，其上的触点与固定板上的触点发生通、断，这些通断信号描述了轿厢在井道中的位置，把这些信号与井道中开关信号以及呼梯选层信号一起综合进行判断，就可以决定电梯的运行。新型电梯多数不再采用机械选层器，而用电子选层器取代之。

综上所述电梯主要由 8 大系统组成，即：① 曳引系统；② 导向系统；③ 轿箱系统；④ 门系统；⑤ 重量平衡系统；⑥ 电力拖动系统；⑦ 电气控制系统；⑧ 安全保护系统。

6.2 现代民用建筑电梯系统的电气控制

6.2.1 电梯的电力拖动系统

1. 常见的电梯电力拖动方式

目前国内生产的电梯主要采用以下一些电力拖动方式：

直流拖动：发电机组供电的直流电动机拖动、晶闸管供电的直流电动机拖动。

交流拖动：双速电动机定子串电阻调速的交流电动机拖动、交流调压—能耗制动的交流电动机拖动、交流调压—涡流制动的交流电动机拖动、变压变频（VVVF）交流电动机拖动。

根据电梯电力拖动方式的不同来进行分类，可有直流电梯、交流电梯、直流 F-D 电梯（即发电机组供电的电梯）、晶闸管供电（SCR-D）的直流电梯、小励磁（指单相整流励磁）直流电梯、大励磁（指三相整流励磁）直流电梯、交流双速电梯、交流调压调速（ACVV）电梯、交流变频调速（ACVF）电梯等。

2. 电梯的直流拖动方式

（1）发电机组供电的直流电梯（F-D 拖动方式） 国内 20 世纪 80 年代以前生产的性能较好的调速电梯，多数属于这种类型的电梯，目前已不再使用。它采用一台交流异步电动机带动一台直流发电机发出直流电给电梯的曳引电动机供电，通过对直流发电机励磁电流的调节来改变直流发电机发出的电压从而改变直流电动机的转矩和转速，使之按预定速度运行。发电机励磁电流则由晶闸管整流器供给，由于励磁电流数值较小，晶闸管整流器的容量也就不需很大。对电梯速度的控制最终归结为对这个晶闸管整流器的控制，归结为对晶闸管触发延迟角的控制。

（2）晶闸管整流器供电的直流电梯（SCR-D 拖动方式）　随着晶闸管向大容量的发展，由晶闸管整流器为直流电动机电枢直接供电的直流电梯便开始出现。这种电梯的拖动控制方式主要有以下两种：

1）电枢由单向整流桥供电，励磁电路由双向整流桥供电的 SCR-D 直流电梯。这种类型的电梯系统构成如图 6-2 所示，在该系统中采用一组三相全波可控整流器 ZLA 替代 F-D 拖动方式中的发电机组，为直流电动机 M 供电。控制整流桥 ZLA 的晶闸管触发延迟角可以改变整流桥及电动机的工作状态。

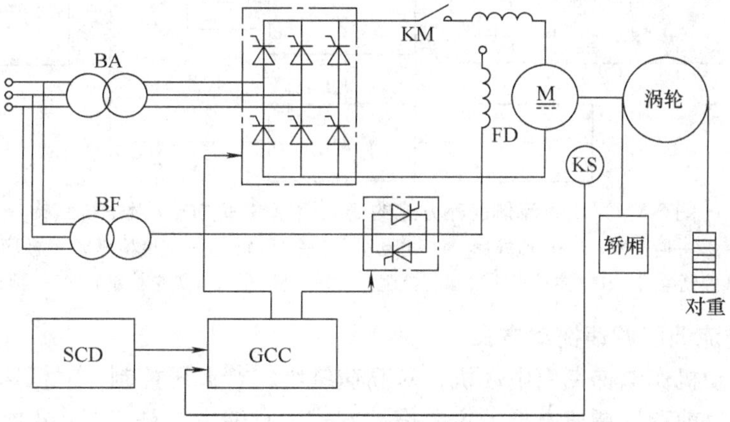

图 6-2　电枢单向供电、励磁双向供电的 SCR-D 直流电梯

2）电枢电路由两组反并联的三相全波可控整流器供电的 SCR-D 直流电梯。这种拖动方式的特点是在电动机电枢回路中设置了两组晶闸管整流器，它们彼此反向并联，为电枢提供正、反向电流。而励磁回路则只是一个恒定大小、恒定方向的恒流控制，即控制电动机的磁通保持额定值。这时电动机 4 个象限运行的控制就靠对正、反两个整流桥的控制来实现。这个电路与工业上通常采用的直流电动机可逆运转控制相似，可以做成有环流的，也可以做成逻辑无环流的。

3. 电梯的交流双速拖动方式

我国在 20 世纪 70 年代生产的电梯，绝大部分是交流双速电梯，80 年代生产的电梯也有相当数量的双速电梯。交流双速电梯的拖动系统结构简单，技术含量较低，运行舒适感较差，梯速一般在 1m/s 以下。这种电梯通常采用继电器控制，故障率较高，越来越不适应现代社会的需求，已被交流调速电梯替代。目前交流双速拖动方式主要用于货梯或客货两用梯中，控制部分也已由有触点控制改为无触点控制和可编程序控制器控制，其双速拖动方式也已改造为调压调速或变频调速拖动方式，以提高其运行舒适感和平层精度。

4. 电梯的交流变频调速拖动方式

由于变频调速不涉及异步电动机的转子电路，因此可以采用笼型异步电动机作生产机械的拖动电动机。笼型异步电动机结构简单，价格低廉，坚固耐用的优点使变频调速具有较大的吸引力。所以变额调速电梯得到了大力发展和应用，已成为电梯的主流产品。图 6-3 所示为采用直流侧能耗方式的变频调速电梯主电路及系统结构。

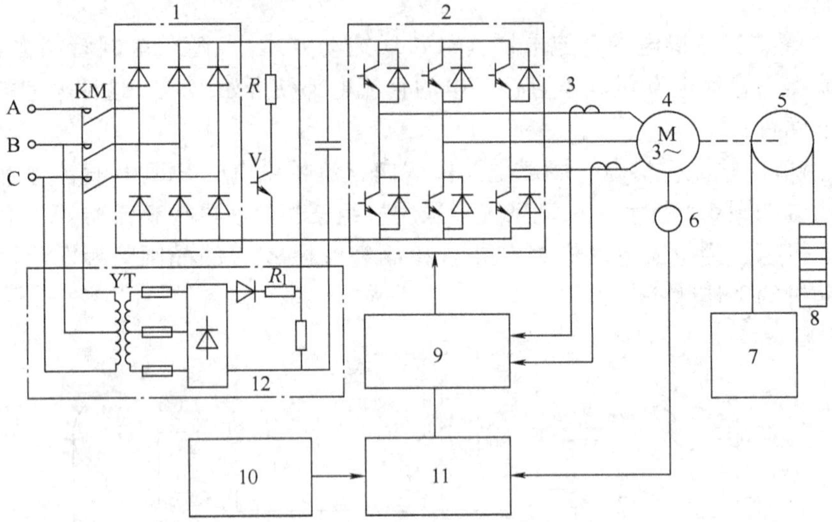

图 6-3　采用直流侧能耗方式的变频调速电梯主电路及系统结构

1—整流桥　2—逆变桥　3—电流检测　4—电动机　5—曳引轮　6—速度检测　7—轿厢　8—对重　9—PWM 控制电路　10—主控微机（运行控制）　11—辅助微机（矢量控制）　12—预充电电路

5. 电梯的交流调压调速拖动方式

采用双速电动机作电梯曳引电动机，对高速绕组实行调压控制，对低速绕组实施能耗制动控制的电梯是目前调压调速电梯的主要拖动方式，它的主电路如图 6-4 所示。

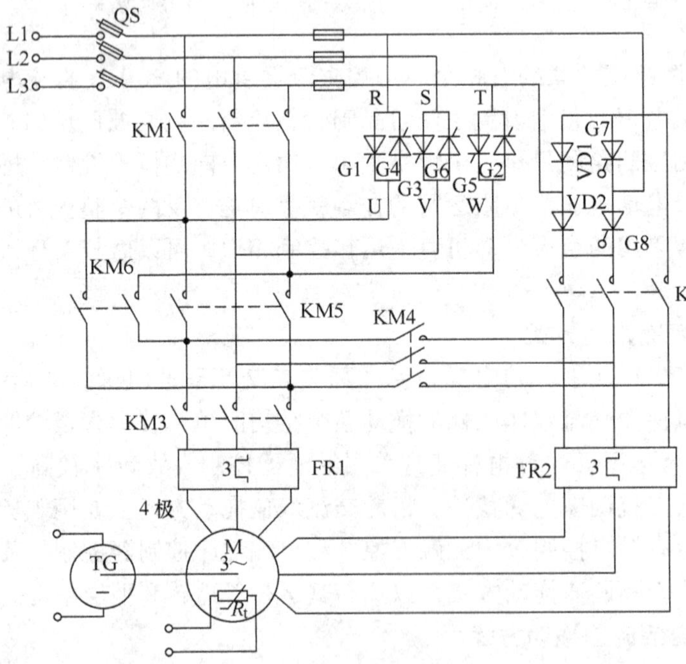

图 6-4　调压—能耗制动拖动方式的主电路

在图 6-4 中，电动机的高速绕组接成星形调压方式，每一相接有一对反并联的晶闸管。接触器 KM6 和 KM5 是改变电动机转向的上行接触器和下行接触器。当然也可以增加两对晶闸管来实现电动机的反向，但是由于晶闸管价格较接触器要贵，因此图 6-4 目前仍是主要的电路形式。在这种形式下，还可以利用接触器的辅助触点实现互锁、传递信号，KM5、KM6 在不运行时可以断开电路，起到保护晶闸管的作用，还可以避免由于晶闸管的误触发或短路故障造成电梯误动作的事故。在这种电路中，由于 KM5、KM6 在吸合、断开时不需要承受冲击电流，因此触点很少拉弧，寿命较长。

图 6-4 中的晶闸管 G7、G8 和二极管 VD1、VD2 构成单相半控全波整流电路，给低速绕组提供能耗制动时的励磁电流。

为实现上述动作，在正常运行时接触器 KM1、KM4 应打开，接触器 KM5 或 KM6、KM3、KM2 则应接通。

当电梯检修运行时，不使用晶闸管调压、励磁电路，只需给低速绕组提供三相交流电，使电梯低速运行。这时应打开接触器 KM3、KM2，而通过接通接触器 KM1、KM5 来实现低速运行，这时的上升、下降由 KM6、KM5 来控制。

与曳引电动机同轴（或经皮带轮传递）装有测速发电机 TG，由 TG 产生的转速信号送到拖动控制电路，作为速度的反馈信号与给定速度比较，以实现预定速度曲线的闭环控制。

6.2.2　电梯的电气控制系统

1. 电梯的电气控制系统框图

电梯是大型的机电合一的特种设备，相应的机械有相应的电气控制和保护。而电气控制系统应完成以下控制功能：

1）按照规定的操作方式运行、调度轿厢。

2）内选外呼信号的登记、应答、消号。

3）确定轿厢的运行方向。

4）开关门控制。

5）轿厢位置指示。

6）轿厢照明自动控制。

7）加减速度控制。

8）平层控制。

电梯的电气控制系统主要由轿内指令电路、厅门呼梯电路、定向选层电路、起动运行电路、平层控制电路、开关门控制电路、安全保护电路，以及备用电源的自动投入和切除控制电路等组成。其系统框图如图 6-5 所示。

2. 控制系统的基本环节

虽然电梯的电气控制是一个复杂的系统，但它们都是由一些具有一定功能的基本环节的电路组合起来的。而且各种不同种类的电梯，其控制系统又均有以下几个基本环节：

1）起动加速环节。

2）减速制动和平层停站环节。

3）安全保护环节。

4）信号存储和显示环节。

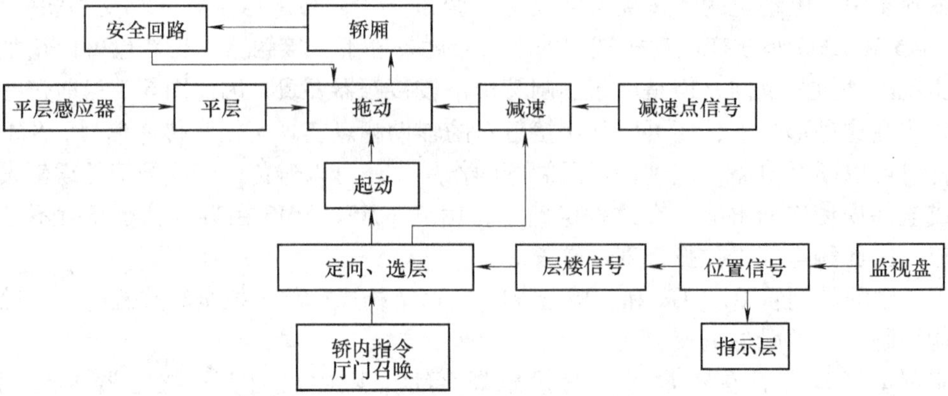

图 6-5　电梯的电气控制系统框图

这些环节不但具有各自独立的作用，而且还具有互相制约、互相协调，以完成电梯运行过程的自动化的作用。

3. 电梯的微型计算机控制系统

目前世界上较大的电梯生产厂家都推出了微型计算机控制的电梯，继电器控制方式已逐渐被取代。

（1）微型计算机在电梯上的应用主要有以下几个方面：

1）取代选层器和大部分继电器甚至全部。

2）微型计算机数字调速系统。

3）微型计算机群控调度。

（2）微型计算机应用于电梯上有下列优点：

1）缩小控制装置的占地，使控制系统结构紧凑。

2）微型计算机的功能灵活多变，可以根据不同用户的要求改变程序以取得不同的控制功能。

3）微型计算机用了群控管理系统可大大提高电梯运行效率，节省能源，减少乘客的待梯时间。

4）生产上免去了许多继电器间复杂的接线，提高劳动生产率。

5）微机采用无触点逻辑电路，提高了系统的可靠性。

6）维修简便，微型计算机配有故障检测功能，可以用灯光等来显示系统的故障部位。

7）成本低，因为微型计算机取代了选层器、继电器及一些常规系统的电子线路板，如速度指令板等。

8）微型计算机提高了拖动控制系统的等级，如变频变压型电梯等就必须应用微型计算机。

9）采用数字电路给定最佳速度曲线，且可根据不同情况灵活多变，提高运行效率和乘坐舒适感。

（3）微型计算机控制电梯的控制原理　图 6-6 为一种采用晶闸管直接供电的微型计算机电梯控制系统的控制框图。内指令、厅召唤由群控管理机负责。每台电梯控制器都配有两台微机、一台监控机和一台速度控制机。为了取得高可靠性，两台微机相互备用，当监控机出故障时，速度控制机将电梯驶到最近层。相反，当速度控制机有问题时，电梯停止，然后监控机以低速将电梯驶到最近层。

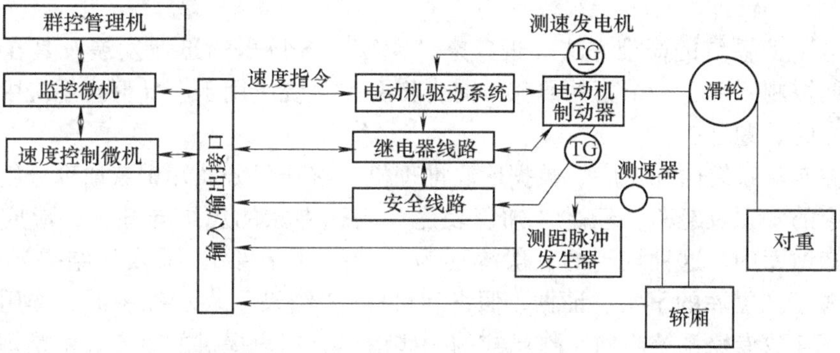

图 6-6　微型计算机电梯控制系统的控制框图

电梯运行中的位置，通过测距脉冲发生器测得。脉冲发生器每单位距离发出固定脉冲，由计算器累计出脉冲数，便知电梯所处的位置。电梯的位置数据即使在停电时，亦能保持一段时间，以便复电时能知道电梯的位置。微机内存储了层数、层间距离等数据。脉冲的累计总数与这些数据相比较，便可计算出电梯现时的位置，距目的层的距离。层间的实际距离由于建筑物各种因素的影响，与输入数据有可能出现差异，但在电梯运行中，微机能自动对此进行测量，并根据测量值进行修正。因此电梯长期无需调整，而仍能保持稳定、良好的舒适感和平层准确度。减少控制元件的接线，可以提高整个系统的可靠性。

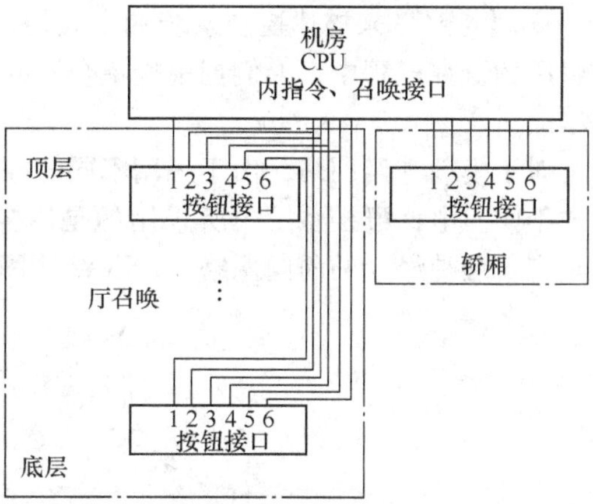

图 6-7　轿内指令及厅门召唤的线路图

1—入/出，同步信号　2—时钟信号　3—召唤信号　4—召唤灯信号　5—方向同步信号　6—出/入，同步信号

图 6-7 为系统内指令及厅门召唤的线路图，它采用了串行通信方式，用一条电线就可以传送多个信号。通常，系统轿内指令和召唤信号需要很多电线，例如厅门召唤除电源公共线端外，每层上召唤、下召唤按钮各需要一条线，按钮灯各需一条线，如果 20 层，则厅召唤就需要 80 条线。但如果用串行通信方式，轿内指令加厅召唤仅需要 10 多条井道线。图 6-7 中每层按钮箱都装一块按钮接口，轿内只需一块就够了。

4. 智能控制的电梯系统

作为现代民用高层建筑内的主要交通工具，对电梯系统有一定的要求。这些要求是将乘客快速、舒适、安全地送到所需楼层，并向乘客提供有效指示信号，对设置电梯系统的大楼提供节能、低噪声、低振动的环境；通过对多台电梯的有效控制，实现楼内所占面积最少化等。

电梯群控系统的控制目标：① 在客流高峰时，在满足繁忙交通需求条件下，均衡并缩短乘客的候梯时间和乘梯时间；② 在正常交通状况下，可缩短乘客总体的平均候梯时间和平均乘梯时间。同时还可减少乘客的长候梯率，以提高服务质量。

由于电梯群控系统控制目标的多样性，同时也由于电梯系统本身所固有的随机性和非线性，仅仅通过使用传统的控制方法很难提高控制性能，因而人们把智能控制引入到电梯群控中。

（1）基于专家系统的群控方法　近年来，专家系统技术的迅速发展及其在控制工程中的应用为智能控制开辟了一个新的研究方向，将专家系统应用于电梯群控系统中也是许多电梯工程师关注的课题之一。

电梯群控专家系统由知识库、数据库、推理机、解释部分及知识获取部分组成。通过获取电梯界专家的知识及经验，经过“知识表达”表达专家的思维与知识，形成一定的控制规则存入到知识库中。这种规则的一般描述为“如果（条件），那么（结果）”。其中“条件”表示来源于数据库的事实、证据、假设和目标；“结果”表示控制器的作用或一个估计算法。数据库存放专家系统当前工作已知的一些情况、用户提供的事实和由推理得到的中间结果。例如：电梯呼梯信号分布情况，各部电梯位置信号、乘客人数、预测乘客的等待时间及电梯运行时间等。推理机目的是用于协调整个专家系统的工作。它根据当前的输入数据或信息，再利用知识库中的知识，按一定的推理策略去控制派梯。解释部分主要是解释系统本身的推理结果，回答用户的问题。

由于专家经验及知识的局限性和知识表达的不全面性，使得控制规则并不完善，因此用这种方法不能很好地适应不同大楼的控制要求。

（2）基于模糊逻辑的群控方法　1965 年美国 L A Zadel 首次提出模糊集合的概念，引入了“隶属函数”来描述控制系统的中间控制过程，为研究模糊性规律提供了数学工具；而在以后的研究过程中，人们把模糊集合论的思想应用于控制工程领域，形成了这种智能控制方法。

对于模糊神经网络，由于采用不同的控制思想和策略，使得模糊神经网络控制器的结构形式不同。电梯群控系统中所采用的是用神经网络记忆模糊规则的 FNN。这里的神经网络是具有 5 层神经元的前向网络。FNN 结构图如图 6-8 所示。

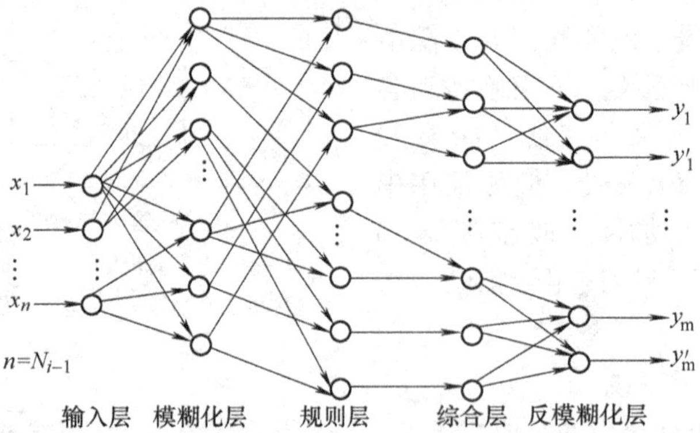

图 6-8　FNN 结构图

图 6-8 中第一层是输入层。其神经元的个数 N_i 与输入维数相同，包括输入 1。该层的作用函数 $F(x_i)=x_i$，$i=1, 2, \cdots, N_i$ 即为直接把输入变量 x_i 的值传送到下一层的神经元。

图 6-8 中第二层是模糊化层，第三层是规则层，第四层是综合层，第五层是反模糊化

层。根据输出模糊子集计算出确定的输出值。

自从 Mitsubishi 公司首次把模糊逻辑用于电梯系统，采用模糊控制的电梯系统迅速增加。例如用模糊逼近的方法来确定电梯群控系统呼梯分配法中的重要参数——区域权重，进而得出评价函数的值，实现系统多目标控制。模糊控制的群控系统的特点是由专家决定隶属函数及控制规则，并用其来确定以后的电梯群控器的行为。以这种方式运用专家知识，控制器可以更好地处理系统中的多样性、随机性和非线性。在电梯群控系统中，模糊规则的应用意味着通过专家系统知识来实现对每个电梯控制方案的评价。容易看出，通过运用从经验丰富的电梯工程师获得的各种控制规则，比仅仅用严格的补偿函数方法，可以获得更好的效果。

6.3　现代民用建筑电梯系统的电气设计

6.3.1　民用建筑电梯的选用

民用建筑电梯的电气设备由制造厂成套制造和供应，民用建筑电梯系统的设计主要是电梯井道的设计、电梯系统的选用、电梯系统的供电设计。而电梯井道的设计主要由建筑结构专业完成。电气设计的主要工作是完成电梯系统的选用、电梯系统的供电设计。下面主要介绍电梯系统的选用、电梯系统的供电设计。

1. 电梯选用方法和步骤

1）通过对建筑物的综合考虑，选择合适速度的电梯。

2）根据建筑物的交通需要，估算所需电梯台数。

3）缩短乘客候梯时间，提高电梯的服务质量。

4）充分注意电梯的设置和安排，对于多台电梯的设置，应使得各台电梯的负载尽量均衡，尽可能集中在建筑物的中央一个地方，同时还应注意将电梯厅站与大楼交通道分开，以免在人流高峰时，出现电梯使用者与行人相互阻碍的现象。

5）确定合适的停靠方案，以提高电梯的运送能力，一般在大型建筑物和超高层建筑物中，应考虑分区服务或奇偶数停靠的方案。

2. 电梯速度的选择

电梯的运行速度 v 是根据建筑物层数 n、客梯载客容量 Q_e 和停靠层数 E 综合考虑确定的。因每次运送乘客所需要到达的楼层不尽相同，因此 E 一般用概率统计数表示，常用概率为 95% 的平均停靠层数，即

$$E = n\left[1 - \frac{q(n-1)}{n}\right] \tag{6-1}$$

式中　n——建筑物层数；

　　q——乘客人数，在高峰时间等于客梯容量 Q_e。

电梯的载客容量 Q_e 等于电梯的载重能力除以平均人重。由于各国对平均人重的规定有所不同（美国及西欧为 75kg/人；东欧各国为 80kg/人；中国为 70kg/人）。因此载人容量的计算，视其电梯生产的国家和地区的不同而不同。电梯运行速度与平均停靠层数的关系见表 6-1，电梯容量与运行速度的关系表 6-2。在选择电梯的速度时，要综合考虑两表的结果，以确定合适的梯速。

表 6-1　电梯运行速度与平均停靠层数 E 的关系

电梯的停靠情况	电梯速度/（m/s）
$E\leqslant6$ 的客梯	0.5～0.8
$E\geqslant8$ 的客梯	1～1.2 及 1.5～1.8
$E=10\sim15$ 的客梯	2～2.5
$E=16\sim25$ 的客梯	2.5～3.5
$E>25$ 或第一个依靠站超过 80 m，而且以上又很少停靠的客梯	4～6.5

表 6-2　电梯容量与运行速度的关系

运行速度 v/（m/s）	0.5～1.5	1.5～2	2.5～3	4～5.5	6.5
电梯容量 Q_e（人）	5、7、9、10、11	12、14、15、17	20、21、23	26、28、32	40、55
载重量 G/kg	500～1000	1000～1500	1500～2000	2000～2500	3000～4500

一般根据设计经验，电梯由底层直达顶层的运行时间在 30s 内为最佳。通常 9 层以下选用低速电梯，15 层及以下选用快速电梯，15 层以上宜选用高速电梯。

3. 电梯台数的确定

在确定了电梯的速度之后，便可估算同一用途的电梯所需要的台数。对于正常垂直交通状况所需要的电梯台数按下列公式估算：

$$N=\frac{m_5}{p} \tag{6-2}$$

$$m_5=\frac{m_{60}}{12} \tag{6-3}$$

$$p=\frac{300r}{t_r} \tag{6-4}$$

式中　N——所需电梯台数；

m_5——5min 时间内的客流量；

m_{60}——60min 时间内的客流量；

p——每台电梯在 5min 内的运送能力；

r——轿厢乘客人数（上班时为轿厢额定人数的 80%）；

t_r——往返一周时间，即从轿厢返回基站时起，乘客在基站乘入再返回基站时的时间。

计算客流量是件很复杂的事情，一般采用简便的方法估算。对于办公大楼，可根据建筑物的有效面积与人均占用面积比来估算。一般取使用面积的 80% 为有效面积，人均占用面积取 6～8m^2，大型办公大楼取较大值，中小型取较小值。对于住宅楼，则根据每户住宅的大小来估算，对一户二居室按 2～2.5 人估算，一户三居室按 3.5～4 人估算。旅馆的客流量按床位计算，计算时可假定各层分别为单人间或双人间。

4. 电梯选择的推荐值

表 6-3 至表 6-6 分别给出了百货商场电梯、高层住宅电梯、办公大楼电梯和旅馆乘客电梯选择的推荐值。

表 6-3　百货商场电梯选择推荐值

建筑物规模	载重量/kg	定员（人）	速度 v/（m/s）
大型百货商场（7 层以上）	1350 1600 1800	20 24 27	2～2.5
中小型百货商场（7 层以下）	1000 1150 1350	15 17 20	1.5～1.75

表 6-4　高层住宅电梯选择推荐值

层数 n（层）	≤5	6～11	12～17	18～24	25～30
速度 v/（m/s）	0.5～0.75	1～1.5	1.5～1.75	1.5～2	2.5～3.5
载客容量 Q_e（人）	6	9	15	17	20

表 6-5　办公大楼电梯选择推荐值

建筑物规模	服务层	速度 v/（m/s）	容量/kg	定员（人）	门型式	出入口宽/mm
小型办公楼	1～6 层	0.75～1	400 600 750	6 9 11	2S CO CO	800 800 800
中型办公楼	1～6 层	1	600 750 900 1000	9 11 13 15	CO	800 800 900 900
	1～8 层	1.5～2.5	750 900	11 13	CO	800 900
	9 层以上		1000 1150	15 17	CO	900 1000
大型办公楼	8～15 层	2～2.5	1000 1150	15 17	CO	900 1000
	16～20 层	2.5～3.5	1350 1600	20 24	CO	1100 1100

表 6-6　旅馆乘客电梯的推荐值

建筑物规模	客　房　数	层　　数	容量/kg	定员（人）	速度 v/（m/s）	控 制 方 式
大型旅馆	400 以上	10 层以上	1000 1150 1350 1600	15 17 20 24	1.5 1.75 2.5 3 3.5 4 5 6	2～3 台 集选控制 梯群控制

（续）

建筑物规模	客房数	层数	容量/kg	定员（人）	速度 v/（m/s）	控制方式
中型旅馆	200～300	6层以上	600 750 900 1000 1150	9 11 13 15 17	1 1.5 1.75 2.5	2～3台 集选控制
小型旅馆	100以下	4层以上	400 600	6 9	0.75 1	集选控制

6.3.2 现代民用建筑电梯的供电系统设计

1. 电梯供电容量的确定

（1）交流电梯曳引电动机的功率确定　曳引功率与额定梯速、额定负载、平衡系数、曳引机的效率等有关。当轿厢以额定负载和额定速度稳定运行时，其曳引功率为

$$P_m = \frac{L_e v_e F}{102\eta_1} \tag{6-5}$$

式中　P_m——曳引电动机的额定功率（kW）；

L_e——额定负载（kg）；

v_e——额定速度（m/s）；

F——平衡重系数，客梯为0.55，客货梯为0.51；

η_1——曳引机效率，与曳引机的结构型式有关，其值参见表6-7。

表6-7　曳引机效率系数推荐值

结构型式	有齿轮		无齿轮	
	2:1绕法	1:1绕法	2:1绕法	1:1绕法
η_1	0.45～0.55	0.50～0.60	0.80	0.85

实际应用中，选择的容量应略大于按式（6-5）的计算值。

（2）直流电梯曳引电动机的功率确定　对于交流电动机—直流发电机拖动系统的电动机功率可按下述方法计算：

1）直流发电机容量

$$P_f = \frac{CP_{mk}}{\eta_2} \tag{6-6}$$

式中　P_{mk}——曳引电动机额定输出功率（kW）；

P_f——直流发电机（连续运行）输出的额定功率（kW）；

η_2——曳引电动机效率，$\eta_2=0.80$；

C——工作制转换系数，$C=0.55～0.60$。

2）交流电动机输出功率

$$P_M = \frac{P_f + P_e}{\eta_3} \tag{6-7}$$

式中　P_e——励磁功率，一般可取为 $P_e = 3 \sim 5\text{kW}$，采用晶闸管励磁时取小值；

η_3——发电机和励磁装置的总效率，$\eta_3 = 0.85 \sim 0.90$。

（3）照明设备及其他负荷容量确定　电梯除动力用电设备外，还应考虑照明及其他用电设备，如轿厢的照明、层站指示器、机房和轿厢的通风装置，以及维护和检修用的电源插座。这些用电设备一船采用低压电源，其容量每台电梯需要 1 ~2kV · A。这部分电源若与动力电源共用同一电气回路同一馈电开关时，则电梯的电源设备容量应另外加上这一部分容量。

电梯轿厢内部一般设置应急照明，每台电梯常为 40W，使用时间不小于 30min。此装置可以订货时提出，随机供应，也可单独设置。

（4）电梯供电容量确定　在计算电梯电源设备的容量时，要考虑电梯的载重、梯速以及起动电流对电源的影响。由于电梯机组起动频繁、负载波动大、加减速迅捷等，这些都将产生较大的冲击电流，造成电源电压波动剧烈。因此，电源容量的确定，不能直接引用曳引电动机的功率或发电机的交流拖动电动机的功率。一般可用下式估算：

$$S = kL_e v_e \tag{6-8}$$

式中　S——电源设备容量（kV · A）；

L_e——额定负载（kg）；

v_e——额定速度（m/s）；

k——综合系数，其值对于交流单速电梯 $k = 0.035$，交流双速电梯 $k = 0.030$；直流有齿轮电梯 $k = 0.021$。

对于直流无齿轮电梯 S 由下式估算：

$$S = 0.015L_e v_e + 10\text{kV} \cdot \text{A} \tag{6-9}$$

在实际应用中，还可以参考一些规定值来确定，表 6-8 给出了各种电梯电源容量推荐值。即使如此，由于各制造厂家生产同一型号的产品，其性能也有差异，因此制造厂家提供的电源设备容量应是重要的选择依据。

表 6-8　电梯的电源容量的推荐值　（单位：kV · A）

方式及速度 / 载重/kg	交单速	交流双速		直流有齿轮		直流无齿轮					
	0.5	0.75	1	1.5	1.75	2	2.5	3	3.5	4	5
400	7.5	10	15								
500	10	15	15								
600	10	15	20	20							
750	15	15	20	25	30						
900		20	25	30	40	40	40				
1000			25	30	40	40	50	50	75		
1150				40	50	50	50	50	75		
1350				40	50	50	75	75	100	100	150
1600						75	75	75	100	150	150

2. 馈电开关的选择

电梯电源一般应送至机房，并在机房设置馈电开关。电梯电源的设备开关，一般宜采用具有过电流保护功能的断路器。断路器的额定电流应根据电动机的连续使用负荷电流和起动电流来确定。表 6-9 给出了与表 6-8 电源容量相对应的断路器的额定值。

表 6-9　机房馈电开关额定电流推荐值（$U=400V$）　　（单位：A）

方式及速度 载重/kg	交单速	交流双速		直流有齿轮		直流无齿轮					
	0.5	0.75	1	1.5	1.75	2	2.5	3	3.5	4	5
400	30	30	50								
500	30	30	50								
600	30	50	50	50							
750	30	50	50	50	75						
900		50	50	50	75	75	100				
1000			75	75	75	100	100	100	125		
1150				75	100	100	100	125	125		
1350				100	100	100	125	125	150	175	200
1600						125	125	150	175	200	250

3. 电梯的供电负荷等级确定与供电系统设计

电梯的负荷分级和供电要求，应与建筑的重要性和对电梯可靠性的要求相一致，并符合国家标准 GB 50052—2009《供配电系统设计规范》的规定。高层建筑和重要公共建筑的电梯为二级，特别重要的为一级；一般载货电梯、医用电梯为三级，重要的为二级；多层住宅和普通公共建筑的电梯为三级。高层建筑中的消防电梯，应符合国家标准 GB 50045—2005《高层民用建筑设计防火规范》的规定。

普通电梯和消防电梯的电源应分别采用专用的供电电源回路；消防电梯的配电设备应有明显标志。

电梯的供电，宜从变压器低压出口（或低压配电屏）处分开自成供电系统，即在低压侧设置专用电源出线的供电系统。

一级负荷电梯的供电电源应设置有两个电源，供电采用两个电源送至最末一级配电装置处，并可自动切换。为一级负荷电梯供电的电源回路应专用，不应接入其他级别的负荷；二级负荷电梯的供电电源宜有两个电源（或两个回路），供电电源可采用两个回路送至最末一级配电装置处，并可自动切换。当供电系统低压侧为单母线分段，且母联断路器采用自动投入方式时，可采用线路可靠独立出线的单电源回路供电。亦可由应急母线或区域双电源自动互投配电装置出线单电源回路供电。三级负荷电梯的供电，宜采用专用电源回路供电。

消防电梯的供电，应采用两个电源（或两个回路）送至最末一级配电装置处，并应可自动切换。

4. 电梯的应急电源设计

电梯在正常运行时，若遇上外部市电电源因某种特殊情况（如地震或火警）停电，乘客将被困于轿厢内，这种现象称为电梯困人。要救出关在轿厢里的乘客，除根据上述负荷等级要求设置多个外部电源外，其有效措施是设置应急电源。应急电源由独立的、并能自动起动和切换电源的发电机组发电，其额定容量既应保证能满足电梯满载运行的容量，又应保证机组能承受 5～10s 时间的瞬时起动容量。此外现代电梯已可自身设置由电池组构成的应急电源，可根据设计要求电梯生产厂家设置由电池组构成的应急电源系统。

当出现地震或火警时，电梯必须进行应急操作，如果采用计算机群梯控制方式时，电梯将会自动转入地震或火灾紧急服务。当采用集选控制方式时，大厦由应急备用发电机组供电或由电梯自身设置的电池组应急电源供电。此时除消防电梯应保证连续供电外，其余的普通电梯应分批依次短时馈电指定的电梯，以保证它们返回指定层，将乘客救出，关门停运。

应急操作应在几分钟内进行完毕，然后断开所有普通电梯的电源。

5. 电梯的供电导线选择

选择电梯供电导线时，应按电动机铭牌电流及其相应的工作制确定，导线的连续工作载流量应不小于计算电流，线路较长时，还应校验其电压损失（直流电梯电源电压波动范围为 ±3%，交流电梯为 ±5%）。

根据不同用途，电梯的配电导线可选用绝缘导线、硬电缆或软电缆，应有不同的保护方式和敷设方式：

1）导线如被敷设于金属或塑料制成的导管（或线槽）内或以一种等效的方式保护，则可用于除电梯驱动主机动力电路以外的全部线路。

2）硬电缆只能明敷于井道（或机房墙壁上），或装在导管、线槽或类似装置内使用；

3）普通软电缆只有在导管、线槽或能确保起到等效保护作用的保护装置中方可使用。

向电梯供电的电源线路，不应敷设在电梯井内。除电梯的专用线路外，其他线路不得沿电梯井道敷设。机房内配线应使用阻燃型的电线管或电线槽保护。井道内敷设的电缆和电线若采用明敷设，应是阻燃和耐潮湿的，若采用非阻燃的电缆和电线，应采用阻燃材料的电线管或电线槽保护。

消防电梯动力与控制电缆、电线应采取防水措施（如在电梯门口设高 4 ~ 5cm 的防水坡等）。

6. 电梯的防灾及报警装置设计

消防电梯和平时兼作普通电梯的消防电梯，在撤离层靠近层门的候梯处增设消防专用开关和优先呼梯开关，供火灾时消防队员使用。消防控制室在确认火灾后，也应能控制电梯全部停于撤离层，并接受其反馈信号。在轿厢到达撤离层后，应保证轿厢的优先召回权，使之在不响应层站呼叫下进行操作。轿厢在达到指定层后就停留在该处，且轿门开着，直到轿内发出新的指令。

为使乘客在需要时能有效地向轿厢外求援，应在轿厢内设置乘客易于识别和触及的报警装置。该装置应采用警铃和对讲系统、外部电话或类似形式的装置。建筑物内的管理机构应能及时、有效地应答紧急呼救。报警装置需要就地提供电源时，要有可自动再充电的紧急电源。在正常电源被中断的情况下，它能至少供报警装置用电 1h。在正常电源一旦发生故障情况下，应自动接通紧急电源。报警装置用紧急电源可与照明用紧急电源共用。

超高层建筑和级别高的公共建筑，在防灾控制中心宜设置电梯运行状态指示盘。如果电梯行程大于 30m，在轿厢和电梯机房之间应设置紧急电源供电的对讲系统或类似装置。消防电梯轿厢内应设消防专用固定电话，根据需要可以设闭路监视摄像机。

7. 电梯的防雷等电位设计

二类防雷建筑物超过 45m 和三类防雷建筑物超过 60m 的民用建筑电梯，应采取防雷等电位连接措施设计。电梯导轨的底端和顶端应分别与防雷装置连接（接闪器、引下线、接地装置和其他连接导体等）。

8. 电梯的接地保护设计

电梯的低压配电系统零线和接地线应始终分开。整个电梯装置的金属件，应采取等电位联结措施。接地支线应分别接至接地干线接线柱上，不得互相连接后再接地。

在各个底坑和各机房均应设置等电位连接端子盒，并与防雷装置连接。端子盒分别单独用接地线接至等电位联结端子板，以便于检查和维护。采用铜芯导体，芯线截面积不得小于 $6mm^2$，当兼作防雷等电位联结时，采用铜芯导体，芯线截面积不得小于 $16mm^2$。

轿厢接地线如利用电缆芯线时，不得少于两根，采用铜芯导体，每根芯线截面积不得小于 $2.5mm^2$。等电位联结、保护接地及电梯控制计算机工作接地与建筑内其他功能的接地共用接地装置。

6.4 现代高层和超高层民用建筑电梯系统的电气设计

在高层和超高层民用建筑电梯系统设计中，除应按照上述民用建筑电梯系统的设计要求外，还应从以下几方面考虑高层和超高层民用建筑电梯系统的设计问题。

6.4.1 高层和超高层民用建筑电梯的配置设计

在超高层民用建筑中，快速、高效、平稳的垂直服务是不可缺少的。电梯作为超高层民用建筑的垂直交通工具，对其数量的配置、控制方式及有关参数的选定将不仅直接影响超高层民用建筑物的一次投资（一般电梯投资约占建筑物总投资的10%左右），而且还将影响超高层民用建筑物的使用安全和经营服务质量。在超高层民用建筑物内，恰当地选用电梯的台数、容量、运行速度、控制方式非常重要。而超高层民用建筑物内的电梯一经选定和安装使用就几乎成了永久的事实，以后若想增加或改型非常困难，甚至是不可能的。因此，在设计中应该在设计开始时对电梯的配置就应予以充分重视。

现代超高层建筑大都在100层左右，建筑内人口流动大，纵向交通主要依赖电梯。有效设计超高层建筑的电梯的关键是运用各种局部电梯进行服务，并把局部区域电梯系统组织起来。通往这些局部区域，通过由地面始发站至局部区域的空中候梯厅之间的快速穿梭电梯进行服务，乘客到达空中候梯厅后再换乘区间电梯。为了能够将乘客以最快的速度运送到达目的地，一般以建筑每30~35层为一局部区域。

在设计超高层电梯配置时应注意以下几点：

1）单组电梯可行的电梯限制数为8台。

2）位于每一电梯楼层区域的上面楼层数不应超过15~16层（单层时），双层时为18~20层。

3）典型办公楼电梯载重单层为：1350kg、1600kg和1800kg；双层为：1350/1350kg；1600/1600kg；1800/1800kg。

4）典型空中走廊/观光层电梯载重量为2040kg；2250kg；2500kg。

5）电梯的垂直加速度为 $0.9\sim1.5m/s^2$。

6）电梯速度偏重于克服长行程；典型的无减速箱电梯速度是：2.5m/s、3.5m/s、4.0m/s、5.0m/s、6.0m/s、7.0m/s、8.0m/s、9.0m/s、10.0m/s等。

7）牵引式电梯最长行程为600m。

6.4.2 高层和超高层民用建筑电梯的控制和供电系统设计

1. 高层和超高层民用建筑电梯的控制系统设计

由于超高层建筑采用多梯系统，为了提高电梯群的使用效率，以最快的速度满足乘客的需要，缩短乘客等候时间，为此应采用微型计算机电梯控制系统。通过计算机控制系统及时地处理大量信息，判断各站台的呼叫信息和各电梯的位置、方向、开闭状态、轿厢内呼叫等各种状态，以提高运送能力，改善服务质量，提高超建筑的经济效益。电梯微机群控系统设计应注意以下几方面：

1）轿厢到达各停靠站台前应减速，到达两端站台前强迫减速、停车，避免撞顶和冲底，以保证安全。

2）对轿厢内的乘客所要到达的站台进行登记并通过指示灯作为应答信号，在到达指定站台前减速停车、消号，对候梯的乘客的呼叫进行登记并作出应答信号。

3）满载直驶，只停轿厢内乘客指定的站台。

4）当轿厢到达某一站台而成空载时，另有站台呼叫，该轿厢与另外行驶中同方向的轿厢比较各自至呼叫层的距离，近者抵达呼叫站并消号。

5）端站乘客呼叫时，应调用抵达端站台轿厢与空载轿厢之近者服务。

6）在各站台设置轿厢位置显示器，对站台乘客进行预报，消除乘客的焦急情绪，同时可使乘客向应答电梯预先移动，缩短候梯时间。

7）站台呼叫被登记应答后，轿厢到达该站台时应有声音提醒候梯乘客。

8）运行中的轿厢扫描各站台的减速点，根据轿厢内或站台有无呼叫决定是否停车。

9）乘客站台呼叫轿厢，同站台能提供服务的所有电梯的应答器均应作出应答。

10）控制室将电梯群分类，分单数层站停和双数层站停，所有电梯都以端站为终点，在中间层站，单数层站台呼叫双数层站台的轿厢，控制室不登记，不作应答，反之也一样。

11）中间站台呼叫直达电梯不登记，不应作出应答。

12）轿厢完成输送任务，若无呼叫信号或被指示执行其他服务，则电梯停留在该站台，轿厢门打开，等待其他的呼叫信号。

13）控制系统时刻监视电梯的状态，同时扫描各站台的呼叫状态。

2. 高层和超高层民用建筑电梯的供电系统设计

高层和超高层民用建筑电梯的供电负荷等级一般应定为一级负荷，电梯的供电系统一般都配置两路独立的供电电源，以保证电梯的用电，防止电梯的供电中断而使乘客滞留在行驶的电梯内。当一路电源发生故障或进行维修时，另一路电源自动投入。若发生意外事故或大范围地区停电使第二电源也不能供电时，这时供电系统应转换到第三电源，超高层的第三电源一般由柴油发电机供给。当第三电源也发生故障时，只有依靠蓄电池供电。一般要求蓄电池能够给各楼层的公共通道提供应急照明和应急电力，其余向电梯供电，并且能够维持电梯继续工作。

3. 高层和超高层民用建筑电梯的接地系统设计

现代高层和超高层电梯应用计算机系统控制以后，电梯的接地系统就变得复杂了。它包括信号接地、安全接地保护和防雷接地保护等。其接地保护系统应按照以下思路进行设计。

（1）信号接地设计　信号接地设计是针对电梯计算机控制系统而言的，它是为保证信号具有稳定的基准电位而设置的接地。我国当今投放市场的电梯产品其控制系统广泛采用可编程序控制器或微型计算机（单微机、多微机、智能群组微机）。这些控制方式的控制中心 CPU 均以相当高的速度运行，其运行频率高达 1 ~ 7MHz。在如此高的频率下，计算机设备之间的连接电缆，就像天线一样，既可接收外部的射频干扰信号，也可向外辐射射频信号，引起计算机场地的电磁干扰。另外，由于电梯控制系统计算机运行电压低，通常为 5 ~ 24V，故要求计算机场地内的数据处理装置各单元之间共模电压极小。为此需设置一个能在计算机运行频率之下达到高质量、低阻抗、稳定电位的接地系统——信号接地系统。

信号接地系统是一个稳定计算机各处理装置的信号电位，专供信号返回的独立接线系统。它可以与大地相连，但不允许有正常的工作电流流过。如与大地无连接，而以悬浮的地作系统的参考电位，称为浮地接地系统。信号接地的构成原理是基于电路去耦以达到等电位，从而消除或抑制各单元信号电路流过共用电路产生的公共阻抗耦合性干扰，避免各接线形成磁场敏感环。常用信号地接线系统结构有两种：星形状和网络状。

星形状接地系统要求各接线根据信号流向一点（基准点），在建筑电气领域称为单点接地。该系统在 10kHz ~ 3MHz 中应用较好。网络状接地系统是星形状接地系统的延伸，是从一个基准点变成一个等电位基准面。电梯设备根据自身特殊的结构性质其计算机信号接地系统常设置成星形状接地系统。

电梯的计算机系统信号接地实际上是为计算机的正常工作而建立的标准等电位点。它们实际上是高频接地，即考虑高频信号的接地。在不考虑强电设备故障、雷电压影响及静电荷泄放问题，允许采用浮地系统，但其对大地电阻应大于 1MΩ。

（2）安全接地保护设计　安全接地保护设计是为保障人身安全的接地，其实质是将设备各部件的所有可导电的金属外壳通过电气接线的方式将其强制性接地，从而避免设备金属可导电外壳可能出现的危险电压对人身和设备所构成的威胁。我国电梯制造安装规范特别强调安全接地保护的重要性。GB 10060—1993《电梯安装验收规范》规定：接地线的颜色为黄绿绝缘电线，除 36V 以下安全电压外的电气设备，金属罩壳应设有易于识别的接地端，且有良好的接地，接地线应分别直接接至接线柱上，不得互相串联后再接地。规范中突出强调接地线应直接接至主接线柱，而不得串接。这样可降低总的接地电阻值，保证电梯各电气用电设备在发生接地故障时，设备金属外壳不致产生过高的接触电压，并且能在整定的最小时间内产生足够大的故障电流使保护装置可靠动作。

（3）防雷接地保护设计　防雷接地保护设计属于建筑电气设计与安装方面的内容。建筑物的防雷接地系统是为了引泄雷电能量，以保证建筑物及设备的安全。随着建筑科技的进一步发展，防雷体系进一步完善，加上电梯这一具有特殊结构层次性质的设备，已将建筑物的防雷与电梯联系了起来。如国际电工委员会标准 IEC 61204-1—1990 在 1.2.18 条中就明确提到电梯导轨可以构成雷电流通路的金属装置。电梯设备的安全接地保护采用等电位连接措施之后，对建筑物防雷及耐雷击的能力均会有不同程度的提高，对裸露建筑物外的观光电梯必须具备相应的防雷措施。

在实际工程中，以上各种接地都采用独立的接地装置往往是很难实现的，通常采用共用接地装置。一般要求共用接地装置的接地电阻不大于 1Ω。接地线可采用一根截面积不小于 $16mm^2$ 的铜芯电线（PE 线），首端应与楼宇配电室内的 PE 线相连接，并可与电梯电源电缆同路敷设。接地线的末端应与电梯机房内的辅助等电位板相连接。

6.4.3　高层和超高层民用建筑电梯的弱电系统设计

高层和超高层民用建筑电梯除了设备本身配有的各种弱电与监视装置外，一般还应在电梯轿厢内设置与电梯机房和值班室都能对讲的专线电话和应急铃等弱电设备。在设有多台电梯群控的建筑物里还设有事故运行操作盘，用以监视电梯的异常情况和进行紧急操作。现在许多大厦采用多台计算机系统，如楼宇自控系统（BAS），火灾报警联动控制系统（FAS），保安监控系统（SAS）。在这些控制系统中都要求对电梯实现监控，其目的就是为了加强对电梯的管理，提高电梯的使用率，降低能耗，为人们提供舒适、快捷、安全的环境。弱电系统的设计主要考虑以下几项功能设计。

1. 楼宇自控系统对电梯的监控功能设计

楼宇自控系统是计算机对建筑物内的设备实施一体化管理和控制的系统。其对电梯的监控功能设计主要包含以下内容：

1）电梯的运行台数与时间控制设计。

2）电梯的运行状态监控设计。

3）语音报告服务系统设计。

4）停电及紧急状态的处理设计。

5）定期通知维护及开列保养单等。

2. 火灾报警联动控制系统对电梯的监控功能设计

火灾报警联动控制系统是一个独立的子系统，其主要功能是对楼宇内火情进行监控，它对电梯的中断和优先识别高于其他系统。火灾报警联动控制系统对电梯的监控功能设计主要包含以下内容：

1）普通电梯平时受楼宇自控系统监控，当发生火灾时，电梯将直驶首层，不应答任何内外召唤，返首层后开门，切断电源，停止使用。

2）消防电梯在发生火灾时，电梯将直驶首层待命，切断普通电源，由应急电源供电。

3. 保安监控系统对电梯的监控功能设计

保安监控系统对电梯的监控功能设计内容：① 应考虑在电梯轿厢和出入口设监控系统进行监控；② 应考虑设计安装门禁系统；③ 应考虑设计电梯根据 IC 卡记录的保安级别自动运行至规定的楼层功能。

思考题与习题

6-1　现代民用建筑电梯系统从不同角度进行分类有哪些类型？

6-2　现代民用建筑电梯主要由哪 8 大系统构成？其电力拖动方式有哪些类型？各有何特点？

6-3　电梯的交流调速拖动方式有哪些类型？各自的原理是什么？

6-4　电梯的控制系统的基本环节有哪些？各自的原理是什么？

6-5　电梯的控制系统有哪些类型？各自的原理是什么？

6-6　在现代民用建筑电梯系统设计中，电梯选用方法和步骤有哪些？

6-7　在现代民用建筑电梯系统设计中，如何根据建筑的高度进行电梯速度的选择和电梯台数的确定？

6-8　请根据现代民用建筑电梯系统的设计方法，对你所在教学楼中某一座楼的电梯系统和电梯的供电系统进行方案设计和施工图设计。

设计要求：1）概述教学楼与电梯系统的工程背景；

2）设计图纸中需包含供电线路布线图和供电系统图；

3）图纸的绘制需符合规范要求。

第 7 章　现代民用建筑空调系统与设计

本章介绍现代民用建筑物内常用空调系统的一般知识与初步设计内容。通过本章学习，要求了解常用空调系统的类型、组成、工作原理及其特点。重点掌握集中式（中央）空调系统的组成、工作原理以及设计、运行管理等基本知识。

7.1　概述

20 世纪末 21 世纪初，在我国建筑学领域出现了 4 个时尚的新名词，即“健康建筑”、“绿色建筑”、“智能化建筑”和“集成建筑”，并赋予了实质性内容。这些新型的建筑概念的出现，不仅对建筑业，而且也对空调业提出了新的挑战。根据世界卫生组织（WHO）对“健康”的定义，即“一个人在身体上、精神上、社会上完全处于良好状态”。国内有关部门对所谓“健康住宅”提出了 14 条最低的基本要求，其中至少有一半以上与“空调”有关。而要实现这些最基本的要求，家用空调已难以胜任。因此集中式空调系统势必成为 21 世纪住宅建筑必不可缺少的重要组成部分之一。

所谓空调系统，就是对人们生活、生产、工作环境的温度、湿度、空气洁净度和气流速度等进行调节处理的空气调节装置。空气调节通常可分为舒适性空气调节和工艺性空气调节。舒适性空气调节系统是为满足人的舒适性要求而设置的建筑设备，工艺性空气调节系统是为满足生产过程中生产工艺对空气参数的要求而设置的辅助性生产设备。

空调通常有 4 个循环系统。对空气进行调节与处理主要是对空气进行加热、加湿、冷却、去湿和过滤等。它们都是由相应的空气处理设备来完成的。为了实现对空气的这些处理，就要用风管把相关的设备连接起来，并从送风口把处理好的空气送入空调房间内，再从回风口把房间内的空气取回来，以便再处理。送风口、回风口、风管、空气处理设备和提供空气流动动力的风机以及风阀等附件构成一个空气循环系统，这是空调系统中的第一个循环系统——空气循环系统。

对空气进行加热、加湿或冷却、去湿处理的设备通常是指加热盘管或冷却盘管。给这些盘管提供处理空气的热量或冷量的设备就是热、冷源设备。热源设备主要有锅炉、电加热器等；冷源设备主要有各种制冷机组如冷水机组等。就夏季供冷而言，冷水机组的蒸发器（热交换器）、处理空气的冷却盘管、提供冷冻水流动的动力水泵、水管网、附件等构成了空调系统的另一个循环系统，称之为冷冻水循环系统。这是空调系统中的第二个循环系统——冷冻水（液）循环系统（夏季）。这是一个密闭的循环系统，即它不与大气直接连通。在这个循环系统中，通过冷冻水连续不断地把制冷机产生的冷量送到冷却盘管中去冷却空气。

制冷机组的主要部件除了蒸发器外，还有压缩机、冷凝器和膨胀阀等。它们之间由专门的管路连接起来，其内部流动着制冷剂。这是一个有压的密闭循环系统，是空调系统中的第三个循环系统——制冷剂循环系统（夏季）。

制冷剂在蒸发器里吸热制冷，吸收的热量被带到冷凝器里冷凝放热。因此为了维持压缩机正常工作，必须把冷凝器里制冷剂释放的热量排除掉。这是由冷却水循环系统来完成的。冷却水循环系统由冷凝器、冷却水泵、冷却塔、水管及其附件等组成。这是空调系统中的第四个循环系统——冷却水（液）循环系统（夏季）。在这个循环系统中，冷却水从冷凝器里带走热量，在冷却塔中直接释放给大气。这就是所谓水冷空调系统。

一个空调系统正是由于室内空气循环、冷冻水（或制热水）循环、制冷剂（或制热剂）循环和冷却水（或热水）循环在各自的循环系统里不断循环流动，从而把室内的热量或冷量连续不断地带走并释放给大气。同时对室内连续不断地吹出冷气或热水，提供冷量或热量。因此，这 4 个循环系统缺一不可。当然，它们的形式在不同的空调系统中会有所不同。例如冷却水系统可以用室外大气直接冷却冷凝器来取代，这就是所谓风冷空调系统。

这 4 个循环系统设置方式不同，即构成不同形式的空调系统。空调系统通常可分为集中式空调系统、分散式空调系统和半集中式空调系统等 3 种类型。

7.2　现代民用建筑集中（中央）式空调系统

集中式空调系统又称中央空调。通过集中式的冷、热源装置提供满足要求的冷、热水，并由水泵、水管及其附件将冷、热源配送给各个空气处理设备（如加热器、冷却器、过滤器、加湿器等）。对空气进行处理后，经由风机、风管和送风口送至空调房间。通常，把空气处理设备及通风机集中装在一起组成的箱体称为空调机或空调箱，把不包括通风机的箱体称为空气处理箱。

集中式空调系统主要由冷源装置、热源装置和空气处理与输配送装置等组成。单风道空调系统、双风道空调系统以及变风量空调系统等均属这一类。图 7-1 为集中式中央空调系统的结构原理示意图。

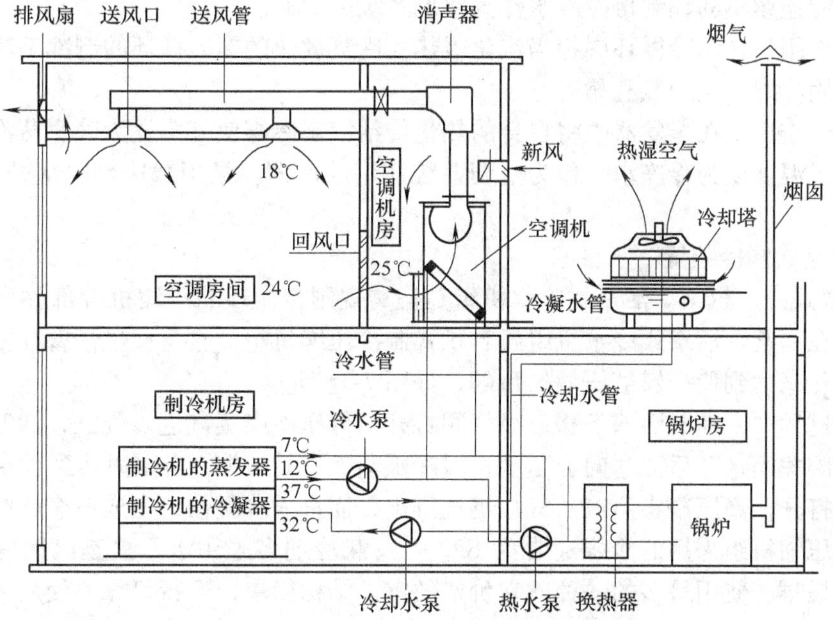

图 7-1　集中式空调系统的结构原理示意图

7.2.1 集中式（中央）空调系统的冷源装置

冷源装置包括制冷装置、载冷剂配送装置以及其配套设备和附件等。其中制冷装置是关键的核心设备，它是制备为空气降温去湿所需要的冷冻水的专用设备。目前制冷装置的制冷方法主要有：压缩式制冷、吸收式制冷、蒸汽喷射式制冷等。

1. 压缩式制冷装置

（1）压缩式制冷循环原理　压缩式制冷装置一般由4大部件组成：压缩机、冷凝器、膨胀机（或节流膨胀阀）和蒸发器。其制冷循环及基本原理如图7-2所示。它是基于逆卡诺循环原理工作的。

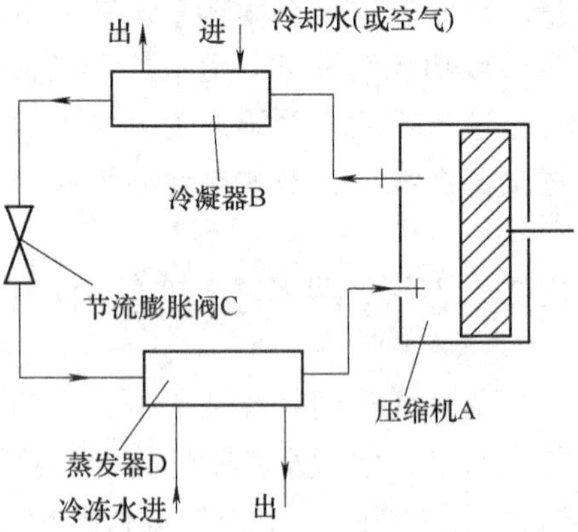

图7-2　压缩式制冷循环及基本原理

制冷压缩机A将蒸发器D内的低压低温的制冷剂（又称冷媒、制冷工质）蒸汽吸入压缩机A内，经压缩机压缩做功，使冷媒被压缩成为压力和温度都较高的冷媒蒸汽后送入冷凝器B中。在冷凝器内，高压高温的冷媒蒸汽与冷却水（或空气）进行热交换，把热量传给冷却水（水冷系统）或空气（风冷系统），从而使冷媒蒸汽被冷凝为高压液体。高压冷媒液体再经节流膨胀阀C降压后，压力急剧下降，成为低压液体，被送入蒸发器D。在蒸发器D内，低压冷媒液体与冷冻水（载冷剂）进行热交换而立即汽化为低压蒸汽。在汽化时必然吸取周围介质——冷冻水的热量，从而使冷冻水的温度因失热而降低，这就是所需制取的低温冷源——冷冻水。在蒸发器中汽化形成的低压、低温的冷媒蒸汽又被吸入压缩机内而被压缩，开始新的一轮制冷循环，这样便能连续不断地制得冷冻水作为空调系统的冷源。

冷媒的作用是在制冷循环中担当汽化吸热和冷凝放热的热力循环的制冷工质而达到制冷的目的，常用冷媒有氨和氟利昂等。

载冷剂的作用是在蒸发器中将自身的热量传给液态冷媒使其蒸发为冷媒蒸汽，而自身因失热而降低了温度成为冷冻水，作为空调系统使用的冷源。常用载冷剂除水外，还有盐水、二氯甲烷等。

（2）压缩式制冷装置

1）活塞式冷水机组。活塞式冷水机组是把实现制冷循环的压缩机等部件和辅助设备及其附件组装在一起。活塞式冷水机组属容积式制冷压缩机组。它是通过活塞往复运动引起气缸容积的变化来达到使冷媒被压缩的目的，如图7-3b所示。

在吸气过程中，随着活塞下移，吸气阀打开，低压冷媒蒸汽进入气缸，活塞下移到下止点时，吸气阀关闭，随后活塞向上运动，对冷媒蒸汽进行压缩，当压力达到设定的排气压力时，排气阀打开，高压冷媒蒸汽从气缸迅速排出，而进入冷凝器，完成一个压缩过程。

活塞式压缩机组采用的冷媒通常为R22等。载冷剂多采用水，这是民用建筑空调系统中采用时间最早，使用最多的一种。它价格便宜，结构简单，运行可靠，使用灵活方便。但单机制冷量不大，一般为30～580kW。为增大制冷量，通常采用多台压缩机联合运行。目前最多可组合8台压缩机联合运行，不仅增大了机组容量，同时运行中可对各台压缩机进行单

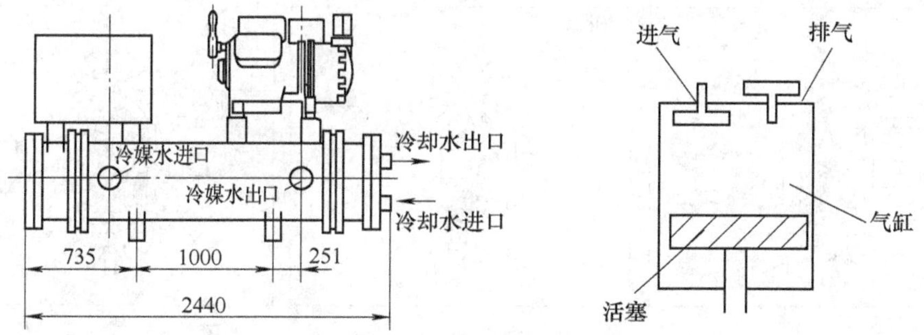

a)单机头活塞式水冷冷水机组结构示意图　　b)活塞式压缩机工作原理示意图

图 7-3　活塞式水冷冷水机组

台独立起停控制，以适应负荷变动的需要而节约能源。

如果把水冷机组中的冷却水系统以冷却风机取代，就组成活塞式风冷冷水机组。因省去冷却塔等冷却水系统的设备，使机组更简单、紧凑。

从功能上来分，活塞式冷水机组可分为单冷机组和冷热两用热泵式机组。

2）螺杆式冷水机组。螺杆式冷水机组是提供冷冻水的大中型制冷设备。它是由螺杆式制冷压缩机、冷凝器、蒸发器以及自控元件和仪表等组合在一起的一个完整的制冷系统，如图 7-4 所示。它具有结构紧凑、体积小、重量轻、占地面积小、操作维修方便、运行平稳可靠等优点，故被广泛使用。

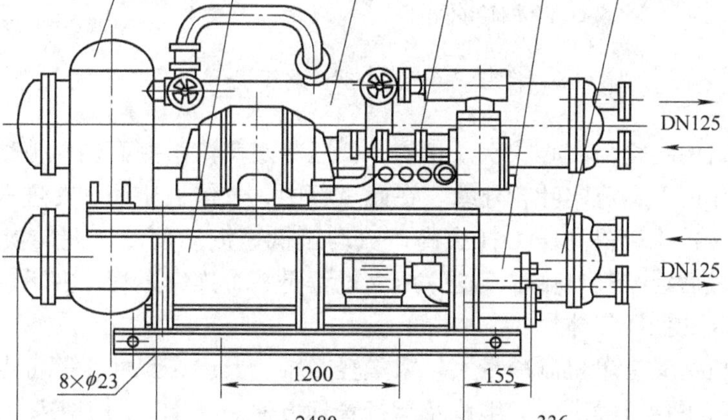

图 7-4　螺杆式冷水机组结构示意图

螺杆式压缩机主要由螺杆和行星齿轮转子组成，如图 7-5 所示。冷媒通过吸气口被吸入螺杆沟槽中，随着螺杆高速旋转，带动行星齿轮转子旋转而使进气口关闭。随着螺杆继续旋转，使沟槽内的冷媒气体在行星齿轮和螺杆沟槽的共同作用下被压缩，当达到排气压力时，从螺杆另一侧的排气口排出，由此完成一个压缩过程。

螺杆式机组从螺杆设备设置的方式来分，有直立式和水平式、全封闭式和半封闭式、单

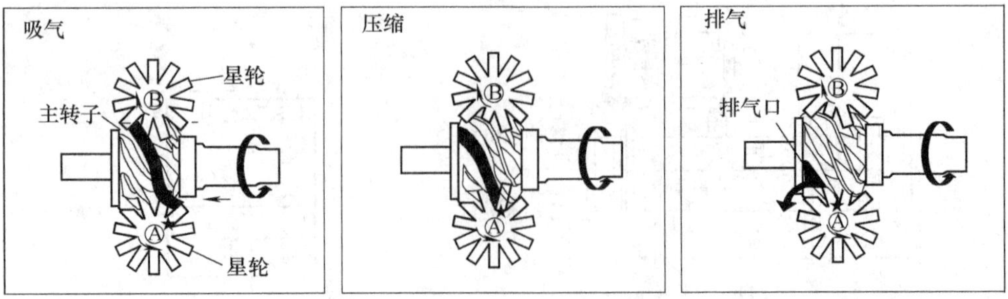

图 7-5　螺杆式压缩机工作示意图

螺杆式和双螺杆式等几种。从冷却介质来分，有水冷冷水螺杆机组和风冷冷水螺杆机组两类，从功能上分有单冷机和冷、热两用的热泵机组等。

3）离心式冷水机组。离心式冷水机组是由离心式制冷压缩机和配套的蒸发器、冷凝器和节流控制装置以及电气控制仪表组成的一体式冷水机组，如图 7-6 所示。

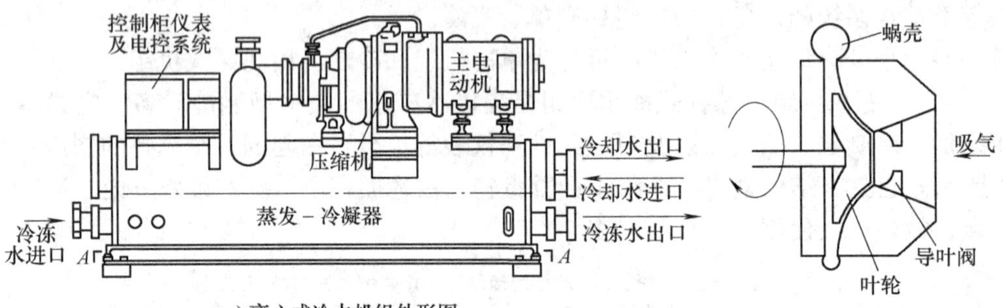

a) 离心式冷水机组外形图　　b) 离心式压缩机原理示意图

图 7-6　离心式冷水机组

离心式压缩机的结构与离心式水泵相似，低压冷媒蒸汽由侧面轴向被吸入压缩机后，在高速旋转的叶轮作用下，流向叶轮外缘。在此过程中，气体被压缩。在进入蜗壳之前，由扩压器对气体进一步扩压以提高压力（由高速流动至低速流动使动压差转换为静压）后进入蜗壳，高压气体最后经排气口排出。这一压缩过程是一个连续过程，在不断排出高压气体的同时，不断吸入新的低压气体。

离心式冷水机组具有单机制冷量大、重量轻、结构紧凑、尺寸小等特点，且部件间无接触、无摩擦、运行平稳、噪声低、维修及运行管理方便。特别适用于需要大制冷量而机房面积有限的场合。但当负荷低时（如低于机组额定负荷的 20% 时），有可能发生喘振现象，使机组运行工况变坏。

4）涡旋式冷水机组。涡旋式制冷压缩机组是一项高新技术，它具有能耗低、效率高、噪声小、重量轻、体积小、节约金属材料、减少环境污染等优点。

机组型式有风冷冷水机组、水冷冷水机组和风冷热泵机组等多种机型。

2. 吸收式制冷装置

（1）吸收式制冷循环原理　吸收式制冷与压缩式制冷一样，都是利用低压冷媒蒸发产生的汽化潜热进行制冷的。两者的区别在于：压缩式制冷以电为能源，吸收式制冷则以热

（热水或蒸汽）为能源。吸收式制冷所采用的工质通常是溴化锂水溶液，其中水为制冷循环用冷媒，溴化锂为吸收剂。蒸汽型溴化锂吸收式制冷机结构原理图如图 7-7 所示。

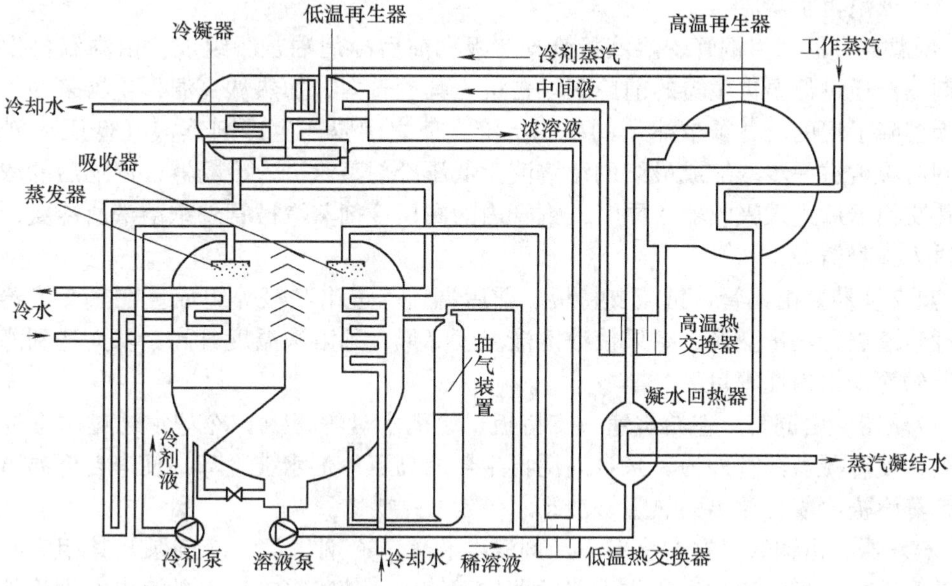

图 7-7 蒸汽型溴化锂吸收式制冷机结构原理图

溴化锂吸收式冷水机组的类型，按使用能源分，有蒸汽型、热水型、直燃（燃油、燃气）型和太阳能型；按能源被利用的程度分，有单效型、双效型；按换热器分布情况分，有单筒型、双筒型和三筒型；按应用范围分，有冷水型机组和冷温水型机组。目前应用较多的是将以上的分类加以综合，常用的有蒸汽单效型，蒸汽双效型，直燃型冷温水机组等，现归纳如下：

- 溴化锂冷水机组
  - 蒸汽型
    - 单效机
      - 单筒单效机
      - 双筒单效机
    - 双效机
      - 双筒双效机
      - 三筒双效机
        - 冷却水串联式
        - 冷却水并联式
  - 直燃型
    - 燃油（气）式
      - 双效机
        - 冷水、采暖热水二供式
        - 冷水、采暖热水、卫生热水三供式
      - 三效机
    - 燃煤式——目前只有试制样机
  - 热水型
    - 高温（125℃）热水型
      - 单效机
      - 双效机
    - 低温（80～95℃）热水型
      - 单效机
      - 单、双效复合机

（2）蒸汽型溴化锂吸收式冷水机组结构　如图 7-7 所示，蒸汽型溴化锂吸收式冷水机组主要由以下几部分构成：

1）高温再生器。由铜管、溶液折流支持板、两侧的蒸汽进出口端盖及主壳体等所组成。其工作原理是利用饱和工作蒸汽在高温再生器内加热经过高、低温热交换器、凝水回热器加热后的稀溶液，再次升高温度，使之沸腾，产生冷剂蒸汽（高压冷剂蒸汽），同时稀溶液被浓缩成中间溶液，产生的冷剂蒸汽进入低温再生器的前冷剂端盖，中间溶液通过高温热交换器进入低温再生器。

2）低温再生器。由铜管、溶液折流支持板和前后冷剂端盖所组成。由高温再生器来的高压冷剂蒸汽通过低温再生器的前冷剂端盖进入其铜管内，加热从高温再生器来的、经过高温热交换器降了温的、并被浓缩了的中间溶液，使之沸腾产生冷剂蒸汽（低压冷剂蒸汽），同时中间溶液被进一步浓缩成最终的浓溶液。低压冷剂蒸汽进入冷凝器，浓缩后的浓溶液经过低温热交换器后进入吸收器。同时，铜管内的高压冷剂蒸汽被管外浓溶液所冷凝，经过节流装置进入冷凝器。

3）热交换器。由铜管、折流支持板、前后端盖、进出联箱等组成。在热交换器里，浓溶液、稀溶液进行热量交换，结果使浓溶液温度降低，稀溶液温度升高，从而达到降低能量消耗、节约冷却水消耗等目的。

4）冷凝器。由铜管、左右水室、支持板、冷剂水盘等组成。冷却水通过水室进入冷凝器铜管内，使冷凝器铜管外的、来自高温再生器的高压冷剂水被冷却，使来自低温再生器的低压冷剂蒸汽被冷凝，放出的热量被冷却水带走。

5）蒸发器。由铜管、左右水室、冷剂滴淋装置、冷剂水盘、冷剂泵及其相应的管系组成。空调系统的冷媒水通过水室进入蒸发器的铜管内，使来自冷凝器的滴淋在铜管外表面的冷剂液体获得热量而被蒸发，在蒸发潜热的作用下，使进入蒸发器的冷媒水温度降低，从而产生制冷效果。

6）吸收器。由铜管、左右水室、溶液滴淋装置、溶液盒、冷剂泵及其相应的管系组成。从冷却水系统来的冷却水通过水室进入吸收器的铜管内，使滴淋到铜管外表面的溴化锂溶液被冷却；由于浓度高、温度低的溴化锂溶液具有很强的吸水性，这时，浓溶液吸收从蒸发器来的冷剂蒸汽，保持了蒸发器的蒸发效果，吸收过程中产生的热量被冷却水带走。吸收了冷剂蒸汽的浓溶液因为变稀失去了吸收能力，在溶液泵的作用下再次被送至高温再生器，进行新的一轮循环。

7）凝水回热器。由铜管、溶液折流支持板、两侧的蒸汽进出端盖及其主壳体等组成。利用从高温再生器来的工作蒸汽凝结水加热从吸收器来的被低温热交换器加热、温度升高了的稀溶液，再次升高稀溶液的温度，提高了工作蒸汽的热能利用率，进而降低系统的能量消耗。

在这个过程中，实际上包括了两个循环过程：即制冷剂（水）循环和吸收剂（溴化锂水溶液）循环，只有这两个循环同时进行，才能使制冷系统正常运行。

7.2.2 集中式（中央）空调系统的热源装置

按热源性质分类，主要有：蒸汽、热水、电热能。

按热源装置分类，主要有：锅炉、热交换器、热泵。

供热锅炉有热水锅炉和蒸汽锅炉、燃煤锅炉、燃油（气）锅炉和电热锅炉等。采用热交换器供热可以使作为一次热媒的热源系统与空调供热系统完全分开，各自独立成一个循环系统，给空调热水系统设计带来方便。但由于热交换，必然会产生一定热损失。

所谓“热泵”是利用制冷逆循环过程，使制冷剂从大气（低温热源）吸取热量，在温度较高的环境（如取暖房间或水）中放出热量而达到取（制）暖目的。向各取暖房间直接放热时称为空气—空气热泵机组，向水中放热称为水—空气热泵机组，简称水源热泵机组。水源热泵应用广泛，不仅可以制冷，同时还可以供暖或供生活用热水。水源热泵装置结构原理示意图如图7-8所示。

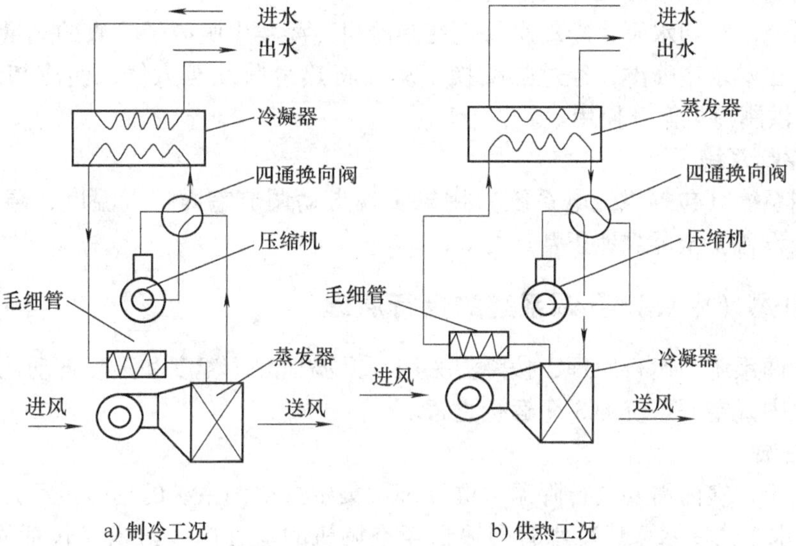

图7-8 水源热泵装置结构原理示意图

制冷工况如图7-8a所示。压缩机把低压冷媒蒸汽压缩成为高压冷媒蒸汽后进入冷凝器，在冷凝器中，通过与水进行热交换而使冷媒冷凝为高压液体，经毛细管的节流膨胀后进入蒸发器，与送风机送入的空气进行热交换而蒸发汽化，被压缩机吸入进行新一轮循环。在蒸发器中冷媒吸收了空气的热量而使空气被冷却，这与带有水冷冷凝器的整体式空调机组相似。

供热工况如图7-8b所示。通过四通换向阀的切换，来控制工质在装置中的流动方向，并且使制冷工况时的冷凝器变为蒸发器，蒸发器变为冷凝器；通过蒸发器吸收水的热量，在热泵循环过程中，在冷凝器中与送风空气进行热交换，使送风空气被加热。这时的热源来自于流过蒸发器中的水，故又称水源热泵机组。

7.2.3 集中式（中央）空调系统的空气处理及输配送系统

1. 空气处理系统的组成

该系统包括空调风系统和空调水系统两大部分，主要由空调机、送风管、送风口、回风口、新风口、空气换热器、水换热器、冷却水泵、冷却水管、冷冻水泵、冷冻水管及其调节阀等组成。

2. 空调风系统

空调风系统主要由送风机、送风管、送风口、回风管、回风口、新风口和冷（热）盘管等组成。空调风系统的作用是把处理后的空气送入空调房间内。

空调机把室内空气与冷冻水（供冷）或热水（供热）在盘管表面进行热交换（表面式换热器），然后通过送风机、送风管、新风口与新风混合后经送风口送入空调房间内，达到空气调节的目的。

3. 空调水系统

空调水系统包括冷却水系统和冷冻水（冷源）和热水（热源）系统。

由制冷机制备的冷冻水（一般为7℃）在风机盘管中与空气进行热交换，使空气被冷却后，由送风管网、送风口送入空调房间内。

冷却水系统由冷却水泵、冷却水管把在制冷机冷凝器中吸收了冷媒的热量后的冷却水输送至冷却塔，在淋水室喷淋，经过热交换，从而将热量散发至大气，使冷却水被冷却（一般为32℃），供制冷机循环使用。

4. 自动控制系统

自动控制系统（包括供配电系统）用来实现自动调节室内空气温度、湿度等并控制空气调节与处理设备安全可靠地正常运行。

7.2.4　集中式（中央）空调系统的运行原理

集中式空调系统的运行原理，按降温去湿、升温加湿、温度和湿度自动控制3个方面来分析，它是集中式空调系统的3个运行过程。

1. 降温去湿

一般在夏天，室内需要进行降温去湿处理。集中式空调系统的运行过程是将制冷机制备的7℃的冷冻水，由冷水泵经冷水管网输送至空调机的盘管内；新风（包括回风），经过过滤器过滤后进入空调机，流过盘管表面；热空气的热量经盘管壁传给管内的冷冻水而被冷冻水所冷却，热空气失去热量而降温。当其温度低于一定值时，空气中的水分便会析出而使空气的相对湿度降低。空气经过低温盘管（表冷器）被降温后，由风机加压，经由送风管、送风口送入空调房间内，使室内温度下降。被冷却后的空气由送风口送入空调房间后又返回到回风口称为回风。处理后的空气从送风口送入，流经空调房间后，在回到回风口的流程中吸收了室内空气多余的热量和湿度量，从而使室内空气维持所需要的设定的温度和湿度，达到室内空气调节的目的。

吸收了室内余热和湿度的空气，从回风口进入空调机，重复上述空气处理过程，周而复始，不断循环。室内空气的温度和湿度的控制是在设定的控制值范围内，由自动控制系统自动控制进入空调机的水量和水温来完成。

2. 升温加湿

一般在冬季，室内需要升温加湿处理。集中式中央空调系统的运行过程是将锅炉房热水锅炉制备的50～60℃的低温热水（或由蒸汽经换热器交换而来），经由热水泵、热水管等输送到空调机盘管内。与回风和新风进行热交换，加热后的空气经由送风管从送风口送入空调房间内，以补充室内的热损失。同时通过加湿机对室内空气加湿，使室内空气的温度和湿度维持在设计值范围内。而在南方地区冬季不需供暖，或者供暖负荷不大时，也可以采用电加热等方式。

3. 室内温度和湿度的自动控制

（1）温、湿度自动控制的途径　室内温、湿度控制，可以通过多种途径来实现：

1）调节通过空气加热器热媒的流量或温度；

2）调节辅助加热器的散热量——改变电压，或改变通断时间，或改变电热元件的加热组数等；

3）调节空气冷却器的传热量——改变投入工作的盘管数量或改变通过空气冷却器盘管的空气量；

4）调节一次、二次回风的比例；

5）调节一次回风与新风的混合比；

6）调节喷水温度或喷水量；

7）调节旁通风量；

8）调节加湿器的加湿量。

（2）空调房间温、湿度的控制

1）房间温度设定值的调整。现代建筑的空调系统大多为舒适性空调。夏季为消除室内外大温差给人造成过大的冷、热刺激，一般在室内温度设定时将其设定值随室外温度的升高而升高。而冬季特别是在有大面积玻璃窗的建筑物内，当室外温度下降时，由于窗侧的冷辐射会给人造成寒冷的感觉，这时其温度设定值应随室外温度下降而上升。这称为冬、夏季温度补偿。

2）温度控制。用于室内温度测量的温度传感器可设在房间内，也可设在回风管内，当温度测量值与设定值出现偏差时，则通过控制器发出相应的控制信号去控制各自房间的送风末端的风阀以调节送风量来调节室内温度。

对于室内温度控制，也可通过控制送风温度来实现。在运行中，各个房间的恒温器发出的控制信号，送到送风末端设备的风阀调节器。当室内温度上升时，首先使末端设备的风阀开足。当开到100%时，如果负荷继续增加，说明该房间需要额外的冷量，则该房间的恒温器信号被主控制器所选择，并重新向下调整送风温度。送风温度下降后，其余房间的末端设备的风阀亦改变位置，改变送风量，以使负荷与较低的送风温度之间达到新的平衡，以免引起温度波动。当临界房间的冷负荷减小时，则送风温度上升，以满足该房间的风阀开足100%。在送风温度升高的过程中，其他某一房间末端设备风阀开足到100%时，则该房间的恒温器信号被主控制器所选择，原房间的恒温器信号被调换，从而使所有房间的温度都在设定范围内。

3）湿度控制。对于要求不太高的场合，一般不设湿度控制；如果有较高的要求，则设湿度控制。

通常把湿度传感器装在空调房间内，加湿器装在送风管道中。湿度调节器根据湿度测量值与设定值的偏差给出控制信号去控制加湿器对送风进行加湿，以控制空调房间的相对湿度维持在允许的范围内。

7.2.5　地源热泵节能型集中式（中央）空调系统

能源是人类生存和社会发展的物质基础，随着生产力的进步和工业现代化的发展，能源消耗的速度越来越快。而煤、石油、天然气都是“非再生能源”。全球地下的煤还有150多年就将用完，全球的石油还有40多年就将用完。世界能源的储备量只能再用二三十年。能源短缺的问题已经到了非常严峻的地步，节约能源已是一个十分紧迫的问题。

中央空调是现代建筑不可缺少的重要设备之一，它能改善和提高现代建筑内部的环境质量，营造一个舒适宜人的工作和生活环境，提高现代建筑的档次和服务水平。但中央空调运行时间长，耗电量大。据有关调查统计，目前不少中央空调的耗电量几乎占了整个建筑用电量的一半，甚至更高。空调能耗不仅给城市能源、环境保护带来巨大压力，也给经营者带来沉重的经济负担，如何既保障建筑内部的舒适环境，又能降低空调的能源消耗，是目前一个迫切需要解决的课题。

1. 地源热泵中央空调系统原理

地源热泵中央空调系统是一种从土壤资源中提取〔释放〕热量的高效、节能、环保、再生的供热（冷）系统。该系统集成熟的热泵技术、暖通空调技术、地埋管技术于一体，在相对稳定的地温条件下实现高效、稳定、经济的运行。夏季通过地源热泵中央空调主机（制冷）用地下水（温度在17℃）将用户室内的余热热量转移到地下，向土壤放热，以满足用户制冷的需求。冬季通过地源热泵中央空调主机（制热）将地下水（温度17℃）的热量转移到用户室内，向室内环境放热，以满足用户供暖的需求。地源热泵空调系统结合热泵运行的优点，同时将地下土壤作为蓄热体，夏天将建筑物内部的热能通过冷媒送入地下土壤制冷，冬天将地下土壤中的热能带到建筑物的内部制热。由于地下土壤2m以下全年温度变化范围小，因此，地源热泵空调系统的工作效率很高，运行费用比传统空调系统要节省许多。

2. 地源热泵中央空调系统应用设计举例

由于地源热泵空调系统可明显降低能耗，在制冷的同时，通过增加热水箱可以获得生活热水，从而可以取消燃煤、燃油锅炉。目前国内上海、江苏、浙江等经济发达地区大中型城市的中高档酒店、饭店、办公楼、医院、体育馆、游泳馆、高档休闲娱乐场所、高档别墅区以及需要恒温控制的实验室、生产车间等对制冷、采暖均有要求的地方，采用地源热泵空调系统的工程事例已越来越多，已获得明显的节能和环保效果。如某地源热泵空调系统示范工程就是一典型应用事例。现简要介绍如下。

（1）工程概况　该示范工程一期由10多幢办公楼组成，总占地67000m^2，总建筑面积100000m^{2}左右，其中采用地源热泵空调的建筑总面积约35000m^2，主要为科研中心和行政中心；地下一层，为机房和车库。除了地下室以外所有的建筑均需中央空调系统。工程除了中央空调系统外，办公楼要配备新风设备。

项目主要示范目标为：

围护结构节能系统节能示范：通过采用新型节能围护结构材料，使围护结构节能率达到25%～30%。外墙和屋面采用75mm厚玻璃棉保温材料，玻璃幕墙选用断热铝型材，地面采用20mm厚的挤塑聚苯板保温材料。

地源热泵空调系统节能示范：通过采用地下土壤源热泵作为供冷供热中央空调系统的冷热源，使节能率达到20%～30%。主要采用地源热泵技术、PE管换热器技术。

太阳能环境照明系统节能示范：通过采用太阳能照明等，提供环境照明和景观照明，使节能率达到5%。主要采用太阳能光伏技术。

运行监测节能系统节能示范：通过采用运行监测系统，使节能率达到5%～10%，主要采用BAS智能建筑管理系统。

（2）地源热泵空调系统设计

1）空调机组设计。根据工程的冷热负荷情况和现场的建筑分布，设计采用了螺杆式水源热泵主机为中央空调系统提供冷热源。

机组工况的确定：

① 制冷工况时，蒸发器温度为 7～12℃，冷凝器温度为 25～32℃，室内温度 25℃。

② 制热工况时，冷凝器温度为 40～45℃，蒸发器温度为 11～6℃，室内温度为 18℃。

2）地下换器盘管设计。系统设计采用单 U 形管，每个单 U 形管埋设深度为 50m，采用 PE 管 dn32，SDR11（PN1.25）；每个系统使用独立的同程式供水；每单元 U 形之间的距离为 5m；每个单 U 形管单元的填充物为膨润土加沙石混合，混合比例为 1∶3。

3）工程节能效果分析。在公共建筑的全年能耗中，大约 50%～60% 消耗于空调制冷与采暖系统。因此节能的首要目标就是对空调制冷与采暖系统的节能。空调系统在夏季运行时，90% 时间是在非全负荷的状态下运行。每年的 5 月下旬至 10 月上旬为一般中央空调的夏季运行工况时间。负荷分布见表 7-1。

表 7-1　负荷分布

负荷率（%）	冷负荷天数/天	热负荷天数/天
100	15	12
75	45	36
50	75	60
25	15	12
合计	150	120

冷热源部分的节能效果分析：整个空调系统的节能不仅仅局限于冷热源部分，空调末端通过能源计量、末端温度控制等措施也可达到一定的节能效果。由此可预测，采用地源热泵的中央空调系统结合能源计量等措施，预测节能率可达 20%～30%。

另外，通过建筑围护结构采用新型节能型材料，预测围护结构节能率为 25%～30%；通过太阳能光伏环境照明和景观照明系统，预测节能率可达 5%；通过 BAS 运行监测节能系统实现 DDC 智能节能监控，预测节能率可达 5%～10%。因此预测各系统总的节能率为 65% 以上。

7.3　现代民用建筑分散式和半集中式空调系统

7.3.1　现代民用建筑分散式空调系统

分散式空调系统又称局部空调系统，是一种将空气处理设备分散装设在空调房间内的空调系统。空调机组把空气处理设备，风机和冷、热源装置等都集中装在一个箱体内，形成一个结构非常紧凑的空调机组，只要接上电源就可以对房间进行空气调节。常见的有窗式空调系统、分体式空调系统、单元式空调系统等。

1. 窗式空调系统

窗式空调系统是将制冷系统的压缩机、蒸发器、送风机、冷凝器和冷风机等集中安装在一个箱体内，此箱体可安装在窗台上（故名“窗式”空调机）或墙洞中，一半在室内，一半在室外。

窗式空调机主要优点是结构简单紧凑，体积小，安装简便，价格便宜，冷（热）量调节方便。缺点主要是压缩机和空调风机等都直接与空调房间相通，噪声影响大，能效比低。窗式空调机的能效比为2.4kW/kW，国内名牌产品的能效比最高也仅在2.6～2.9kW/kW左右，比水冷中央空调机组的5.2～5.8kW/kW能效比低得多。能效比低，导致耗电量增大。窗式空调机的容量调节多采用开关压缩机的位式调节方式，致使室内温度波动比较大，也无法采用新风系统，空调效果不佳。因此，窗式空调机目前已很少采用。

2. 分体式空调系统

分体式空调系统是将压缩机、冷凝器和风机等，集中装在一个箱体内，放在室外，称为室外机；把蒸发器、送风机等放在室内，称为室内机。安装时，用两根管（一般为铜管）将室外机和室内机相互连接起来，使冷媒在两者之间循环流动而实现制冷（或制热）的目的。

分体式空调系统的室内机有壁挂式和立柜式两种。分体式空调机的主要优点是噪声比较大的室外机安装在室外，对空调房间的影响比较小；容量比较大，空调效果比较好；但室内机与室外机有两根铜管相连接，安装比较麻烦，保温及密封要求比较高，否则会引起能耗增加，冷媒泄漏，造成环境污染。同时，室外机安装在室外（多为安装在外墙壁上），对建筑立面的整体美观影响较大。

3. 单元式空调系统

单元式空调也称柜式空调，它是将制冷、通风、加湿或去湿、供热、净化及消声设备等组装成一个整体柜式的空调设备，如图7-9所示。它可以安装在空调房间外，用风管把处理后的空气送入需要空调的房间内，也可以不用风管，而将柜式空调机组直接安装在空调房间内。单元式空调机组的冷凝器除水冷式外，还有风冷式。水冷式冷凝器体积小，噪声小，运转时耗电量较小。但安装场所必须有进、出水管，且水管固定后不便移动。风冷式冷凝器不需进、出水管，安装方便，但噪声较大，一般不直接安装在空调房间内。带有加湿器的单元式空调机兼有湿度控制功能，能同时控制出风的湿度，这种单元式空调机又称恒温恒湿机。

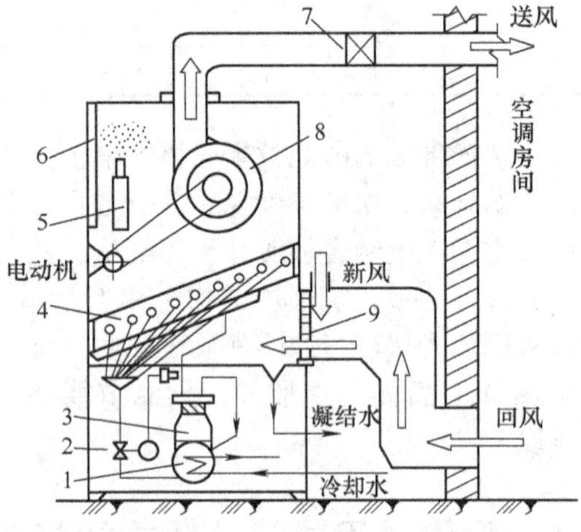

图7-9　水冷单元式空调机组示意图

1—冷凝器　2—热力膨胀阀　3—制冷压缩机　4—蒸发器
5—电加湿器　6—加热器　7—电气控制箱
8—离心式通风机　9—空气过滤器

7.3.2　现代民用建筑半集中式空调系统

近年来，随着空调技术的发展产生了一些介于前述两种之间的空调系统——半集中式空调系统，它除有集中式空调系统的某些特点外，还有分散式空调系统的某些特点。这种空调系统除有集中在空调机房的空气处理设备可以处理一部分空气外，还有分散在各空调房间的空气处理设备，可以对室内空气就地进行处理或对来自集中处理设备处理过的空气进行再处理，进一步提高了空气处理质量，改善了空调效果。变冷媒流量空调系统、水源热泵空调系统、诱导器空调系统以及风机盘管加新风空调系统等均属于半集中式空调系统。

1. 变频调速可变冷媒流量空调系统

可变冷媒流量空调系统，又称VRV空调系统，是近年来空调领域新推出的一种空调系统。如图7-10所示，从系统形式上看，它具有集中式空调系统的特点，主要由主机（室外机）、管道（冷媒管线）及末端装置（室内机）加上一些自控装置所组成。从实质上看，它实际上是直接蒸发式空调系统的一种改进，类似于分体式空调系统的概念。但是普通分体式空调机的一台室外机（主机）一般只能带一至两台室内机，而且距离有限（大多为5～10m），且能量控制多为位式控制方式。可变冷媒流量空调系统由于技术上的改进，一台主机（室外机）可带多台室内机（目前最多可达16台室内机），作用距离可达100m以上，并且多台室外机可以灵活地组合在一起。目前最多可由16台室外机，256台室内机组合成一个网络化空调系统。室内机可以实现单台个性化控制，群组模块化控制和单个／多个系统集中控制等多种模式的控制。其压缩机采用变频调速技术进行控制，能量控制智能化，系统运行管理微机化。

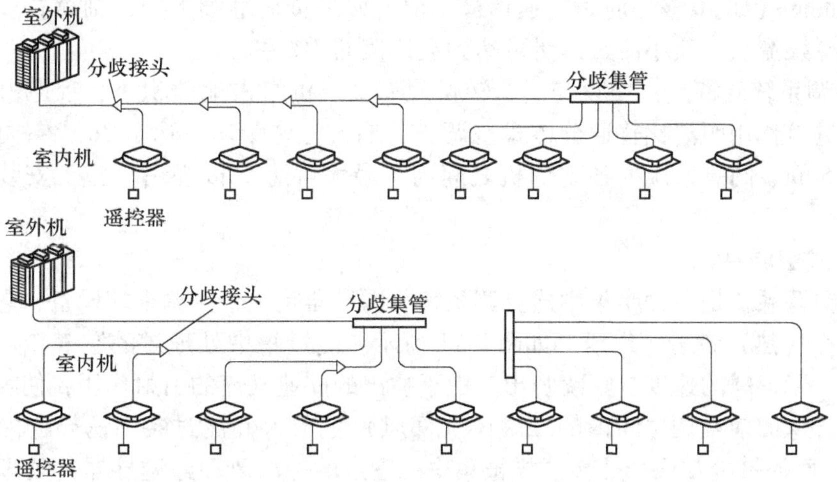

图7-10　VRV系统结构示意图

如图7-10所示，室外机是VRV空调系统的关键部件。从结构上看与单元式空调系统的室外机相似，它主要由风冷冷凝器和压缩机等组成，所不同的是采用变频调速智能控制技术。当系统处于低负荷运行时，通过变频控制器控制压缩机转速，使系统内冷媒的循环流量改变，从而对制冷量进行自动控制以符合使用要求。对于容量较小的机组，一般只采用一台变速压缩机；而对于容量比较大的机组，则采用一台变速压缩机和一台定速压缩机联合工作的方式。

VRV空调系统的室内机，与分体式空调系统的室内机相似，它是一个带蒸发器和循环风机的机组，有多种结构形式，如立式明装、立式暗装、卧式明装、卧式暗装、壁挂式和吊顶嵌入式等，供设计选用。

由于VRV空调系统与集中式空调系统和分散式空调系统在使用上都存在一定的区别，因此其控制方法也有明显的不同，为此各生产厂商都提供了专门的控制（器）系统，这种控制（器）系统都是建立在计算机控制（数字控制）基础上的，其设备有简单LCD控制器、标准LCD控制器和集中控制器等。

简易 LCD 控制器适用于对每一台室内机的独立控制，它具有运行方式控制、温度控制、气流速度控制和故障诊断等基本功能，同时也可和上位遥控设备进行通信。标准 LCD 控制器是一种性能较完善的控制器，仍以控制单机为主。但比简易 LCD 控制器增加了送风温度控制、定时控制、冷热风自动转换等功能。简易 LCD 控制器与标准 LCD 控制器均可同时控制最多 16 个室内机以相同的模式运行。

集中控制器与集中式空调系统的中央监控用的计算机相似。它可与各 LCD 控制器进行通信，也可以单独对 VRV 设备进行控制。最多可同时控制 16 台室外机组（相当于最多同时控制 256 台室内机）。

室内温度控制是通过对各个室内机电子式热力膨胀阀的控制来实现的。通过测量蒸发器前、后空气温度和室内回风温度，控制器据此控制电子膨胀阀的开度以调节各室内机冷媒流量，实现温度控制的目的。

室外机是通过检测冷媒流量和压力后分两步来控制的，第一步控制变速压缩机的转速，当频率调至最低（如 30Hz）时，转速达最小值，如果负荷继续下降，则第二步控制冷媒旁通阀，减小冷媒流量，最小冷媒流量可达到设计值的 8% 左右。

VRV 空调系统的特点：变频控制、转换效率高、机组占地面积小、管道占用建筑空间小、技术先进、作用距离比普通分体式空调长、最大允许距离可达 100m、室内外机之间高差最大可达 50m、同一系统内各室内机之间高差最大可达 15m 左右、施工安装方便、运行稳定可靠。

2. 诱导式空调系统

诱导式空调系统是一种半集中式空调系统。诱导器是一个空调末端设备，它由一个静压箱、喷嘴和冷（热）盘管等组成，如图 7-11 所示。经过集中处理过的空气，首先经送风机压入静压箱，以很高的速度自喷嘴喷出。由于喷出的高速气流的引射作用，使喷嘴周围的箱内形成负压，从而使空调房间内的二次风（回风）被吸入并流过装于诱导器内的热交换器（盘管）外表面而被冷却或加热。这样被集中处理过的一次风和经诱导器再处理过的二次风混合后送入空调房间内，构成空调系统的送风。

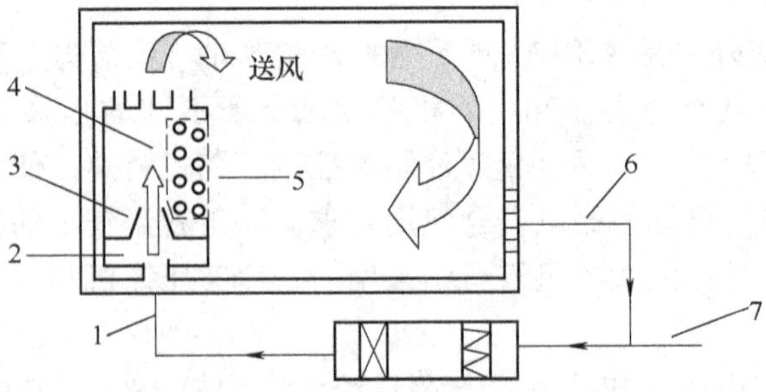

图 7-11 诱导器空调系统示意图

1—一次送风管 2—静压箱 3—喷嘴 4—热交换器 5—二次风 6—回风管 7—新风管

如果换热器盘管内加热或冷却的介质是水，则称为空气—水诱导器；如果不用换热器盘管换热，而直接诱导室内的二次风与一次风相混合后送入室内，称为全空气诱导器，又称简易诱导器。简易诱导器不能对二次风进行冷、热处理，但可以减少送风温差，加大房间换气次数。装设有“空气—水诱导器”的空调系统叫“空气—水诱导器系统”；装设有“全空气诱导器”的空调系统叫“全空气诱导器系统”。

诱导器系统的主要优点：① 由于集中处理的仅仅是一次风，因此机房面积和风管尺寸可缩小，节省建筑空间；② 当一次风就是新风时，可省去回风管道，房间之间由于有阻力较大的盘管相隔离，因此交叉污染的可能性小；③ 由于冬季一般不使用一次风，换热器盘管内通以热水就构成自然对流的散热器，可以成功地把空调和供暖结合起来；④ 诱导器内没有运转设备，所以用于有爆炸危险的气体或粉尘的房间内不会发生危险，安全性能好。

诱导器系统主要缺点：① 二次风一般不过滤，因此空气净化要求高的场合不适用；② 喷嘴处风速高时，可能产生噪声干扰；③ 空气—水诱导器结构复杂，施工不便。

7.4 现代民用建筑空调系统的自动控制

1. 空调自动控制系统的组成

空调自动控制系统主要由监控各种参数的传感器、控制器、执行器等组成。

（1）传感器　传感器是用来感测各种被测参数并转换为与之成比例的电信号的器件，如检测温度的铂电阻温度计等。

（2）控制器　控制器是接受传感器来的被测参数的测量信号，与该参数的给定信号进行比较，并根据偏差信号进行运算，输出具有一定控制规律的控制信号去控制执行器动作。控制器按控制规律来分，有位式控制器、比例控制器（又称 P 控制器），比例积分（PI）控制器和比例积分微分（PID）控制器等。

（3）执行器　执行器包括执行机构和调节机构两部分，它接收控制器来的控制信号，驱动执行机构动作，带动调节机构（通常为调节阀），以改变阀门开度，从而调节控制介质的流量或能量，使被控参数维持在工艺允许的范围内。空调系统中常用的执行器有电动阀、电磁阀等。

2. 空调自动控制系统的工作原理

为了使空调房间内的被控参数（主要是温度、湿度）维持在设计指标允许的范围内，应根据不同的情况，设置不同的控制环节。如温度控制、湿度控制、风量控制、水量控制、压力或压差控制等环节，组成一个性能完善的自动控制系统。在诸多的控制环节中，温度控制和湿度控制是两个最重要最基本的环节。

（1）温度控制　空调房间内的温度控制，通常是把温度传感器直接装在空调房间内。当室温由于扰动（如负荷的变化）而偏离设定值时，控制器则根据测量信号与给定信号的偏差发出具有一定规律的控制信号，控制相应的调节机构，使送风温度随扰动量的变化而变化，直到室温达到设计指标允许范围内。如图 7-12 所示，测量温度的敏感元件 TR（如铂电阻温度计）接在 P-4A1 型温度调节器上，测量相对湿度的敏感元件 TH 型温差变送器接在 P-4B1 型温差调节器上。TR 和 TH 分别测得室内温度和相对湿度并转换成相应的电信号，分别送至温度调节器 P-4A1 和相对湿度调节器 P-4B1。由图 7-12b 自动控制系统框图可知，调节器根据测得的实际值与设定值进行比较，得出偏差信号，送给控制器，控制器经运算后，发出相应的控制信号。按一定的调节规律（通常为简单的比例调节规律）去控制执行机构，驱动调节机构，以改变送风温度，使室内温度维持在允许范围内。

改变送风温度的方法有：调节加热器的加热量，或调节新风、回风的混合比，或一、二次回风比等。直接调节以热水或蒸汽为热媒的加热器的加热量来控制室温，主要用于一般空调系统；而对温度控制精度要求高的空调系统，则往往采用电加热器以辅助对室温进行微调。

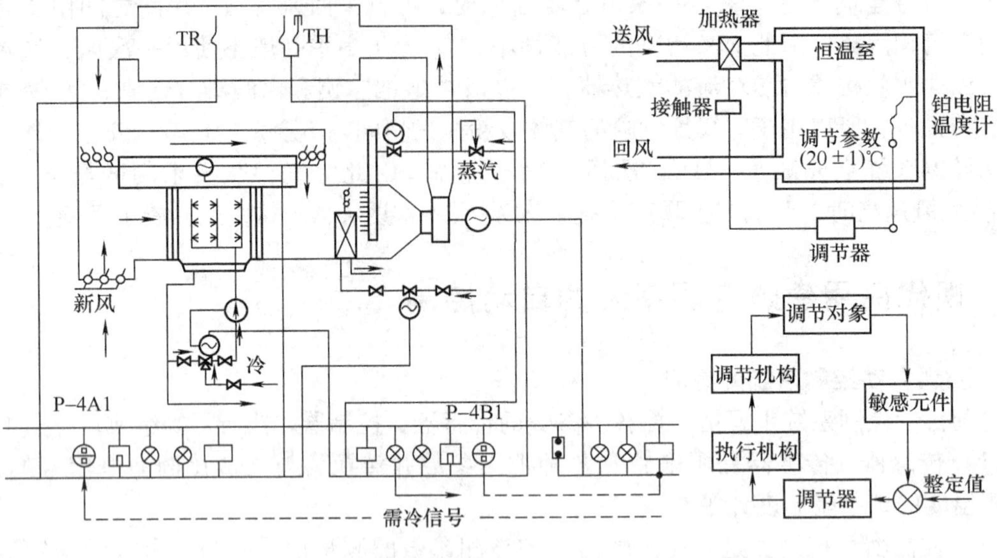

a) 空调自控原理示意图　　b) 系统调节原理简图

图 7-12　空调自动控制系统原理图

（2）湿度控制　室内相对湿度的控制，通常有两种方法：直接控制法和间接控制法。

直接控制法是在室内直接设置相对湿度测量传感器，根据室内相对湿度的偏差，调节空调系统中的调节机构（如喷水三通阀，新、回风联动风阀，喷蒸汽加湿的蒸汽阀门等），以补偿室内负荷的变化，达到恒定室内相对湿度的目的。

在民用建筑空调系统中，对室内空气进行热、湿处理，常使用表面式换热器。常用的表面式换热器，包括空气加热器和表面式冷却器两类，空气加热器是利用热水或蒸汽作为热媒的，如散热器等，表面式冷却器则以冷水或制冷剂作为冷媒。

（3）运行工况的自动转换　小型空调系统通常都是分季运行的。冬季供暖，夏季供冷，春、秋季一般不运行，只有大型空调系统在全年运行时，才采用自动控制系统，根据空调工况自动转换运行。

应该注意，对于不同地区的全年气候变化情况，不同的空调系统和设备，不同的室内参数要求以及不同的控制方法，空调工况有不同的分区方法和相应的最佳运行工况，空调系统的运行工况转换方法也不同，应视具体情况确定。

（4）中央监控系统　现代民用建筑空调系统除上述常见的几种基本控制方法外，对于大型现代民用建筑空调系统通常还设置中央监控系统。

3. 中央监控系统的基本要求

1）基本控制功能包括设备的起停（或阀门的开闭）控制，设备与附件的运行状态实时显示，故障报警，联锁控制等功能。

2）系统控制参数的监测、显示、记录和设定调节。

3）系统的节能、设备运行台数控制、能耗与运行时间统计及报表。

4）与消防系统的联锁与联系等。

4. 中央监控系统的分类

1）设备起、停控制系统。这是一种最基本的，也是最简单的中央监控系统形式，其主要功能是通过强电接触器，在中央控制室远距离对空调设备进行起、停控制，对设备运行的状态，通过信号指示灯来显示。这种控制系统不是参数的自动控制系统，即对空调系统用的水和空气的各种参数不作控制，其状态显示指示灯所显示的也只是接触器的状态而并非真正的设备状态。

2）常规仪表控制系统。常规仪表控制系统的控制器一般由弱电模拟控制仪表组成（如前所述的 P、PI 或 PID 控制器等），每个控制器都有固定的控制规律（当然控制器的 PID 参数也可在现场调整）。常规仪表控制系统通常也包括设备的起、停控制。在参数检测显示中，大都采用把多点巡回检测仪设置在中央控制室，以巡回检测并显示各种控制参数。

3）集散式控制系统。集散式控制系统是对常规仪表控制系统的改进，其特点主要有：① 控制功能由分散设置的常规仪表完成，这一点与常规仪表相同；② 设备运行状态及各种参数的采集，采用分散式数据采集器（DGP）完成，并转换为数字信号，通过计算机网络传输并在中央计算机控制屏显示，代替了常规仪表中的显示设备；③ 通过中央计算机可对部分常规仪表控制器的参数进行再设定。

这种控制系统在较高级的空调工程中得到了广泛的应用，如图 7-12 VRV 空调系统的控制等。

4）直接数字控制系统。直接数字控制系统是把计算机技术与常规仪表控制系统组合在一起的一个组合体，其主要特点是：从参数采集、数据传输与控制等各个环节都采用数字控制仪表来完成，用数字式控制器代替常规模拟仪表控制器，并且一个数字式控制器可以同时完成多个常规仪表的控制功能，其速度、精度、运行管理功能等方面都远强于常规仪表。这种控制系统尤其适用于监测参数点较多，系统复杂，控制功能、运行管理要求较高的场合。

7.5　现代民用建筑空调系统的设计

7.5.1　现代民用建筑空调系统的设计程序

空调系统的设计必须与土建、给排水、供配电及装潢设计等密切配合。必须遵守国家的能源政策、环境保护法规以及建筑、供暖、通风和空气调节设计规范、规程和国家标准中的各项规定。根据业主的建筑规划，进行全面的技术经济分析，确定最优设计方案。

1. 与建筑专业配合

建筑设计方案及功能确定后，根据建筑规模和使用要求确定空调系统设计方案。首先决定是采用集中式中央空调系统，还是采用分散式空调系统，或者半集中式空调系统。一般来说，大、中型高层民用建筑宜采用集中式空调系统，较小规模的民用建筑宜采用分散式空调系统。目前，VRV 空调系统和水源热泵空调系统在越来越多的办公建筑的空调系统中得到了采用。

若采用集中式中央空调系统，则应确定其水系统的大致形式，冷、热源装置的类型。是采用水冷式冷水机组，还是采用风冷式冷水机组。是采用直流系统（全新风系统），还是采用一次回风系统，或者二次回风系统等。

空调方案确定后，还要确定各种机房的面积和位置，并向建筑专业提出相应的要求。集中式空调系统的主机房，一般是指冷、热源设备机房。采用水冷式冷水机组，主机房占用面积较大，这与机组形式和单机容量有关。一般而言，同样容量的离心式机组占地面积较小，吸收式机组占地面积较大。同样形式的机组，单机容量越大，占地面积就越大。水冷式机组重量较大，且振动噪声影响较大，宜与使用空调房间相隔离，一般宜安装在建筑物的最底层，并采取减振吸声措施。

空调机房的面积与空调风系统的型式及空调机组的设计参数有直接关系，而且与机组的型号及功能有关。大多情况下，风机多与空调机组设在同一机房内。从节省建筑面积考虑，尽可能采用管道式风机，避免采用落地式风机。

无论是空调水系统，还是空调风系统，管道井占用面积一般都较小，但总要占用一定的面积，并且往往和其他专业施工共用管道井，因此要与其他专业设计配合好。

2. 与业主要求配合

空调方案确定后，要向业主详细解释各种设计方案的优缺点，进行全面的技术经济分析。本着业主第一和质量第一并重的原则，在技术上合理可行的前提下，与业主进行充分协商，最终确定最佳设计方案。

3. 与其他专业配合

与给排水、供配电、消防及装饰装潢等其他专业设计也要密切配合。不仅要了解其他专业的设计与施工方案，也要向其他专业提出本专业的设计与施工要求。相互协商，统筹兼顾，最终确定最佳且切实可行的设计方案。

4. 空调系统设计程序

（1）初步设计　与建筑等其他专业互相配合，初步确定了空调系统的设计方案，并报主管部门审批通过后，即可开始进行初步设计。在初步设计过程中，本专业设计与其他专业设计的密切配合并交叉反复进行，是非常重要的。只有对其他专业设计充分了解并考虑了本专业的技术要求，才能使本专业设计方案得以顺利实施。

初步设计一般包括以下内容：

1）设计图纸。设计图纸包括：① 空调系统冷、热源装置的设计及安装布置图；② 空调水系统的设计及安装布置图；③ 空调风系统的设计及安装布置图；④ 防火、排烟系统的设计及安装布置图；⑤ 各平面布置的设计。

在有关设计图纸中，要标明本系统各设备的安装方式，管道布置与走向。对大型设备及主要管道等还应注明安装尺寸和高度，以及与其他工种之间的关系等。

2）设计说明书。设计说明书包括：① 设计说明。设计说明主要包括：设计的依据，设计范围及其内容，当地的气象资料；空调风系统和空调水系统的设计方案；空调自动控制系统的设计方案；空调冷、热媒耗量和冷、热媒的技术参数；消声减振措施；以及对其他专业设计和施工与本专业设计的关系及其要求等；② 设备材料汇总表。包括：主要设备的型号、规格、数量及其性能参数和使用地点、主要附件及材料的数量与性能、安装技术要求等；③ 主要设计指标及概（预）算。包括：冷、热量及其单位面积耗量等指标，本专业要求的电气设备的安装容量，蒸汽耗量，水耗量，以及其他技术经济指标和概（预）算等；④ 遗留待会审时解决的其他的问题等。

（2）施工图设计　施工图设计是在初步设计方案审批通过后，进行工程设计的最后一个阶段，同时也是最重要的一个阶段，工程施工就是以施工图为依据的。施工图必须准确、规范、清晰明了，便于施工单位看图及按图施工。

1）施工图设计必须遵守已报审通过的初步设计方案，它是将初步设计方案落实到工程实际的重要一环，也是对初步设计方案进一步的补充和完善。

2）施工图设计的内容。施工图设计的内容包括：① 制订各工种间的配合进度计划；② 审核初步设计方案，提出对各专业工种的通用技术要求，制订本专业落实初步设计方案的具体技术措施及施工方案；③ 绘制施工图，确定安装、调试方案；④ 编制设备、材料清单和预算等。

（3）注意执行空调系统设计的规范、规程和标准　进行供暖、通风和空气调节工程设计，必须遵守国家颁布的各种有关最新规范、规程和最新标准中的各项规定。

与空调系统设计有较密切和直接关系的最新规范、最新规程标准可查阅有关手册，此处略。

7.5.2　现代民用建筑空调系统的冷、热负荷计算与设计

1. 冷、热负荷的计算

冷负荷是指为维持室内温度恒定时，应从室内除去的热量。这部分热量是通过空调设备将冷量传给室内空气而消除的。热负荷是指为维持室内温度恒定时，应从外界供给室内的热量。

耗冷量是指为保证房间正常使用，空调制冷系统应从房间除去的热量。耗热量是指为保证房间正常使用，空调供热系统应向房间提供的热量。

冷、热负荷和冷、热耗量是两个既密切联系又完全不同的概念。首先，它们针对的对象不同，冷、热负荷是针对某一具体的空调房间而言的。而冷、热耗量是针对系统而言的。其次，它们的目的也不同，前者是仅仅维持室温恒定，而后者不仅要保证室温恒定，还要保证室内空气的其他参数符合设计要求。

可见冷、热负荷仅仅是冷、热耗量中的一部分。实际上冷、热耗量不仅与冷、热负荷有关，还与新风系统负荷以及其他因素造成的附加负荷有关。因此新风负荷及其他附加负荷也是空调系统冷、热耗量的一部分，即

$$Q = Q_n + Q_f \tag{7-1}$$

式中　Q——冷、热耗量（W）；

Q_n——冷、热负荷（W）；

Q_f——新风负荷等附加负荷（W）。

耗冷量、耗热量是用来确定空调系统设备容量的最主要的设计依据，也是空调系统设计中的一个主要影响因素。

2. 冷、热负荷的统计计算

空调系统设计中，冷、热负荷的统计计算方法很多。国外有“反应系数法”、“传递函数法”等计算方法。目前国内应用较多的是“冷负荷系数法”。它是以传递函数法为基础，通过研究和实验而得到的一种简化计算方法。具体计算方法可参阅中国建筑科学研究院空调所等单位编写的《空调冷负荷计算方法专刊》的有关内容。

在进行大型空调工程的设计时，应采用这种方法去设计计算，以便使设计更合理。但对

一般中小型空调系统的设计，通常根据设计估算指标进行统计计算，也能满足要求，且比较简单方便。部分建筑物供暖、通风的热负荷可按热负荷估算指标进行估算。部分建筑物供暖、通风的体积热负荷指标见表7-2。

表 7-2　部分建筑物供暖、通风体积热负荷指标

建筑名称	V	q_{vn}	q_{vf}	t_n
	$1000m^3$	W/(m^3·℃)	W/(m^3·℃)	℃
行政建筑 办公楼	≤5 15~10 10~15 >15	0.60 0.53 0.49 0.44	0.12 0.11 0.10 0.22	18
俱乐部	≤5 15~10 >10	0.52 0.46 0.42	0.35 0.32 0.28	16
电影院	≤5 15~10 >10	0.50 0.44 0.42	0.60 0.54 0.53	14
剧院	≤10 10~15 15~20 20~30 >30	0.41 0.37 0.31 0.28 0.25	0.58 0.56 0.53 0.50 0.48	15
商店	≤5 5~10 >10	0.53 0.46 0.43	- 0.11 0.40	15
托儿所 幼儿园	≤5 >5	0.53 0.48	0.16 0.14	20
学校	≤5 5~10 >10	0.54 0.49 0.46	0.12 0.11 0.10	16
医院	≤5 5~10 10~15 >15	0.56 0.50 0.44 0.42	0.41 0.40 0.36 0.35	20
浴室	≤5 5~10 >10	0.40 0.35 0.32	1.39 1.32 1.25	25
洗衣房	≤5 5~10 >10	0.53 0.46 0.43	1.12 1.09 1.04	15
公共饮食餐厅	≤5 5~10 >10	0.49 0.46 0.42	0.97 0.91 0.84	16

3. 空调系统的选择

空调系统的选择，应根据建筑性质、规模、用途、使用特点、室外气象条件、负荷变化规律、室内温湿度要求及消声要求等因素，通过全面技术经济分析比较确定。

当空调房间较多且面积较大，对空调要求温度、湿度、使用时间、洁净度控制时，宜采用集中式全空气空调系统，且优先考虑采用单风道低速送风方式。当室内负荷变化的随机性较高且幅度较大时，宜选择变风量空调系统。当空调房间较小且分散时，或使用要求及时间各不相同时，宜采用分散式空调系统。当空调规模较大，房间较多，室内环境较干净，且要求各房间单独可调控时，宜选择风机盘管加新风空调系统。当建筑物面积有限，层高较小时，宜采用 VRV 空调系统。

大型商业建筑的营业场所，为保证室内空气含尘浓度符合卫生标准的要求，不宜采用风机盘管加新风系统和 VRV 空调系统。

4. 空调系统制冷装置的选择

冷媒又称制冷剂，是在制冷系统中担当汽化吸热和冷凝放热以维持制冷热力循环所必需的工艺介质。常用的制冷剂有氨和氟利昂等。冷媒的选用除要满足制冷技术的要求外，还必须符合国家能源政策、环境保护等有关法律、法规和专业设计规范等。

在间接冷却的制冷装置中，被冷却物体的热量是通过中间介质传输给制冷剂的，这种中间介质称为载冷剂。在大、中型空调系统中，制冷装置一般都是采用间接冷却制冷法，通常采用水为载冷剂，称为冷水，或冷冻水。

载冷剂的作用，就是在蒸发器中将自身的热量传给液体制冷剂，并使其蒸发为气体制冷剂，而自身由于失去热量，降低了温度，这种低温载冷剂就成为空调系统的冷源。载冷剂除了水以外，还有盐水、二氯甲烷、三氯乙烯、乙二醇和丙酮等。

制冷机即空调系统的制冷装置，常用的可分为压缩式制冷机和吸收式制冷机两大类。前者又分为活塞式制冷机组、螺杆式制冷机组和离心式制冷机组等 3 种；后者有蒸汽型、直燃型和热水型等 3 种机型。

5. 空调系统的设计

空调系统的设计内容主要有：冷、热负荷的计算、空调系统的选择、空调系统制冷装置的选择、空调风系统的设计、空调水系统的设计、空调系统的电气自动控制系统设计以及供电系统设计。

电气自动控制系统设计的任务包括：① 设计空调电气自动控制系统图；② 选择各种控制元器件；③ 各控制系数值的设计、选择与整定；④ 运行工况分析及工况转换的边界条件；⑤ 合理选择集中监控系统。

在上述基础上，完成自动控制系统的设计及其元器件的安装、调试，编制控制程序，以保证系统正常运行。

思考题与习题

7-1　集中式空调系统的定义是什么？集中式空调系统主要由哪些系统装置组成？

7-2　集中式空调系统是如何进行工作的？其冷源装置有哪些类型？各种类型的冷源装置是如何进行工作的？

7-3　集中式空调系统的热源装置主要有哪些类型？各种类型的热源装置是如何进行工作的？

7-4　集中式空调系统的空气处理及输配送系统主要由哪些系统装置组成？各系统是如何进行工作的？

7-5　地源热泵节能型集中式空调系统主要由哪些系统装置组成？系统是如何进行工作的？

7-6　什么叫半集中式空调系统？系统主要由哪些装置组成？是如何进行工作的？

7-7　变频调速可变冷媒流量空调系统属于何种形式的空调系统？系统主要由哪些装置组成，是如何进行工作的？

7-8　如何根据现代民用建筑的特点和大小进行空调系统设计？

7-9　请根据你所住宿舍楼的要求进行各房间冷热量负荷计算，并设计集中式中央空调系统。请画出施工图并做设计图。

设计要求：1）概述宿舍楼的功能要求；

2）说明冷热量负荷计算的过程；

3）设计图纸包含空调设备布置图、供电线路图和供电系统图；

4）图纸的绘制需符合规范要求。

第8章　现代民用建筑给排水系统与设计

给排水系统设计是现代民用建筑设计中必不可少的组成部分，其中给排水系统的电气设计是设计中必不可少的内容。本章主要介绍水位控制式供水生活给水系统、压力控制型无塔供水生活给水系统、变频调速无塔恒压供水生活给水系统、消防供水系统的结构及其电气控制。简要介绍热水供应系统和排水系统结构及其电气控制。

8.1　概述

现代民用建筑与一般工业建筑给排系统主要有4大类：消防给水系统、生活给水系统、热水供应系统、排水系统。在现代民用建筑中，需要设置生活给水泵的地方通常分为下列两种情况：

1）供水管网在用水高峰时水压力的不足或供水管发生事故如爆管，从而造成较长时间停水的地方。为了解决这类问题，各个局部供水系统（指某一单位或某一大型民用建筑）都设有蓄水池，或高位水箱（供蓄水），或地下深井泵，以便及时供应生产、生活和消防用水。

2）高层建筑物。自来水厂的水压往往不能为大厦的中部或上部楼层直接提供用水，一般是让自来水先流入大厦地下或底层贮水池，再用水泵把水输送至大厦上层或楼顶贮水池，再由楼顶贮水池向下供水。对于超高层建筑，由于受水泵扬程限制，有时还要采用接力泵和中途水箱。

总之，为了使高位水箱和供水管网有一定的水位和压力，需要安装加压水泵。目前，加压水泵可分为：水位控制式、变频调速无塔恒压供水式、压力控制型无塔供水式。水泵的控制有单台式、两台一用一备式、两台自动轮换式、三台两用一备交替使用式和多台式等。水泵的控制一般要求自动控制。

热水循环和排水泵在现代大型民用建筑中和小区民用建筑设施中也经常需要设置，其电气设计和施工方面与供水水泵方面有相类似之处，同时还有许多不同之处。

8.2　现代民用建筑生活给水系统及其电气控制系统与设计

8.2.1　水位控制式生活给水系统及其电气控制系统与设计

水位控制式供水系统一般用于高位水箱给水和给水池排水。将高位水箱所要求的水位信号或管网所要求的水压信号转换为电信号，控制供水泵的开停，以保证高位水箱的水位或管网的水压。

1. 干簧管式水位控制器

将水位信号转换为电信号的设备称为水位控制器（传感器），它是水位控制式供水系统的关键控制元件。常用的水位控制器有干簧管式、浮球式、电极式和电接点压力表式等。浮球式又可分为磁性式、水银开关式和微动开关式等。

干簧管式水位控制器适用于工业与民用建筑中开口（不加盖）的水箱、水塔及水池等的水位自动控制或水位报警。图 8-1 为干簧管水位控制器的安装和接线图，图中 SL1、SL2 为干簧管继电器。干簧管继电器为一密封玻璃管。在管内两端各固定一片由弹性好、磁导率高的坡莫合金制成的舌簧片。两舌簧片的接触处镀以贵重金属如金、铑、钯等，以此来保证良好的接通和断开。为减少接点的污染与电腐蚀，在玻璃管中充以氮等惰性气体。干簧管继电器分为常开和常闭两种。舌簧片由套在干簧管外部的永久磁铁或磁短路片驱动。永久磁铁驱动的原理是：当永久磁铁靠近时，在两舌簧片接触点处，由于磁化作用形成异极性而相互吸引接通；当永久磁铁离开时，舌簧片失磁，触点因弹性而断开。磁短路片驱动的原理是：在永久磁铁与干簧管之间插入一磁短路片（铁片），由于磁短路片的隔磁作用使已接通的触点因磁化的消失而断开；当磁短路片拔出后，两舌簧片因永久磁铁的磁化作用而接通形成常闭点。干簧管水位控制器安装示意图如图 8-1a 所示，在水箱内固定一个塑料管或尼龙管，在管内对应需要控制的上、下水位固定两个干簧管 SL2 和 SL1，管的下端密封防水，连线在上端接出。塑料管外套一个能随水位移动的浮标（或浮球），浮标中固定一个永久磁环，当浮标随水位的变化移到上或下水位时，对应的干簧管接受到永久磁铁的磁信号而动作，发出水位电开关信号。图 8-1b 中有 4 只干簧管，可组成多种组合方式，用于水位控制及报警控制。

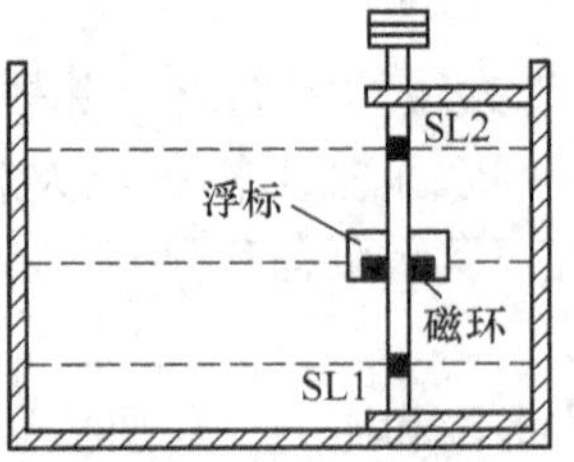

a) 干簧管水位控制器安装示意图

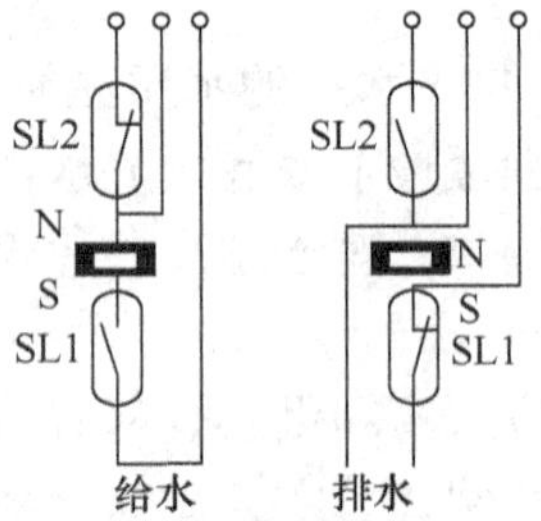

b) 接线原理示意图

图 8-1　干簧管水位控制器的安装和接线图

浮球式水位控制器是利用浮球内的干簧管继电器开关的动作而发出信号的水位开关，因外部无任何可动机构，特别适用于含有固体、半固体浮游物的液体，如生活污水、工厂废水及其他液体槽液的液位自动报警和控制。其结构和工作原理可参阅有关参考书。

电极式水位控制器利用水或液体的导电性能，当水箱内的水在高水位或低水位时，使互相绝缘的电极导通（或不导通），发出控制信号使电子电路及灵敏继电器动作，从而发出指令来控制水泵的开停。

2. 压力式水位控制器

压力式水位控制器是根据水位高压力也高、水位低压力也低的原理，通过水压来检测、控制的，常用的是 YXC－150 型电接点压力表，既可作为压力控制又可作为就地检测用，是目前常用的一种水压和水位检测仪表。图 8-2 为电接点压力表外形和接线图。它由弹簧管、传动放大机构、刻度盘指针和电接点装置等构成。当被测水介质的压力进入弹簧管中时，弹簧产生位移，经传动机构放大后，使指针绕固定轴发生转动，转动的角度与弹簧管中压力成正比，并在刻度盘上指示出来，同时带动电接点指针动作。当水在低水位时，指针与下限整定值接点接近，发出低水位信号；当水在高水位时，指针与上限整定值接点接近，发出高水位信号；当水位处于高、低水位整定值之间时，指针与上、下限接点均不接通，无信号。电接点压力表可用于供水管网中对水压进行控制。图 8-2b 中，SP 为电接点压力表，当水在低水位时，指针与下限点接通，继电器 KA1 发出开泵信号；当水达到高水位时，由继电器 KA 发出停泵信号。

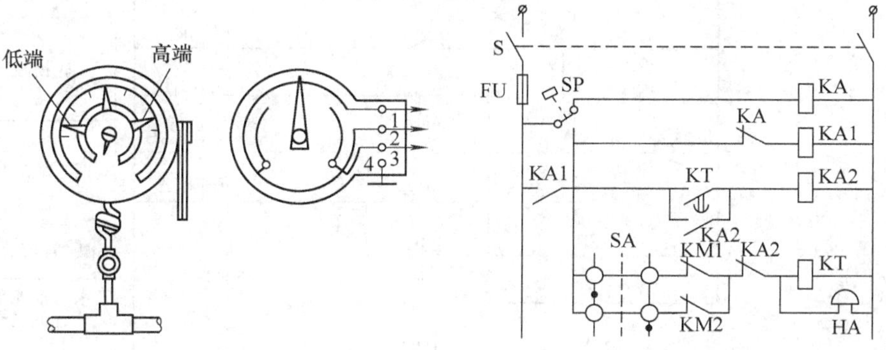

a) 外形结构和接线图　　b) 电路接线图

图 8-2　电接点压力表外形和接线图

3. 水位控制式供水系统及其电气控制系统与设计

两台给水泵一用一备，是常见的形式之一，水泵一般由屋顶水箱或单独水塔的水位进行控制，低水位起泵，高水位停泵。工作泵发生故障，备用泵延时自投，故障报警。生活给水泵是起停频繁的水泵，常常设计成两台，一用一备，互为备用，备用延时自投、自动转换的工作方式。其主电路设计原理图如图 8-3 所示，其电气控制系统原理电路设计图如图 8-4 所示。

在图 8-4 中，水泵的运行由屋顶水箱液位器 1SL、2SL、3SL 控制。控制过程说明如下：

1）在 1 号泵控制回路中，当选择开关 SAC 置于自动位置时，当水箱内水在低水位时 3SL 接通，继电器 2KA 通电吸合，并与 3SL 并联的常开触点接通自保持。此时若水源水池有水，1 号泵运行供水，屋顶水箱液位器 1SL 不接通，而延时继电器 1KT 得电，其瞬时动作常开触点接通，完成自保持，其延时常开触点经延时后闭合使继电器 3KA 得电吸合并自保持，处于等待状态。

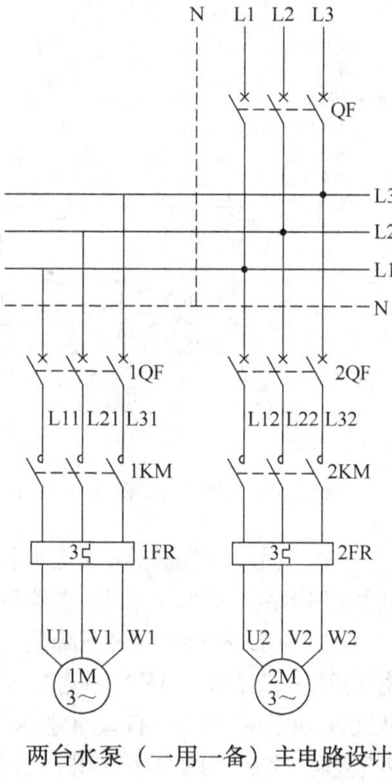

图 8-3　两台水泵（一用一备）主电路设计原理图

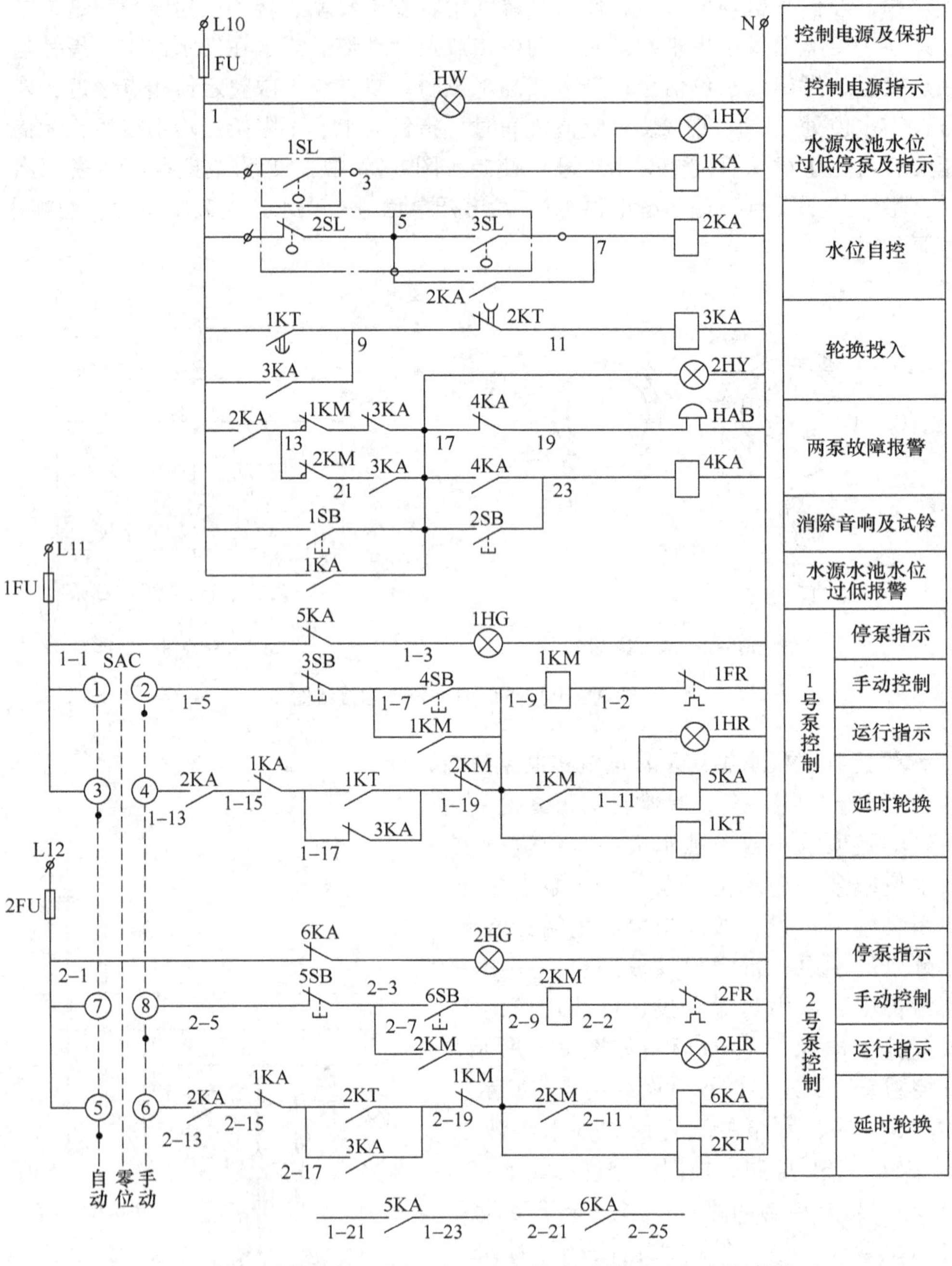

图 8-4　两台水泵（一用一备）电气控制系统原理电路设计图

2）当屋顶水箱水位达到规定水位时，2SL 打开，继电器 2KA 断电使 1－13 与 1－15 之间常开触点 2KA 释放断开，接触器 1KM 断电，1 号泵停机。

3）当屋顶水箱水位再次下降后，2SL 复位闭合，3SL 受压而闭合，2KA 再次得电吸合。此时由于 2KT 未工作，3KA 一直处于闭合状态，所以接触器 2KM 得电，2 号泵起动运行供水，从而实现了两台水泵自动轮换供水。继电器 3KA 是使两台水泵轮换工作的主要元件，它是否吸合，决定了两台泵中哪一台先工作，分两种状况来说明：一是如果 1 号泵在起动时发生故障，接触器1KM刚通电便跳闸（如过载故障）或未吸合，作为备用的2号泵经1KT延时后，继电器3KA吸合，接触器2KM通电吸合，2号泵起动；二是如果1号泵的故障是发生在运行一段时间之后。故障时，时间继电器1KT的延时已到，继电器3KA已经吸合，此时，1号泵的接触器一旦故障跳闸，其常闭触点1KM复位，2号泵将立即起动。从而实现了备用投入功能。

两台泵的故障报警回路是以继电器2KA已经吸合为前提，1号泵的故障报警是接触器1KM常闭触点与继电器3KA常闭触点串联；2号泵的故障报警是接触器2KM常闭触点与继电器3KA常开触点串联。若要求某一水泵运行，如因故不能运行便报警。

当水源水池的水位过低已达到消防预留水位时，水位控制器1SL闭合，继电器1KA得电吸合，强迫所有泵停机，并同时报警以便通知值班人员进行检查。

继电器5KA、6KA分别为控制两台泵的停泵指示。手动控制时，选择开关SAC的①~②，⑦~⑧两路接通。具体控制过程由手动操作各有关按钮进行控制，详细分析过程略。

水泵一般安装在地下室的水泵房内，由屋顶水箱或单独水塔的水位控制。为了能在泵房内观察到水位，常常需在泵房内设置水位指示仪（也称传示仪），以便将高处的水位传到水泵房的控制箱上。水位传示的方法较多，如浮球带动多圈电位器式、动圈仪表式、数字仪表式等。

8.2.2 变频调速无塔恒压供水系统及其电气控制系统与设计

从匹配角度来看，生活给水设备可分为匹配式与非匹配式。

非匹配式供水设备的特点是水泵的供水量总是大于系统的用水量。因而非匹配式需配置蓄水设备，如水塔、高位水箱等。可将多余的水或全部的水暂时蓄存起来，以便在系统供水不足时备用。

匹配式供水设备的特点是水泵的供水量随着用水量的变化而变化，没有多余的水量，因而不必设置高位水箱等蓄水设备而节省了材料、费用。但它随时都需要根据用水量的多少和水压的大小，控制水泵的出水量。这就需要随时对水泵的速度进行调节。早期的直供式水泵给水系统就是一种原始的匹配式供水设备。但由于水泵的速度不能调节，当用水量很小时，水压很高，供水效率很低。供水水压随用水量的变化而急剧变化，这种供水方式既不节能，又使系统的水压不稳定，因而逐渐被非匹配式供水方式所取代。

近年来，由于电子技术、计算机控制技术、大功率电力电子技术的迅速发展，运行可靠、技术先进的变频调速装置得到了迅速发展，并已广泛应用于无级调速的交流电机中。变频调速装置在工业与现代民用建筑的供水系统中也已得到了广泛的应用，使得匹配式供水方式的实现真正有了可能。这种供水技术是通过改变水泵电动机的供电频率调节水泵的转速，来控制水泵的供水压力。这种供水技术的核心是采用计算机根据系统水压的安全要求，自动调节电动机的供电频率，从而自动控制水泵的转速，保证在用水量变化时，供水量也随之变化，同时保证供水系统的水压是恒定的，实现了供水量与用水量的真正相互匹配，形成了较完美的匹配式供水技术。它省去了高位水箱或水塔等蓄水设备，也不需要气压罐，既节能，又节材，并节省建筑面积。常常称之为无塔恒压供水设备。其不足之处是供电源必须可靠，否则停电即停水，给生活带来不便。

变频调速式恒压供水给水泵有单台、两台泵（一台变频、一台全压供电）、三台泵（一台变频、两台全压供电）等多种形式。下面介绍两台泵（一台变频、一台全压供电）恒压供水给水方式。

图 8-5 所示为变频调速恒压供水泵（两台泵）的主电路原理设计图，它的控制系统原理电路设计如图 8-6 所示。

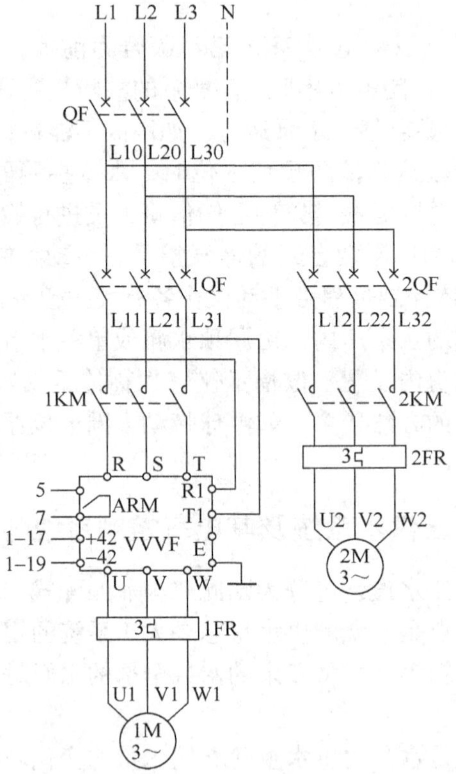

图 8-5　变频调速恒压供水泵（两台泵）的主电路原理设计图

图 8-5 中 VVVF 为变频调速电源控制器，它接于一台泵的电动机 1M 的主电路中，进行变频调速控制；另一台泵的电动机 2M 为全压供电定速运行。当用水量较小时，只用一台调速泵供水。水量加大时，一台变速泵不能满足供水要求时，全压运行的定速泵投入运行，由两台泵同时供水；当用水量又减少时，一台变速泵已能满足供水要求时，定速泵可停止运行，由变速泵单独供水，始终保证系统水压的恒定。当变速泵或其调速装置故障时，定速泵作为备用泵延时起动单独供水。

如图 8-6 所示，KGS 为水压控制器，与 KGS 相连接的 P 为水压传感器。系统的控制原理如下：

当主令控制器 SAC（或万能转换开关）处在自动位时，图 8-5 主电路中低压断路器 1QF、2QF 合闸→控制电路中的恒压供水控制器 KGS，时间继电器 1KT 线圈通电→1KT 常开触点延时吸合→接触器 1KM 通电吸合→变速泵 1M 起动调速运行→恒压供水。

当用水量增大，一台泵的供水量不能满足用水要求时，水压控制器 KGS 使 2 号泵控制回路 2－11 号与 2－17 号线接通→2KT 通电→使 4KT 延时通电吸合→接触器 2KM 通电吸合→定速泵 2M 起动运行→变速泵 1M 根据水压要求调速运行→恒压供水。

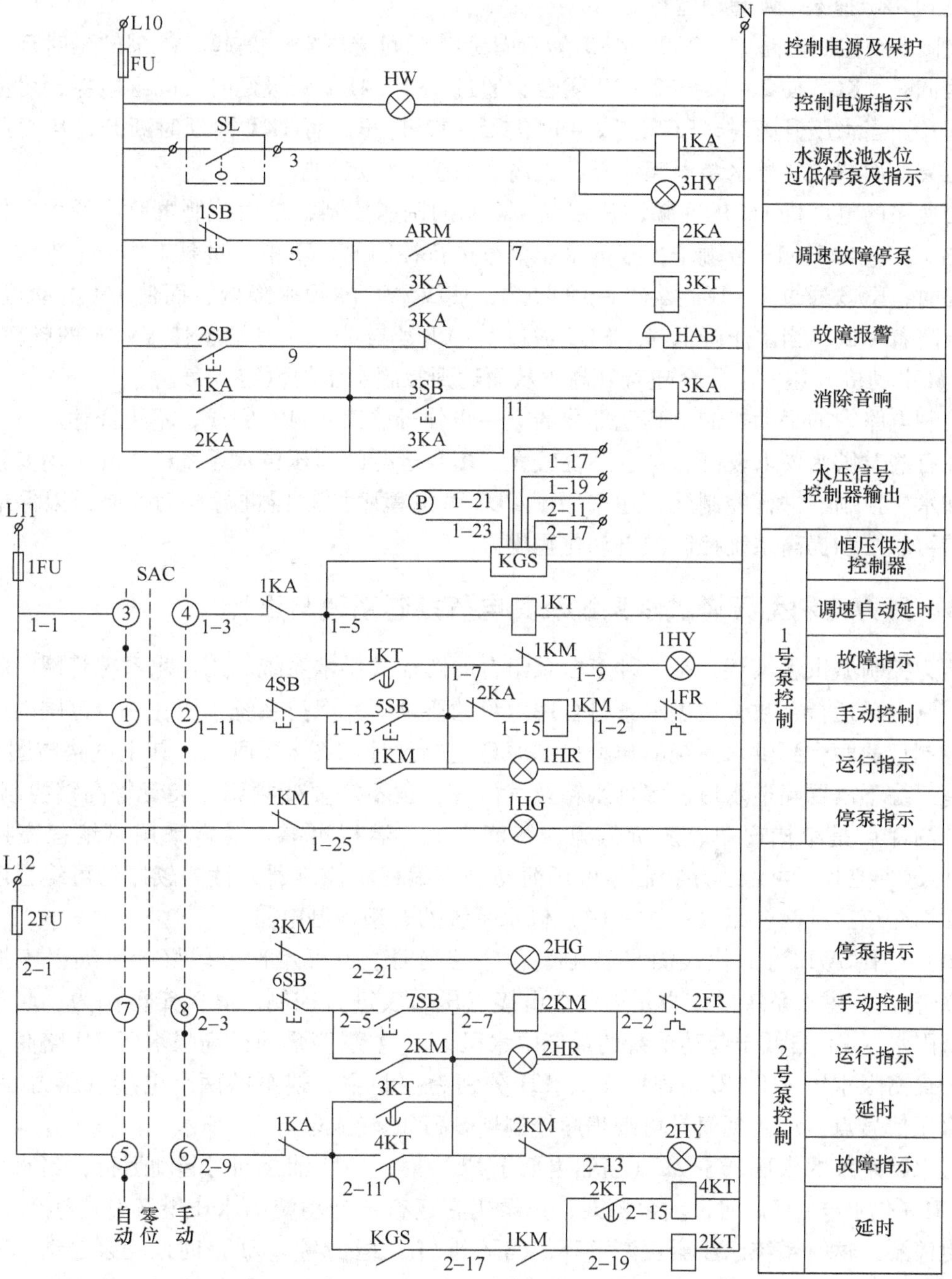

图 8-6　变频调速恒压供水泵控制系统原理电路设计（一台变频、一台全压）

当用水量又变小，不需要两台泵同时运行时，水压将升高，水压控制器 KGS 的触点使 2－11号与 2－17 号线断开→2KT、4KT 失电→4KT 的常闭触点延时断开→接触器 2KM 断电→2 号泵停止运行。

当调速的变速泵故障时，变频调速装置的 ARM 端子接通→使 5 号与 7 号线接通→中间继电器 2KA、时间继电器 3KT 通电→报警器 HAB 发出声、光报警→同时 3KT 延时使接触器

2KM 通电→定速泵 2M 起动运行。

在图 8-6 控制电路中，2KT、4KT 为双向延时时间继电器，是起、停泵的延时环节。当水压偏低时，KGS 使 2－11 与 2－17 闭合，通过 2KT、4KT 两级延时时间继电器，可使 2 号泵起动；而当水压升高时，KGS 使 2－11 与 2－17 断开，而 4KT 则延时断开，从而避免了因水压突变而造成 2 号水泵误起、停，提高了系统的稳定性。

变速泵的电动机 1M 的变频调速装置 VVVF 的调速控制，是由控制电路中的水压控制器 KGS 的 1－17 与 1－19 号端子，根据水压信号进行控制的。不论 2 号泵工作或不工作，当水压升高时，KGS 通过 1－17 号与 1－19 号端子使 VVVF 的频率降低，而使 1M 电动机降速，水压会随着降低；当水压降低时，KGS 通过 1－17 号与 1－19 号端子使 VVVF 的频率升高，而使 1M 电动机升速，水压会随着升高，从而达到控制水压的恒定。

控制电路中的手动控制及其他部分的进一步分析请读者自行完成，不再详述。

在有些对供水要求较高、供水系统较大、多泵运行的恒压供水系统中，除了用变频调速装置和水压控制器进行控制外，还采用了 PLC 可编程序控制器进行自动控制，以保证供水系统的可靠性和提高系统控制的自动化程度。

8.2.3　压力控制型无塔供水系统及其电气控制系统与设计

压力控制型供水系统，是一种多台泵组合的匹配式供水系统。用供水系统管网中的水压信号控制水泵运行台数，使供水量符合用水量的要求，并保持系统水压在一定范围内。这种压力控制型的两台泵供水系统的典型控制原理电路设计如图 8-7 所示，其主电路与图 8-3 相同。该系统不需要建造水塔、屋顶水箱及气压罐，也不需要变频调速装置等高档控制设备。该系统的优点是结构简单、造价低廉、节能高效、运行可靠。通常采用可编程序控制器（PLC）进行控制。可编程序控制器可用简易型可编程序控制器或性能较好的可编程序控制器。下面介绍这种两台泵（一主一辅）供水系统的典型控制电路。

图 8-7 中 SWL1＋1 代表简易型可编程序控制器，也可用性能较好的可编程序控制器（PLC）替代。供水系统的压力是由两个电接点压力表进行控制。其整定范围为：起动主泵的最低限水压 ZL 略低于起动辅泵的最低限水压 FL；主泵停泵的最高限水压 ZH 略高于辅泵停泵的最高限水压 FH。ZL、ZH、FL、FH 分别为控制主、辅泵的两个电接点压力表的高、低限水压信号点。均接到简易可编程序控制器 SWL 的输入端。

当水路系统的水压低于 ZL（当然也低于 FL）时，主、辅泵同时起动运行；当水压上升达到 FH（仍低于 ZH）时，辅泵停泵，主泵仍在运行；当系统的水压继续升高达到 ZH 时，主泵也停泵；这时系统水压会逐渐下降，当降到 FL（但仍高于 ZL）时，辅泵起动。若此时系统水压不再下降或上升，则只需维持辅泵供水；若用水量加大，使系统水压下降到 ZL，则主泵再次起动，主辅泵同时供水。从而可使供水系统的水压基本上保持在一不定期范围内。

图 8-7 中，1SSR、2SSR 分别为控制 1KM 和 2KM 的固态继电器。1SSR 和 2SSR 分别由程序控制器 SWL1＋1 的输出端子 ZS 和 FS 的开关信号进行自动触发控制。控制电路分为手动和自动两种工作状况，其具体工作过程的分析较为简单，可参照前述分析方法进行。

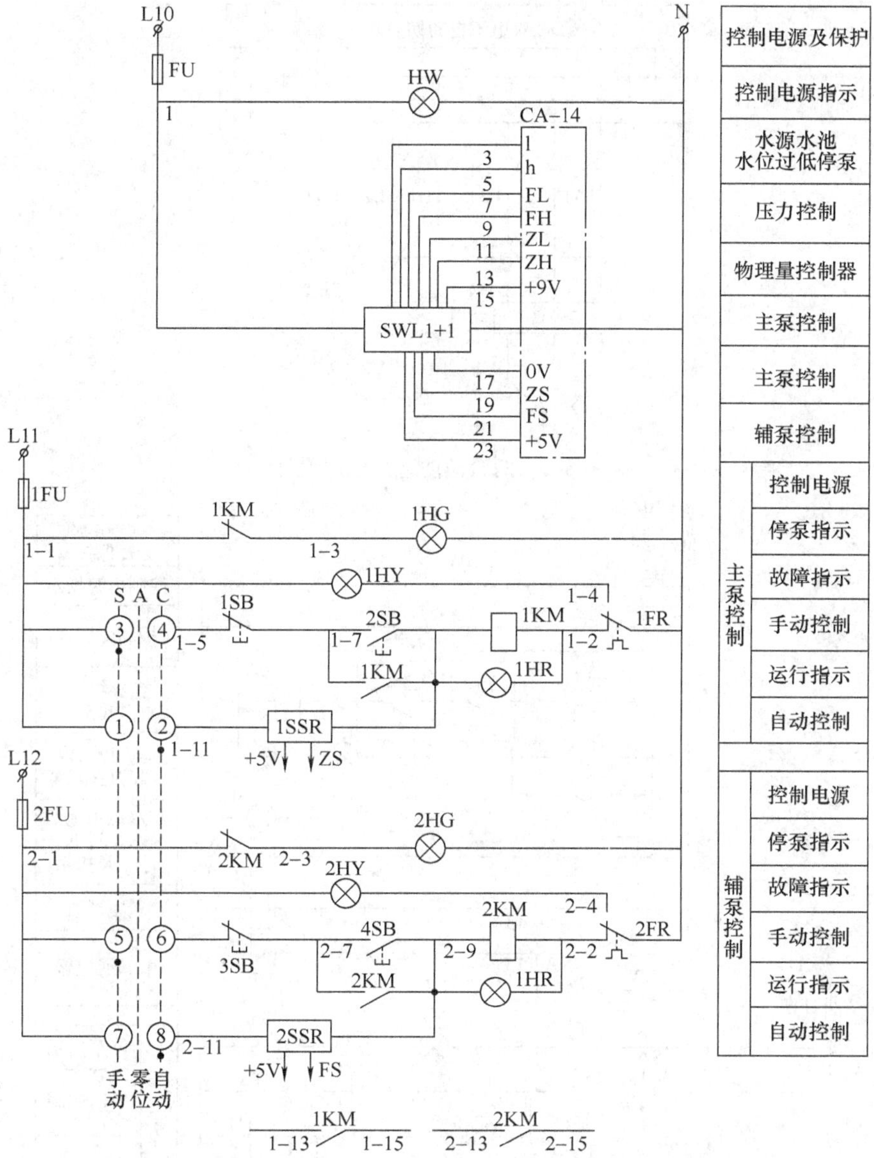

图 8-7　两台水泵（一主一辅）压力控制型控制原理电路设计图

8.3　现代民用建筑消防给水系统及其电气控制系统与设计

消防给水系统在现代民用建筑中，尤其是现代大型民用建筑中是必须设置的。其目的是火灾时保证消防供水管网的正常水压，所以其电源必须可靠，一般为双电源供电系统。下面介绍两台消防泵（一用一备）消防供水系统，其主电路设计如图 8-8 所示。图中 ADC 为双电源自动切换控制箱。其控制系统原理电路设计如图 8-9 所示。

图 8-9 中 1SB…*n*SB 是设在消水栓箱内的消防泵专用控制按钮，按钮上带有水泵运行指示灯。SB 按钮平时由玻璃片压着，其常开触点闭合，使 4KA 得电，其常闭触点断开，使 3KT 不通电，水泵不运转。这也是消防泵在非火灾时的常态。

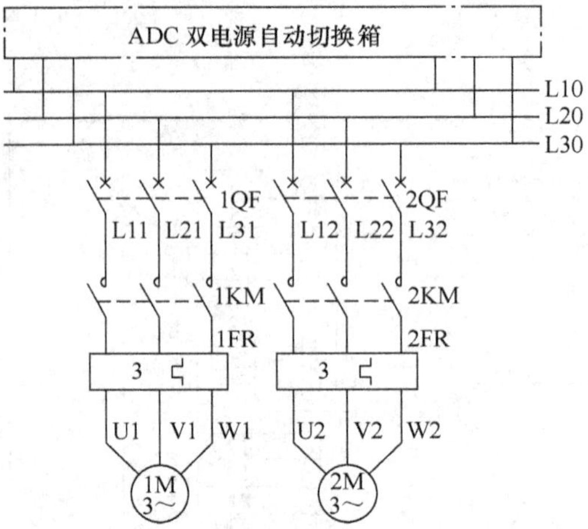

图 8-8　两台消防泵主电路设计

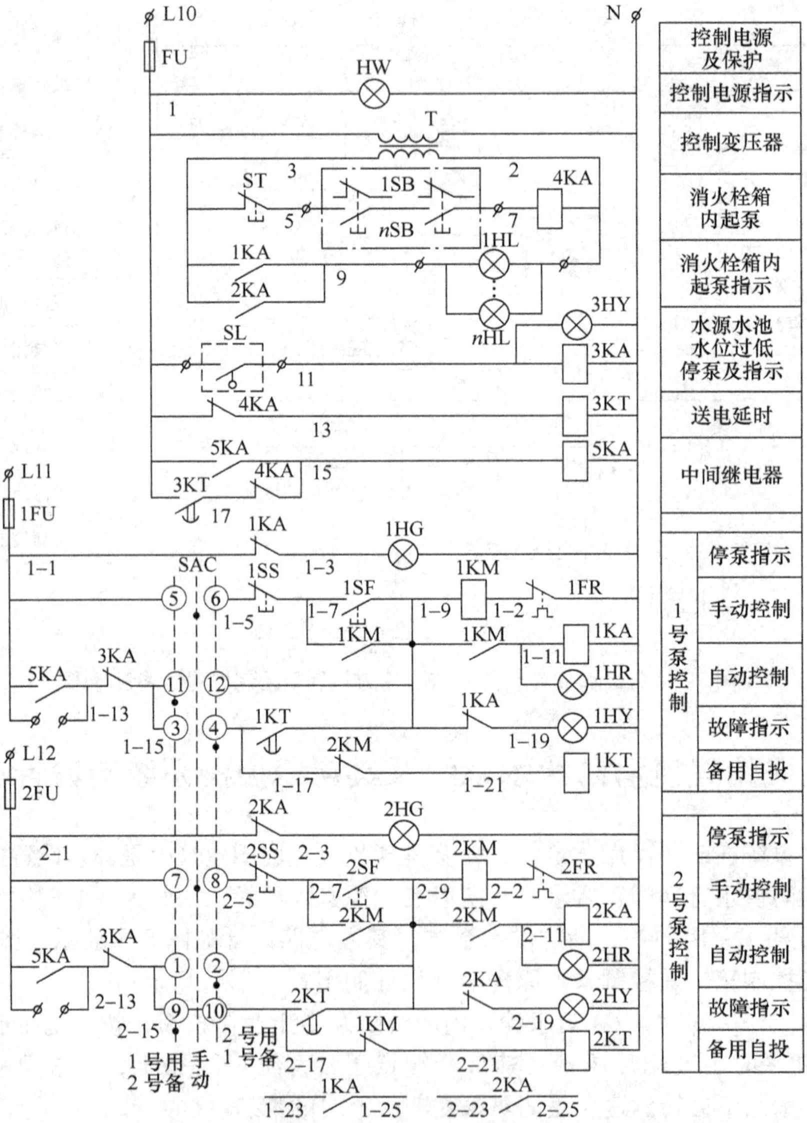

图 8-9　两台消防泵控制系统原理电路设计图

当发生火灾时，打碎消火栓箱内消防专用按钮 SB 的玻璃，该 SB 的常开触点复位到断开位置，使4KA 断电，其常闭触点闭合，使 3KT 通电，经延时后，其延时闭合的常开触点闭合，使5KA 通电吸合。此时，假若选择开关 SAC 置于“1 号用2 号备”，则1 号泵的接触器1KM 通电，1 号泵起动。如果1 号泵发生故障，1KM 跳闸，则 2KT 得电，经延时后，2KT 常开触点闭合，接触器2KM 通电吸合，作为备用的 2 号泵起动，如果将 SAC 置于“2 号用1 号备”的位置，则2 号泵先投入运行，1 号泵处于备用状态，其动作过程与前述过程类似。

图中线号1－1 与1－13 及2－1 与2－13 之间分别接入消防控制系统控制模块的两个常开触点，则两台消防泵的起、停均受消防中心集中控制。

图中4KA 的作用提高了控制电路的可靠性。如果不设4KA，按一般习惯，用常用按钮控制水泵，未出现火灾时就不会去敲碎玻璃按下起泵按钮。假如按钮回路断线或接触不良，就不易被发现，一旦发生火灾，按下起泵按钮，电路仍不通，消防泵不能起动，影响灭火。而采用4KA 后，由于把与4KA 线圈串联的消火栓按钮强迫常闭，使4KA 通电吸合。一旦电路锈蚀断线或按钮接触不良，4KA 断电，消防泵起动。这样，故障被及时发现，提高了控制电路的可靠性。3KT 的延时作用，主要是避免控制电路初通电时，5KA 误动作，造成水泵误起动。5KA 自保持触点的作用，使得一旦发生火灾时，水泵起动后，便不再受消火栓箱内按钮及其电路的影响，一直保持运转，直到火灾被扑灭人为停泵，或水源水池无水停泵。

当水源水池无水时，则液位器触点 SL 闭合，3KA 通电，其常闭触点断开，使两台水泵的接触器均不能通电，未起动的水泵不能起动，正在运转的水泵也停止运转。水源水池的液位器可采用浮球式或干簧式，当采用干簧式时，需设下限扎头，以保证水池无水时可靠停泵。

8.4　现代民用建筑热水供应系统及其电气控制系统与设计

1. 热水供应系统分类

热水供应系统在现代民用建筑中，主要是为住宅、宾馆、饭店、医院、公共浴室、洗衣房等需要提供热水的民用建筑而设置的。

热水供应系统，按照服务范围可分为区域性热水供应系统、集中热水供应系统和局部热水供应系统。集中热水供应系统如图 8-10 所示。

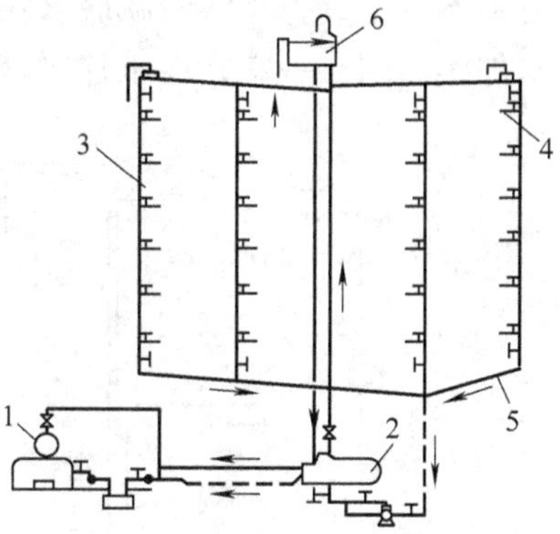

图 8-10　集中热水供应系统

1—锅炉　2—热交换器　3—输配水管网　4—热水配水点　5—循环回水管　6—冷水箱

区域性热水供应系统是以集中供热热力网中的热媒为热源，由热交换设备加热冷水，然后经过输水系统供给建筑群各热水用水点使用。这种系统热效率最高，但一次性投资大。区域性热水供应方式，除热源形式不同外，其他内容均与集中热水供应方式无异，其室内热水供应系统与室外热力网路的连接方式同供暖系统与室外热网的连接方式。

2. 集中热水供应系统

集中热水供应系统是利用加热设备锅炉 1（见图 8-10b）及热交换器 2 集中加热冷水后通过输配系统 3 送至一幢或多幢建筑中的热水配水点 4。为保证系统热水温度需设循环回水管 5，将暂时不用的部分热水再送回加热设备。此外，为保证系统压力恒定，一般情况下多设冷水箱 6 作为定压点。冷水受热后的膨胀水量可由膨胀管通至冷水箱，亦可另设膨胀水箱或膨胀罐。

集中热水供应系统的热源，当条件允许时，应首先利用工业余热、废热、地热和太阳能。以太阳能为热源的集中热水供应系统，由于受气候影响，不能全天工作。故在要求热水供应不间断的系统中，应考虑另行增设一套加热装置予以补充（如电加热等）。以地热水为热源时，应按地热水的水温、水质、水量、水压，采取加热、降温、防腐蚀、贮存调节和抽吸、加压等技术措施。地热水的热质利用应尽量充分，应考虑综合利用。

3. 热水供应系统的电气控制

（1）热水供应系统的主要器材及电气设备

1）水加热设备。水加热设备是将冷水制成热水的换热装置，亦称热交换器，或水加热器。水加热器的种类很多，根据水加热器是否密闭（有压），分为闭式、开式两类；根据水加热器的外形，有立式、卧式两类；根据水加热器热媒种类，有汽-水加热器和水-水加热器两类；按水加热器的换热方式，有表面式、混合式两类。表面式水加热器属间接加热，如容积式水加热器、快速式加热器；混合式水加热器是将冷水与热水或蒸汽直接接触相互掺混，属于直接加热方式。局部式热水供应系统中，常采用蒸汽加热器、太阳能热水器、燃气式热水器、电加热器。

2）膨胀管、膨胀水箱和膨胀罐。这类设备的功能是解决热水供应系统中因水温升高、水密度减小、水容积增加而引起的系统正常工作被破坏的问题。膨胀管可由加热设备出水管上引出，将膨胀水引至高位水箱中，如图 8-11 所示，膨胀管上不得设置阀门，其管径一般为 ϕ20 ~ 25mm。膨胀罐是一种密闭式压力罐，如图 8-12 所示。这种设备适用于热水供应系统中不宜设置膨胀管和膨胀水箱的情况。膨胀罐可安装在热水管网与容积式加热器之间，与水加热器同在一室，在水加热器和管网连接管上不得设置阀门。

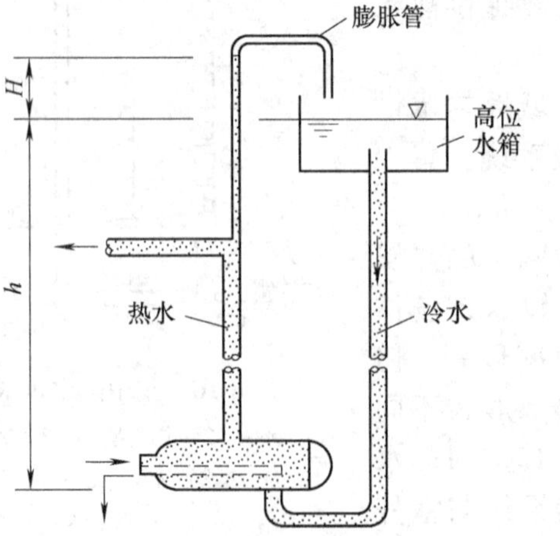

图 8-11　热水供应系统膨胀管

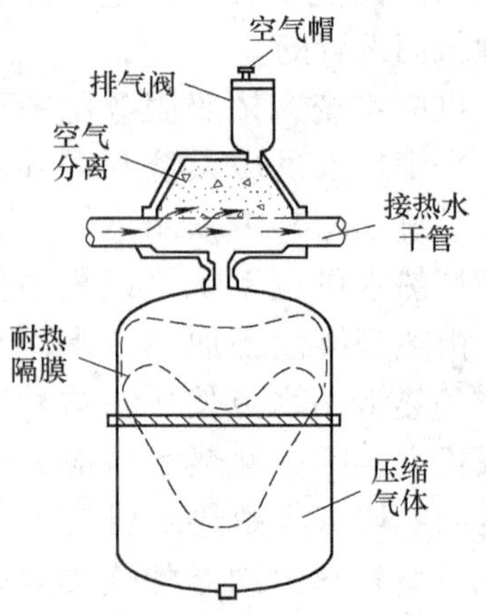

图 8-12　膨胀罐

3）温度自动调节器。在加热设备的热水出水管管口装设温度自动调节器，其感温元件将温度变化传导到热媒进口管上的调节阀，便可控制热媒流量的大小，达到自动调温的目的，如图 8-13 所示。有电动式温度自动调节器和非电动式温度自动调节器。

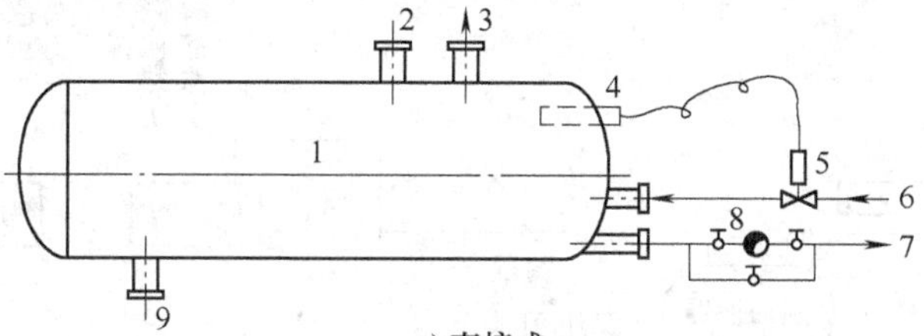

a) 直接式

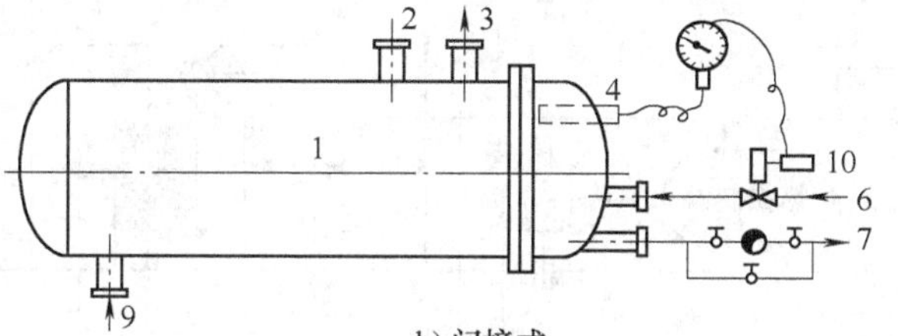

b) 间接式

图 8-13　温度自动调节器

1—加热设备　2—齿轮安全阀　3—热水　4—温包　5—自动调节器　6—蒸汽　7—凝水　8—疏水器　9—冷水　10—齿轮传动变速开关阀门

4）循环水泵。循环水泵由电动机带动，其作用是使热水配水管网经常保持一定数量的热水循环以补偿配水管网和加热设备中的散热损失，而保持配水点水温符合用户的要求。

5）水质处理设备。集中热水供应系统的热水在加热前一般需要软化处理，应根据水质、水量、水温、使用要求等因素经技术经济比较确定。按 65℃计算的日用水量小于 $10m^3$ 时，其原水可不进行软化处理。另外，对溶解氧控制要求较高时还需采取除氧措施。当前，水质处理方法日益多样、有效、简便，已出现的软化处理器、磁化处理仪、电子式水处理仪已得到推广应用。

以上器材和设备中，属于电气方面的器材和设备有：电加热器、热水循环电动水泵、电动式温度自动调节器、电子式水处理仪。

（2）热水供应系统的电气控制系统设计　热水供应系统的电气控制通常比较简单，主要控制对象有加热源、热水循环泵、温度调节器、电子式水处理仪的控制。在一般的民用建筑热水供应系统中，对自动化的程度要求不高的情况下，仅仅只对热水循环泵的电动机和温度调节器进行控制。

在现代民用建筑中，要求具有较高自动化程度或智能建筑中，对热水供应系统的电气自动化则具有较高要求，通常设置中央监控系统，由计算机监控系统对热水供应系统各有关设备进行监控，如图 8-14 所示。

热水供应系统由中央监控系统对系统中的热交换器的热水出水温度、热水泵的起停进行监控。由装于机房内的控制器 DC-1 按内部预先编写的软件控制程序对此系统进行控制。当热水泵运行后，控制程序即自动投入工作，根据热水出水管的温度与设定值之偏差来自动调节二通电动蒸汽阀的开度；当系统中一台热水泵出现故障时，备用热水泵自动投入工作；当热水泵停止运行后，二通电动蒸汽阀回复全关位置。

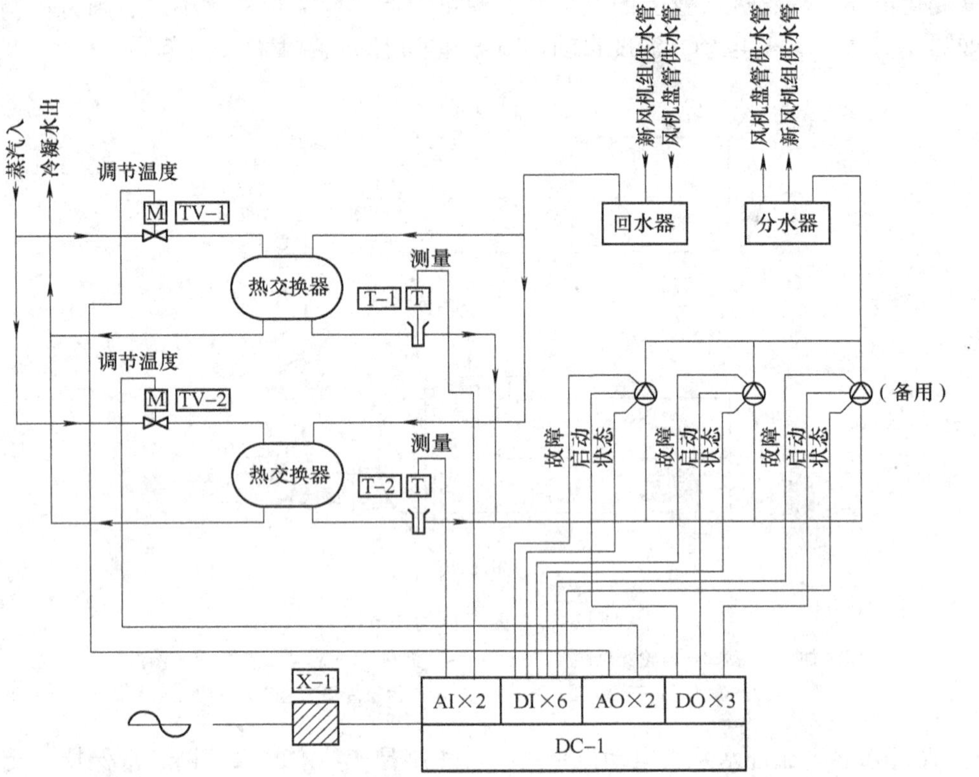

图 8-14　热水供应系统的电气控制系统设计原理图

8.5　现代民用建筑排水系统及其电气控制系统与设计

8.5.1　排水系统分类

建筑排水系统的任务是接纳、汇集建筑内各种卫生器具和用水设备排放的污废水、空调冷汽凝水以及屋面的雨、雪水，并满足排放要求，排入室外排水管网，经汇集处理后排至公共水道（河流）。根据其排除污水的性质，可归纳为以下几类：

1）民用建筑生活排水系统；

2）工业废水排水系统；

3）建筑物、雨水排水系统；

4）道路和广场及桥梁、隧道、雨水排水系统；

5）地下建筑物排水系统。

以上系统可单独设置，也可将性质相近的污、废水合流，组成合流排水系统或根据实际情况或需要，进一步将生活污水和废水分流，分别组成生活污水系统、生活废水系统和生产污水系统、生产废水系统。

选用分流或合流的排水系统应根据污水性质、污染程度，结合室外排水制度和有利于综合利用与处理的要求确定。

水质相近的生活排水和生活污水、废水，可采用合流排水系统排除，以节省管材。为便于污水的处理和回收利用，含有害有毒物质的生产污水和含有大量油脂的生产废水、有回收利用价值的生产废水，均应设独立的生活污水和生产废水系统分流排放。当建筑或建筑小区设有中水系统时，生活废水与生活污水宜分流排放，以便将生活废水处理后回用，可简化处理工艺，降低中水工程的投资和运行费用。如室外有污水处理厂，并有条件接纳生活排水时，可设生活排水系统，污水由处理厂处理。当室外无污水处理厂或有污水处理厂，但已满负荷运行，生活污水需经化粪池处理时，宜分设生活废水和生活污水系统，生活污水入化粪池处理，生活废水直接排入室外排水管网。为保证排水系统的最佳水力条件和生活、生产污水的处理效果，屋面雨水不能与生活、生产污水合流，雨水系统应独立设置，只有冷却水、冷凝水和仅含有大量泥沙、矿物质的工业废水，经机械处理后才能排入室内非密闭雨水管道。

8.5.2　现代民用建筑排水系统的电气控制系统与设计

1. 现代民用建筑排水系统的组成

不论是分流还是合流的生活排水和废水排水系统，均由图8-15所示的基本部分组成。

（1）卫生器具或生产设备的受水器　这是室内排水系统的起点，污、废水从器具排水栓经器具内的水封装置或与器具排水管连接的存水弯流入横支管。

（2）管道系统　由横支管、立管和末端立管的连接点至室外检查井之间的排出管组成。

（3）通气道系统　使室内外排水管道与大气相通，其作用是将排水管道中散发的有害气体排到大气中，使管道内常有新鲜空气流通，以减轻管内废气对管壁的腐蚀，同时使管道内的压力与大气取得平衡，防止水封破坏。

（4）清通设备　主要有检查口、清扫口和检查井组成，供清通工具疏通管道用。

（5）室外排水管　室外排水管由接至室内污水排出口到第一个室外检查井之间的排出管道组成。

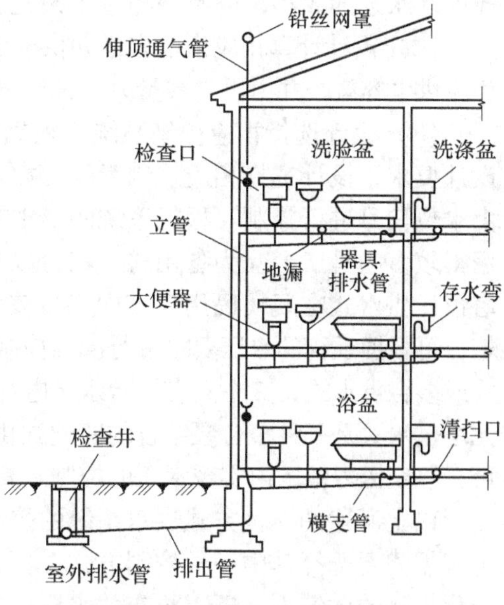

图8-15　建筑排水系统示意图

当工业或民用建筑的地下室、人防建筑和地下铁道等地下建筑中的污水、废水，不能自流排至室外，或建筑物排出的污水水质不符合排放要求，不允许直接排入室外排水管道时，排水系统中应分别增设集水池和污水泵等抽升设备，如化粪池、除油井等污水处理构筑物。

2. 现代民用建筑排水系统的电气控制设计

在建筑排水系统中，各种废水和雨水的排放主要是由水的落差自然降落排放的，所以通常无须设置人工强迫排水系统。但是在现代大型民用建筑中，如特高层建筑的底层地下室和地下车库、大型广场和车站的地下车库、地下商场、地下交通隧道、地铁等大型地下建筑物，则通常必须考虑将落入地下的废水和雨水采用人工方法强行提升到地面，经汇集处理后排入公共水道（河流）中。对于一些经地下集中污水处理后的待排水，有时也需要经提升后排入公共水道（河流）中。

对于上述需要经提升后排放的场所，通常需设置地下抽水泵。抽水泵需根据设计要求进行设置。可根据水量的大小设置二台以上并具有备用泵的地下排水系统。根据水位的高低及各泵的安全运行要求，可实行多台地下抽水泵的自动控制。

8.6　现代民用建筑给排水系统电气设计与举例

8.6.1　现代民用建筑生活给水系统电气设计

1. 电气设计的内容

对于生活给水系统的电气设计而言，其设计内容主要有供水量和供水泵、供水系统的形式、供水系统的电气控制系统设计、供电电源设计、施工图纸设计。

2. 电气设计步骤

（1）计算和选择水泵电动机　根据不同民用建筑中需要加压供水的水量大小计算和选择供水水泵的大小，以及与相应水泵配套的电动机容量大小和电动机型号。

（2）设计计算相应供电容量和供电电路　由上述所确定的电动机容量大小，设计计算出相应供电容量，并由供电容量大小设计出相应供电电路及供电电路的导线、开关等元器件。

（3）设计选择相应控制系统　根据不同民用建筑中供水系统的设计要求及建筑的总体设计要求，设计选择相应控制系统。如水位控制式适用于具有高位水箱或楼顶水箱的场所，由水位信号进行控制。根据系统的要求有单台供水式、二台互为备用式、多台供水式。一般用得较多的是二台互为备用式，三台以上的主要用于需具有较大供水量的场所。变频调速无塔恒压供水式在现代民用建筑中用得较多，是目前的主流设计方向，共特点是不需要高位水箱，可根据系统的水压要求进行准确控制，并可节能。根据具体供水要求可选择一台式、二台式或多台供水式，其中只有一台水泵电动机为变频调速控制，其余均为全速运行。压力控制型无塔供水式是一种多台泵结合的匹配式供水系统，由管网中的水压力信号控制泵的运行数量，可在一定压力范围内实现水压的控制。其特点是建造成本低，水压力基本上能满足一般要求。

以上所述的3种方式供水系统的控制电路原理和具体控制电路如前所述。在具体设计时可根据需要选择其中一种控制方式，再选择具体的元器件，设计具体的电气控制系统。在智能化控制的建筑中，还需将有关水压信号和电动机运行状态信号与智能控制系统相连，以实现系统的智能控制。

（4）列出元器件表并设计出具体施工图纸　根据前述设计有关内容，设计出原理电路，根据原理电路设计最终可供施工的设备平面布置图和安装施工图及安装图纸，并列出具体元器件表和施工要求，并对施工安装过程进行监督。

8.6.2　现代民用建筑消防给水系统的电气设计

1. 电气设计内容

对于消防给水系统的电气设计而言，主要设计内容有：消防水泵供电电源及供电电路的设计、消防供水量的计算及消防水泵选择、控制系统设计，其中消防水泵的控制系统设计是其重要内容，必须考虑与整个消防系统的控制系统协调，且满足消防设计规范和安全要求。

2. 电气设计步骤

（1）计算消防供水量和确定消防水泵大小和型号　主要是根据消防设计的总体要求，确定消防供水系统的形式，如是单泵供水，还是两台泵互为备用供水，或是多台泵供水型式。然后根据消防供水量的大小确定水泵的大小和型号。

（2）消防泵供电电源设计　根据所选消防泵的大小计算消防泵的供电负荷，以此来确定消防供电电源的大小，设计消防供电电源形式。根据消防规定设计双电源供电系统，一般采用 ADC 双电源自动切换箱供电，以保证消防泵的供电可靠性。

（3）设计消防泵的控制系统　消防水泵的作用主要是在火灾时向消防水箱（楼顶）供水和消防管网加压，平时主要是保证楼顶消防水箱的水位及消防管网系统的正常水压要求。所以控制系统必须满足这些基本要求。消防水泵的控制系统的设计必须满足与整个消防系统的控制联动要求。具体控制电路的设计可按前述消防供水系统的主电路和控制电路的要求进行设计。

（4）列出元器件表并设计具体施工图　根据上述控制功能要求，设计出主电路和控制电路，选择相应元器件参数，并列出元器件表。根据所设计出的原理图，设计出可供施工使用的有关电器设备平面布置图和安装施工图及具体安装图纸，提出施工要求。此外，电气设计必须符合国家有关消防规范要求。

8.6.3　现代民用建筑热水供应系统的电气设计

1. 电气设计内容

现代民用建筑热水供应系统的电气设计内容主要有：循环热水泵的选择、温度检测系统和调温系统（装置）的设计、循环热水泵的控制和温度调节的控制系统设计。

2. 电气设计步骤

（1）计算循环热水水量并选择和确定热水循环泵　根据热水管网中需通过热水循环泵进行循环的水量大小来选择和确定热水循环泵的大小和型号。选择时应注意适用于热水循环使用的热水泵，而不是普通冷水泵。应从循环水量和温度及压力几方面的要求去考虑，从电气的角度而言，主要是计算和确定与之配套的电动机容量大小。

（2）根据热水泵电动机的容量大小确定供电负荷及电源大小　根据热水泵电动机容量大小计算和确定热水供应系统中所用热水循环泵电动机的用电负荷，并以此来确定供电负荷和供电电路及电路设计。

（3）设计温度检测系统和温度调节系统　根据用户要求和设计总体要求，对温度检测系统和温度调节系统进行具体设计，确定是用电气自动化方式还是用机械调节式。根据建筑的总体电气自动化程度来确定，如为智能建筑或发展需要，则需考虑采用完全电气自动化方式。即将非电量温度信号转换为电气信号与人工设定值进行比较后自动调节系统的热源温度。并需考虑与建筑的智能化控制系统进行信号连接，以便进行信号处理，实行热水温度的智能控制。

（4）设计热水泵电动机的电气控制系统　根据系统的设计要求，对热水泵的电动机电气控制系统进行设计，可以根据各测温点的温度要求来控制热水泵是否运行。这样有利于电动机的节能运行，具体的电气控制电路可根据前述电动机的电气控制要求和有关控制电路进行设计。

（5）确定各元器件并列出元器件表和设计出相应图纸　根据上述各设计和计算结果，确定各元器件的参数和型号，列出相应元器件表。根据上述设计，设计出相应电气原理图、设备和种电气单元的安装平面布置图、各电气单元和整个电气系统的安装接线图及各单元之间的连接图，并提出相应施工要求。

8.6.4　现代民用建筑排水系统电气设计

1. 排水系统的使用场所

民用建筑中排水系统的电气设计通常比较简单。在一般普通民用建筑中，通常排放的污水、废水依靠水位落差，无须设置电动排水系统，所以一般不需要进行排水系统的电气设计。而在一些现代大型民用建筑，如大型宾馆和一些特高层民用建筑的底层地下室、地下车库、大型广场地下室、地下商场、地下交通隧道、地铁等地下建筑物的污水排放系统以及城市地下污废水集中处理系统的排水系统，则必须采用电动提升排水系统。

2. 排水系统的电气设计内容及要求

为了能对电动提升排水系统实行有效控制，则必须设置相应的供电和电气控制系统。与之相应的电气设计内容主要有供电系统的设计、电气控制系统的设计。在电气控制系统设计中，要根据控制功能的要求及抽水泵的多少来设计相应控制电路。根据总体设计要求，通常可分为半自动式和全自动式。半自动式控制则需要人的介入，需要排水时由人工进行控制。而自动式则可根据待排水的地下水位进行自动控制各泵的运行状态。具体的控制系统可根据需要控制的泵的多少及其自动化程度的要求，参照前述有关内容进行。施工中电器材料和元器件的选择及其安装施工还应注意环境的要求。详细电气设计内容及施工要求此处不再详述，可参考前述有关内容进行。

8.6.5　现代民用建筑给排水系统设计举例

为了使读者对现代民用建筑给排水系统及其电气设计有一个比较全面的了解，现举设计实例供参考。

例 8-1　此例为某45层大楼的宾馆，该宾馆地上45层，地下3层，设有生活给水系统、热水供应系统、排水系统、消防系统。具体设计如下。

（1）生活给水系统设计

1）水源。本工程供水水源为市政自来水。由建筑东侧市政自来水管引入DN150管道经沙缸过滤后进入生活贮水池。市政管网压力0.15MPa。

2）用水量标准

冷水用量：客房350L/（人·d）；餐饮15L/（人·次）；办公60L/（人·班）。

热水（65℃）用量：客房180L/（人·d）；餐饮5L/（人·次）；办公5L/（人·班）。

空调补充水：按循环流量的1.5%补给，$28m^3/h$。

3）系统竖向分区。本工程给水系统竖向分为3个区。高区为31～41层，采用由屋顶水箱、水泵、地下水池联合供水，最大小时供水量$23m^3$。中区为7～30层，由地下水池、变频调速水泵联合供水，最大供水量为21.5L/s，其中7～15办公层减压供水。低区为地下层至6层，由地下水池、变频调速水泵联合供水，最大供水量为11L/s。中、高区的下部静压超过 0.35MPa 区域采用支管减压。给水系统设计如图 8-16 所示。

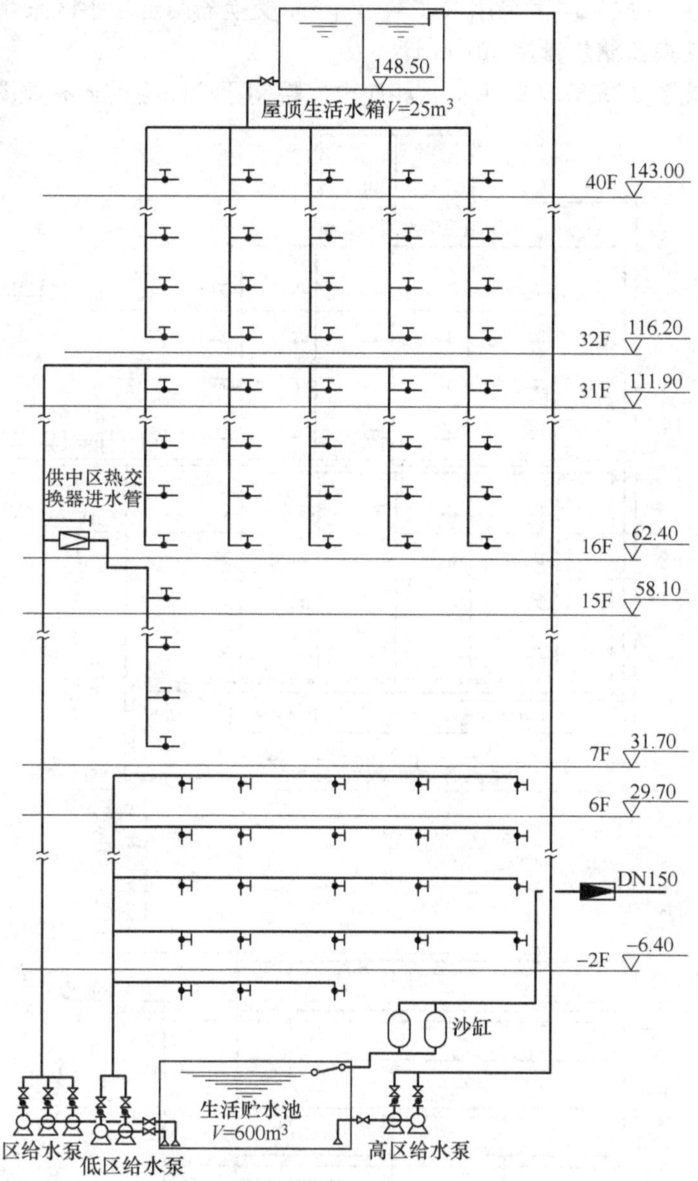

图 8-16　给水系统设计

4）给水加压设备。本工程在地下 2 层设有 $600m^3$ 生活贮水池，泵房内设有 7 台生活水泵。其中高区供水泵两台（一用一备），水泵出水量按最大小时用水量考虑。中区供水泵 3 台（二用一备），水泵出水量按卫生器具最大秒流量计。低区供水泵两台（一用一备），水泵出水量按最大秒流量计。屋顶生活水箱 $V = 25m^3$。

（2）热水供应系统设计

1）热源。热源为地下 1 层锅炉房供应的蒸汽。

2）系统竖向分区。热水系统竖向分区同给水系统，管路均为上行下给式，机械循环。热水循环管网设计为同层式。

3）热交换器。低区热交换器设在泵房夹层内，采用 RV03，$V=8m^3$ 交换器两台。高、中区热交换器设在 15 层，高区采用 RV03，$V=5m^3$ 交换器两台。中区采用 RV03，$V=8m^3$ 热交换器两台。热交换器储热量按 30min 计。

热水供应系统图如图 8-17 所示，其相应电气控制原理图与前述有关图类似。

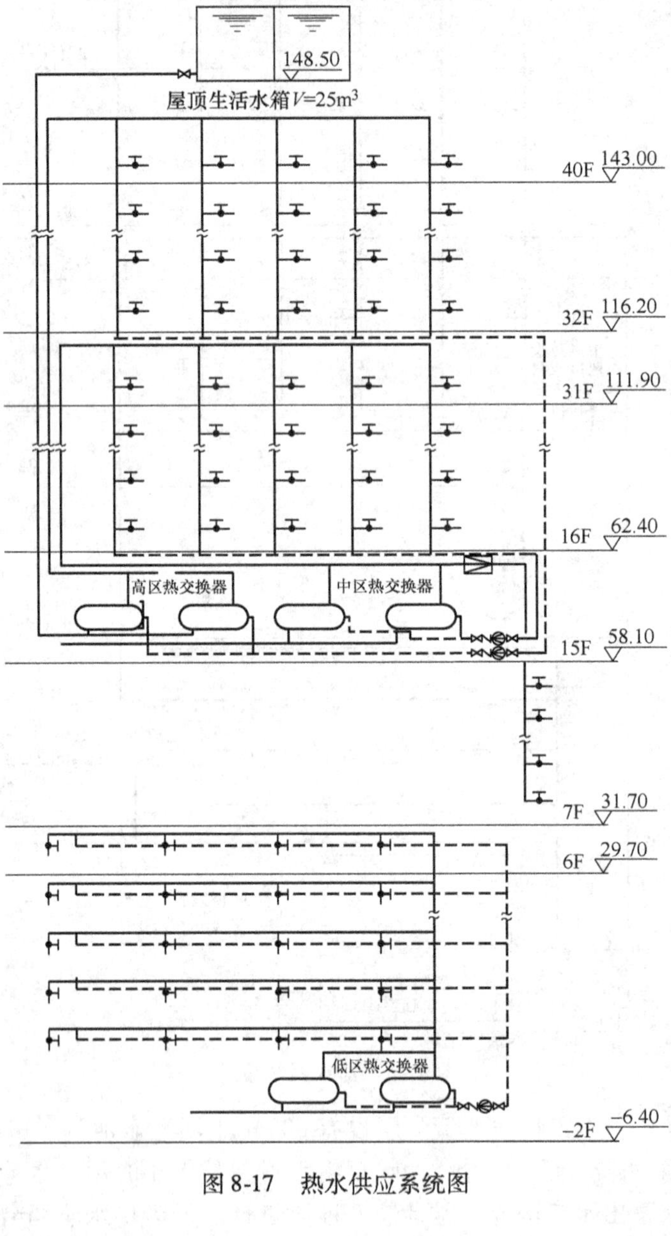

图 8-17　热水供应系统图

（3）排水系统设计

1）排水系统采用污水、废水分流制。竖管采用专用通气立管。总统套房及王室套房设器具通气，公共卫生间设环形通气。

2）本工程污水总量为 $600m^3$。因受地形限制，在建筑的东西两侧各建有一套小时处理量 $15m^3$ 和 $10m^3$ 的埋地钢筋混凝土污水池一座，处理工艺采用 AO 法。出水水质 $BOD_5\leqslant$

30mg/L。处理后的污水接入市政污水管中。相应电气设计中，没有地下污水处理电动提升排水系统、地下室洗衣房废水提升排水系统、地下室厨房废水提升排水系统、地下室厕所污水提升排水系统。相应电气设计较为简单，此处略。

（4）消防给水系统设计 本工程设有消火栓系统、自动喷洒系统、1301 系统。

1）设计用水量标准

消水栓系统：室内 40L/s，室外 30L/s，自动喷淋系统：30L/s。

2）水箱、水泵、水池及泄压装置。屋顶水箱间设有 $20m^3$ 的消防水箱。地下二层消防水池为 $800m^3$。为满足初期火灾的水压要求在水箱间内设置了消火栓和自动喷淋两套气压罐。本工程项目由于高低区初期消防用水均在屋顶水箱供给，为保证低区系统管路安全，在消火栓自动喷洒两个系统的低区均设置了泄压阀对系统进行保护。泄压阀开启压力为最大工作压力加上 0. 05MPa。

3）消防给水系统。消防给水系统设计如图 8-18 所示，相应电气控制系统与前述消防给水系统类似。

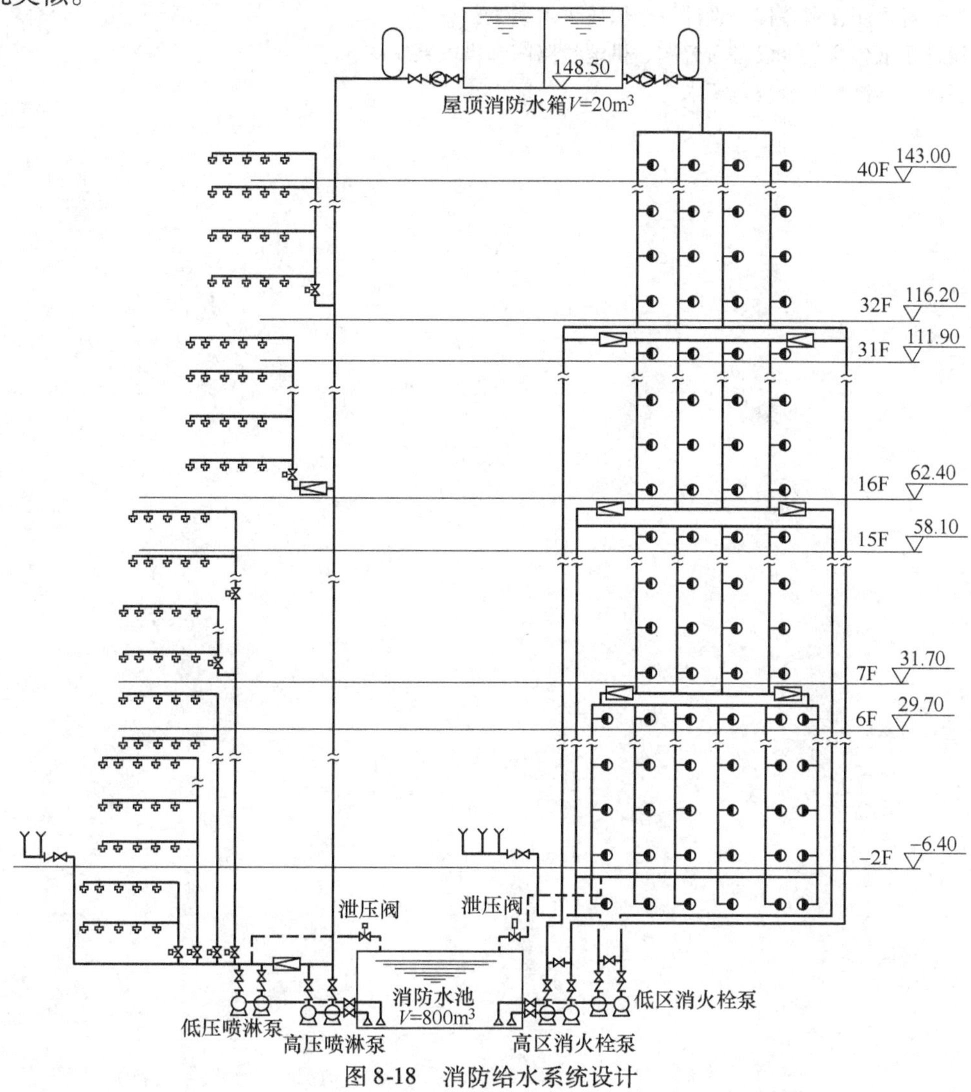

图 8-18 消防给水系统设计

思考题与习题

8-1　现代民用建筑给排系统主要有哪些类型？各自的特点是什么？

8-2　试述干簧管式水位控制器的工作原理常用水位控制方法有哪几种？

8-3　试述由两台水泵组成的一用一备水位控制式生活给水泵系统的电气控制原理。

8-4　试述由两台水泵组成的变频调速恒压供水泵系统的电气控制原理。

8-5　试述由两台水泵组成的压力控制型供水系统的控制原理。

8-6　试述由两台水泵组成的消防给水系统的控制原理。

8-7　试述现代民用建筑中热水供应系统的工作原理。如何进行现代民用建筑中热水供应系统的电气控制设计？

8-8　如何进行现代民用建筑中给排水系统的电气设计？

8-9　请分析你所在学校的学生宿舍区的生活给水系统和消防给水系统的优缺点，并提出改进意见，设计改进方案和施工图。

设计要求：1）概述学生宿舍楼的工程情况；

2）请针对你所在宿舍楼，设计一个恒压供水系统；

3）设计图纸包含供水设备布置图、供电线路图和供电系统图；

4）图纸的绘制需符合规范要求。

第9章　现代民用建筑通信和CATV系统与设计

随着现代社会经济的持续发展，人民生活水平的不断提高，现代民用建筑对有线通信系统、无线通信系统、共用天线系统、有线电视系统、卫星电视系统等有着越来越多的需求和越来越高的要求。本章主要介绍现代民用建筑中通信和公用天线（CATV）系统的基本知识与设计。

9.1　概述

1. 有线通信系统

有线通信系统目前主要有：电话、传真机、闭路电视系统（CCTV）和国际互联网（Internet）等系统。

电话通信技术已经有一百多年的历史，早期的电话交换是依靠人工接线的。后来出现了空分交换机，但交换的信号是模拟信号，其通信效率也较低。到20世纪60年代，出现了脉冲编码调制（PCM）技术，特别是1970年在法国开通了第一台数字交换机E10后，标志着数字交换的新时代。

传真（FAX）的思想早在1843年就由英国物理学家亚历山大·贝恩提出了，当时是设想用电流自动传输和记录图像。1857年在巴黎和里昂以及巴黎和马赛之间进行传真实验。1928年日本丹羽等人发明的照片传真设备成功地将日本大典的照片从京都传送到东京。1934年美国开始对现在使用的黑白二值传真进行了研究，1938年美国西部联合电报公司开始了电传式记录的传真业务。1972年在日本开放了电话网的传真业务，从此掀起了办公自动化的热潮。国际电联电信标准部门（ITU-T）从20世纪60年代到90年代提出和修改的传真机和传真通信有关的国际标准化建议，进一步推动了传真通信的发展。

我国传真通信的发展大致可分为三个阶段：一类传真机阶段、二类传真机阶段和三类传真机阶段。现在应用最为广泛的是三类传真机。目前，虽然四类传真机还没有得到普及，但由于四类传真机是一种典型的高速通信终端设备，主要用于包括电路交换和分组交换的数据网以及综合业务数字网，随着数据网（PDN和ISDN）的发展，四类传真机必将得到广泛的应用。

Internet起源于20世纪60年代中期美国国防部的ARPANet。经过几十年的发展，目前Internet已经成为仅次于全球电话网的第二大通信网络。多媒体网络通信技术现在也得到了迅速的发展。

2. 有线广播系统

有线广播是单位内部或某一建筑物（群）自成体系的一种广播系统，是一种通信和宣传的工具，其外部可与无线广播系统相连接。有线广播系统一般用于公共场所，平时播放背景音乐、播放通知、报告本单位新闻、生产经营情况和召开广播会议，在特殊情况下，还可以作为应急广播，如事故、火警疏散的抢救指挥等。该系统的特点是设备简单，维护和使用方便，听众多，影响面大，工程造价低，易普及等，因而得到了广泛的应用。

3. 公用天线与卫星电视及闭路电视系统

世界上第一个共用天线系统诞生在美国宾夕法尼亚煤矿区的马哈诺依镇，至今已有50多年的历史，在有线电视发展的初期，仅仅是多个用户共用一副或多副电视接收天线，称为共用天线电视（Community Antenna Television，CATV）。1960～1980年，共用天线电视不只接收空间电视信号，还包括传送气象、新闻等信息，并且开始少量自办节目，接收卫星电视节目，并且增加了双向传输的功能。这种系统当时叫做电缆电视系统（Cable TV，缩写仍是CATV）。1980年后至今，CATV已开始向综合信息网发展，传输媒质不仅仅是同轴电缆，还有光缆和微波，这时CATV的含义就不只是电缆电视，而称为有线电视了。CATV系统主要是针对某一建筑物或某一小区的电视系统而言的，而有线电视系统主要是针对某一城市或集镇而言的。

CATV系统主要是为了解决城市收看电视节目时的重影、阻挡、干扰影响等难题。20世纪70年代后，CATV已经不仅仅是用户收看电视新闻和娱乐欣赏的工具，而且与闭路电视系统（CCTV）结合还可为用户提供通信、信息咨询、保安防盗等业务。

卫星电视是许多国家解决电视覆盖及进行国际信息交流的主要手段和最佳方法。20世纪60年代中期，卫星电视就进入了实用阶段。70年代，包括第三世界国家在内的一些国家，积极发展卫星电视。由美国等组成的“国际通信卫星组织”现有成员国110个，有30多个国家租用了它的星上转发器用于广播电视和通信。我国自1985年开始使用卫星电视广播。

闭路电视系统（CCTV）是应用金属电缆或光缆在闭合的环路内传输电视信号，并从摄像到图像显示独立完整的电视系统。闭路电视系统（CCTV）可以看作为CATV系统的子系统，是一种图像和声音同时进行处理的有线通信系统。现在闭路电视系统已在楼宇保安系统中得到普遍应用，它使管理者能随时观察到如大楼的入口、主要通道、客梯轿厢等重要场所的情况。

9.2　现代民用建筑有线通信系统与设计

9.2.1　电话通信系统与设计

1. 电话通信系统简介

不同用户之间的通话是通过程控交换机来完成的。程控交换机的分类和结构如下：

（1）程控交换机的分类

1）按控制方式分，有布线逻辑控制和存储程序控制两类：

① 布线逻辑控制交换机。这种交换机是用硬件构成的控制系统，灵活性差。

② 存储程序控制交换机。这种交换机采用计算机程序控制方式，具有很高的灵活性。

2）按信息传递方式分，可分为模拟交换机和数字交换机。

① 模拟交换机。模拟交换机控制和交换的信号都是模拟信号。步进制和纵横制交换机采用的是脉冲幅度调制（PAM）。

② 数字交换机。交换机控制和交换的信号是数字信号。有增量调制（DM）的时分交换机和脉冲编码调制（PCM）的时分交换机。

3）按使用场合分，可分为公用电话网（市话局）用程控交换机和用户（单位内部）专用程控交换机（PABX）。

4）按话路工作原理分，可分为空间分隔方式交换机和时间分隔方式交换机。

① 空间分隔方式交换机（空分制交换机）是指在对通话进行接续时，采用分别提供实线通道接续方式。空分制交换机交换的信号一般都是模拟信号。

② 时间分隔方式交换机（时分制交换机）所交换的信号是数字信号，其核心技术是脉冲编码调制（PCM）技术。

（2）程控交换机的结构

1）模拟程控交换机的结构。模拟程控交换机的结构如图 9-1 所示。

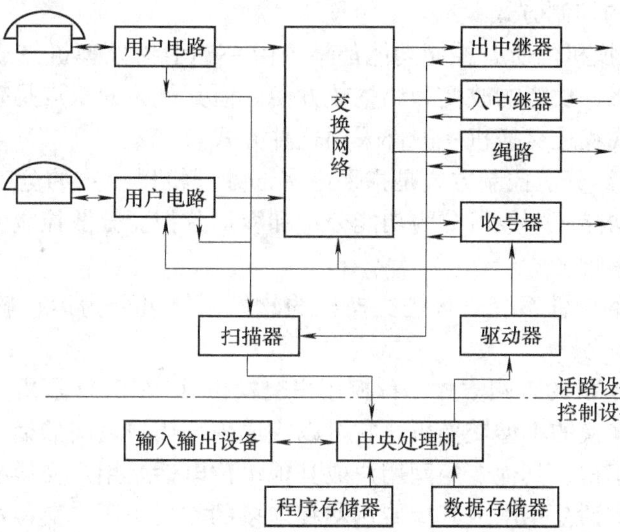

图 9-1　模拟程控交换机的结构

模拟程控交换机由话路系统和控制系统组成。话路系统的主要功能是负责主叫和被叫之间的通话联系。控制系统由处理机、存储器和输入输出设备组成，其主要功能是负责信息的分析处理，并向话路系统和输入输出系统发出指令。

2）数字程控交换机的结构。数字程控交换机的结构如图 9-2 所示。数字程控交换机也是由话路系统和控制系统组成的。

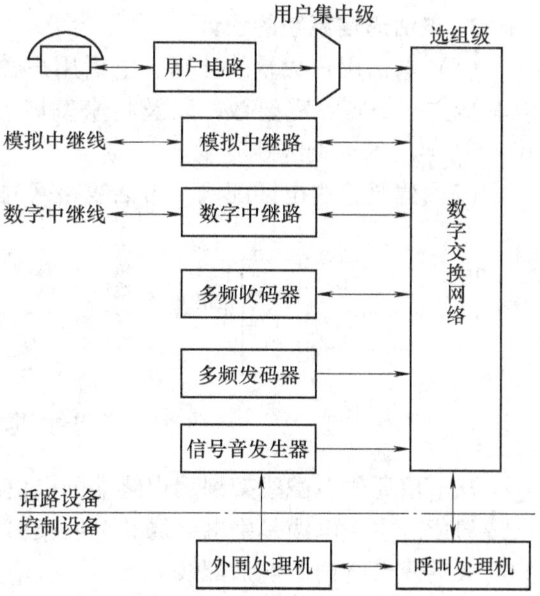

图 9-2　数字程控交换机的结构

（3）程控交换机的主要性能指标

1）容量规模。容量规模是指交换机能够接入的最大的用户数或中继线数。容量规模只表示接入用户的数值，实际能接入多少，还要看每条用户线的平均话务量、局内外呼叫比例和出入中继线的信号方式。

2）话务量。话务量是衡量交换机所能承担话务量的指标，用 Erl（或小时呼）作为单位。

话务量的计算公式为

$$A = CT$$

式中　A——话务量（Erl）；

C——单位时间内平均发生的呼叫次数；

T——每次呼叫平均占用时间（h）。

3）呼叫处理能力。呼叫处理能力是程控交换机的控制设备在忙时对用户呼叫次数的处理能力。呼叫能力用忙时试呼次数（BHCA）表示。

（4）程控交换机的控制方式

1）集中式。指交换机的所有控制功能都集中由一部中央处理机完成。其优点是处理机能掌握整个系统的状态，功能的改变和调整较方便。但其最大的缺点是软件规模庞大，不利于管理和维护。空分式程控交换机一般都采用这种方式。

2）分散控制方式。分散控制方式是指采用多部处理机以一定的分工方式协同工作，承担整个交换机的控制功能。一般可分为功能分担和容量分担。分散控制方式的优点是可减少故障对整个交换机的影响。

（5）程控交换机的软件系统　程控交换机的软件系统可分为运行软件和支持软件两大部分。

（6）程控用户交换机的入网方式　程控用户交换机（PABX）是机关、宾馆、企事业单位内部用户进行电话交换的小型交换机，它可以完成内部用户之间的话务交换，还能实现内部用户和市话公用网用户、其他专用网用户或其他单位电话站用户交换机的内部用户之间的通信。用户交换机与市话公用网或其他专用网相连接的方式叫用户交换机的入网方式。

程控交换机的入网方式有全自动直拨入网方式（DOD + DID）、半自动入网方式（DOD + BID）、人工入网方式和混合入网方式（DOD2 + DID + BID）。

2. 电话通信系统的设计

（1）电话用户数量的计算　电话用户数量应以建设单位提供的用户表为设计依据，结合其他方面的实际需要数，以及将来发展的远景规划，确定 3 ~ 5 年内的近期初装容量和 10 ~ 20 年后的远期终装容量。

（2）建筑物内电话配线　市话线路网的构成如图 9-3 所示。

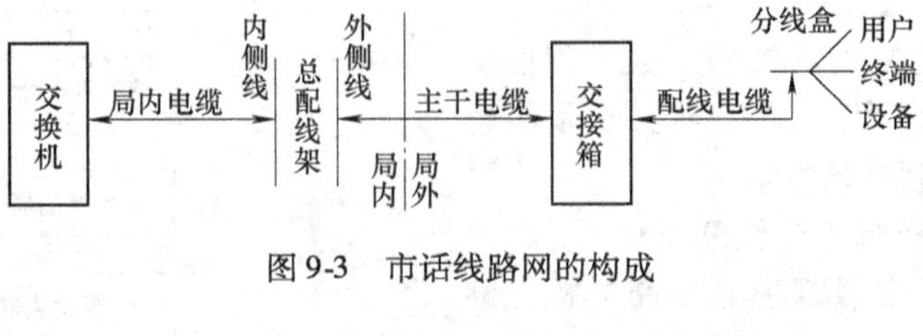

图 9-3　市话线路网的构成

从电信局的总配线架到用户终端的电信线路称为用户线路。用户线路由主干电缆和配线电缆组成。主干电缆是由电话局总配线架引出的电缆，不直接联系用户。这里主要介绍和用户有关的建筑物内的电话配线。

1）配线方式。建筑物内电话配线方式一般包括配线设备、分线设备、配线电缆、用户线及终端机。在有用户交换机的建筑物内，配线架一般设置在电话站内；在无用户交换机的较大建筑物内，一般在首层或地下一层电话进户电缆引入点设电缆交接间，内置交接箱。从配线设备引出多路的垂直电缆，向楼层配线区馈送配线电缆，在楼层设分线箱，并与楼层横向暗管线系统相连通，通过横向暗管向话机出线盒敷设用户线。

高层或大型民用建筑电信电缆进楼时，应在楼外进线点设手孔或进入孔。预埋穿墙钢管的大小应根据装机容量而定，并需留有 50% 的余地，中继线按总机容量的 8% 考虑，根据建筑规模，必要时设弱电井，其位置应考虑进出线方便，且与电气、管道井分开。

从楼层电话分线盒引至用户电话出线座的线路，可采用穿管暗敷。在使用程控电话的建筑物中，为便于用户加设电话线路或采用多功能电话机，应采用 4 芯塑料胶线馈送，并宜用组合式话机插座；一般电话机用双芯馈线。

对于较大的建筑物，配线系统设备较多，构成复杂，根据工程实际情况，有单独式、递减式、交接式、复接式 4 种配线方式。4 种配线方式如图 9-4 所示。

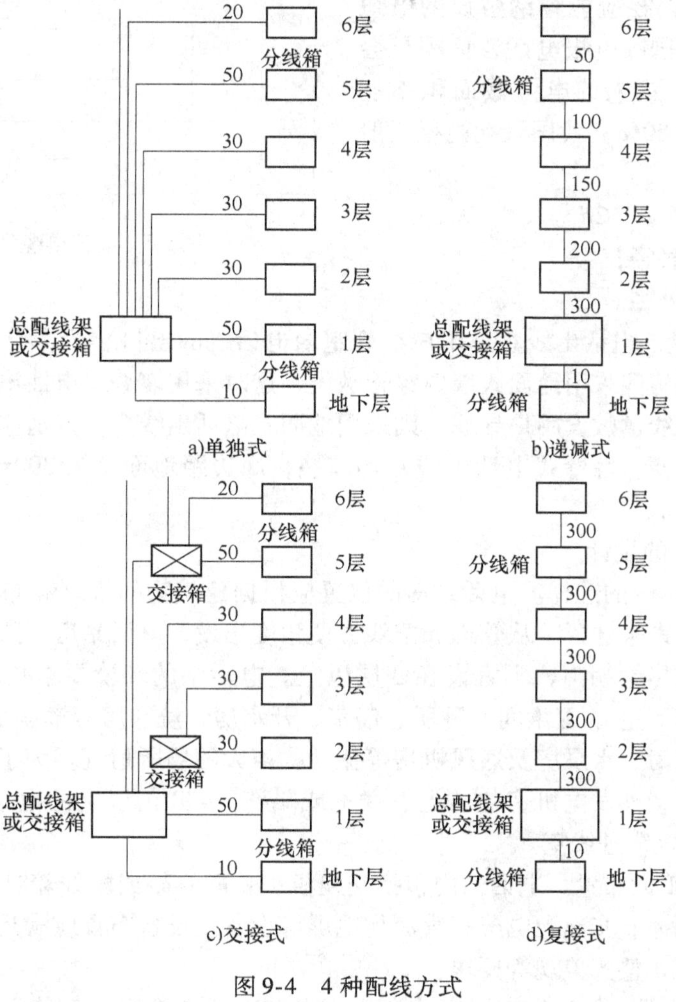

图 9-4　4 种配线方式

2）配线系统的设备材料

① 交接箱。交接箱主要由接线模块、箱架结构和机箱组成。它是设置在用户线路中主

干电缆和配线电缆的接口装置。主干电缆线对可在交接箱与任意的配线电缆线对连接。交接箱的容量（进、出接线端子的总对数）有 150、300、600、900、1200、1800、2400、3000、3600 对等规格。

② 分线箱和分线盒。分线箱和分线盒的作用是承接配线架或上一级分线设备引来的电缆，并将其分别馈送给各个电话出线盒（座），它是在配线电缆的分线点所使用的设备。分线箱和分线盒的区别在于前者带有保安装置而后者没有。因此，分线箱主要用于引入线为明线的情况，保安器的作用是防止雷电或其他高压从明线进入电缆。分线盒主要用于引入线为普通电源线或小对数电缆等不大可能有强电流进入电缆的情况。

③ 电缆。电缆产品的型号由 7 个部分组成，如图 9-5 所示。

④ 管材。建筑物内常用塑料电缆管材敷设电话电缆。常用的有硬聚氯乙烯（PVC）管、聚氯乙烯（PE）管和丙烯（PP）管。管孔的内径应能容纳敷设的电缆的最大直径。根据国际电报电话咨询委员会（CCITT）的规定：穿入的电缆截面积不能超过管孔截面积的 80%。我国管孔内径一般按下式计算：

$$D \geqslant 1.2d$$

式中 D——管孔直径；

d——电缆外径。

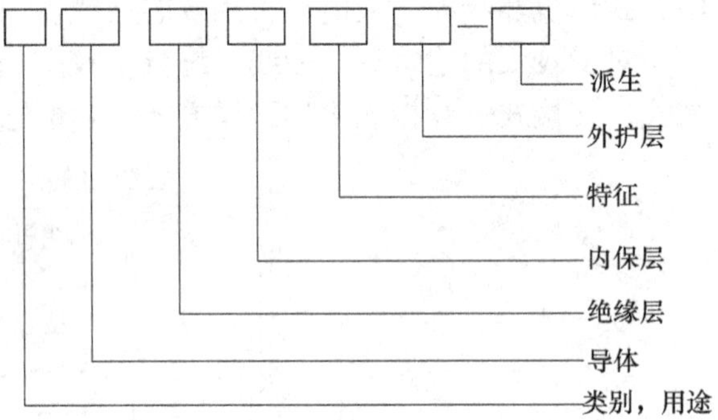

图 9-5 通信电缆型号的组成

⑤ 电话出线盒。电话出线盒是用户线到室内电话机的出口装置，有墙壁式和地面式两种。对于小空间的房间采用地面式墙内穿管敷设，这时采用墙壁式电话出线盒。对于大空间办公室，采用地面线槽敷设用户导线，则采用地面式电话出线盒，以适应大空间办公室分隔的灵活性及出线方便。墙壁式电话出线盒均暗装，底边距地面宜为 300mm；地面式电话出线盒应与地面平齐。

（3）电话站房的设计

1）电话站房位置的选择。电话站房的位置应根据建筑物的规划和布局、周围环境条件和进出线方便等因素来选择。从管理和配线方便角度出发，电话站房一般置于建筑物的一至四层的楼内，房间尽量朝南，不宜设在四层以上。电话站的环境要求比较清静、清洁和干燥，不宜设置在地下室 、卫生间、厕所、浴室、开水房、洗衣房等潮湿房间的附近或下层。也不可设在空调机房、水泵房及通风机房等振动噪声大的场所附近。为了电话站的安全，不应设置在变压器、柴油发电机房的楼上、楼下或隔壁。400 门以上的电话站应设置维修室；800 门以上应设置电缆进线室。

2）电话站的平面布置。电话站内包括交换机、总配线架或配线箱计算机终端机、打印机、整流器、蓄电池、交流配电屏、直流配电屏等设备。设备布置应满足安全适用、维护方便、便于扩充发展、整齐美观等要求。

① 交换机的位置。如为生产厂家成套供应自动电话交换机的安装柜件，柜间距离应按生产厂的规定布置。否则按下列规定布置：一般机柜间净距离为 0.8m，若机架面对面排列时，则机柜间净距离为 1 ~ 1.2m；机柜与墙间作为主要走道时，净距离为 1.2 ~ 1.5m；机

柜背面和侧面与墙或其他设备的净距离不宜小于 0.8m；当机柜背面不需要维护时可靠墙安装。

② 总配线架的位置。程控交换机的容量在 500 门以下时，若总配线架（箱）采用小型插入式端子箱，可置于交换机室或话务台室；当容量较大时，交换机话务台与总配线架应分别置于不同的房间内。容量在 360 路线以下的总配线架落地安装时，一侧可靠墙；大于 360 路线时，与墙的距离一般不小于 0.8m；横列端子板离墙一般不小于 1m；直列保安器排离墙一般不小于 1.2m；挂墙装设的小型端子配线箱底边距地一般为 0.6m。

③ 配电屏（盘）和整流器屏的位置。配电屏（盘）和整流器屏的正面距墙或距其他设备的净距不宜小于 1.5m；当需要检修时，屏两侧和背后与墙的净距不应小于 0.8m；如为主要走道时净距不应小于 1.2m。

④ 电源。电话站的电源设备包括交流配电、整流、直流配电和蓄电池组 4 部分。

一般电话站都装有交流配电盘。站内各交流设备所需的电源均在交换配电盘上进行配电和保护。电话站交流电源的负荷等级，与该建筑工程中电气设备的最高负荷分类等级相同。电话站交流电源可从低压配电室或相邻的交流配电箱（最好从变电所）不同的低压母线引出两路，且可在机房进行末端自动切换。有困难时，可引入一路交流电源。程控用户交换机所需的工作电源主要是直流电源。直流供电方式主要有整流设备直接供电方式、蓄电池充放电方式和蓄电池浮充方式 3 种。蓄电池组应布置在主机室隔壁或在下层的专用房间内，若采用镍蓄电池，可与配电屏和充电设备置于同一房间内。图 9-6 为程控交换机房的一种典型平面布局图，供设计时参考。

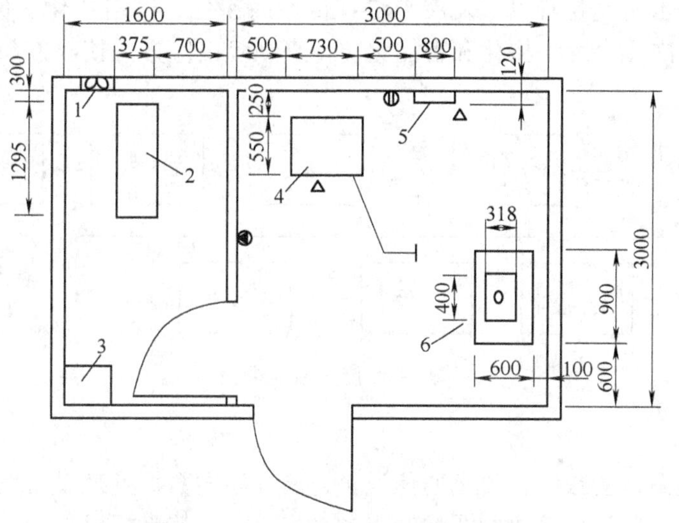

图 9-6　程控交换机房一种典型平面图

1—通风机　2—蓄电池组　3—水槽　4—主机　5—挂墙式配线箱　6—话务台

（4）电话站房接地　电话站房通信用接地装置包括直流电源接地、电信设备机壳或机架接地、入站通信电缆的金属护套或屏蔽层的接地、明线或电缆入站避雷器接地等。这几种接地均应与电话站共用的通信接地装置相连。电话交换机供电用直流电源，无特殊要求时采用正极接地。

电话站房的交流配电屏（盘）、整流器屏（盘）等供电设备的外露可导电部分，当不与通信设备同一机架（柜）时，应采用专用保护线（PE 线）与之相连。直流屏（盘）的外露可导电部分，当通过加固装置在电气上与交流配电屏（盘）、整流器屏（盘）的外露可导电部分互相连通时，应采用专用保护线（PE 线）与之相连；当不连通时，应采用接地保护，接到通信接地装置上。

电话站房的通信接地不宜与工频交流接地互通。电话站通信设备接地装置如与电气防雷装置接地装置合用时，应用专用接地干线引入电话站内，其专用接地干线应采用截面积不小于 $25mm^2$ 的绝缘铜芯导线。

程控交换机接地电阻值一般不应大于 5Ω。直流供电的通信设备的接地电阻不应大于 15Ω。交流或交直流两用的通信设备的接地电阻值，当设备的交流单相负荷不大于 0.5kV · A 时，不应大于 10Ω；大于 0.5kV · A 时，不应大于 4Ω。在各种接地装置分开设置的情况下，接地电阻一般取 2 ~ 10Ω；采用联合接地时，接地电阻应不大于 1Ω。

9.2.2　传真通信系统

1. 传真通信系统简介

传真机已从最初的第一代发展到现在的第四代，第一代和第二代传真机已经基本退出了历史舞台。第三代传真机应用最为成功，第四代传真机正在迅速发展。将计算机增加扫描输入、调制解调器和线路接口功能部件，可使计算机具备传真机的功能，这是一个重要的发展方向。

传真通信从技术角度看有以下发展趋势：传输高速化、网络代化、保密化、多媒体化、信息处理技术的标准化以及小型化和智能化。传真系统由发方、接收方和传真线路组成，如图 9-7 所示。

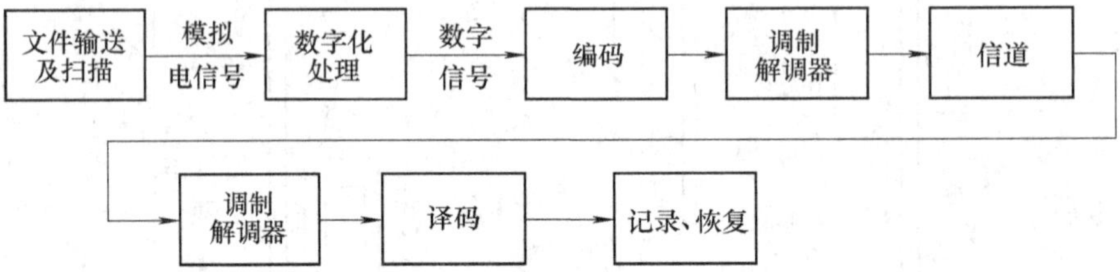

图 9-7　传真通信系统

2. 三类传真机

三类传真机是高速的数字化传真通信设备，已开始向数据处理设备发展。三类机可通过接口和计算机相接，作为计算机的图像输入和输出设备。传真机已成为办公自动化不可缺少的设备。三类传真机的功能有通信功能、机上拨号功能、自我管理功能、对文件的特殊处理功能和维修诊断等。

在公用电话交换网中，传真机和电话机接在同一条话路上，由线路继电器进行转换、交替使用电路。因此，传真机对话路的要求与电话机对线路的要求大致相同。其主要参数如下：

1）话路频带宽度。标准话路的带宽是 300 ~ 400Hz，农用电话线路的带宽是 300 ~ 2700Hz。

2）信噪比（非加权）≥24dB。

3）阻抗（600 ± 300）Ω。

4）通带内频率为 800Hz 的最大衰减≤24dB。

三类传真机的主要技术规范有

1）文件尺寸有 A4（210mm）、B4（257mm）和 A3（297mm）三种。

2）传输速率为 2400bit/s→9600bit/s→14400bit/s。

3）传输时间。传输时间是指当 9600bit/s、3.85 行/mm、传送一张 ITU-T 的 6 号样张（A4 幅宽、96 个英文字符）时，扣除训练联络等时间外的纯文件传输时间。

4）扫描密度。主扫 8 像素/mm、副扫 3.85 行/mm、7.7 行/mm、15.4 行/mm。

3. 传真通信系统设计

传真通信系统是指传真终端以及连接传真终端通路的整体。传真通信系统设计的主要任务是传真终端中的传真数据电路终端设备设计，即传真 DCE 设计技术。

传真终端包括数据终端设备（DTE）和数据电路终端设备（DCE）。DTE 是对 DCE 或传真 DCE 进行操作和传输数据的终端或计算机。DCE 就是连接 DTE 到通信网络的调制解调器（MODEM）。

调制解调器按控制方式可分为两类：一般 MODEM 和智能 MODEM。未使用 AT 命令的 MODEM 为一般 MODEM，使用 AT 命令的 MODEM 为智能 MODEM。

R96 × FX 系列 MODEM 是美国洛克威尔（Rockwell）公司的产品，为同步 9600bit/s 半双工 MODEM，可在公用电话交换网（PSTN）上使用，是应用比较多的产品系列。

RFX144V12 和 RFX96V12 是美国洛克威尔公司的另一个传真用调制解调器系列。

9.2.3　计算机网络通信系统

1. 计算机通信网简介

计算机通信网中，最常见的有局域网、广域网、城域网以及计算机互联网 Internet。广域网、城域网、Internet 都是由若干个局域网通过电信网用相关的计算机通信协议互联互通而成的。其中局域网是关键部分。

2. 局域网（LAN）

局域网是将多台计算机连接在一起，采用分组交换的技术使它们相互通信，共享资源。在局域网中，所有的工作站和资源都连接在文件服务器上，借助于电信网络提供的数据通信能力，用户可以访问远程 PC 或另一局域网。局域网采用分布式处理，应用程序在本地工作站内存中进行。在局域网中，数据文件、程序文件和打印机、调制解调器等外围设备得到共享。局域网的基本结构如图 9-8 所示。

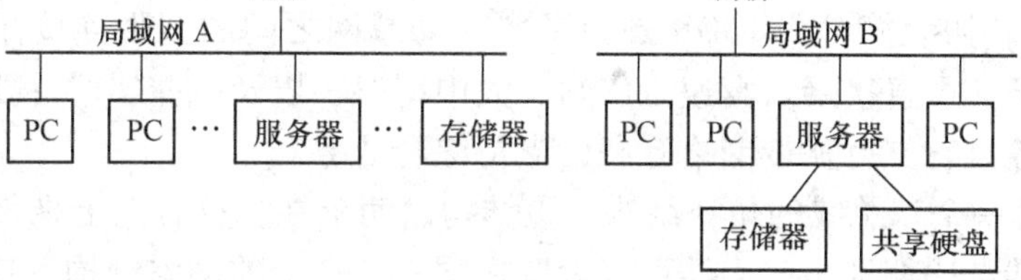

图 9-8　局域网的基本结构

局域网具有一次性安装、服务范围广、应用独立性强、易于维护和管理等优点。

由于计算机的处理能力更加成熟，局域网中不仅能传输数据，而且还可以传输和处理语音、图形、图像，形成综合服务。但是由于局域网是采取分组的方式进行通信的，因此必然给信号带来变化不定的延时。因此，局域网对连续的视频和音频信号的传输会产生一定的困难，必须采取相应的措施。

高速局域网是LAN速度提升的产物。其结构体系和LAN一样，从上到下分别为物理层、介质访问控制层（MAC）、逻辑链路控制层（LLC）和高层。为了简化和LAN的互联互通，其LLC层用了IEEE802.2标准。

3. 广域网（WAN）

广域网是一个松散定义的计算机网络概念，它是指一组在地域相距较远、但逻辑上连成一体的计算机系统。用于广域网通信的传输装置和介质一般是由公用电信部门提供的，距离可以遍于一个城市或全国，甚至国际范围。图9-9是其中最典型的连接方式。

图9-9　广域网连接示意图

两组（或多组）局域网由公用数据网通过接口转换器将它们连接而成。现在我国公用广域网主要有：用户电报及低速数据网、利用电话网或租用专线的中速数据网、甚小天线地球站（VSAT）、卫星数据通信网、公用分组通信网、数字数据传输网等。

目前，ATM网工作方式的同步光纤高速广域网正在迅速发展。

4. 城域网（MAN）

城域网的地理范围覆盖一个城市，通信距离在50km左右，通信速率较高，它由互联的局域网组成。城域网具有很高的速率，可以支持有关图像和声音的分布式应用。通过城域网，可以实现数以千计的个人计算机、工作站和局域网的互联。城域网本身具有开放性，城域网的用户不仅可以从本网中获得高质量的数据服务，还可以通过城域网访问广域网。城域网可以向用户提供数百Mbit/s的数据传输业务。IEEE802.6委员会经过多年研究，多次修改，将分布式列队双总线DQDB正式确定为城域网标准（MAN）。

城域网有如下特点：

1）它支持综合业务，提供局间连接和无连接的两种服务，可用于计算机数据和静止图像的传输和交换。

2）它提供的等时服务，可以用于声音的活动图像的实时传输。

3）DQDB支持高速报文交换，数据传输速率在4Mbit/s以上，而且在两个站点相距50km以内可不加中继站。

4）实现容易，协议简单。DQDB是为了实现局域网之间的宽带连接而提出来的，它支持现有的通信设备，可直接接入高速工作站、大中型机，以及一些实时性要求高的设备。如语音和视像设备等。它支持宽带网络互联，支持综合业务。

DQDB网络是一个双总线的拓扑结构。该结构由两个在相反方向上携带信息的单向信道组成。两条总线端点周期帧头产生器可以设置在同一节点上使网络结构呈环形，在遇到故障时可以提高网络的可靠性。网络中各节点计算机可以向总线发送并可从总线接收信息。它使用具有帧周期为 125μs 和等长时隙固定的帧格式，时隙长度为 53 字节。

5. 国际互联网（Internet）

（1）国际互联网简介　国际互联网是世界上最大的计算机网络，也称为全球信息资源网，中文译名为“因特网”。它是由符合 TCP/IP 协议的网络组成的网间网。包括美国政府的各联邦网、一系列的局域网、校园网和其他国家的各种网络等。

传统的 Internet 信息服务有电子邮件（E-mail）、新闻组（News）、远程登录（Telnet）、文件传输（FTP）4 种。随着“WWW（World Wide Web，万维网）”的兴起，Internet 的用户将从主要是学术人员变成一个大众的网络。

（2）国际互联网的接入方法　接入 Internet 的方法目前共有 3 种：

1）通过电话线拨号进入能提供 Internet 服务的在线服务器（On-line），即远程登录的方式到服务器上入网。

2）将用户计算机接入一个与 Internet 主机相连接 LAN 网。

3）利用 SLIP/PPP 拨号进入 Internet。这种方式中，使用 SLIP/PPP 软件的用户终端以 IP 方式入网。这种软件可使标准的电话线通过高速调制解调器呈现出专线连接的特点，这样用户可以在自己的计算机上运行 IP 软件，使用自己的计算机犹如使用 Internet 上的主机。尽管通信的速率受到一定的限制，但具有专线连接的所有的功能，可以享用 Internet 上的所有服务。

除了上述的入网方式以外，用户还可以通过分组网接入 Internet，或者通过帧中继建立永久的虚电路（PVC）接入 Internet。

（3）计算机网络的连接

1）网络互联协议。目前计算机和通信网之间的互联（主要是 LAN 之间的互联）主要是通过公用电信网络实现的。由于计算机网络和通信网络是从不同的目的发展起来的两个系列的网络，它们直接互通一般是不可能的，必须通过一些辅助设备和通信协议来进行互通。支持网络互联的协议很多，其中比较重要的有以下几个：

① ISO/OSI：国际标准化组织开放系统互联协议参考模型；

② IEEE：美国电子电器工程师协会制定的有关 LAN 互联的模型；

③ TCP/IP：美国国防系统有关计算机互联的网络协议；

④ TPX：Novell 公司用于 Novell 网上的数据交换与传输协议。

随着 B-ISDN 和 ATM 等技术的发展，许多新的协议正在推行和研制当中。

2）网络互联设备。在计算机网络中，用于互联的设备主要有中继器（Repeater）、网桥（Bridge）、路由器（Router）和网关（Gateway）。

① 中继器。中继器把从电缆上接收到的信号进行放大、整形后重新发送到另一段电缆上去。这样可以保证传输信号的准确并提高电缆的载荷能力，用这种方法扩展 LAN 的传输距离最为方便有效。但它是在运行相同协议的 LAN 使用，而且它最大传输距离不可超过 2.5km。

② 网桥。网桥一般工作于 ISO/OSI 参考模型的数据链层（第二层），可提供较为智能化的网间连接服务。网桥采用存储转发方式来实现 LAN 的互联。网桥收到一帧 LAN 数据以后就对帧头的地址进行检查，如果帧头地址表明是本 LAN 的数据则予以丢弃，如果是需要送到其他 LAN 的地址，则转发该帧数据。从用户的角度看，网桥的作用是透明的，它扩展了

物理范围，为用户提供了网间信息传输通道。透明传输在网桥中是应用最多的一类传输方式。由于网桥具有一定的智能作用，在连接两个不同协议种类的局域网时有改变协议的功能。

除了透明的网桥以外，还有不透明的网桥。用户在使用时需要了解它的配置情况及网络间传输的最佳路径。

③ 路由器。路由器是一种在逻辑上分离的网络之间的 LAN 服务选择路由的设备。它工作在 ISO/OSI 参考模型的物理层（第三层）。路由器和网桥一样能有效地扩展网络的应用范围，而且它能提供更为智能化的互联服务。通过它可以实现相同类型结构的网络和不同类型网络之间的互联，包括以太网和环网这样不同类型的 LAN 互联，或者 LAN 与 WAN 的互联，或者 WAN 与 WAN 的互联。它能提供更为智能化的网络互联服务。

④ 网关。网关也称协议转换器。与网桥、路由器相比，网关可提供智能化程度更高的网间连接报务。它可以连接多个物理上独立或逻辑上独立的网络，可在网际进行不同协议之间的转换，所以其工作速度不如网桥或路由器快。由于网关可在不同计算机协议之间提供服务，它不仅使在不同网络上的计算机互联，而且还使它们之间可互相通信。因此，除了网络层以下的寻址和连接以外，还要求实现进程之间的连接和转换语音、指令等，直至应用层之间的会话。

9.3 现代民用建筑有线广播系统与设计

9.3.1 有线广播系统简介

有线广播系统按其用途可分为语言扩声系统和音乐扩声系统两大类。

语言扩声系统主要用来播放语音信息。该系统多用在人口聚集、流动量大、播送范围广的场合。如火车站、候机大厅、大型商场、码头、宾馆、学校等。该系统的特点是传播距离远、带的扬声器多、覆盖范围大，对音质要求不高。只对声音的清晰度有一定的要求，频响一般在 250 ~ 4000Hz。声压级要求不高，达到 70dB 即可。语言扩声系统主要用于业务广播系统、紧急广播系统、背景音乐系统和客房音响系统等。

音乐扩声系统主要用来播放背景音乐，对声压级、传声增益、频响特性、声场不均匀度、噪声、失真度和音响效果等方面比语言扩声系统具有更高的要求。一般采用双声道立体声、多声道和环绕立体声系统。音乐扩声系统大多采用调音台作为控制中心。音乐扩声系统大多用于音乐厅、歌厅、多功能厅、剧场等场合。使用的设备多，安装调试复杂，工程造价高。这种系统这里不作过多介绍，下面介绍的有线广播系统都是语言扩声系统。

9.3.2 语言扩声系统的组成

语言扩声系统由音源设备、声音处理设备和扩音设备组成。图 9-10 为语言扩声系统结构图。

1. 音源设备

音源设备能够产生声音信号，其频率为 20Hz ~ 20kHz。主要音源设备有：

（1）传声器　传声器又称话筒或麦克风，它是把各种声源发出的声音转换成电信号的设备。传声器有动圈式、电容式、晶体式和铝带式几种。动圈式传声器音质较好，结构简单，维修方便，牢固可靠。所以动圈式传声器应用得较多。

（2）卡座录音机　卡座录音机是利用电磁转换原理将音源的信号记录在磁带上。录音机是扩声系统中不可缺少的设备。

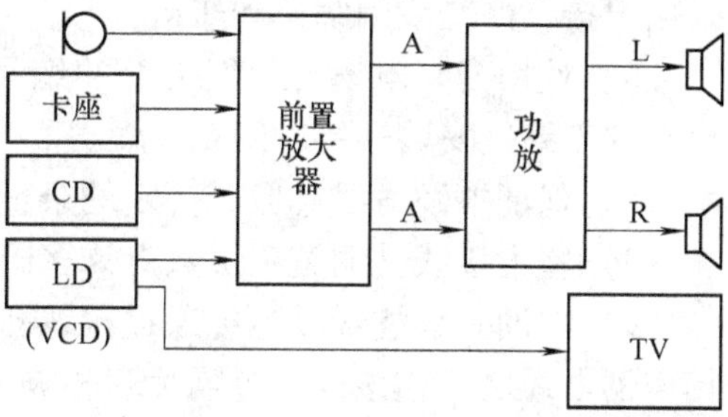

图 9-10　语言扩声系统结构图

（3）激光唱机（CD 机）　CD 机是利用激光束，以非接触方式将 CD 唱片上的脉冲编码调制信号检拾出来，经解码器解码把数字信号变换成模拟音频信号输出。CD 机已成为广播音响系统中不可或缺的设备。

（4）电唱机　电唱机是利用拾音头将密纹唱片中的声纹信号检拾出来得到声音信号。电唱机目前已经逐渐被淘汰。

（5）调谐器（收音头）　调谐器实际上是一台设有低频放大和扬声器的收音机。

（6）其他音源设备　其他音源设备还有录像机（VCR）、影碟机（LD）和各类 VCD 机以及 DVD 机。

2. 声音处理设备

语言扩声系统要求声音传输距离远，挂带的扬声器多，覆盖范围大，声音清晰响亮即可，对声音处理设备要求不高。

（1）功率放大器（简称功放）　语音扩声系统多采用定压式功放。定压式功放能保证远距离传输音频信号。

（2）扬声器　扬声器是将功放输出的电信号转换为声能的器件。扬声器按结构分有电动式纸盘扬声器、电动式高音号筒扬声器和舌簧式扬声器；按声音频率分有低频、中频和高频扬声器。电动式纸盘扬声器音质最好，规格较多，但效率低。一般的场合都能适用。

9.3.3　语言扩声系统的设计

1. 系统的线路连接设计

设计现代民用建筑的有线广播线路时，尤其是设计高层建筑有线广播线路时，一般应采用铜芯塑料绝缘线穿管暗敷，广播线路的馈电电压一般为 120V 以下。

一般来讲，设备间的连线都要采用屏蔽线。屏蔽线可采用单芯、双芯或四芯屏蔽电缆。无线装置一般采用同轴电缆。

系统的连线和敷设要注意以下几个方面：

1）广播音响系统分为传声器线路、扬声器线路、遥控器线路等，要分别配管，各管路应选用不同的路径；

2）各管路应该与电网电源线路和照明调光线路保持较远的距离；

3）各管路必须交叉时，应该采取垂直交叉；

4）广播室或播音台是中强弱信号和电源线的汇集点，干扰源较强，屏蔽线中途严禁设置中间接头；对于距离较长的管路连线路，也不应该有中间接头，否则会引入干扰信号；

5）对于屏蔽电缆电线与设备，插头连接时要注意屏蔽层的良好连接，屏蔽层连接时应采用焊接，严禁采用绕接和纽接；

6）使用多路电缆时，接头处的编号应该和插头的编号一致，这样不但表示连接方向，也有利于缩短安装连接时间；

7）保证电缆电线芯数有一定的余量，以便测试和以后增设时使用；

8）室内接线孔的施工虽然有许多限制，但不论怎样都应按信号流方向进行施工；

9）在同一线槽铺设电缆通过接线孔时，应该按照声音水准分别铺设，在传声器电缆和扬声器电缆之间应该插入分隔片互相隔开；

10）为了保证广播系统的播音，同时保证使用和维护人员的安全，广播系统应可靠接地，其接地电阻不应大于10Ω。

2. 扬声器的布置设计

在现代民用建筑中，有线广播系统和消防系统的消防紧急广播往往共用一个系统，根据实际情况切换。所以有线广播系统的布置设计要符合消防紧急广播的要求。对于公共广播的语言扩声系统，扬声器布置设计地点包括走廊、电梯门厅、商场、餐厅、会场、娱乐厅等公共场所，在走道的交叉处、拐弯处也应安装扬声器。

在办公室、生活间、更衣室、楼层走道等处宜装设0.5～1W的纸盆扬声器，房间内按0.05W/㎡装设。走道扬声器的间距按房屋层高的2.5倍左右来考虑，一般宜吸顶安装。在楼层走道的两端、门厅、一般会议室、餐厅、商场等处，凡纳入公众广播系统的，可装设1～3W的纸盆扬声器或小型声柱。房屋层高为2.5m左右时，采用1W扬声器，此时扬声器的间距为层高的2～2.5倍。层高为4m及以上时，采用3W的扬声器（或小型声柱），此时扬声器的间距为层高的2～2.75倍。扬声器宜结合建筑装饰，吸顶安装，等距布置。客房音乐扬声器可按每间客房设置一只0.5～1W的纸盆扬声器来考虑，安装在床头控制柜或其他地方。扬声器的安装应使所有听众席上的声压分布均匀、听众的声源方向好、控制声反馈和避免回声干扰。

扬声器的布置设计方式有3种：

（1）集中式布置　这种方式扬声器指向性较宽，适用于房间形状和声学特性不好的场合。其优点是：声音清晰、自然、方向性好。缺点是：有可能引起啸叫。

（2）分散式布置　这种方式扬声器指向性较尖锐，适合于房间形状和声学特性不好的场合。其优点是：声压分布均匀，能有效防止啸叫。缺点是：声音的清晰度容易被破坏，声音从旁边或后面传来，听起来不太自然。

（3）混合式布置　这种方式主扬声器指向性较宽，辅助扬声器指向性较尖锐，适用于声学特性良好，但房间形状不理想的场合。其优点是：大部分的地方声音清晰度好，声压分布均匀，没有低声压的地方。缺点是：有的地方会同时听到主、辅扬声器的声音。

9.4　现代民用建筑公用天线（CATV）系统与设计

9.4.1　公用天线系统（CATV）简介

CATV是由共享天线的收讯系统演变而来。当初设立CATV的目的，是为了改善山区和偏远地区的电视收视效果而设立的。一般的电视广播都是利用无线电波来传送信息，因此很容易受到地形或高楼大厦等建筑物的阻挡，而造成电波干扰、收视效果不佳。为了解决某些地区因地形上的限制而无法得到良好收视效果的问题，于是在适当地点装设高性能的共享天线，再以电缆线将电波送到各用户。这种 CATV 的型式，最早时称为地区共享天线电视（Community Antenna Television），此种电视系统在美国已有相当久的历史。美国自 1949 年起，就在俄勒冈州的亚士多利亚（Astoria）成立一个 CATV 电台。之后，CATV 系统就在美国各地急速地扩展开来。

公用天线系统按系统大小分类，可分为大型系统（A 类系统）、中型系统（B 类系统）、中小型系统（C 类系统）和小型系统（D 类系统）；按传输媒质或传输方式分，可分为同轴电缆、光缆及其混合型、微波中继和卫星电视等；按用户地点或性质分，可分为城市系统、乡村系统和住宅小区系统。

公用天线系统一般由前端部分、干线传输部分和用户分配部分等几部分组成，如图 9-11 所示。

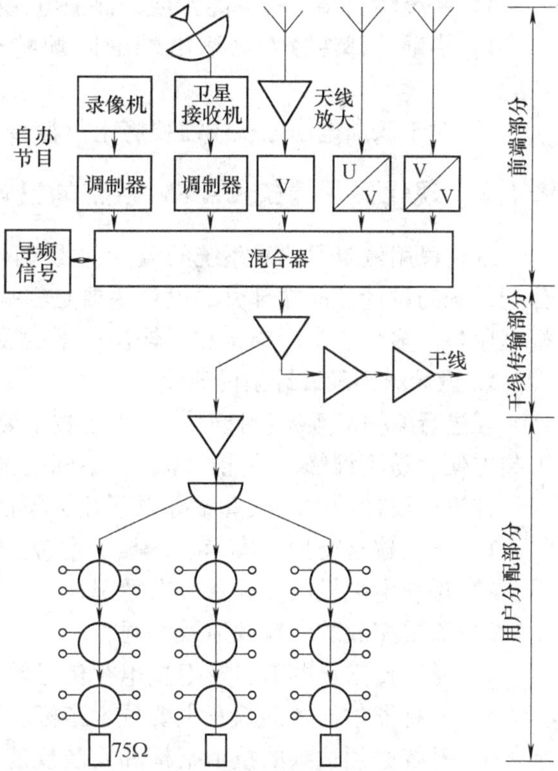

图 9-11　公用天线系统的组成

前端部分是 CATV 系统最重要的组成部分。前端部分包括接收天线、无线放大器、自办节目设备、卫星电视接收设备、导频信号发生器、调制器、混合器以及连接线缆等部分。

前端部分的主要作用有

1）将天线接收的各频道电视信号分别调整到一定电平值，然后经混合器混合送入干线；

2）必要时将电视信号变换成另一频道的信号，然后按这一频道信号进行处理；

3）向干线放大器提供用于自动增益控制和自动斜率控制的导频信号；

4）自播节目通过调制器后成为某一频道的电视信号而进入混合器；

5）卫星电视接收设备输出的视频信号通过调制器成为某一频道的电视信号进行混合器；

6）对于交互式电视系统还应有加密、计算机管理、调制解调功能。

干线传输部分是把前端接收处理、混合后的电视信号，传输给用户分配系统的一系列传输设备。主要有各种类型的干线放大器和干线电缆。为了能高质量高效率地输送信号，应当采用优质低耗的同轴电缆或光缆。采用干线放大器，其增益应当正好抵消电缆的衰减。在主干线上应尽可能少分支，以保持干线中串接放大器数量最少，如果要传输双向节目，必须使用双向传输干线放大器，建立双向传输系统。

根据干线放大器的电平控制能力，干线放大器可以分为手动增益控制和均衡型干线放大器、自动增益控制（AGC）型干线放大器、AGC 加自动斜率补偿型放大器、自动电平控制

(ALC）型干线放大器等几类。

干线设备除了干线放大器和干线电缆外，还有电源和电流分支器、分配器等。对于长距离传输的干线系统还要采用光缆传输系统，即光发射机、光分波器、光合成器、光接收机和光缆等。

用户分配网络的主要设备有分配放大器、分支分配器、用户终端、机上变换器。对于双向电缆电视系统还有调制解调器和数据终端设备。

用户分配网络的主要作用有

1）将干线送来的信号放大到足够电平；

2）向所有用户提供电平大致相等的电视信号，使用户能选择到所需要的频道和准确无误地解密或解码；

3）系统输出端具有隔离特性，保证电视接收机之间互不干扰；

4）借助于部件输入与输出端的匹配特性，保证系统与电视接收机之间具有良好的匹配；

5）对于双向电缆电视还需要将上行信号正确地传输到前端。

9.4.2 现代民用建筑 CATV 系统的设计

现代民用建筑 CATV 系统的设计主要有两部分：一部分是前端部分的设计，另一部分是分配系统的设计。前端部分的设计主要是根据天线馈线的信号决定；分配系统的设计主要是根据用户的多少、房屋结构和对输出电平的要求等条件来决定。

1. 设计原则及设计前的调查

在进行 CATV 系统设计时，在满足技术要求的条件下，尽量做到用料最省、成本最低、安装方便、易于维修、性能可靠，在不同的设计构想中选择最佳方案进行施工。

在进行设计前，应认真做好以下几个项目的调查：

1）确定建筑类型（宾馆、学校、宿舍、楼房、平房等，是原有建筑还是新建筑）；

2）用户电视机的多少及分布情况；

3）需要接收的电视频道及场强；

4）是否传送自办节目及卫星电视信号等；

5）各种器件的性能以及主要技术指标；

6）系统必须达到的技术指标和安装规范。

2. 前端的设计

CATV 系统的前端设备主要解决信号的接收和混合问题。它把各种信号以一定的电平集中到一点而且互不影响，然后再把集中的信号分配到各条干线和支线中去，供用户选择收看。

前端的设计主要包括：天线馈线输出电平的计算、前端设备的输出电平和信噪比的计算，以及前端设备的选择和组合等。

（1）馈线输出电平的计算　天线馈线输出电平也就是 CATV 系统的前端输入电平。其计算公式为

$$S_a = E + 20\lg(\lambda/\pi) + G_a - L_x - 7 \tag{9-1}$$

式中　E——接收场强（dB）；

G_a——天线增益（dB）；

L_x——馈线损失（dB）。

20lg（λ/π）与接收的频道有关，具体可查表9-1。

表9-1 不同频道的20lg（λ/π）值

频道	1	2	3	4	5	6
20lg（λ/π）值/dB	+5.4	+4.3	+3.2	+1.9	+1.0	-4.9
频道	7	8	9	10	11	12
20lg（λ/π）值/dB	-5.3	-5.7	-6.1	-6.4	-6.8	-7.1

例如某地12频道电视信号场强经实地测量为56dB，选用七单元八木单通道天线，其增益 $G_a=14$dB，馈线损失 $L_x=1$dB。从表9-1中可查得12频道20lg(λ/π) = -7.1dB，将数值代入式9-1，求得天线馈线的输出电平 $S_a=54.8$dB。

（2）前端设备的组合方法　当接收一个频段的电视信号时，应当选用单频道天线和单频道天线放大器来构成前端放大器。如接收来自两个不同方向的电视信号时，要有两副天线，并将两副天线的方向调至最佳。两路信号混合后再送入宽带放大器。

若要接收同一方向传来的多个频道的电视节目且电场强度相差不大时，可选用VHF全频道天线和VHF全频道天线放大器构成前端设备。当接收两个频道且场强相差很大的电视信号时，则应先将弱信号经天线放大器放大，然后再与较强的信号混合。接收3个不同频道和不同方向的电视信号时，有时需要3副天线。先将弱信号进行放大，再将3路信号混合，最后送入宽频带放大器。

在CATV系统中，有时需要送入录像信号以及测试信号，这时应将天线接收的电视信号进行放大、混合、宽带放大后，再与录像信号、测试信号混合。经过上述处理，原来相差较大的几种信号电平值基本一致。可同时送入分配系统，供用户使用。

（3）前端输出电平的计算　前端设备的组合方法不同，输出电平的计算也略有差异。如果已经求出了天线馈线的输出电平，即可计算出各种信号在前端输出点的电平。一般要求各信号在前端输出点的电平尽量接近。

每一个频道的电视信号在前端的输出电平 S_T 可按下式计算：

$$S_T = S_a + G_{TF} + G_F - L_x - L_H \tag{9-2}$$

式中　G_{TF}——天线放大器增益（dB）；

G_F——宽带放大器增益（dB）；

L_H——混合器插入损耗（dB）。

如果前端有两台放大器前后串接使用，为保持单个放大器的交调和互调指标不致过载，设计时要留有3dB的余量，即 S_T 的增益要比放大器的最大输出电平低3dB。若宽带放大器同时放大 N 套电视节目，则所设计的最大输出电平还应增加5lg（$N-1$）（dB）的余量。

由式（9-2）分别计算出前端每个频道的输出电平，并加以比较，若偏低或偏高，可适当调整放大器的增益或增加线路衰减。由于高频道传输损失较大，所以要比低频道高电平偏高一些，前端设备的输出电平一般为在90～110dB。

（4）前端设备的信噪比计算　前端设备的信噪比是决定图像质量好坏的主要技术指标。因此，在弱场强区，一般通过选用高增益天线，并把天线放大器尽量安装在靠近天线来提高天线放大器的输入电平。

对于较高电平的信号，主要应考虑信号的串扰与隔离。要求混合器有一定的隔离度（一般大于 20dB）。对于闭路传送的电视信号，因频带较宽，谐波较强，还要加滤波器，以消除无用信号的干扰。

前端设备的信噪比可按下式计算：

$$S/N = S_a - N_F - 2.5 \tag{9-3}$$

式中　N_F——前端设备总的噪声系数（dB）。

N_F可近似取安装在最前面的天线放大器的噪声系数。例如天线馈线的输出电平为 78.3dB，天线放大器的噪声系数为 3dB，则前端设备的信噪比为

$$S/N = (78.3 - 3 - 2.5)\text{dB} = 72.8\text{dB}$$

观众一般对图像质量的主观评价认为：信噪比大于 45dB 时图像良好，无噪声干扰；在 40dB 时得到基本合意的图像，虽有噪声干扰但不讨厌；在 34dB 时开始有令人讨厌的噪声，即雪花干扰较为明显。

共用天线系统的噪声一般为 8dB，考虑到系统使用后老化失调的影响给予 6dB 的余量，故最低接收电平为

$$8\text{dB} + 45\text{dB} + 6\text{dB} = 59\text{dB}$$

又因为多数电视机具有 20dB 的自动增益能力，则最高的接收电平应为

$$59\text{dB} + 20\text{dB} = 79\text{dB}$$

所以用户终端信号电平在 60～80dB 可以得到较好的接收效果，最佳电平为 70dB 左右。有时为了抑制外来较强干扰，可以将设计电平选得较高一些，但不能超过 80dB，否则会产生交扰调制及再辐射干扰等。

3. 传输分配系统的设计

传输分配系统一般分为无源分配系统和有源分配系统。无源分配系统只有分配器、分支器、输出端（用户端）和传输电缆等无源器件，一般使用在场强较高区及用户较少的情况下。有源分配系统除具有无源系统的器件外，还有放大器等设备，常在用户较多且场强不高的区域使用。

由于 CATV 系统的规模相差很大，房屋结构等条件也各不相同，所以分配和传输信号的方式也不同。

（1）小型 CATV 系统的分配方式　小型 CATV 系统的分配方式主要有：① 分配-分配方式；② 分支方式；③ 分支-分配方式；④ 分配-分支方式；⑤ 分配-分支-分配方式；⑥ 分支-分支方式；⑦ 不平衡分配方式。

上述分配-分配方式① 多用于干线分配。分支方式② 一般用在简易小型分配系统。① 和② 两种方式也可混合使用。分支-分配方式③ 适合于分段平面辐射型分配系统。分配-分支方式④ 多在高层建筑上使用。它的特点是线路简单，多用竖线，使用方便。

分配-分支-分配方式⑤ 大多数在电平不高而用户较多的情况下使用。例如，在远郊区五、六层楼房中常使用这种方式。

分支-分支方式⑥ 多用在主干线信号电平较高的地方。在前端设备输出电平不太高的情况下，一般不使用这种方式。

不平衡分配方式⑦ 有不平衡三路和五路分配。不平衡三路分配方式中，第一个分配器

先将信号分成两路，第二个分配器再把其中一路信号分成二路，这样共有三个输出端。其中一路分配损失为 3.5dB，可远距离传输。其他两路损失为 7dB，可向近处传送。这样可以充分利用信号能量。不平衡五路分配方式，先用一个分支损失比较小的分支器取出一路输出，其主路输出再接一个四分配器，将一路信号分成五路输出。

（2）用户端电平的计算　用户端电视接收机的输入电平也就是 CATV 系统的输出电平，简称为用户端电平，一般为 57～83dB。太低则接收效果不好（有雪花干扰等），太高会造成电视机过载而出现有害画面。对于大多数电视机来说，要求输入电平最大不超过 83dB。

用户端电平 S_n 的计算方法如下：

$$S_n = S_T - L_P - L_x - L_n + G_F - L_F - L \tag{9-4}$$

式中　S_T——前端设备的输出电平（dB）；

L_P——总分配损失（dB）；

L_x——传输电缆总损失（dB）；

G_F——宽带放大器增益（dB）；

L_n——分支器总插入损失（dB）；

L_F——分支器的分支损失（dB）；

L——衰减器损失（dB）。

设计时如计算结果不能满足需要，就要调整前端设备的输出电平和改变分配方式，必要时可增加线路放大器或衰减器，也可通过调整放大器斜率解决。

前端设备的输出电平一般在 120dB 以下，不能过高。改变分配方式时，应尽量使用户端电平差小一些，一般在 10dB 以内。在电缆较长的分配网络中，高频道损失较大，容易出现信号电平偏低现象，因此在计算时高频段和低频段应分别计算。

4. 干线传输系统的设计

上面讨论了小型 CATV 系统的设计方法。有时需要把许多小型 CATV 系统用较长的干线连接起来，组成大型的 CATV 系统。干线的传输损耗用放大器来补偿，以保证信号质量符合设计要求。

（1）干线传输方式　干线传输方式一般有 3 种：一种是树枝形传输方式，第二种是卷曲形式传输方式，第三种是环形传输方式。

树枝形传输方式在每条主干线上放大器连续串接的台数少，并可根据客观条件就近连接，安装方便，节省电缆，是目前大多数 CATV 系统所采用的方法。缺点是在系统中增加干线反馈和双向传输时有困难。卷曲形式传输方式每条干线连续串接放大器的台数较多，但仍然不能构成环路，不能把干线终端信号的变化情况送回信号分配中心。环形传输方式不仅可以把干线终端信号变化情况送回信号分配中心，作为系统反馈的控制信号，同时还可以方便监控系统的终端变化情况，并且为 CATV 系统的双向传输提供方便。

（2）干线传输系统的电平计算

1）最高电平的计算。干线传输系统的最高电平即是放大器的输出电平。在使用单个放大器时可以使放大器实际输出电平等于最大输出电平。但在使用电缆作远距离传输时，要串接多个放大器，为保持原有的交调指标，放大器实际输出的电平应比最大输出电平低，而且串接的放大器数量愈多，电平愈低。

此外，在一条干线中，如果同时传送许多个电视频道的节目，并使用宽带线路放大器时，相互干扰就会加大，为保持原有的交调指标，放大器实际输出的电平应更低些。

考虑到以上两个因素，最高电平 S_{max} 由下式来确定

$$S_{max} = S_R - 10\lg n - 5\lg(M-1) \tag{9-5}$$

式中　S_R——干线放大器标称最大输出电平（dB）；

M——传送的节目数；

n——串接的放大器台数。

2）最低电平的计算。考虑到传输系统的信噪比和放大器的噪声系数，最低电平为

$$S_{min} = N_F + S/N + 2.5 + 10\lg n \tag{9-6}$$

式中　N_F——放大器噪声系数（dB）；

S/N——传输系统的信噪比（dB）。

（3）放大器的选择　上述干线传输系统的最低电平，应是放大器的最低输入电平；最高电平应是放大器的最高输出电平。放大器的增益 G_x（dB）应该等于或小于这两个电平之差，即

$$G_x \leqslant S_{max} - S_{min} \tag{9-7}$$

通过以上计算可知，放大器的增益愈低，需要串接的放大器愈多。若增益低到某一程度时，还会引起噪声系数的增加和过载电平的下降。

在实际应用中，线路放大器的增益一般在 20～25dB。

（4）供电方式　在传输干线的中途，需要使用线路放大器将传输信号电平提高，其供电方式是由信号机房通过电缆芯线馈送给放大器。

线路放大器使用的电源有两种：一种是直流电，另一种是 50Hz 的交流电。前者可使放大器省掉整流部分且能使安装在信号机房里的直流电源指标做得很高。缺点是长期使用会在电缆芯线与电缆屏蔽网之间形成“电蚀”现象，从而影响电缆的使用寿命。另外，由于芯线压降而使远处放大器供电不足，后者需要在每一个线路放大器上装整流稳压装置，这样使放大器的体积增大，结构复杂。但由于这种方式没有“电蚀”现象，因此被广泛使用。

直流供电方式也可采用在电缆外面附设直流馈电线的方法，这样可克服“电蚀”现象，但造价提高了。

5. 系统的防雷设计

系统防雷设计必须考虑防止直击雷、感应雷和雷电侵入波等雷害的措施。户外设备应具有防雨、防雷、防冰凌的性能。天线杆（架）塔高于附近建筑物、且高度在 50m 以上或处于航线下面时，应设置高空障碍灯，并在杆（塔）上涂上颜色标志。

接收天线的竖杆（架）应装设避雷针，如果安装独立的避雷针，则避雷针与天线之间的最小水平距离应大于 3m，避雷针的高度应能满足对天线设施的 45°保护角。独立避雷针和接收天线的竖杆均应有可靠的接地。当建筑物已有防雷接地系统时，避雷针的接地应与建筑物的防雷接地系统实行共地连接。当建筑物没有防雷接地系统可利用时，要设置专门的防雷接地系统。从接闪器到接地装置的引下线宜用两根，从不同的方位以最短的距离沿建筑物引下，其接地电阻不应大于 4Ω。

电缆进入建筑物的地方应将同轴电缆的外导电屏蔽层接地，不带电的设备外壳或由电缆芯线供电的设备外壳，当和同轴电缆的外导电屏蔽层连接时应认为是接地的。

电缆进入建筑物应符合下列要求：

1）架空电缆直接引入时，在入户处加装避雷器，并将电缆外导体接到电气设备的接地装置上。

2）进入建筑物的架空金属管道，在入户处与接地装置相连。

3）电缆直接埋地引入时，在入户端将电缆金属外皮与接地装置相连。

防雷接地装置宜与电气设备接地装置和埋地金属管道相连，如不相连，两者之间的距离不宜小于 20m。

不得直接在两建筑物屋顶之间敷设电缆。确需敷设，应将电缆沿墙壁降至防雷保护区以内，并不得妨碍车辆的行驶，其吊线应作接地处理。

9.4.3　现代民用建筑卫星电视接收系统

1. 卫星电视系统简介

卫星电视是通过设置在地球赤道上空的地球同步卫星接收来自地面电视台播放的电视信号（上行）后，再转发到地球上指定区域（下行）而实现的电视广播。卫星电视系统示意图如图 9-12 所示。

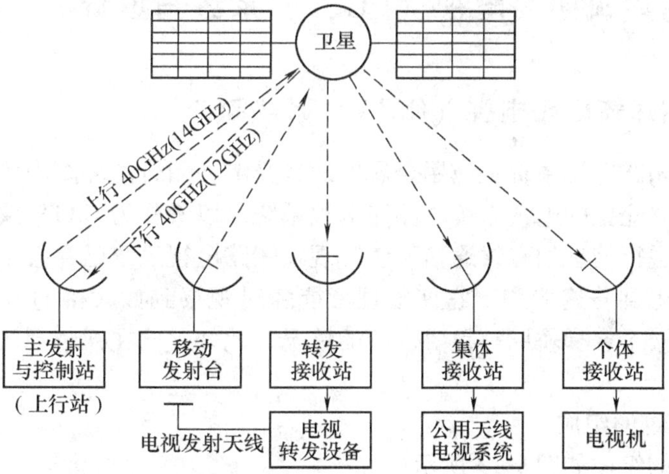

图 9-12　卫星电视系统示意图

卫星电视分为两种：一种是不经地面接收站转播，个体用户可直接收看广播卫星电视信号，这种电视信号的传播方式叫卫星直播电视（DBS）；另一种是经过地面接收站转播，用户用普通电视机才能收看卫星电视节目。

卫星电视与卫星通信是有区别的。卫星通信的主要任务是用于各种通信业。卫星电视虽然是从卫星通信发展起来的，但卫星电视是一种空中转播方式，是利用通信卫星的转发器在 C 频段来传送电视信号。卫星直播电视是实现地面发送点→广播卫星→地球某一区域的点对面的电视信号传输，所以，卫星转发器功率要大（一般在 100W 以上），地面用 1m 左右口径的抛物面天线收看节目，设备造价低，有利于普及到个体接收。

2. 卫星电视的频段

国际电信联盟从无线电频率使用角度把全世界分为 3 个区域，我国属于第三区域。国际电信联盟对卫星电视频段进行了分配，其分配情况见表 9-2。

表 9-2　国际电联对卫星电视频段的分配

波段/GHz	频段/GHz	带宽/MHz	使用区域	备　注
L (0.7)	0.62～0.79	170	全世界	1. 与其他区域共用 2. 与有关国家及主管部门协商，并限制地面功率通量密度限额
S (2.5)	2.5～2.69	190	全世界	1. 与其他区域共用 2. 只限国内或区域集体接收用
K_1 (12)	11.7～12.2	500	第二、三区域	1. 与其他业务共用 2. 广播卫星优先使用
	11.7～12.5	800	第一区域	
K_2 (23)	22.5～23	500	第三区域	1. 与其他业务共用 2. 与有关国家及主管部门协商
Q (42)	41～43	2000	全世界	广播卫星专用
85	84～86			

9.5　现代民用建筑闭路电视（CCTV）系统与设计

9.5.1　现代民用建筑闭路电视（CCTV）系统简介

现代民用建筑闭路电视系统是应用金属电缆或光缆在闭合的环路内传输电视信号，并从摄像到图像显示独立完整的电视系统。闭路电视系统可以看作为 CATV 系统的子系统，是一种图像和声音同时进行处理的有线通信系统。现在闭路电视系统已在楼宇保安系统和城市道路交通监控系统中得到普遍应用，它使管理者能随时观察到如大楼的入口、主要道路和通道、现代民用建筑楼宇客梯轿厢等重要场所的情况。此外，已在视频会议系统中得到了重要应用。

1. 闭路电视系统的组成

闭路电视系统的组成如图 9-13 所示。

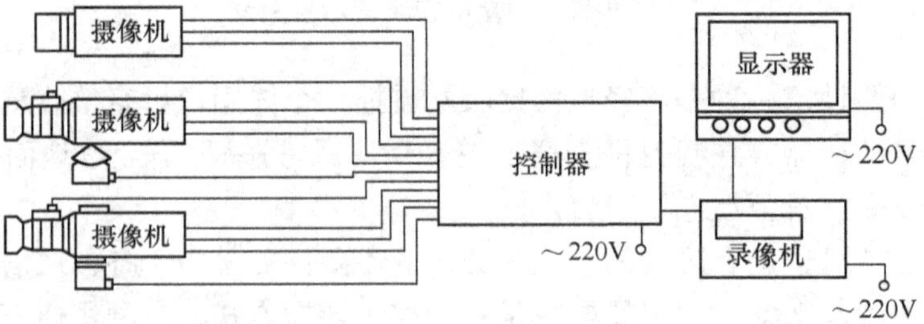

图 9-13　闭路电视系统的组成

构成闭路电视系统的主要设备有摄像机、云台、视频切换器、监视器、录像机与控制台。摄像机安装在监视场所，它通过摄像管将光信号转变为电信号，由电缆传输给安装在监控室的监视器，使之还原为图像。为了调整摄像机的监视范围，将摄像机安装在云台上，可以通过监控室的控制器对云台进行控制，带动摄像机作水平和垂直运动。

2. 闭路电视系统的主要设备

（1）摄像机　摄像机是闭路电视系统的主要设备。摄像机有多种分类方式。按色彩分可分为黑白摄像机和彩色摄像机；按工作照度分，可分为普通照度摄像机、低照度摄像机和红外摄像机；按结构分，可分为普通摄像管摄像机和 CCD 固体器件摄像管摄像机。

摄像机的基本参数包括清晰度、信噪比、视频输出、最低照度、环境温度、供电电源和功耗等几项。

（2）镜头　摄像机镜头分为定焦和变焦镜头。选择镜头的依据是观察视野和亮度变化的范围，同时兼顾所选摄像机的尺寸。视野决定是用定焦还是变焦镜头，亮度的变化决定是否用自动光圈镜头。

（3）云台　云台是安装、固定摄像机的支承设备。如果监视区域是固定的，则采用固定云台，在其上安装好摄像机后可调整摄像机的水平、垂直回转角度，达到最好的工作状态。若大范围的区域进行监视，则采用电动云台。在控制信号的作用下，云台上的摄像机可自动扫描监视区域，也可在监控室值班人员的操纵下跟踪监视对象。

（4）监视器　监视器在屏幕上提供高清晰度的画面。对监视器的要求比较高，要求在合上电源 3s 后就要将图像显示在屏幕上。在电压严重波动下，也能高质量地显示图像，并且具有快速自动行频控制电路，保证稳定观看重放图像。

（5）间歇式视频录像机　间歇式视频录像机是专为 CCTV 系统设计的。它有多种时间间隔录像模式。在无报警信号的情况下，间歇式视频录像机为正常间歇式录像模式，即根据设定的时间间隔进行录像。间歇式视频录像机有自动录像周期设定，可以对一星期内每一天的录像模式编程。如果收到一个报警信号，录像机便自动进入连续录像状态。在一盘 1/2in VHS/E180 的盒带上，最长可录制长达 960h 的图像。录像机内设有字符信号发生器，可在图像信号上打出月/日/年/星期/时/分/秒录像模式，还能在图像上显示出摄像机与报警器的编号与报警方式。每次报警录像的开始都加有报警检索信号，可以按报警情况自动搜索。录像机还有一个锁定保护键，使非正常指令与操作处于无效，防止非专业人员与破坏性操作侵犯 CCTV 系统。

（6）视频切换器　在 CCTV 系统中，通常摄像机数量与监视器数量的比例在 2：1～5：1之间。这样，不是所有的摄像机图像都能出现在监视器屏幕上，需要视频切换器按一定的顺序把摄像机的视频信号分配给特定的监视器。视频切换器的规格常用最大摄像机/监视器配置来表示。有 64 输入/8 输出、128 输入/16 输出、128 输入/32 输出、256 输入/32 输出等。切换的方式可以按设定的时间间隔对一组摄像信号逐个循环切换到某一台监视器的输入端子上。也可以在接到某点报警后，长时间监视该区域，即显示一台摄像机的信号。在切换视频信号的同时，为了避免图像的跳动和抖动，切换器工作与外部复合视频信号同步。

（7）画面分割器　在大型 CCTV 系统中摄像机的数量多达数百台。如果以 300 台摄像机为例，即使配置比为 5：1，也要有 60 台监视器。这样，不仅监视器体积庞大，而且有 240 台摄像机的信号无法监视。这样，就有一个全景监视的概念，即让所有摄像机的信号都显示在有限的监视器屏幕上。画面分割器就是一种实现全景监视的装置。多路视频信号进入画面分割器后输入一台监视器，就可在屏幕上同时显示多个画面。分割方式常有二画面、四画面、十六画面。如采用一台大屏幕显示器，配以一台十六画面分割器，值班人员可以轻松地同时观察 16 台摄像机送来的图像。通过编程，每一个画面的图像可以被定格，也可以转为全屏幕显示。在报警状态下，显示方式可以按设定要求变化，以提请值班人员注意。

（8）控制台　控制台通过各种遥控电路控制摄像机的姿态，接收摄像机的信号或报警探头的信号，并将这些信号送入保安中心。大型 CCTV 系统中，目前已采用了计算机控制。

9.5.2　闭路电视系统的设计

1. 设计的基本要求和一般规定

（1）基本要求

1）系统设计应包括确定摄像机、监控室的位置，选定传输线路的敷设方式，并提出主要设备型号和器材规格，经过技术经济比较，编制预算书。

2）系统设计应遵守国家颁发的有关《规程》、《规范》和当地政府主管部门的有关规定。

3）系统制式应与通用型闭路电视制式一致。

4）系统一般由摄像、传输、显示及控制等 4 个主要部分组成。需要记录监视目标的图像时，应装设录像装置，在监视目标的同时，如需监听声音时，可配置声音传输、监听和记录系统。

5）系统中采用的主要设备、部件必须满足工程设计的质量要求。

6）系统所使用设备的视频输入、输出阻抗以及部件、电缆的特性阻抗均为 75Ω。使用音频设备，其输入、输出阻抗为 600Ω 高阻抗。

7）系统所选用的各种配套的性能及技术要求应协调一致，并符合系统设计的要求。

（2）一般规定

1）根据系统的技术装备水平和功能要求，确定系统组成及设备配置。

2）根据建筑设计平面图或实地勘察，确定摄像机和其他设备的设置位置。

3）根据监视目标和周围环境条件，确定摄像机型式及防护措施。

4）根据摄像机分布和环境特征，确定传输电（光）缆的敷设方式。

2. 摄像机的选择

摄像机选择的一般原则是：

1）选择的摄像机应该体积小、重量轻、寿命长、便于现场安装与检修。在要求较高的场合优先选用 CCD 摄像机。

2）系统应采用 2∶1 隔行扫描制式摄像机，不使用随机隔行扫描制式的摄像机。

3）光导管摄像机的水平清晰度应大于 500 线；固体摄像机的水平清晰度不小于 420 线。信噪比均应大于 45dB。

4）在采用单片固体彩色摄像机时，其水平清晰度应等于或大于 300 线，信噪比应等于或大于 45dB。

5）宜采用带有自动增益控制功能的摄像机。

3. 摄像机镜头的选择

摄像机镜头焦距应根据视场大小和镜头到监视目标的距离确定。

1）摄取固定目标，宜选用定焦距镜头；摄取远距离目标，宜选用望远镜头；摄取小视距、大视角目标，宜选用广角镜头；摄取大范围画面，应采用带全景云台的摄像机，并根据监控区域的大小选用 6 倍以上的电动遥控变焦镜头，或采用 2 只以上定焦距镜头的摄像机分区覆盖。

2）监视目标的环境照度是变化的，除采用硫化锑管外，均应采用光圈可调镜头。

3）需遥控时，宜采用具有光对焦、光圈开度、变焦距的遥控镜头。

4）隐蔽安装的摄像机，宜采用针孔镜头或棱形镜头。电梯轿厢内的摄像机镜头，应根据轿厢的大小，选用水平视场角等于或大于 70°的广角镜头。

4. 监控室的设计及设备选择

（1）监控室的主要功能

1）控制摄像机、监视器及其他设备所需电源的通断。

2）输出各种遥控信号。

3）接收各种报警信号，用于保安的监视电视系统，应留有与治安报警系统连接的接口。

4）配备视频分配放大电路，能同时输出多路视频信号。

5）对视频信号进行切换控制。

6）具有时间、编号字符显示装置。

7）监视和录像。

8）内外通信联络。

如电梯内装有摄像机，则应在监控室内同时配置楼层指示器显示电梯运行情况。

（2）监控室设计的一般规定

1）监控室应该靠近监视目标，较少受到环境噪声影响和电磁波的干扰。

2）监控室的建筑面积与设备容量有关，一般取 12 ~ 50m^2，视系统规模和设备多少而定。

3）地面应平整光滑，若采取架空活动地板，架空高度不应小于 0.15m。

4）门宽不应小于 0.9m，门高不应小于 2.1m，以便于仪器设备的搬运。

5）室内温度宜为 16 ~ 30℃，相对湿度宜为 30% ~ 75%，根据情况可以加装空调。

6）根据机柜、控制台等仪器设备的相应位置，设计电缆槽和进线孔，槽高、槽宽应满足敷设电缆的需要和电缆弯曲半径的要求。

7）监控室内部设备的排列、监视器的设置等应使屏幕避免外来光线直射。监视器宜设置在操作台、调度台或单独的支架上。监视器设置在柜内时，柜内应设置适当数量的通风孔，控制台（柜）正面与墙的距离，不应小于 1.2m；台（柜）背面如需要维护时，背面与墙面的距离不应小于 0.8m；台（柜）的侧面与墙面或其他设备的距离，主要走道不应小于 1.5m，次要走道不应小于 0.8m。

5. 监视器的选择

监视器的输入信号为 0.5 ~ 2.0V 复合视频信号，输入阻抗为 75Ω/高阻（可切换）。屏幕尺寸可根据需要在 34 ~ 51cm 选择。

6. 录像机的选择

录像系统应配置长时间录像机，对于与保安报警系统联动的摄录像系统，宜单独配置相应的录像机。

录像机选择应满足下列要求：

1）录像机制式与磁带规格，在同一系统中应统一。

2）录像机输入、输出信号和视频、音频指标都应和整个系统的技术指标一致。

3）需作长时间监视目标记录时，应采用低速录像机或具有多种速度选择的长时间记录的录像机。

4）当需要记录被监视目标图像或图表数据时，应在监控室设置磁带录像和时间、编号等字符显示装置；当要监听声音时，可配置声音传输、录音和监听设备。

7. 信号传输网络的设计

在进行信号传输网络设计时，需要考虑的内容有：图像的质量、传输距离、单向还是双向传输、电缆敷设的方式和走向、费用、使用的可靠性、外来干扰的大小等。

8. 系统的供电和接地设计

系统的供电和接地设计要求与 CATV 系统相同。供电电源要求稳定可靠，系统的防雷设计必须采取防止直击雷、感应雷和雷电侵入波等雷害的措施。

思考题与习题

9-1 现代民用建筑物内主要有哪些弱电系统？各系统的主要功能有哪些？

9-2 无线传呼系统适用哪些场合使用？设计和配制这类系统应考虑哪些因素，注意点有哪些？叙述无线对讲系统的原理和使用过程。

9-3 现代民用建筑物内主要有哪些有线通信系统？各系统的主要功能有哪些？

9-4 现代民用建筑物内有哪些信息交换平台？在设计这些平台时应如何规划和设计？

9-5 什么叫现代民用建筑的 CATV 系统？系统主要有哪些功能？

9-6 现代民用建筑的 CATV 传输分配系统主要有哪些功能？如何进行设计？

9-7 什么叫现代民用建筑闭路电视系统（CCTV）？系统主要有哪些功能？

9-8 如何针对现代民用建筑的功能要求进行闭路电视系统（CCTV）的设计？

9-9 请针对你所在学校的学生宿舍楼的大小，设计 CATV 系统和 CCTV 系统。设计图纸包含设备布置图和系统图。

第10章　现代民用建筑安全防范和监控系统与设计

安全防范与监控系统是保障现代民用建筑能够正常安全运行必不可少的系统，也是智能建筑中必不可少的子系统。本章主要介绍现代民用建筑安全防范与监控系统中常用的防盗保安系统（如防盗报警、门禁管理、电子巡更、周界防范、闭路电视监控）的基本知识与设计知识。

10.1　概述

1. 安全防范系统的基本概念

安全防范系统（Security & Protection Systems）在国内标准中定义为Security & Alarm Systems，而在国外则称为损失预防与犯罪预防系统（Loss prevention & Crime prevention Systems）。

安全防范是包括人力防范（Personnel protection）、物理防范（Physical protection 也称为实体防护）和技术防范（Technical protection）三方面的综合防范体系。对于保护建筑物目标来说，人力防范主要有保安站岗、人员巡更、报警按钮、有线和无线内部通信。物理防范主要是实体防护，如周界栅栏、围墙、入口门栏等。而技术防范则是应用各种现代科学技术，以各种技术设备、集成系统和网络来构成安全保证的屏障。电子化安防（E-Security）将是大势所趋。安全防范系统从内容和定义来讲，应包括防盗、防火及消防、防暴及安全检查等内容。

2. 安全防范与监控技术的发展概况

安全防范与监控是发展迅速的新领域。在20世纪60年代，美国首先用于军事，70年代扩大应用于机关、金融、商业等重要部门。80年代，世界各国已普遍应用于民用建筑和高层建筑、豪华别墅等场合。随着我国国民经济的迅速发展和对外开放的深入，对高层民用建筑和住宅小区及重要公共建筑如仓库、展览馆、银行、商场、机场等现代化民用建筑场所的防盗和保安要求越来越高。因此，设有安全防盗与保安系统也已成为必然。

3. 安全防范与监控系统的组成

安全防范与监控系统主要由探测（Detection）、延迟（Delay）和反应（Response）3部分组成。首先通过各种传感器和多种技术途径（如电视监视和门禁报警等），探测到环境物理参数的变化或传感器自身工作状态的变化，及时发现是否有人强行或非法侵入的行为；然后通过实体阻挡和物理防护等设施起到威慑和阻滞的双重作用，尽量推迟风险的发生时间，理想的效果是在此段时间内使入侵不能实际发生或者入侵很快被中止；最后是在防范系统发出警报后采取必要的行动来制止风险的发生，或者制服入侵者、及时处理突发事件、控制事态的发展。

一般而言，防入侵报警系统由报警探测器、警报接收及响应控制装置和处警对策3大部分组成。电视监控系统由前端摄像系统、视频传输电路、视频切换控制设备、后端显示记录装置4大部分组成。门禁管理系统由各类出入凭证、凭证识别与出入法则控制设备的门用锁具3大部分组成。

4. 现代民用建筑常用入侵探测器

（1）门磁、窗磁开关　门磁、窗磁开关由两个磁极组成，一个安装于门（窗）框上，另一个安装在门上或窗上，可表面型安装或隐蔽型安装。门磁宜安放在大门上，门磁固定端固定在大门开起端的门框上沿，门磁活动端固定在相应的大门上沿，也可根据实际情况再在其他需要的位置上安装。窗磁可安装在需要的窗户位置上，如容易攀登的窗户等。设计安装时应注意以下几点：

1）所有防护门窗的质地。普通的门磁、窗磁开关仅适用于木质的门窗，钢、铁门窗应采用专用型门磁、窗磁开关。

2）门磁或窗磁的控制距离至少应为被控制门或窗缝隙的2倍。

3）开关应安装在距门窗拉手边约15cm处；舌簧管安装在门、窗框上，磁铁安装在门、窗扇上，两者对准，间距0.5cm左右。

（2）玻璃破碎探测器　专门用来探测玻璃破碎功能的探测器，主要用于保护大面积的窗。探测范围一般在几米到十几米之间。

安装时应注意以下几点：

1）应将探测器正对着警戒的主要方向。

2）应尽量靠近所要保护的玻璃，尽可能地远离噪声干扰源。

3）探测器不要安装在通风口或换气扇的前面，也不要靠近门铃，以确保工作可靠性。

4）一般安装在窗户附近的墙面或天花板上，要求玻璃与墙壁或天花板之间的夹角不得大于90°，以免降低探测力。

（3）主动对射式红外探测器　主动对射式红外探测器用于围墙、走廊及大片的窗等地方。

主动红外探测器能用在室外作直线型入侵探测器用，但在警戒范围里，必须无阻挡物；主动红外探测器发射红外探测光，人肉眼看不见，所以容易隐蔽；对杂散光的抗干扰能力强，稳定性好，有较高的灵敏度；室外工作环境恶劣时会影响探测灵敏度，所以设计选用时应充分估计到环境的影响。如遇雾天、雨天，能见度下降，探测器探测距离就会缩短，在设计时要引起充分注意。在室外使用时最好安装防尘、防雾罩，以免影响探测距离。

（4）被动红外探测器　被动红外探测器的原理是利用人体表面温度与周围环境存在差别，在人体移动时，这种差别产生的变化可以通过红外敏感元件来检测，从而触发报警。主要用于大厅、室内、走道等大面积的防护。

被动红外入侵探测器可作为直线型探测器，也能作为空间探测器，一般多用于室内和空间的立体防范。

被动红外探测器体积较小，隐蔽性能好；无亮度要求，可以昼夜运行；功率低，寿命长。

设计选用被动红外探测器时应避开变化的热源，如空调的通风口、灯光直射的地方以及窗户，避开暖气、火炉和冷冻设备的散热器；监控区内不应有障碍物，否则被障碍物遮挡的地方就是防范的死区；不要安装在振动的物体上，否则物体振动导致探测器振动，相当于背景辐射变化，会引起误报；适用于要求背景不动或直接探测被防范的目标的场合。

(5) 微波、被动红外双鉴入侵探测器　微波探测器对活动目标最为敏感，在其防范范围内的窗帘飘动、电扇扇页移动、小动物活动等都可能触发误报警。而被动红外探测器防护区能产生不断变化红外辐射的物体如暖气、空调、火炉、电炉等也可能引起误报警。为克服这两种探测器的误报，将两种探测器组合在一起连接成为双鉴探测器。这样一来使探测器条件发生了根本的变化，即入侵目标必须是移动的，只有不断辐射红外线时才产生报警。使原来单一探测器误报率高的不利因素大为减少，整机的可靠性得以大幅度提高。

10.2　现代民用建筑常用安全防范与监控系统

10.2.1　非图像式传感器安全防范与监控系统

非图像式传感器安全防范与监控系统的种类很多，在民用建筑中常用的主要有如下几种：

1. 玻璃破碎报警型安全防范与监控系统

玻璃破碎报警器是一种探测玻璃破碎时发生特殊信号的报警器。目前国际上已有多种玻璃破碎报警器，其中：有的是利用振动传感器原理来检测的；有的是利用声音传感器来检测的。

BSB型玻璃破碎报警器是利用探测玻璃破碎时发出的特殊声音来报警的，其结构简单，体积小巧，使用方便，可用作防盗报警装置。BSB主要由报警器和探头两部分组成。探头设置在需保护的现场，探头为直径1cm、长4cm的圆柱体，本身不发射能量，易于隐蔽，为一种非接触式警戒，不需粘附于玻璃上。探头灵敏度很高，在探头正方向可探测5m远的信号，有效监测面积在$50m^2$以上。探头安装无严格的方向性要求。探头作用是将声音信号转换成电信号。电信号经信号线传输给报警器。报警器可安装在值班室等。

玻璃破碎报警器宜设置在商场、展览馆、仓库、实验室、办公楼的玻璃橱柜和玻璃门窗处。这类报警装置对玻璃破碎声音具有极强的辨别能力，而对讲话与鼓乐声却无反应。

2. 超声波报警型安全防范与监控系统

超声波运动报警器是供室内探测有无异常人侵入的防盗报警装置。它利用前述超声波探测器来探测运动目标，具有较高的灵敏度和抗干扰能力，以及反射率强、穿透率低的特点。当夜间室内有人入侵时，由发射机向现场发射的超声波射入入侵的运动目标，由于人体所产生的反射信号（多普勒频移信号），使得远控报警器获得信号，并立即向值班人员发出报警声和光信号。这种报警器由3部分组成：发射机、接收机和远控报警器。发射机和接收机均安装于需要防范的现场；远控报警器安装在值班室内。这种超声波报警器的监控范围，在四周无阻挡时，最远距离为9m，最大宽度为6m。由于超声波对固体材料反射率高，经多次反射后易覆盖整个室内空间，所以它适宜于立体空间的监控，不论是外部侵入或从天窗、地下钻出来，都在其监控范围之内。

3. 微波报警型安全防范与监控系统

微波报警防盗器是应用微波技术进行工作的一种防盗装置，实际是一种小型化的雷达装置。这种报警器是用来探测在一定距离内的空间出现人体活动目标的，它能迅速报警、显示和记录有关数据。它不受环境、气候及温度影响，能在立体范围内进行防盗监控，而且易于隐蔽安装。微波报警系统的基本组成如图 10-1 所示。

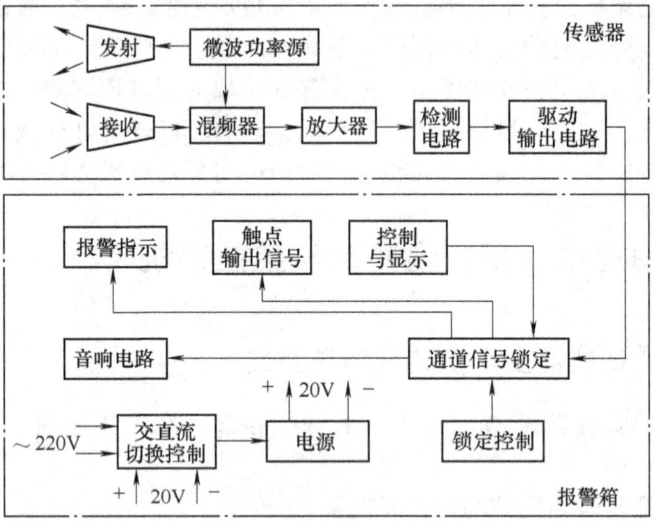

图 10-1　微波报警系统的基本组成

微波防盗报警器主要适用于房间、门道和走廊，亦可对室外特定区域进行监控。报警箱设在值班室，可连接多个传感器，对多个区域进行监视。目前，此类防盗报警器多应用于国防、公安、银行、保险等领域。

4. 红外报警型安全防范与监控系统

红外报警防盗系统也是以防范盗贼入侵为目的的装置。这种防盗报警系统具有独特的优点：在相同的发射功率下，红外有极远的传输距离；它是不可见光，入侵者难以发现并躲避它；它是非接触性警戒，可昼夜监控，故红外技术在入侵防盗报警领域中被广泛应用。如前所述，红外入侵报警系统分为主动式和被动式两种。

主动式红外报警系统是一种红外光束截断型报警系统。它由发射器、接收器和信息处理器 3 个基本单元组成。

红外发射器发射一束经调制的近红外光束，通过警戒区域，投射至对应定位的红外接收器的敏感元件上。人体对这种近红外光具有截断作用，对于有无入侵者两种状态，红外接收器接收到的红外辐射信号差别很大，从而使信息处理器识别警戒区域是否有人入侵，并控制警报显示电路的启停。这类主动式红外报警器设在室内是最佳的防盗装置。在野外或恶劣气象条件下，仍具有可靠性好、灵敏度高、保密性强等优点。在正常气象条件下，监测距离可在 1km 以上；在一般恶劣气象条件下（如能见度小于 10m 的强浓雾），仍可保证有 300m 的监测距离。

被动式红外报警系统为一种室内型静默式的防入侵报警系统，它不发射红外光线，内设置有灵敏的红外传感线。一旦接收到入侵者身体，立即发出波长为 6 ~ 18km 的红外线，即可报警。

目前被动式红外移动探测器采用了许多新技术和新工艺，已有效防止了因为环境温度改变、射频干扰和气流等各种因素造成的误报。其灵敏度、防误报能力与可靠性都有极大提高，完全可以胜任绝大多数环境下的各种应用需要。其标准防护范围为 15m × 15m。目前有 4 种可选择形式，如图 10-2 所示。有透镜 A：广角、透镜 B：长距离、透镜 C：超广角和透镜 D：防宠物 4 种。

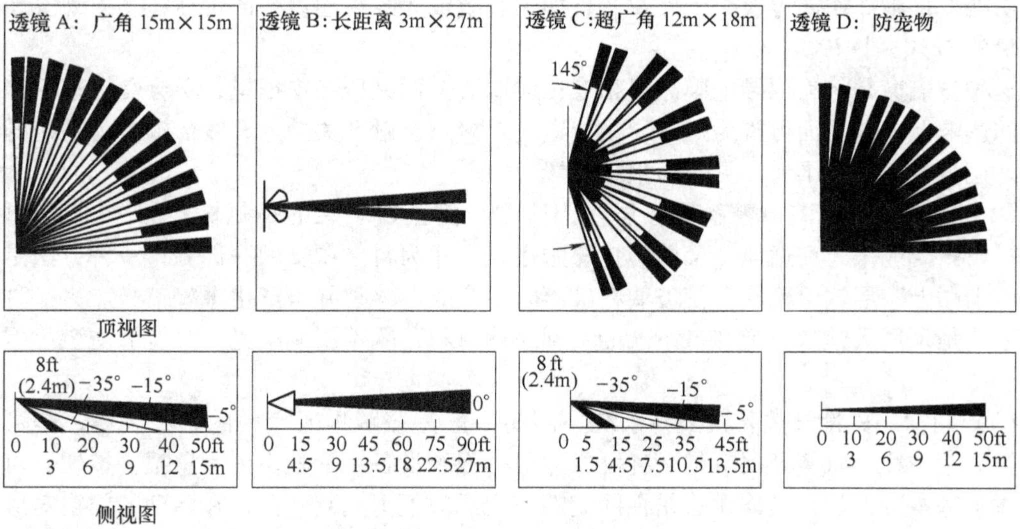

图 10-2　被动红外探测器透镜选择与探测范围

5. 红外/微波双鉴探测器报警型安全防范与监控系统

红外微波双鉴探测系统采用被动红外加微波移动探测，内置有微处理器，综合使用多种抗干扰及先进的报警确认分析技术，能有效地避免误报的产生，可靠性要比单技术探测器提高几百倍，同时降低了普通双技术探测器漏报的可能性。典型产品如以色列 Electronics Line 公司的 EL-1486 型，最大探测范围 12 ~ 18m，红外探测采用全区域探测，分成多个透镜段和 1 个俯视段，由微处理器对每段区域的能量进行分析计算，仅在确认是人体能量时才触发报警。有自动双向温度补偿（微处理器分析）功能，在规定范围内灵敏度不会变化（ −7 ~ 65℃）。抗射频电场、普通电场、白光干扰，有电击保护。其探测器的探测范围如图 10-3 所示。

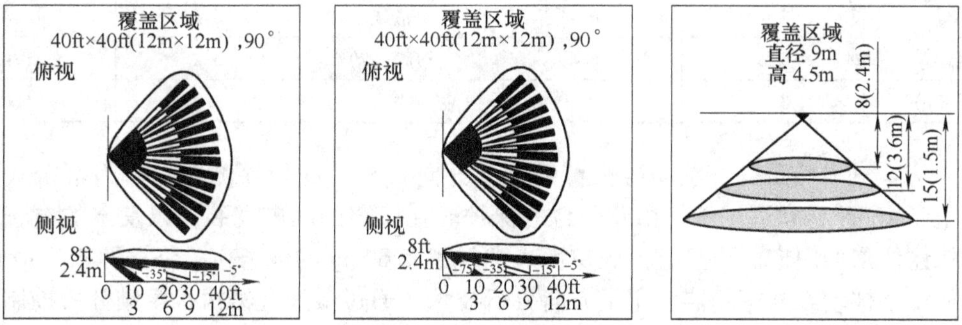

图 10-3　红外/微波双鉴探测器的探测范围

6. 住宅、商场、机关大厦新型防盗报警装置与报警系统

城乡新住宅楼可以不再装防盗窗，这已被许多地方政府认同并下发文件通知，保留玻璃

窗后采用什么经济实用的防盗手段，这是新型住宅小区和智能住宅小区的设计师、产品生产厂、房地产开发商都要面对的重要课题。可选择下列防盗探测装置构成防盗报警系统。

（1）双功能防盗玻璃窗防盗报警系统　这种防盗窗具有玻璃破碎报警和窗被打开报警双重功能。每扇玻璃造价仅数十元左右，加上有线或无线传输设备的价格，是窗外安装防盗窗造价的1/10～1/20。

这种防盗窗是将无源导电膜涂附粘连在玻璃边上而又压在窗框里，不会受擦玻璃和风吹雨淋的影响。玻璃平面可视为一根导线，通过双接点接触开关接入有线传输报警系统的预埋管线，用户在门窗周围看不见任何报警装置。

（2）防盗玻璃防盗报警系统　居住小区中对安全最敏感的是每栋楼的一到二层住户，他们的窗户既能采光和通风，又能防止窃贼进入。作为科技创安的一部分，一种方法是在窗户玻璃上贴上一层铁甲薄膜，使玻璃在破碎时不会立即碎裂并可产生报警信号。另一种更理想的办法是采用大锤或子弹都打不破的新型玻璃材料，既不影响采光，又能够防盗，但价格较贵。

（3）门窗用磁性开关防盗报警系统　门窗一般是窃贼进入室内的必经之途，是可能报警的第一道防线。磁簧开关就是一种可靠廉价的报警设备，配上室内紧急报警按钮，可对家庭提供最基本的保护。具体做法是在固定的窗框或门框上安装开关，在活动的门窗对应位置上安装磁体，有嵌入型、表面粘贴型等各种安装方式，适合于钢、木质、塑钢门窗的防范，价位低，可靠性好，但是功能第一。

（4）玻璃破碎报警器防盗报警系统　玻璃破碎报警器通常安装在墙上或者顶棚上，是利用玻璃破碎的超声波来传感的。也有的是贴在玻璃窗的一角上，利用玻璃破碎振动作为有源传感器。由于玻璃破碎声与室内玻璃器皿破碎、电话铃、闹钟、热水壶鸣、室外的敲门、汽笛、电动机等各种声音难以鉴别，为此需采用计算机特征声音识别 CAIR 技术、软件控制的 DSP 等技术，以区别报警的真伪。目前以色列 Visonic 公司、美国 Detection Systems 公司、C&K 公司等都有较好的产品，安装也很方便，适合于重要而安静室内的防范。可防护的玻璃类型见表 10-1。

表 10-1　可防护的玻璃类型

玻璃类型	最小厚度/mm	最大厚度/mm	玻璃类型	最小厚度/mm	最大厚度/mm
平板	2.4	6.4	嵌线	6.4	6.4
钢化	3.2	6.4	镀膜（2）	3.2	6.4
压层（1）	3.2	14.3	密封绝缘（1）	3.2	6.4

（5）方向式幕帘红外探测防盗报警系统　方向式幕帘红外探测器也称为幕帘式电子栅窗或“电子窗帘”，它适用于门窗及阳台的保护。在门窗的内侧安装，以发出的电子束取代铁窗栅封住住户的门窗。一旦有人破窗而入穿越了此 60cm 的电子束，将立即产生报警。

这种双束被动红外探测器使用了方向分析技术，通过微处理器执行模糊分析控制，并采用窄带技术。当其在探测范围内收到从外部入侵的信号，如入侵者从窗口爬入或从门进入时，立即报警；而当居住者在室内活动时，却不会触发报警。若装在阳台顶下，可以判别主人从屋内来不报警，判别窃贼从阳台入侵而报警。省去了住户“设防”与“撤防”和易产生误报的麻烦。安装在高 2.5m 处，可防范宽 1m × 长 6m 的区域，适宜底层住宅和平顶楼的顶层住户安装。

（6）被动红外栅栏式探测器防盗报警系统　这种探测器安装高度 4m，在 12 ~ 100m 远处，有小于 0.5m 或 1m 宽度的两条鉴别波束。在南方环境温度与人体温度接近时，被动红外鉴别能力较差，它适于北方环境温度与人体温度差别较大的地区应用，特别是用于独门的别墅围墙的防范。常用报警探测器比较见表 10-2。

表 10-2　常用报警探测器比较表

序号	技术措施	主要功能和适用范围	价位	安装	误报
1	双功能防盗玻璃窗	玻璃破或窗开报警，完全替代金属防盗网	低	麻烦	不
2	双束栅栏被动红外探测器	防阳台入侵	中	容易	少
3	主动红外对射探测器	防楼体周界	中	麻烦	少
4	被动红外栅栏式探测器	防别墅型北方住宅	高	容易	多
5	窗磁门磁开关	单一功能撬开报警	低	方便	不
6	玻璃破碎报警	单一功能破碎报警	高	容易	多

上述各类报警探测器，也可用于商场和机关大厦的门窗防盗及用于组成安全防盗与报警系统。

由上述各类传感探测器可以构成如图 10-4 和图 10-5 的典型的住宅和家庭安全报警系统。

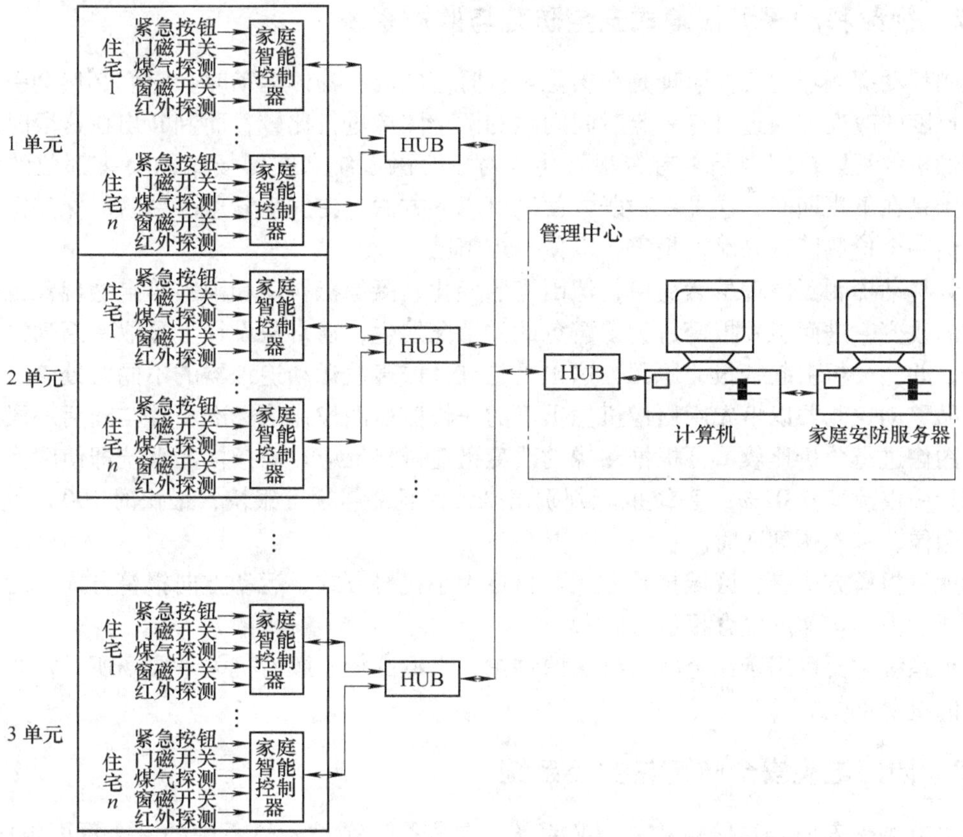

图 10-4　基于 IP 的住户报警系统

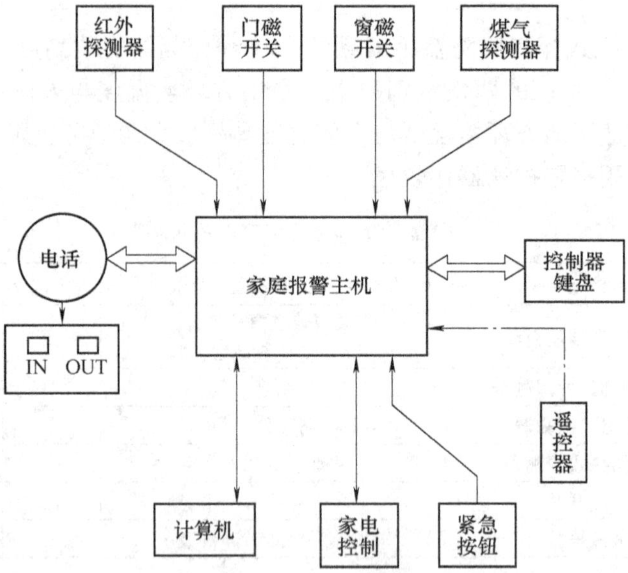

图 10-5　住户家庭安全报警系统示意图

所谓基于 IP 的系统是指基于网络协议（Internet Part）即 IP 协议的报警系统。

10.2.2　视频移动探测报警式安全防范与监控系统

视频移动探测器的工作原理是在摄像机视野范围内有物体运动时，它们必然会引起视频信号对比度的改变，通过对有一定时间间隔的两个图像进行比较，而判断出在这段时间内在这台摄像机的视野范围内是否有警报发生。对于金融系统和文博场馆内要害部位的安全防范，特别是在下班期间，这是一种既方便又可靠的方法。在发生紧急事件时，保安人员也可走进任何一个检测区域来触发报警，以便寻求帮助。

视频移动探测器原理虽然简单，但因光照变化、摄像机抖动和雨雪等自然现象也会引起对比度的改变，进而引发报警，为了避免此类情况发生，通常从设计上采取一系列措施来抑制误报，并能分析引起警报的原因，这也是与红外或声波运动追踪器的不同之处。

视频移动探测器以事先用摄像机拍摄下的一幅监控图像作为标准，并与随后一段时间的摄像机图像进行分析比较，再根据图像的改变迅速做出反应。高指标的系统即使图像的对比度在测量中仅改变 0.01%，系统也能判别出来，而且测量速度很快，最快时 100ms 可测 2.5 幅半屏图像，基本达到适时。

其触发报警方式有：区域报警方式、目标大小报警方式、运动方向报警方式、运动速度报警方式、方向与速度复合报警方式。

此种系统主要可用于：金融系统、博物馆、大型商场、政府机关重要场所、机要档案室等场所的重要部位。

10.2.3　闭路电视安全防范与监控系统

闭路电视保安监控系统也称 CCTV 系统，是安全防范技术体系中的一个重要组成部分，它与视频移动探测安全防盗与报警系统有所不同。它是一种先进的、防范能力极强的综合系统。它具有图像处理、声音和显示功能。系统由摄像、控制、传输和显示 4 部分组成。在办公大厦和高级宾馆或酒店等重要场所的入口处、主要通道、客梯轿厢、大楼内外等重要地点设置摄像机，在保安监控中心或保安管理处设置监视器。可分为集中式监控系统、分散式监控系统、区域式闭路电视监控系统。

闭路电视监控系统可以通过遥控摄像机及其辅助设备（镜头、云台等）直接观看被监视场所的一切情况；可以把被监视场所的图像内容、声音内容同时传送到监控中心，如小区的物业管理中心，使被监控场所的情况一目了然。同时，闭路电视监控系统还可以与防盗报警等其他安全防范体系联动运行，使防范能力更加强大。

尤其是近几年来，多媒体技术的发展及计算机图像文字处理技术的发展，使电视监控系统在实现自动跟踪、实时处理等方面的发展非常迅速，从而使电视监控系统在整个安全技术防范体系中的地位越来越重要。电视监控系统的另一特点是它可以把被监控场所的图像及声音全部或部分记录下来，因此可为日后对某些事件的处理提供方便条件和重要依据。尤其是“画面分割器”及“长延时录像机”的出现，可实现对多个被监视画面长达几天时间的连续记录。随着计算机网络技术和数字化技术的发展，基于多媒体的数字视频远程网络监控技术开始发展并有了一些应用。闭路电视保安监控报警系统示意图如图 10-6 所示。

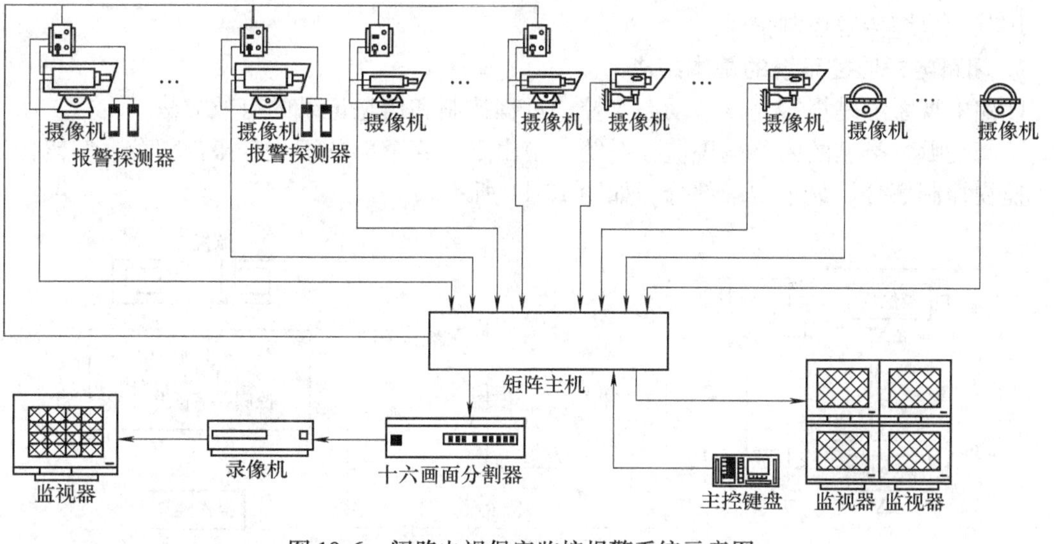

图 10-6　闭路电视保安监控报警系统示意图

1. 区域型闭路电视监控系统的类型

（1）单头—单尾系统　当在一处连续监视一个固定目标时，宜选用单头—单尾型监控保安系统，如图 10-7 所示。当传输距离较长时，需在线路中增设视频放大器，如图 10-8 所示。

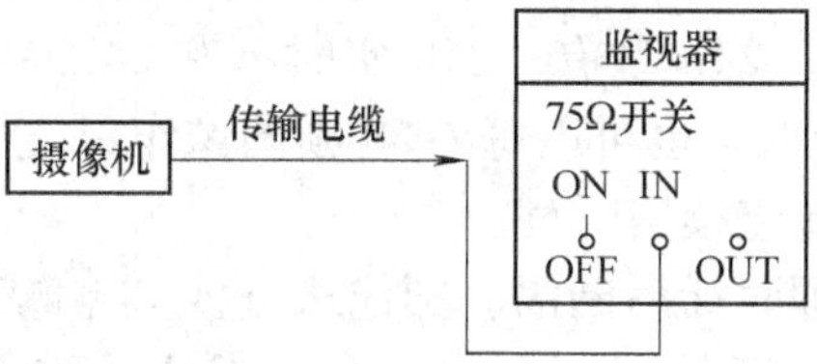

图 10-7　单头—单尾型监控系统

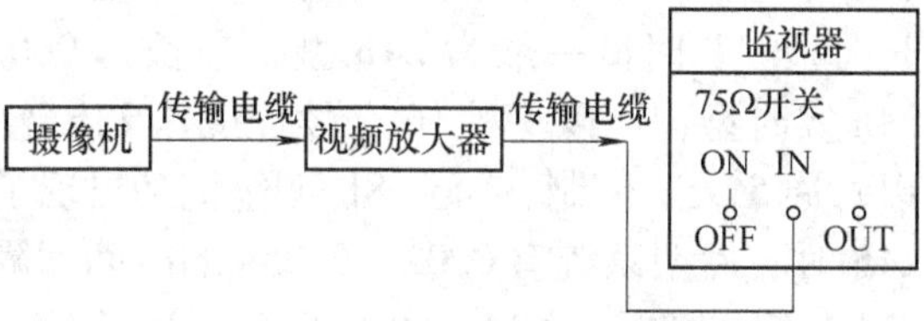

图 10-8　中间放大的单头—单尾型监控系统

（2）多头—单尾系统　当在一处集中监视多个分散目标时，宜选多头—单尾型监控保安系统，如图 10-9 所示。

（3）单头—多尾系统　当在多处监视一个固定目标时，宜选用单头—多尾型监控保安系统，适用于在多处监视同一个目标的场合，如图 10-10 所示。

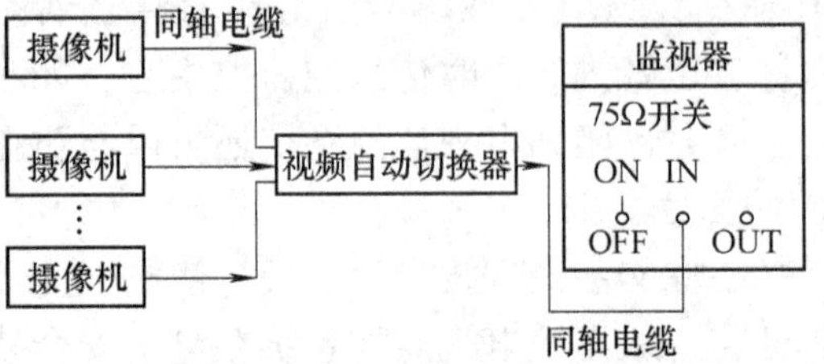

图 10-9　多头—单尾型监控系统图

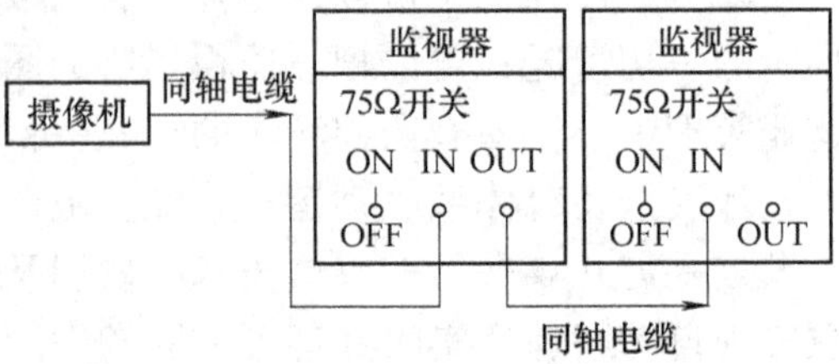

图 10-10　单头—多尾型监控系统

（4）多头—多尾系统　多头—多尾系统由摄像机、传输电（光）缆、切换控制器、视频分配器、监视器等组成，如果要求在多处监视多个目标时，选用该类型。

在闭路电视保安系统的传输通道中，当传输距离不超过 200m 时，可选用多芯闭路电视电缆（SSYV-20 型）传输全电视信号；当超过 200m 时，宜用同轴电缆或光缆传输视频信号，用其他电缆传送控制信号。

2. 闭路电视监控系统的基本组成

闭路电视系统是报警复核、动态监控、过程控制和信息记录的有效方法。

不管是哪种类型的闭路电视监控系统，都由下列 4 个部分组成：摄像部分、解码传输部分、监视控制部分、显示记录部分，如图 10-11 所示。

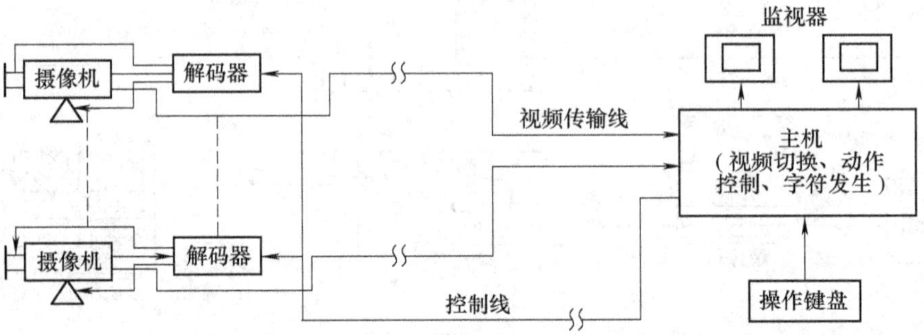

图 10-11　闭路电视监控系统的基本组成

3. 模拟式和数字式闭路电路监控系统

闭路电视监控系统从信号处理方式而言，有模拟式和数字式两大类。

（1）模拟式　模拟式又可分为时滞后型和实时型两种，还可分为短时型和长时型，通常为长时型。长时型一般为 24h 型，最长为 960h 型。24h 型有：24h 实时型和 24h 时滞后型。24h 实时型，可以每秒 16.7 帧速度作 24h 连续录像，也可以每秒 50 帧图像作 8h 连续录像。以每周 5 天工作制，每天 8h 工作，又出现了 40h 连续实时型。

24h 时滞后型系统有 0.02 ~ 0.25s 的时间间隔，即时滞后间隔。图像从每秒 50 帧减到了每秒 5 帧，因此在回放时，图像会有不连续感。典型产品有 3h、6h、12h、24h 4 种方式。模拟闭路电视监控及联机系统如图 10-12 所示。

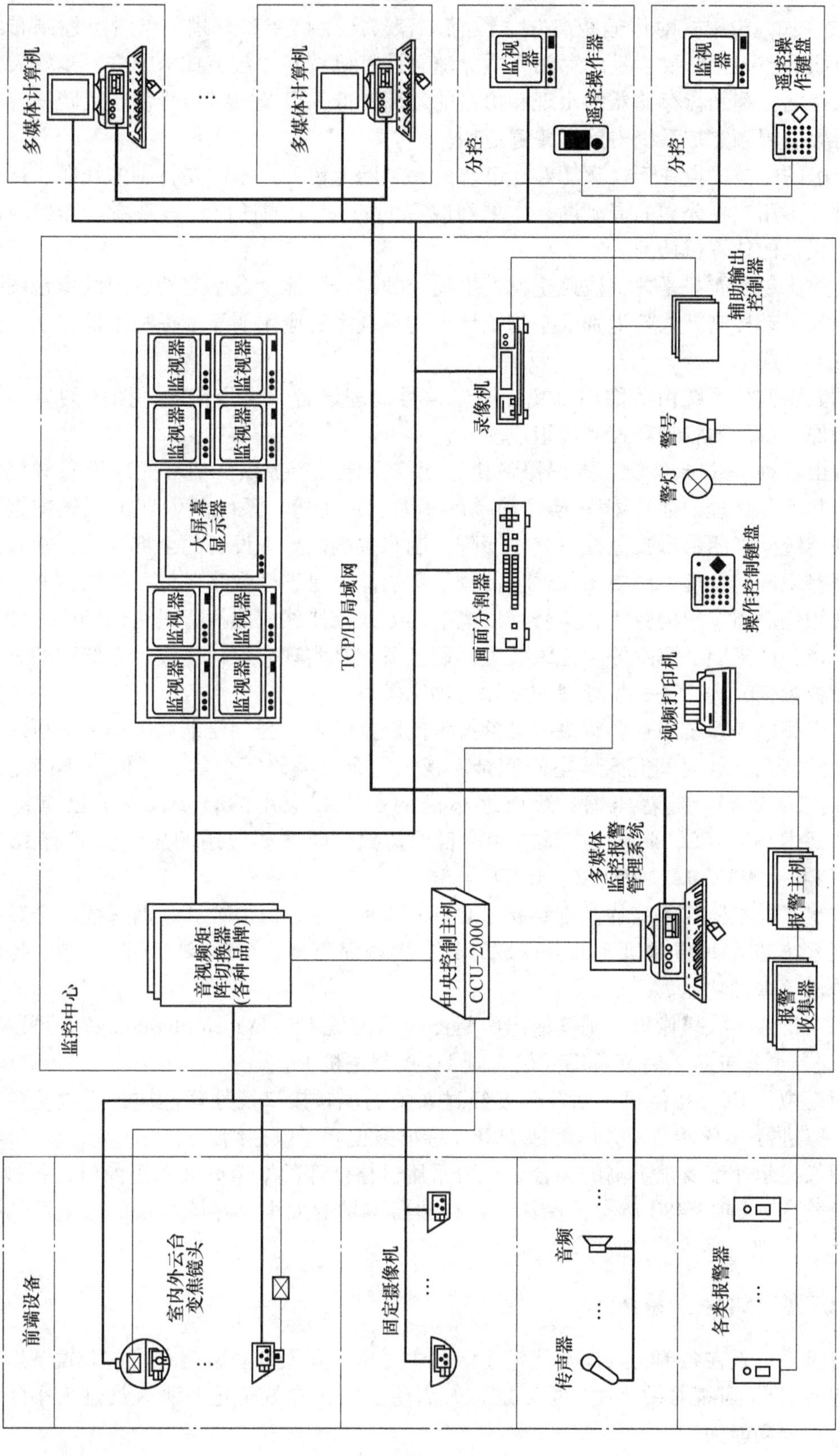

图 10-12　模拟闭路电视监控及联机系统

（2）数字式　模拟式对传输距离非常敏感，容易产生畸变和衰减，点对点控制布线费用高，难以联网监控，需要大量的存储介质。随着计算机技术和数字技术的进一步发展，大容量的磁盘存储器和光盘存储器的出现和价格的逐渐降低，以及数字信号便于远距离传输等优点，使得数字视频监控系统得到了普遍应用。

数字技术的主要优点在于视频能够在已有的局域网上传输，不需要特别的线缆。任何摄像头都能被许多用户在公司的局域网、广域网或者 Internet 上的任何地方观看。图像能够被网络上任何授权的计算机访问。

传输上的优越性能只是数字监控超越模拟监控的部分性能。数字监控系统的本地图像处理技术，例如运动检测、人脸识别或生物统计识别等技术的应用明显地提高了监控系统的性能，并且降低了成本。

典型的数字监控系统由图像源、视频图像信号处理设备、信号传输、图像的显示与处理、硬盘录像、系统的管理和控制等组成。

图像源由各种 CCD 摄像机、数码摄像机、网络摄像机等提供。信号处理设备对模拟视频信号进行数字化处理，如数-模转换、简单的压缩和加密等。系统的管理由视频伺服器来进行，实现传统模拟闭路电视监控系统中矩阵控制和多画面处理设备的全部功能；视频伺服器还具有报警识别与处理、监视图像远程传输管理功能，是整个数字监控系统的核心。控制设备接收视频伺服器发出的数字化信号，以模拟的方式控制相应的执行机构的动作，如摄像机的云台、镜头的光圈、焦距等。记录装置由硬盘系统来实现，取代了模拟系统中的长时间录像机，对视频信号进行进一步处理如压缩与加密等。

在数字视频监控系统中，要解决的关键技术问题是数据信号的压缩和解压缩。压缩就是去掉资料中的冗余，如时间冗余、空间冗余、视觉冗余、编码冗余等。即保留不确定的资料，去掉确定的资料。随着压缩、解压缩标准的制订和应用的普及，目前已有标准的 MPEG-1、MPEG-2、MPEG-4 等在广泛应用。目前监控领域主要应用的压缩方式有 H. 263、JPEG、M-JPEG、MPEG-1、MPEG-2、MPEG-4 等。

一种数字式电视监控系统的基本结构如图 10-13 所示，由 HDD 录像机系统、全数字图像切换控制系统和 LAN 摄像机 3 部分构成，具有多画面处理、录放像、矩阵控制、探测报警、远程传输等多种功能。

如采用新型数字式摄像机，则其输出的是图像数据流 VS（Video Streaming），可以直接与 PC 快速进行数据交换，将视频图像输入到 PC 控制主机中。

如采用模拟式 CCD 摄像机，则首先要经过系统的视频接口及处理模块，逐次从多路输入中选出一路进行 A-D 转换，并压缩成 MPEG 标准数据后予以存储。

在对图像显示速度要求不高的场合，也可采用价格低廉的 CMOS 数码摄像机，新型机种的分辨率已能达到 640 × 480 像素，视其内存存储器容量的大小，存储图片的数量可达数百张之多。

10. 2. 4　访客对讲保安系统

访客对讲系统是在各单元入口及住宅小区的主要出入口安装防盗门和对讲装置，以实现访客与住户的对讲/可视对讲。住户可以遥控开启防盗门，有效防止非法人员进入小区或住宅楼内。其主要功能为

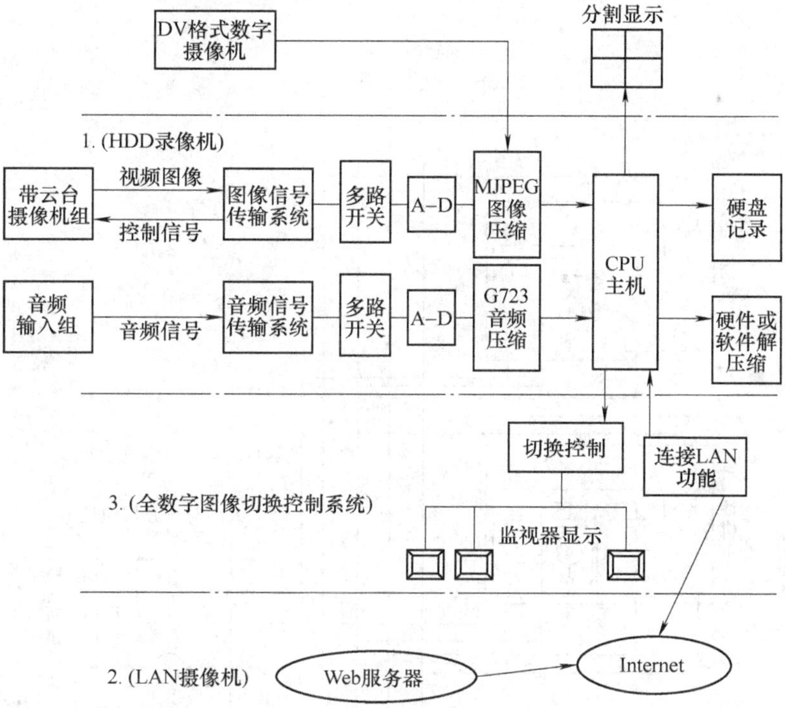

图10-13 数字式电视监控系统的基本结构

1）可以实现住户、访客语音/图像传输；

2）通过室内分机可以遥控开起防盗门电控锁；

3）门口主机可利用密码、钥匙或感应卡开起防盗门；

4）可通过住宅小区对讲管理主机，对小区内的各住宅楼宇访客对讲系统的工作情况进行监视；

5）如住宅楼入口门、小区的主要入口门被非法打开或对讲系统出现故障，小区对讲管理主机能发出报警信号并显示报警的内容和地点。

访客对讲系统通过与来访者的对讲通话和用摄像机来确认来访者身份，决定是否打开楼门电控锁，达到安全方便管理的目的。

访客对讲系统的主要设备有对讲管理主机、门口主机、用户室内分机、电控门锁、电源等相关设备。访客对讲管理主机设置在住宅小区物业管理部门的保安值班室内，门口主机安装在各住户大门内附近的墙上或门上。

主要类型有：单对讲型、可视对讲型、混合型、基于有线电视网可视对讲型等。

1. 对讲机—电锁门保安系统

一般高层建筑住宅常采用对讲机——电锁门保安系统。在住宅楼一楼入口处，设有电磁门锁，门平时总是关闭的。在门外墙上设有对讲总控箱。来访者须按下探访的住宅号相对应的按钮，则被访住宅家中的对讲机铃响。当主人通过对讲机问清来访者的来意与身份，并同意探访时，即可按动附设于传声器上的按钮，使电锁门的电磁铁通电将门打开，客人即可进入。否则，探访者将被拒之门外。这是高层住宅常采用的对讲机—电锁门保安系统。

图 10-14 是这类保安系统的原理图。图 10-15 为某大楼对讲机—电锁门保安系统的实际应用图。

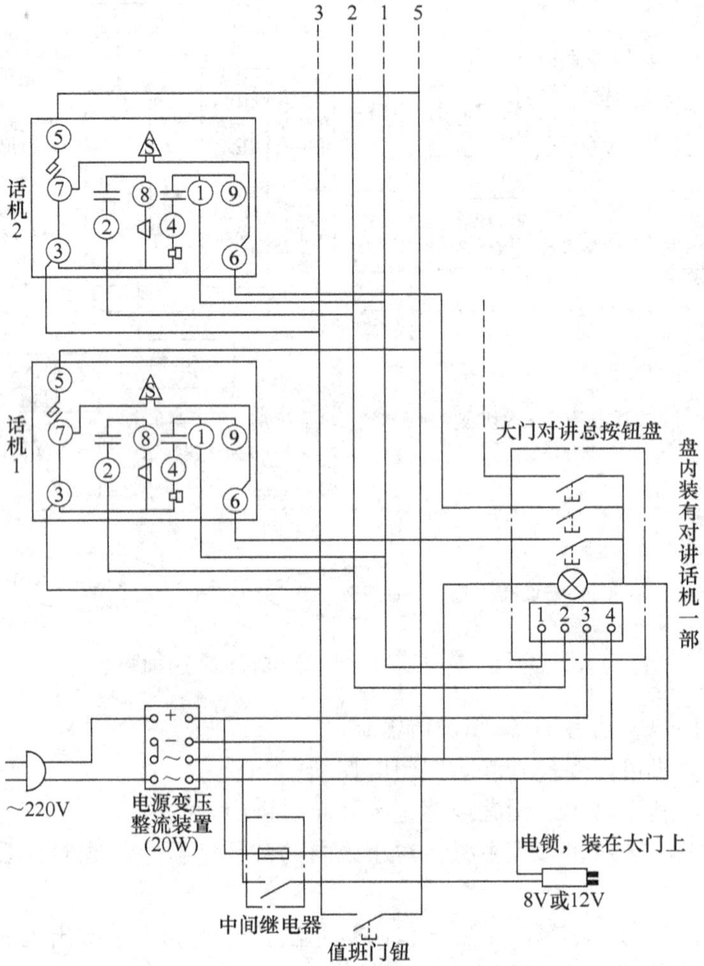

图 10-14　对讲机—电锁门保安系统的原理图

2. 可视—对讲—电锁门保安系统

高层住宅的住户除了对来访者直接通话外，还希望能看清来访者的容貌及来访入口的现场，为此在入口门外安装电视摄像机。将摄像机视频输出经同轴电缆接入调制器，再由调制器输出射频信号进入混合器，并引入大楼内共用天线系统，这就构成可视—对讲—电锁门保安系统，如图 10-16 所示。

在住户与来访者通话的同时，可打开电视机相应频道，即可看到摄像机传送来的入口现场情况。图 10-17 为直接可视的对讲保安系统。图 10-18 为基于有线电视网的可视对讲保安系统。

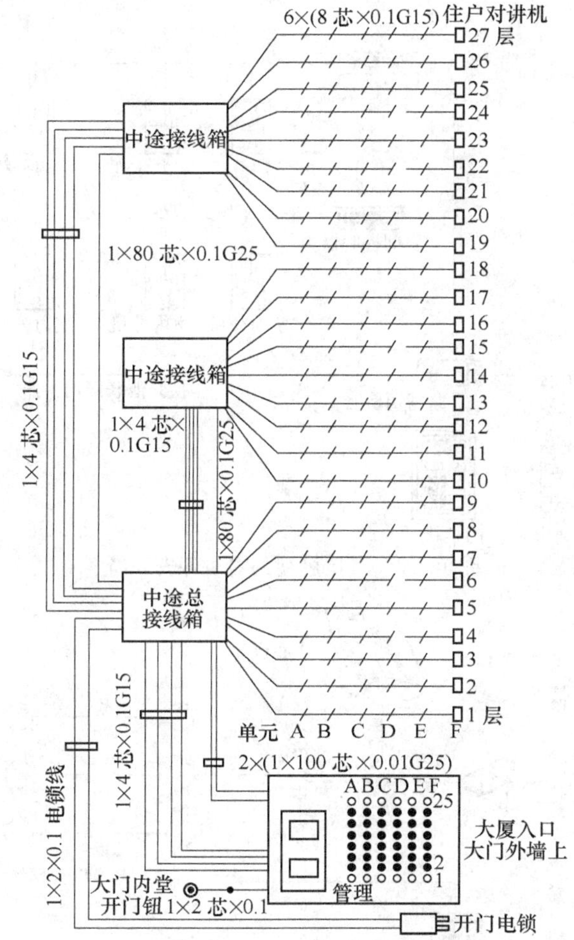

图 10-15　某大楼对讲机—电锁门保安系统的实际应用图

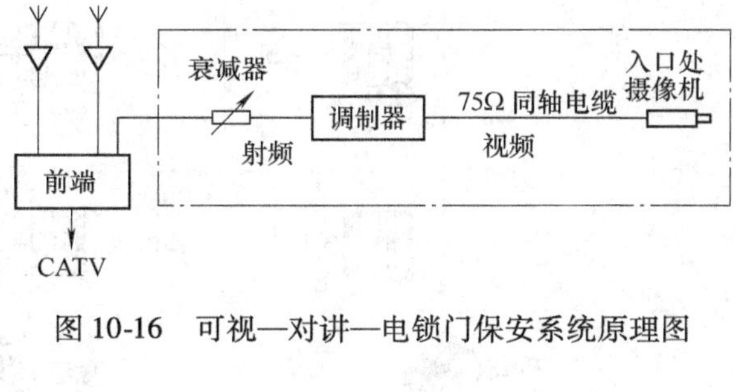

图 10-16　可视—对讲—电锁门保安系统原理图

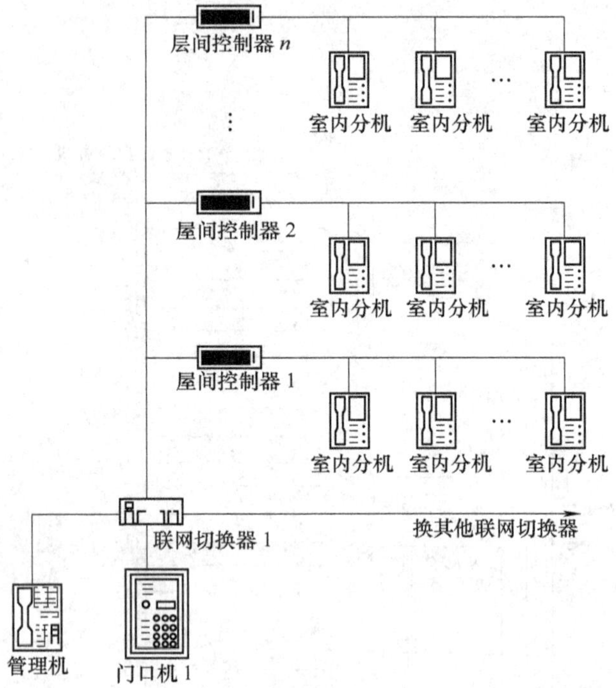

图 10-17　直接可视的对讲保安系统

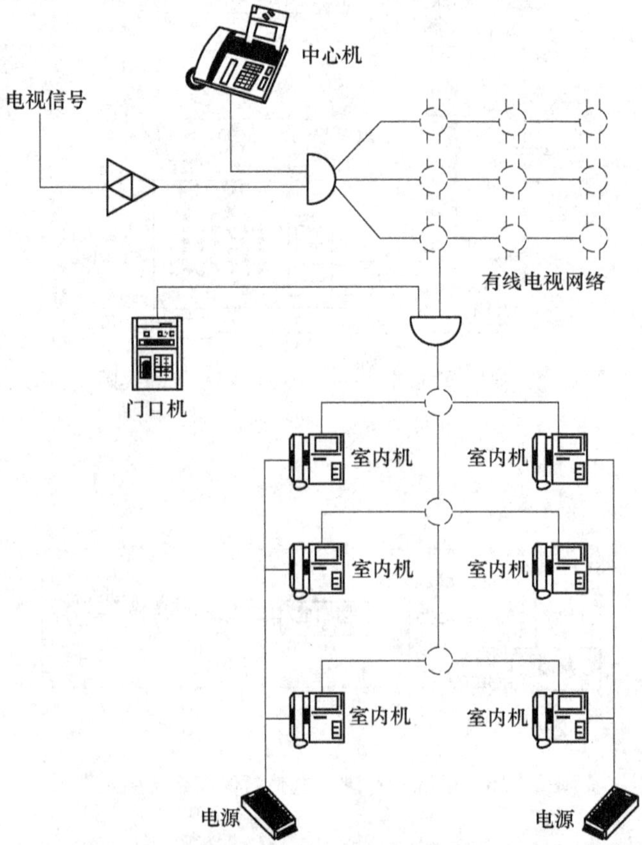

图 10-18　基于有线电视网的可视对讲保安系统

10.2.5　出入口门禁保安控制系统

出入口是指进出小区的主要通道口，出入口管理是限制外来闲杂人员进入小区的重要方式，一般通过门禁系统来实现。

1. 门禁控制系统

门禁控制系统实现对小区重要的出入通道进行管理。门禁系统可以控制人员的出入，还能控制人员在楼内及其相关区域的行动。在小区的主要出入口、楼宇出入口、停车场出入口和电梯等处安装出入口控制装置，如读卡器、指纹读出器、密码键盘等，对进出人员进行分级别、分区域、分时段的管理，以确保小区安全。

门禁系统通过以下步骤来实现其控制人员出入的目的：

1）对需控制的出入口，安装接受电锁装置和感应器（如：电子密码键盘、读卡器、指纹阅读器等）控制的电控门。

2）授权人员持有效证卡，利用密码或自己的指纹，就可以开启电控门。

3）所有出入资料，都被后台计算机记录在案；通过后台计算机可以随时修改授权人员的进出权限。

门禁系统通常由管理计算机、控制器、读卡机、电控锁、闭门器、门磁开关、出门按钮、识别卡和传输线路组成。通常有：卡片确认式、密码确认式、人体生物特征确认式 3 类。

2. 非接触式 IC 卡门禁监控系统

卡片式分为：非接触式 IC 卡门禁监控系统、有接触式 IC 卡门禁系统两类。非接触式为感应式自动识别系统，用得较多，寿命较长，可读取 10 万次以上，其控制系统结构图如图 10-19 所示。目前其实际系统有美国安定宝公司的 Javelin 门禁控制等，其控制系统如图 10-20 所示。

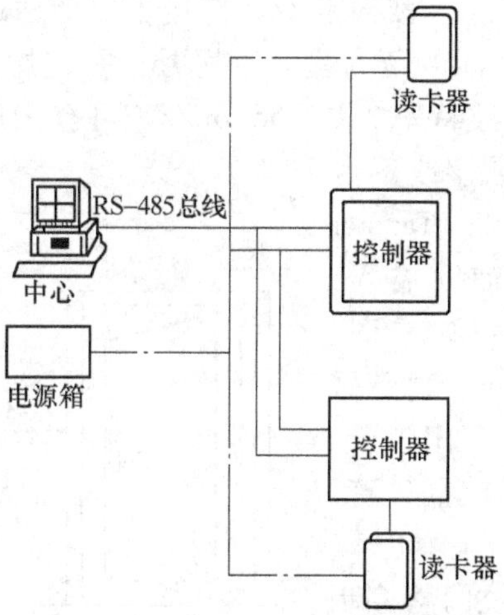

图 10-19　非接触式 IC 卡门禁控制系统结构图

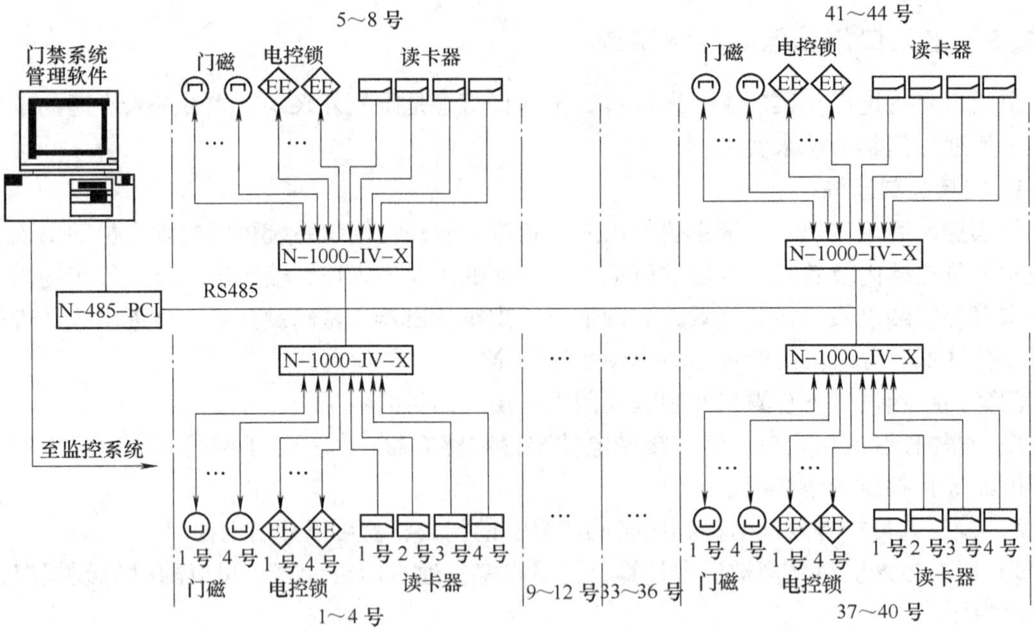

图 10-20　Javelin 门禁控制系统（非接触式）

3. 人体生物特征识别门禁控制系统

人体生物特征识别系统包括指纹、掌纹、脸面、眼视网膜图、声音识别、签名、DNA 等多种识别方式，具有唯一性特点。实际上是一种智能型识别门禁系统。

指纹比对是目前最易实现的智能门禁控制系统。

以指纹识别作为基础的指纹门禁机，如美国 Identix 门禁产品 FingerscanV20，使用 Identicator 公司的 ID Safe 生物测定技术，输出门锁控制信号。使用时只需在面板的键盘上或无接触式读卡器上输入你的 ID 号码，同时扫描一下你的指纹，即可控制门的开启。指纹登录为单次抓拍，典型值为 300 字节，可登录用户数近万个，其锁控输出和多路继电器输出信号可通过 RS-485、RS-232、TTLI/O、威根卡 I/O 传送，也能通过以太网或拨号调制解调器以 300 ~ 56bit/s 的速率传送。其技术规范为验证时间 1s，登记指纹一次需 0.5s，指纹特征大小 300 字节，记录容量 8000 次，波特率 300 ~ 56kbit/s，可登记用户标准是 512 个，可扩展至 32000 用户，ID 号为 1 ~ 9 位数字或读卡机输入，门控有锁控输出、Tamper Switch、3 路辅助输出、4 路辅助输入，通信方式可选 RS-485、RS-232、TTL、Wiegand，可选以太网或 Modem，读卡机输入可选威根（Wiegand）卡、HID 卡、磁卡、条码卡，电源 DC12V，重量 2 磅，尺寸 7in × 7in × 3.5in。

国产的青松 FAC-200A 指纹门禁控制器，单机使用独立工作，如图 10-21 所示，也可多台联网使用。

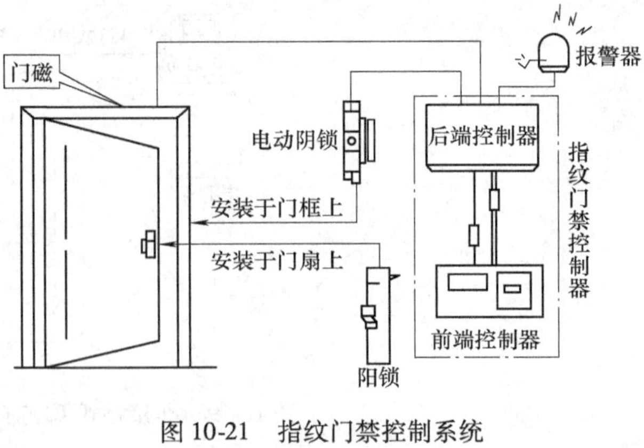

图 10-21　指纹门禁控制系统

4. 停车场门禁管理控制系统

对停车场应实现有效方便的监控与管理。对于建筑物内部，如智能建筑或智能型停车场，重点是防范车辆丢失情况，可采用认车不认人的技术方案。

对进入停车场的各种车辆进行有序管理，并对车辆出入情况进行记录，完成停车场收费管理，可采用较流行的感应式 IC 卡作为管理手段。智能化系统还具有防盗报警功能及倒车限位等功能。其控制系统图如图 10-22 所示，设备布置图如图 10-23 所示。

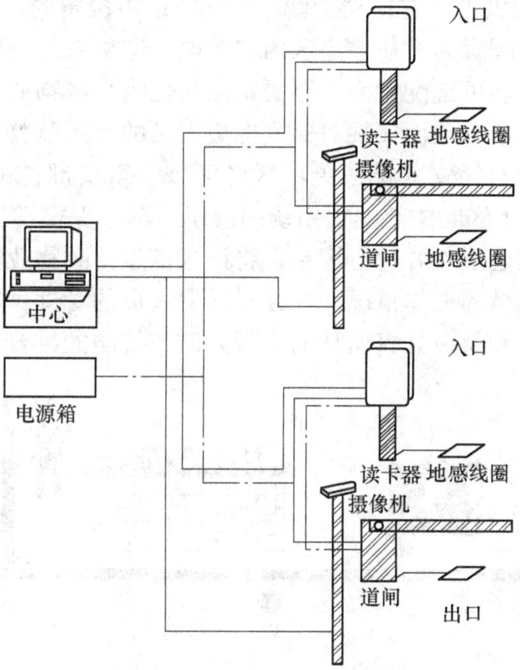

图 10-22　非接触式 IC 卡停车场管理控制系统图

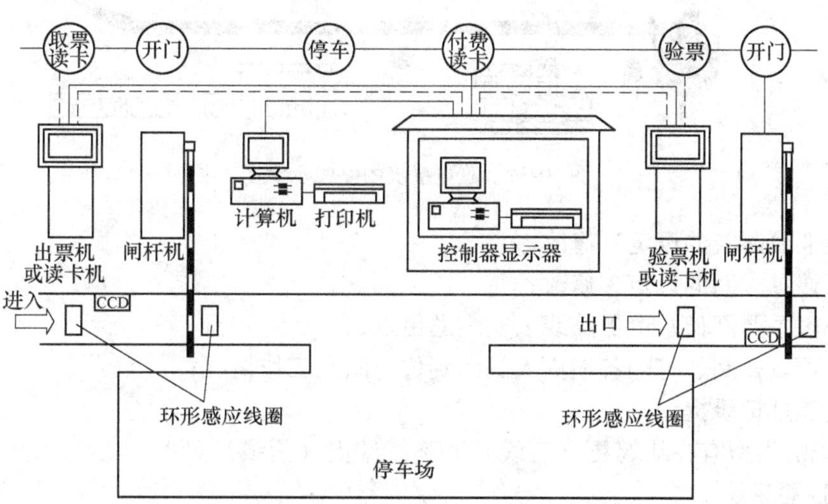

图 10-23　停车场管理系统设备布置图

10.2.6 电子巡更系统

电子巡更系统是小区保安尤其是智能小区的重要系统。为了保证小区保安人员的巡逻效果，在小区内应设置固定的巡更路线，定时巡查和管理小区各种治安情况，及时发现并有效阻止各种非安全问题的发生。随着现代科技的高速发展，大而笨拙的传统机械式及电子红外巡更设备越来越不适应现代管理的要求。因此具有小巧、美观、高可靠性优点的不锈钢封装存储芯片（信息纽扣）问世了，它推动了新一代无线巡更设备的产生。

电子巡更系统的基本配置为：住宅小区内安装电子巡更系统，保安巡更人员按设定路线进行值班巡查并予以记录。可选配置为：巡更站点与住宅小区物业管理中心联网，计算机可实时读取巡更所登录的信息，从而实现对保安巡更人员的有效监督管理。

巡更管理系统可以指定保安人员巡更小区各区域及重要部位的巡更路线，并安装巡更点。如图 10-24 所示为某小区的中心巡更系统路线示意图。保安巡更人员携带巡更记录机按照指定的路线和时间到达巡更点并进行记录，将记录信息传到物业管理中心。管理人员可以调阅、打印各保安巡更人员的工作情况，加强对保安人员的管理，如果出现问题可以及时发现，保护巡更人员的安全和及时处警，从而实现人防与技防的结合。其主要功能有

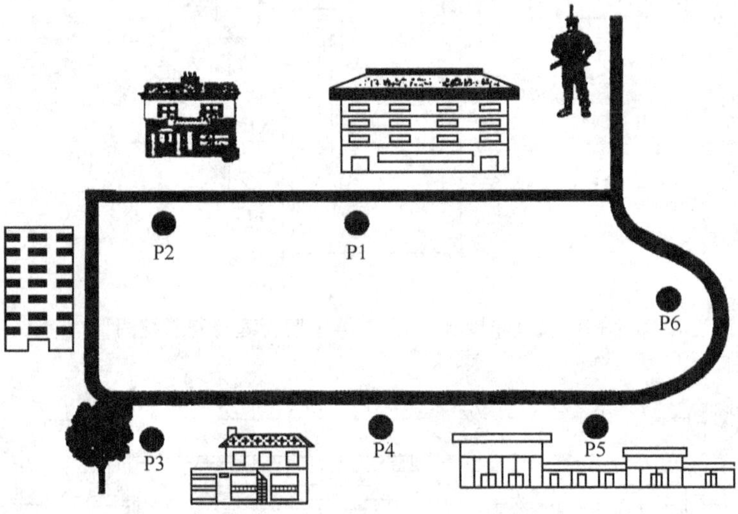

图 10-24　巡更系统的路线示意图

1）实现巡更路线的设定、修改；
2）实现巡更时间的设定、修改；
3）在小区重要部位及巡更路线上安装巡更点；
4）中心可以查阅、打印各巡更人员的到位时间及工作情况；
5）巡更违规记录提示。

巡更系统的类型有在线巡更（有线）和离线巡更（无线）两类。

1. 无线巡更系统

无线巡更系统是由信息纽扣、巡更手持记录器、下载器、计算机及其管理软件等组成。信息纽扣安装在现场，如各住宅楼的门口附近、地下车库出入口、车库里、主要道路旁等

处。巡更手持记录器由巡更人员执勤时随身携带。下载器是连接手持记录器和计算机进行信息交流的部件，设置在计算机所在房间。无线巡更系统具有安装简单、不需专用计算机、扩容方便、修改巡更点容易等特点，尤其适用于已建成的住宅小区。

2. 有线巡更系统

有线巡更系统是巡更人员在规定的巡更路线上，按指定的时间和地点向计算机管理系统发送信号以表示正常，如果在指定的时间内，信号没有发到管理计算机，或不按规定的次序出现信号，系统则认为异常。因此，巡更人员出现任何问题或危险，会很快被察觉，从而增加了小区的安全性。其典型有线巡更系统图如图 10-25 所示。

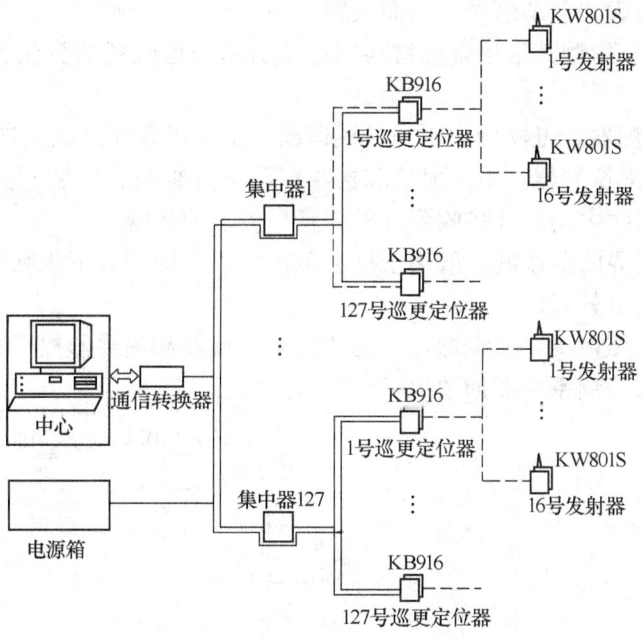

图 10-25　有线巡更系统图（在线巡更）

10.2.7　周界防范报警控制系统

周界防范报警控制系统作为小区的外围安全防线，实现当边界有非法入侵时，探测器便发出警情信息。通过中心的控制器和联动设备，启动灯光和摄像设备，让中心了解现场的情况。以对非法入侵者起到威慑作用，防止不法之徒通过小区非常出入口闯入，防范闲杂人员出入，同时防范非法人员翻越围墙或栅栏。

通常，在小区的四周围墙上设置 24h 的红外多束对射探测器，在小区的非常出入口处也设置 24h 室外红外与微波的双技术报警与监控探测器，以监视非法入侵者。一旦有非法入侵者闯入就会触发，并且处于警戒状态的探测器立即发出报警信号到保安中心。并在小区地图模拟图上显示报警点位置。同时联动现场的声光报警器（白天使用）和强光灯（夜间使用），及时威慑和阻吓不法之徒，提醒有关人员注意。做到群防群治，拒敌于小区之外，真正起到防范的作用。

小区周界防盗报警系统还可以与闭路电视监控系统联动。一旦报警，监控中心图像监视屏上立即显示与报警点相关的图像，并自动以高密度方式录像。值班保安人员可以通过控制摄像机监视报警区域的所有情况，以便及时发出报警信息。

周界防范的技术手段有

1）泄漏同轴电缆探测器。可探测电缆附近高介电常数物质或高导电性材料的运动，如人体和金属材料等。

2）光纤传感器。将光纤埋入地表下的适当位置，当入侵者踏越光纤时，光纤受到压力导致扭曲而产生微小的变形，从而使得光强分布的模式发生变化，发出报警信号。

3）地面或地下压力振动入侵探测器。可用来检测入侵者行走、跑、跳、爬行、挖地道等产生的机械冲击引起的振动信号，从而报警。

4）磁场探测器。探测其附近金属材料的运动引起当地磁场的变化，用于检测车辆或武器携带者。

5）护栏抗动探测器。可探测护栏的机械运动，主要用来检测翻越护栏或盗割护栏者。

6）主动红外对射探测器。由发射机和接收机两部分组成，安装时分别位于警戒范围的两端，当入侵者闯入时主动红外接收到红外能量损失从而报警。

振动传感式的周界防范系统一般用于社区范围较大、周围又不规则的地方。一般的周界防范系统常采用主动红外对射。

周界报警系统主要由周界报警探器、总线信号采集器和周界监控中心 3 部分组成。常用的建筑周界防越报警控制系统图如图 10-26 所示。

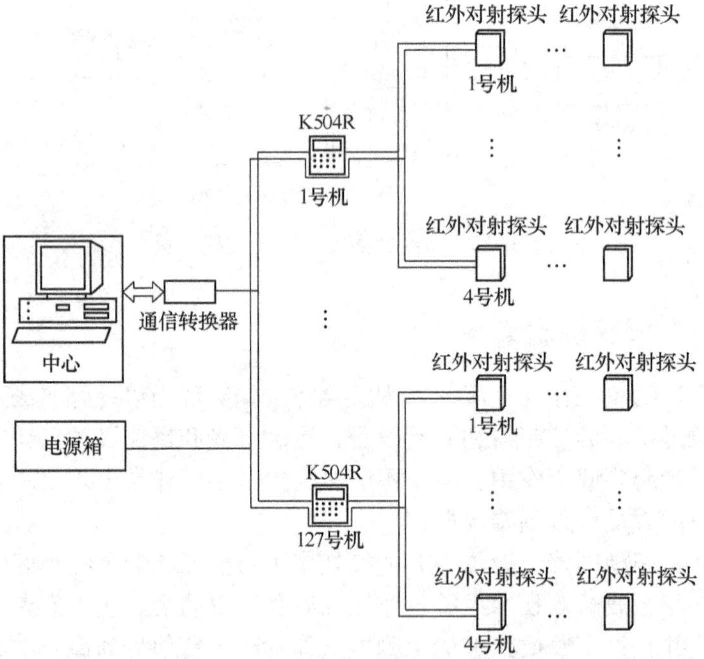

图 10-26　建筑周界防越报警控制系统图

周界报警探测器由主动式红外对射探测器组成。不但长距离瞄准精度高，而且有较高稳定性和误报率极低的特点。对室外环境变化表现出极强的适应性。

采用数字化处理技术，以电子地图、数据库记录等手段对警情作出迅速反应。并可与其他安防系统联动，达到万无一失的目的。由红外探测器组成的周界防越报警系统的探测器安装示意图如图 10-27 所示。

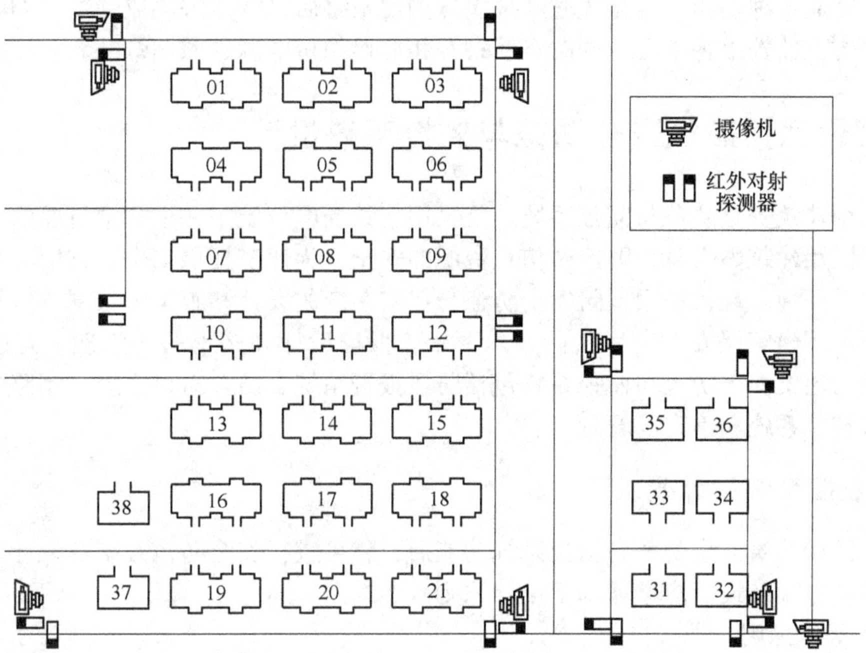

图 10-27　周界防越报警系统的探测器安装示意图

小区周边栅栏或围墙除可安装主动红外对射报警探测器，布置不可见防线。当有人非法翻越闯入防线时报警外，还可同时在周边安装全功能监控前端。包括彩色摄像机、电动可变镜头、室外全天候护罩、室外全天候全方位云台、云台支架、智能解码驱动器等。

由于 24h 全天候监视，昼夜光照差别很大，系统摄像可采用美国缔佳星光级彩色摄像机。其清晰分辨物体所要求的最低照度为 0.0001lx，清晰度高达 480 线分辨率。具有自动白平衡、逆光补偿和自动电子快门调整功能。

室外摄像机监视距离较远，远处景像（主要是人员和车辆）在监视器上呈像很小。尤其是在夜间，很不利于观察和分辨，特别是在报警后监视和录像效果不好。因此，系统室外点可采用具有十倍的变焦镜头，其焦距范围在 8～80mm 之间，可随时在控制室对其进行变焦、聚焦和光圈调整。变焦可将画面拉近推远，改变视角和成像大小；调节聚焦和光圈，可调整图像清晰度，能清晰分辨远处人员和小物体，最远观察距离可达 100mm 以上。

在室外的长年监视点，由于冬夏温差较大，风雨雪天气变化多端，为保证摄像机和镜头的正常监视工作，系统应采用室外全天候防护罩。防护罩装有加热器、风扇和测温电路，当温度低于 5℃时，自动接通加热器加热，当温度高于 40℃时，自动启动风扇散热。该防护罩还装有刮雨器，平时可用来除尘，雨天用来刮雨，以保证摄像机和可变电动镜头的正常工作温度，延长使用寿命，保证图像质量，以适应我国各地全天候天气情况。

室外云台均为全方位云台，可带动摄像机和电动可变镜头进行上、下、左、右、左上、左下、右上、右下全方位万向扫描。室外云台亦具有测温控温功能，密闭设计，以适应我国各地全天候情况。

所用解码器为智能解码驱动器，接到主控机和分控机发出的信息命令后，验明身份并回应。根据控制指令驱动相应摄像机、电动镜头、室内外云台、室外全天候防护罩、照明、报警探测器等完成各种动作。当相关联动报警探测器报警后，智能解码驱动器立即将报警信号调制编码并传至监控报警中心，同时自动打开相应摄像机电源、照明灯等。

10.3 现代民用建筑安全防范与监控系统设计

现代民用建筑安全防范与监控系统，是民用建筑弱电系统中一个非常重要的子系统，它能确保现代民用建筑内人身、财产及信息资源的安全，为建筑提供安全、方便、舒适与高效的工作和生活环境。现代民用建筑安全防盗与保安系统的设计和施工将根据具体建筑的实际情况，按照民用建筑保安防范系统的技术要求，保证设计和施工的科学性、先进性和稳定性。现代民用建筑安全防范与监控系统包括防盗报警系统、访客对讲系统、闭路电视监控系统、出入口控制系统和停车场管理等。

10.3.1 监控系统设计要求

在确立民用建筑安全防范与监控系统功能后，就可进行安全防范系统的设计。民用建筑安全防范与监控系统设计应遵循如下设计原则：

1. 功能需求原则

安全防范系统方案以满足用户的功能需求为目标，并针对业务的特点确保实用性。

2. 开放性原则

在总体规划民用建筑的安全防盗与保安系统方案时，应充分考虑政府的安全防范总体发展规划，使其成为整个社会安全防范体系的一个部分。

3. 先进性原则

在满足用户现有需求的前提下，充分考虑信息社会迅猛发展的趋势，在技术上适度超前，使所提出的方案保证能将民用建筑建成先进的、现代化的、可靠的民用建筑。

4. 集成性和可扩展性原则

充分考虑民用建筑整个安全防范系统所涉及的各个子系统的集成和信息共享，保证整个安全防范系统总体结构上的先进性和合理性，实现对各个子系统的分散控制、集中管理和监控；总体结构具有可扩展性和兼容性，可以集成不同生产厂商不同类型的先进产品，使整个安全防盗与保安系统可以随着技术的发展和进步，不断得到充实和提高。

5. 标准化和结构化原则

方案的设计参照国家和有关标准进行。根据民用建筑安全防范系统总体结构的要求，各个子系统必须结构化和标准化，并代表当今最新的技术成就。

6. 安全性、可靠性和容错性原则

整个民用建筑的安全防盗与保安系统必须具有极高的安全性、可靠性和容错性。

7. 服务性和便利性原则

适应多功能、外向型的要求，讲究便利性和舒适性，达到提高工作效率、节省人力及能源的目的。对于来自民用建筑内、外的各种类型的信息予以收集、处理、存储、传输、检索和提供决策的能力，为民用建筑的拥有及其客户提供高效、舒适、便利、安全的工作环境。

8. 经济性原则

在实现先进性、可靠性的前提下，达到功能和经济的优化设计。

9. 兼容性原则

与用户原有系统充分兼容，保护用户投资，并在结构、功能和性能上进一步扩充。

10.3.2　防盗报警监控系统设计

1. 系统功能要求

防盗报警系统的主要作用是确保周界和一些重要出入口等不受非法入侵。一旦发生非法入侵，报警系统能够快速响应，及时向保安中心或其他报警中心报警，并实时处理和记录报警事件。

2. 系统的组成

一个完整的民用建筑区域防盗报警系统由用户端报警系统和报警系统中心两部分组成。报警前端设备分为机械式和电气式两种。

（1）机械式　机械式报警是通过防范现场传感器的位置和工作状态的通断变化来触发报警电路的。

1）开关式。可以是一个微动开关，也可以是一根导线，利用其通断，即可触发报警。这种报警方式简单、实用、价格低廉。

2）磁控开关式。磁控开关由带金属触点的两个簧片封装在充有惰性气体的玻璃管和一块磁铁组成。

3）压力开关式。压力垫上有两条金属带，当入侵者踏上压力垫时，两条金属带接触，相当于开关闭合，即发出报警信号。

（2）电气式

1）玻璃破碎报警器（面型）。这种报警器一般粘附在玻璃上或玻璃附近，利用玻璃破碎时产生 2kHz 的特殊频率，感应出报警信号。

2）双鉴报警器（空间型）。由于单一式红外、微波、超声波报警器误报率较高，为了解决误报率问题，即提出混合式双鉴报警。经过多年实践，微波/被动红外双鉴式探测器的灵敏度不受环境温度影响，误报率只有 1%，可信度高，因而应用相当广泛。

3）光纤传感器（线型）。当入侵者碰触压迫光纤时，光纤中的传输模式发生变化，使光纤传感器探测出入侵信号，报警器发出报警信号。

4）其他各种单一式传感器。如周界报警器、声控制报警器、微波报警器、超声波报警器、红外线报警器等都广泛用于防盗报警系统中，只不过在设计时随使用防范的场所和部位而不同。

民用建筑区域防盗报警系统设计组成框图如图 10-28 所示。

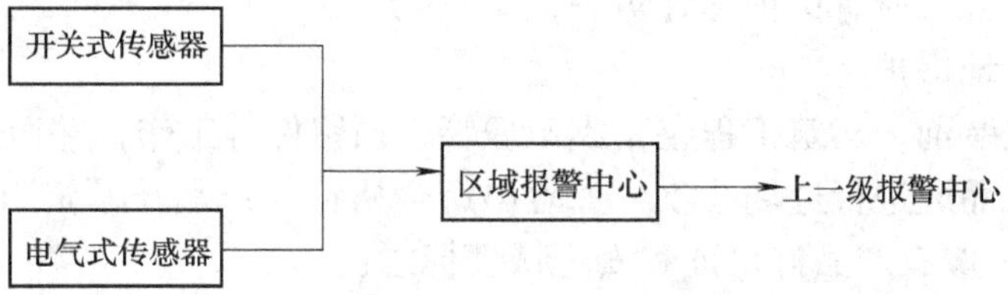

图 10-28　民用建筑区域防盗报警系统设计组成框图

3. 系统设备的基本要求

（1）住宅报警装置应符合如下标准的规定

1）GB10408.1—2000：《入侵探测器通用技术条件》；

2）GB10408.2—2000：《超声波入侵探测器》；

3）GB10408.3—1989：《微波入侵探测器》；

4）GB10408.4—2000：《主动红外入侵探测器》；

5）GB10408.5—2000：《被动红外入侵探测器》；

6）GB10408.6—2009：《超声波和被动红外复合入侵探测器》；

7）GB/T10408.8—2008：《振动入侵探测器》；

8）GB12663—2000：《防盗报警控制器通用技术条件》。

（2）民用建筑报警装置的安全性

1）装置设备应符合相关产品标准的安全性规定；

2）装置设备任何部分的机械结构应有足够的强度，并能防止由于结构不稳定、移动、突出物和锐边造成对人员的损伤；

3）报警装置应有防触电保护；

（3）民用建筑报警装置的可靠性

1）系统平均无故障工作时间（MTBF）不应小于5000h；

2）受到入侵时，应发出报警，在户内报警时间≤5s，物业管理中心接到报警时间≤10s；

3）可根据需要显示报警和故障信号，区域报警中心应以声光显示报警及故障状态。

（4）住宅报警装置的环境适应性

1）报警装置所使用的设备应符合GB/T15211—1994《报警系统环境试验》的要求；

2）安装在室内环境中的报警装置的工作温度为-5~55℃，相对湿度小于90%，安装在室外环境的报警装置的工作温度为-5~55℃，相对湿度小于100%；

3）报警装置应根据环境的电磁波及声、振动等干扰源的测量情况，选用符合要求的设备；

4）报警装置的电磁兼容性应符合GA/T368—2001《入侵报警系统技术要求》的要求；

5）报警装置的电源装置应符合GB/T15408—2011《安全防范系统供电技术要求》的规定；

6）传感器与控制器的连接电缆，要求传输线路应采用耐压不低于250V的铜芯绝缘多股电线。每芯截面积不应小于0.3mm^2。

4. 系统设备安装要求

1）报警装置不应装在入侵时易于拆卸的位置；

2）信号线及电源线应有保护套管防护；

3）系统应做接地保护；

4）报警装置安装前，建筑工程应完成预埋管、预留件等工作，并通过验收合格；

5）各类设备产品应进行进场验收，查验出厂合格证、产品技术资料，对于实行许可证和安全认证的产品，应有产品许可证和安全认证标志；

6）外观检查应有铭牌，附件齐全，电气接线端子完好，表面无缺损，涂层完整。

5. 系统检测

1）按 GB10408. 1—2000 入侵探测器系列标准化的有关要求，检查调试系统探测器的安装位置、探测范围、灵敏度、报警状态后的恢复时间、防拆保护等功能与指标；

2）按 GB12663—2001《防盗报警控制器通用技术条件》要求检查报警装置的本地、异地报警，防破坏报警，布撤防，自检及显示功能；

3）检查紧急装置报警的响应时间；

4）系统联动功能检测应符合设计要求。

10. 3. 3　访客对讲系统设计

1. 系统功能

在楼道入口处安装门口机及防盗门电控锁，住户可通过室内机开启楼道入口防盗门。选用联网型，在居住区主要出入口安装管理员机，实现联网控制。

2. 系统构成

系统分直通型和联网型两类，设计时可按图 10-29 和图 10-30 所示结构进行设计。室内机分为可视对讲与不可视对讲两类，可视对讲分为彩色与黑白显示两类。联网型的管理员机也分为可视、不可视对讲两类，可视又分为彩色与黑白显示两类。

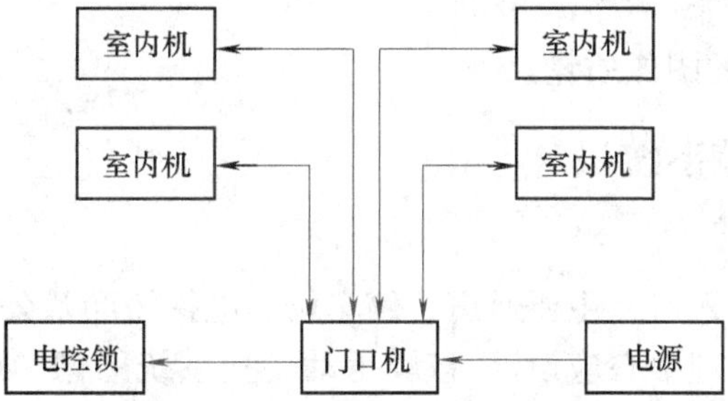

图 10-29　直通型对讲装置设计组成框图

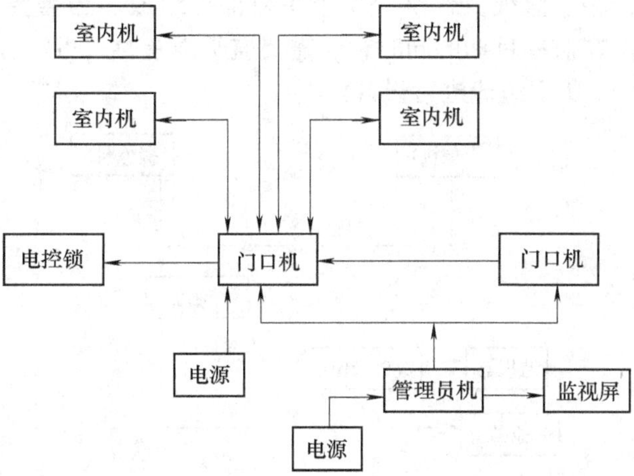

图 10-30　联网型对讲装置设计组成框图

3. 系统设备的基本要求

（1）系统设备应符合如下标准及规范的规定

1）GB12663—2001《防盗报警控制器通用技术条件》；

2）GA/T72—2005《楼宇对讲电控防盗门通用技术条件》。

（2）系统设备的安全性　门口机应具有防水、防尘、防振、防拆等功能。

（3）系统设备的可靠性　系统应有可靠的供电电源，在市电断电后，备用电源要保证系统正常工作 8h 以下。不受时间、环境的影响，接到信号应立即动作。系统平均无故障工作时间应不低于 1000h。

（4）系统输出信号应满足以下要求　语音图像清晰，电控锁的控制可靠、稳定。

（5）系统设备间的连接电缆　控制信号传输线路应采用耐压不低于 250V 的铜芯绝缘线，截面积≥0. 5mm^2。门口机与电控锁之间的连线采用耐压不低于 500V 的铜芯绝缘线导线或铜芯电缆，截面积≥0. 75mm^2。视频传输应采用视频同轴电缆，并满足相关要求。

4. 系统设备安装要求

电控锁应装在不易拆卸、并有足够强度的位置。信号线及电源线应有保护套管防护。

5. 系统检测

1）按国家标准 GA/T72—2005《楼宇对讲电控防盗门通用技术条件》，检查系统的选呼、通话、电控开锁等功能；

2）查可视访客系统的图像质量。

10. 3. 4　闭路电视监控系统设计

1. 系统功能设计

在居住小区的主要出入口、主要通道、停车场、电梯轿厢及公建的重要部位应设计安装摄像机进行监控。物业管理中心应设计自动/手动切换系统图像，对摄像机云台及镜头进行控制，并对重要部位进行长时间录像。在需要时，系统可与周界防越等保安系统联动。

2. 系统构成设计

系统由摄像机、传输、监视及控制等 4 个主要部分组成。当需要记录监视目标的图像时，应设置录像装置。在监视目标的同时，当需要监听声音时，可配置声音传输监听和记录系统。系统可按图 10-31 所示组成进行设计。

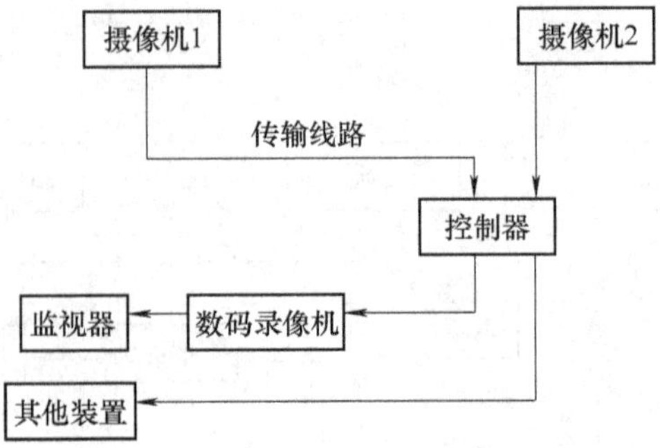

图 10-31　闭路电视监控系统设计组成

3. 系统设备基本要求

系统设备应符合如下标准的规定：

1）GB50198—1994《民用闭路监视电视系统工程技术规范》。

2）GB15207—1994《视频入侵报警器》。

3）GB/T16677—1996《报警图像信号有线传输装置》。

4. 系统设备安装要求

系统设备的安装要求应符合：GB50198《民用闭路监视电视系统工程技术规范》3.1～3.5 的规定。

5. 系统检测

系统的工程验收应遵照 GB50198—1994《民用闭路监视电视系统工程技术规范》4.1～4.5 的要求进行。

10.3.5　出入口控制系统设计

出入口控制系统也叫门禁管理系统，由计算机、门禁考勤软件、智能控制器、读卡器、电子门锁、传感器和感应识别卡等组成，系统可按图 10-32 所示组成进行设计。

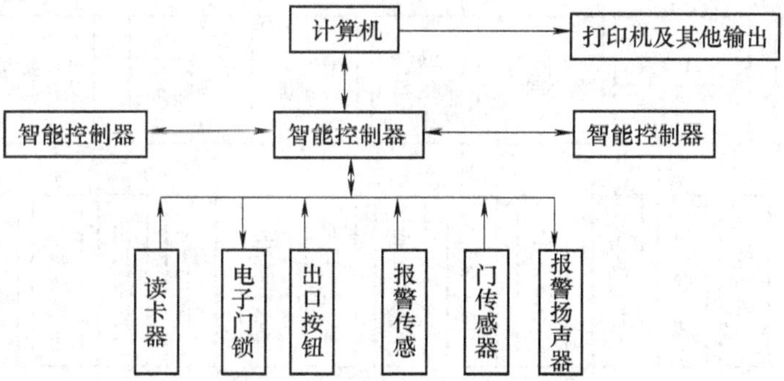

图 10-32　出入口控制系统设计组成

门禁管理系统在民用建筑内主要管理区域的出入口、电梯厅、计算机控制中心、贵重物品保管室、金库等场所通道口的门磁开关、电子门锁或读卡机等控制装置，由中心控制室监控。系统采用计算机多重任务和处理，能够对各通道口的位置、通行对象及通行时间等进行实时控制。门禁管理系统一般由以下部分组成：

（1）门禁控制器　该系统的控制器外形精美且易于安装，其内部具有微处理器，可通过通信转换器与计算机联网运行，在计算机上实时记录、显示门禁信息，主机也可单独运行，单独运行时功能不受影响。控制器采用 RS-485 或 TCP/IP 通信方式，到系统中心时采用 TCP/IP 方式直接进入局域网。

（2）读卡器　直接连接在控制器上，用来读取信息。当持卡人读卡后，读卡器就会向现场控制器传送读卡器号码，由现场控制器进行身份识别，如果该读卡有效，现场控制器通过接口输出信号，同时在门禁系统中心记录该卡开门人资料，以及进入区域、刷卡的时间等。

（3）感应卡　内存有持卡人的有关信息，在门禁系统中只有持卡人刷卡才有效。感应卡与读卡器的感应距离最远为 15cm。

（4）其他设备 PC、门禁考勤软件、电子门锁、门磁和按钮等都是门禁系统中不可缺少的，选型时主要考虑的是耐用、美观、方便、经济。

10.3.6 停车场管理系统设计

停车场管理系统是现代停车场车辆收费及设备自动化管理的统称，是将车辆完全置于计算机管理下的高科技机电一体化产品。

该停车场管理系统由车辆自动识别子系统、收费系统、监控系统等组成。通常设备有 PC、自动识别装置、临时车票发放及检验装置、挡车器、车辆探测器、摄像机、卡发行器、车位提示牌等，其系统的设计结构框图如图 10-33 所示。

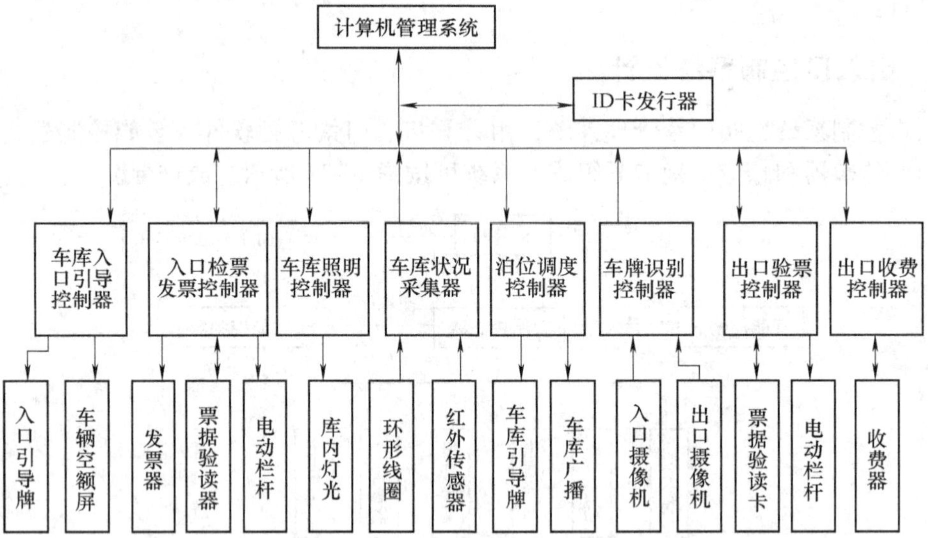

图 10-33 停车场管理系统的设计结构框图

（1）中心控制计算机 它是停车场管理系统的控制中枢，负责整个系统的协调与管理，可独立工作，构成停车场管理系统，也可以与其他计算机联网。

（2）车辆的自动控制识别装置 它是停车场管理系统的核心技术。主要采用远距离感应 ID 卡。具备保密性好、难以伪造等优点。同时还省去了刷卡的过程，提高了识别速度。识别距离为 2～4m，读写时间≤1s。

（3）临时车票发放及检验装置 该装置放在停车场出入口处。对临时停放的车辆自动发放临时车票。

（4）挡车器 安装在停车场的出入口处。受系统的控制升起或落下。对合法的车辆放行，阻止非法车辆进出停车场。

（5）车辆探测器和车位提示牌 它设在出入口。对进出停车场的车辆进行统计。并将进出车辆的数据传给中心控制计算机，通过车位提示牌显示停车场中车位状况。

（6）摄像机 它设置在停车场的进出口处。将进入车场的车辆输入计算机，并能配合验车装置检查核对，以避免车辆的丢失。

（7）ID 卡发行器 对于固定用户的车辆，按各自的情况将信息记录于 ID 卡。所有固定车辆进出停车场出入口时，将会显示相应的车辆信息。ID 卡信息的记录由 ID 卡发卡器完成。

10.4　现代民用建筑智能安防与监控系统设计

10.4.1　智能安防与监控系统的特点

随着现代科技的发展，特别是现代电子信息技术的迅猛发展，人们越来越不满足以往的非“智能性”的保安系统，而追求更具诱惑力、先进性、智能化的保安系统。所谓智能保安系统，就是将保安系统探测到的信息，汇接到计算机中心进行处理，以识别各类重要信息并做出判断，由判断结果进行自动跟踪或进行自动调度。

智能保安系统的主要任务是根据不同的防范类型和防护风险需要，为保障人身与财产的安全，运用计算机通信、电视监控及报警系统等技术形成综合的安全防范体系，被誉为建筑物的眼和耳。它包括建筑物周界的防护报警及巡更、建筑物内及周边的电视监控、建筑物范围内人员及车辆出入的门禁管理 3 大部分，以及集成这些系统的上位管理软件，组成设计框图，如图 10-34 所示。智能安防与监控系统突出的特点是具有智能性。

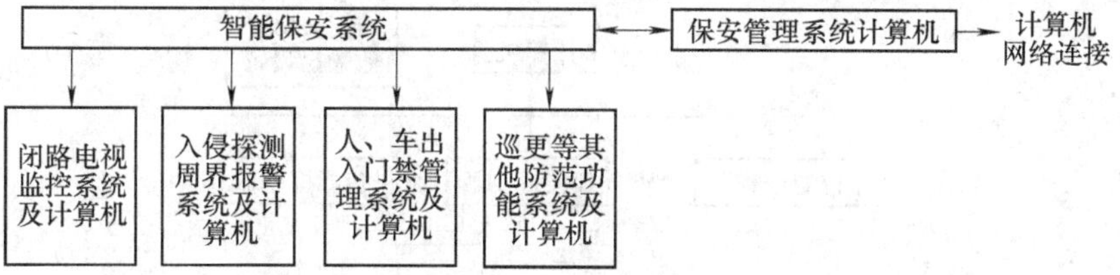

图 10-34　智能安防与监控系统组成设计框图

1. 智能识别

在许多场合需要计算机识别各种图形、文字和符号。比如在贵重物品仓库或金库等重要部门，只允许少数人进出，这时可采用指纹或眼底视网膜图像识别设备来控制出入。将允许出入人员的指纹信息存储在计算机中，当某人到来时，将其指纹输入，输入的指纹图像与存储的图像按一定规则进行比较，两者相符合的才允许通过。指纹法与视网膜图像法均可通过计算机图像处理技术来实现。

2. 智能判断

智能安防与监控系统的计算机对许多事件的分立数据进行逻辑推理，得出正确的判断，从而进行适当的处理，这就是智能判断。计算机所采用的推理判断方法很多，复杂的可以用人工神经元网络来处理，简单的可以用差分表达式来判断。

3. 智能跟踪

智能建筑内，报警探测器和监视用的摄像机分布可以综合在一起。一旦某一个区域发生报警，计算机将把图像切换到此区域的摄像机上，随着目标的移动，图像将跟踪到其所有的区域，这就是智能跟踪。

4. 智能调度

智能调度是指出现情况后，如何合理地调度保安设备和力量，来应对突发事件。例如，巡更系统出现异常，在指定的时间没有信号发回或不按规定的次序出现信号，智能保安系统会自动采取一系列措施。如这些区域的摄像机会自动对准事件地点并进行录像；对这些地点的探测设备进行自动检查；计算机屏幕上提示出处理方案供值班人员考虑等。

10.4.2　智能安防监控系统的结构设计

智能安防与监控系统主要设计内容由出入口控制系统、防盗报警系统、闭路电视监视系统等 3 部分组成。3 个系统的基本设计结构如下。

1. 智能出入口控制系统及设计

出入口控制系统也叫门禁管理系统。智能出入口（门禁）管理系统的基本设计结构框图如图 10-35 所示。它由 3 个层次（计算机、智能控制器、最低层次设备）的设备组成。最低层次的设备有读卡机或人体特征智能识别、电子门锁、出口按钮、报警传感器和报警扬声器等。最低层次的设备用于直接与出入人员打交道，接受出入人员输入的信息，再转换成电信号送到智能控制器中。智能控制器接收低层设备发来的有关人员信息与已存储的信息相比较做出判断，然后发出处理信息。最低层设备中的门传感器根据来自控制器的信号，完成开锁、闭锁等工作。门禁系统由多个智能控制器通过通信网络与计算机相连组成整个建筑的门禁系统。

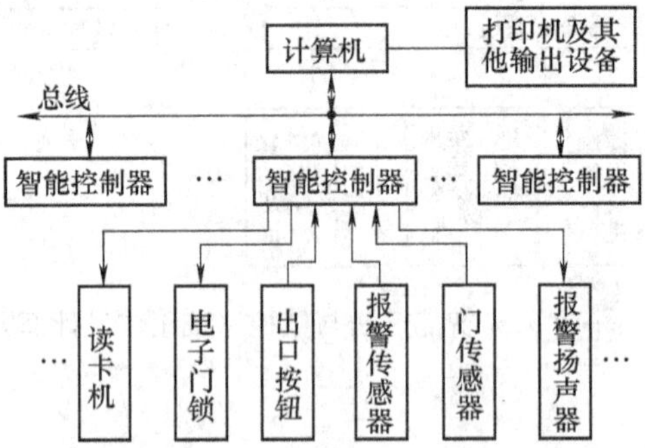

图 10-35　智能出入口（门禁）管理系统的基本设计结构框图

2. 智能防盗报警系统及设计

智能防盗报警系统主要完成建筑内外各个点、线、面和区域的侦察任务，并报警。一般由探测器、区域控制器和报警控制中心 3 个部分组成。同出入口控制系统一样，它也分为 3 个层次。其系统设计结构框图如图 10-36 所示。区域智能报警系统设计结构框图如图 10-37 所示。最低层次的设备是探测和执行设备，它们对非法入侵人员进行探测，发现异常情况立即发出声光报警，同时向控制中心传送自己所管辖区域内的报警情况；最高层次为报警控制中心，它可以与保安系统的管理计算机相连。一个区域的报警控制器和一些探测器、声光报警设备等组成一个简单的报警系统。报警控制器一般具有布防与撤防、布防后的延时、防破坏微机联网等功能。

3. 智能化闭路电视监控系统及设计

智能电视监控系统的组成设计按功能分主要由摄像、图像智能识别、传输、控制、显示与记录几部分组成。各个部分之间的设计关系如图 10-38 所示。摄像部分安装在现场，由摄像机、镜头、防护罩、支架和电动云台等组成，它的任务是对被监视区域进行摄像并将其转

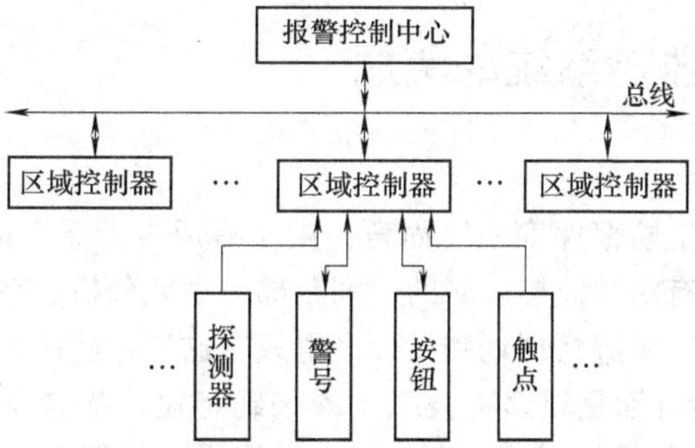

图 10-36　智能防盗报警系统的设计结构框图

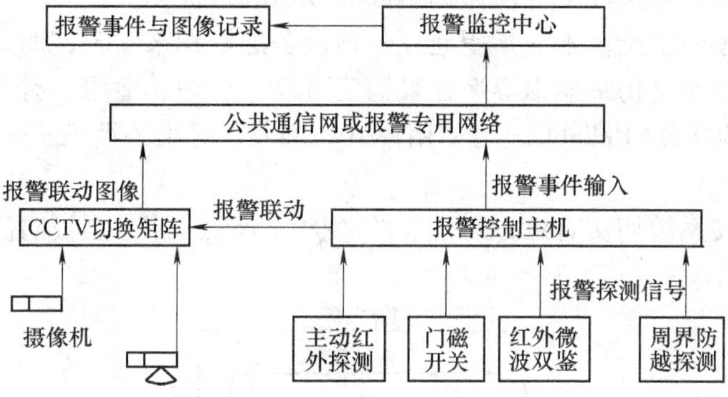

图 10-37　区域智能报警系统设计结构框图

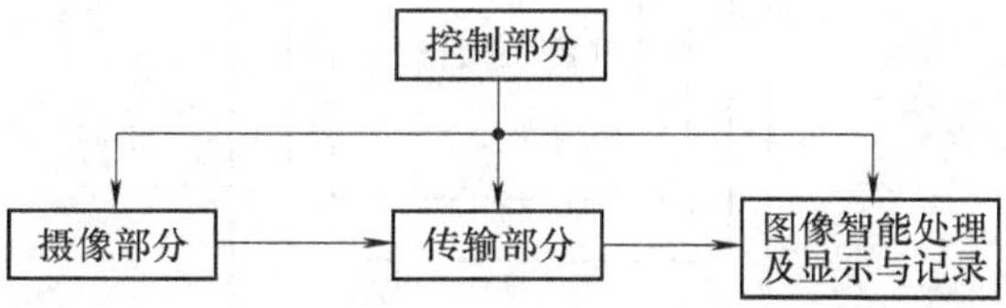

图 10-38　智能化闭路电视监控系统设计关系

换成电信号。传输部分一般由电缆、调制与解调设备、线路驱动设备等组成，它的任务是把现场摄像机发出和电信号传来的电信号转换成图像在监视设备上显示，并用录像机录下保存。控制部分则负责所有设备的控制与图像信号的处理，并与保安系统的计算机相接。主要包括：电源控制（包括摄像机、灯光、其他设备的电源控制）、云台控制（包括摄像机的电动云台的上、下、左、右和自动控制）、镜头控制、切换控制、录像控制、防护罩控制（包括雨刷、除霜、风扇、加热控制）。

智能化闭路电视监控系统的具体监视方式应根据具体需要按照前述的单头—单尾、多头—单尾、单头—多尾等几种监视形式来确定采用哪一种。

以上所介绍的 3 个监控系统的最终设计，都可按图 10-34 所示的系统连接形式进行设计，并与保安系统的管理计算机连接，形成完整的保安系统。同时还可与系统的计算机网络连接，协调控制和信息通信，从而实现集中控制，以及对整个建筑的最佳控制。

10.5 智能安防与监控系统的集成

1. 集成原则

对于大型和复杂的智能防范保安系统而言，由于有成百上千台的摄像机、报警探测装置、门禁控制设备等硬件，还有对被监控区域的规划布局、盲区分析、系统集成等众多的软件，因此有必要以系统工程的方法来进行规划和设计，也只有这样才能达到较为理想的最终效果。

安全防范系统追求的目标是以多种技术手段来确定建筑本身及运行的安全，尽量减少监控的死角和探测的盲区。它所受到的约束条件包括拟投入的资金大小、允许的建设周期、系统运行和管理人员的素质及文化业务水平、对系统的维护及支援响应能力等。系统工程拟订的方案就是在此众多约束条件下寻求目标函数的极值和最优化。

要确保监控对象的安全，不能指望通过各种设备的堆积来实现，而是在通过对系统的调查分析、比较测算甚至是仿真模拟等途径来构建可靠、合理、适用、有可扩展的系统，此即系统设计的 RAS（可靠性 Reliable、可使用性 Available、可维护性 Serviceable）三原则。

2. 集成方法

为了使智能保安系统切实有效，对重要的防护目标宜采用分层设防的措施，由外到里防护，如图 10-39 所示。

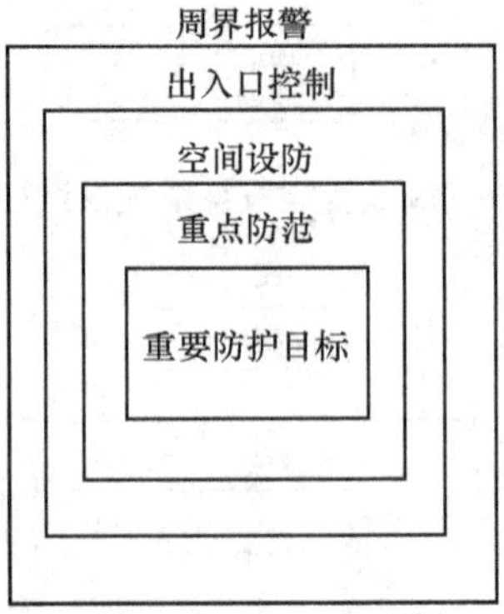

图 10-39 智能保安系统分层设防

第一层为周界报警，是在围墙或栅栏上加装“电子篱笆”，一旦有人非法穿越或破坏时实时发出报警信号。

第二层为出入口控制，在建筑物大门等人员可以出入的场所加装可受控制的锁具或出入装置，对易被击碎的窗户玻璃可装玻璃破碎报警探测器。

第三层为“空间设防”，在楼内布置各种能够探测人体移动的传感器，例如红外、微波或超声探头。为减少误报可采用双鉴探测器，最好采用摄像机的视频移动探测功能。电视监控系统 CCTV 可作为报警的复核手段和报警事件的记录装置使用。

第四层为“重点防范”，可采用特殊的智能识别技术，如卡复合密码方式或生物特征识别等监控技术，来确保大楼重点场所和房间的绝对安全。

3. 集成方式

除防盗报警控制器、门禁控制器以及停车场工作站外，CCTV 部分可采用以模拟视频切换器为主的模拟方式和以硬盘录像机组成的数字方式进行集成。其集成方式如图 10-40 所示。

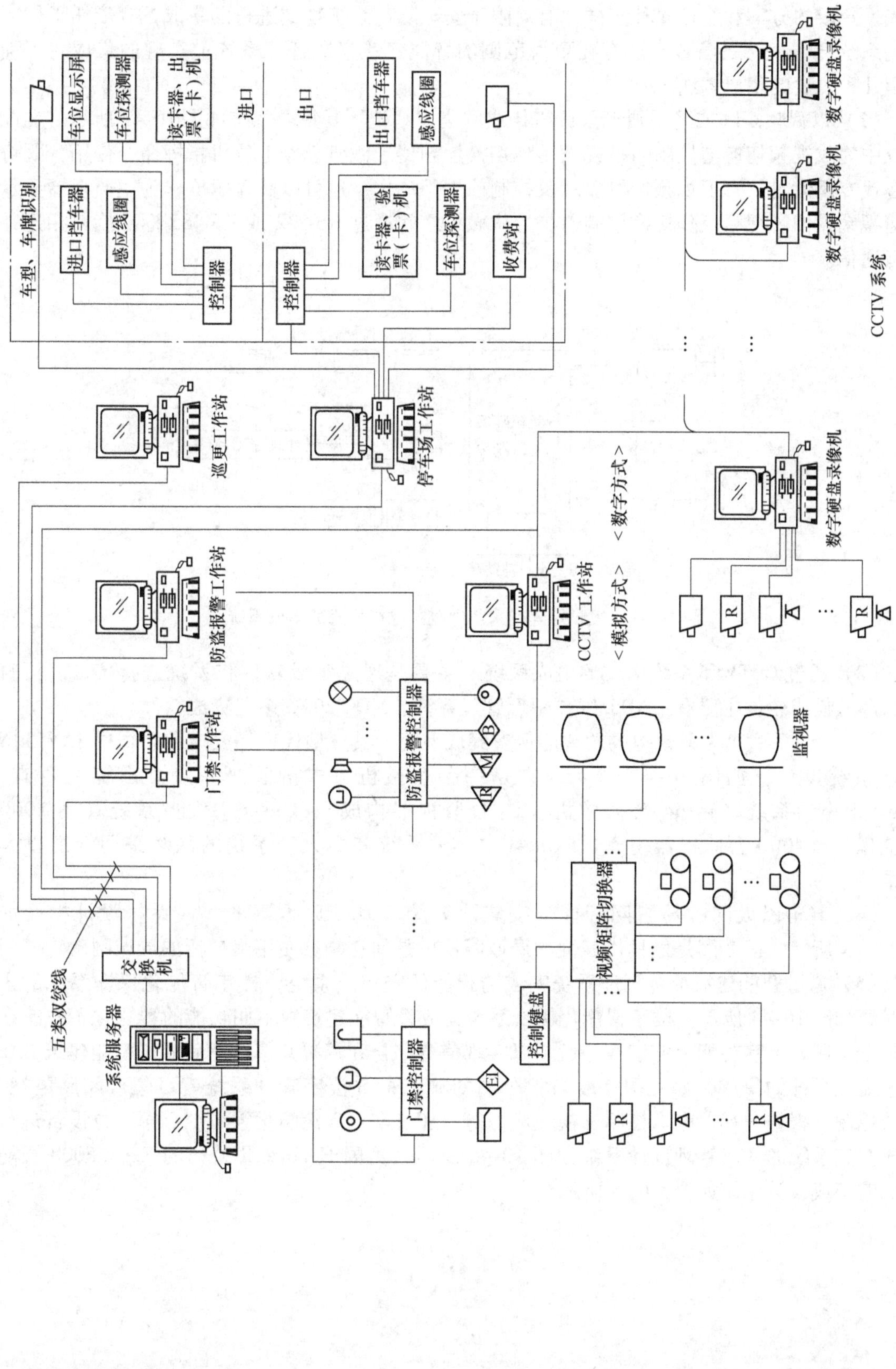

图 10-40　智能保安系统集成方式

4. 智能安防与监控系统的软硬件综合集成

最终要形成完整的智能保安系统，应将各子系统进行集成，必须从软硬件角度进行综合集成。集成的方案和途径多种多样，有局限于安全防范系统领域进行的集成，有依托于楼宇控制系统 BAS 完成的集成，还有在更大范围的智能建筑集成管理系统上实现的集成。下面介绍几种主要的集成方法。

（1）以视频矩阵或采用硬盘录像机构成的集成系统　其集成系统如图 10-41 所示。在此系统中完成视频切换与控制的是视频矩阵切换控制器。微机起着上位机指挥命令作用，既可以替代专用键盘，实现视频切换显示及控制前端等动作，也可以其显示屏作为主监视器显示任何视频图像。视频矩阵切换控制器与上位微机之间通过 RS-232 或 RS-485 标准接口相连并进行通信。

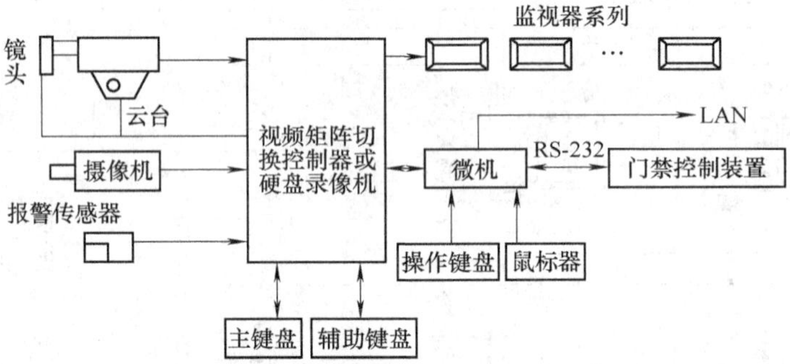

图 10-41　视频矩阵或采用硬盘录像机构成的集成系统

（2）通过 CCTV 子系统构成的集成系统　主要是通过集成软件将系统进行集成。可直接采用的集成软件主要有：AD5500C 图形管理系统、NTK2200C 系列集成软件。

（3）以 PC 微机为平台构成的智能保安集成系统　其典型代表如安定保公司的 JAVELIN 管理系统设计。如图 10-42 所示，它是一种全微机方式的管理系统。系统主要有：Quest 中小型系统（由 64 台摄像机 ×16 台监视器构成）；Quest 中大型系统（由 1000 台摄像机 ×1000 台监视器构成）。Quest 中小型系统和中大型系统的网络采用标准以太网结构。

（4）基于以太网的局域网智能保安集成系统　基于以太网的集成系统设计框图如图 10-43 所示。以太网是最具代表性的局域网，也是信息领域使用最广泛的局域网。

（5）通过智能建筑综合管理系统完成的智能保安集成系统　楼宇智能化保安系统的集成对象如图 10-44 所示。楼宇智能化保安系统集成将智能建筑内不同功能的智能化子系统在物理上、逻辑上和功能上连接在一起，以实现信息综合和资源共享。然后通过智能建筑 BAS 系统完成系统的集成。如美国江森自控公司的 METAYS 楼宇管理系统就可集成闭路电视、门禁控制、报警监视、电梯控制、视频成像等，还可与自动消防报警系统等第三方设备进行集成。其系统的集成管理设计系统如图 10-45 所示，美国 Honeywell 公司的 Excel 5000 智能化保安集成设计系统如图 10-46 所示。

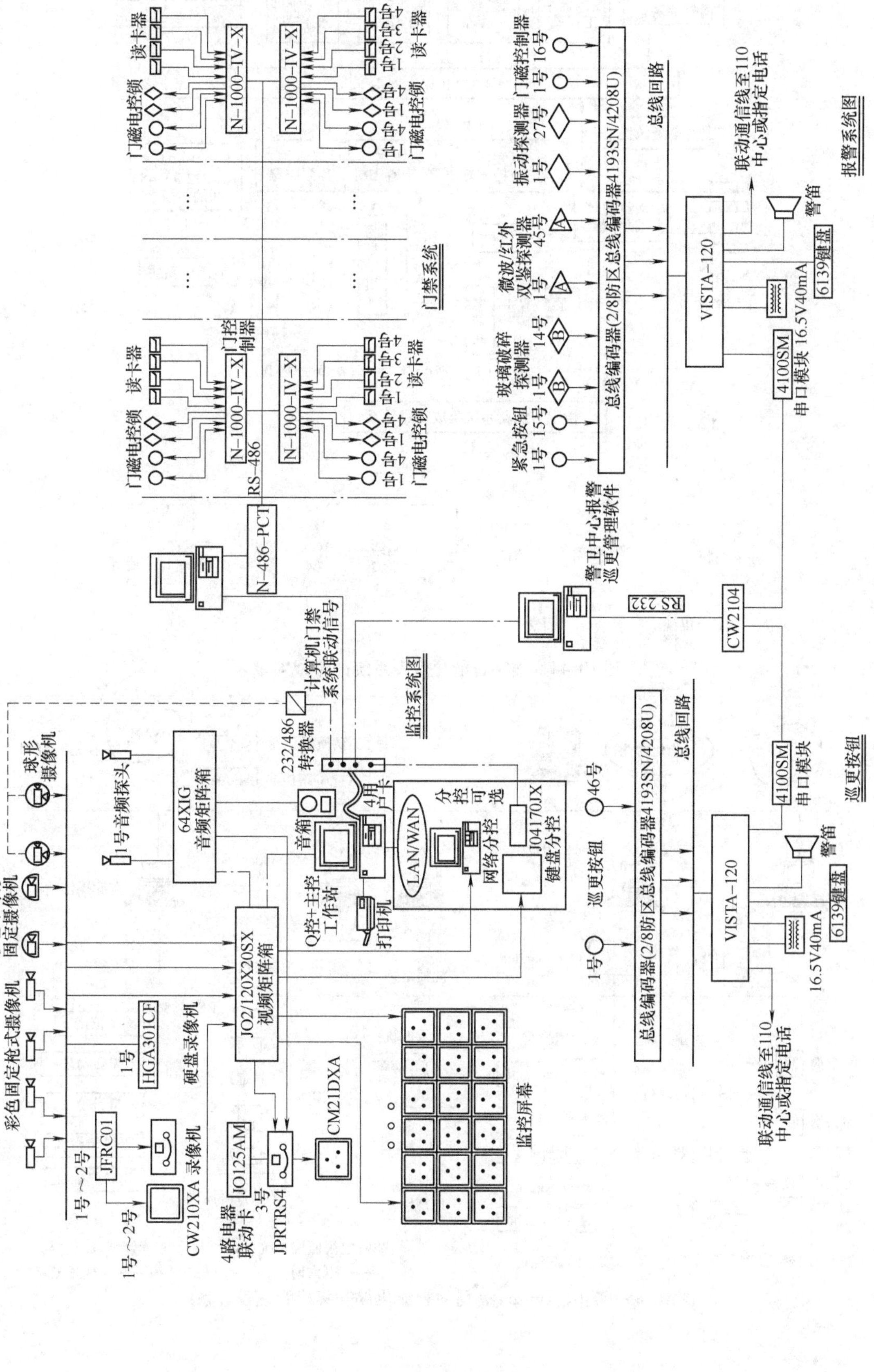

图 10-42 JAVELIN 集成系统设计框图

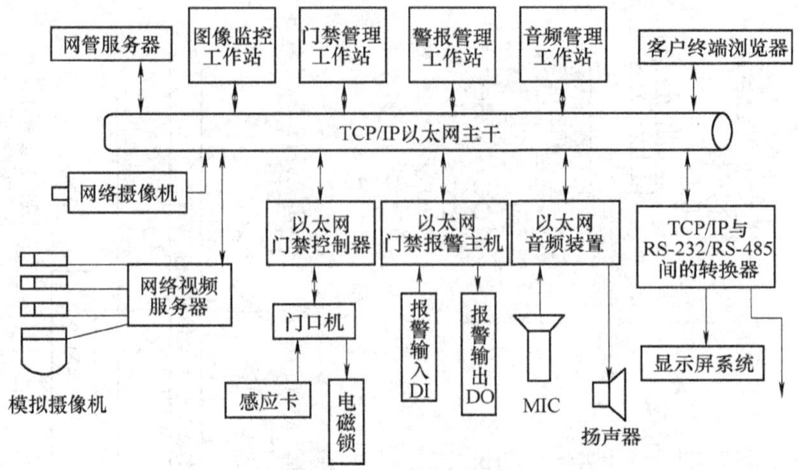

图10-43　基于以太网的集成系统设计框图

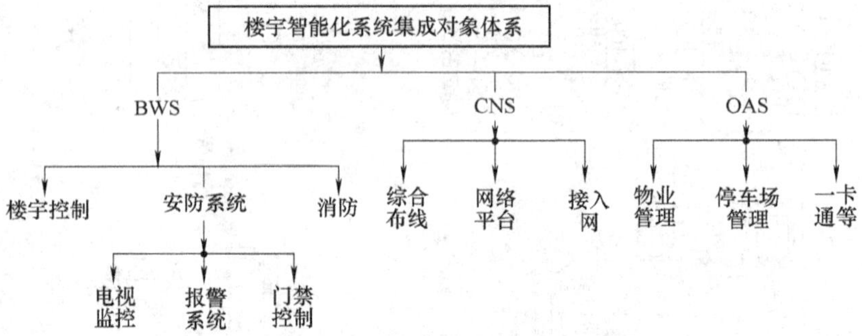

图 10-44　楼宇智能化保安系统的集成对象

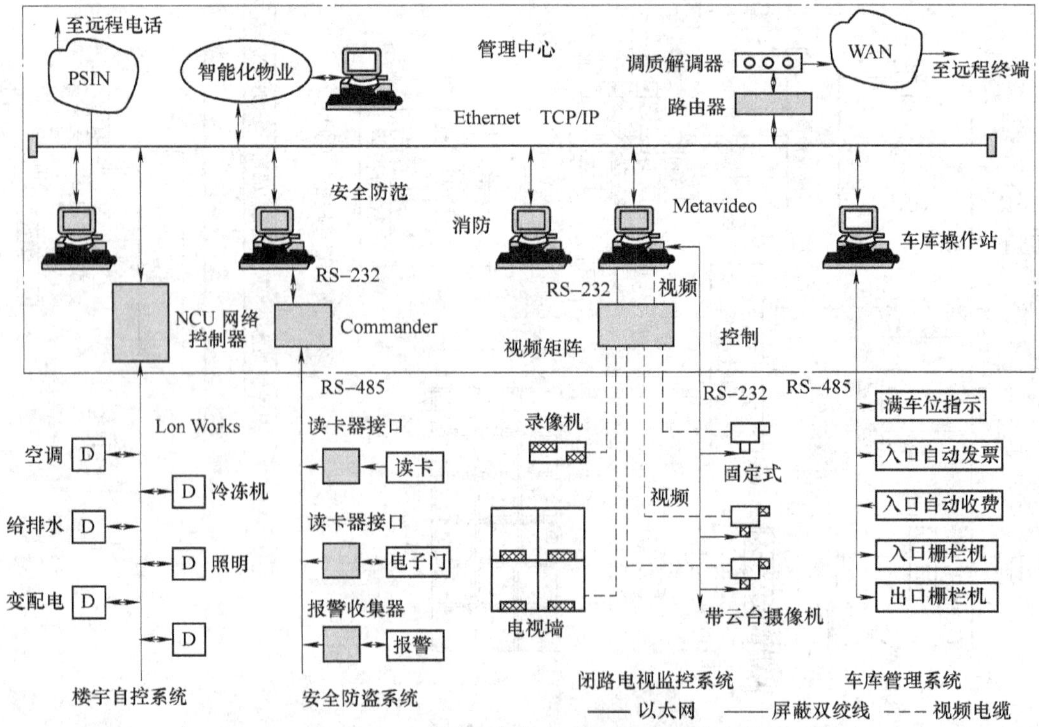

图 10-45　美国 Johnson 公司的智能化保安集成管理设计系统

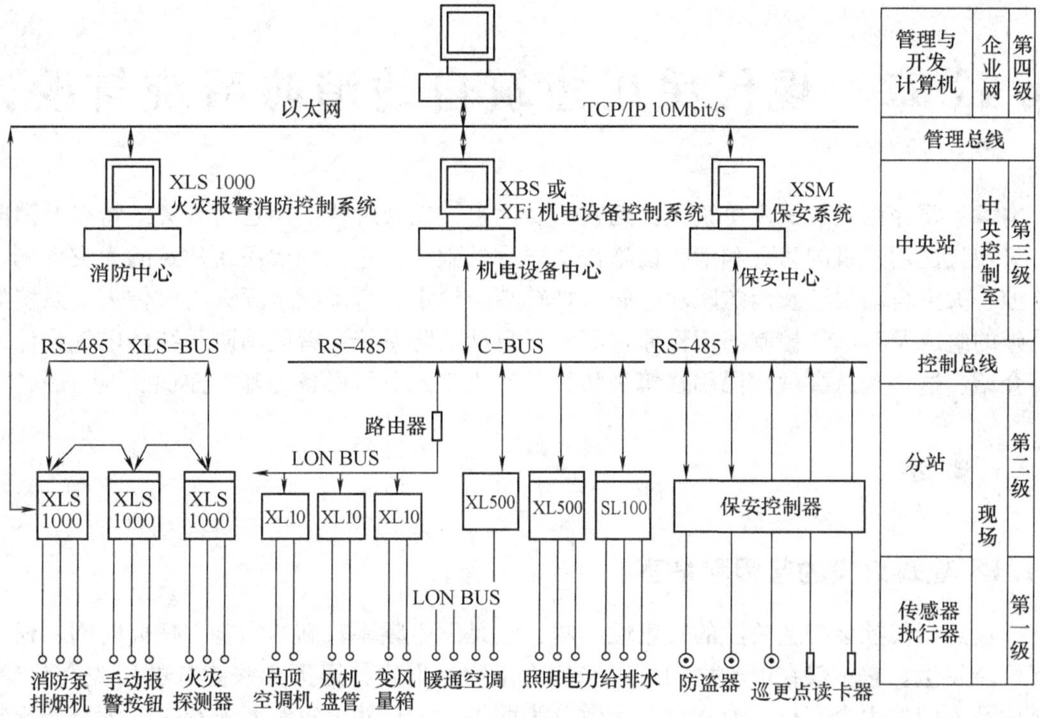

图 10-46　美国 Honeywell 公司的 Excel 5000 智能化保安集成设计系统

思考题与习题

10-1　现代民用建筑常用入侵探测器有哪些？各自的特点是什么？

10-2　什么叫传感器式安全防范与监控系统？系统主要由哪些部分组成？简述其工作原理。

10-3　什么叫门禁系统？系统主要由哪些部分组成？简述其工作原理。

10-4　闭路电视监控系统主要由哪些部分组成？简述其工作原理。

10-5　什么叫访客对讲保安系统？系统主要有哪些类型？各类型系统主要由哪些部分组成？简述其工作原理。

10-6　出入口门禁控制系统主要有哪些类型？各类型出入口门禁控制系统主要由哪些部分组成？简述其工作原理。

10-7　什么叫智能保安系统？系统主要由哪些部分组成？简述其工作原理和系统集成方法。

10-8　请针对你所在学校的大小，设计一个出入口门禁控制系统，设计图纸包含设备布置图和系统图。

第 11 章 现代民用建筑自动消防系统与设计

本章主要介绍现代民用建筑火灾的起因及危害，以及现代民用建筑火灾的特点及消防设施。对现代民用建筑的防火和消防设施作了详尽的叙述，包括现代民用建筑的火灾探测、消防监控、火灾自动报警及消防联动、防排烟、消防给水、自动喷水灭火与气体灭火系统等消防设施的组成及其电气控制的工作原理等。对自动消防系统和智能消防系统的电气设计做了简要介绍。这些是从事现代民用建筑消防设计、施工人员所必备的基本知识。

11.1 概述

11.1.1 建筑火灾的起因和危害

火灾是当代社会普遍关注的灾难性问题，它是发生频率较高的灾害。任何时间、任何地区都可能发生。它不仅在顷刻之间可以烧掉大量物质财富，毁灭无法弥补的历史文化珍宝，甚至危及人们的生命安全。通常火灾大致分为两类：大自然火灾和建筑火灾。大自然火灾是指发生在森林、草原等自然环境中的火灾。它的起因，一种是由于自然界的物理和化学现象，如雷击或由于堆积物长期的化学变化而引起的自燃；另一种是由人类自身行为不慎而引起的人为火灾。建筑火灾是我们常见的发生在建筑物中的火灾，它对人类生命、财产安全构成直接威胁。随着社会的发展，建筑物及应用材料的多样化，各类工业和科学技术的发展，易燃材料增多，加之人们生活环境和生活方式的变革，火灾的危险性日益增加，火灾次数、火灾造成的人员伤亡和经济损失逐渐增多。尤其是近几年来，高层建筑大量增加，一旦发生火灾，灭火的难度更大。疏散人员、抢救物资、通信联络等，都更为复杂。地下商场、地下仓库等地下建筑物的兴建和采用，对消防工作都有其特殊的要求，这些问题都需进一步研究和探讨。总而言之，未来的火灾将更加复杂，灭火工作的困难程度也会大大增加，对此，我们应有足够的认识。

1. 建筑火灾的起因

根据调查与分析，建筑火灾绝大多数是由于人们疏忽不慎，或管理不善，或无知而造成的，也有极少数是人为纵火。在建筑火灾中，居住建筑火灾是最主要的。据国外统计，居住建筑中各部分火灾的比例为：厨房25%，居室10%，客厅10%，贮藏室15%，垃圾道12%，走廊8%，烟道5%，其他火灾15%。在死于火灾的人员当中，居住建筑中死亡人数占85%之多。由于火灾的毁灭性和经常性，西方各国对火灾的防治都很重视，在较为重要的公共建筑设计中，用于消防设施的费用占建筑总投资的30%左右。我国每年火灾发生率和造成的直接经济损失虽然低于发达国家，但其绝对数仍然惊人。1988～2008年的十多年间，全国共发生火灾达数万起，直接经济损失上百亿元人民币。随着社会的发展，建筑群和高层建筑的增多，火灾造成的损失将更为严重。因此，研究火灾的起因和扑灭措施，已成为重要的课题。

2. 建筑火灾的特点

由于大中城市的现代建筑群和多层、高层现代民用建筑大量涌现，给建筑物的防火与灭火设计以及城市消防工作增添了很大的难度。建筑火灾具有如下一些特点：

1）火势蔓延快，途径多；

2）难以疏散，伤亡严重；

3）火灾难以扑灭；

4）由于易燃合成材料的大量应用，加大火灾伤亡；

5）易发生结构局部失稳；

6）由于电器、煤气设备大量应用，容易发生电气火灾。

3. 建筑火灾的危害

建筑火灾往往造成巨大的经济损失与人身伤亡。例如：1977 年 2 月，新疆某俱乐部举行悼念活动，因小孩燃放鞭炮引燃了花圈，酿成一起大火，烧毁了俱乐部，烧死 699 人，烧伤 100 多人；1972 年 5 月，日本大阪千日百货大楼由烟头引起火灾，持续 40 多小时，烧毁建筑面积 $8700m^2$，烧死 118 人、烧伤 82 人。国内外建筑火灾的事例是举不胜举的，造成的损失是非常惨重的。建筑火灾的危害如此惊人，足以证明建筑防火、灭火设计的重要，消除建筑火灾隐患，具有极为重要的政治意义和经济意义。

11.1.2　现代民用建筑消防分类

对现代民用建筑特别是高层现代民用建筑进行消防分类是个比较复杂的问题。根据民用建筑设计防火规范有关规定，分类的依据主要是建筑的使用性质、火灾危害程度、疏散和扑救难度、建筑物的耐火等级、防火间距、防火分区、消防给水及防排烟等。

1. 防火等级的划分

现代民用建筑应根据其使用性质、火灾危险性、疏散和扑救难度等进行防火等级的分类，一般可按表 11-1 和表 11-2 划分。

表 11-1　高层建筑物分类表

名　称	一　类	二　类
居住建筑	高级住宅 19 层以上的普通住宅	10～18 层的普通住宅
公共建筑	高度超过 100m 的建筑物；医院病房楼；每层面积超过 $1000m^2$ 的商业楼、展览楼、综合楼；每层面积超过 $800m^2$ 的电信楼、财贸金融楼；省（市）级邮政楼、防火指挥调度楼；大区级和省（市）级电力调度楼；中央级、省（市）级广播电视楼；高级旅馆；每层面积超过 $1200m^2$ 的商住楼；藏书超过 100 万册的图书楼；重要的办公楼、科研楼、档案楼；建筑高度超过 50m 的教学楼和普通的旅馆、办公楼、科研楼等	除一类建筑以外的商业楼、展览楼、综合楼、商住楼、财贸金融楼、电信楼、图书楼；建筑高度不超过 50m 的教学楼和普通的旅馆、办公楼、科研楼；省级以下的邮政楼；市级、县级广播电视楼；地、市级电力调度楼；地、市级防灾指挥调度楼

表 11-2　多层建筑物分类表

一　类	二　类
电子计算机中心；300 床位以上的多层病房楼；省（市）级广播楼、电视楼、电信楼、财贸金融楼；省（市）级档案馆；省（市）级博展馆；藏书超过 100 万册的图书楼；3000 座以上体育馆；2.5 万座以上大型体育馆；大型百货商场；1200 座以上剧场；1200 座以上电影院；三级及以上宾馆；特大型和大型铁路旅客站；省（市）级及重要开放城市的航空港；一级汽车及码头客运站	大、中型电子计算站；每层面积超过 $3000m^2$ 的中型百货商场；藏书 50 万册及以上的中型图书楼；市（地）级档案馆；800 座以上中型剧场。

注：本表未列出的建筑物，可参照建筑物划分类别的标准确定其相应类别。

2. 防火等级与保护范围的确定

根据国家现行规范要求，在各类建筑物中火灾探测器设置的部位应与保护对象的等级相适应，并符合下列规定：

1）超高层（建筑高度超过100m）为特级保护对象，应采用全面保护方式。

2）高层中的一类建筑为一级保护对象，应采用总体保护方式。

3）高层中的二类和低层中的一类建筑为二级保护对象，应采用区域保护方式，重要的亦可采用总体保护方式。

4）多层中的二类建筑为三级保护对象，应采用场所保护方式，重要的亦可采用总体保护方式。

通常情况下，在超高层建筑物中，除不适合装设火灾探测器的部位外（如厕所、浴池），均应全面设置火灾探测器。保护对象的分级见表11-3。

表11-3　建筑物火灾自动报警系统保护对象分级

分　级	建筑物分类	建筑物名称
特级	建筑高度超过100m的超高层建筑	各类建筑物
一级	高层民用建筑	“高规”一类所列建筑物
	建筑高度不超过24m多层民用建筑；高度超过24m的单层公共建筑	200床以上的病房楼，每层建筑面积1000m^{2}以上的门诊楼；每层建筑面积超过3000m^{2}的百货楼、商场、展览楼、高级旅馆、财贸金融楼、电信楼、高级办公楼；藏书超过100万册的图书馆、书库；超过3000座位的体育馆；重要的科研楼、资料档案楼；省级（计划单列市）邮政楼、广播电视楼、电力调度楼、防灾指挥调度楼；重点文物保护场所；超过1500座位的影剧院、会堂、礼堂。
	地下民用建筑	地下铁道、车站；地下电影院、礼堂；使用面积超过1000 m^{2}的地下商场、医院、旅馆、展览厅及其他商业或公共活动场所；重要的实验室、图书、资料、档案库
二级	高层民用建筑	“高规”二类所列建筑物
	建筑高度不超过24m的民用建筑	设有空气调节系统的或每层建筑面积超过2000m^{2}但不超过3000m^{2}的商业楼、财贸金融楼、电信楼、展览楼、旅馆、办公楼、客运站、航空港等公共建筑及其他商业或公共活动场所；市、县级邮政楼、广播电视楼、电力调度楼、防灾指挥调度楼；不超过1500座位的影剧院；26辆及以上的汽车库；高级住宅；图书馆、书库、档案楼；舞厅、卡拉OK厅、房、夜总会等商业娱乐场所
	地下民用建筑	26辆以上的地下停车库；长度超过500m的城市隧道；使用面积不超过1000m^{2}的地下商场、医院、旅馆、展览厅及其他商业或公共活动场所

11.2　现代民用建筑火灾自动报警和监控系统与设计

11.2.1　建筑消防系统火灾探测器及选用

1. 常用火灾探测器的种类及适用范围

火灾探测器是火灾自动报警系统的检测元件，它将火灾初期所产生的热、烟或光转变为电信号。当其电信号超过某一确定值时，传递给与之相关的报警控制设备。它的工作稳定性、可靠性和灵敏度等技术指标直接影响着整个消防系统的运行。目前，火灾探测器的种类很多，功能各异，根据其工作原理划分，一般可以按图 11-1 分类。几种常用的火灾探测器外形如图 11-2 所示。

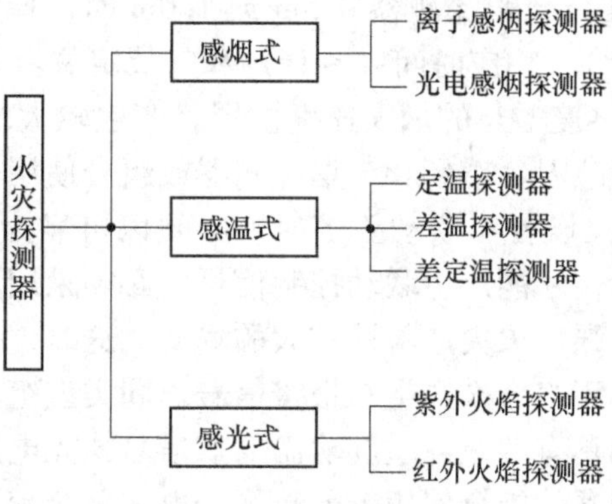

图 11-1　火灾探测器分类

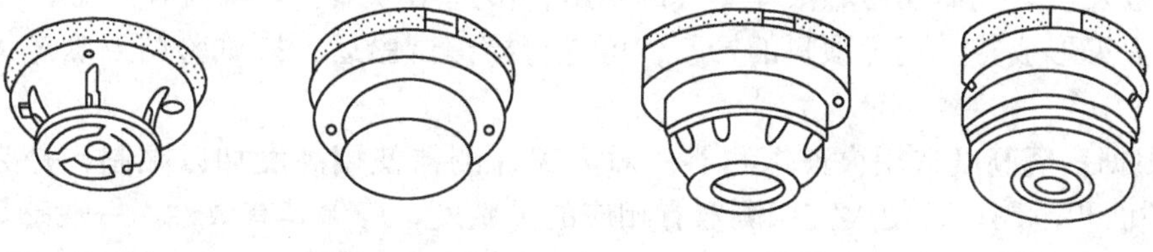

a) 定温式探测器　b) 差动式探测器　c) 感烟式探测器　d) 光电式探测器

图 11-2　几种常用的火灾探测器外形

离子感烟探测器具有稳定性好、误报率低、结构紧凑、寿命长等优点，因而得到广泛应用。其他类型的火灾探测器，只在某些特殊场合作为补充才用到。例如，在厨房、发电机房、地下车库及有气体自动灭火装置时需要提高火情报警可靠性而与感烟探测器联合使用的地方才考虑采用感温式火灾探测器。在使用火灾探测器时，如何根据具体建筑物的特点，以及所在场所的环境特征，合理选择不同类型的火灾探测器是十分重要的。

选择火灾探测器时，应了解监控区内可燃物的性质、数量和初期火灾形成特点、房间的大小和高度、对安全的要求，以及有无容易引起误报的干扰源等情况。

2. 常用火灾自动探测器的选用

火灾自动探测器的选用和设置，是构成火灾自动报警系统的重要环节，直接影响火灾探测器性能的发挥和火灾自动报警系统的整体特性。关于火灾探测器的选用和设置，必须按照《火灾自动报警系统设计规范》和《火灾自动报警系统施工、验收规范》的有关要求和规定来执行。火灾探测器选用的一般原则是：根据火灾探测区域内可能发生的初期火灾的形成和发展特点、房间高度、环境条件和可能引起误报的因素等综合确定。

（1）根据火灾的形成与发展特点来选用　根据建筑特点和火灾的形成与发展特点来选用火灾探测器，是火灾探测器选用的核心所在，一般应遵循以下几项原则：

1）火灾初期有阴燃阶段（如棉麻织物、木器火灾），产生大量的烟和少量的热，很少或没有火焰辐射时，一般应选用感烟探测器。探测器的感烟方式和灵敏等级应根据具体使用场所来确定。

2）火灾发展迅速，有强烈的火焰辐射和少量的烟热时，应选用火焰探测器。火焰探测器通常用紫外式或紫外与红外复合式，一般为点型结构。其有效性取决于探测器的光学灵敏度（用4.5cm火焰高的标准烛光距探测器0.5m或1.0m时，探测器有额定输出）、视锥角（即视野角，通常70°～120°）、响应时间（≤1s）和安装定位。

3）火灾形成阶段是以迅速增长的烟火速度发展，产生较大的热量，或同时产生大量的烟雾和火焰辐射时，应选用感温、感烟和火焰探测器或组合使用。

4）火灾探测报警与灭火设备有联动要求时，必须以可靠为前提。获得双报警信号后，或者再加上延时报警判断后，才能产生联动控制信号。必须采用双报警信号或双信号组合报警的场所，一般都是重要性强、火灾危险性较大的场所。这时，一般是采用感烟、感温和火焰探测器的同类型或不同类型组合来产生双报警信号。同类型组合通常是指同一探测器具有两种不同灵敏度的输出，如具有两级灵敏度输出的双信号式光电感烟探测器。不同类型组合则包括复合式探测器和探测器的组合使用，如热烟光电式复合探测器，感烟探测器与感温探测器配对组合使用等。

5）在散发可燃气体或易燃液体蒸气的场所，多选用可燃气体探测器实现早期报警。

6）对火灾形成特点不可预料的场所，可进行模拟试验后，按试验结果确定火灾探测器的选型。

（2）根据房间高度选用火灾探测器　对火灾探测器使用高度加以限制，是为了在整个探测器保护面积范围内，使火灾探测器有相应的灵敏度，确保其有效性。一般感烟探测器的安装使用高度 $H<12\text{m}$。随着房间高度上升，使用的感烟探测器灵敏度应相应提高，感温探测器的使用高度 $A\leqslant 8\text{m}$。房间高度也与感温探测器的灵敏度有关。灵敏度高，适于较高的房间。火焰探测器的使用高度由其光学灵敏度范围（9～30m）确定。房间高度增加，要求火焰探测器灵敏度提高。房间高度与火灾探测器选用的关系见表11-4。应指出，房间顶棚的形状（尖顶形、拱顶形等）和大空间不平整顶棚，对房间高度的确定有影响，应视具体情况并考虑探测器的保护面积和保护半径等确定。

表11-4　根据房间高度选择探测器

房间高度 h/m	感烟探测器	感温探测器			火焰探测器
		一　级	二　级	三　级	
$12<h\leqslant 20$	不适合	不适合	不适合	不适合	适合
$8<h\leqslant 12$	适合	不适合	不适合	不适合	适合
$6<h\leqslant 8$	适合	适合	不适合	不适合	适合
$4<h\leqslant 6$	适合	适合	适合	不适合	适合
$h\leqslant 4$	适合	适合	适合	适合	适合

（3）综合环境条件选用火灾探测器　火灾探测器使用的环境条件，如环境温度、气流速度、振动、空气湿度、光干扰等。对火灾探测器的工作有效性（灵敏度等）会产生影响。一般感烟与火焰探测器的使用温度<50℃，定温探测器为10～35℃。在0℃以下探测器安全工作的条件是探测器本身不允许结冰，一般多用感烟或火焰探测器。环境气流速度对感温和火焰探测器工作无影响，感烟探测器要求气流速度<5m/s。环境中有限的正常振动，对点

型火灾探测器一般影响很小，对分离式光电感烟探测器影响较大，要求定期调校。环境空气湿度<95%时，一般不影响火灾探测器的工作。当有雾化烟雾或凝露存在时，对感烟和火焰探测器的灵敏度有影响。环境中存在烟、灰及类似的烟气溶胶时，直接影响感烟探测器的使用。对感温探测器和火焰探测器，如避免在湿度较大的灰尘环境中使用，则使用不受限制。环境中的光干扰对感烟和感温探测器的使用无影响，对火焰探测器则无论直接与间接使用，都将影响工作可靠性。

3. 火灾探测器数量的确定与布置

当指定的火灾探测区域比较大时，首先需要了解每个火灾探测器的保护范围，然后按照下式计算：

$$N \geqslant \frac{S}{KA} \tag{11-1}$$

式中　N——每个探测区域内需要设置的探测器的数量（个数），N 取整数；

S——每个探测区域的面积（m^2）；

A——每个探测器的保护面积（m^2）；

K——安全系数，取 0.7～0.8。

所谓“探测区域”，是指有热气流或烟雾充满的区域。对屋内天棚表面和天棚内部而言，为被墙壁及突出安装面 0.4m（差温、定温式点型探测器）或突出安装面 0.6m（差温型探测器、感烟探测器）以下隔梁等分隔开的部分，如图 11-3 所示。

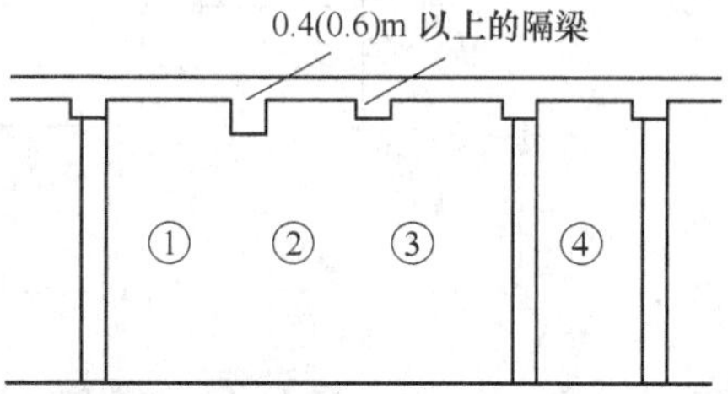

图 11-3　火灾探测区域的划分

每个感烟探测器和感温探测器的保护面积及保护半径取值见表 11-5。按照式（11-1）计算出一个探测区域需要设置的火灾探测器的数量。确定的火灾探测器设置间距，一般都只是对较大面积的探测区域而言。

表 11-5　感烟探测器、感温探测器的保护面积及保护半径

火灾探测器的种类	地面面积 S/m^2	房间高度 h/m	探测器的保护面积（A）和保护半径（R）					
			屋顶坡度 θ					
			$\theta \leqslant 15°$		$15° < \theta \leqslant 30°$		$\theta > 30°$	
			A/m^2	R/m^2	A/m^2	R/m^2	A/m^2	R/m^2
感烟探测器	≤80	≤12	80	6.7	80	7.3	80	8.0
		$6 < h \leqslant 12$	80	6.7	100	8.0	120	9.9
	>80	≤6	60	5.8	80	7.2	100	9.0
感温探测器	≤30	≤8	30	4.4	30	4.9	30	5.5
	>30	≤8	20	3.6	30	4.9	40	6.3

实际中往往会遇到墙的分隔、梁的阻挡、风口的影响等特殊情况，因而在遇到特殊情况时还必须对计算和查图所得结果做些调整，根据实际情况进行灵活处理。

1）探测区域内的每个房间至少设置一个火灾探测器。如果房间内被设备等物分隔，而顶部至顶棚或梁的距离又小于房间净高的5%时，则每个被隔开的部分应至少设置一个火灾探测器。

2）当梁凸出顶棚的高度在200～600mm时，需按图11-4、表11-6确定梁的影响和一个探测器能够保护的梁间区域的个数。当梁凸出顶棚的高度超过600mm时，被梁隔断的每个梁间区域至少应设置一个探测器。当被梁隔断的区域面积超过一个火灾探测器的保护面积时，应将被隔断的区域视为一个探测区域处理（当梁间净距小于1m时，可视为平顶棚）。

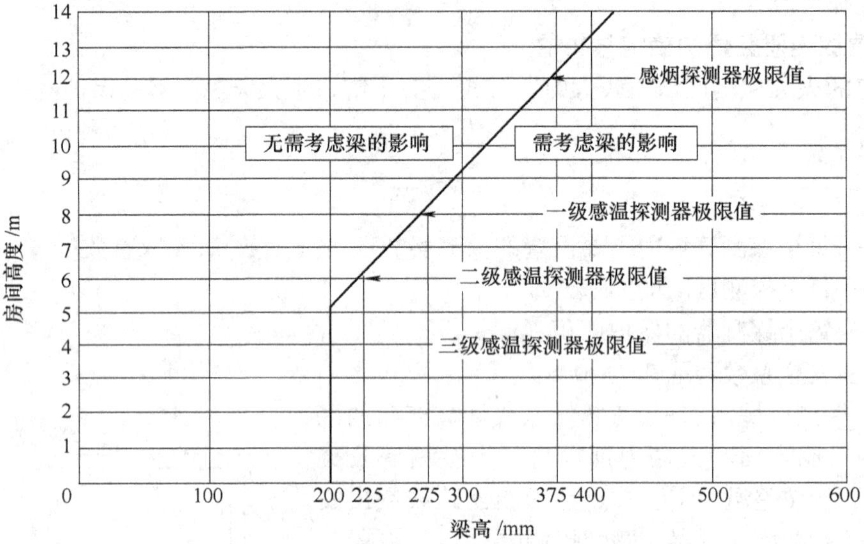

图11-4　房间高度及梁高对探测器设置的影响

表11-6　按梁间区域面积确定探测器能够保护的梁间区域的个数

探测器的保护面积 A/m^2		梁隔断的梁间区域面积 Q/m^2	一只探测器保护的梁间区域的个数
感温探测器	20	>12	1
		$8<Q\leqslant12$	2
		$6<Q\leqslant8$	3
		$4<Q\leqslant6$	4
		$\leqslant4$	5
	30	>18	1
		$12<Q\leqslant18$	2
		$9<Q\leqslant12$	3
		$6<Q\leqslant9$	4
		$\leqslant6$	5
感烟探测器	60	>36	1
		$24<Q\leqslant36$	2
		$18<Q\leqslant24$	3
		$12<Q\leqslant18$	4
		$\leqslant12$	5
	80	>48	1
		$32<Q\leqslant48$	2
		$24<Q\leqslant32$	3
		$16<Q\leqslant24$	4
		$\leqslant16$	5

3）在宽度小于 3m 的内走道顶棚上设置火灾探测器时，最好居中设置。感温探测器的设置间距不应超过 10m，感烟探测器的设置间距不应超过 15m。探测器至末端墙的距离不应大于探测器设置间距的一半。

4）探测器至墙壁、梁边的水平距离不应小于 0.5m。

5）当房屋顶部有热屏障时，感烟探测器的下表面至顶棚的距离可按照表 11-7 确定。

表 11-7　感烟探测器下表面距顶棚（或屋顶）的距离

探测器的设置高度 h/m	感烟探测器下表面距顶棚（或屋顶）的距离 d/mm					
	顶棚（或屋顶）坡度 θ					
	$\theta \leqslant 15°$		$15° < \theta \leqslant 30°$		$\theta > 30°$	
	最小	最大	最小	最大	最小	最大
$\leqslant 6$	30	200	200	300	300	500
$6 < h \leqslant 8$	70	250	250	400	400	600
$8 < h \leqslant 10$	100	300	300	500	500	700
$10 < h \leqslant 12$	150	350	350	600	600	800

6）锯齿形屋顶和坡度大于 15 的人字形屋顶，应在每个屋脊处设置一排探测器。探测器下表面距屋顶最高处的距离应符合表 11-7 的要求。

7）探测器至空调送风口边的水平距离应不小于 1.5m，至多孔送风顶棚孔口水平距离应不小于 0.5m。

8）在电梯井、升降机井设置探测器时，其位置宜在井道上方的机房顶棚上。

9）火灾探测器最好水平安装，如必须倾斜安装时，其倾斜角不应大于 45°。

10）探测器的周围 0.5m 内不应有遮挡物。

11.2.2　现代民用建筑火灾自动报警系统与设计

《火灾自动报警系统设计规范》规定的火灾自动报警系统基本形式有 3 种：区域报警系统、集中报警系统和控制中心报警系统。

1）区域报警系统由火灾探测器、手动火灾探测器报警器、区域控制器或通用控制器、火灾警报装置等构成，如图 11-5 所示。这种系统适用于小型民用建筑。报警区域内最多不得超过 3 台区域控制器。若多于 3 台，应考虑使用集中报警系统。

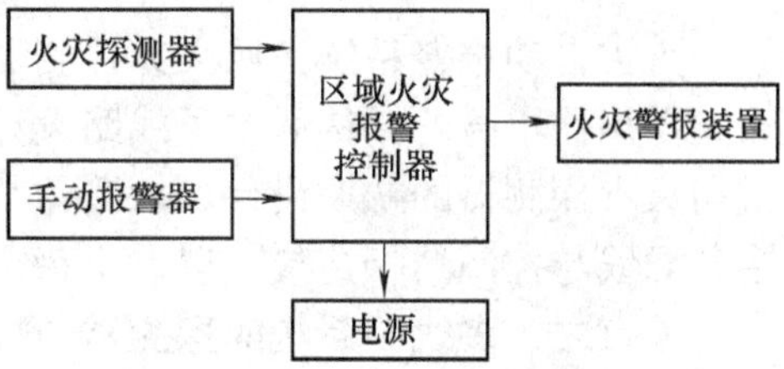

图 11-5　区域报警系统原理框图

2）集中报警系统由火灾探测器、区域控制器或通用控制器和集中控制器组成。集中报警系统原理框图如图 11-6 所示，适于高层的宾馆、写字楼等情况。

3）控制中心报警系统由设置在消防控制室的消防控制设备、集中控制器、区域控器和火灾探测器等组成，或由消防控制设备、环状布置的多台通用控制器和火灾探测器组成。控制中心报警系统原理框图如图 11-7 所示。适用于大型建筑群、高层及超高层建筑、商场、宾馆、公寓综合楼等。可对各类设在建筑中的消防设备实现联动控制和手动/自动转换。控制中心报警系统是智能型建筑中消防系统的主要类型，是楼宇自动化系统的重要组成部分。

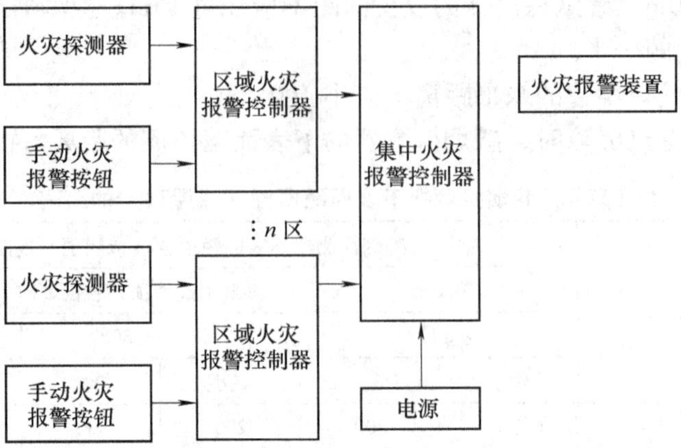

图 11-6　集中报警系统原理框图

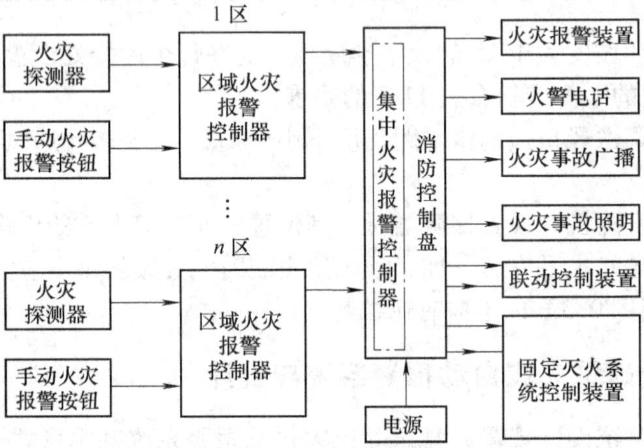

图 11-7　控制中心报警系统原理框图

火灾自动报警系统按照火灾探测器和各种功能模块与火灾报警控制器的连接方式，结合火灾探测器本身的结构和电子线路设计，分为多线制和总线制两种系统形式。多线制系统形式与火灾探测器的初期设计、探测器与控制器的连接方式等有关。每个探测器需要两条或更多条导线与控制器相连接，以发出每个点的火灾报警信号。

简言之，多线制系统的探测器与控制器是采用硬线一一对应关系。有一个探测点便需要一组硬线对应到控制器，依靠直流信号工作和检测。多线制系统的线制可表示为：$an+b$，其中，n 是探测器数；a 和 b 为定系数；$a=1$，2；$b=1$，2，4。可见，有 $2n+2$，$n+1$ 等线制。多线制系统的设计、施工与维护复杂，已逐渐被淘汰。

总线制系统形式是在多线制系统形式的基础上发展起来的。随着微电子器件、脉冲电路及微型计算机应用技术等逐渐应用于火灾自动报警系统，改变了以往多线制系统巡检功能。代之以使用数字脉冲信号巡检和信息压缩传输，采用大量编码及译码逻辑电路来实现探测器与控制器的协议通信。大大减少了系统线制，带来了工程布线灵活性，形成了支状和环状两种布线结构。总线制系统的线制也可表示为：$an+b$，n 是使用的探测器数；$a=0$；$b=2$，

4，6 等。当前使用较多的是两总线和四总线系统两种形式。

常用的火灾报警和监控系统设计组成如图 11-8 所示。该图为某金融综合大厦的火灾报警和监控系统，是一幢集金融、商场、办公、娱乐、餐饮等一体的综合大楼。基地面积约 12700m^2，建造后的建筑总面积约 110000m^2。其中地面建筑总面积 90000m^2，由 40 层塔式建筑和 8 层裙楼组成，建筑总高度约 140m。地下建筑有两层，面积为 20000m^2。

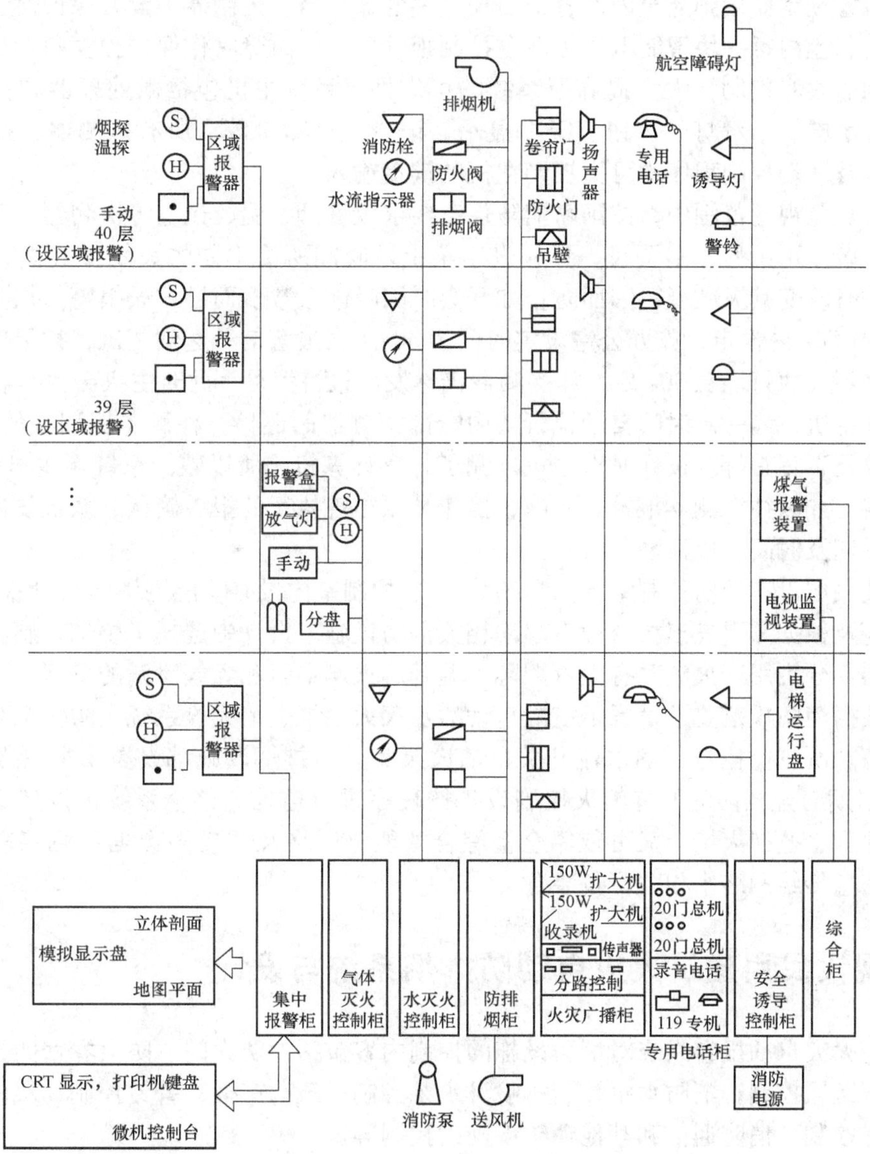

图 11-8　某综合金融大厦的火灾报警和监控系统设计组成

大楼的火灾自动报警、消防监控系统，由大楼中消防控制中心的智能网络系统构成，可独立运行操作。所有的报警及指令操作均由消防系统执行。火灾报警与消防监控系统包括：火灾报警系统、火灾专用通信调度系统、火灾事故广播、警铃系统、防排烟监控系统、消防联动灭火设施的监控（包括消火栓、自动喷淋、卤代烷、清水泡沫等）、普通照明及动力电源监视、电动防火（卷帘）门监控、电梯群控监控、可燃气体监测等。

整个系统采用集中式全自动报警控制系统。大楼内共设置智能报警控制器两套，集中安装于大楼底层消防控制室内。这样不但提高了系统的完整性，更使每一报警点的状态一目了然，操作人员能全面地监察整个消防系统的运作情况，可以不到现场就能清楚地知道火灾状况。

每套报警控制器接到建筑内部各个监控点和各显示器。控制器中设有保护性独立联动控制功能。控制盘内每一块智能电路板在主控制板（CPU）故障时作保护独立联动控制，火灾时仍能受到监察和控制，大大提高了系统的可靠性。系统主机包括微处理器和数据存储系统、液晶显示屏、指示灯、按钮、CRT 显示、记录、打印机等。所有探测器、控制模块等的地址修改及联动控制程序均可由控制主机的键盘输入。

在所有被监视的范围中，按国家消防规范要求设置烟、温、光电等探测器。系统中每个探测器的灵敏度可用程序来调校，预先设定早上及晚间所需不同的灵敏度（高、中、低），探测器会按时改变其灵敏度，因而防止如开会时因吸烟人数多而导致误报警。探测器报警确认时间在 5 ~ 50s 内设定，如办公室设定时间为 30s。当报警信号送到主机，初级确认时，所有联锁程序不会执行。在 30s 后，如探测器仍然发出报警信号，此时主机会执行相应的联锁程序。系统主机每隔一定时间自动执行楼内全部探测器的巡检，检测各探测器的故障状况，以及浓度值是否正常等。设计时对主机外配了外存计算机，所以整个系统至少可存储 30000 个历史资料，如以往探测器报警、故障；操作员以往曾执行的报警确认、系统复位等。各资料均显示日期及时间，以便翻查。

在主楼底层设有消防控制室，面积约 $20m^2$。控制室内设有智能型消防自动报警控制器，以接收报警及根据需要发出指令程序起动相关消防设施。设计中选择了感烟、感温、感光和煤气探测器等分别用于火灾时有大量烟雾、温升、火焰辐射和煤气泄漏的场所。在大楼内的各个部位根据消防规范要求设置了室内自动喷水灭火系统、消火栓系统、防排烟系统、疏散报警系统等。所有监控点，如水流开关、消火泵类、防排烟设施都设置了监视及控制模块（界面），以期对全楼内的所有消火控制设备按程序进行监控。整个系统被设计成既可以完全独立地探测、监视火情，又可依靠全楼综合智能化网络及“动态数据”网络软件将来自主控器的信息传给网络中相关设备装置。

11.3 现代民用建筑火灾自动防排烟系统与设计

典型的火灾自动报警系统对消防设施的控制内容包括：防火门、防火卷帘的控制；排烟控制；正压送风控制；消防水泵控制；喷淋水泵控制；疏散广播；警铃控制；气体自动灭火控制；电梯控制；消防通信和其他消防设施的控制等。

11.3.1 防火门和防火卷帘门的自动控制系统及设计

防火门及防火卷帘的自动控制系统框图如图 11-9 和图 11-10 所示。一般有两种控制形式。

一种是防火门被永久磁铁吸住处于平时开启状态，火灾时可通过自动或手动将其关闭。自动控制时，由探测器或消防控制装置发来指令信号，使电磁线圈通电产生的吸力克服永久磁铁的吸着力，靠弹簧将门关闭。

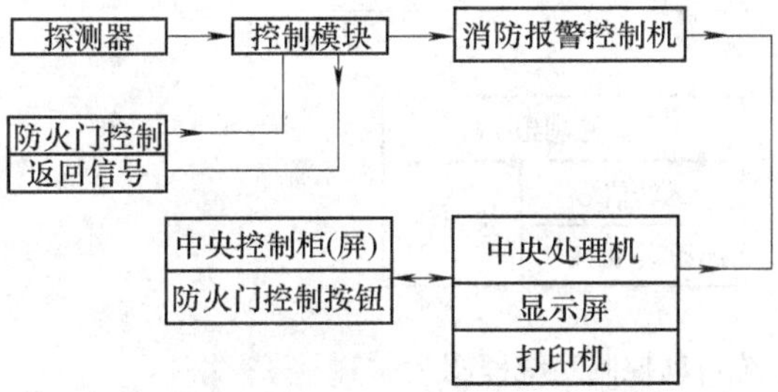

图 11-9　防火门自动控制系统框图

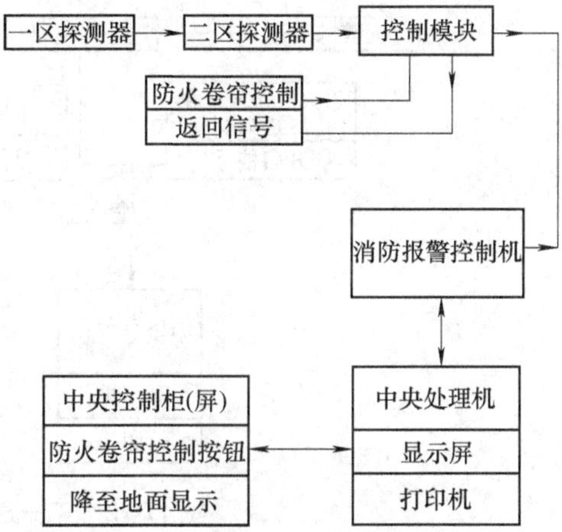

图 11-10　防火卷帘自动控制系统框图

另一种是防火门被电磁锁的固定锁扣住，平时呈开启状。火灾时由探测器或消防控制装置发出指令信号，使磁锁动作，锁扣被解开，防火门靠弹簧将门关闭，当防火门被人用手拉时也可使门关闭。

对于防火卷帘的设计而言，当火灾发生时应根据探测器或消防控制装置的指令信号使卷帘上方的控制装置动作，自动将卷帘降下至预定位置。根据现行规范规定，当现场的感烟探测器动作或消防控制装置第一次指令时，卷帘下降到距地 1.8m 处，当现场的感温探测器动作或消防控制装置第二次指令时，卷帘下降到底，以达到控制火灾蔓延的目的。卷帘也可由现场手动控制。对于防火门、防火卷帘，现场装设的控制器一般为一个温感探测器，一个烟感探测器。通常用两个探测器的“与”门信号来控制防火门的关闭。

11.3.2　排烟、正压送风机系统的自动控制系统及设计

排烟、正压送风系统自动控制系统框图如图 11-11 和图 11-12 所示。

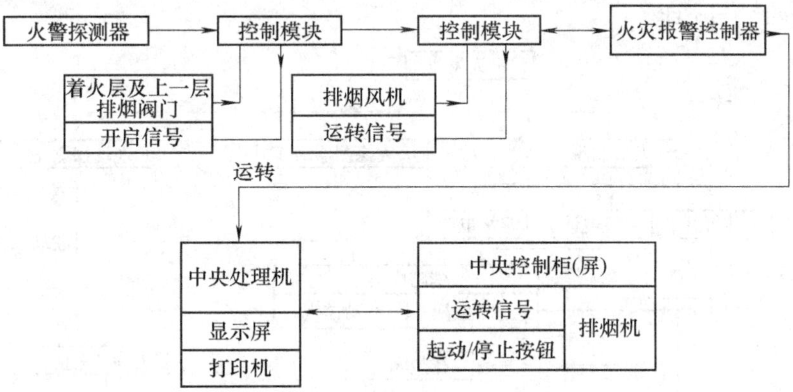

图 11-11　排烟系统自动控制系统框图

由于着火时产生的烟雾一般以一氧化碳为主，这种烟气是火灾时人员死亡的主要因素（约占火场死亡人数的 60%）；再者火灾时由于烟气对人视线的遮挡，使人们在紧急疏散时

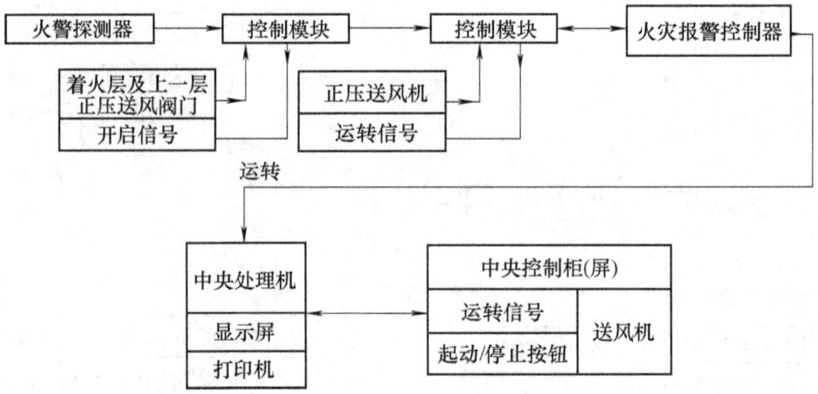

图 11-12　正压送风系统自动控制系统框图

无法辨别方向，所以火灾时烟气对人员的危害相当严重。火灾发生后，迅速排出烟气，并防止烟气窜入非火灾区域，在整个消防系统设计中是非常重要的。

常规的排烟、正压送风系统由排烟风机、送风机以及排烟阀门、送风阀门等组成。排烟阀门一般是设在排烟口处，平时处于关闭状态。设计时应保证当火警发生后，可以与感烟信号联动，控制主机发信号或手动使之瞬间开启，进行排烟。任何一处排烟阀开启时，应立即联动起动排烟风机。

在排烟风机前的排烟吸入口处，应设计装设排烟防火阀，当排烟风机起动时，此阀门同时打开，进行排烟。当排烟温度高达 280℃时，应使装设在阀口的温度熔断器动作，再将阀自动关闭，同时联动关闭风机。

如果是高层建筑，对于任一层着火时，排烟阀的开启应该是着火层及上一层。对于正压送风系统而言，由于在各层楼梯间前的正压送风口为敞开式，所以火灾发生，需要加压风机送风时，只要打开正压送风机即可。如果正压送风口也设计成由电动阀开启的，则阀平时也应处在关闭状态。着火时应该根据着火层及上下相邻一层来控制，发生火灾时，防排烟系统工作流程图如图 11-13 所示。

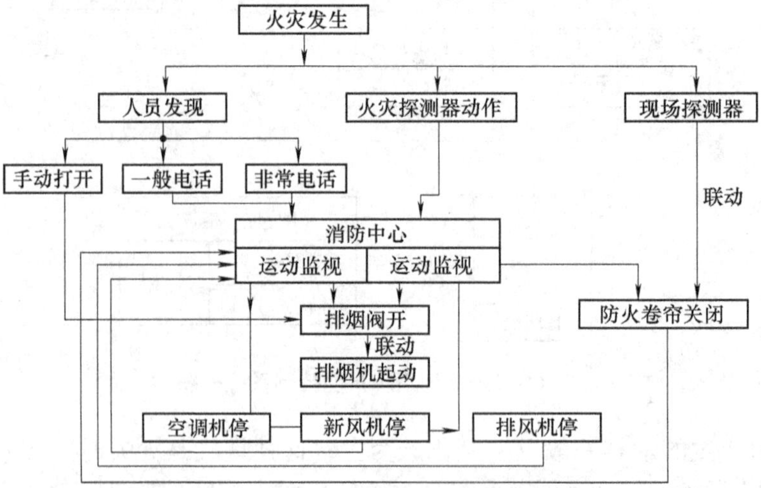

图 11-13　防排烟系统工作流程图

11.4　现代民用建筑自动灭火系统与设计

11.4.1　消火栓灭火系统的自动控制及设计

消火栓灭火是建筑物中最基本和最常用的灭火方式。火灾时为了使各消火栓中的喷水枪具有相当的水压，设计时需要考虑对消防水管加压。通常是采用消防加压水泵，即在每个消防栓中设置起动按钮。火灾时砸碎消防栓玻璃由消防栓中设置的起动按钮起动消防加压水泵，如图 11-14 所示。当消防自动控制主机接收到火灾信号后，经确认也可手/自动起动消防水泵系统。消火栓灭火自动控制系统框图如图 11-15 所示。

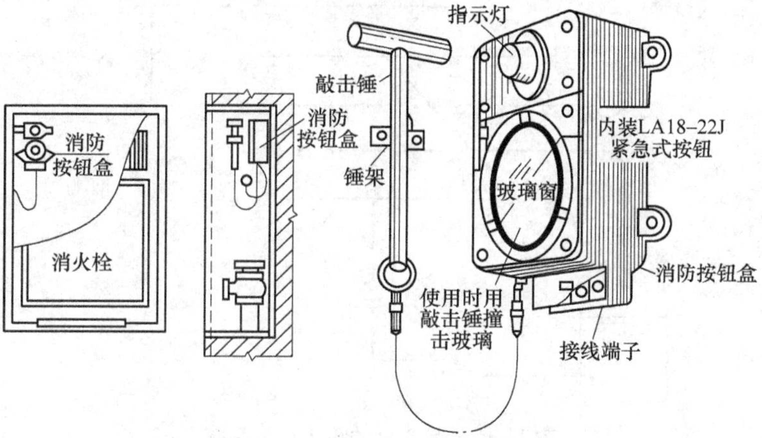

图 11-14　消火栓内消防泵起动按钮示意图

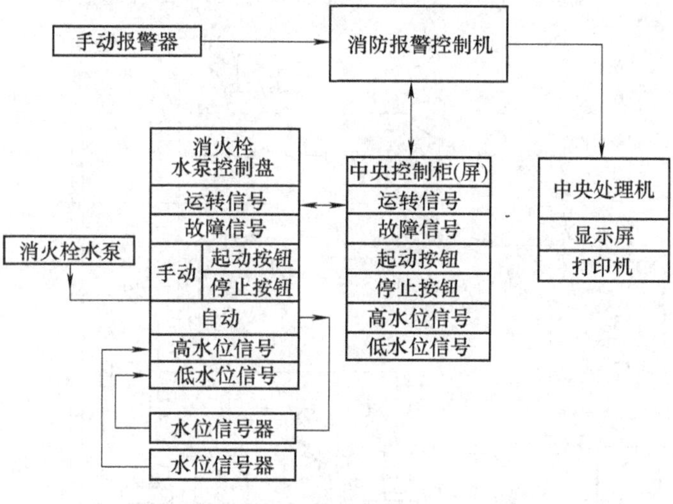

图 11-15　消火栓灭火自动控制系统框图

消防泵的控制通常设计为两台水泵互为备用形式，工作泵发生故障时备用泵适时自动投入。水泵由消火栓箱内按钮及消防中心（或计算机 DDC 系统）集中自动控制。自动控制系统设计时应设有工作状态选择开关 SAC，可使水泵处在手动、自动或备用状态。当水源水池无水时，水泵能自动停止运转，并设有水泵故障指示灯。水源水池的液位控制器 SL 可采用浮球式液位计或干簧管式液位计。当采用干簧管式液位计时，需设下限触头以保证水池无水时能可靠停泵。

11.4.2　现代民用建筑自动喷水灭火系统与设计

1. 自动喷水灭火系统的组成及工作原理

常用的自动喷水灭火系统可分为湿式和干式两种。干式和湿式的区别主要在于喷水管道内是否处于充水状态。湿式自动喷水灭火系统如图 11-16 所示，湿式自动喷水灭火系统适用于环境温度为 4℃ $<t<$ 70℃的民用建筑场所。如图 11-17 所示，干式自动喷水灭火系统适用于环境温度低于 4℃以下或高于 70℃的民用建筑场所。干式系统中喷水管网平时不充水（或

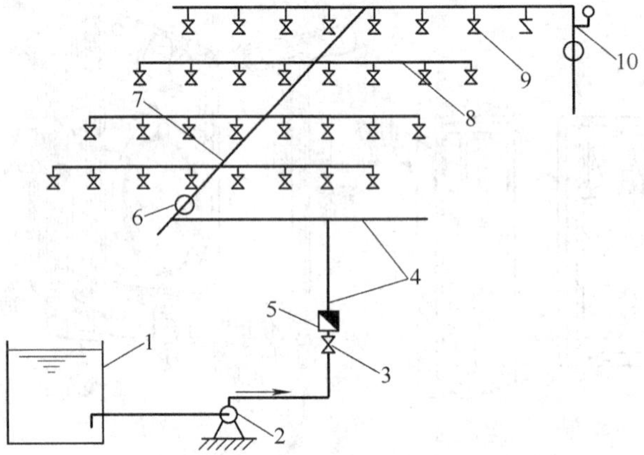

图 11-16　湿式自动喷水灭火系统

1—水池　2—水泵　3—总控制阀门　4—配水干线管　5—湿式报警阀　6—水流指示器　7—配水管　8—配水支管　9—闭式喷头　10—末端试验装置

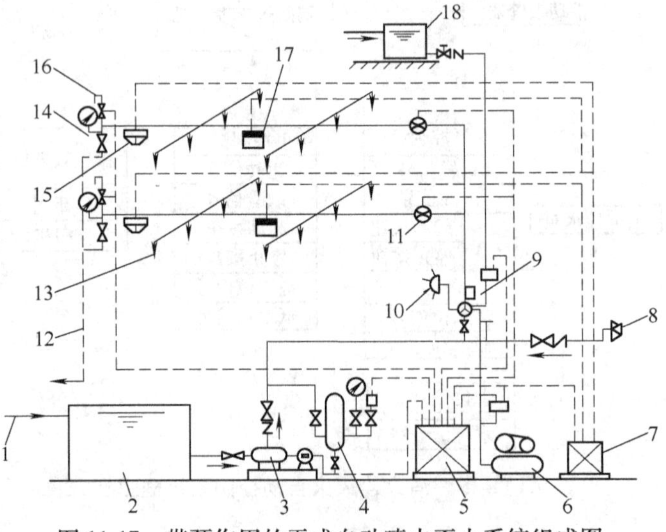

图 11-17　带预作用的干式自动喷水灭火系统组成图

1—进水管　2—水池　3—消防泵　4—压力罐　5—控制箱　6—空压机　7—报警器　8—水泵接合器　9—雨淋阀　10—水力警铃　11—水流指示器　12—排水管　13—闭式喷头　14—末端试水装置　15—温感探测器　16—排气阀　17—烟感探测器　18—高位水箱

有时充气以监视管网漏气）。当火灾发生时，控制主机在收到火警信号后，立即控制预作用阀，使其开阀向管网系统内充水。而湿式系统中管网平时是处于充水状态的。灭火的喷水喷头有闭式喷头和敞开式喷头两种形式。闭式喷头结构如图 11-18 所示。图 11-18a 中，火灾时着火的场所温度迅速上升，当温度上升到一定值，使水喷头上的热敏元件薄铅皮因温差而爆裂，向外喷水。如图 11-18b 所示，在火灾时，着火的场所温度迅速上升，当温度上升到一定值时，使水喷头上的热敏元件液体玻璃球因温差爆裂而向外喷水。

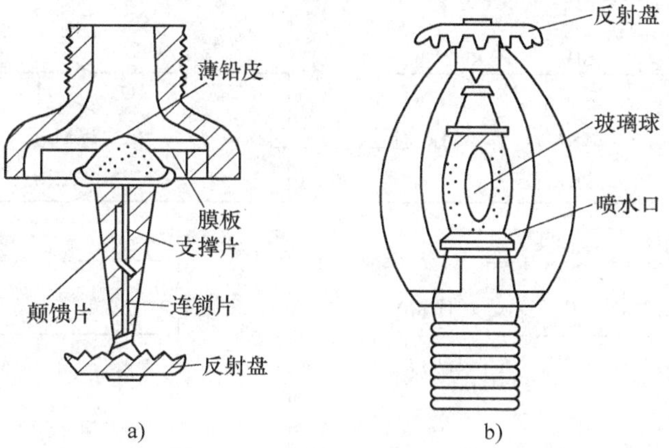

图 11-18　闭式喷水喷头外形图

湿式自动喷水灭火系统的工作原理是火灾时，着火的场所温度迅速上升，当温度上升到一定值，使水喷头上的热敏元件薄铅皮或液体玻璃球爆裂，向外喷水。喷水后由于水压下降，使压力继电器动作，同时由于喷水时，水流通过装于主管网分支处的水流开关，使其动作，在延时 20s 之后发出信号给消防控制主机。设计时应使压力继电器的动作及消防控制主机在收到水流开关信号而发出指令后均可启动喷水控制，其自动控制原理框图设计如图 11-19 所示。

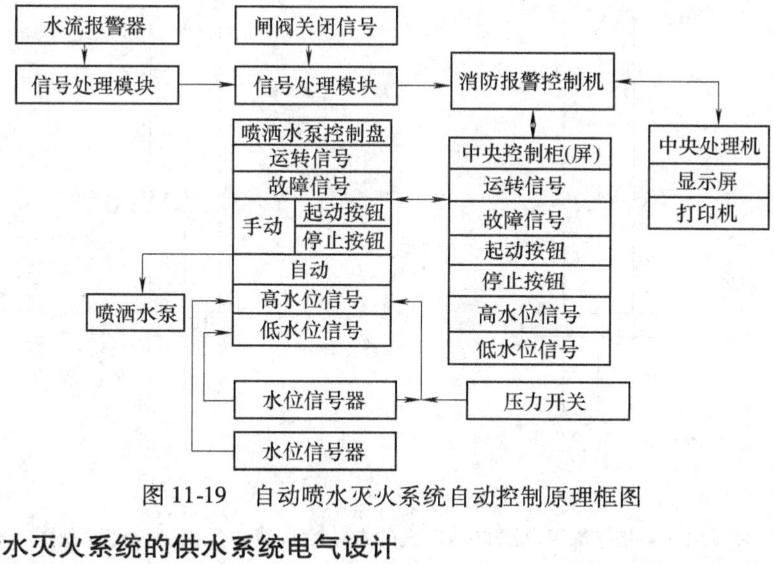

图 11-19　自动喷水灭火系统自动控制原理框图

2. 自动喷水灭火系统的供水系统电气设计

图 11-20 为带有备用电源自动投入的自动喷水消防泵控制设计原理图。两台水泵设计成

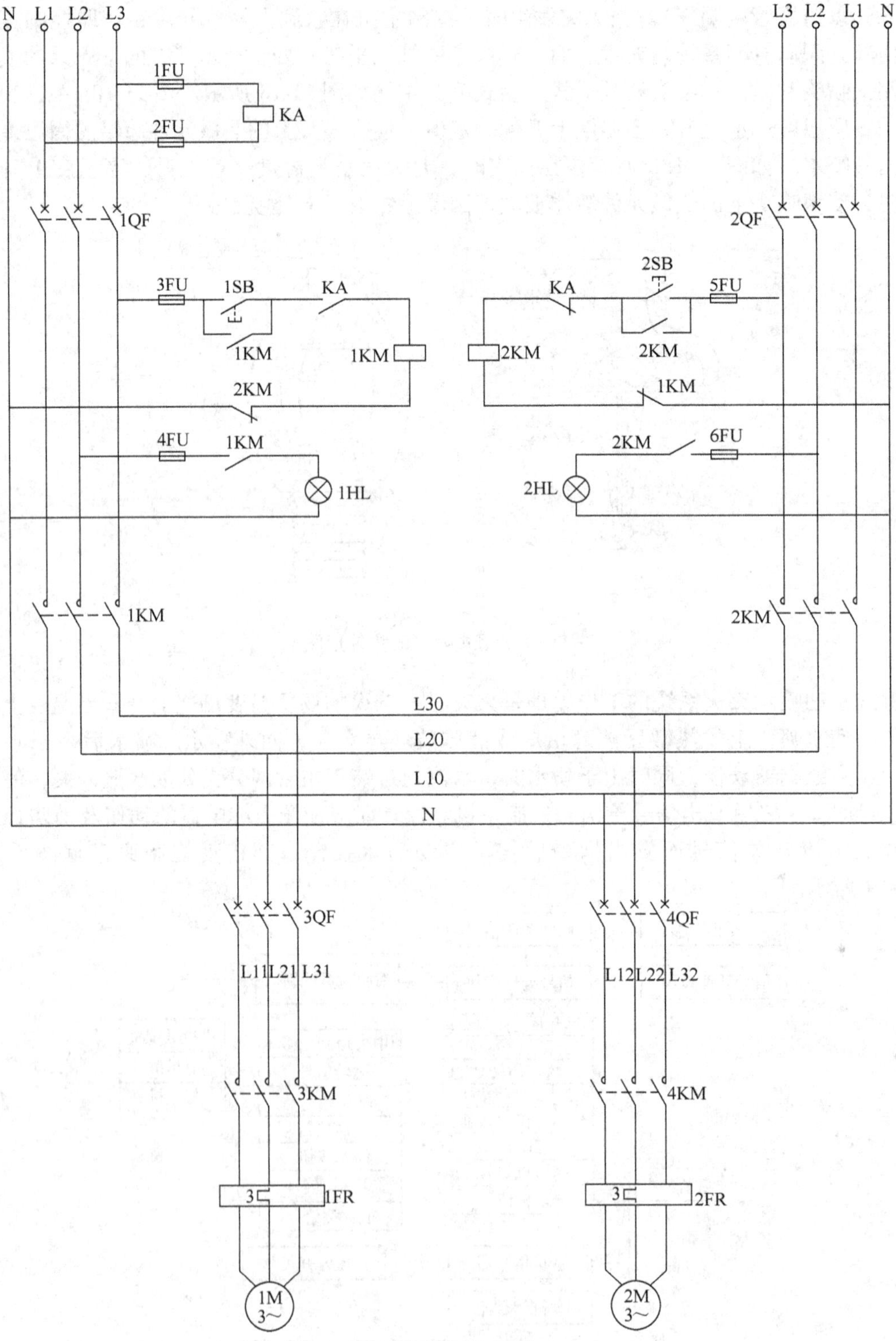

a）消防泵主电路图

图 11-20　带有备用电源自动投入的自动喷水消防泵控制设计原理图

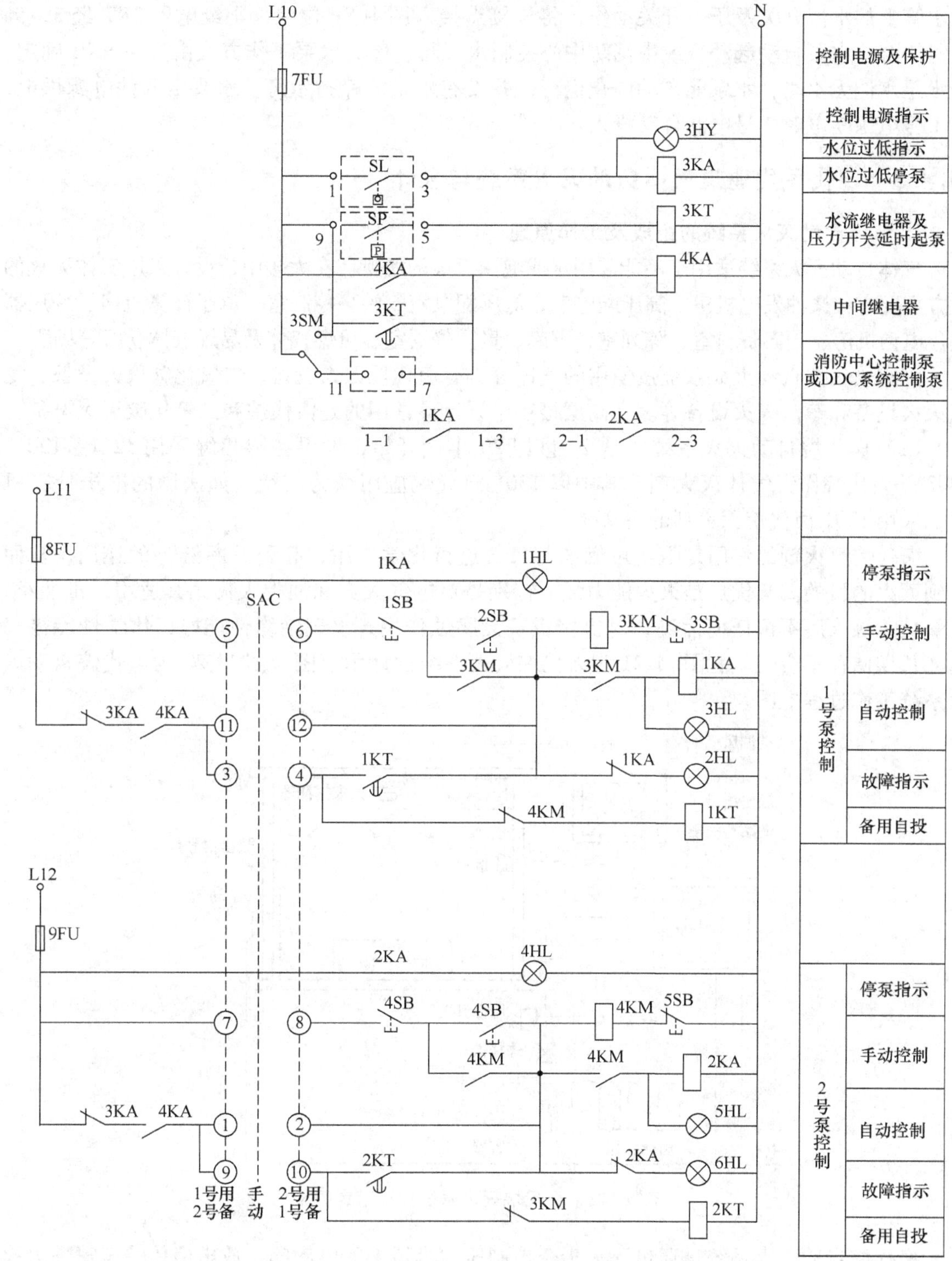

b）自动控制系统图

图 11-20　带有备用电源自动投入的自动喷水消防泵控制设计原理图（续）

互为备用形式，工作泵故障时备用泵适时自动投入运行。当火灾发生时，自动喷头喷水。设在水管上的水流开关及压力开关动作，将该接点接入图中 SP 位置，则继电器 3KT 经 3 ~5s 适时闭合，水泵自动起动，或由消防中心控制水泵起、停。水泵工作方式由开关 SAC 确定。当水泵水池无水时，水泵能自动停止运行，并设有水泵故障指示灯。水泵由两种电源供电，当 1 号电源断电时 2 号电源自动投入。

11.4.3　现代民用建筑气体自动灭火系统与设计

1. 气体自动灭火系统的组成及工作原理

气体自动灭火系统适用于不能采用水或泡沫灭火的场所。在大楼中，设计采用气体灭火的地方主要有：柴油发电机房、高压配电室、低压配电室、中央控制室、电子计算机房、变压器室、电话机房、档案资料室、陈列室、书库、贵重仪器室、可燃气体及易燃液体仓库等场所。

固定式气体自动灭火系统按使用的气体分类有卤代烷灭火设备、二氧化碳灭火设备、氮气灭火设备和蒸汽灭火设备等。在高层楼宇中设计最常用的是卤代烷和二氧化碳灭火设备。

（1）卤代烷自动灭火系统　从 20 世纪 70 年代开始，世界各国相继采用 1211、1301、2402 等卤代烷作为气体灭火剂，其中以 1301 卤代烷应用最为广泛，如法国的电子计算机房，采用 1301 卤代烷灭火剂的占 95%。

卤代烷灭火剂的作用是阻止可燃物与氧气进行化学作用，起到“断链”的作用，从而达到灭火的目的。其优点是灭火能力强，特别是对电气火灾和油类火灾尤其适用，毒性小，易氧化，灭火后不留任何污迹，对机械设备无腐蚀作用；电气绝缘性能好，化学性能极稳定，长期储存不会变质。图 11-21 为卤代烷灭火系统设计示意图，图 11-22 为卤代烷自动灭火系统工作过程框图。

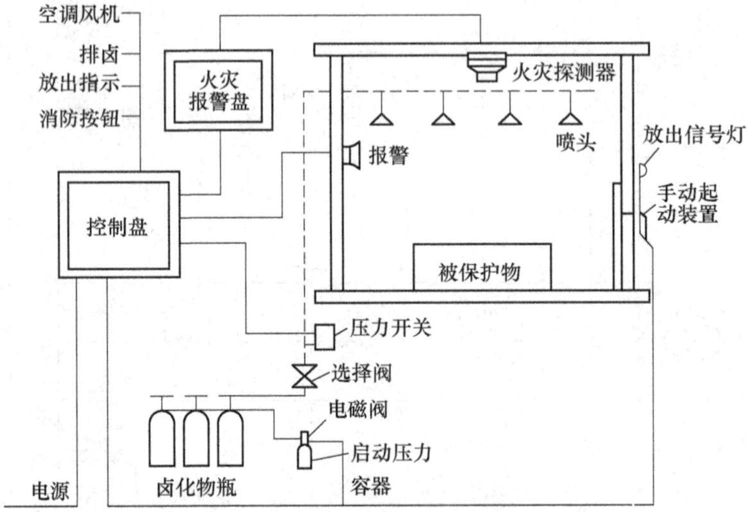

图 11-21　卤代烷灭火系统设计示意图

卤代烷自动灭火系统是通过灭火指令控制压力容器上的电磁阀，放出卤代烷至喷嘴灭火的。在气体放出的同时，管道上的压力继电器动作。通过控制器显示卤代烷放出的信号，同时告知人们切勿入内。此外，系统还具有音响报警功能，发出火灾警报。国产 1301 自动灭

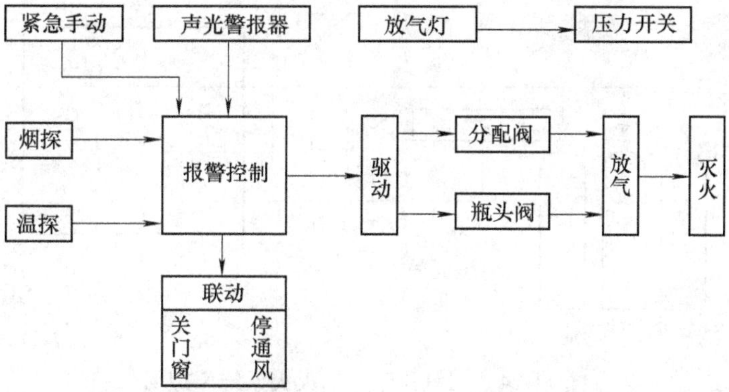

图 11-22　卤代烷自动灭火系统工作过程框图

火系统原理图如图 11-23 所示。它一般由贮气钢瓶组、喷头、探测器、控制盘、放气装置及相应的管道组成。在一些比较小的机房除了采用固定管道式的 1301 自动灭火系统外，还广泛采用无管路悬挂式自动灭火系统。气体自动灭火系统常设有联动装置，以便在装置动作喷射灭火剂之前将保护区的窗子，如空调系统的进风口、通风百叶窗等自动关闭。采用较多的有熔断式石棉卷帘等。

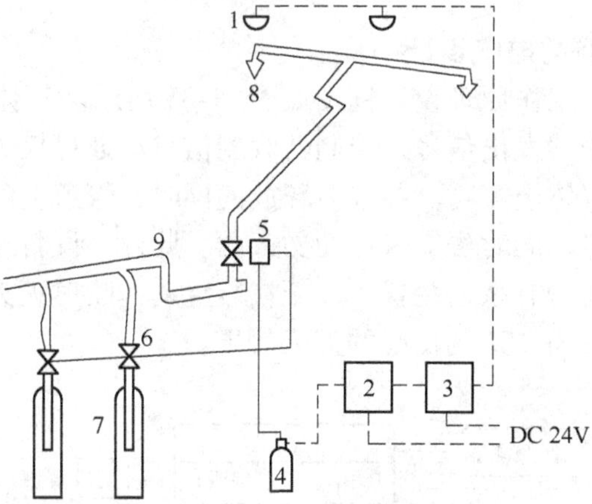

图 11-23　国产 1301 自动灭火系统原理图

1—探测器　2—检测器　3—控制盘　4—起动气瓶　5—选择阀　6—瓶头阀　7—储气瓶　8—喷头　9—管道

（2）二氧化碳自动灭火系统　在一些通常无人值班的变压器室或高压配电室，也可以设计采用价格比较便宜的二氧化碳自动灭火系统，图 11-24 为二氧化碳自动灭火系统原理图。

当发生火灾时，通过现场的火灾探测器发出信号至放气执行器，打开二氧化碳气瓶的阀门，释放二氧化碳气体，使室内缺氧而将火灾扑灭。也可采用手动操作，当发生火灾时把放气开关拉动，就能喷出二氧化碳灭火。这个开关一般设计装在房间门口附近墙上的一个玻璃面板箱内，火灾时将玻璃面板敲破，就能拉动开关喷出二氧化碳气体。

装有二氧化碳自动灭火系统的保护场所（如变电所或配电室），一般都在门口设计加装选择开关，可设计就地选择自动或手动操作方式。当有工作人员进入里面工作时，为了防止

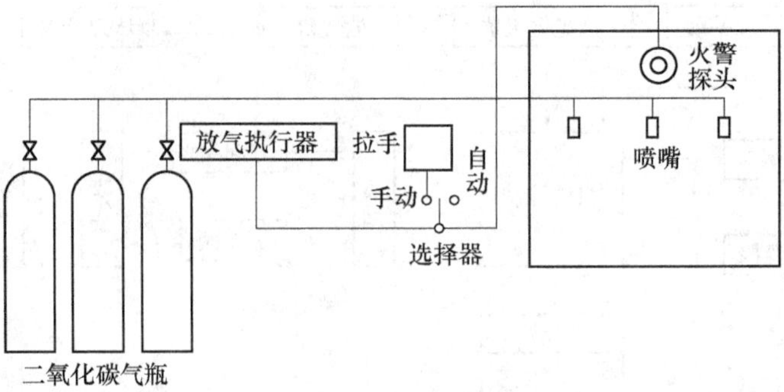

图 11-24　二氧化碳自动灭火系统原理图

意外事故，避免有人在里面工作时喷出二氧化碳，影响健康，必须设计在入室之前把开关转到手动位置，离开时关门之后复归自动位置。为了避免无关人员乱动选择开关，应设计宜用钥匙型的转换开关。

由于卤代烷气体可能会对环境造成不利影响，所以国际消防组织已做出明确规定，尽量减少卤代烷的使用，直至 2000 年已完全禁止。目前国外一些研究机构正在试制研究一种能完全替代卤代烷的替用品。在该替用品尚未完全推出之前，现在人们多采用二氧化碳及清水泡沫等自动灭火系统。

2. 气体自动灭火系统的电气设计

气体自动灭火设备的工作原理设计框图如图 11-25 所示。气体自动灭火设备通过探测器探测到火情后向灭火控制器发出信号，控制器收到信号后通过灭火指令控制气体压力容器上的电磁阀，放出灭火用气体至喷嘴。在气体释放的同时，管道上的压力继电器动作，通过控制器显示气体放出的信号，同时告知人员切勿入内。此外，设备还具有音响报警等功能。气体自动灭火系统中通常还设有联动装置，以便在装置动作喷射灭火时，将灭火区的空调送风口、通风百叶窗等自动关闭，达到良好的灭火效果。

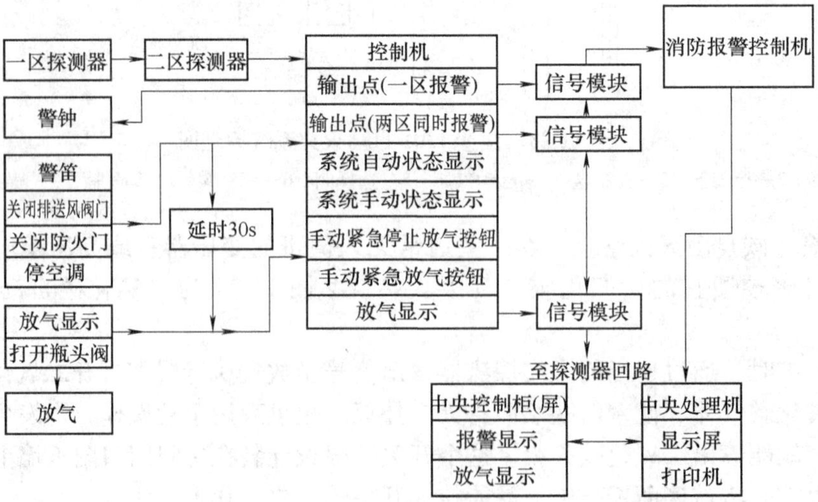

图 11-25　气体自动灭火设备的工作原理设计框图

11.5　现代民用建筑智能消防系统与设计

11.5.1　智能消防系统类型与设计

1. 智能消防系统类型

智能消防系统的类型主要有：区域报警智能化消防系统、区域 - 集中报警智能化消防系统、消防联动控制智能化系统、智能消防自动报警系统等 4 种类型。

2. 智能化消防系统设计

（1）智能化区域报警消防控制装置与系统设计　典型的智能化区域报警消防控制装置的基本原理框图如图 11-26 所示，它是由微机控制的自动巡检装置。由微处理机、解码电路、直流电源、显示电路及驱动器等组成。此类区域报警装置不能自身独立构成系统，需通过集中报警控制装置总的数据传输及电路检测来实现区域报警显示。

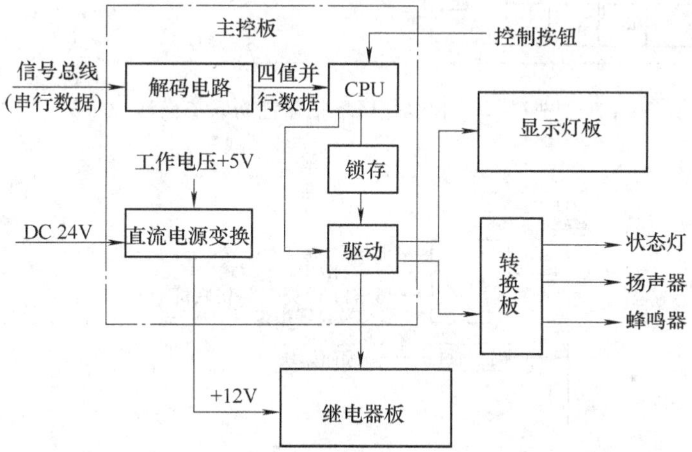

图 11-26　典型的智能化区域报警消防控制装置的基本原理框图

该装置可以通过集中报警控制器的现场编程，将整个区域范围内的任意探测点的编码地址与对应火灾显示点一一对应。它通过总的集中报警探测装置，顺序对每个探测器进行巡检，内容包括探测器的报警、预警、断线故障、运行情况及各模块的运行状态、数据等，这些信息数据将存在存储器中，经微机按确定的程序分析处理之后，分别实行预警、火警、故障等声光报警，同时实行火警信号最高级别程序，即所有故障信号均让位于火警信号。其系统设计如图 11-27 所示。

（2）智能化集中报警消防控制装置与系统设计　与前述区域报警消防装置对应配套的集中报警消防控制装置，其工作原理如图 11-28 所示。该装置为二总线制通用型火灾报警消防控制器，由 CPU 板、控制板、显示、报警电路、电源板及其他电路构成。

该装置既可作集中报警消防控制装置，也可作区域报警消防装置使用。它能够接收所有探测点的火警、故障电信号。以声、光信号发出火情警报，同时显示及记录火情发生的位置和时间。装置采用地址编码技术，所有探测器部位可以在现场编程，确定地址与对应的层、房号，这使得探测器地址的确定及修改极为容易。它能对探测点的编码地址与对应的火灾显示器（区域报警器）显示号做现场编程，以求得一致。

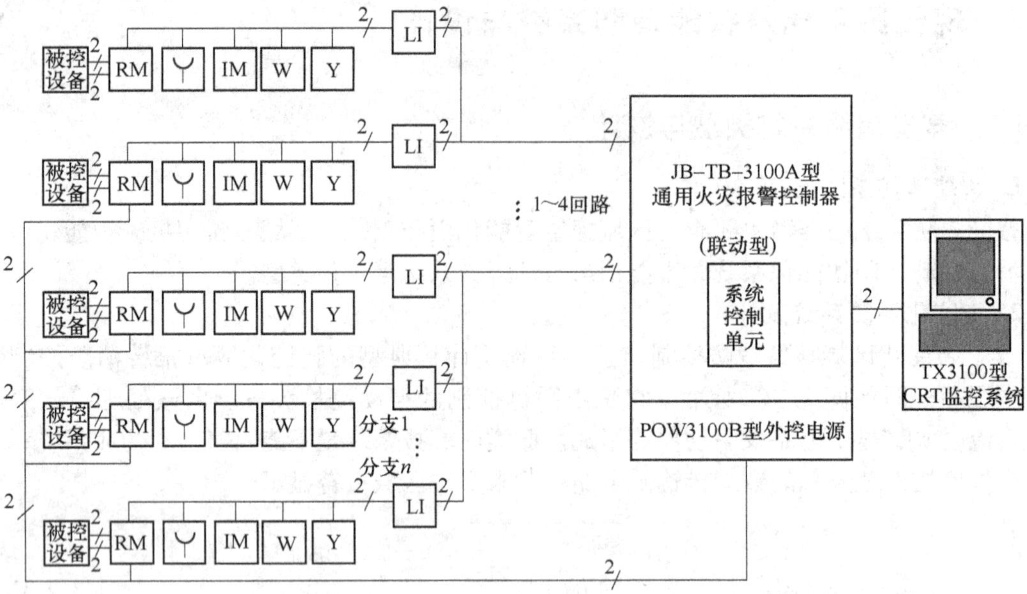

图 11-27　智能化区域报警消防系统设计

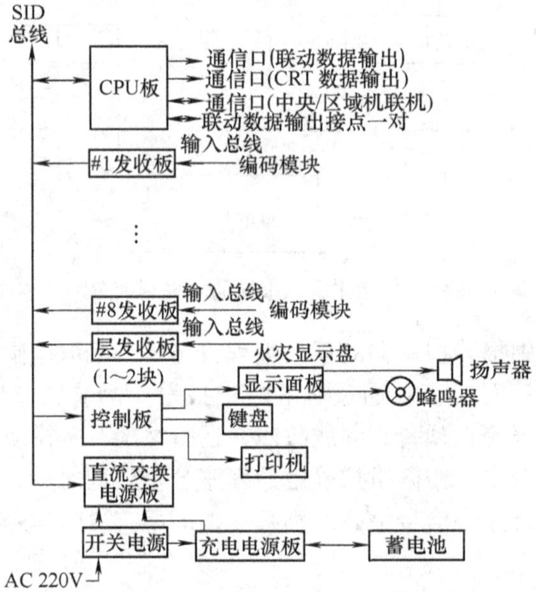

图 11-28　集中报警消防控制装置工作原理

装置可以进行打印机自检，查看内部软件时钟，对各回路探测点运行状态进行单步检查和声、光显示自检。可以对发生故障的探测点进行封闭以及被封闭探测点修复后释放的操作。这样就可以使得各回路中即使存在个别故障探测器时也不致会影响整个探测回路中其他探测器的正常工作。系统设计如图 11-29 所示。当系统需要设置联动控制时，装置与配套的控制器一起组合成可以联动控制整个范围内的各种消防设施。

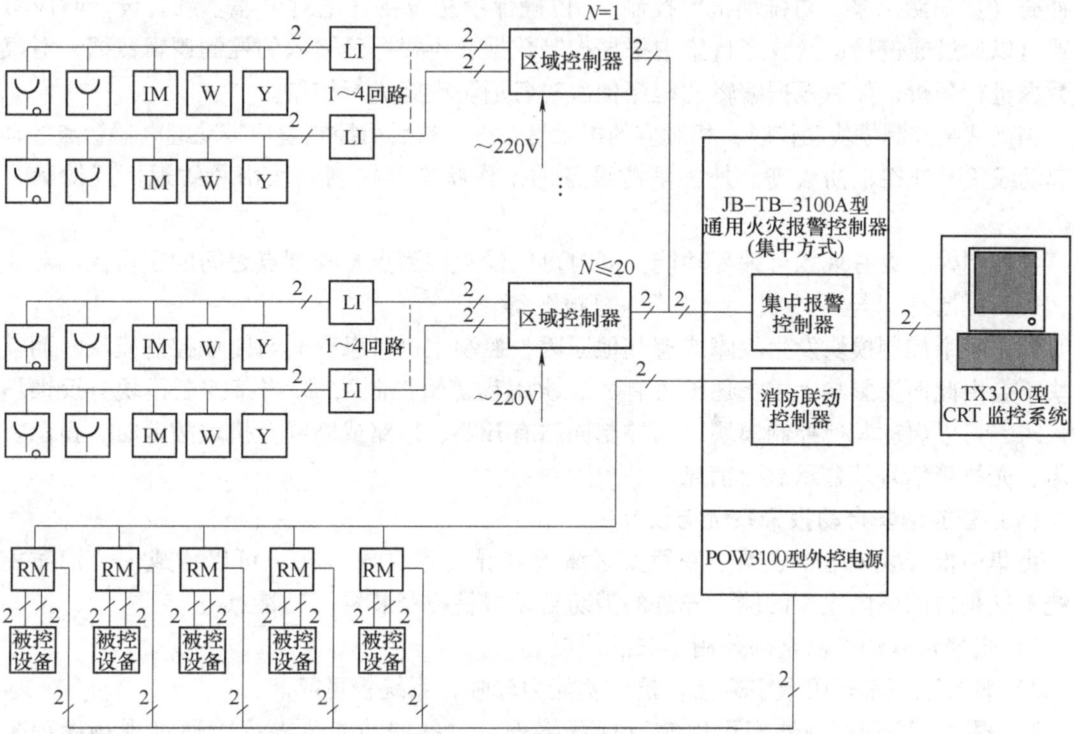

图 11-29　区域－集中报警消防系统设计

(3) 消防联动控制智能化系统的组成原理与设计

消防联动智能控制器的基本工作原理框图如图 11-30 所示。消防联运智能控制器由两种类别构成，一种为总线制消防控制模块，主要用于控制各层的外控消防设备（包括疏散广播、警铃等）。还有一种是多线制消防联动智能控制输出。主要用于作为中央消防设备控制

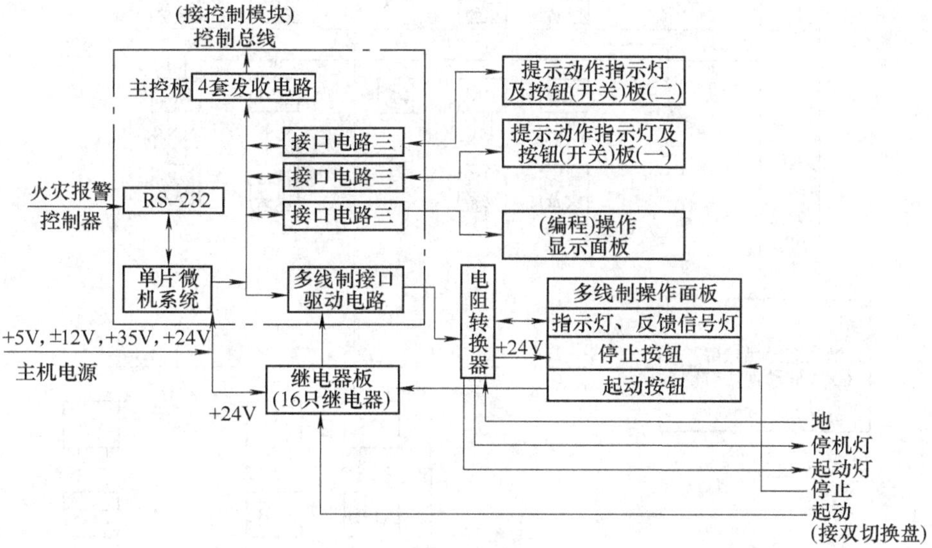

图 11-30　消防联动智能控制器的基本工作原理框图

的补充（如消防水泵、防排烟机等控制），以确保消防设备的绝对可靠。系统设计时应考虑装置可以通过通信接口接收来自集中报警控制数据，再根据已输入的控制逻辑数据，对报警点数据进行分析，然后根据编辑的程序依次对各消防设施进行控制。

当确认某控制模块动作时，相对应的指示灯会亮，然后由控制模块带动继电器触点的动作来起动或关闭外控消防设备。外控消防设备的工作状态经控制模块由总线返回反馈信号给主机。

各控制模块具有现场可编程功能。同时可以设置探测点与控制点之间的逻辑控制对应关系，逻辑控制有“与”、“或”、“片”“总报”等。

如果某个控制模块发生故障或有其他原因，控制主机可以暂时封闭该控制模块，而其他模块不会由此而受影响。主机还设置有“二次编程逻辑控制”，即当某控制模块有反馈信号输入时，可以启动其他控制模块。当控制回路有开路、短路或断线及模块故障时，显示板上有声、光故障信号及显示故障信息。

（4）智能消防自动报警系统与设计

由集中报警装置附带联动控制器及区域报警屏（重复显示屏）可以构成一个消防控制系统，这是目前国内生产的较为先进的消防自动报警控制装置。其特点是：

1）报警及联动控制全部采用了二总线制。

2）装置采用串行码数字通信，抗干扰能力较强，系统较可靠。

3）报警、联动控制器都可以实行现场编程，对各种功能要求都能通过现场编程来实现，并且可以反复写入，断电不会消失。联动控制器具有手动/自动功能及反馈控制（二次启动）功能。其系统设计如图 11-31 和图 11-32 所示。

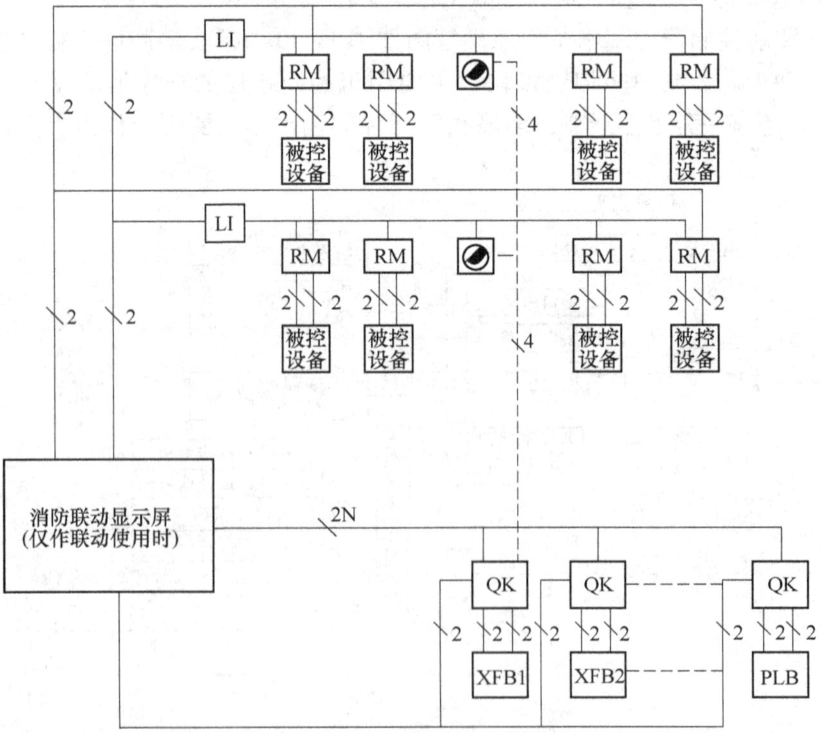

图 11-31　消防联动智能控制系统设计

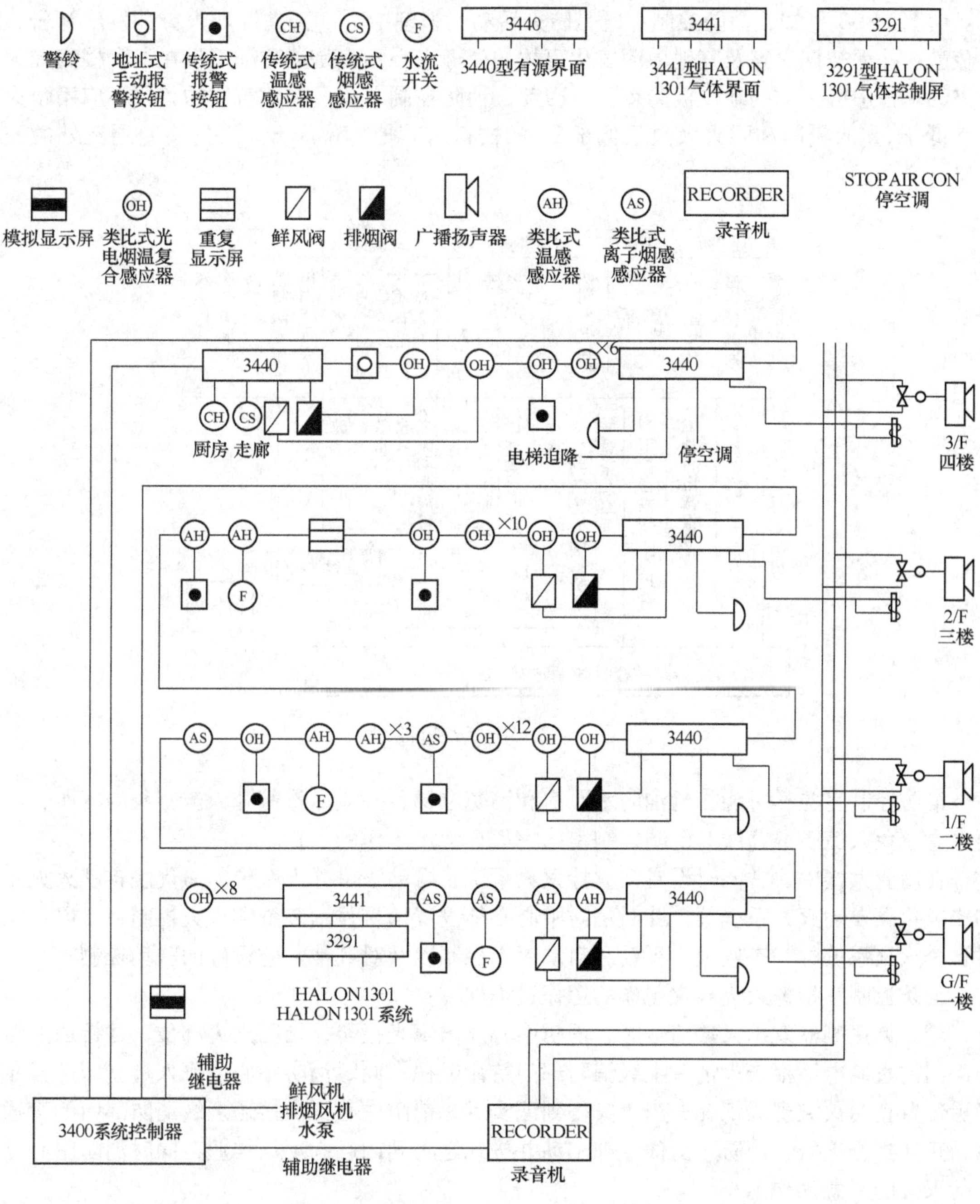

图 11-32　智能消防自动报警系统设计

11.5.2　现代民用建筑消防控制中心设计

1. 现代民用建筑消防控制中心功能设计

根据防火要求，凡设有火灾自动报警和自动灭火系统，或设有自动报警和机械防排烟设施的楼宇（例如旅馆、酒店和其他公共建筑物），都应设有消防控制室（消防控制中心）。对智能化消防系统而言，必须设置消防控制中心，负责整座大楼火灾的监控与消防工作的指挥。由图 11-33 可知，消防控制室既是防火活动的管理中心，又是发现火灾并发出警告、引导疏散、扑灭初期火灾及其他原因发生事故的处理中心，也是消防部门设在本大楼实施灭火救灾的指挥中心，它的地位极为重要。因此，消防控制室应设在建筑物的首层，应用耐火极限不低于 3h 的隔墙和耐火极限不低于 2h 的楼板与其他部位隔开，并应有直通室外的安全出口。

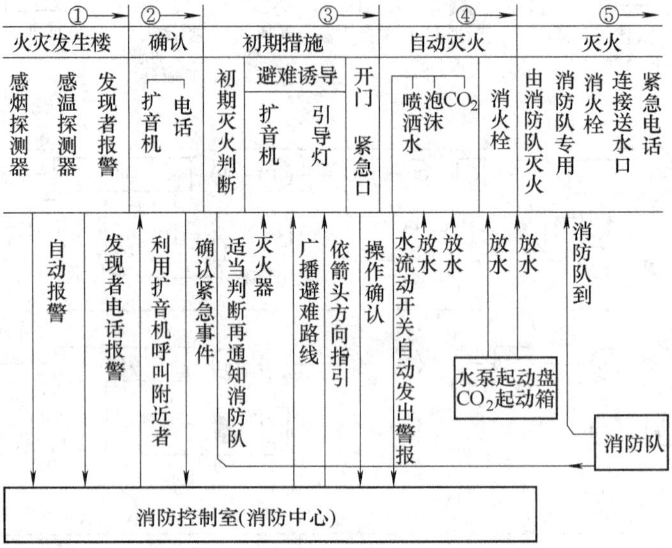

图 11-33　消防设备说明图

消防控制室应尽可能靠近消防水泵房和消防电梯，并应尽量避开人流密集的场所，特别要注意避免人流疏散路线对消防控制室指挥灭火救灾工作的干扰。

在商业大楼中，常同时设有消火栓灭火系统、自动喷水灭火系统、卤代烷自动灭火系统和二氧化碳自动灭火系统等。此时消防中心必须设置信号显示装置和火灾控制台，以便实现对各个灭火系统的状态监视、手动和自动灭火控制以及对其他消防设施的联动控制。

消防控制室指挥灭火救灾工作的运作过程如下：

当火灾探测器发出火警信号时，消防中心发出声光报警，指明火灾部位，并接通上级消防部门的直通电话报告火情，上级消防部门待命监视；同时消防中心值班人员立即按显示屏指示位置查明火灾现场情况；当火灾得到证实后，消防中心再次接通上级消防部门的直通电话，正式报告火警，消防人员便立即出动并按规定时间内赶赴现场作业，同时消防中心立即执行灭火的紧急动作。

当消防按钮及自动喷水灭火系统的水流开关（流水指示器）动作时，应自动进入相应系统的消防动作。如立即起动消防泵，同时按上述程序通报上级消防部门和转入执行灭火紧急操作。

装有气体灭火装置时，可与灭火装置配套就地设置火灾探测器—报警控制装置，或集中设置火灾报警控制装置。但是，不论是就地还是集中方式，都应在消防中心设有相应的声光报警装置，并按上述程序通报上级消防部门，必要时发出转入执行火灾紧急操作的指令。

火灾紧急联动操作一般包括以下监控程序：

1）自动投入相应的消防水泵。

2）自动开启排烟机。

3）自动关闭空调机、通风机。

4）自动投入火灾事故照明及疏散指示标志灯。

5）将消防电梯直下基站、放客、关门、停运，等候消防人员使用；而普通客梯停靠在最近停靠层或基站进行放客、关门、自动断开电源、停运。

6）对建筑物的防火门、窗、卷帘、防烟垂壁、紧急避难口、排烟口、正压疏散通道等，按防火区域划分，进行综合性管理。

7）接通紧急广播、电铃、电话，通报火警、指挥疏散，及时向上级消防部门报告。

8）全部监控设备的状态显示信号。

当大楼设有微机自动管理系统时，自动报警和自动灭火系统及其联动控制装置可以全部纳入微机自动管理系统。各种开关量和模拟量输入信号通过火警监控资料收集箱 DGP 输入中央控制室的中央处理机 CPU。并经 N、P 指令发往各执行机构，从而实现灭火系统自动控制。

2. 现代民用建筑消防控制中心的布置及主要设备设计

常见的建筑物消防控制中心是附设在建筑物内的，其位置宜设置在建筑物的首层，应当采用耐火极限不低于 3h 的隔墙和耐火极限不低于 2h 的楼板与其他部位隔开，并设置直通室外的安全出口。当设置首层确有困难时，也可以将其设置在地下一层。

消防控制中心的门，应有一定的耐火性能，同时为了便于消防人员在灭火时联系工作能快速准确地到达消防控制室，消防控制室门上方应设有明显的标志，一般可以设置标志牌或标志灯，且标志灯的电源应从消防应急电源上接入，以保证标志灯在紧急事故时也可以照常工作。

消防控制中心可以和安保、建筑设备管理系统控制中心等合在一个大房间内，这样也便于相互间联系，且管理方便、节省设备，少用房间和面积。

但是鉴于我国现行管理体制上的不同要求（现行消防法规也比较强调消防系统的独立性），所以这样的设置安排还应征得有关方面的认可。

控制中心的面积可以根据被监控对象的多少及设备占用面积等因素而决定。通常应考虑设备安放后的维修、操作面积及值班、指挥人员占用的面积。

通常，消防控制中心应根据需要配有以下设备：

1）报警控制主设备。主要包括：室内消火栓系统的控制及显示设备，自动喷洒灭火系统的控制及显示设备，泡沫和干粉及灭火系统的控制及显示设备，二氧化碳等管网灭火系统的控制及显示设备，电动防火门和防火卷帘的控制及显示设备，防排烟设备及电动防火阀的控制及显示设备，通风和空调的电源切除控制等设备。

2）电梯系统的监控设备。

3）火灾事故广播设备的控制装置。

4）消防通信设备。

5）保证电源等。

消防系统主要监控项目见表 11-8。其他监视包括：疏散照明电源的监视；高空障碍灯监视；风速、风向、温度监视；地震监察等。

表 11-8 消防系统主要监控项目

消防系统			消防中心（24h 管理）
消防设备	灭火	喷洒设备	⊙
		室内消火栓	⊙
		其他消防设施起动	⊙
		（002 灭火等）	⊙
		消火水槽	○
	防火防烟区域	防火卷帘、防火门的闭锁	⊙
		防火防烟隔断的闭锁	⊙
	防排烟设备	排烟风机加压风机	⊙
		排烟口	⊙
	自动火灾报警设备		⊙
	煤气泄漏报警设备		⊙
	紧急广播		⊙
	消防专用通话		⊙
	诱导灯		○
	紧急照明		○
	对讲设备		⊙
	应急电源	自备发电设备	○
		蓄电池、UPS	○
	一般用电梯（地震、火灾、停电管制）		⊙
	消防电梯（地震、火灾、停电管理）		⊙
	空调、通风设备（防灾控制）		⊙
	给排水设备（防灾控制）		⊙
	煤气紧急关闭阀的动作		○
	避难口，主要门的开启		⊙
	航空障碍灯		△
	停电复电处理		△

注：○—监视；⊙—监视、控制；△——般设备的监视。

消防中心控制台应包括：紧急电话；紧急广播用话筒及选择开关；防火门关闭指令；排烟窗开闭指令；紧急疏散口打开指令；空调闸栅开闭指令。

显示屏和控制台可以分开设置，也可以组合在一起，成为控制屏台式结构。此时，显示部分设于屏面上，而控制部分则设于台面上。

消防中心应设两路专线电源供电，自动切换，互为备用。为了确保消防用电的可靠性，还应设置后备的镉镍蓄电池组。所有消防系统的管线，应选用防火耐热的铜芯绝缘导线，并采用钢管暗敷。

思考题与习题

11-1 目前火灾探测中主要有哪几种类型的火灾探测器？请分别简要介绍各自的工作原理。

11-2 在防排烟系统的设计中如何清除和防止有害烟气的扩散和蔓延？试说明防排烟方式和正压送风的作用。

11-3 试简述疏散楼梯、防火门、防火卷帘、防火分区、防火分隔对防火的作用。

11-4 试分别叙述民用建筑使用的灭火剂种类及其灭火机理，对于油类火灾及电气火灾选用哪种灭火剂最有效，为什么？

11-5　湿式和干式自动喷水灭火系统，有哪些相同之处和不同之处？试述各自的灭火过程。

11-6　卤代烷气体自动灭火系统适用于哪些场所？灭火剂喷洒浓度的选择和时间是如何确定的？在使用紧急起、停按钮时，应采取什么措施？

11-7　简述火灾自动报警系统的工作原理，分析其实现自动报警的过程。发生火灾的瞬间，消防控制室值班人员应采取哪些应急措施？画出区域报警系统及有关联动控制的方框图，并作简要说明。

11-8　在现代民用建筑中对消防系统的设计应考虑哪些因素？试从经济性、可靠性角度进行论述。

第12章　现代民用建筑设备自动化和智能化系统与设计

建筑设备自动化和智能化系统是为了适应现代信息化社会对建筑物的功能、环境和高效率管理的要求。特别是建筑物应具备信息通信、办公自动化、建筑设备自动控制和智能化管理等一系列功能要求而在传统建筑的基础上发展起来的。此处所说的建筑设备是指：建筑电气设备（即BA系统设备）、建筑办公设备（即OA系统设备）、建筑通信设备（即CA系统设备）。建筑设备自动化和智能化系统的发展是科学技术和经济水平的综合体现，它已成为一个国家、地区和城市现代化水平的重要标志之一。本章主要介绍建筑电气设备、办公设备、通信设备的自动化和智能化系统的基本知识与设计知识。

12.1　现代民用建筑电气设备自动化（BAS）和智能化系统与设计

12.1.1　建筑电气设备自动化系统的主要功能与发展趋势

1. 建筑电气设备自动化系统的主要功能

建筑电气设备自动化系统（Building Automation System，BAS），有时称为建筑电气设备管理自动化系统。此处所说的建筑电气设备是指现代民用建筑中的电力、照明、空调、电梯、水泵等强电设备。现代民用建筑电气设备管理自动化系统实质上是一套中央监控系统（Center Control Monitoring System，CCMS）。在现代民用建筑和智能建筑中，它对大楼内的各种设备：电力、照明、空调、电话、广播、防火、防盗等，实行高度综合自动化管理。以达到舒适、安全、可靠、经济、节能的目的。并为用户提供良好的工作和生活环境，确保各项设备常处于最佳运行状态。现代民用建筑电气设备智能化系统的基本功能可以用图12-1来表示。

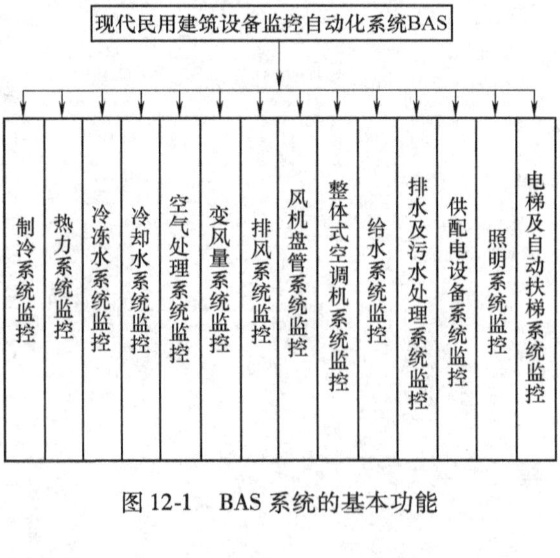

图12-1　BAS系统的基本功能

2. 建筑电气设备自动化系统的监控范围

建筑电气设备自动化系统涉及的范围很广，从广义的角度来说，还应包含安全防范系统（SA）与火灾报警系统（FA）。其监控范围如图 12-2 所示。此处主要包括电力、照明、空调、给排水、电梯、停车场管理系统等。图 12-3 所示为某一建筑的建筑设备监控系统。

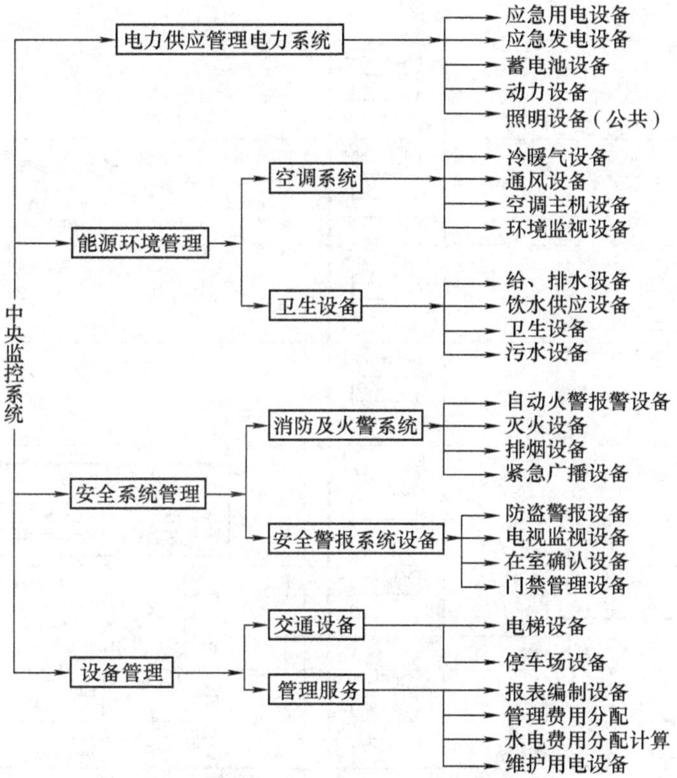

图 12-2 建筑设备监控系统的监控范围

3. 建筑电气设备自动化系统的发展趋势

随着业主对安全性、舒适性的要求日益增大，建筑物楼内设备的增多，控制点的增加，一般采取在中央控制室、防灾中心进行集中监控。采用分布式控制单元实现高检测功能控制。通常用一台中央计算机进行处理，使空调设备、卫生设备、电力和照明设备、火灾自动报警设备、电梯设备等尽可能有效地工作。

其发展趋势是：随着大楼管理系统输入信息量的增加和微处理机性能的提高，除了具备监视、控制的实时功能外，又增加了数据分析和报表生成功能等，其管理系统将不断向智能化方向发展。通过终端服务和预警装置，可以最大限度地减少用户的埋怨情绪，并减少设备更新费用，使物业管理水平大大提高。目前正在向控制—监视—管理的垂直分层和各种设备一体化的方向发展。通过综合控制，使大楼环境更舒适、更安全、更可靠，以提供最适宜的工作和生活环境。

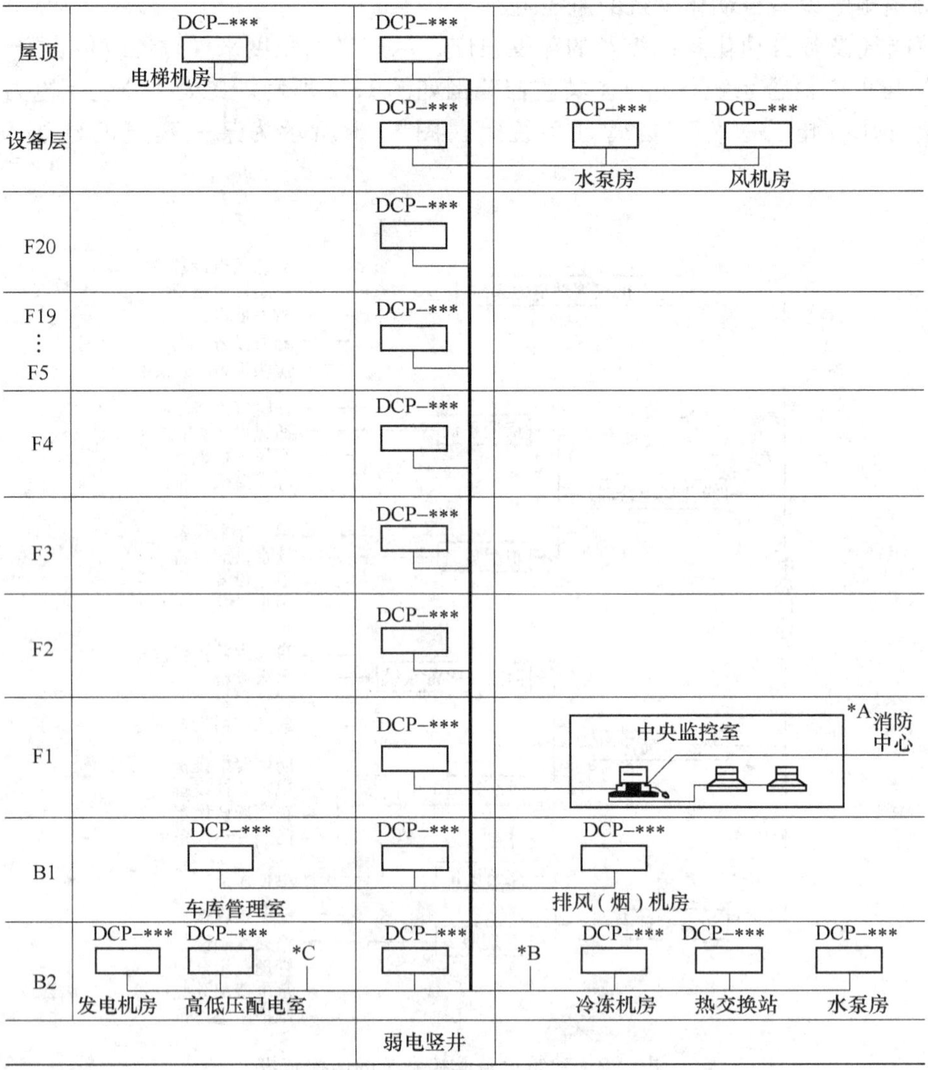

图 12-3 对应某一建筑的建筑设备监控系统

12.1.2 建筑电气设备自动化（BA）和智能化系统与设计

1. BA 系统和智能化系统的基本结构

BA 系统和智能化系统的基本构成如图 12-4 所示。主要包括：建筑物设备管理系统中心（含人机装置、主控装置）、系统总线和纵向总线竖井、电梯控制盘、照明控制器、防盗控制器、R 型复合受信盘和中继器、专用终端、主计算机和前端处理机等系统。

2. BA 系统和智能化系统的功能要求

中央监控系统集计算机技术、现代控制技术、信息通信技术于一体，对智能建筑物中的所有电气设备进行全面监控。例如：电力、照明、空调、供热、给排水、电梯、消防、卫星广播、电视防盗报警、出入口控制、语音和数据通信、物业管理等进行全方位的管理和监控，以实现舒适、安全、高效、节能的目的。为此，中央监控系统必须具备：监控功能、显

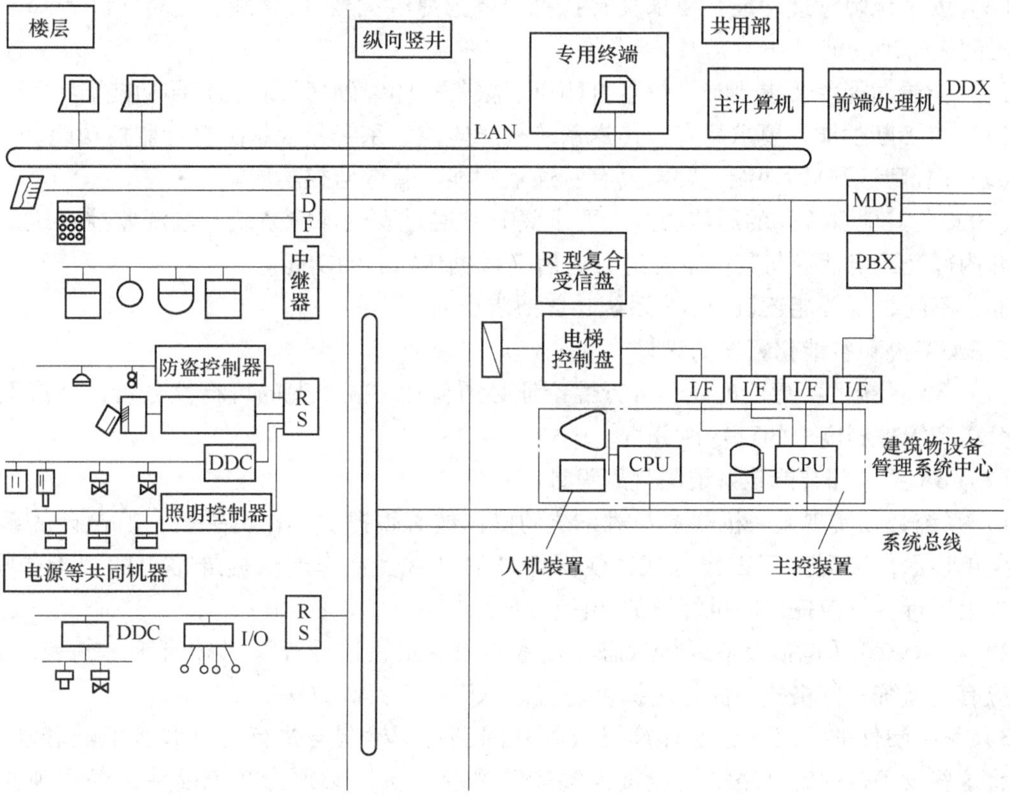

图 12-4　BA 系统和智能化系统的基本构成

示功能、操作功能、控制功能、数据管理功能、安全保障功能、记录功能、自诊断功能、内部互通电话功能以及与其他系统之间的通信功能等 10 个方面的功能。各种功能要求如下：

（1）监控功能　要求具有：状况监控、警报发生监控、起动/停止失败监控、计测值上下限监控、计测值偏差监控、连续运行时间监控、运转时间累计、起动/停止次数累计、监视器（CRT）使用范围指定功能。此外，如果其中的一台监视器发生故障，另一台监视器（CRT）将会自动切入，或按照备份用的设定使用范围进行监控。

（2）显示功能　要求具有：监视器（CRT）系统图显示、动画显示、多窗口显示、画面移动显示、单管理点的详细画面显示、趋势图显示、长条图显示、日历显示、警报一览表显示、未确认警报一览表显示、维修登录一览表显示、程序一览表显示、日报·月报·年报显示、预约画面显示、显示履历的显示、直接选择显示、警报指示显示功能。

（3）操作功能　要求具有：手动起动（切换）、远程设定值变更、程序设定值变更、许可/禁止指定、维修登录/解除、鼠标器操作、操作密码指定功能。

（4）控制功能　要求具有：日历功能、时间程序、连动程序、火灾意外事故程序、停电处理、自备发电时的强制驱动控制、恢复供电程序、最佳起动/停止控制（预冷预热控制）、室外空气引入控制、远程设定值的时间控制、简易运算控制功能。

（5）数据管理辅助功能　要求具有：趋势数据的再显示、用户数据处理辅助、警报记录、操作/状况变化记录功能。

（6）安全保障管理功能　要求具有：机器登记簿/机器履历管理、运转实绩管理、安全保障时间表管理功能。

（7）记录功能　要求具有：信息打印机、报表打印、硬拷贝彩色打印功能。

（8）自诊断功能　要求具有：传送系统故障监控、系统异常状况自行监控功能。

（9）内部互通电话功能　要求具有：通话功能、音频监控功能。

（10）与其他系统间的通信功能　要求具有：通过安全保障系统、电源监控系统、冷却装置和内部互通电话等与其他系统进行通信（数据传送）的功能。

通常不同级别智能建筑的 BA 系统功能要求也有所不同。

3. BA 系统和智能化系统的设计

（1）BA 系统的可行性论证　可行性论证必须包括：技术上的可行性分析，经济上的可行性分析和管理制度上的可行性分析。

（2）BA 系统和智能化系统的规划设计

1）系统必须实现人—机联系：对系统的操作员必须提供操作员手册，所设计的系统应提供菜单显示，实现交互工作方式，使操作员的日常性操作能依据屏幕上的“操作指示”在键盘上进行，且应提供脱机练习的功能。

2）技术信息（包括设备运行状态、技术参数、报警信号等）必须有统一的表示方法，报文应有清晰统一的格式，而且应提供建立信息库的工具和方法。

3）系统硬件的组成（包括计算机及其外围设备、检测与执行元件和其他配套硬设备，以及将这些设备按一定网络结构连接为整体的物理介质）必须为系统硬件设备实现监控功能提供物质基础，系统及主要部件应具有可维修性。

4）在应用软件中应提供必要的数学方法、数学模型和控制算法。

5）除必备的系统软件外，还必须提供保证功能实现的足够数量的应用软件。

6）系统中使用的技术术语应有统一规定。如分布式系统把分散式系统联网组成统一系统时，最初的规划即应保证各分散系统使用统一的汇编语言与高级语言。报警及状态显示与打印所用的自然语言宜采用汉字与英文兼容任选方式，如受条件限制允许只用英文。

7）系统中各子系统的建立与运行规则必须符合已经生效的国家和地方的规定、规程、规范与法规。

8）系统的运行应保证人在系统中的活动效率最高、不出差错，并有益于人的身心健康。

9）系统必须有保证可靠运行的自检试验与故障报警功能。系统必须有：交流电源故障报警、通信故障报警、接地故障报警、外围设备控制单元故障报警。所有报警均应在中央站的主操作台 CRT 屏幕上给出标准格式报告（时间、代码、文字描述短语以及处理指示），并附有必要的声（或）光显示，故障消除后应给出恢复正常的标准格式报告。

10）对系统的各监控点均应明确地进行类型划分：依据监控性质，监控点宜划分为三类：显示型、控制型、记录型。

11）系统网络结构的规划应符合：① 满足集中监控的需要；② 与系统规模相适应；③ 尽量减小故障波及面，实现“危险分散”；④ 减少初投资；⑤ 系统扩展易于实现。

12）系统的规模：系统的规模应按表 12-1 的规定区分。

表 12-1　BA 系统规模区分表

系 统 规 模	监控点数（个）
小型系统	1～40
较小型系统	41～160
中型系统	161～650
较大型系统	651～2500
大型系统	2501～

（3）设计流程　BA 系统和建筑智能化系统的设计流程如图 12-5 所示。

（4）“控制中心”的设置

1）防火与保安子系统按有关防火规范规定应单独设置，不纳入 BA 系统。但在设计上必须协调，避免在防火与保安发生异常情况时，对某些设备的控制指令不一，发生“干涉”现象。

2）在防火与安全业务主管部门同意且经济上可行的条件下，可以将防火与保安子系统纳入 BA 系统，使之真正具有综合监视、控制与记录功能。为满足管理体制上的需要，该子系统应具有外观上和使用管理上的独立性。

具体技术措施是：① 在“消防控制中心”等专管部门设置专用终端（二级操作站或远方操作站），提供专用的显示打印与操作终端设备；② 事先编程，将管理体制上要求属于某主管部门的全部监控点，安排为该部门终端的分离点；③ 赋予对所属分离点的最高操作级别进行数据访问、子系统自检、数据存取和修改、接受报警或联络信号和发出运动操作指令。

3）防火与安全系统仍作为独立系统设置，只在其“中心”与 BA 系统监控中心建立信息传递关系，使两者同时具有状态监视功能。一旦发生灾情或盗情等异常情况，按约定实现操作权转移。

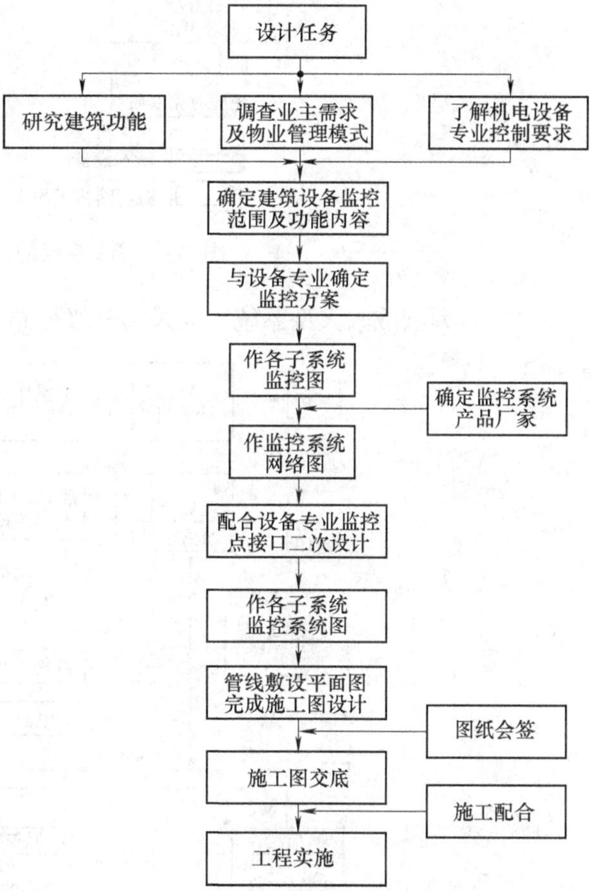

图 12-5　BA 系统和建筑智能化系统的设计流程

4）大型建筑（群）防火与安全系统亦可单独组成局域网络，并与 BA 系统局域网络互联，组成多域网。

（5）BA 系统和智能化系统的控制网络拓扑结构设计　BA 系统和智能化系统的控制网络拓扑结构宜优先采用共享总线型拓扑结构。

1）对中型以上系统，无论采用何种控制网络结构，BA 系统对某一监控点实施监控的信号传递路径设计应符合图 12-6 所示的模式。

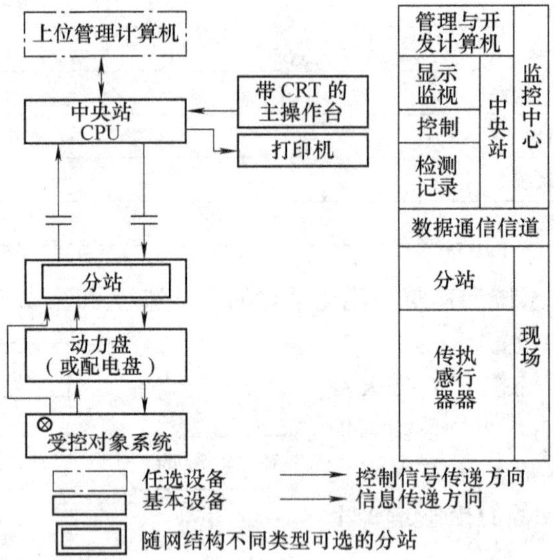

图 12-6　BA 系统的信号传递途径设计

2）对大型或较大型系统，应采用分级分布式的结构设计，如图 12-7 所示。

图 12-7　BA 系统分级分布式结构设计

这种系统结构的特点为：① 将分站设置在其所属受控对象系统的附近，使之成为现场工作站；② 以一台微处理机为核心，按规划实现全部监控功能；③ 与中央监控站之间实现数据通信，分站之间亦应实现直接数据通信。

3）对中型系统和设备布置分散的小型系统，宜采用分级分布式监控系统。但受投资、使用、维护水平限制时，亦可采用集中式结构。即：① 中央站采用计算机监控，分站不设 CPU；② 分站采用功能模块式结构，以完成数据采集、转换与传递功能为主；③ 具有对所属设备进行起/停控制和参数调节的功能。

4）对小型系统和布置比较集中的较小型系统，宜采用集中式结构。即仅设一台微型计算机（不设分站），对现场的多种装置实现控制，组成单机多回路系统。

（6）BA 系统和智能化系统底层电气设备的监控系统设计

1）电力系统配电设备的监控系统设计。电力系统是现代民用建筑和智能建筑中智能化系统正常运行的先决条件，要求安全、可靠供电运行。设计时必须考虑电力系统除继电保护与备用电源自动投入等功能要求外，还必须具有对开关、变压器的运行状态、系统的电流、电压、有功功率、无功功率等参数进行监测的功能，从而保证实现全面的能量管理。某 10kV 配电系统配电设备的监控系统设计如图 12-8 所示。

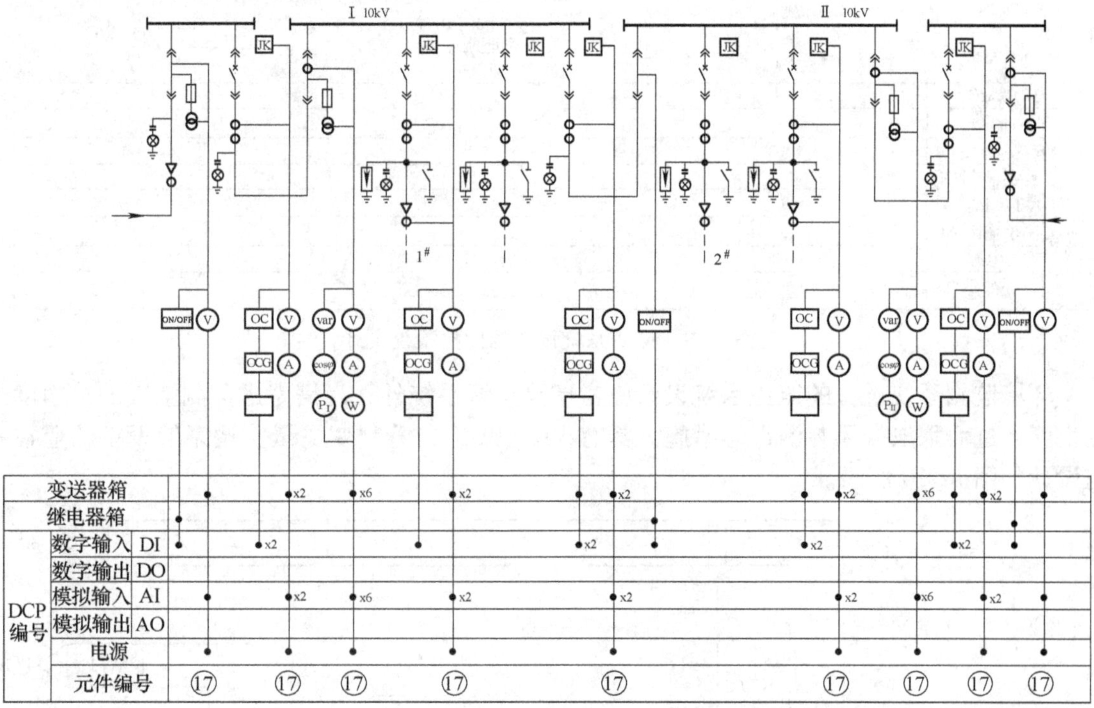

图 12-8　某 10kV 配电系统配电设备的监控系统设计

2）照明系统设备的监控系统设计。照明系统能耗一般较大，在大型高层民用建筑中往往仅次于供热、通风与空调系统。现代民用建筑的智能照明的控制系统设计十分重视节能，例如人走灯熄等，用程序设定开/关灯时间。如客户需要加班则用电话通知中控室值班人员，在计算机上修改时间设定；利用钥匙开关、红外线、超声波及微波等测量方法，一旦人离开室内，2min 以内自动关灯。国外的分析报告指出，按上述 3 种设计方案的照明控制大概可节约 20% ~30% 的照明用电。照明系统设备的监控系统设计如图 12-9 所示。

3）空调与环境监测设备的监控系统设计。空调系统在建筑物中的能耗最大，设计时应在保证提供舒适环境的条件下，采取如下节能控制措施：① 设备最佳起/停控制；② 空调及制冷机的节能优化控制；③ 设备运行周期控制；④ 电力负荷控制；⑤ 储冷系统最佳控制等。

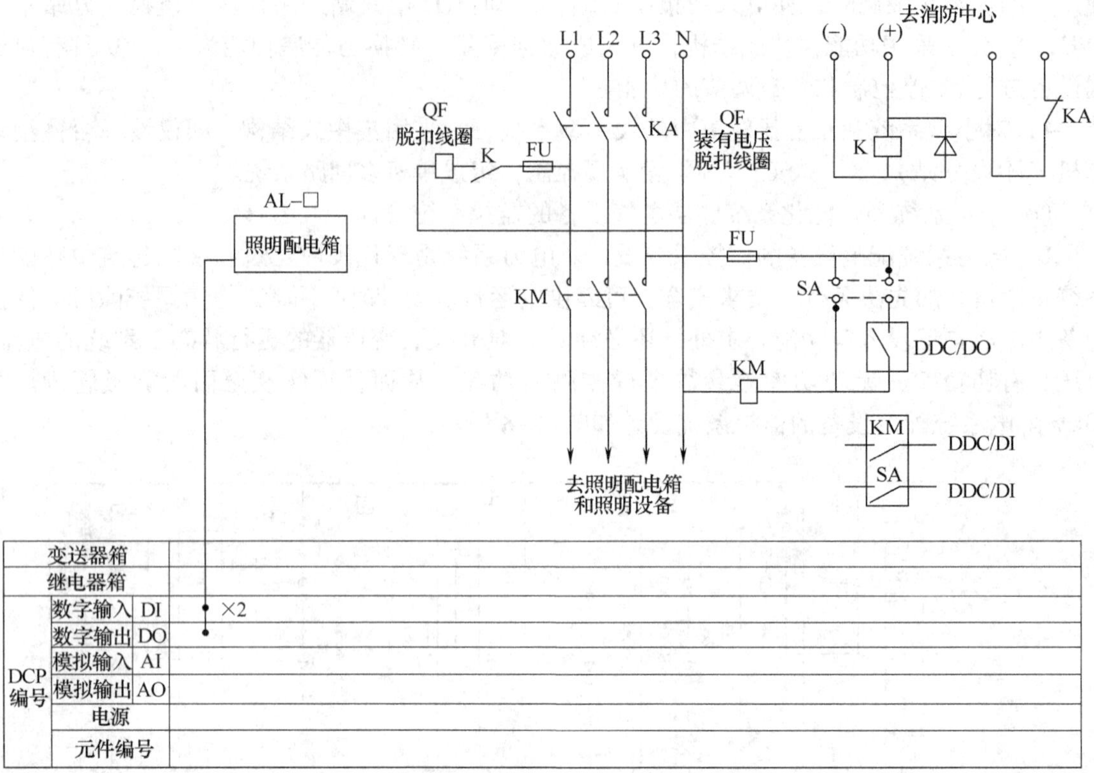

图 12-9　照明系统设备的监控系统设计

环境监测系统设备的监控系统设计应考虑除空调系统外，尚需考虑监测空气的洁净度与卫生度，进而采取排风与消毒等措施。具有 VRV BOX 二管制变风量空调系统设备的监控系统设计如图 12-10 所示。

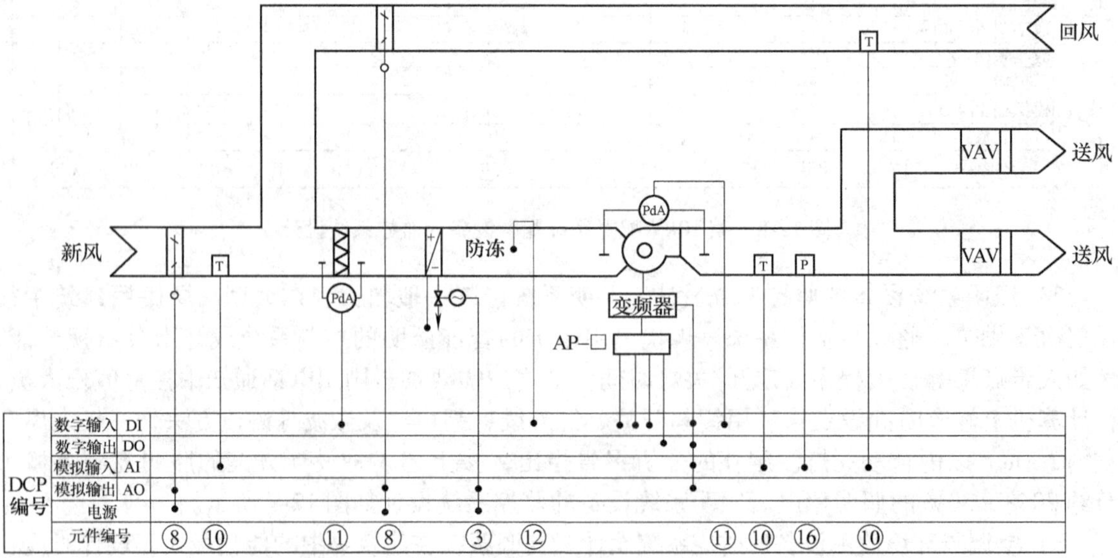

图 12-10　具有 VRV BOX 二管制变风量空调系统设备的监控系统设计

4）给排水系统设备的监控系统设计。我国很多城市为缺水的都市，给排水系统设备的监控系统设计应考虑除保证饮用水外，尚需重视水的再利用控制问题。给排水系统设备的监控系统设计如图 12-11 所示。

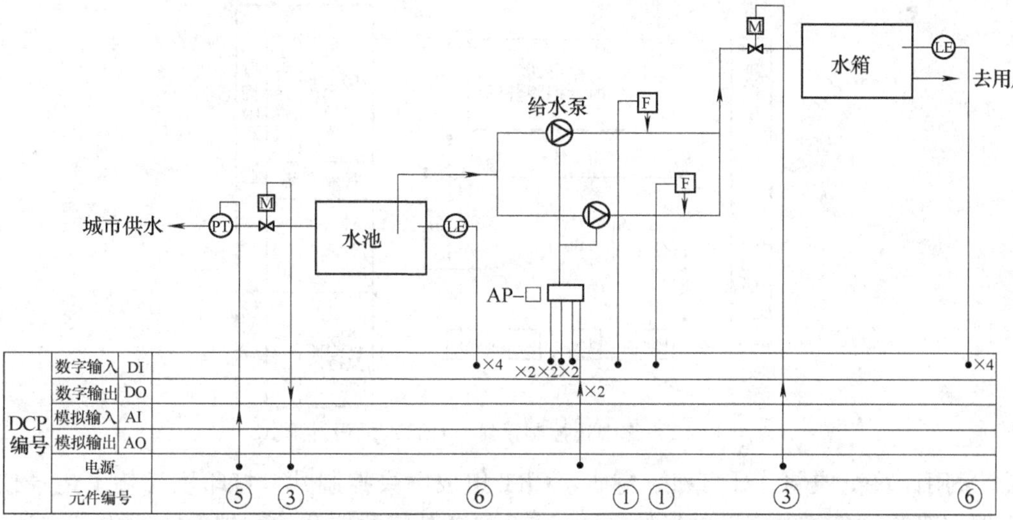

图 12-11　给排水系统设备的监控系统设计

5）电梯设备的监控系统设计。现代大型民用建筑均配备多组电梯，需要利用计算机实现群控，以达到优化传送、控制平均设备使用率与节约能源运行管理等目的。电梯楼层的状况、电源状态、供电电压、系统功率因数等亦需监测，并联网实现优化管理。电梯系统设备的监控系统设计如图 12-12 所示。

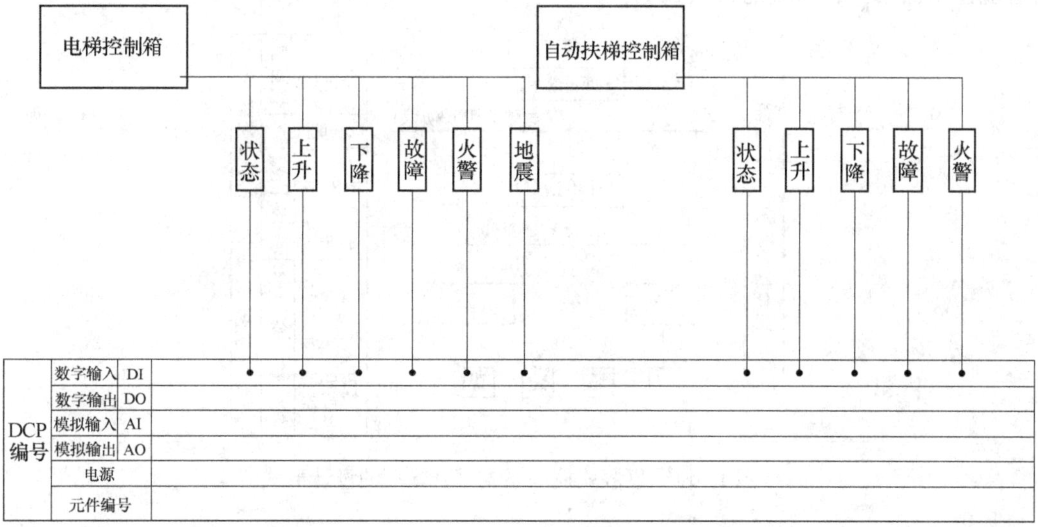

图 12-12　电梯设备的监控系统设计

（7）BA 系统和智能化系统的控制系统设计　目前 BA 系统和智能化系统的控制技术主要有：集中式控制系统（CCS）、集散式控制系统（DCS）、现场总线式控制系统（FCS）3

种方式。

集中式控制系统（CCS）的设计形式如图 12-13 所示。该系统产生于 20 世纪 70 年代，系统为数据采集站形式，其特点如下：

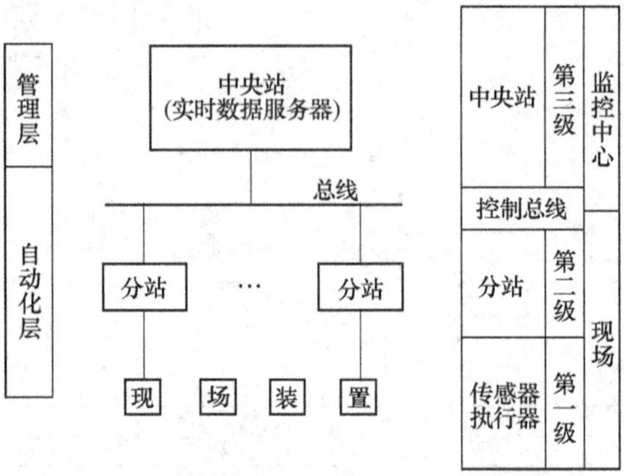

图 12-13 集中式控制系统（CCS）的设计形式

1）采用计算机控制，计算机、键盘、CRT 组成中央控制站，打印机代替了记录仪表，分散设置在建筑物各处的信息采集站（DGP），连接着传感器和执行器等执行设备，通过总线与中央站联系在一起，组成集中式控制系统。

2）DGP 分站的功能只是上传现场设备信息，下达中央站的控制指令。

3）一台中央计算机操纵整个系统工作，中央站采集各 DGP 分站的信息，再做出决策，完成全部设备的控制。中央站根据采集的信息和能量计测量的数据，完成节能控制与调节。

集散式控制系统（DCS）的设计形式如图 12-14 所示。该系统产生于 20 世纪 80 年代，系统为智能控制器形式，系统的特点如下：

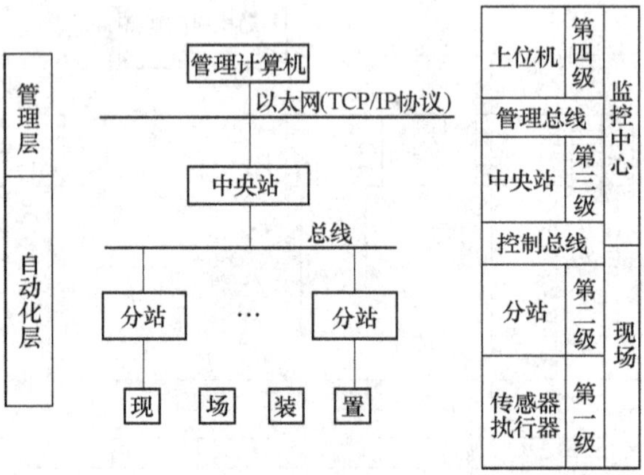

图 12-14 集散式控制系统（DCS）的设计形式

1）监控管理功能集中于中央控制站和有相当级别的终端，实时性要求高的控制功能和协调功能由分站完成。

2）中央控制站停止工作不影响分站功能和设备运转，而局部网络通信控制则因此而中断。

现场总线式控制系统（FCS）的设计形式如图 12-15 所示。该系统产生于 20 世纪 90 年代，系统为现场总线形式，其特点如下：

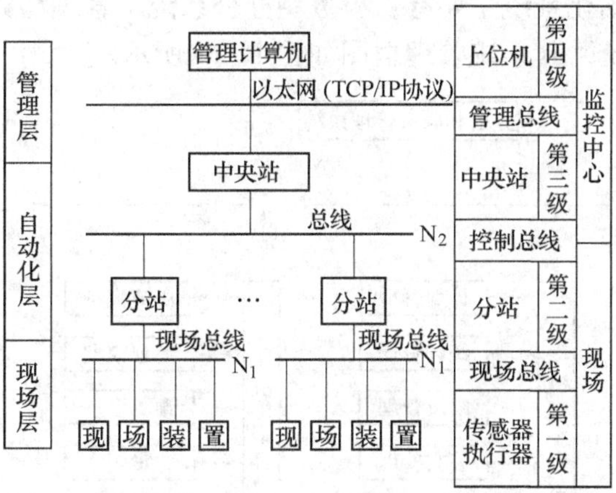

图 12-15　现场总线式控制系统（FCS）的设计形式

1）控制系统网络为 3 层结构，即管理层（中央站）、自动化层（DDC 分站）、现场网络层（现场总线）。

2）DDC 分站连接现场传感器和现场执行器。传感器、执行器的输入/输出被设置在现场。

12.2　现代民用建筑办公设备自动化（OA）和智能化系统与设计

在信息技术高速发展的今天，信息的获取、处理、存储和利用已经成为人类社会进行信息处理最紧迫的任务之一。现有经验已经表明，一个国家的经济现代化，必须依赖于管理的现代化和决策的科学化。这就使办公自动化（Office Automation，OA）成为当前人类工作、生活的热门话题以及计算机科学的重要研究领域，同时，OA 系统也是构成智能建筑的主要支柱之一。

12.2.1　办公设备自动化系统的分类和发展趋势

由于不同工作性质、不同任务的组织机构所处理的办公信息有所不同，因此需设置不同特点的 OA 系统。结合国内的情况，办公自动化系统大致可分类如下：

1）政府机关型 OA 系统。适用于政府机关内的各种政务信息的日常办公处理，如各级政府办公机关。

2）工厂企业型 OA 系统。适用于工厂企业内的生产及销售管理，如工厂的生产计划，生产流程管理等。

3）商业型企业 OA 系统。适用于以经商为主的商品信息管理，如商业型公司、银行等。

4）事务型 OA 系统。适用于特定事务处理功能专门机构的信息管理，如图书馆、机场、海关等。

5）管理型 OA 系统。适用事业性单位的信息管理，如学校、研究所等社会团体管理等。

6）专业型和决策型 OA 系统。适用于各类专业型单位内的信息管理系统，如工程设计院的 CAO 辅助设计系统等。

综合上述，办公自动化系统主要有：事务型办公系统、管理型办公系统、决策型办公系统，以及服务型管理系统，其系统管理框图如图 12-16 所示。

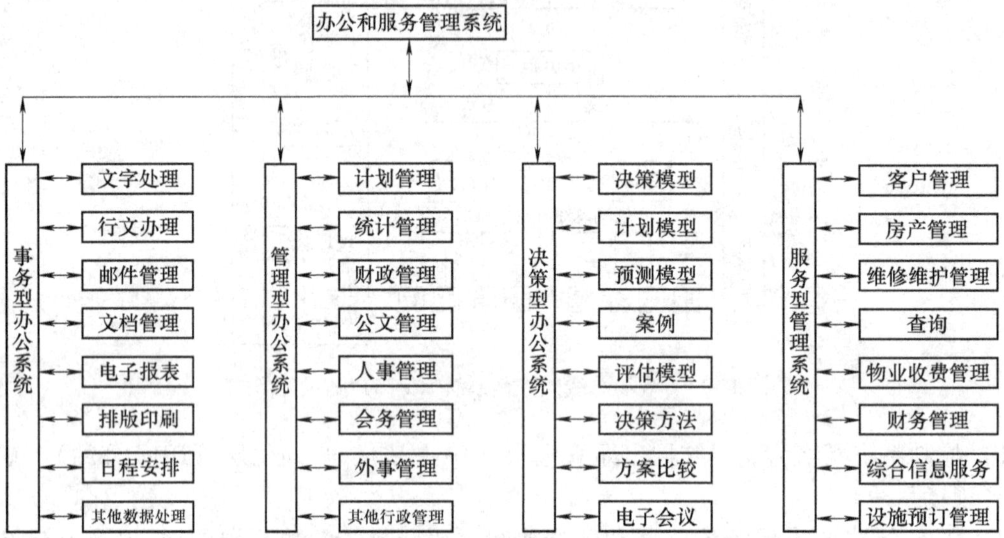

图 12-16　办公自动化和服务管理系统管理框图

办公设备自动化的发展趋势：计算机技术、通信技术、自动化控制技术的不断进步，不但迅速普及了 OA 系统的应用，而且使 OA 技术也得到高速度的发展。办公设备自动化系统将逐步向决策型办公自动化系统和智能化办公自动化系统方向发展。

12.2.2　办公设备自动化和智能化系统的设计

1. 办公设备自动化和智能化系统的设计步骤

办公设备自动化系统和智能化系统设计可根据具体系统的功能要求进行，一般的办公自动化系统设计需经过以下的步骤：

1）办公事务调查，即需求调查和分析；

2）办公环境调查，即进行系统设备配置及选择调查；

3）系统目标分析，即近期、中期和远期的目标分析；

4）系统功能分析，即确定为实现系统目标应该具有的所有功能分析；

5）系统设备配置分析；

6）可行性论证，即应对系统的总体方案进行分析、评估、论证。

2. 办公设备自动化和智能化系统的设计原则

办公设备自动化系统和智能化系统建设是一项综合各种技术的系统工程。在进行具体系统设计时需采取积极稳妥而慎重的态度。一般应采取的原则是：① 积极稳妥、量力而行；②“急用”先上、逐步升级；③ 在系统设计时要注意统筹规划、分期建设、配套发展；④ 要突出应用、做好服务、稳步实施；⑤ 在方法上要因地制宜、由小到大、从易到难。

3. 办公设备自动化和智能化系统的设计内容

办公设备自动化系统和智能化系统设计一般需经过系统分析、系统设计、系统实施和系统评价 4 个阶段。根据我国各类办公事务管理的实际情况，办公设备自动化系统一般有 3 类模式：

第一类为事务型的办公系统。它由单机或多机组成，负责文字处理、文档管理、行文办理等办公的事务工作，属于系统的初级层次。

第二类是管理型办公系统。它由各种较完善的信息数据库和具有通信功能的多机网络组成，能对大量的各类信息综合管理，使数据信息、设备资源共享，使办公效率得到很大提高，属于系统的中级层次。

第三类为决策型办公系统。它综合了事务型和管理型的全部功能，并具有专家系统和人工智能组成的专业性决策功能，如经济发展预测、经济结构分析等，这对辅助领导层的决策有极大的作用，是系统的高级层次。

这 3 种模式，代表了 3 种层次，也体现了办公自动化系统设计中的 3 个发展阶段，一般应逐步提高，逐步提升，有时也会互有交叉。目前在日常办公事务管理中，采用较广泛的是属于事务型的办公系统模式。只有在一些管理层次较高的政府部门或管理功能复杂的金融机构等，才选择管理型办公系统或决策型办公系统。

办公事务管理系统的层次示意图如图 12-17 所示。

决策层的基础信息来源于企业外部，如上级部门的指定要求和指导性意见，市场信息以及用户的需求等。管理层包含了控制的功能，故又称为管理控制层，它的基本任务是对决策意图的实施操作。操作层是对计算机企业管理信息系统所要进行的操作处理，主要有：各类生产经营管理中数据整理和数据纳入；各类统计报表的编制；建立各种保存文件和进行文件转储；对数据库进行必要的查询等。

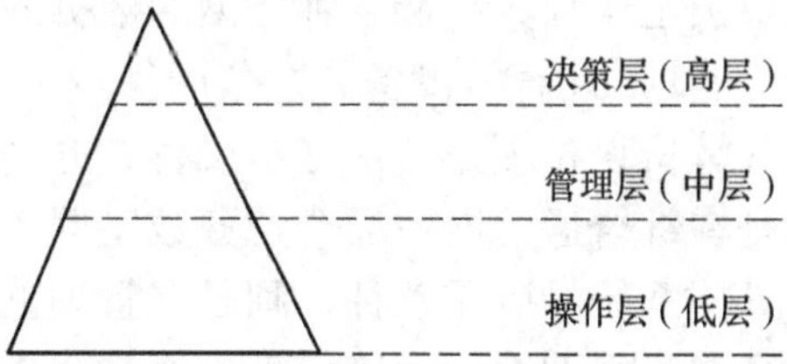

图 12-17　办公事务管理系统的层次示意图

因此，在各类的办公自动化系统设计中，应根据具体管理系统的层次的需求及功能，确定相应的管理层次的类别，选择合适的系统模式。

4. 事务型办公自动化系统的设计

事务型 OA 系统设计包括基本办公事务处理和机关行政事务处理两大部分的设计。办公事务处理主要有：文字处理、个人日程安排、个人文件库处理、行文办理、邮件处理、文档资料处理、快速印刷、编辑排版、电子报表、其他数据处理等。

有通信功能的多机事务处理型办公自动化系统的设计，还应考虑要担负起电子会议，电子邮递，联机检索，系统加密和图形、图像、声音等处理的任务。

一般的事务处理系统由微型计算机加上基本的办公设备（复印机、打字机等）组成。较完整的事务处理系统还包括简单的通信网络以及处理事务的数据库。主要由硬软件设备、办公用基本设备、通信设备、数据库等构成。

5. 管理型办公系统的设计

管理型办公自动化系统的设计应考虑除担负了事务型系统的全部工作任务外，主要任务是完成本部门的信息管理功能。它侧重于面向信息流的处理，即工业、交通、农贸等经济信息流的处理或人口、环境、资源等社会信息流的处理、加工。而在各级办公室中办公自动化要处理的主要是文件类型的信息流。从整体上看，经济信息与社会信息主要在操作层与管理层之间流动，公文信息则主要在管理与决策层中流动。因此，两者结合起来，完成信息自底层至顶层的平滑流动。这也就提供了两种处理系统之间的接口关系，即办公事务处理系统文件与管理信息系统文件及数据的兼容与通信。

管理型办公自动化系统由下列设备组成：中小型机/微机网；微机工作站；各类办公设备；通信设备。管理型办公自动化系统与事务型系统相比，使用的主机档次更高，各种硬件、软件都较复杂，通常分3层设计。

6. 决策型和智能型办公自动化系统的设计

（1）决策型和智能型办公自动化系统的设计功能　决策型的办公自动化系统以事务处理、信息管理为基础，主要担负辅助决策的任务。办公自动化系统中除了低层次的事务处理以外，还存在一定的辅助决策活动，系统帮助决策能力的强弱反映了该系统水平的高低。原有概念下的办公自动化系统以及管理信息系统是以数据库为基础的，但作为一个较高水平的决策支持系统，单以数据库为基础还是不够的，同时还应以模型库、方法库为基础。对决策的问题类型从结构化问题上升到半结构化问题，决策支持系统必将进一步向具有一定范围的知识库、专家库系统方向发展。

（2）决策型和智能型办公自动化系统的设计构成　决策型和智能型办公自动化系统主要由电子计算机和各种类型的数据库组成。

1）计算机设备、办公用基本设备、办公应用软件。决策型和智能型办公自动化系统的计算机设备、办公用基本设备、办公应用软件和管理型办公系统相同，只不过这些设备一般是在综合通信网或综合业务数字服务网的支持下工作的。

系统的应用软件，则是在管理型办公系统的基础上，扩充决策支持功能，通过建立综合数据库得到综合决策信息，通过知识库和专家库系统进行各种决策的判断，最终实现综合决策支持和具有智能化功能的系统。如经济信息决策支持、经济计划决策、经济预测决策等系统以及针对最高领导建立的某一业务领域中使用智能型的专家系统。

2）数据库。在事务型、管理型办公自动化系统的数据库基础上，加入综合数据库和大型智能型的知识库。

综合数据库：把各专业数据库的内容进行归纳处理，把与全局或系统目标有关的重要数据和历史数据库存入综合数据库。

大型智能型的知识库：包括模型库、方法库和综合数据库。从本质说，模型库和方法库也是数据库，只是其内容不是数据，而是各种模型和开发模型的方法。它们的存储管理工具仍然是数据库管理系统，所以可以认为大型知识库是系统最高层次的数据库。

7. 办公自动化系统设计的标准化和数据安全

在进行办公自动化系统设计时，为了提高系统的设计速度、提高软件中设计的效率，使同一单位或同一信息流中的上下层应用软件有较大范围的推广和应用，必须重视标准化问题。办公自动化设计中的标准化问题主要有：① 文件工作标准；② 信息处理标准；③ 档案文献标准；④ 办公作业标准；⑤ 相关行业标准。

办公自动化系统是由计算机硬件、软件、辅助设备和人共同组成的人—机信息系统。系统的信息安全采集、处理、存储与传输，是保证信息资源安全的关键。因此，确保系统内的信息资源与信息传输的安全，即数据与数据传输的安全尤为重要。它包括的主要内容有：软件安全、数据存取安全、数据传输安全等。

12.3　现代民用建筑通信设备自动化（CA）和智能化系统与设计

在现代民用建筑中，广大用户都把通信和信息业务作为生存和发展的基础。由于社会的发展，科学技术的进步，特别是计算机技术与通信技术相结合，各种新兴的通信业务应运而生，微电子技术、光电子技术和计算机技术的高速发展，我国通信信息网正在向数字化、智能化、综合化方向推进。各种电信新业务应运而生，从而为智能建筑的用户提供更为广泛的信息服务，标志着信息化时代已经到来。

在现代民用建筑中，通信系统自动化（CAS）与办公自动化系统（OAS）有着密切的关系。随着现代民用建筑中办公自动化系统的不断扩展，通信系统对用户的业务活动中运用语音、数据文本、图像的传输越来越重要。它最终把语音、数据文本、图像等转换成数据形式，进行本地和外地的多媒体通信。

12.3.1　现代民用建筑通信自动化和智能化系统的基本结构

1. 通信自动化和智能化系统的基本结构

现代通信技术主要体现在具备 ISDN/B - ISDN 等功能的通信网络。它能在一个通信网上同时实现语音、数据及文本的通信。在一个建筑物内，通过综合布线系统实现上述功能。CA 系统的支撑技术主要包括：有关建筑物内的电话、专用交换机技术；高速数字传输技术；电子信箱技术；会议电视技术；影像图像通信技术。CA 系统和智能化系统的基本构成如图 12-18 所示。

现代民用建筑通信系统的控制中心是程控数字用户交换机（Private Automatic Branch Exchange，PABE）系统。该系统将数字通信技术、计算机技术和微电子技术集成为一体，成为一个高度模块化设计的全分散控制系统。它不仅能向智能建筑中用户提供已有的模拟通信环境，而且还能向用户提供数据通信、多媒体通信，在增加不同的功能模块后还能实现多种通信业务，适应飞速发展的现代通信要求。

2. 现代民用建筑通信自动化和智能化系统的组成与发展方向

现代民用建筑通信自动化和智能化系统主要由以下部分组成：① 自动程控数字用户交换机系统；② 语音信息与传真服务系统；③ 电话信息服务系统；④ 传真信箱系统；⑤ 综合语音信息平台系统；⑥ 数据消息处理系统；⑦ 可视图文系统；⑧ 可视电话系统；⑨ 视频会议系统；⑩ VSAT 卫星通信系统。

现代民用建筑信息通信技术的重要发展方向之一是业务的多媒体化，把有线广播电视、移动通信和有线通信、宽带数字网络三网融为一体。宽带综合业务数字网的发展使得这种多媒体通信成为可能。人们利用宽带化信息传输技术，传输多媒体信息。在计算机的参与下，用户之间可以相互交谈，看到对方的图像，共同修改文本，检索数据库，利用语音识别、图像识别等技术进行媒体转换。

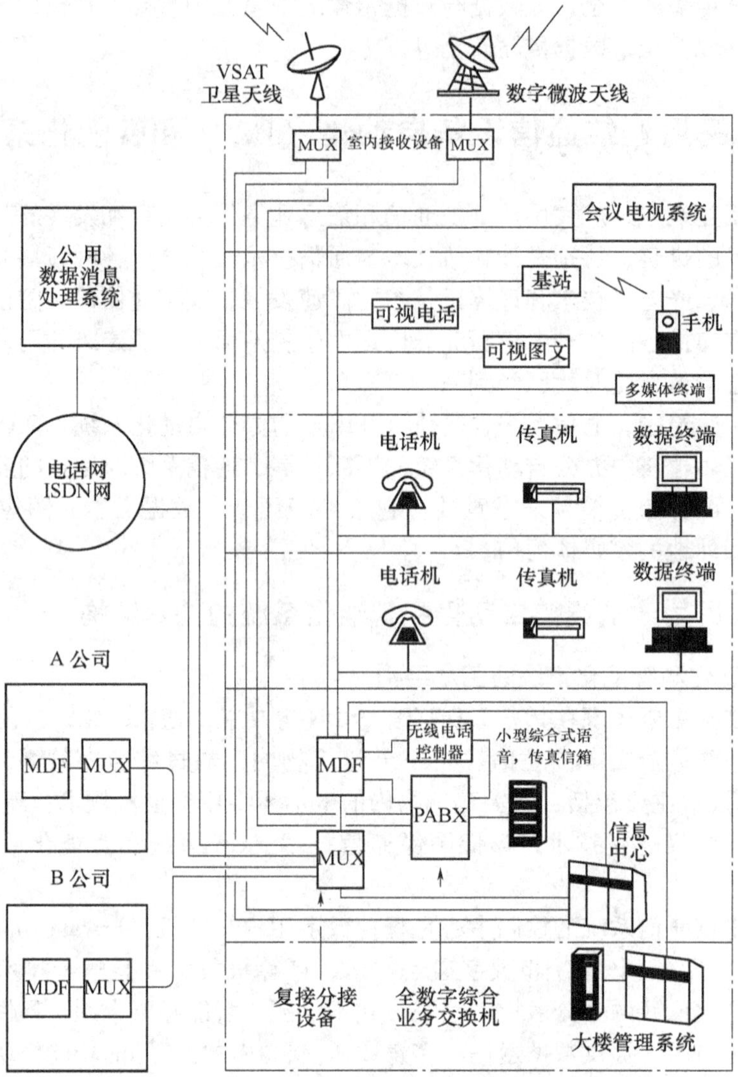

图 12-18　CA 系统和智能化系统的基本构成

12.3.2　现代民用建筑通信自动化和智能化系统的设计

1. 对外通信系统的设计

现代民用建筑通信智能化系统中，用户通信设备对外通信的传输链路，除了采用数字微波通信或 VSAT 卫星通信的传输链路外，还广泛地采用数字光通信的方式，即光缆时分数字传输链路方式进行多媒体信息的传输。

以往在公用网上，数字中继线路采用电缆时分数字传输链路方式，而时分数字传输链路方式主要是 PCM（Pulse Code Modulation）传输方式，即脉冲编码调制时分多路复用的数字信号传输方式。在数字通信中，为了提高传输速率和交换容量，通常采用压缩律的方式来实现 30/32 路结构方式为一个基群系统（或称一次群系统），也称 PCM30 路系统。一次群只传送 30 路语音编码信息，其中每一话路的数码速率为 64kbit/s，其复用码速率为 2.048Mbit/s。

为了提高传输线路的利用率，采用更高等级的数字多路复接的方式，即把 4 个一次群系统复接成一个二次群系统，4 个二次群系统复接成一个三次群系统，以此类推。根据国外最新实用技术，数字多路复用已达一个六次群系统。PCM 的群路复用等级见表 12-2。

表 12-2　PCM 的群路复用等级

制式 / 群路等级	复用数码流速率/（Mbit/s）	话路数
基群	2.048	30
二次群	8.448	120
三次群	34.368	480
四次群	139.264	1920
五次群	564.992	7680
六次群	2259.968	30720

为了远距离地、大容量地传输高次群的数字信号，现代民用建筑中智能化通信设备对外通信的传输链路设计均应采用：光缆时分数字传输链路方式，以保证建筑物中大量的信息高质量的流通。根据现有通信技术，当链路上传输方式采用三次或三次群以上等级传输数字信号时，均应采用光缆时分数字传输链路方式。

2. 光缆传输链路方式的设计

光缆时分数字传输链路方式是指以光导纤维为传输媒介，以光信号载荷数字信号的传输链路方式。它的工作原理是：由一端的数字电端机输出的电信号，通过电/光变换的电光调制电路变换为光信号，然后以光导纤维为媒介传输到另一端的接收端，再经光/电变换的光电检测电路变换为电信号送入数字电端机。光缆传输链路方式设计框图如图 12-19 所示。图中的复/分接器为数字电端机，也称 PCM 群路设备，其主要功能是对 PCM 信号进行合路/分路。

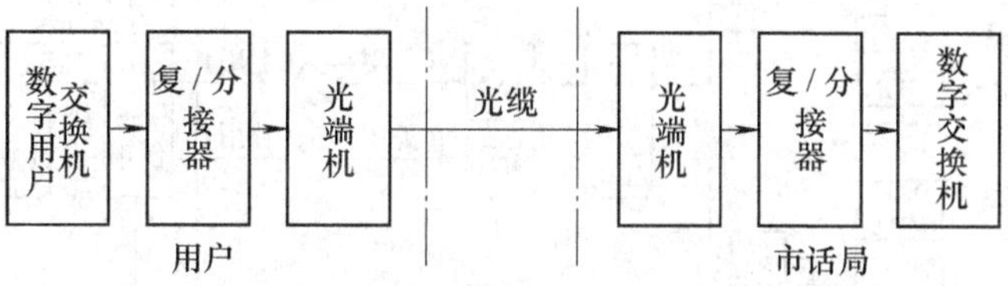

图 12-19　光缆传输链路方式设计框图

光缆时分数字传输方式的特点是：频带宽、保密性好、失真小、通信容量大、线缆传输衰减小、光传输设备体积小、线缆重量轻、传输过程中不易受外界电磁场的干扰等。

3. 建筑物中通信设备与光电交换设备的连接应用设计

现代民用建筑通信智能化系统中的通信量很大，在工程的实际应用时根据现有技术，通常采用三次群或四次群路等级的光缆时分数字传输链路的连接方式。三次群光缆数字传输链路方式设计如图 12-20 所示。

三次群光电交换设备的连接方式的流程为用户通信设备（用户端）16 个 2 Mbit/s 数字电信号，送给一个 2/34 Mbit/s 复接（分接）单元，复接（分接）成一个 34 Mbit/s 数字电

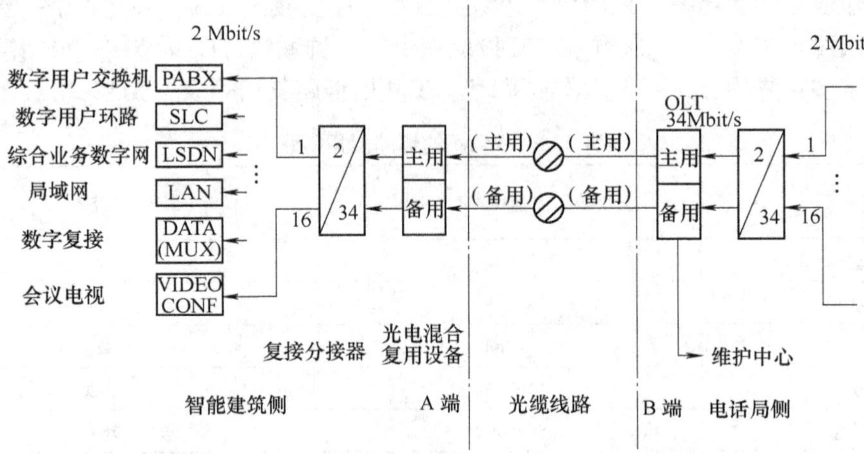

图 12-20　三次群光缆数字传输链路方式设计

信号（三次群信号），然后送入 34Mbit/s 光端机单元 OLTU（Optical Line Terminating Unit）进行电/光调制变换为 34 Mbit/s 三次群光信号传输至光缆线路上。光端机单元有两套，以一主一备可靠的热备份传输通信方式工作。当主用光端机出现故障时，切换装置接收到监控信号后自动由主用光端机切换到备用光端机上。这种切换在 A、B 两端机（智能建筑侧和电话局侧光端机）上同时进行。电话局侧光端机单元从光缆线路上接收到的 34Mbit/s 光线路信号，进行光/电调制变换，变换成 34Mbit/s 的电信号，再经 34/2Mbit/s（复接）分接单元，分接为 16 个 2Mbit/s 数字电信号，通过电话局的局用交换设备再接至所要呼叫的被叫用户端。

四次群光缆数字传输链路方式设计如图 12-21 所示。

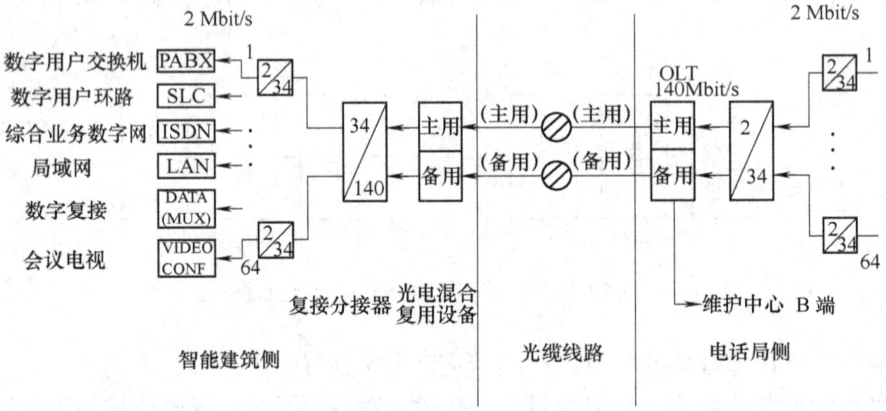

图 12-21　四次群光缆数字传输链路方式设计

四次群光电交换设备的连接方式的流程为用户通信设备（用户端）64 个 2Mbit/s 数字电信号，分别送给 2/34Mbit/s 复接（分接）单元，复接成 4 个 34Mbit/s 数字电信号（三次群信号）后，送给一个 34/140Mbit/s 复接（分接）单元复接成一个 140Mbit/s 数字电信号（四次群信号）。然后再送入 140Mbit/s 光端机单元，进行电/光调制变换为 140Mbit/s 四次群光线路信号传输至光缆线路上。光端机单元有两套，以一主一从热备份传输通信方式工作。当主用机出现故障时，切换装置接收到监控信号后自动由主用光端机切换到备用光端机上。这种切换在 A、B 两端机（智能建筑侧和电话局侧光端机）上同时进行。电话局侧光端机单元以光缆线路上接收到的 140Mbit/s 光线路信号，进行光/电调制变换，变换成 140Mbit/s 电信号再经 4 个 2/34Mbit/s（复接）分接单元，分接变为 64 个 2Mbit/s 数字电信号。

12.4　现代民用建筑结构化综合布线系统（SCS）与设计

现代民用建筑结构化综合布线系统是为了满足综合业务数据网（ISDN）的发展需求而特别设计的一套布线系统。以模块化的组合方式，把语音、数据、图像和部分控制信号系统用统一的传输媒介进行综合，方便地在现代民用建筑通信智能化系统中组成一套标准、灵活、开放的布线系统。

12.4.1 现代民用建筑结构化综合布线系统的构成与典型应用

综合布线系统是建筑物或建筑群内部之间的传输网络。它能使建筑物或建筑群内部的语音、数据通信设备、信息交换设备、建筑物物业管理及建筑物自动化管理设备等系统之间彼此相连，也能使建筑物内信息通信设备与外部的信息通信网络相连。

1. 综合布线系统的构成

以 EIA/TIA5568 标准和 ISO/IEC11801 国际综合布线标准为基准，并结合我国国内的实际应用情况，综合布线系统结构的设计组合可以划分为 6 个独立的子系统。每一个子系统均可视为各自独立的单元组，一旦需要更改其中任一子系统时，不会影响到其他的子系统。这 6 个子系统依次为：水平子系统、干线（垂直干线）子系统、工作区子系统、管理区子系统（包括楼层电信间子系统）、设备间子系统、建筑群子系统（即入口处子系统）。

综合布线系统的结构图如图 12-22 所示。

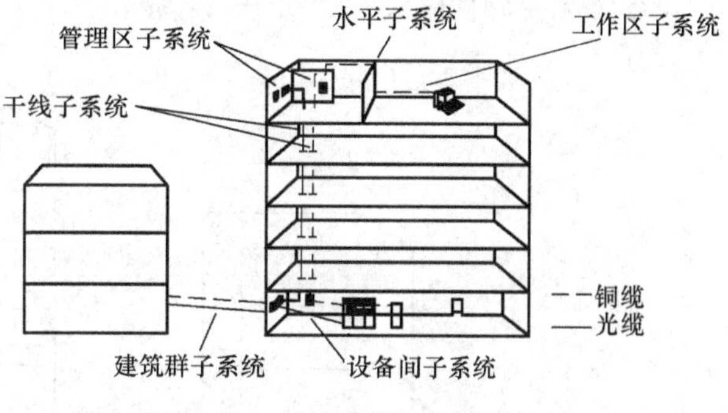

图 12-22　综合布线系统的结构图

（1）水平子系统　水平布线系统由每一个工作区的信息插座开始，经水平布置一直到管理区的内侧配线架的线缆。如图 12-22 所示，水平布线线缆均沿大楼的地面或吊顶中布线，最大的水平线缆长度为 90m。根据 EIA/TIA568 标准和 ISO/IEC 11801 国际综合布线系统标准，在各自的水平布线系统中可分别采用相应标准类型的线缆和标准信息插座。

（2）干线子系统　如图 12-22 所示，干线子系统由建筑物内所有的（垂直）干线多对数线缆所组成，即由多对数铜缆、同轴电缆和多模多芯光纤以及将此光缆连接到其他地方的相关支撑硬件所组成，以提供设备间总（主）配线架（箱）与干线接线间楼层配线架（箱）之间的干线路由。

按照 EIA/TIA568 标准和 ISO/IEE11801 国际布线标准，规定了设备间主交叉连接架（总配线架 MDF）与中间交接架，以及与楼层管理区的楼层配线架 IDF 之间各类主干线线缆布线的最长距离。新近版本的标准又批准了把单模光纤运用到干线子系统中，即主交叉连接处与管理区之间的单模光纤长度最长为3000m。

（3）工作区子系统　如图12-22所示，工作区子系统由工作区内的终端设备连接到信息插座的连接线缆（3m左右）组成。它包括带有多芯插头的连接线缆和连接器（适配器），如：Y形连接器、无源或有源连接器（适配器）等各种连接器（适配器），起到工作区的终端设备与信息插座插入孔之间的连接匹配作用。

（4）管理区子系统　如图12-22所示，管理区子系统由交叉连接、直接连接配线的（配线架）连接硬件等设备组成。以提供干线接线间、中间（卫星）接线间、主设备间中各个楼层配线架（箱）、总配线架（箱）上水平线缆（铜缆和光缆）与（垂直）干线线缆（铜缆和光缆）之间通信线路连接通信、线路定位与移位的管理，如图12-23所示。

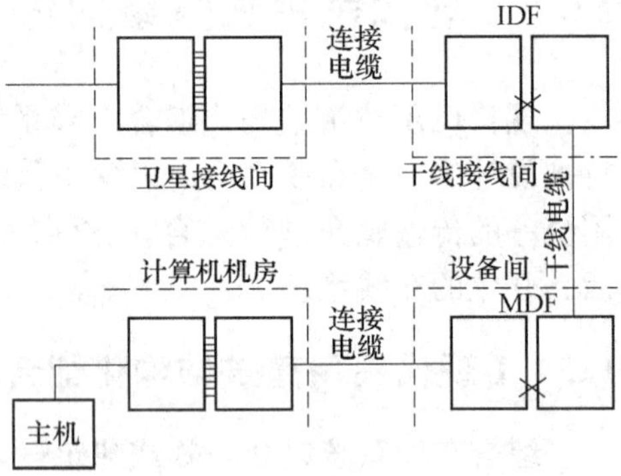

图12-23　管理区子系统

系统中各楼层配线架（箱）IDF可根据不同的连接硬件分别安装在各干线接线间（各楼层电信间）墙面防火板上安装在19in墙面机柜（架）中。总配线架（箱）MDF可安装在设备机房总配线间的墙面防火板上或安装在专用配线架上。

（5）设备间子系统　设备间子系统由设备间中的线缆、连接器和相关支撑硬件组成，它把公共系统的各种不同设备（如PABX、HOST、BA等通信或电子设备）互连起来（直接连接起来）。

（6）建筑群子系统　建筑群子系统将一个建筑物中的线缆延伸到建筑物群的另一些建筑物中的通信设备和装置上。它由电缆、光缆和大楼入口处线缆上的过电流及过电压电气保护设备等相关硬件组成，如图12-24所示。

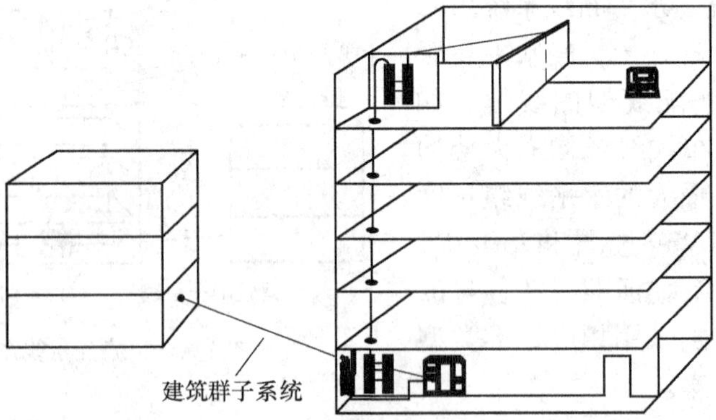

图12-24　建筑群子系统

2. 综合布线系统的典型应用

在现代民用建筑设备自动化与智能化系统中，综合布线系统为建筑物的使用者提供最大限度的综合能力，以满足人们对信息系统的联网要求。即保证人们在智能建筑中的任何地方，随时利用分布在楼层之间及建筑之间的布线网络，共享语音、数据、图像等信息。

针对现代民用建筑自动化与智能化系统中不同的应用要求，综合布线可设计组合 3 种不同的典型应用类型：通信设备综合布线系统、通信设备和电气设备综合布线系统、智能通信网络综合布线系统。

如图 12-25 所示，为通信设备综合布线系统的典型应用。系统布线主要是对建筑自动化和智能化系统及建筑群中所有计算机、通信设备的布线网络而设计。在此布线系统上，传输信号以语音、数据信号为主。

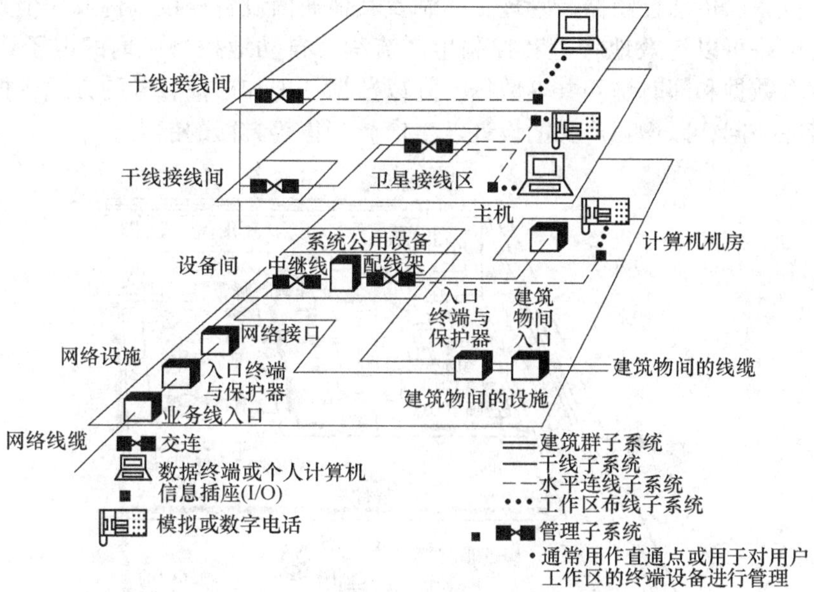

图 12-25　通信设备综合布线系统

如图 12-26 所示，为通信设备和电气设备综合布线系统的典型应用。系统布线主要为智

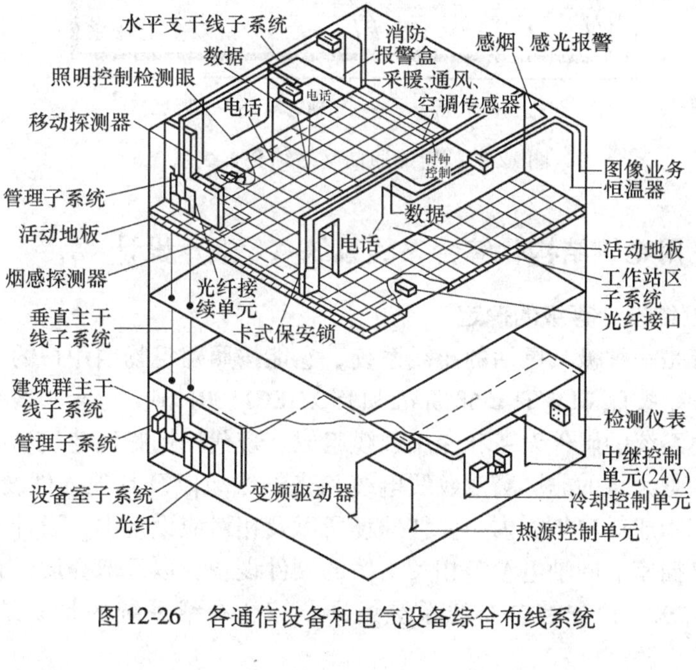

图 12-26　各通信设备和电气设备综合布线系统

能建筑中各通信设备和电气设备系统的集成，提供了一个灵活的、模块化的、智能化的连接平台。系统布线在通信设备综合布线的基础上，加以扩展。它不但支持传输语音、数据、图像信号，而且还支持传输其他的弱电信号，如采暖、通风、空调自控、给排水设备的传感器、子母钟、电梯运行、监控电视、防盗报警、消防报警、公共广播、传呼对讲等信号。

如图 12-27 所示，为智能通信网络综合布线系统。系统布线主要支持建筑中日益扩展和变化环境中各类信息的传输。系统布线以光纤线缆为主干线连接区内各子网络。各子网络依次与智能控制设备、传感控制器、管理工作站及其他通信设备连接，构成一个先进的智能通信网络。通过网络可以有效地管理和控制生产流程，自动地控制区内的电子设备和通信设备。定时地存取数据和即时访问共享数据，并以数据处理和通信服务的方式，把人和机器的生产过程连接在一起，以增强产品的设计、生产、销售等方面的能力。

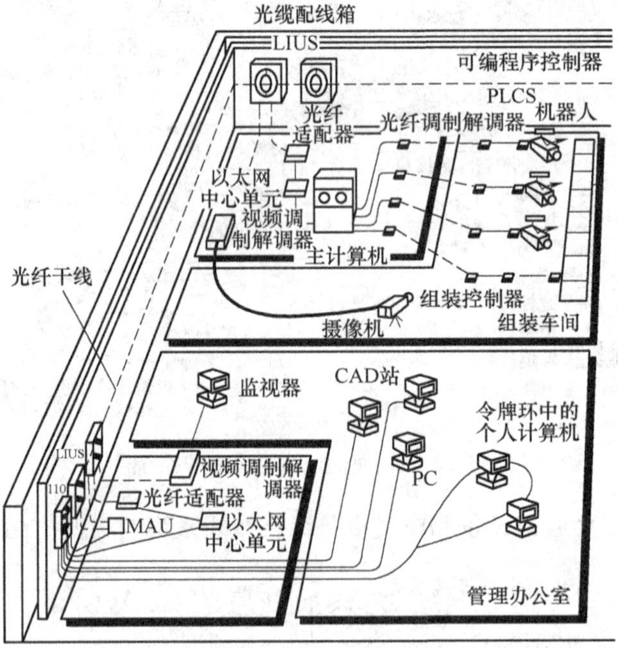

图 12-27　智能通信网络综合布线系统

12.4.2　现代民用建筑结构化综合布线系统（SCS）设计

1. 综合布线系统设计等级的确定

综合布线系统是一种极其灵活的布线系统，它能按照建筑物内用户的需求变化而相应提高系统服务的功能。按照 EIA/TIA568 标准和 ISO/IEC11801 国际综合布线系统标准，系统布线设备材料通常由系统的硬件设备和专用线缆组成。现代民用智能建筑物内一般的场所，设计人员通常采用的是大量的非屏蔽双绞线电缆和光纤线缆以及其他硬件设备组成布线系统，对一些重要的建筑物或对建筑物内一些特殊场所以及相对应设备中，设计人员可以采用屏蔽双绞线、屏蔽信息插座、同轴电缆等相关支撑的硬件设备，以及双介质混合体线缆来满足不同用户和场所的需求。根据综合布线系统标准，综合布线系统的骨架结构实际是主干线

（垂直干线）子系统为主的结构方式（通常采用树状网络的主干星形拓扑结构方式），如图 12-28 所示。在结构中，中心节点（总配线架）向外辐射延伸至各节点（交接配线架或楼层配线架），由于每一条链路从中心节点至其他节点的线路均与其他线路相对独立，所以布线系统设计是一种模块化的设计，可使它的子系统单独地进入布线系统，易于布线上的扩充及重新布置。

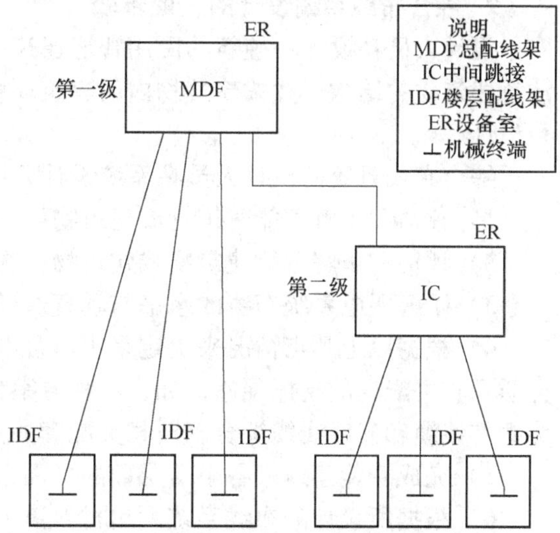

图 12-28　树状网络的主干星形拓扑结构

设计人员在设计综合布线系统时，应根据现代民用智能建筑物中用户的通信及使用要求，或建筑物中物业管理人员的使用要求、设备配置要求、使用内容要求进行全面评估。并按用户的投资能力及用户的使用要求进行等级设计，从而设计出一个合理的、良好的综合布线系统。

综合布线系统一般根据非屏蔽双绞线缆、屏蔽双绞线缆和光纤线缆以及相关支撑的硬件设备材料按 3 个设计等级选择。

（1）基本型设计等级　适用于配置建筑物标准较低的场所，通常采用铜芯线缆组网，以满足语音或语音与数据综合而传输速率要求较低的用户。

基本型系统配置为：① 每一个工作站（区）至少有一个单孔 8 芯的信息插座（每个插座面积 $10m^2$左右）；② 每一个工作站（区）对应信息插座至少有一条 8 芯水平布线电缆引至楼层配线架；③ 完全采用交叉连接硬件；④ 每一个工作站（区）的干线电缆（即楼层配线架至设备室总配线架电缆）至少配有两对双绞线缆。

（2）增强型设计等级　适用于配置建筑物中等标准的场所，布线要求不仅具有增强型配置，而且还具有扩展的余地。可先采用铜芯线缆组网，满足语音、语音与数据综合而传输速率要求较高的用户。

增强型配置为：① 每一个工作站（区）至少有一个双孔（每孔 8 芯）的信息插座（每个插座面积 $10m^2$左右）；② 每一个工作站（区）对应信息插座均有独立的水平布线电缆引至楼层配线架；③ 采用压接式跳线或插接式快速跳线的交叉连接硬件；④ 每一个工作站（区）的干线电缆（即楼层配线架至设备室总配线架电缆）配有 3 对双绞线缆。

（3）综合型设计等级　适用于建筑物配置标准较高的场所，布线系统不但采用了铜芯双绞线缆，而且为了满足高质量的高频宽带信号，采用了多模光纤线缆和双介质混合体线缆（铜芯线缆和光纤线混合成缆）组网。

综合型配置为：① 每一个工作站（区）至少有一个双孔或多孔（每孔 8 芯）的信息插座，特殊工作站（区）可采用多插孔的双介质混合型信息插座；② 在水平线缆、主干线（垂直干线）线缆以及建筑物群之间干线线缆中配置了光纤线缆；③ 每一个工作站（区）的干线电缆（即楼层配线架至设备室总配线架）中配有 3 对双绞线缆；④ 每一个工作站（区）的建筑物群之间线缆（至本建筑物外的铜缆）中配有两对双绞线缆。

2. 综合布线系统设计的一般步骤

设计人员在设计一幢新的民用智能建筑或设计一幢改造的建筑物的布线系统时，首先要注意建筑物的结构，并按建筑物内的建筑环境来进行水平布线、垂直干线布线等各子系统进行设计。

综合布线系统的设计人员在系统设计开始时，应做好以下几项工作：

1）评估和了解智能建筑物或建筑物群内办公室用户的通信需求；

2）评估和了解智能建筑物或建筑物群物业管理用户对弱电系统设备布线的要求；

3）了解弱电系统布线的水平与垂直通道、各设备机房位置等建筑环境；

4）根据以上几点情况来决定采用适合本建筑物或建筑物群的布线系统设计方案和布线介质及相关配套的支撑硬件，如：一种方案为铜芯线缆和相关配套的支撑硬件；另一种方案为铜芯线缆和光纤线缆综合以及相关配套的支撑硬件；

5）完成智能建筑中各个楼层面的平面布置图和系统图；

6）根据所设计的布线系统列出材料清单。

综合布线系统设计步骤流程图如图 12-29 所示。

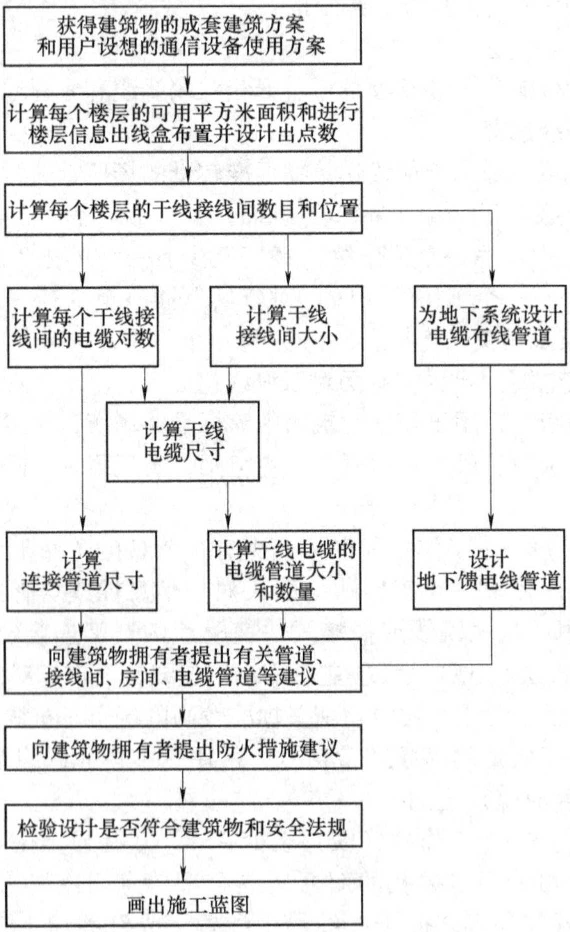

图 12-29　综合布线系统设计步骤流程图

3. 综合布线系统与相关设备的连接设计

（1）与电话系统之间的连接　综合布线系统与电话系统之间的连接图如图 12-30 所示。传统二芯线电话机与综合布线系统之间的连接，通常是在各部电话机的输出线端头上装配一个 RJ45 插头，然后把它插在信息出线盒面板的 8 芯插孔上。特殊情况下，有时可在 8 芯插孔外插上连接器（适配器）插头后，就可将一个 8 芯插座转换成两个 4 芯插座，供两部装配有 RJ11 插头的传统电话机使用，采用连接器还可将一个 8 芯插座转换成一个 6 芯端座和一个 2 芯插座，供装配有 6 芯插头的计算机终端机以及装配有 2 芯插头的电话机使用。这时，系统除在信息插座上装配连接器（适配器）外，还需在楼层配线架（IDF）上和在主配线架（MDF）上进行交叉连接（跳接），构成终端设备对内或对外传输信号的连接线路。

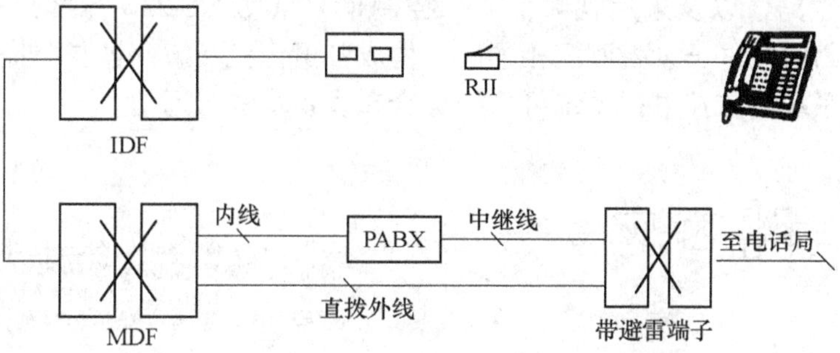

图 12-30　综合布线系统与电话系统之间的连接设计

数字用户交换机（PABX）与综合布线之间的连接是由当地电话局中继线引入建筑物后，经系统配线架（交接配线架）外侧上保安装置（过电流、过电压）后跳接至内侧配线架与用户交换机（PABX）设备连接。用户交换机与分机电话之间的连接是由系统配线架上经几次交叉连接（跳接）后，构成分机电话线路。

建筑物内直拨外线电话（或专线线路上通信设备）与综合布线系统之间的连接，是由当地电话局直拨外线引入建筑物后，经配线架外侧上保安装置（过电流、过电压）和经各配线架，几次交叉连接（跳接）后构成直拨外线电话线路。

（2）与计算机网络系统之间连接的设计　如图 12-31 所示，计算机与综合布线系统之间的连接是先在计算机终端扩展槽上插上带有 RJ45 插孔的网卡，然后再用一条两端配有 RJ45 插头的线缆分别插在网卡的插孔和布线系统信息出线盒的插孔上，并在主配线架上与楼层配线架上进行交叉连接或直接连接后，与其他计算机设备构成计算机网络系统。

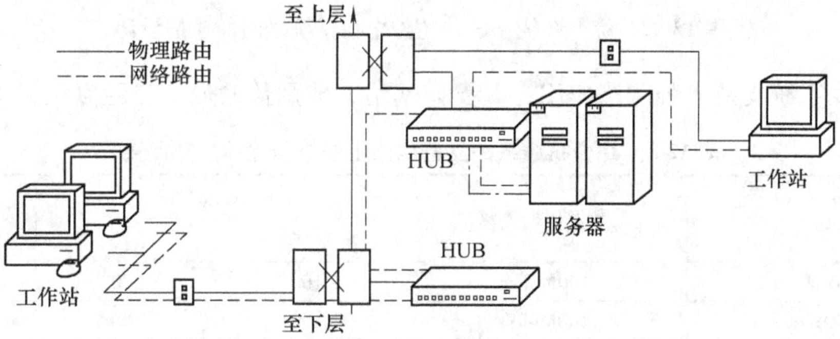

图 12-31　综合布线系统与计算机网络系统之间的连接设计

（3）与楼宇自动化控制系统之间连接的设计　楼宇自动化控制设备与综合布线系统之间的连接，是装配有 RJ45 插头的适配器与自控系统中网络接口界面设备、直接数字控制（DDC）设备相连。经双绞线和配线架上多次交叉连接（跳接），构成楼宇自动化控制系统中中央集中监控设备与（分散式）直接数字控制设备之间的链路。（分散式）直接数字控制设备与各传感器之间以及传感器之间也可以采用综合布线系统中的线缆（屏蔽或非屏蔽双绞线）、RJ45 等器件构成链路。

（4）与监控电视系统之间的连接设计　如图 12-32 所示，监控电视系统中所有现场的彩色（或黑白）摄像机，除采用传统的同轴屏蔽视频电缆（75Ω）和屏蔽控制信号电缆，与监控室控制切换设备连接构成监控电视系统方法外，还可采用综合布线系统中（100Ω）非屏蔽双绞线缆为链路，以及采用视频信号、控制信号（如 RS-232 标准）适配器与监视部分、控制室部分的监控电子设备匹配相连后，构成各摄像机及解码器与监控室控制切换设备之间的监控电视系统。监控电视系统可采用综合布线系统进行通信。

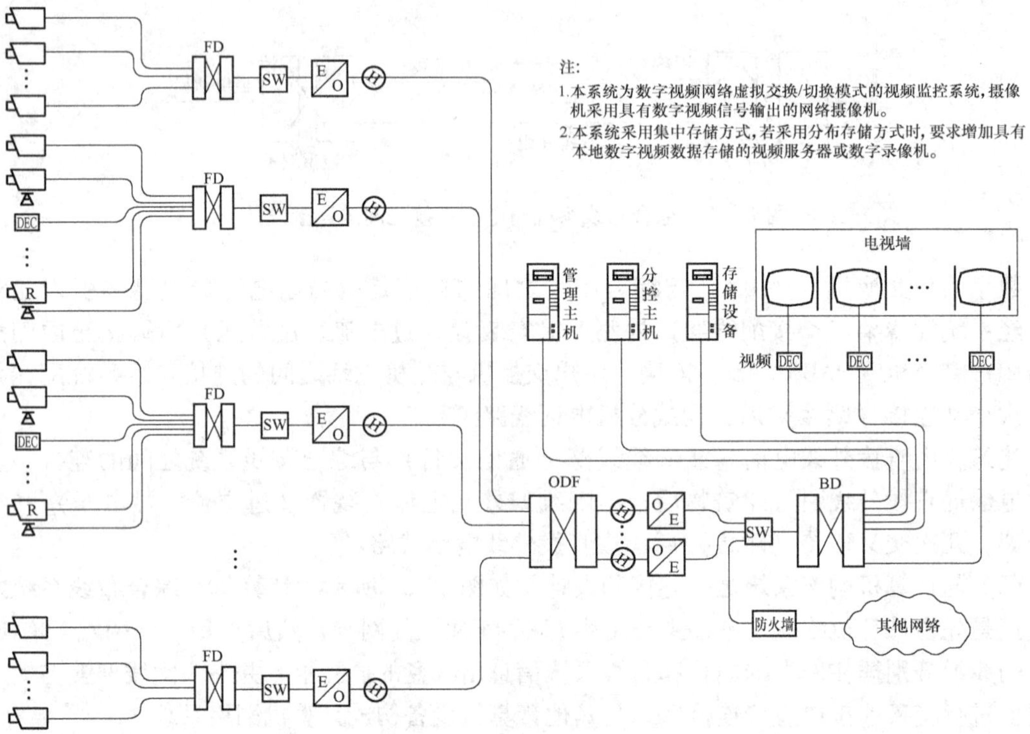

图 12-32　综合布线系统与监控电视系统之间的连接设计

综合布线系统支持多种网络应用，其支持网络上数据传输速率和距离见表 12-3。

表 12-3　综合布线系统支持网络上数据传输速率和距离

网 络 形 式	数据传输速率	最远距离/m		适配器类型
		3 类	5 类	
Ethemet（10Base－T）	100Mbit/s	100	200	
Ethemet（100Base－T）	100Mbit/s	100	100	
Ethemet（100VG－AnyLAN）	100Mbit/s	100	100	

（续）

网络形式	数据传输速率	最远距离/m		适配器类型
		3 类	5 类	
RS232C	19.2kbit/s	300		
1BM3270	2.36Mbit/s	300		
1BM S/36/38，AS400	1.0Mbit/s	900		
Token Ring	16Mbit/s		100	
TPDDI	100Mbit/s		100	
ATM	155Mbit/s		100	

12.5　现代民用建筑智能化综合管理集成系统（IBMS）与设计

现代民用建筑智能化综合管理集成系统，即建筑智能化综合管理集成系统。是利用计算机网络和通信技术，把构成现代智能建筑的 BA、CA 和 OA 三大系统作为核心，将语音、数据和图像以及监控等信号经过统一的筹划设计综合集成在一套结构化的综合布线系统中。通过贯穿在大楼内、外的综合布线系统和公共通信网为桥梁，以及通过协调各类子系统和局域网之间的接口和协议，把那些分离的设备、功能和信息有机地连接集成为一个整体，从而构成一个完整的软、硬件集成系统。

12.5.1　现代民用建筑智能化综合管理系统的结构和集成原则

1. 现代民用建筑智能化综合管理系统的结构

现代民用建筑智能化综合管理集成系统是由若干个子系统集成的，其总体结构图如图 12-33 所示，IBMS 系统的集成构成方式如图 12-34 所示。

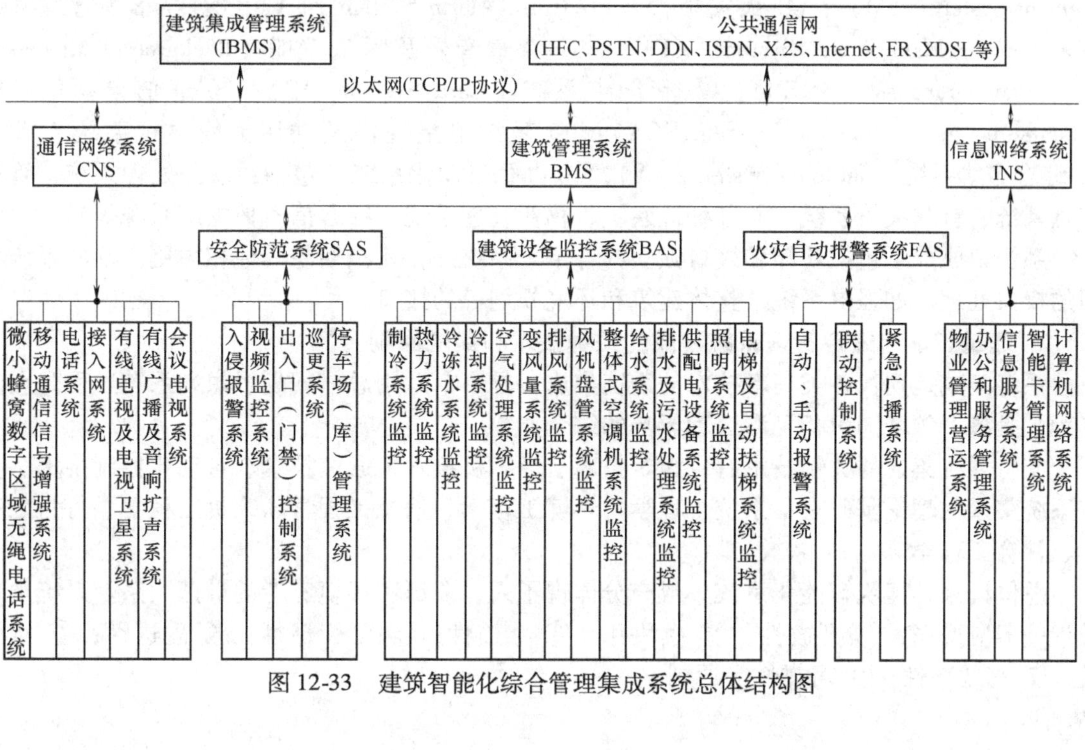

图 12-33　建筑智能化综合管理集成系统总体结构图

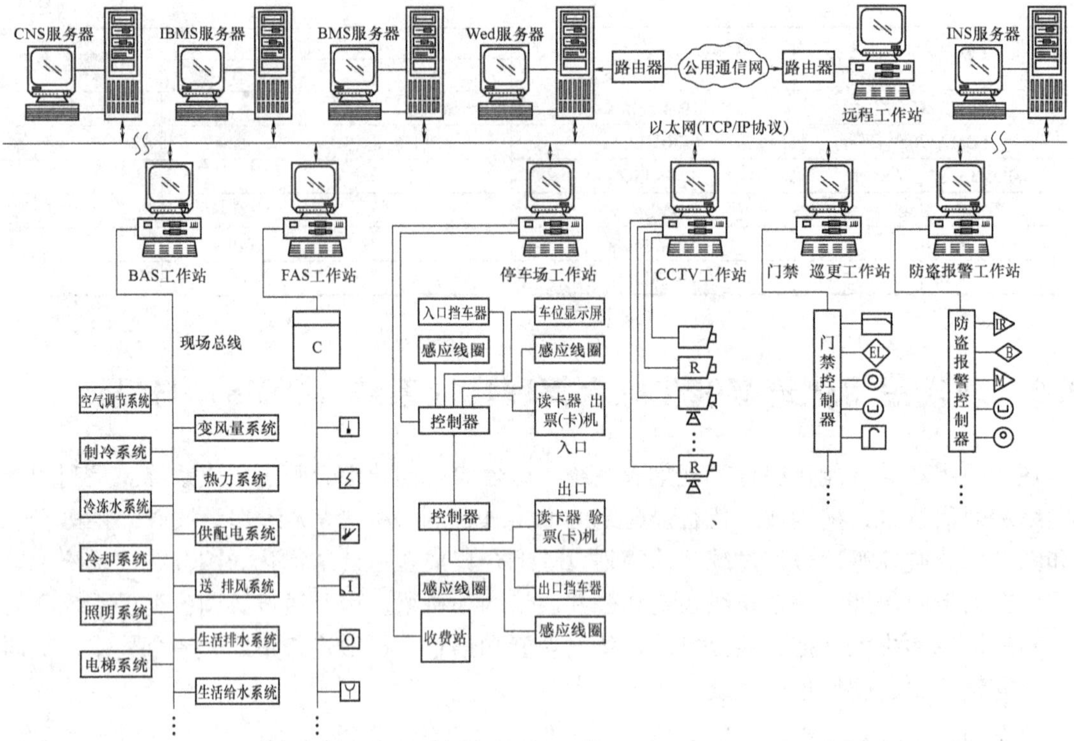

图 12-34　IBMS 系统的集成构成方式

系统主要包括：① 中央计算机及网络系统（Centre Computer and Network，CCN）；② 建筑设备管理自动化系统（Building Automation System，BA）；③ 保安管理系统（Security Management Systern，SM）；④ 火灾报警系统（Fire Alarm System，FA）；⑤ 停车场管理系统（Car Parking Management System，CPM）；⑥ 背景音乐及紧急广播（Background MusicAnd E—mergcy Broadcast，BMEB）；⑦ 智能卡系统（Card System，IC）；⑧ 通信自动化系统（Communication Automation Sysrem，CA）；⑨ 微波卫星通信及共用天线电视系统 CATV；⑩ 综合布线系统（Cableing System，CS）；⑪ 办公自动化系统（包括：事务处理系统、管理信息系统、首脑决策系统、业务处理系统、物业管理系统、综合信息数据库系统等）。

系统集成除了包括功能和接口独立的各个子系统外，还包括与其他相关更广泛的系统之间的接口处理。如强电系统、整体建筑和环境规划等的接口。

2. 建筑智能化综合管理系统集成的关键技术和集成原则

系统集成是现代各类高新技术的系统集成，是一个运用总体规划思想和系统工程观点的过程。是各个领域知识相互渗透和影响的综合产物。

支持系统集成的关键技术有：建筑技术、计算机技术、通信技术、自动化控制技术。支持系统集成的理论基础有：系统工程学、环境工程学、信息工程学、人机工程学、行为工程学、社会工程学。

总体说来，建筑智能化系统集成充分体现了人、资源和环境三者的辩证关系。系统集成设计一般应遵循：① 开放性；② 模块化；③ 互连性；④ 可管理性；⑤ 先进性；⑥ 经济性；⑦ 高效率性；⑧ 可靠性等原则。

12.5.2　智能化管理系统中的计算机网络管理系统集成设计

1. 总体结构

现代民用建筑智能化管理系统的计算机网络管理系统设计是整个管理系统集成设计中最关键的部分之一。它是现代民用建筑智能化管理系统中各类信息流通的公共通道和交通枢纽。它要适应多厂商、多协议、互操作性的要求。既包括局域网连接，又包括广域网连接。要提供数据、声音和图像等多媒体通信的条件。要有足够的频宽和频带利用率，要有集成的网络管理能力。其地理范围主要在几十层至上百层及其裙楼等附属建筑中。

现代民用建筑智能化系统的计算机网络系统由两大部分组成：① 建筑物内的本地通信网络；② 建筑物外的远程通信网络。建筑智能化管理系统计算机网络结构图如图 12-35 所示。

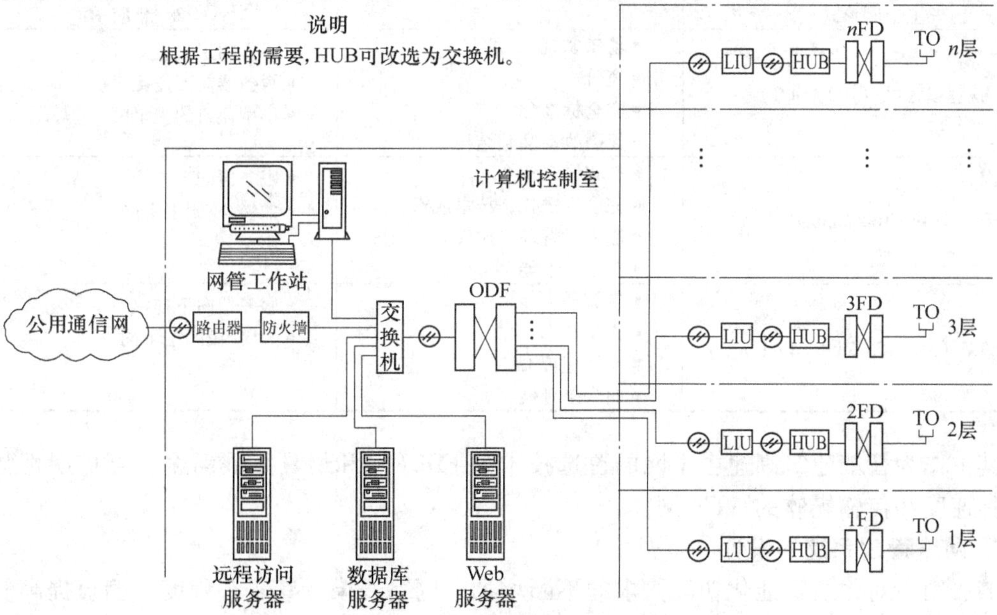

图 12-35　建筑智能化管理系统计算机网络结构图

2. 集成内容

集成内容包括：① 高速主干通信网集成；② 面向各类应用的资源子网集成；③ 局域网之间以及局域网与广域网之间的互联集成；④ 网络的容量和设备配置集成。

3. 设计的关键

设计的关键包括：① 智能建筑中的每个用户都可以享有数据、文本、声音和图像等各类信息资源；② 至少具备一个高速主干通信网；③ 满足客户/服务器结构对网络的要求；④ 对各类资源子网进行集成，例如，对 BA、CA 和 OA 等系统的集成，通过组成这些系统的资源子网，使相互之间能互相共享信息并将它们分别传递到需要这些信息的地方；⑤ 采用共享式还是交换式网络；⑥ 采用什么样的网络互联模型（层次化或平面化的互联模型）；⑦ 网络互联设备的选择；⑧ 网络互联协议的选择；⑨ 网络操作系统的选择。

4. 高速通信主干网的集成设计

在现代民用建筑智能化系统中，至少应具备一个高速通信主干网，并由高速主干网连接每个楼层的 LAN 和计算机中心主机，同时通过高速主干网实现楼群之间以及和外界的联网和通信。

这样，由各楼层的局域网、中心主机及其他联网的办公设备，通过高速主干网连接成智能建筑的网络系统。

对高速主干网的要求是：

1）覆盖范围大，联网距离要达几千米。

2）传输速度高，一般要求达到100bit/s以上。

3）高度的可靠性，要保障节点所出现的故障不会影响主干网的正常工作。

4）具有多种联网协议标准，支持标准局域网等网络。

作为高速主干网的主要技术见表12-4。

表12-4 作为高速主干网的主要技术

主干网形式	优　点	最佳应用
快速以太网（100Mbit/s）	• 易于实现 • 廉价 • 完全标准化 • 无需改动基础结构	• 强大的工作组 • 服务器向下连接 • 小型建筑的主干网
FDDI（100 Mbit/s）	• 高容错和安全 • 完全标准化，技术成熟 • 嵌入式管理（SMT） • 确定的性能	• 服务器向下连接 • 大楼/校园主干网
ATM（25～155 Mbit/s 以上）	• 带宽最大 • 交换技术 • 支持虚拟 LAN • 向未来延展	• 服务器向下连接 • 大楼/校园主干网

其中作为智能建筑高速主干网的首选技术是FDDI网和最具发展前途、可扩展性强、支持多种速度和传输媒体的ATM网。

5. 网络管理系统的设计

随着用户对建筑智能化功能需求的不断增加，网络规模及其复杂程度也明显提高。为了便于对系统的维护和监控网络正常、高效地运行，必须设计配备完善的网络管理系统。建筑智能化系统设计中网络管理应以OSI的INMS综合网络管理协议为基础，每台网络设备均应配有SNMP模块。为了实现网络的管理，可设置一台网络管理机，配置网络管理核心软件，将它接在主干网的Brouter或Router上。以集中式的管理模式对整个局域网实行管理。如果远程端的计算机系统配有SNMP的管理软件，管理系统可以实施对远程的网络管理。

12.5.3 建筑设备管理自动化和智能化系统集成设计

现代民用建筑设备管理自动化系统与智能化系统是一个分散监控和集中管理的集散型控制系统（Distributed Control System，DCS）。现代集散系统的发展更注重于全系统信息的综合管理。集散系统采用了局域网技术，使通信功能增强，信息传输速度加快，吞吐量增大，为信息的综合管理提供了基础。同时，计算机管理系统的完整技术深入到集散系统中，使其向全系统信息综合管理的方向发展。

集散系统一般设计分为3级：过程级、监控级、管理信息级。第一级为过程级，是传感器与执行器组成的信号输入/输出级。第二级为监控级，包括控制信息的集中管理。第三级为全系统管理信息级。

1. 集散系统的特点

集散系统主要特点包括：① 功能极强的单元结构；② 完善的控制功能；③ 完善的人机界面；④ 局域网技术；⑤ 可靠性高；⑥ 构成灵活、扩展方便。

由于系统采用局域网技术，所以系统的扩展十分方便，局域网的节点可连入所希望的工作站，也可连入其他网络。

2. 集成内容

主要集成内容：空调系统、给排水系统、变配电系统、照明控制系统、电梯系统、停车管理系统、安保系统、消防报警系统、其他相关系统等。

3. 设计的关键

设计的关键包括：采用一套中央计算机管理系统；采用标准化局域网通信系统；采用统一的操作系统；采用统一的管理软件；组网设计；通信与数据网关；与其他子系统的互联（主干网、MAS、CA 和 OA 等）；远程操作。

4. 集成设计

一个典型的建筑设备管理自动化系统的组网设计，必须遵循分布式系统的基本特征。应用标准化、模块化、系列化的设计，采用分级分布式结构，即典型的集散型控制系统的结构。集成的关键在于各子系统的信息采集与区域控制器接入相应的系统控制器时，并没有分系统的概念，而是以不同点的类型形式来体现该输入或输出点的特征，只是通过中央计算机管理级的管理软件来设定或区分哪些点是属于哪一个子系统，进而达到整个系统的集成综合管理的目的。BMS 的集成结构设计示意图如图 12-36 所示。

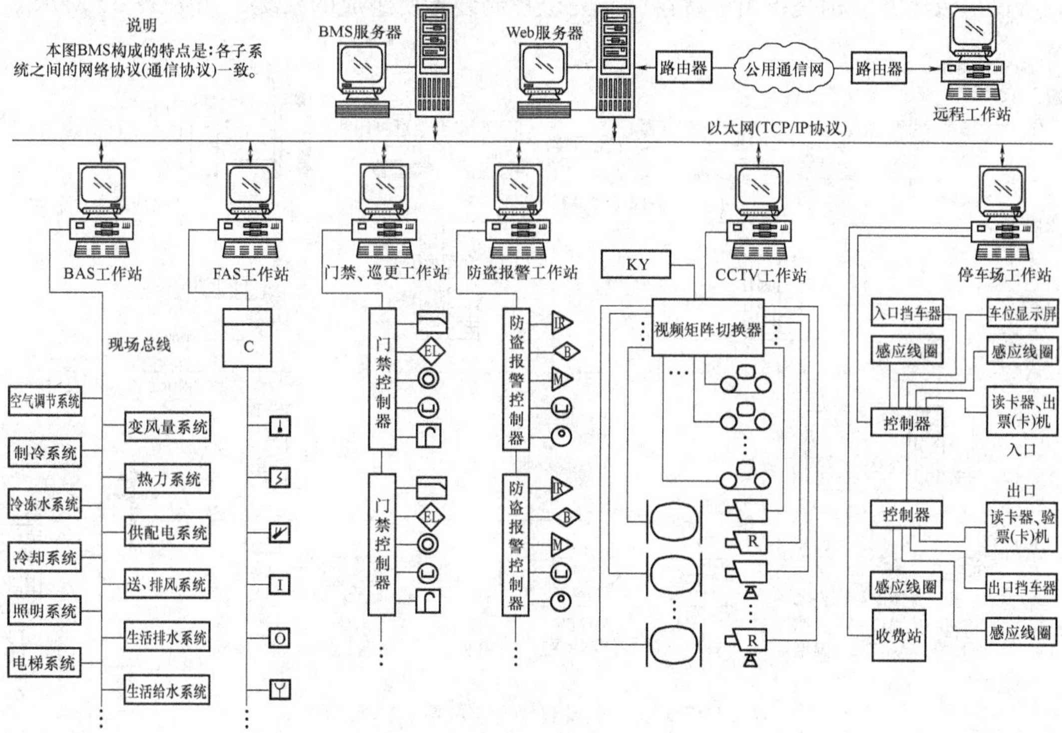

图 12-36　BMS 的集成结构设计示意图

(1) 集成模式　建筑设备管理自动化系统通过中央管理系统来对建筑物内各个子系统进行集成的综合管理。这种中央管理的模式通常可以分为两类，即集成式中央管理模式和组合式分系统管理模式。两者的区别在于后者各个独立设置的子系统都有自己的管理级，各子系统与其上层的中央管理系统可采用不同的系统平台，它们之间经过通信网络和接口协议的转换才能相互进行数据的交换和协调管理。

(2) 通信与数据网关　通信与数据网关是由硬件和软件组成的，它由一台微机配置有关软件构成，也可作为一个模块集成在系统控制中。

在 BA 分布式计算机网络系统中，通信与数据网关（DG）起着十分重要的承上启下作用。通过 LAN 连接一级网络上各计算机，同时又通过总线结构下连各系统控制器，完成共享通信线路及信息通信路径分配、信息数据交换及存储的功能以及提供智能通信接口以实现与其他独立设置的系统网络进行数据交换。

通信与数据网关实际上是一个多通道的智能通信控制器。它提供的通道是一条高速通信网络接口。这些通信接口连接到工业标准局域网上的其他数据网关、智能设备接口端、远程网络控制器和中央监控计算机上。

(3) 操作系统　BA 系统是一个实时的监控系统，完成实时动态的信息采集（输入量），经计算机或智能控制器进行实时的计算、分析、决策后对受控对象（被控量）按轻重缓急进行实时随机控制和调节，完成系统全自动控制过程。

BA 系统运行在一个实时的多用户和多任务的环境中。目前可选择的操作系统有 WindowsNT、OS/2 和 Unix 等。

(4) 组网设计　目前常见的 BA 系统一般采用三级体系结构。

所谓三级体系结构是指由二级网络和三级控制装置所组成的系统，如图 12-37 所示。

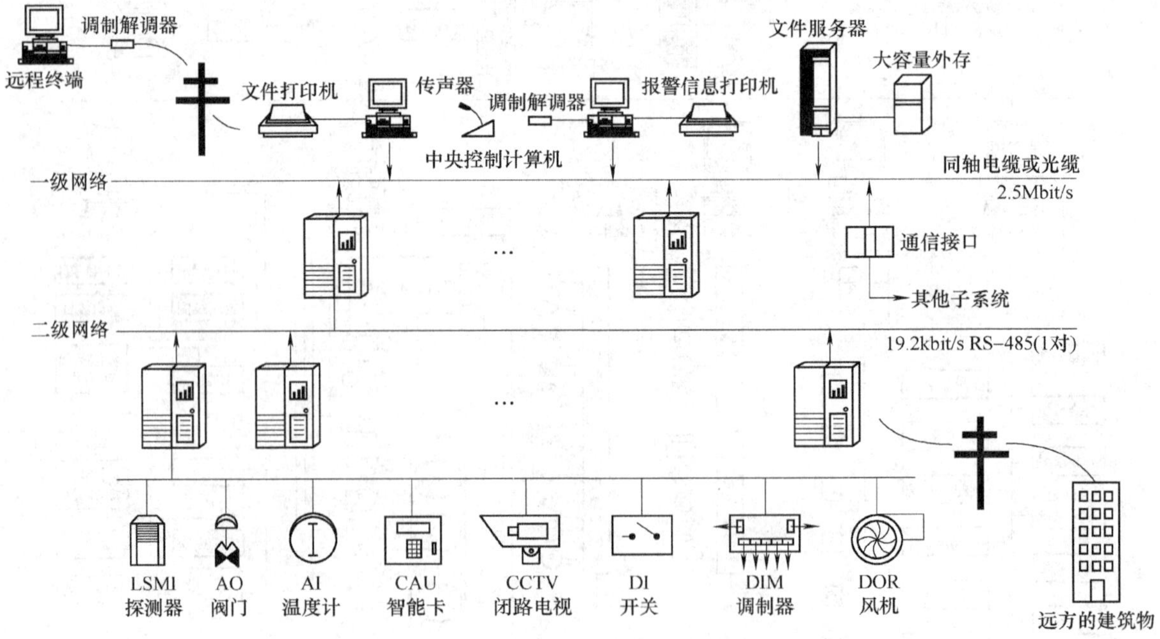

图 12-37　建筑设备自动化 BA 系统体系结构

1）一级网络（亦称为中央管理级）。中央计算机管理系统是一个典型的分布式计算机系统，它是由多台分散的微机（中央控制站）经局域网连接而成的计算机系统。它们是连接在一级网络上的一级控制设备。系统中各个终端既相互协同又高度自治，能在全系统范围内实现资源管理，动态地进行任务分配或功能分配，同时可以并行地执行分布式程序。

2）二级控制设备（亦称为系统控制级）。这是连接在一级网络和二级网络之间的二级控制装置，包括：系统控制器（主控制器）或网络控制器，这一级控制器负责协调第三级控制器之间的动作，储存各控制器的数据，并发出报警信息。

3）二级网络（亦称为区域控制级）。区域控制级是由若干台区域控制器，通过 EIA 标准的总线方式（RS-485）连接在一起。系统控制器是连接在二级网络上的三级控制装置，是一种智能型的现场控制设备，采用功能模块化结构，一般包括主机板、通信接口板、数-模转换板以及数字量、模拟量 I/O 接口板（DI、DOT、DOR、VDOR、LSMI、DIM、AO、AI、ISSM）。

4）数据采集与调控终端级。这一级是安装于现场的数据采样点和调控终端，用于数据采样和对具体设备进行调节控制。被采样的这些点是系统末端最基本的监测和受控点。通常由两类终端构成：一类称为监测终端，监测输入点（IP）。监测对象是温度、湿度、有害气体、火灾检测、流量、压力等；另一类称为受控点终端，受控输入点（OP）。受控对象是水泵、阀门、控制器、执行开关等。各类探测器、传感器将监测对象的实时状态转变成系统控制器可以接受的电流（4～20mA）或电压（0～10V）。区域控制输出 4～20mA 或 0～10V 的控制信号以调节受控设备。例如调节阀门的大小或调整风门的开启。

（5）通信网络及布线　区域控制器与现场信息点之间的线路连接，可以采用两种方式：一种是将现场信息点直接与区域控制器连接。这种方式应用在空调、给排水和变配电系统，它们之间的线路连接，通常是两线制，如果需要供电的话，均可采用双绞线（4 线制）。另一种是通过多路调制器（DIM）与现场信息点相连接。这种方法一般限于安保系统是 LSMI（双重冗余通信方式）。因为这类信息点要求保安级别高，探测器安装较为分散。从区域控制器到多路调制器（DIM）之间的线路连接，采用 4 线制。多路调制器与现场信息点之间的线路连接，同样也是 4 根线。线路连接均采用双绞线，双绞线单根线截面积一般不小于 $0.9mm^2$。

5. 环形网 BA 系统的集成设计

以环形方式组网的 BA 系统是一种采用无级别的“全集散”形式结构的系统，各 DDC 之间的“数据共享”和“协调工作”完全通过彼此之间的直接通信来完成，实现了独立运行。它与前面介绍的采用分级式网络结构的 BA 系统不同，前者的各 DDC 之间的通信需要通过系统控制器来协调和处理。在 BA 系统已进入智能化、集散式时代的今天，环形结构是一种适合于建筑物内的网络结构，其优点如下：

1）采用双线 20mA 电流环形网结构，将现场控制器、监控微机、打印机、调制解调器等由此网络连成一体。

2）系统可根据设备的位置分布、功能结构逐步形成网络，这样可随着工程的进展将 BA 系统分阶段进行扩充。

3）在施工过程中，减少了网络的大量布线、查线和今后维护的工作量。

环形网的组网设计步骤如下：

1）设备配置。各类信号的控制。控制点数分别可以从 3 点调整到 128 点。

2）网络结构。单局域环形网最多可由 116 个子站（如控制器、监控微机等），全网可由 116 个局域网通过 INC 组成一个总的环形网络，相连子站间距离可达 1000m。

3）系统布线。网络线采用 $2\times0.35mm^2$、20mA 屏蔽线，串接各类设备形成环形。

12.5.4　现代民用建筑智能化通信管理系统集成设计

信息通信系统是整个建筑智能化系统信息交换的枢纽，它与大楼计算机网络一起构成建筑物中语音、数据和图像等信息的交换中心和公共通道，同时它把大楼内信息发送到分布在不同地理位置的接收点，并接收来自于世界各地的用户所需的信息。

1. 集成内容

集成内容包括：① 电话系统。语音信箱等与语音相关的服务；② 数据传输及计算机网络系统。局域网间互联及局域网与广域网互联等；③ 图像通信系统。会议电视、可视图文、大屏幕显示、多媒体查询等；④ 结构化综合布线系统；⑤ 传输系统。光缆、长/市话联网中继线、直达专线和数字微波等；⑥ 卫星通信系统；⑦ 共用天线系统；⑧ 区域移动通信系统；⑨ 其他相关系统。

2. 设计的关键

设计的关键包括：① 建立以 PABX（或 ATM 交换机）为核心的通信网络；② 与公共通信网的连接手段和方法；③ 以综合布线实现传输媒体的共用；④ 综合语音/数据信息服务；⑤ 通过与主干网、BA 和 OA 等系统的集成以实现系统整体集成。

3. 集成设计

（1）通信主干网的集成设计　通信主干网主要从以下几方面进行集成设计：

1）充分满足用户使用功能的要求；

2）以 PABX 或 ATM 交换机为核心，进行系统集成；

3）采用多种手段和途径，保证各种速率的信息可靠传输；

4）采用综合布线系统实现建筑物内部的通信线路；

5）考虑与建筑物内计算机通信主干网和面向各类应用的局域网的集成；

6）满足用户对多媒体信息的传输要求。

（2）数据传输及计算机网络管理系统的集成设计　现代民用建筑智能化管理系统中，数据的内部通信和对外交换通道，可以有以下几种途径同时并存和综合运用。

1）通过建筑物中通信机房内设置的 DDN 节点进入公用数字数据网，以租用专线形式连至市内、国内和国际（最高传输速率 2Mbit/s）；

2）通过 VAST 专用网或公众卫星网连至全国和全球；

3）通过电话交换网（PSTN）传送中速或低速数据；

4）通过 DDN 网或电话交换网进入公共分组数据网（X.25PDN）传送分组交换数据；

5）通过 ISDN/B-ISDN 同时高速传输语音、文字和图像等多媒体信息。

建筑物内部的计算机网络系统，由主干网和局域网组成。主干网一般是由光缆组成的 FDDI 网或 ATM 交换机组成的 ATM 网。局域网可以根据不同的应用要求，通过综合布线系统组成总线（以太）网、环（令牌）网和 ARCnet 网，并通过网间互联设备接入主干网。通过计算机网络互联设备（例如：网桥、路由器等）实现局域网与广域网的互联。还可以通过市内光缆与分布在市内的其他建筑组成一个统一的 FDDI 校园网，或者通过 X.25，DDN，ISDN/B－ISDN 等实现更大范围内的局域网的互联。具体的联网方案将根据需求进行具体的组网设计。图 12-38 为 CA 管理系统的集成模式设计示意图。

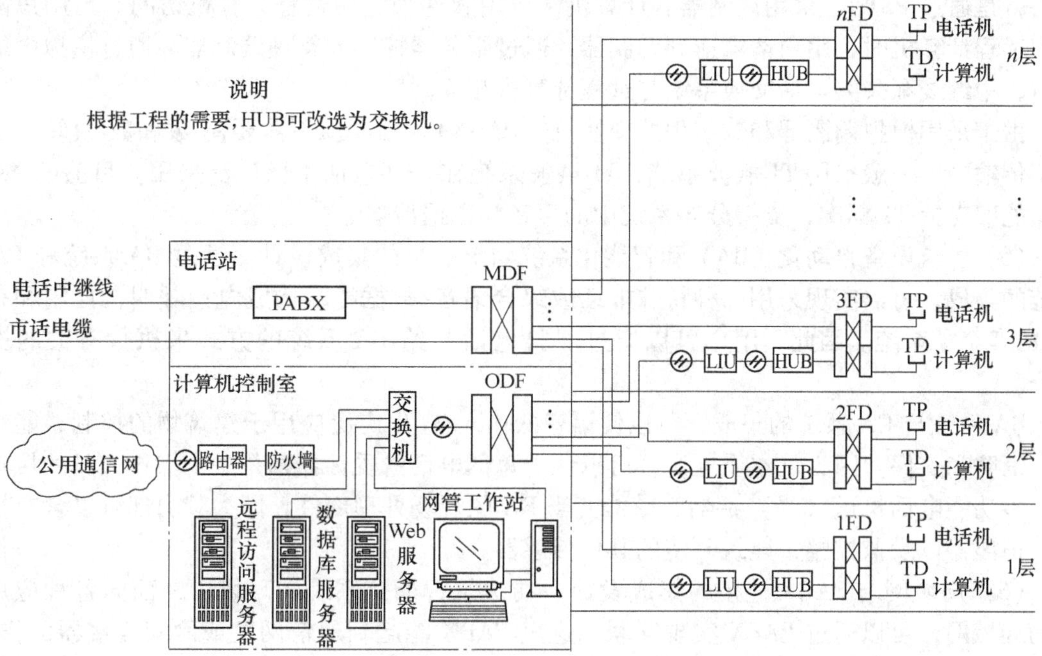

图 12-38　CA 管理系统的集成设计示意图

（3）与数字式程控交换机连接的集成设计　数字式程控交换机（PABX）是建筑智能化管理系统集成的焦点之一。以 PABX 为核心可以组成以语音为主兼有数据通信的通信网，连接各类办公设备、主机终端和局域网。由 PABX 和 LAN 构成综合通信网并且可发展成 ISDN/B-ISDN 的综合业务数字网，图 12-39 为 PABX 连接各种设备的集成设计示意图。从图

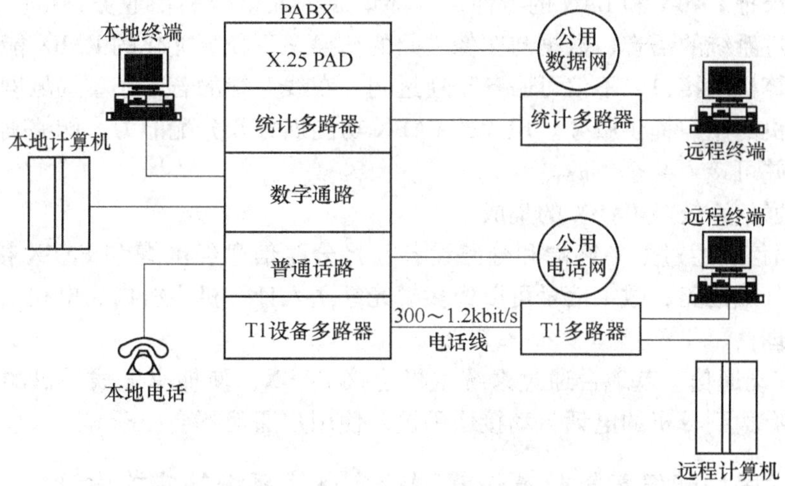

图 12-39　PABX 连接各种设备的集成设计示意图

中可以看出，一般的 PABX 可以分为 5 个部分：普通话路、数字通信、设备多路器、统计多路器和 X. 25PAD。

（4）用户与远程计算机连接的集成设计　当用户需要使用远程计算机资源时，最常用的方法就是通过 PSTN，采用调制器和计算机端口用软件来实现远程计算机访问。当用户需要访问远程计算机时，用户请求连到调制器，通过服务器控制和管理调制器。通过模拟中继线接口、中继线和公共电话交换系统与远程计算机相连。

由于采用模拟调制器和数字程控交换机（PABX），因此就不需要模-数和数-模转换。在数字传输中，一般采用 T1 载波系统，T1 载波系统在公共电话中已广泛采用。目前的 PABX 产品能够支持 T1 标准，支持分布系统中的声音和数据传输。

（5）建筑设备自动化（BA）和智能化系统与 PABX 的集成设计　通过 BA 系统和 PABX 系统的集成，可以实现采用一种特殊电话或综合语音/数据终端构成电话呼叫，控制和查询 BA 的各个子系统。因此，用户可以通过“打电话”给 BA 系统的方式来执行有关的操作命令。

BA 系统与 CA 系统的集成，可以使语音的输入/输出广泛应用于建筑物的控制、能耗管理、消防和安保。因为从本质上讲，可以认为每部电话的受话器都是一个操作人员的接口界面。多功能电话机送（受）话器，就能充当 BA 的现场处理部件，因为其内部可以含有恒温器、恒湿器以及监控整个建筑环境的其他传感器。

（6）局域网与 PABX 连接的集成设计　在建筑智能化系统的环境中，面向各种应用类型的局域网，可以通过 PABX 实现互联。这里 PABX 能起到通信网关或网间连接器的作用，在这些 LAN 之间，通过格式与协议的转换达到信息通信。

通过 PABX 与 LAN（或 ATM 交换机）的集成，用户不仅可以共享电话系统，而且可以通过一套共用的高速网络进行远程资源的访问。这种交换式的 LAN 联网系统可以通过 TCP/IP 及 NFS 协议，与非同类的异型网络连接。这样就可以由统一资源向各类用户提供接通语音、数据和局域联网。这样的一种集成化高性能 PABX 具有：兼容各种传输媒体（双绞线、同轴电缆和光纤）、集中式共享调制解调器、公共数据库与统一的管理协议等功能。

因此，如果把 PABX 和 LAN 的特性，全部集成进入整个通信业务系统。则调用数字信息就表现为通过系统的语音、数据与图像之间的交换，不断智能化的 PABX 能使一个局域网变为一种主计算机的接口，不仅可服务于通过同一布线系统的若干小型局域网，同时还可面向需要大型主机的用户提供服务。现代的 PABX 功能划分和分配能力，能够确保其独立运行而不受干扰，并可接入共享资源。

（7）无线通信系统与 PABX 的集成

1）卫星通信。通过卫星终端和分路设备，将分路信息经电缆和 PABX 接到每个用户。卫星接收信号分成两路，数字信号可以经多模光纤送入计算机主机内，电视信号送闭路电视播放室统一处理。

2）区域移动通信。基地台通过系统主机连接 PABX，使拥有无线手机的 PABX 话机与手机互联，所有拨到分机的电话自动接通手机，使用户通信不会中断。

12. 5. 5　现代民用建筑智能化通信管理综合布线系统的集成设计

综合布线系统是在一幢建筑或建筑群之间的通信传输网络，这个网络包括楼内和楼群之间所有电缆、电线和光缆，所有的转接设备，用户端接口设备，外界网络接口设备等。

1. 集成的内容

集成的内容主要有：计算机网络线缆、通信网络线缆、BA 系统专用数据线缆、视频线缆、广播线缆、其他有关线缆。

2. 集成的关键

一般采用综合布线系统，以适应现在和将来技术的发展，实现语音、数据和图像信息的传递，满足灵活应用的要求，即任一信息点能够连接不同类型的设备。所有线缆的接插件都应是模块化的标准件，以便管理和使用。系统扩充性好，为今后更高速的信息传输留有余地。

3. 集成的设计

（1）总体设计　建筑智能化系统的弱电系统布线一般应用综合布线系统。具体来说，就是将计算机网络线缆、电信线缆和同轴电缆等统一采用完整的布线系统。而建筑设备管理自动化系统所用的数据线缆及 CCTV 所用的同轴电缆也统一布局，按一定的密度铺设，以满足今后可能出现的增加和更改。

在每层楼面可以铺设预留光缆。其中单模光缆连接邮电通信系统，可提供高速、高带宽的通信联络。如 E1、T1、DDN、B-ISDN 等。多模光缆用于终端设备的高速信息传递。

建筑智能化系统的布线系统应遵循 EIA/TIA568B2 标准，具有开放性、兼容性、灵活性和扩展性。以光缆及双绞线为核心，配以部分同轴电缆，建立一个贯穿整个建筑的结构化综合布线系统。

在布线系统中，应使计算机网络、各种自动化控制及语音等信息通过数字光缆和双绞线通道（以下简称数字通道）。CCTV、CATV 及电视监控信号通过模拟光缆及同轴电缆通道（以下简称模拟通道）。卫星通信室接收卫星传来的电视信号通过模拟通道，数字通信的信号则通过数字通道。为了适应高速数据流通的需要，在布线系统中，将以 ATM 网作为考虑的主要目标。以光纤（多模光纤和单模光纤）为主，配以 155Mbit/s 带宽的 5 类 UTP 双绞线、屏蔽双绞线和同轴电缆，来满足各个层次设备的需求。各系统所用线缆一览表见表 12-5。

表 12-5　各系统所用线缆一览表

系 统 名 称	进线所用线缆	垂直干线所用线缆	水平干线所用线缆
邮电通信系统	单模光缆	单模光缆、多模光缆	5 类 UTP 双绞线、单模光缆
闭路电视系统	单模光缆或同轴电缆	多模光缆	同轴电缆
广播系统		2 芯屏蔽双绞线	2 芯屏蔽双绞线
计算机网络系统		多模光缆	5 类 UTP 双绞线、多模光缆
BA 系统		多模光缆	4 芯屏蔽双绞线

表 12-5 中所用线缆说明如下：

1）单模光缆为邮电通信光缆；

2）多模光缆为建筑物内各种信息的主要传递通道；

3）5 类 UTP 双绞线在水平干线子系统中作为计算机网络和电话线缆；

4）屏蔽双绞线在 BA 系统中作为广播线缆和采集、控制线缆；

5）同轴电缆作为 CCTV 和 CATV 用的视频电缆。

（2）布线设计　如图12-40所示，一个综合布线系统包含电缆、适配器和其他支撑设备等，也就是所连接的电话、数据处理设备与装置、各种类型接线器以及其他的通信设备等。综合布线系统通过各种部件组合在建筑物范围内按有关模式组织这类部件的方法来实现。例如，运用星形拓扑结构布线方式具有多元化的功能，可以使任一子系统单独布线，每一子系统均为一独立的单元组。更改任一子系统时，均不会影响其他子系统。这样的布线将允许联网的设备经济而灵活地进行扩展。

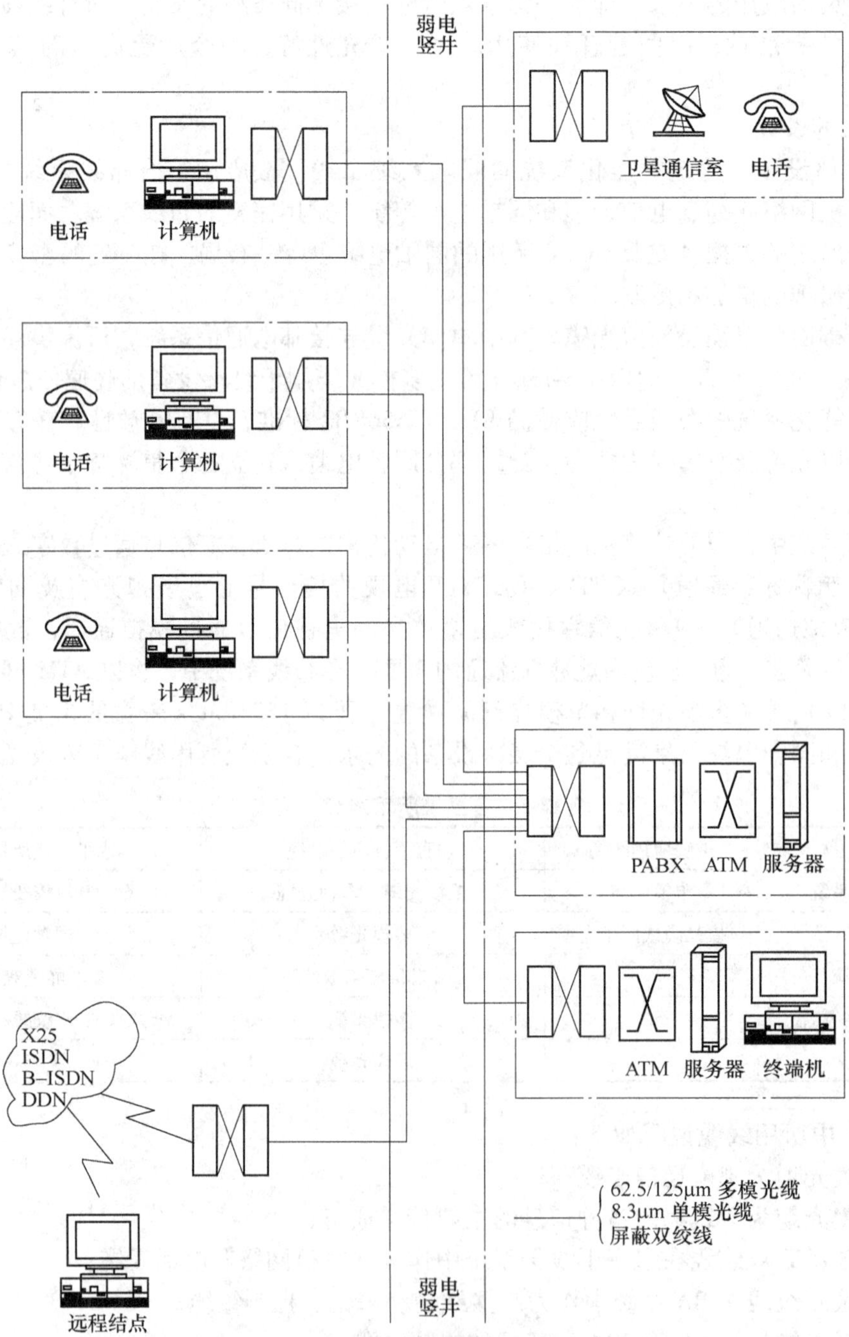

图12-40　布线系统的集成设计示意图

综合布线系统的组成一般可分解成6个独立的子系统：工作站区子系统、水平干线子系统、配线管理子系统、垂直干线子系统、设备室子系统、室外连接电缆或光缆子系统。工作站配线是连接用户设备的界面，接插到墙上、地面或者办公家具里的标准插孔或插座。这种电缆类似电源线，通常是柔软、灵活和标准的，一般随设备附带提供。

传输媒体选择的标准是：传输速率及容量、地理范围、可扩展性、灵活柔韧性、共通性或连通性、可配置性、可维护性、可靠性和噪声抗扰度等。

综合布线系统中双绞线的质量至关重要。双绞线分为5类，第五类线可传输100Mbit/s数据。现在还有一种超5类线，可传输350Mbit/s的数据。典型的综合布线系统一般都选择多重媒体，均匀地分布到设施的全部插座。插座以有规则间距安置，并预先按水平子系统位置配线。横向水平分布系统，一般都由位于每层电信间的互联点（通过集线器HUB或智能交换式集线器）向外辐射，到达工作站区。

通过弱电竖井内的电缆（或称垂直干线），用来连接各层电信小间内的多路设施。横向水平分布系统经过互联设备或网络设备接口到垂直干线。互联设备可以是简单的带有中继电缆的终端模块，或者是复杂的局域网通信管理设备。电信小间必须有适当的规模，其设计应满足设备增长的需求。

设计与实现一个综合布线系统通常应注意以下4个方面：

1）系统结构设计；

2）布线走线设计；

3）系统设备选型与设计；

4）管理与维护。

今后的网络系统必定要向ATM过渡，综合布线系统的设计应结合网络的结构加以综合考虑。网间互联和主干线应尽可能多地放置光纤，有的可能暂用不上，也应有预留，以便于将来扩充时使用。

12.5.6　综合布线系统网络数据库的选择

在系统集成中，必须采用先进的Client/Server结构，在集成的网络系统中，有大量的数据需要放在数据库中。网络中所用的数据库有以下两大类。

1. 工作站数据库

这种数据库管理系统常用的有FoxPro等。如果采用Windows平台，其方便的图形界面，会改善编程和操作人员的工作难度。在Windows操作系统下，可以使用Microsoft公司的Fox-ProforWindows、Excel和Access等工作站数据库管理系统。

2. 网络分布式数据库

国内外普遍采用SQL系列数据库产品。可以说，作为集成网络的数据库系统必须采用这类产品。SQL数据库产品种类较多，常用的有Oracle、Sybase、Infomdx等。Sybase是一种多媒体数据库，由于其优良的性能，现正处在上升期。目前国内开始使用Sybase的用户越来越多，使用的范围也越来越广。在选择数据库时应注意一个问题，即必须与网络操作系统相匹配。根据这些分布式数据库的性能，在选用Netware网络操作系统时，一般应使用Sybase或Oracle数据库。若选用Windows NT Advafieed Server网络操作系统时，应选用微软公司的产品MSSQL Selwex。因为微软公司的这个数据库其核心就是Sybase，是一个分布式多媒体数据库。这样选择数据库，很容易建立起 Client/Senter 结构，使整个网络数据的分布和利用更加合理。

3. 网络数据库的选择

在选择网络数据库时，应当仔细分析系统集成的需求，比较各种网络数据库的性能和优缺点，并有一个长期的规划和目标。系统集成设计中应全方位地考虑数据库管理系统的选择。目前市场上数据库的种类很多，这些不同的网络数据库互联是有一定困难的。一个用户的各个数据库之间或各个系统之间，网络数据库选得很杂，故要实现系统集成以及网络数据库的分散管理将是非常困难的。若不能在大范围内实现网络数据库的分散管理，就不能充分发挥所选网络数据库的性能，整个网络系统的先进性也就无法体现，当然也就说不上整个网络系统资源的合理利用了。因此网络数据库的选择应当非常慎重，应当尽量在所辖的范围内综合考虑使用统一的网络数据库，以避免网络数据库在实际应用和系统集成中出现互不兼容的问题。

思考题与习题

12-1 现代民用建筑内主要有哪些智能化系统？各系统的基本组成和工作原理是什么？

12-2 建筑电气设备自动化系统的主要功能有哪些？其监控范围有哪些？

12-3 建筑电气设备自动化和智能化系统主要由哪些系统组成？

12-4 如何进行现代民用建筑电气设备自动化和智能化系统的设计？

12-5 现代民用建筑内的 BA 系统和智能化系统的底层电气设备的监控系统有哪些？如何进行设计？

12-6 现代民用建筑内的办公设备自动化系统的分类有哪些？现代民用建筑办公设备自动化和智能化系统的设计原则是什么？

12-7 现代民用建筑通信自动化和智能化系统的基本结构由哪些部分组成？如何进行设计现代民用建筑通信自动化和智能化系统？

12-8 什么叫结构化综合布线系统？基本结构由哪些部分组成？如何进行现代民用建筑结构化综合布线系统设计？

12-9 现代民用建筑智能化综合管理系统的集成原则是什么？如何进行现代民用建筑智能化综合管理系统的集成设计？

12-10 请针对你所在学校的图书馆设计一智能化的监控系统原理图。

第 13 章　现代民用建筑电气工程总体设计

本章对现代民用建筑电气工程设计的总原则、设计的一般阶段、设计的基本步骤作了系统的介绍。对电气设计文件编制的方法和要求进行了具体说明。通过本章学习，使读者对现代民用建筑的总体电气设计过程和要求有一个比较完整和全面的了解。

13.1　现代民用建筑电气工程总体设计概述

13.1.1　现代民用建筑电气工程设计范围和设计内容

1. 电气设计的范围

现代民用建筑电气工程的电气设计范围主要包括强电和弱电两个大的方面。电气工程设计边界的划分有两点要明确：一是该工程内部线路与外部网络的分界点要明确；二是在与其他单位联合进行电气设计时，相互的分工和相互交接设计的边界点要明确。因为土建设计的边界是以规划部门划定的用地红线来确定的，设计的建筑物不得越出红线的范围。电气设计线路的边界不是用红线来划分的。电气设计的边界划分通常是由建设单位（习惯称为甲方）与有关主管部门商量确定的。例如，要明确该工程供电线路的接电点，这接电点可能在土建边界红线以内，也可能在红线以外。而在与其他单位联合进行电气设计时，必须明确整个工程电气设计的具体分工和相互交接的边界以及本单位电气设计的具体任务，以免出现整个工程彼此脱节。

2. 电气设计的内容和项目

现代民用建筑强电设计项目有：变配电、输电线路、电力、照明、防雷与接地、电气信号及自动控制等。弱电设计项目有：电话与有线通信、广播、闭路电视（或称共用天线电视系统）、安防与监控系统、自动消防与火灾报警系统、信号系统等。一般在一个工程中不一定都包括上述电气设计的所有项目，有的仅有强电设计，有的强弱电设计都有，且只有其中的几项。对现代民用建筑而言，均要涉及强电和弱电，而且有些高等级建筑还需有智能化设计。通常一个工程的设计项目可以根据下列几方面因素来确定：

（1）根据建设单位的设计委托要求确定　在建设单位设计委托书上，一般应写清楚设计内容和设计要求，有时因建设单位经办人对电气专业不太熟悉，往往请设计单位帮助他们一起填写设计委托书，以免漏项。有时建设单位可能把工程中的某几项另外委托其他单位设计，所以设计内容必须在设计委托书上写清楚。

（2）根据设计规范的要求确定　设计人员应根据各方面的设计规范确定设计项目。例如，民用建筑的火灾报警系统、消防控制系统、紧急广播系统、防雷装置等内容，由设计人员根据所设计的建筑物的高度、规模、使用性能等情况，按照民用建筑防火设计规范、高层民用建筑防火设计规范、民用建筑防雷规范等规定确定是否需要设置。这部分在建设单位的设计委托书上可不必写明，如果根据规范必须设置的系统或装置，而建设单位又不同意设置时，则必须有建设单位主管部门同意不设置的正式文件才能执行，否则应按规范执行。

（3）根据建筑物的性质和使用功能主要设计要求所考虑的内容来确定　例如，学校建筑的总体电气设计内容，除了一般的电力、照明设计以外，还应当有电铃、有线广播等。剧场的电气设计内容，除了一般的电力和照明外，还应当包括舞台灯光照明、扩声系统等设计。宾馆、饭店的设计，应按照其级别标准规定应有的内容来确定设计内容。诸如此类，每一项民用建筑都会有其特点，应根据其特点确定它特有的设计内容。

总之，每一项民用建筑设计时，都应当仔细弄清楚建设单位的意图，建筑的性质和使用功能，熟悉国家设计标准和规范，本着满足规范的要求，服务于用户的原则确定设计内容。

13.1.2　现代民用建筑电气工程设计与其他单位和相关专业的关系

现代民用建筑与工业建筑有着许多不同的特点。因此，它们的设计也有许多不同。在工业建筑设计中，生产工艺设计是起主导作用的，土建设计则是以满足工艺设计要求为前提的，处于配角的地位。但在现代民用建筑设计过程中，建筑专业始终是主导的，电气专业和其他专业则处于配角地位，围绕着建筑专业的构思，力求表现和实现建筑设计的意图，并且在工程设计的全过程中，其他专业应服从建筑专业的调度。

1. 与使用单位的关系

工程完工后总是要交付给使用单位使用，满足使用单位的需要是设计的根本目的。因此，要做好一项建筑电气设计，必须首先了解使用单位的需求和他们所提供的设计资料。不是盲目地去满足，而是在客观条件许可的情况下，恰如其分地去实现。

2. 与施工单位的关系

设计是用图纸表达工程的产品，而工程的实体则需靠施工单位去建造。因此，设计方案必须具备可实施性，否则仅是“纸上谈兵”而已。一般来讲，设计者应该掌握电气施工工艺，至少应了解各种安装过程，这样以免设计出的图纸不能实施。通常在施工前，需将设计意图向施工一方进行交底。交底的过程中，施工单位一般严格按照设计图纸进行安装，若遇有更改设计或材料代用等需经过“洽商”，洽商作为图纸的补充，最后纳入竣工图内。

3. 与公用事业单位的关系

电气装置使用的能源和信息来自市政设施的不同系统。因此，在开始进行设计方案构思时，应考虑能源和信息输入的可能性及其具体措施。与这方面有关的设计是供电网络、通信网络和消防报警网络等。因此，需和供电、电信和消防部门进行业务联系。

4. 与建筑专业的关系

建筑电气与建筑专业的关系，视建筑物的功能不同而不同。随着科学技术的进步，建筑技术也在迅速发展，现代建筑功能越来越复杂，使用要求也日益提高，建筑的现代化除了建筑造型和内部使用功能具有时代气息外，很重要的方面是内部设备的现代化。这就对水、电、暖通专业提出了更高的要求，使这方面的设计工作量和工程造价的比重大大增加。所以，尽管建筑专业在民用建筑设计中处于主导地位，但是并不排斥其他专业在设计中的独立性和重要性。任何一幢现代民用建筑，如果缺少水或电，那么这幢建筑设施是不完善的，使用功能也是不健全的，甚至是无法使用的。这就是说，一项完整的建筑工程设计不是某一个专业所能完成的，它是各个专业合作、密切配合的结果。

由于各个专业都有各自的技术特点和要求、各自的设计规范和标准，所以，在设计中不能片面地强调某个专业的重要而不顾其他专业的规范规定，影响其他专业的技术合理性和使用安全性。在设计中，电气专业应当在总体功能和效果方面努力实现建筑专业的设计意图；建筑专业也要充分尊重和理解电气专业的特点，注意为电气专业设计创造条件，并认真解决电气专业所提出的技术要求。比如，变、配电室的位置，平面尺寸、层高，消防控制室的位置及面积等都有规范要求，建筑专业在平面布局及尺寸上都应符合电气设计规范的要求，不能随意凭主观确定。

5. 与设备专业的关系

建筑电气与建筑设备（采暖、通风、上下水、煤气）争夺地盘的矛盾特别多。因此，在设计中应做好协调关系，建筑电气应主动与土建、暖通、上下水、煤气、热力等专业在设计中协调好，而且要认真进行专业间的校对，否则容易造成工程返工和建筑功能上的损失。

总之，只有各专业之间相互理解、相互配合，才能设计出既符合建筑设计的意图，又在技术和安全上符合规范、功能满足使用要求的建筑物。

13.2　现代民用建筑电气工程设计原则与设计依据

现代民用建筑电气工程设计的原则和设计依据概括起来有下述几个方面：

1. 电气设计的原则

电气设计必须贯彻执行国家有关工程的政策和法令，应当符合现行的国家标准和设计规范。电气设计还应遵守有关行业、部门和地区的特殊规定和规程。在上述的前提下力求贯彻以下原则：

1）应当满足使用要求和保证“安全用电”；

2）确立技术先进、经济合理、管理方便的方案；

3）对强电和弱电系统设计应适当留有发展余地；

4）设计应符合现行的国家标准和设计规范。

我国现行主要的电气设计的国家标准和部颁标准见表 13-1。

表 13-1　常用电气设计标准

序　号	代　号	标准或规范名称
1	GB 50-052—2009	供配电系统设计规范
2	GB 50-053—1994	10kV 及以下变电所设计规范
3	GB 50-054—1995	低压配电设计规范
4	GB 50-055—1993	通用用电设备配电设计规范
5	GB 50-056—1993	电热设备电力装置设计规范
6	GB 50-057—2010	建筑物防雷设计规范
7	GB 50-058—1992	爆炸和火灾危险环境电力装置设计规范
8	GB 50-059—1992	35 ~ 110kV 变电所设计规范
9	GB 50-060—2008	3 ~ 110kV 高压配电装置设计规范
10	GB 50-061—1997	66kV 及以下架空电力线路设计规范

（续）

序　号	代　号	标准或规范名称
11	GB/T 50-062—2008	电气装置的继电保护和自动装置设计规范
12	GB 50034—2004	建筑照明设计标准
13	GB 50-084—2001	自动喷水灭火系统设计规范
14	GB 50-343—2004	建筑物电子信息系统防雷技术规范
15	GB 50-348—2004	安全防范工程技术规范
16	GB 50-116—1998	火灾自动报警系统设计规范
17	GB 50-200—1994	有线电视系统工程技术规范
18	GB 50-217—2007	电力工程电缆设计规范
19	GB 50-311—2007	综合布线系统工程设计规范
20	GB 50-395—2007	视频安防监控系统工程设计规范
21	GB /T 50-314—2006	智能建筑设计标准
22	GB 50-045—1995	高层民用建筑设计防火规范
23	CECS 119—2000	城市住宅建筑综合布线系统工程设计规程
24	JGJ/T 16—2008	民用建筑电气设计规范
25	JGJ 153—2007	体育场馆照明设计及检测标准
26	CJJ 45—2006	城市道路照明设计标准

注：1. GB 为国家标准；
2. CECS 为中国工程建设标准化协会标准；
3. JGJ、CJJ 为建设行业标准。

对于上述有关电气设计标准，必须结合实际情况正确执行。电气设计应密切结合国情，设计中采用的标准和设备水平，应与工程在国民经济中的公共生活中的地位、规模、建筑功能及建筑环境设计相适应；应正确处理近期与远期的关系；还应适当留有发展余地。同时，还要认真考虑设备标准的供应情况和施工安装、维修管理的水平。总之，要努力使设计达到满意实用、使用安全、技术先进、经济合理、管理方便等基本要求，并注意美观大方。

2. 电气设计的依据

电气设计的主要依据有：① 经过有关部门正式批准的设计任务书（初步设计的主要依据）；② 有关部门审查批准的初步设计文件和修改意见；③ 建设单位的补充要求（施工图设计的依据）；④ 设计过程中其他专业提出的技术条件和设计要求。

一幢功能完善的建筑物应该是土建与电气、给水与排水、暖气与通风等系统组成的统一体。因此，一个完善的建筑设计也是多专业密切协作的产物。专业之间在设计过程中既相互依赖、又相互制约，如水系统中的泵，消防设施，暖通系统中的泵、风机、空调器等都要进行供电和控制设计。所以水暖专业必须向电气专业提供设备名称、型号、功率、控制要求以及系统工作状况等说明。这些都是电气专业进行负荷计算、配电系统及控制系统设计的依据。

反之，电气专业也应向其他专业提供设计要求，例如，配电房需要的面积、层高、地沟尺寸等，这些又都是建筑专业设计的依据。

13.3　现代民用建筑电气工程设计阶段与设计步骤

13.3.1　现代民用建筑电气工程的设计阶段

现代民用建筑电气工程的设计一般分为初步设计和施工图设计两个阶段。现代大型民用建筑的电气工程设计，在初步设计之前还应当进行方案设计，但它不作为独立的设计阶段。小型民用建筑的电气工程设计也可以用方案设计代替初步设计。

1. 初步设计阶段

初步设计阶段的主要工作是：在工程的建设方案、建筑设计的基础上进行电气的方案设计。大、中型复杂工程应做多个方案，进行综合技术经济分析比较，根据工程的具体情况，选取技术先进、可靠，经济合理的方案。然后进行必要的计算和内部作业，编制出初步设计文件。

初步设计阶段的主要任务是

1）了解和确定建设单位的用电要求，了解是否有特殊用电设备要求；

2）落实供电电源及配电方案，如消防设备及建筑设备自动化部分的供电方案等；

3）确定工程的设计项目，如强电和弱电设计项目范围；

4）进行系统方案设计和必要的计算；

5）编制初步设计文件，估算各项技术与经济指标（由建筑经济专业完成）；

6）解决好专业间的配合，特别是要提出配电系统所必需的土建条件，并在初步设计阶段予以解决。

初步设计文件应达到如下的深度要求：

1）确定设计方案；

2）能满足主要设备及材料的订货要求；

3）可以根据初设文件进行工程概算，以便控制工程投资；

4）可作为施工图设计的基础。

以方案设计代替初步设计的工程，电气部分的设计一般只编制方案说明，可不设计图纸，其初步设计要求是确定设计方案，据此估算工程投资。

2. 施工图纸设计阶段

根据已批准的初步设计文件（包括审批中的修改意见以及建设单位的补充要求）进行施工图纸设计，其主要工作有

1）进行具体的设备布置；

2）进行必要的计算；

3）确定各电气设备的选型以及确定具体的安装工艺；

4）编制出施工图设计文件等。

在这一阶段特别要注意与各专业的配合，尤其是对建筑空间、建筑结构、采暖通风以及上下水管道的布置要有所了解，避免盲目布置造成返工。

施工图设计应达到如下要求：

1）可以编制出施工图的预算；

2）可以安排材料、设备和非标准设备的制作；

3）可以进行施工和安装。

上述为一般建筑工程的情况，较复杂和较大型的工程建筑还有方案遴选阶段，建筑电气应与之配合。同时，建筑电气本身也应进行方案比较，采取切实可行的系统方案。特别复杂的工程需绘制管道综合图，以便于发现问题和下一阶段的施工安装。

13.3.2　现代民用建筑电气工程设计的具体步骤

现代民用建筑电气工程的设计从接受设计任务开始到设计工作全部结束，大致可分为6个步骤。

1. 方案设计

对于现代大型民用建筑工程，其电气设计需要做方案设计，在这一阶段主要是与建筑方案的协调和配合设计工作，此阶段通常有以下几项具体工作：

（1）接受电气设计任务　接受电气设计任务时，应先研究设计任务委托书，明确设计要求和内容。

（2）收集资料　设计资料的收集根据工程的规模和复杂程度，可以一次收集，也可以根据各设计阶段深度的需要而分期收集。一般需要收集的资料有

1）向当地供电部门收集有关资料，主要有：① 电压等级，供电方式（电缆或架空线，专用线或非专用线）；② 输电线路回数、距离、引入线的方向及位置；③ 当采用高压供电时，还应收集系统的短路数据（短路容量、稳态短路电流、单相接地电流等）；④ 供电端的继电保护方式，动作电流和时间的整定值，对于用户进线与供电端输出线之间继电保护方式和时限配合的要求；⑤ 供电局对用户功率因数、电能计量的要求，电价、电费收取办法；⑥ 供电局对用户的其他要求。

2）向当地气象部门收集有关资料，其具体内容见表13-2。

表13-2　常用的气象、地质资料

资料内容	资料用途	资料内容	资料用途
最高年平均温度	用于选变压器	所选地址土壤中0.7~1.0m深处，一年中最热月平均温度	用于选地下电缆
最热月平均最高温度	用于选室外裸导线及母线	年雷电小时数和雷电日数	用于选防雷装置
最热月平均温度	用于选室内导线及母线	50年一遇的最高洪水位	用于变电所所址选择
一年中连续三次的最热日昼夜平均温度	用于选空气中电缆	所选地址土壤的电阻率和结冰深度	用于选接地装置

3）向当地电信部门收集有关资料，具体有：① 选址附近电信设备的情况及利用的可能性，线路架设方式，电话制式等；② 当地电视频道设置情况，电视台的方位，选址外的电视信号强度。

4）向当地消防主管部门收集有关资料，主要了解当地有关建筑防火设计的地方法规。

（3）确定负荷等级

1）根据有关设计规范，确定负荷的等级、建筑物的防火等级以及防雷等级。

2）估算设备总容量（单位为 kW），即设备的计算负荷总量（单位为 kW），需要备用电源的设备总容量（单位为 kW）和设备计算总容量（单位为 kW）（对一级负荷而言）。

3）配合建筑专业最后确定方案，即主要对建筑方案中的变电所的位置、方位等提出初步意见。

2. 初步设计

建筑方案经有关部门批准以后，即可进行初步设计。初步设计阶段需做的工作有

（1）分析设计任务书和进行设计计算　详细分析研究建设单位的设计任务书和方案审查意见，以及其他有关专业（如给排水、暖通专业）的工艺要求与电气负荷资料，在建筑方案的基础上进行电气方案设计，并进行设计计算（包括负荷计算、照度计算、各系统的设计计算等）。

（2）各专业间的设计配合

1）给排水、暖通专业应提供用电设备的型号、功率、数量以及在建筑平面图上的位置，同时尽可能提供设备样本。

2）向结构专业了解结构形式、结构布置图、基础的施工要求等。

3）向建筑专业提出设计条件，即包括各种电气设备（如变配电所、消防控制室、闭路电视机房、电话总机房、广播机房、电气管道井、电缆沟等）用房的位置、面积、层高及其他要求。

4）向暖通专业提出设计条件，如空调机房和冷冻机房内的电气控制柜需要的位置空间，空调房间内的用电负荷等。

（3）编制初步设计文件　初步设计阶段应编制初步设计文件，初步设计文件一般包括图纸目录、设计说明书、设计图纸、主要设备表和概算（概算一般由建筑经济专业编制）。

1）图纸目录应列出制图的名称、图别、图号、规格和数量。

2）初步设计阶段以说明为主，即对各项的内容和要求进行说明。除此之外，设计依据和设计范围也是设计说明书中不可缺少的文件，即摘录设计总说明中所列的批准文件和依据性资料中与本专业设计有关的内容，以及本工程其他专业提供的设计资料等。根据设计任务要求和有关设计资料、设计规范，说明本专业设计内容和分工等。

3. 施工图设计

初步设计文件经有关部门审查批准以后，就可进行施工图设计。施工图设计阶段的主要工作有以下几方面：

（1）准备工作　检查设计的内容是否与设计任务和有关的设计条件相符；核对各种设计参数、资料是否正确；进一步收集必要的技术资料。

（2）设计计算　深入进行系统计算；进一步核对和调整计算负荷；进行各类保护计算；导线与设备的选择计算；线路与保护的配合计算；电压损失计算；对弱电工程部分有关内容进行设计计算。

（3）各专业间的配合与协调　对初步设计阶段所提的资料进行补充和深化，即

1）向建筑专业提供有关电气设备用房的平面布置图，以便得到他们的配合。

2）向结构专业提供有关预留预埋件或预留孔洞的条件图。

3）向水暖专业了解各种用电设备的控制、操作、联锁要求等。

（4）编制施工图设计文件　施工图设计文件一般由图纸目录、设计说明、设计图纸、

主要设备及材料表、工程预算等组成。图纸目录中应先列出新绘制的图纸，后列出选用的标准图、重复利用图及套用的工程设计图。

当本专业有总说明时，在各子项工程图纸中应加以附注说明；当子项工程先后出图时，应分别在各子项工程图纸中写出设计说明，图例一般在总说明中。

4. 工程设计技术交底

电气施工图设计完成以后，在施工开始之前，设计人员应向施工单位的技术人员或负责人作电气工程设计的技术交底。主要介绍电气设计的主要意图、强调指出施工中应注意的事项，并解答施工单位提出的技术疑问；补充和修改设计文件中的遗漏和错误。其间应作好会审记录，并最后作为技术文件归档。

5. 施工现场配合

在按图纸进行电气施工的过程中，电气设计人员应常去现场帮助解决图纸上或施工技术上的问题，有时还要根据施工过程中出现的新问题作一些设计上的变动，并以书面形式发出修改通知或修改图。

6. 工程竣工验收

设计工作的最后一步是组织设计人员、建设单位、施工单位及有关部门对工程进行竣工验收；电气设计人员应检查电气施工是否符合设计要求，即详细查阅各种施工记录，并现场查看施工质量是否符合验收规范，检查电器安装措施是否符合图纸规定，将检查结果逐项写入验收报告，并最后作为技术文件归档。

13.4 现代民用建筑电气工程设计说明书和图纸的编制

图纸与说明，是设计工程师表达设计意图的两种工程语言。二者在不同的工程和设计阶段中，分别起着主与辅的作用。

在民用建筑电气工程设计的不同阶段，则以不同的方式为主，即在初步设计阶段以说明为主，而以图纸为辅；在施工图设计阶段，以图为主，说明为辅。但对不同规模的工程，其要求也有所不同。以下分别介绍说明和图纸的要求、要点以及文件编制。

13.4.1 现代民用建筑电气工程初步设计阶段的设计说明要点

民用建筑电气工程规模不同其要求也可不同。

1. 中小型民用建筑工程电气工程设计说明要点

中小型民用建筑电气工程设计说明一般有一般照明、事故照明、建筑电气设备供电及控制、电梯供电、声光信号系统、有线通信系统、广播系统、共用天线系统、防雷接地等的设计说明。一般要说明：① 主要照明电源；② 电力负荷级别及设备容量计算；③ 供电电源落实情况；④ 安全保护措施（防雷、防火、防爆级别，接零、接地保护等）；⑤ 主要设备及线路安装方式和选材；⑥ 典型房间电气布置的设计情况。可在建筑平面图中示意或在设计说明书中用文字叙述。

2. 大型民用建筑电气工程设计说明要点

对于现代大型民用建筑电气工程，其设计项目一般比较多，常见的有：照明系统、变配电系统、自备电源系统、防雷接地系统、电梯系统、电话、广播、电视、事故照明、消防报警与控制、空调自动化、机电设备自动化、设备管理自动化等。因此，对于现代大型民用建筑电气工程一般要求：

1）对强、弱电工程设计范围要逐项说明，并绘出必要的布置图、主接线或系统框图。

2）每个系统均应简要说明其主要结构、设备选型、管路走向等，同时绘出主接线图。

3）初步设计还应进行建筑电气工程的概算，以控制工程的总投资。

13.4.2　建筑电气工程施工图设计阶段的图纸设计要求及说明

建筑电气的施工图一般由建筑电气平面图、系统图、安装详图及设计说明组成，必要时还有计算书等内容。

1. 图纸设计要求

根据工程内容与复杂程度的不同，一般要求：

1）每层绘制一张或数张；

2）一般照明与照明插座同属一个配电系统，故画在一起，弱电部分画在一起；

3）系统图应完整的画在一张图纸上，对于大型复杂的电气系统，若采用分散绘制图纸，应另加绘一张揭示系统全貌的“干线系统图”；

4）安装详图，一般可引用通用的施工安装图集。对于特殊的做法，以及用 1/100 平面图难以示出配电室、配电竖井、敷线沟道的情况，需绘制 1/50 以上比例的详图。

2. 施工图的说明要点

施工图的说明主要是对那些图纸上不易表达或可以统一说明的问题进行说明。其说明要点主要有：

① 叙述工程土建概况；② 阐述工程设计范围及工程级别（防火、防爆、防雪、负荷级别）；③ 电源概况；④ 照明灯具、开关插座的选型；⑤ 配电盘、箱、柜的选型；⑥ 电气管线敷设；⑦ 保安接地方式；⑧ 强、弱电系统施工安装要求及设计依据。

13.4.3　现代民用建筑电气工程设计说明书的内容及编制

现代民用建筑电气工程设计说明书是工程设计中不可缺少的设计文件。在民用建筑电气设计中，不同的项目，其说明书的内容及要求也不同。因此，下面按不同项目介绍其内容和要求。

1. 供电设计的说明

供电设计的说明内容主要有

1）说明供电电源与设计工程的方位、距离关系；输电线路的形式（专用线或非专用线，电缆或架空线）；供电的可靠程度；供电系统短路数据和远期发展情况。

2）用电负荷的性质及等级；总电力供应主要指标（总设备容量、总计算容量、需要系统、选用变压器容量及台数等）及供电措施。

3）说明供电系统的形式，即备用电源的自动投入与切换；变压器低压侧之间的联络方式及容量；对供电安全所采取的措施。

4）说明变配电所总电力负荷分配情况及计算结果（给出总设备容量、计算容量、计算电流、补偿前后的功率因数）；变电所之间备用容量分配的原则；变电所数量、位置及结构形式。

5）功率因素补偿方式、应补偿容量以及补偿结果。

6）高、低压供配电线路的形式和敷设方法。

7）设备过电压和防雷保护的措施；接地的基本原则及接地电阻的要求；对跨步电压所采取的措施等。

2. 电力设计的说明

电力设计说明的内容有

1）电源由何处引来，配电系统的形式（树干式、放射式、混合式），其电压、负荷类别及其供电保护措施；

2）根据用电设备类别和环境特点（正常、灰尘、潮湿、高温有爆炸危险等），说明设备选择的原则和大容量用电设备的起动和控制方法；

3）导线选择及线路敷设方式；

4）安全用电措施，即防止触电危险所设置的接地、接零、触电保护开关等。

3. 电气照明设计说明

电气照明设计说明的内容有

1）照明电源、电压、容量、照度选择及配电系统形式的选择；

2）光源与照明灯具选择；

3）导线的选择及线路敷设方式；

4）应急照明电源的切换方式。

4. 建筑物的防雷保护

1）说明按自然条件、当地雷电日数以及根据建筑物的高度和重要程度，确定的防雷等级和防雷措施；

2）按防雷等级和安装位置，确定接闪器和引下线的形式和安装方法（如果利用建筑物的构件防雷时，应阐述设计确定的原则和采取的措施）；

3）说明接地电阻值的确定、接地极处理方式和采用的材料。

5. 弱电设计的说明

初设阶段弱电设计说明的内容有

1）设计的内容和依据；

2）各项弱电系统的概述和站址的确定；

3）各系统和设备的选择；

4）各系统的供电方式确定等；

5）需提请在设计审批时解决或确定的主要问题。

13.4.4 现代民用建筑电气工程设计图纸文件的编制

图纸文件在不同的阶段，其要求也不同，以下介绍图纸文件的编制。

1. 初步设计阶段图纸文件的编制

在初步设计阶段虽以说明为主，但有时也还需辅以一定图纸。下面分项叙述有关图纸文件的要求。

（1）供电总平面图　总平面图中应标出建筑物名称和电力、照明容量；对架空线要定出走向、导线、杆位、路灯、接地等；电缆线路要表示出敷设方法。

（2）供电系统图　初步设计阶段，供电系统图要求达到能确定主要设备以满足订货要求。

（3）变、配电所平面图　变、配电所平面图应反映出主要电气设备（变压器、高压开关柜、低压配电屏、控制屏等）平、剖面及排列布置，并附有电气设备、材料表。

（4）电力平面图及系统图

1）电力平面图一般要求绘出配电干线、接地干线的平面布置；注明导线规格型号及敷设方式；标明配电箱、起动器等设备的位置。

2）系统图应注明设备编号、容量、规格型号及用户名称。一般工程可只绘草图，对于复杂工程应绘制系统图或平面图。

（5）照明平面图及系统图

1）照明平面图应给出照明干线、配电箱、灯具及开关的平面布置，并注明房间名称和照度。

2）对于多层建筑，可以只绘制标准层及标准房户的系统图。图中需示出配电箱引至各个灯具和开关的支线（一般工程绘草图，复杂工程绘出系统图或平面图）。

（6）电气信号和自动控制系统图　电气信号和自动控制系统，应绘制框图或原理图、控制室平面图（简单自控系统只要在说明书中说明即可）。图中应包括：

1）控制环节的组成、精度要求、电源选择等；

2）设备和仪表的规格型号。

（7）弱电部分　在初步设计阶段，弱电部分应绘制：

1）建筑物的弱电平面图（可仅画草图）；

2）各项弱电系统的系统图；

3）弱电设备平面布置图（可仅画草图）。

（8）主要设备及材料表　设备及材料表也是工程设计中不可缺少的文件，建筑电气设计中，应给出各主要设备和材料的明细表，以便工程概算和设备的订货。

（9）计算书　计算书一般不对外，各种计算的结果（包括负荷计算、照度计算、保护配合计算、主要设备选择计算以及特殊部分的计算等）分别列入设计说明书和设计图纸中。

2. 施工图阶段图纸文件的编制

（1）供电总平面图

1）说明。供电总平面图首先应说明电源及电压等级、进线方向、线路结构、敷设方式；杆型的选择、杆型种类、是否高低压线路共杆、杆顶装置引用标准图的索引号；架空线路的敷设、导线规格型号、档数、入户线的架设和保护；路灯的型号、规格和容量、路灯的控制与保护；重复接地装置的电阻值、形式、材料和埋置方法。

2）图纸内容。总平面图中应标出建筑子项名称（或编号）、层数（或标高）、等高线和用户的设备容量等；画出变、配电所位置、线路走向、电杆、路灯、拉线、重复接地、室外电缆沟等；标出回路编号、电缆、导线截面、根数、路灯型号和容量；绘制杆型选择表。

（2）变、配电所图纸　变、配电所图纸文件由以下部分组成：

1）高、低压供电系统图。供电系统图要求画单线图，要标明继电保护、电工仪表、电压等级、母线和设备元件的规格型号；系统标栏从上到下依次为：开关柜编号、开关柜型号、回路编号、设备容量（单位为kW）、计算电流（单位为A）、导线型号及规格、用户名称、二次接线方案编号。

2）变、配电所的平面和剖面图。配电平、剖面图应按比例画出变压器、开关柜控制屏、电容器柜、母线、穿墙套管、支架等平面布置和安装尺寸；标出进出线的编号、方向位置、线路型号规格、敷设方法；变电所选用标准图时，应注明选用标准图的编号和页次。

3）变、配电所照明和接地平面图。接地平面图表示接地极和接地线的平面布置、材料规格、埋设深度、接地电阻值等；注明选用的标准安装图编号、页次。

（3）电力系统安装接线图

1）说明。电力系统安装接线图纸文件应首先说明：电源电压等级、引入方式；导线选型和敷设方式；设备安装高度（也可在平面图上标注）；保安措施（接地或接零）。

2）电力平面图。电力平面图应在建筑专业提供的建筑平面图上画出。应用电设备的位置、编号、容量及进出线位置，如配电箱、开关、起动器、线路及接地的平面位置布置，并注明回路编号、配电箱编号及型号规格和总容量等。当有些比较简单的电气工程可不需要画出电力系统图时，必须在平面图上注明自动开关整定电流或熔体电流；注明选用的标准安装图的编号和页次。

3）电力系统图。系统图用单线图绘制，图中应标出配电箱编号、型号规格；开关、熔断器、导线的型号规格；保护管管径和敷设方法；用电设备编号、名称及容量。

4）控制及信号装置原理图。包括控制原理图和设备元件布置图、接线图、外引端子板图。

5）安装图。包括设备安装图和非标准件制作图以及设备材料明细表。一般尽量选用安装标准图和标准件。

（4）电气照明图

1）照明平面图。照明平面图应反映配电箱、灯具、开关、插座、线路等平面布置（在建筑专业提供的建筑平面图上作业）；标注配电设备的编号、规格型号；线路、灯具的型号、安装方式及高度，复杂工程的照明还需要局部大样图。多层建筑有标准层时可只绘出标准层照明平面图，并说明电源电压、引入线方式、导线选型及敷设方式、保安措施等。

2）照明系统图。系统图采用单线图绘制，要求标出配电箱、开关、熔断器、导线的规格型号；保护管管径和敷设方式等。

3）安装图。指照明灯具、配电设备、线路安装图。尽量选用安装标准图。

（5）电气信号及自动控制系统设计图　对于电气信号及自动控制系统的图纸，一般要求：

1）对信号系统图、控制系统框图、原理图，要注明系统电器元件符号、接线端子编号、环节名称，并列出设备材料表；

2）绘制控制室平、剖面和管线敷设图；

3）安装、制作图尽量选用标准设备。

（6）建筑物防雷保护设计图

1）建筑物防雷接地平面图。一般小型建筑物是在建筑屋顶平面图的基础上绘俯视平面图，复杂形状的大型建筑物应绘立面图，标注出标高和主要尺寸；避雷针或避雷带（网）引下线、接地装置平面图、材料规格、相对位置尺寸；注明选用的标准图编号、页次；说明主要包括建筑物和构筑物防雷的等级，以及采取的防雷措施；接地装置的电阻值的要求、形式、材料和埋设方法等。

2）如果利用建筑物（构筑物）和钢筋混凝土构件或其他金属构件作防雷措施时，应在相关专业的设计图纸上进行呼应。

（7）弱电（电话、广播、电视、火警等）部分设计图纸

1）图纸目录应先列出新绘制的图纸，后列出选用的标准图或重复利用图。

2）设计说明应注明平面图例符号、施工要求、注意事项及设备安装高度（也可写在有关图纸上）。

3）弱电部分的设计图纸，一般应包括以下各部分：① 各站站内设备平面布置图；② 各站弱电设备系统图及设备间线路连接图；③ 各设备出线端子外部接线图；④ 站外设备布置及线路布置图；⑤ 各站设备系统输出线路系统图；⑥ 各种弱电设备交、直流供电系统图；⑦ 各种接地平面图及其他电气原理图、安装大样图等。

（8）计算书　计算书一般不对外，各部分的计算应经校审并签字，作为技术文件归档。

13.5　现代民用建筑电气工程设计举例

现代民用建筑工程的电气设计从接受设计任务开始到工程竣工验收，大致可分为：① 方案设计；② 初步设计；③ 施工图设计；④ 工程设计技术交底；⑤ 施工现场的配合协调；⑥ 工程竣工验收。下面以一个具体设计实例（一幢单一门洞六层十二户住宅楼的电气设计）来说明这些步骤的具体内容和要求。

例 13-1　某民用建筑住宅楼每一层的结构基本相同，建筑平面布置如图 13-1 中建筑平面轮廓线所示，本实例的设计内容主要为照明和供电设计。每户要求除正常的照明和家用电器（洗衣机、冰箱、彩电）的使用外，还需要考虑装一台壁挂式空调和一些常用电炊（如电饭锅）等的用电。设计内容和步骤如下：

1. 方案设计

对于大型复杂现代民用建筑工程的电气设计，一般需要做方案设计。这一阶段的主要工作是解决与建筑设计方案的配合，确定总体设计方案。通常有下述内容。

（1）接受电气设计任务和收集设计资料　在接受电气设计任务时，应先研究设计任务委托书，明确设计要求和设计内容，向当地有关部门和该建筑物的土建设计部门收集有关资料。

需要收集的设计资料有以下几方面：

1）向当地供电部门收集有关资料：

① 有关供电电源的电压、供电方式（电缆或架空线，专用线或非专用线）；

② 可能供电电源的回路数、长度、引入线的方向及具体位置；

③ 当采用高压供电时，供电端或受电端母线上的短路数据（短路容量、稳态短路电流、单相接地电流等）；

④ 供电端的继电保护方式及动作电流和动作时间的整定值，对用户进线与供电端出线之间继电保护方式和时限配合的要求；

⑤ 供电部门对用户电能计量的要求及电价、电费收取办法；

⑥ 供电部门对用户功率因数的要求及其他要求等。

2）向当地气象部门收集有关气象、地质资料。

3）向当地电信部门收集有关资料：

① 选址附近电信设备的情况及利用的可能性，线路架设方式，电话制式等；

② 当地电视频道设置情况，电视台的方位，选址处电视信号的强度，有线电视台情

况等。

4）向其他部门收集的有关资料：

① 当地常用的标准地图（通用图）；

② 当地生产的电气设备及材料情况；

③ 当地电气工程的技术经济指标。

5）向当地消防主管部门收集的有关资料：

① 建筑防火设计的地方法规；

② 当地采用的消防措施。

6）向设计该建筑的土建设计部门收集有关建筑资料：

① 该建筑物的结构和尺寸，柱子间距，天棚构造，窗子形式，内部装修等；

② 建筑平面图，立面图，剖面图，本例中图的结构并不复杂，故省去立面图和剖面图；

③ 电气设备安装位置及负荷要求，本建筑内有无大型专用设备（如供水水泵、电梯等）和空调、电加热器等用电量大的电器，以及这些设备是单相负荷还是三相负荷；

④ 各房间对照明的要求；

⑤ 电源设置情况和进线位置。

由于本实例属于一般性民用建筑，相对来说不算复杂。所以，在接受设计任务时所收集的资料不是太多，主要是收集建筑本身的有关资料。

（2）确定负荷等级和进行用电量估算　根据有关设计规范，确定用电负荷的等级、建筑物的防火等级以及防雷等级。

用电量的估算主要是计算用电设备的容量（负荷），有如下两方面：设备总容量（单位为 kW）和设备计算负荷总容量（单位为 kW），需要备用电源的设备总容量（单位为 kW）和计算负荷总容量（指一级负荷，单位为 kW）。

估算用电量的目的是为了确定供电系统的形式。

在本例中，由于所设计的建筑为一般性的住宅建筑，其中也没有电梯、水泵等特殊用电设备，楼层也不高只有六层（属于九层以下的）。所以，根据本书前述有关内容可知，该建筑的负荷等级可定为三级负荷。如果附近住宅区的整个供电负荷等级属于二级，则也可以将此建筑的负荷等级提高为二级，尽可能从经济和长远需要来提高该建筑的供电质量。

根据前述有关内容，确定此住宅建筑的防雷等级属于 3 类。

用电负荷的估算方法可采用 2.2 节和 5.3 节中介绍的有关住宅负荷估算方法进行。照明负荷可按单位面积容量估算法进行。每户的用电负荷的估算如下：

1）每户的照明负荷。根据图 13-1 平面图，每户建筑面积 S 约为 64.4m^2，房间高度一般为 2～3m，根据表 5-11，考虑现代住宅对照度的要求较高，平均可按 75 lx 的要求来计算单位容量 W，查表 5-11 得：$W = 4.3\text{W/m}^2$。即可求得每户照明负荷为：$\sum P_S = WS = (4.3 \times 64.4)\text{W} = 277\text{W} \approx 0.3\text{kW}$。

2）每户的插座负荷。由于现代家庭生活水准已得到很大提高，传统的单位面积用电量设计估算法已不适应时代发展的要求，这方面的负荷估算，应分类考虑。插座负荷主要指电饭锅、冰箱、空调、彩电、洗衣机、热水器等家用电器的用电。按 5.4.3 节中住宅用电负荷的分类确定法进行估算。本例考虑该建筑中每户装一台壁挂式空调器，并按实际情况考虑留有适当容量余地，合计每户插座负荷估算为 4kW。其中一般性电炊用电负荷按 2kW 考虑，空调器用电负荷按 2kW 考虑。

照明与插座两类负荷的估计值为 $\sum P_S = (0.3+4)\,\text{kW} = 4.3\text{kW}$，整座楼的总负荷为 $\sum P_S = (4.3\times 12)\,\text{kW} = 57.6\text{kW}$；计算负荷总容量为 $\sum P_C = K_n \sum P_C = (0.5\times 57.6)\,\text{kW} = 28.8\text{kW}$（$K_n$为负荷需要系数，可按表 5-13 选取）。该建筑中无一级负荷，所以不考虑备用电源的设备总容量及计算负荷总容量。

最后根据已收集到的资料和已确定的负荷等级和估算的用电量配合建筑专业来确定电气设计方案。主要是对变电所位置、方位、线路走向、电源进线方式、电源设备的大小和容量及类型、供电线路方案、各级开关控制设备形式，以及预留孔洞与预埋构件等做出初步设计方案，并向建筑专业提出初步意见要求。

本例中不需要专用变电所，所以不需要研究变电所位置和方位。由于本例中的总负荷较大，根据表 5-14，取同时负荷系数 $K_t=0.6$，总计算负荷的容量为 $K_t \sum P_C = (0.6\times 28.8)\,\text{kW} = 17.28\text{kW}$，取功率因数 $\cos\varphi = 1$，供电电源为 220V，则总计算电流为 $I_{\Sigma C} = P_{\Sigma C}/U = (17.28\times 1000/220)\,\text{A} \approx 78.2\text{A}$，已大大超过单相负荷计算电流 30A 的限制。所以本例中宜采用三相四线制供电方式，进线位置在图 13-1 中一楼楼梯口的侧面。供电方式采用放射式、二级控制。

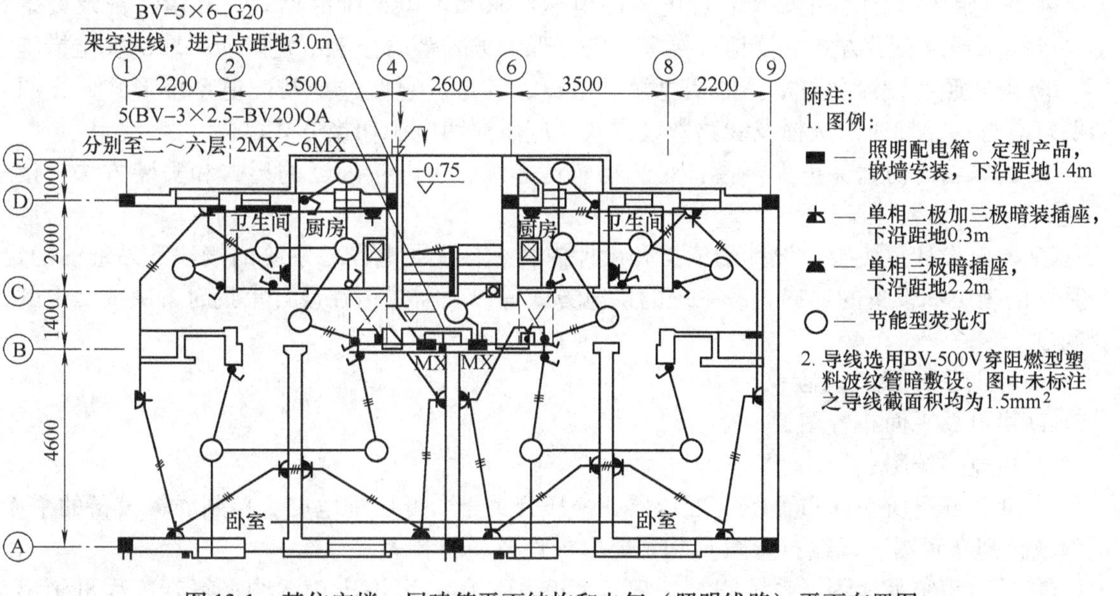

图 13-1　某住宅楼一层建筑平面结构和电气（照明线路）平面布置图

2. 初步设计

建筑方案（含电气初步设计方案）经有关部门批准以后，即可进行建筑电气的初步设计。初步设计阶段的工作主要有以下内容：

（1）分析设计任务书和进行设计计算　详细分析研究建设单位的设计任务书和方案审查意见、其他有关专业（给排水、暖通专业等）的工艺要求以及电气负荷资料；在建筑方案已确定的基础上进行电气方案设计；然后进行设计计算，包括负荷计算、照度计算、各系统的设计计算等。

（2）各专业间的设计配合　水、暖通专业应提供各用电设备的型号、功率、数量、在建筑平面图上的位置，并尽可能提供设备样本。

向结构专业了解结构形式、结构布置图、基础做法等。

向建筑专业提供电气设备的要求，包括各种电气设备用房的位置、面积、层高及其他要求。这些设备如变配电所、消防控制室、闭路电视机房、电话总机房、广播机房、电气管道井、电缆沟等。

向暖通专业提供电气设备的要求，主要指空调机房和冷冻机房内的电气控制柜需要的位置与空调房间内的用电负荷等。本例中空调为挂壁式。

（3）编制初步设计文件　初步设计文件一般有：图纸目录、设计说明书、设计图纸、主要设备表和概算（概算一般由建筑经济专业编制）。

1）图纸目录包括：现制图的名称、图别、图号、规格和数量；

2）设计说明书的内容包括：

① 设计依据；

② 设计范围；

③ 供电设计，主要指：供电电源及电压、供电系统形式、变配电所、功率因数补偿方式、过电压与接地保护等的设计；

④ 配电系统设计，主要指：配电电源电压要求和配电系统的形式，环境特征及设备选择，导线选择及敷设方式，接地、接零、安全保护方式等防止触电危险所采取的安全措施；

⑤ 电气照明设计主要指：照明电源、电压、容量、照度选择及配电系统形式、光源与照明灯具选择、导线的选择及线路敷设方式、应急照明电源切换方式；

⑥ 建筑物的防雷保护主要指：建筑物防雷等级、雷电接闪器的形式和安装方法、接地装置；

⑦ 弱电设计主要指：设计的依据和设计内容、各项弱电设备系统的概述和站址的确定、各系统的确定和设备的选择、各系统的供电方式等以及需提请在设计审批时解决或确定的主要问题。

3）设计图纸及其内容：

① 供电总平面布置图；

② 供电系统图；

③ 变、配电所平面布置图（变压器、高压开关柜、低压配电屏、控制屏等设备的平面、剖面及排列布置图、母线布置图）和主要电气设备、材料表；

④ 动力系统平面图及系统图（一般工程只画草图，可不出正式图；复杂工程可画出系统图或平面图）。平面图一般应画出配电干线、接地干线的平面布置，导线的型号、规格、敷设方式，配电箱、起动器等位置。系统图应注明设备的编号、容量、型号、规格及用户名称；

⑤ 照明灯具、开关、配电箱平面布置及系统图（一般工程只画草图，复杂工程可画出系统图或平面图）；

⑥ 电气信号和自动控制框图或原理图、控制室平面图（简单自控系统只在说明书中说明）；

⑦ 各弱电设备系统图、弱电设备平面布置图（可不出图，仅画草图）；

⑧ 主要设备及材料表；

⑨ 计算书（不对外）包括负荷计算、照度计算、保护配合计算、主要设备选择计算以及特殊部分的计算等，各种计算的结果分别列入设计说明书和设计图纸中。

3. 施工图设计

初步设计文件经有关部门审查批准以后，就可以进行施工图设计。施工图设计阶段的主要工作有以下几个方面：

（1）准备工作　检查初步设计的内容是否与设计任务书和有关的设计条件相符；核对各种设计参数、资料是否正确；进一步收集必要的技术资料，如有关的设备样本等。

（2）设计计算　深入进行系统计算；进一步核对和调整计算负荷；进行各类保护计算；导线与设备的选择计算；线路与保护的配合计算；电压损失计算等。

（3）各专业间的配合与协调　核实初步设计阶段提出的资料，并进行必要的补充。如向建筑专业提供需要他们配合的有关电气设备用房的平面布置图；提供需要结构专业配合的有关留预埋件或预留孔洞的布置图和要求；向水暖专业了解他们对各种用电设备的控制、操作、联锁等要求。

（4）编制施工图设计文件　施工图设计文件一般包括：图纸目录、设计说明、设计图纸、主要设备及材料表、工程预算等。图纸目录应先列出新绘制的图纸，后列出选用的标准图、重复利用图及套用的工程设计图。

当本专业有总设计说明时，在各子项工程图纸中应加附注说明；当子项工程先后出图时，应分别在各子项工程图纸中写出设计说明，图例一般在总说明中标出。

1）供电总平面的说明

① 在设计说明中应说明电源电压、进线方向、线路结构、敷设方式；杆型的选择，杆型种类，是否高、低压线路共杆，杆顶装置引用标准图的索引号；架空线路的敷设，导线的型号、规格、档数；接户线的架设和保护；路灯的控制、型号、规格和容量以及保护；重复接地装置的电阻值、形式、材料和埋置方法等。

② 在图纸上应标出建筑子项名称（或编号）、层数（或标高）、等高线和用户的设备容量等；画出变、配电所位置、线路走向、电杆、路灯、拉线、重复接地、室外电缆沟等；标出回路编号，电缆和导线的截面、根数，路灯型号和容量；列出杆型选择表。

2）变、配电所的施工图设计要求说明

① 高、低压供电系统图应画单线图；标明断电保护、电工仪表、电压等级、母线和设备元件的型号、规格；系统表栏从上到下依次为开关柜编号和型号，回路编号，设备容量（单位为 kW），计算电流（单位为 A），导线型号和规格，用户名称，二次接线方案编号。

② 变、配电所平面图和剖面图应按比例画出变压器、开关柜、控制屏、电容器柜、母线、穿墙套管、支架等的平面和剖面布置、安装尺寸，进出线的编号、方向位置、线路的型号、规格、敷设方法；如果变电所选用标准图时，应注明选用标准图的编号和页次。

③ 变、配电所照明和接地平面图应有接地极和接地线的平面布置、材料规格、接地体的埋设深度、接地电阻值等；如果选用标准图时，应有安装图的编号和页次。

3）动力负荷方面的施工图设计要求说明

① 应说明的内容有：电源电压、引入方式；导线选型和敷设方式；设备安装高度（也可在平面图上标注）；保安措施（接地或接零）。

② 动力负荷用电设备平面图上应画出：建筑物平面轮廓（由建筑专业提供），用电设备位置、编号、容量及进出线位置；配电箱、开关、起动器、线路及接地平面布置，注明回路编号、配电箱编号、型号、规格、总容量等。如果不出动力系统图时，必须在平面图上注明断路器整定电流或断路器中瞬时动作脱机整定电流；如果选用标准图应注明安装图的编号和页次。

③ 动力负荷系统图用单线绘制，应标出：配电箱编号、型号、规格，开关、熔断器、导线的型号、规格和保护管管径以及敷设方式，用电设备编号、名称及容量。

④ 控制及信号装置原理图应包括原理图和设备元件布置图、接线图、外引端子板图。

⑤ 安装图应包括设备安装图和非标准件制作图、设备材料明细表。一般可不画图，尽量选出安装标准图和标准件。

4）电气照明施工图设计要求说明

① 照明设备平面布置图应包括配电箱、灯具、开关、插座、线路等平面布置（在建筑专业提供的建筑平面图上绘制）；标注线路、灯具的型号、安装方式及高度和配电设备的编号、型号、规格；复杂工程的照明需要局部大样图；多层建筑有标准层时，可绘出标准层照明平面图；设计说明主要包括电源电压、引入线方式、导线选型及敷设方式、保安措施等。

② 照明系统图用单线绘制，标出配电箱、开关、熔断器、导线的型号、规格和保护管管径及敷设方式等。

③ 安装图包括照明灯具、配电设备、线路等安装用图。一般不出图，尽量选用安装标准图。

5）电气信号及自动控制的施工图设计要求说明

① 配电系统图应包括控制系统框图、原理图，要注明系统电器元件符号、接线端子编号、环节名称，并列出设备材料表。

② 控制室平面和剖面图及管线敷设图应包括控制设备平面布置位置和规格以及管线敷设要求。

③ 应尽量选用标准设备，标准设备的安装、制作图一般可不出图。

6）建筑物防雷保护施工图设计要求

① 建筑物防雷接地平面图，一般小型建筑物只绘俯视平面图（在建筑屋顶平面图的基础上绘制），复杂形状的大型建筑物还应绘制立面图，并注明标高和主要尺寸；应有避雷针或避雷带（网）、引下线、接地装置的平面图、材料规格、相对位置尺寸；如果选用标准图，应注明选用的标准图编号、页次；设计说明中应写明建筑物防雷等级和采取的防雷措施，以及接地装置的电阻值及形式、材料和埋设方法等。

② 如果利用建筑物的钢筋混凝土构件或其他金属构件作防雷措施时，应在相关专业的设计图纸上进行相应的说明。

7）弱电（电话、广播、电视、火警等）部分施工设计图要求说明

① 图纸目录应先列出新绘制的图纸，后列出选用的标准图或重复利用图。

② 设计说明应注明平面图例符号、施工要求及注意事项、设备安装高度（也可写在有关图纸上）。

③ 图纸设计包括：各站站内设备平面布置图；各站弱电设备系统图及设备间线路连接图；各设备出线端子外部接线图；站外设备布置及线路布置图；各站设备系统输出线路系统

图；各种弱电设备交、直流供电系统图；各种接地平面图及其他电气原理图、安装大样图等。本例中无弱电系统设计。

8）计算书（不对外）的要求说明。

各部分的计算书应经校审并签字，作为技术文件归档。

（5）施工图设计阶段（含初步设计阶段）设计计算举例　通常，对于较为简单的民用建筑电气设计可省去初步设计这一阶段，将上述两步合并一起进行，即把初步设计和施工图设计两阶段的设计内容合起来在方案设计基础上进行。下面是结合上列实例的具体设计计算。

1）照度标准及电气设计标准的确定和确定每户用电负荷。

由于本建筑为 9 层以下的一般住宅建筑，其电气设计主要应满足一般家庭生活用电的需要和用电安全。其照度标准可按国家标准或部颁标准确定。

① 总开关和各层开关可采用胶盖开关或断路器。本例中选用了断路器。

② 照明光源可采用荧光灯或白炽灯，条件许可时可采用节能荧光灯。从节能和美观出发，本例中选用了节能荧光灯。

③ 为了简化负荷计算，本例采用了 5.3 节中所述的按设计标准法和按户分类计算法进行计算。每户各房间的具体负荷计算见表 13-3。

表 13-3　按设计标准法和按户分类法确定每户用电负荷值

用电场所	照明用电量/W		插座用电量/W	备　注
	白炽灯	荧光灯		
每户大居室	60	30	2×100+1×2000	两个房间共设 6 组插座，靠阳台和靠窗的一组插座为房间壁挂式空调专用插座，采用单相三极大负荷暗装插座，由配电箱专线供电。厨房有一插座也为三极大负荷暗装插座。其余均为单相二极加三极暗装插座
每户小居室	40	30	2×100+1×2000	
客厅	40	30	1×100	
走道	25			
厨房	25		1×100+1×1000	
卫生间	25		1×100	
前后阳台	2×25			
合计	355		5700	（若只安装一台空调为 3700）

本例中每户只考虑装一台壁挂式空调，如每户大小居室各装一台，则有关设计容量应加大。

④ 电能表设计一户一表制。楼梯及公共走廊照明另装公用电能表。楼梯间的照明灯采用自动熄灭型的节能开关进行控制。

2）照明设计

① 照度计算。对卧室和客厅的照度进行简要计算，所用灯具吸顶安装，其高度为 3m 左右，卧室有效面积为 $(4.4\times3.4)\mathrm{m}^2\approx15\mathrm{m}^2$，客厅有效面积约为 $(3.4\times2.1)\mathrm{m}^2=7.14\mathrm{m}^2$，根据前述设计标准，大小居室按 30W 荧光灯设计，按单位容量法计算得单位面积安装容量约为 $2\mathrm{W/m^2}$，查表 5-11 得大房间照度为 30 lx。客厅也按 30W 荧光灯计，得单位面积安装容量为 $4.2\mathrm{W/m^2}$，按 $10\mathrm{m}^2$ 查得客厅照度 50 lx。上述结果符合表 5-1 常用民用建筑照度标准要求。

② 灯具类型、功率、数量和布置方式的确定。灯具类型为节能荧光灯；功率为 30W，在每个房间吸顶安装。

3）确定配电箱数量、位置和进户线、供电线的走向、位置及导线敷设方式。

根据方案设计时初步确定的供电方式，进户线在进户前设置重复接地，采用三相五线制低压架空形式，从一楼楼梯口侧面，距地面 3.0m 进入楼道口侧墙，暗敷进入一楼总配电箱。每层楼设一个分配电箱，由分配电箱向每层楼的两户户内熔断器盒供电。分配电箱中设置单极断路器两只，单相电能表两只。总配电箱内设置 6 路（6 层）负荷的 6 只熔断器和 6 只电能表及 6 只单相断路器。总配电箱与一楼分配电箱一起安装在一楼走廊侧墙壁上，其余各层分配电箱分别安装于各楼层的走廊侧墙壁上，均为暗装。总配电箱为 1 只，分配电箱为 6 只，熔断器盒共 12 只。具体平面布置见图 13-1。

4）确定计算负荷、选择导线、开关和熔断器及配电箱

① 确定支线负荷，选择支线导线，开关和熔断器及分配电箱。如图 13-1 和图 13-2 所示，每一支线负荷包括每一户户内负荷以及楼梯间照明支线负荷。每户户内负荷分为照明负荷和插座负荷。

根据上述表 13-3 所列负荷数据，每户照明总负荷为 355W，每户插座总负荷为 3.7kW（只考虑安装一台空调），两类负荷容量的合计值 $\sum P$ 为 4.055kW，与前述方案设计中的估算值接近。

干线的布置采用放射式，由总配电箱引出 6 组干线，分别引至各楼层的分配电箱。采用钢管或塑料管埋墙暗敷。支线根据负荷分组原则，由每一分配电箱引出 3 组支线（其中一组支线为楼梯间照明），导线穿管埋墙暗敷。如图 13-2 所示，由于该供电系统为三级负荷，所以对供电无特殊要求。

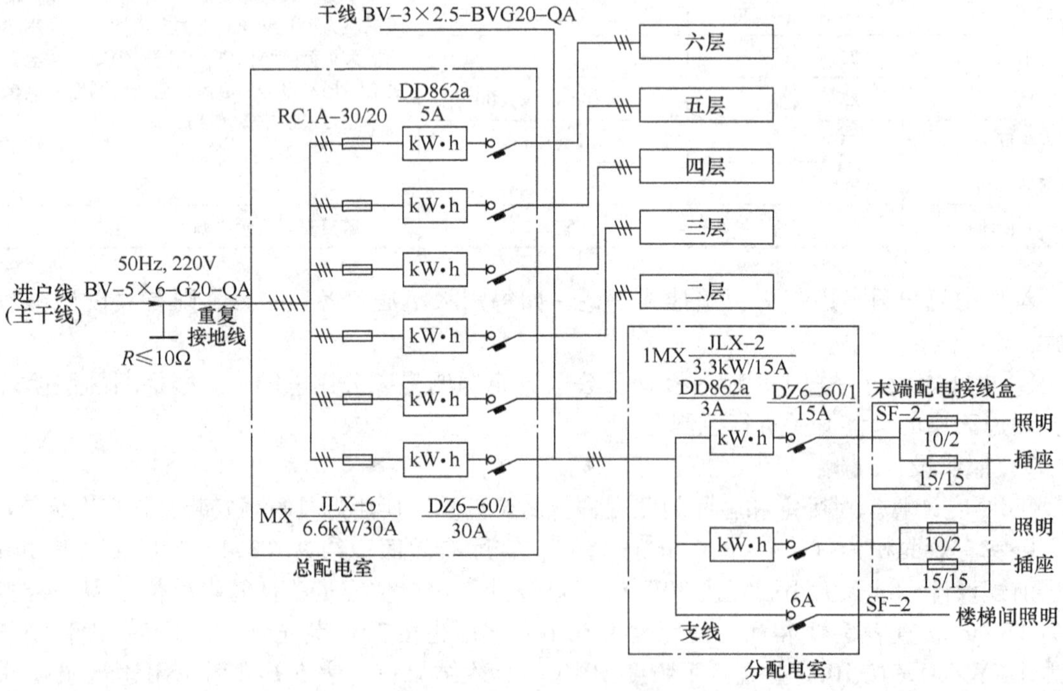

图 13-2　所举实例供电系统图

查表5-13知，住宅照明用电设备的需要系数 $K_{n1}=0.6$，插座取 $K_{n2}=0.5$，每户的计算负荷见表13-4。

表 13-4　每户的计算负荷（支线负荷）

<table>
<tr><th rowspan="2">序号</th><th colspan="3">用电负荷</th><th rowspan="2">需要系数 K_n</th><th rowspan="2">功率因数 $\cos\varphi$</th><th rowspan="2">$\tan\varphi$</th><th colspan="4">计算负荷</th><th rowspan="2">备　注</th></tr>
<tr><th>名称</th><th>数量</th><th>容量/W</th><th>P_c /kW</th><th>Q_c /kvar</th><th>S_c /kV·A</th><th>I_c /A</th></tr>
<tr><td>1</td><td>荧光灯</td><td>3</td><td>3×30</td><td>0.6</td><td>0.8</td><td></td><td>0.065</td><td></td><td></td><td rowspan="4">（照明支线）1.3</td><td rowspan="7">日光灯计算负荷 $\Sigma P_C=K_n\Sigma P\ (1+K_a)$（取 $K_a=0.2$）；其余 $\Sigma P_C=K_n\Sigma P$
$I_C=\dfrac{P_C}{U\cos\varphi}$
$S_C=K_t\dfrac{P_C}{\cos\varphi}$
（$\cos\varphi$ 按平均0.8计算；$K_t=0.6$）</td></tr>
<tr><td>2</td><td>白炽灯</td><td>1</td><td>60</td><td>0.6</td><td>1</td><td>0</td><td>0.036</td><td></td><td></td></tr>
<tr><td>3</td><td>白炽灯</td><td>2</td><td>2×40</td><td>0.6</td><td>1</td><td>0</td><td>0.048</td><td></td><td></td></tr>
<tr><td>4</td><td>白炽灯</td><td>5</td><td>5×25</td><td>0.6</td><td>1</td><td>0</td><td>0.075</td><td></td><td></td></tr>
<tr><td>小计</td><td></td><td>11</td><td>355</td><td></td><td></td><td></td><td>0.224</td><td></td><td></td><td>1.3</td></tr>
<tr><td>5</td><td>一般插座</td><td>7</td><td>7×100</td><td>0.5</td><td>0.8</td><td>0</td><td>0.35</td><td></td><td></td><td rowspan="3">（插座支线）10.5</td></tr>
<tr><td>6</td><td>空调插座</td><td>1</td><td>2000</td><td>0.5</td><td>0.7</td><td></td><td>1.0</td><td></td><td></td></tr>
<tr><td>7</td><td>电炊插座（厨房内）</td><td>1</td><td>1000</td><td>0.5</td><td>0.8</td><td>0</td><td>0.5</td><td></td><td></td></tr>
<tr><td>小计</td><td></td><td>9</td><td>3700</td><td></td><td></td><td></td><td>1.85</td><td></td><td></td><td>10.5</td><td></td></tr>
<tr><td colspan="2">合计（$K_t=0.7$）</td><td>20</td><td>4055</td><td></td><td>0.8</td><td></td><td>2.07</td><td></td><td>1.553</td><td>11.8</td><td></td></tr>
</table>

根据上述计算结果决定支线截面积、熔断器的选择。由室内照明支线计算电流 $I_C=1.3A$，查熔断器表选10A的熔断器，熔丝的配置按其额定电流，应为 I_C 的1～1.5倍来考虑，故选 $I_F=2A$。导线允许载流量表，可选截面积为 $1.0mm^2$ 或 $1.5mm^2$ 的BV铜芯塑料线，但为了留有余量和暗敷的要求，宜选 $1.5mm^2$。

由插座支路计算电流 I_C 为10.5A，查熔断器表，选15A的熔断器，配置熔体额定电流 $I_F=115A$ 即可。导线允许载流量表，考虑暗敷设，选截面积为 $1.5mm^2$ 的BV铜芯塑料线即可满足要求。

由用户支线计算电流 I_C 为11.8A，查导线允许载流量表，选 $1.5mm^2$ 的BV铜芯线即可满足要求。但考虑长远发展留有余地，可选截面积为 $2.5mm^2$ 的BV铜芯线。如图13-2所示，住户室内装一个末端分配电接线盒，即熔断器盒，内装照明和插座的总保护熔断器。

用户分配电箱中的开关，可考虑用带过载保护和熔断器短路保护的断路器，根据用户支线电流为11.8A，可选额定电流为60A，整定电流为15A的DZ6-60/1单相断路器。每户还应安装一只3A的电能表，型号为DD862a。查《城乡建筑电气设计施工手册》等有关建筑电气设计手册选取用户分配电箱的型号为 $MX\ \dfrac{JLX-2}{3.3kW/15A}$ 分配电箱内设3路控制开关，其中两路为10A或15A的断路器，用于控制每一层两户的户内支线。另一路为6A的断路器，可用于楼梯口的照明。每路控制总功率为3.3kW，具体见图13-2。

② 确定干线负荷和导线截面及总配电箱。如图13-2所示，本系统采用6路干线，分别连接6层（每层两户）每路干线，连接一个分配电箱，分接3路支线。楼梯间的照明按30W计，则干线的计算负荷 P_C 和计算电流 I_C 计算如下：

$$P_C=K_n\Sigma P=0.6\times(0.03+2.07\times2)\,kW=2.5kW$$

$$I_{C}=\frac{P_{C}}{U\cos\varphi}=\frac{2.5\times10^{3}}{220\times0.8}\text{A}\approx14.22\text{ A}$$

根据计算数据，每一干线的熔断器可选30A，配置熔体额定电流为20A；干线控制开关可选型号为DZ6－60/1、整定电流为30A的单极断路器。查导线允许载流量表，选截面积为1.0mm²或1.5mm²的BV铜芯线，从留有余量和长远考虑应选2.5mm²的BV铜芯线，并应安装型号为DD862a 5A的电能表一只。可选每路控制功率为6.6kW的总配电箱，内装6路分路开关，型号为MX $\frac{\text{JLX}-6}{6.6\text{kW}/30\text{A}}$。

③ 确定主干线（又称总干线）即电源进户线负荷和导线截面积。用户住宅楼的同时负荷系数查表5-14可选为K_t，总的功率因数$\cos\varphi$仍按0.8计算。则总的计算负荷和计算电流为

$$S_{\Sigma C}=K_t\frac{P_{\Sigma C}}{\cos\varphi}=0.6\times\frac{6\times2.5}{0.8}\text{kV}\cdot\text{A}\approx13.125\text{ kV}\cdot\text{A}$$

单相供电时：

$$I_{\Sigma C}=\frac{S_{\Sigma C}}{U}=\frac{13.125\times10^{3}}{220}\text{A}\approx59.66\text{ A}$$

三相供电时：

$$I_{\Sigma C(3)}=\frac{S_{\Sigma C}}{\sqrt{3}U}=\frac{13.125\times10^{3}}{\sqrt{3}\times380}\text{A}\approx20\text{ A}$$

根据上述的计算电流，应采用三相四线制供电，查导线允许载流量表，考虑发展留有适当余地选导线截面积为6mm²的BV铜芯线，即可满足穿钢管暗敷设进入总配电箱的要求。

④ 接地保护和进户线的形式。根据上述计算，该住宅楼总计算负荷（总供电容量）为13.125kV·A已大于单相供电允许容量10kV·A，总计算电流为59.66A也大于30A，所以不宜采用单相供电形式，应采用三相四线制。三相四线送至进户线支架，在进户点处进行重复接地保护。进户线采用5根6mm²的BV铜芯线穿直径为20mm的钢管沿墙暗敷进入室内总配电箱，除三根相线外，一根为零线，一根为PE保护线。具体标注在图13-2的左侧。

该住宅楼未设置共用天线、防盗报警等弱电系统及自动消防系统，故此处不作介绍。在具体设计时如遇此类内容，可参阅前述有关内容进行设计，此处不再多述。

⑤ 施工图设计与绘制。该住宅楼的电气施工图主要有供电系统图和建筑电气平面布置图以及施工大样图、元器件材料表等。如前述建筑电气平面布置图，就是在建筑平面结构轮廓图上绘制具体电气设备、照明电器、控制开关设备等的位置及强电供电线路和弱电系统线路的走线布置等，此图是施工的依据。本例中无弱电系统，图13-1是本例的电气平面布置图，主要是照明线路布置。根据上述设计计算和选择的元器件，在该图上标出了照明器具、控制开关和配电箱的位置，导线的位置和进户线要求及光线情况，总配电箱MX暗埋安装在一层且与分配电箱1MX并排安装在一层侧墙上。图13-2是本例的供电系统图。图上要反映供电系统的形式以及各元器件和导线的型号、规格等。此外，还有施工大样图、元器件材料表等。

4. 工程设计技术交底

工程设计技术交底包括：介绍电气设计的意图，应强调施工图中的注意事项，并解答施

工单位提出的技术疑问，补充和修改设计文件中的遗漏和错误，最后做出会审记录并归档。

5. 施工现场的配合协调

按前述，凡有改动都应以书面形式发出修改通知或修改图。本例中图纸上有关部分已作了技术说明，需要变动的部分则在施工时进行配合修改。

6. 工程竣工验收

根据前述设计步骤，在整个建筑工程施工结束后，设计单位、建设单位、施工单位及有关部门要组织对工程的竣工验收。本例同样如此，也需要进行工程竣工验收。电气设计人员应检查电气施工是否符合设计要求，查阅各种施工记录，并现场查看施工质量是否符合验收规范，检查电气安全措施是否符合图纸规定，并将检查结果逐项写入验收报告，并最后归档。

至此民用建筑电气设计的 6 个阶段工作已告结束。由于上述所举实例较为简单，所以 4、5、6 三步所述内容较为简单，不再多述。

思考题与习题

13-1　现代民用建筑电气设计原则是什么？

13-2　试说明现代民用建筑电气设计的步骤有哪些？应收集哪些设计资料？

13-3　建筑电气施工图纸中常用到的电气图形符号有哪些？

13-4　建筑工程电气设计施工图主要包括哪些？什么叫系统图？什么叫电气设备布置图？各类设计施工图的基本内容有哪些？

13-5　某电气系统图中的线路标注为 BLX－(3X6＋1X4)G30－QA，试说明各文字符号和数字的含义？

13-6　试说明现代民用建筑电气工程设计施工图的主要设计内容和设计程序及设计过程。

13-7　如何进行现代民用建筑电气工程施工与竣工验收？建筑电气工程施工与竣工验收主要有哪些步骤？

13-8　请针对你所在学校的图书馆设计必要的强电系统和弱电系统图。

附　　录

附录 A　建筑电气平面图部分常用图形符号及文字符号

表 A-1　变电、配电、电机、控制装置

序　号	GB 4728 图形符号		说　　明
1	规划（设计）的	运行的	
2			发电厂
3	 V/V	 V/V	变电所，配电所 （GB 4728 要求示出改变电压）
4			柱上变电站
5			移动变电所
6			地下变电所
7			屏、台、箱、柜一般符号
8			动力或动力—照明配电箱 注：需要时符号内可标示电流种类符号
9			信号板、信号箱（屏）
10			照明配电箱（屏） 注：需要时允许涂红
11			工作照明分配电箱（屏）
12	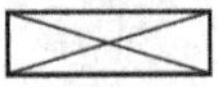		事故照明配电箱（屏）
13			多种电源配电箱（屏）
14			直流电动机
15			交流电动机
16			按钮一般符号 注：若图面位置有限，又不会引起混淆，小圆点允许涂黑

（续）

序　号	GB 4728 图形符号	说　明
17	(1)　(2) 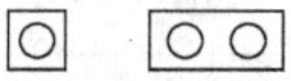	一般或保护型按钮盒 （1）示出一个按钮 （2）示出两个按钮
18		信号灯
19	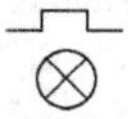	闪光信号灯

表 A-2　照明灯具、开关、插座及风扇

序　号	GB 4728 图形符号	说　明
1	 注：在靠近符号处标下列字母表示 RD 红 YE 黄 GN 绿 BU 蓝 WH 白	灯的一般符号 GB 4728 注：在靠近符号处标下列字母表示 Ne 氖　I 碘　FL 荧光 Xe 氙　IN 白炽　IR 红外线 Na 钠　EL 电发光　UV 紫外线 Hg 汞　ARC 弧光　LED——光二极管
2		投光灯一般符号 GB 313： *a*——灯泡瓦数　*b*——倾斜角度 *c*——安装高度　*d*——灯具型号
3	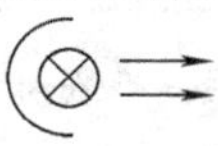	聚光灯
4		泛光灯
5	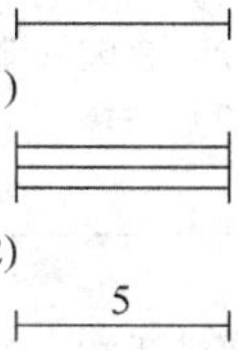 (1) (2)	荧光灯一般符号 （1）三管荧光灯 （2）五管荧光灯
6		防爆荧光灯
7		在专用电路上的事故照明灯
8		自带电源的事故照明装置（应急灯）
9		气体放电灯的辅助设备 注：仅用于辅助设备与光源不在一起时
10		广照型灯（配照型灯） GB 313 为：无磨砂玻璃罩的万能型灯
11		带磨砂玻璃罩的万能型灯

（续）

序　号	GB 4728 图形符号	说　　明
12		防水防尘灯
13		球形灯 GB 313 为：乳白玻璃球形灯
14		局部照明灯
15		矿山灯
16	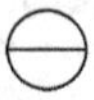	安全灯
17		隔爆灯
18		天棚灯
19		花灯
20		壁灯
21	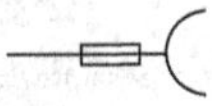	带熔断器的插座
22		开关一般符号
23	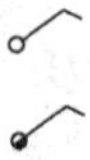 (1)	单极开关 （1）暗装 （2）密闭（防水） （3）防爆
24	(2) (3) 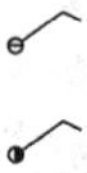	
25	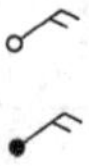 (1)	双极开关 （1）暗装 （2）密闭（防水） （3）防爆
26	(2) (3) 	
27		单极拉线开关
28		防水拉线开关
29	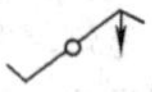	单极双控拉线开关
30		单极限时开关

（续）

序　号	GB 4728 图形符号	说　　明
31		三极开关 （1）暗装 （2）密闭（防水） （3）防爆
32	(1) (2) (3) 	
33	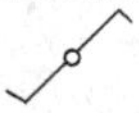	双控开关（单极三线） （1）暗装
34	(1) 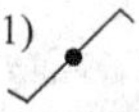	
35	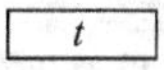	限时装置
36	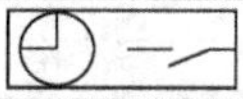	定时开关
37		具有指示灯的开关
38		调光器
39	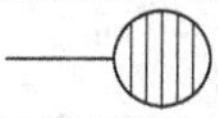	热水器（示出线）
40	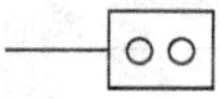	风扇一般符号（示出引线） 注：若不引起混淆，方框可省略不画
41	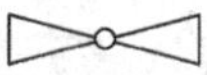	吊式风扇
42	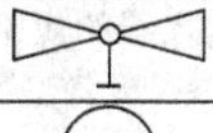	壁装台式风扇
43	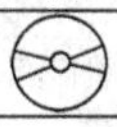	轴流风扇
44	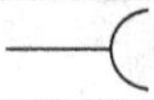	插座的一般符号
45		单相插座 暗装 密闭（防水） 防爆
46	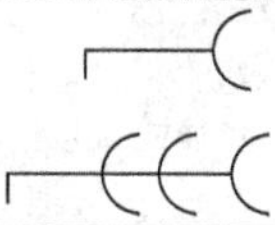	多个插座（示出 3 个）
47	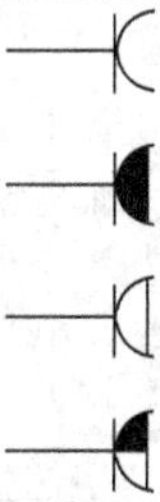	带保护接点插座，带接地插孔的单相插座 暗装 密闭（防水） 防爆

（续）

序　号	GB 4728 图形符号	说　　明
48	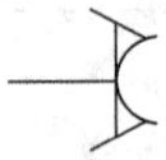 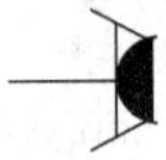 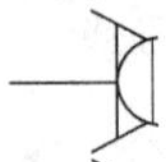 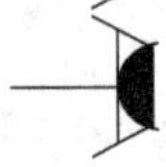	带接地插孔的三相插座 暗装 密闭（防水） 防爆
49	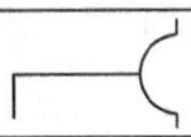	具有保护板的插座
50	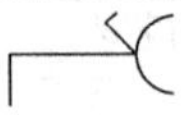	具有单极开关的插座
51	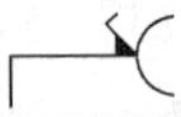	具有联锁开关的插座
52	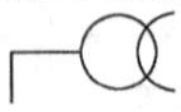	具有隔离变压器插座 （如电动剃刀用的插座）

表 A-3　常用标注文字符号

序　号	GB 4728 文字符号	说　　明
1	(1) $a\frac{b}{c}$ 或 $a-b-c$ (2) $a\frac{b-c}{d(e\times f)-g}$	电力和照明设备 （1）一般标注方法 （2）当需要标注引入线的规格时 a——设备编号　b——设备型号　c——设备功率（W 或 kW） d——导线型号　e——导线根数　f——导线截面积（mm^2） g——导线敷设方式及部位
2	(1) $a\frac{b}{c/I}$ 或 $a-b-c/I$ (2) $a\frac{b-c/I}{d(e\times f)-g}$	开关及熔断器 （1）一般标注方法 （2）当需要标注引入线的规格时 a——设备编号　b——设备型号　c——额定电流（A） I——整定电流（A）　d——导线型号　e——导线根数 f——导线截面积（mm^2）　g——导线敷设方式
3	(1) $a-b\frac{c\times d\times L}{e}f$ (2) $a-b\frac{c\times d\times L}{-}$	照明灯具 （1）一般标注方法 （2）灯具吸顶安装 a——灯数　b——型号或编号　c——每盏照明灯具的灯泡数 d——灯泡容量（W）　e——灯泡安装高度（m）　f——安装方式 L——光源种类　━——吸收安装
4	$a\frac{b-c/i}{n[d(e\times f)-gh]}$ 或 $an[d(e\times f)-gh$ 或 $d(e\times f)-gh]$	配电线路 a——线路编号　b——配电设备型号　c——保护线路熔断器电流（A）　d——导线型号　e——导线或电缆芯根数　f——截面积（mm^2）　g——线路敷设方式（管径）　h——线路敷设部位 i——保护线路熔体电流（A）　n——并列电缆或管线根数（一根可以不标）

（续）

序　号	GB 4728 文字符号	说　明
5	（1）$\frac{3\times16}{}\times\frac{3\times10}{}$ （2）$-\times\frac{\phi2\,\frac{1''}{2}}{}$	导线型号规格或敷设方法的改变 （1）$3\times16mm^2$ 导线改为 $3\times10mm^2$ （2）无穿管敷设改为导线穿管（ϕ2.5 或管径 50）敷设
6	U	电压损失%
7	$m\sim fU$ 3N ~ 50Hz/380V	交流电　m——相数　f——频率（Hz）　U——电压（V） 例：示出交流，三相带中性线 50Hz 380V
8	 L1 L2 L3 U V W	相序 交流系统电源第一相 交流系统电源第二相 交流系统电源第三相 交流系统设备端第一相 交流系统设备端第二相 交流系统设备端第三相
9	N	中性线
10	PE	保护线
11	PEN	保护和中性共用线
12	S CP CJ QD CB G DG	线路敷设方式 用钢索敷设 用瓷瓶或瓷珠敷设 用瓷夹或瓷卡敷设 用卡钉敷设 用槽板、线槽敷设 穿焊接钢管敷设
13	V FU M T	二极管、三极管一般符号 熔断器 电动机 变压器
14	Q S QA QF QK QL QS SA	开关一般符号（如刀开关等） 控制开关 低压断路器（自动开关） 断路器 刀开关 负荷开关 隔离开关（旋转开关） 控制开关（选择开关）
15	SB KM K KA KT FR	控制按钮 接触器 继电器，中间继电器 电流继电器 时间继电器 热继电器

附录 B　常用绝缘导线允许载流量表

表 B-1　500V 铜芯绝缘导线长期连续负荷允许载流量表

导线截面积/mm²	线芯结构			导线明敷设/A				橡皮绝缘导线多根同穿在一根管内时，允许负荷电流/A												塑料绝缘导线多根同穿在一根管内时，允许负荷电流/A											
				25℃		30℃		25℃						30℃						25℃						30℃					
	股数	单芯直径/mm	成品外径/mm	橡皮	塑料	橡皮	塑料	穿金属管			穿塑料管			穿金属管			穿塑料管			穿金属管			穿塑料管			穿金属管			穿塑料管		
								2 根	3 根	4 根	2 根	3 根	4 根	2 根	3 根	4 根	2 根	3 根	4 根	2 根	3 根	4 根	2 根	3 根	4 根	2 根	3 根	4 根	2 根	3 根	4 根
1.0	1	1.13	4.4	21	19	20	18	15	14	12	13	12	11	14	13	11	12	11	10	14	13	11	12	11	10	13	12	10	11	10	9
1.5	1	1.37	4.6	27	24	25	22	20	18	17	17	16	14	19	17	16	16	15	13	19	17	16	16	15	13	18	16	15	15	14	12
2.5	1	1.76	5.0	35	32	33	30	28	25	23	25	22	20	26	23	22	23	21	19	26	24	22	24	21	19	24	22	21	22	19	18
4	1	2.24	5.5	45	42	42	39	37	33	30	33	30	26	35	31	28	31	28	24	35	31	28	31	28	25	33	29	26	29	26	23
6	1	2.73	6.2	58	55	54	51	49	43	39	43	38	34	46	40	36	40	36	32	47	41	37	41	36	32	44	38	35	38	34	30
10	7	1.33	7.8	85	75	80	70	68	60	53	59	52	46	64	56	50	55	49	43	65	57	50	56	49	44	61	53	47	52	46	41
16	7	1.68	8.8	110	105	103	96	86	77	69	76	68	60	80	72	65	71	64	56	82	73	65	72	65	57	77	68	61	67	61	53
25	19	1.28	10.6	145	138	136	129	113	100	90	100	90	80	106	94	84	94	84	75	107	95	85	95	85	75	100	89	80	89	80	70
35	19	1.51	11.8	180	170	168	159	140	122	110	125	110	98	131	114	103	117	103	92	133	115	105	120	105	93	124	108	98	112	98	87
50	19	1.81	13.8	230	215	215	201	175	154	137	160	140	123	164	144	128	150	131	115	165	146	130	150	132	117	154	137	122	140	123	109
70	49	1.33	17.3	285	265	267	248	215	193	173	195	175	155	201	181	162	182	164	145	205	183	165	185	167	148	194	171	154	173	156	138
95	84	1.20	20.8	345	325	323	304	260	235	210	240	215	195	243	220	197	224	201	182	250	225	200	230	205	185	234	210	187	215	192	173
120	133	1.08	21.7	400	—	374	—	300	270	245	278	250	227	280	252	229	260	234	212	—	—	—	—	—	—	—	—	—	—	—	—
150	37	2.24	22.0	470	—	439	—	340	310	280	320	290	265	318	290	262	299	271	248	—	—	—	—	—	—	—	—	—	—	—	—
185	37	2.49	24.2	540	—	505	—	—	—	—	—	—	—	—	—	—	—	—	—	—	—	—	—	—	—	—	—	—	—	—	—
240	61	2.21	27.2	660	—	617	—	—	—	—	—	—	—	—	—	—	—	—	—	—	—	—	—	—	—	—	—	—	—	—	—

注：导电线芯最高允许工作温度为 +65℃。

表 B-2　500V 铝芯绝缘导线长期连续负荷允许载流量表

导线截面积/mm^2	线芯结构			导线明敷设/A				橡皮绝缘导线多根同穿在一根管内时，允许负荷电流/A												塑料绝缘导线多根同穿在一根管内时，允许负荷电流/A											
	股数	单芯直径/mm	成品外径/mm	25℃		30℃		25℃						30℃						25℃						30℃					
				橡皮	塑料	橡皮	塑料	穿金属管			穿塑料管			穿金属管			穿塑料管			穿金属管			穿塑料管			穿金属管			穿塑料管		
								2 根	3 根	4 根	2 根	3 根	4 根	2 根	3 根	4 根	2 根	3 根	4 根	2 根	3 根	4 根	2 根	3 根	4 根	2 根	3 根	4 根	2 根	3 根	4 根
2.5	1	1.76	5.0	27	25	25	23	21	19	16	19	17	15	20	18	15	18	16	14	20	18	15	18	16	14	19	17	14	17	16	13
4	1	2.24	5.5	35	32	33	30	28	25	23	25	23	20	26	23	22	23	22	19	27	24	22	24	22	19	25	22	21	22	21	20
6	1	2.73	6.2	45	42	42	39	37	34	30	33	29	26	35	32	28	31	27	24	35	32	28	31	27	25	33	30	26	29	28	24
10	7	1.33	7.8	65	59	61	55	52	46	40	44	40	35	49	43	37	41	38	33	49	44	38	42	38	33	46	41	36	39	38	34
16	7	1.68	8.8	85	80	80	75	66	59	52	58	52	46	62	55	49	54	49	43	63	56	50	55	49	44	59	52	47	51	49	44
25	7	2.11	10.6	110	105	103	98	86	76	68	77	68	60	80	71	64	72	64	56	80	70	65	73	65	57	75	65	61	68	61	57
35	7	2.49	11.8	138	130	129	122	106	94	83	95	84	74	99	89	78	89	79	69	100	90	80	90	80	70	94	84	75	84	79	70
50	19	1.81	13.8	175	165	164	154	138	118	105	120	108	95	124	110	98	112	101	89	125	110	100	114	102	90	117	103	94	107	96	88
70	19	2.14	16.0	220	205	206	192	165	150	133	153	135	120	154	140	124	143	126	112	155	143	127	145	130	115	145	134	119	136	125	111
95	19	2.49	18.3	265	250	248	234	200	180	160	184	165	150	187	168	150	172	154	140	190	170	152	175	158	140	178	159	142	164	149	133
120	37	2.01	20.0	310	—	290	—	230	310	190	210	190	170	215	197	178	197	178	159	—	—	—	—	—	—	—	—	—	—	—	—
150	37	2.24	22.0	360	—	337	—	260	240	220	250	227	205	243	224	206	234	212	192	—	—	—	—	—	—	—	—	—	—	—	—

注：导电线芯最高允许工作温度为 +65℃。

附录 C　常用照明电光源技术参数

表 C-1　常用普通照明灯泡的额定值

灯泡型号	电压/V	功率/W	光通量/lm
PZ220—15	220	15	110
PZ220—25		25	220
PZ220—40		40	350
PZ220—60		60	630
PZ220—100		100	1250
PZ220—200		200	2920
PZ220—500		500	8300
PZ220—1000		1000	18600

表 C-2　照明管型卤钨灯的额定值

灯泡型号	额定电压/V	额定功率/W	光通量/lm
LZG220—500	220	500	9750
LZG220—100		1000	21000
LZG220—1500		1500	31500
LZG220—200		2000	42000

表 C-3　荧光灯的型号、参数及尺寸

型号		额定功率/W	工作电压/V	工作电流/mA	启辉电流/mA	额定光通量/lm	平均寿命/h	灯管主要尺寸/mm		
统一型号	工厂型号							直径	总长	管长
YZ_4	—	4	35	110±5	170	70	700	15.5	150±1	134
YZ_6		6	55	135±5	200	150	1000		226±1	210
YZ_8		8	65	145±5	220	250			301±1	285
—	RR—15S	15	58	300	500	665	3000	25	451	436
	RR—30S	30	96	320	560	1700			909	894
YZ15	RR—15	15	50	320	440	580		38	451	436
	RL—15					635				
YZ20	RR—20	20	60	350	500	930			604	589
	RL—20					1000				
YZ30	RR—30	30	81	350	560	1500			909	894
	RL—30					1700				
YZ40	RR—40	40	108	410	650	2400			1215	1200
	RL—40					2640				
YZ100	RR—100	100	87	1500	1800	5000	2000		1215	1200
	RL—100					6100				

（续）

型　号		额定功率 /W	工作电压 /V	工作电流 /mA	启辉电流 /mA	额定光通量/lm	平均寿命 /h	灯管主要尺寸/mm		
统一型号	工厂型号							直　径	总　长	管　长
YH20	CRR20	20	60	350	500	970	2000	32	—	—
YH30	CRR30	30	95	350	560	1550				
YH40	CRR40	40	108	410	650	2200				
YU30	URR30	30	80	350	560	1550		38	417.5	410
YU40	URR40	40	108	410	650	2200			620.5	619

表 C-4　常用高压汞灯的技术参数

灯泡型号	光电参数							
	电源电压 /V	灯泡功率 /W	灯泡电压 /V	工作电流 /A	起动时间 /min	再起动时间 /min	配用镇流器阻抗/Ω	寿命 /h
GGY125	220	125	115 ± 15	1.25	4 ~ 8	5 ~ 10	134	2500
GGY250	220	250	130 ± 15	2.15	4 ~ 8	5 ~ 10	70	5000
GGY400	220	400	135 ± 15	3.25	4 ~ 8	5 ~ 10	45	5000
GGY1000	220	1000	145 ± 15	7.5	4 ~ 8	5 ~ 10	18.5	5000

表 C-5　自镇流高压汞灯的技术参数

灯泡型号	电源电压/V	灯泡功率/W	工作电流/A	起动电压/V	再起动时间/min	寿命/h
GLY—250	220	250	1.2	180	3 ~ 6	2500
GLY—450	220	450	2.25	180	3 ~ 6	3000
GLY—750	220	750	3.56	180	3 ~ 6	3000

表 C-6　内触发高压钠灯光电参数

型　号	光电参数						
	额定电压/V	额定功率/W	起动电压/V	灯电压/V	起动电流/A	灯工作电流/A	额定光通量/lm
NG—250	220	250	187	100 ± 20	4.5	3.0	23750
NG—400		400			6.2	4.6	42000

表 C-7　外触发高压钠灯光电参数

型　号	光电参数						
	额定电压/V	额定功率/W	起动电压/V	灯电压/V	起动电流/A	灯工作电流/A	额定光通量/lm
NG—250	220	250	87	100 ± 20	3.8	3.0	23750
NG—400		400			5.7	4.6	42000

参 考 文 献

[1] 芮静康. 智能建筑电工电路技术 [M]. 北京：中国计划出版社，2001.
[2] 唐海. 建筑电气设计与施工 [M]. 北京：中国建筑工业出版社，2000.
[3] 薛颂石. 智能建筑与综合布线系统 [M]. 北京：人民邮电出版社，2002.
[4] 鲁士文. 计算机网络协议和实现技术 [M]. 北京：清华大学出版社，2000.
[5] 陈锡生. ATM 交换技术 [M]. 北京：人民邮电出版社，2000.
[6] 李 勇. 广播电视传输网络工程设计与维护 [M]. 北京：电子工业出版社，2001.
[7] 龚智星. 现代有线电视宽带网络设计施工、调测与维修 [M]. 北京：中国广播电视出版社，2001.
[8] 刘立柱. 数字传真通信 [M]. 成都：电子科技大学出版社，2000.
[9] 薛殿华. 空气调节 [M]. 北京：清华大学出版社，2000.
[10] 潘云钢. 高层民用建筑空调设计 [M]. 北京：中国建筑工业出版社，1999.
[11] 李峥嵘，等. 空调通风工程识图与施工 [M]. 合肥：安徽科学技术出版社，2000.
[12] 李宏毅. 建筑电气设计及应用 [M]. 北京：科学出版社，2001.
[13] 李海黎，文安，等. 实用建筑电气技术 [M]. 北京：中国水利水电出版社，2001.
[14] 建筑给排水工程设计实例编委会. 建筑给排水工程设计实例 [M]. 北京：中国建筑工业出版社，2001.
[15] 王子午，陈昌. 10kV 及以下供配电设计与安装图集 [M]. 北京：煤炭工业出版社，2000.
[16] 戴瑜兴. 民用建筑电气手册 [M]. 北京：中国建筑工业出版社，2001.
[17] 朱银根. 21 世纪建筑电气设计手册 [M]. 北京：中国建筑工业出版社，2001.
[18] 中国电力出版社. 电力建设施工、验收及质量验评标准汇编 [M]. 北京：中国电力出版社，2002.
[19] 王晋生. 10kV 及以下配电装置工程图集 [M]. 北京：中国电力出版社，2000.
[20] 刘国林. 建筑物自动化系统 [M]. 北京：机械工业出版社，2002.
[21] 陈龙. 智能建筑安全防范及保障系统 [M]. 北京：中国建筑工业出版社，2003.
[22] 马鸿雁，李惠昇. 智能住宅小区 [M]. 北京：机械工业出版社，2003.
[23] 郑健超. 中国电力百科全书 [M]. 2 版. 北京：中国电力出版社，2001.
[24] 刘国林. 综合布线 [M]. 上海：同济大学出版社，1999.
[25] 宋建锋. 综合布线工程实用设计施工手册 [M]. 北京：中国建筑工业出版社，2000.
[26] 陈一才. 智能建筑电气设计手册 [M]. 北京：中国建筑工业出版社，1999.
[27] 郑强. 智能建筑设计与施工系列图集 [M]. 北京：中国建筑工业出版社，2002.
[28] 胡国文，胡乃定，等. 民用建筑电气技术与设计 [M]. 2 版. 北京：清华大学出版社，2001.
[29] 胡国文，蔡桂龙，胡乃定. 现代民用建筑电气工程设计与施工 [M]. 北京：中国电力出版社，2005.
[30] 马誌溪. 建筑电气工程基础设计实施实践 [M]. 北京：化学工业出版社，2006.
[31] 陈虹. 楼宇自动化技术与应用 [M]. 北京：机械工业出版社，2005.
[32] 李英姿. 建筑智能化施工技术 [M]. 北京：机械工业出版社，2004.
[33] 鞠平. 电力工程 [M]. 北京：机械工业出版社，2009.
[34] 刘昌明，卫正秀. 两种电气安全保护方式的分析 [J]. 智能建筑电气技术双月刊，2011 (3).
[35] 李柄华. 浅谈建筑电气新技术的应用 [J]. 智能建筑电气技术双月刊，2011 (6).
[36] 郑美英. 智能应急照明系统在数据中心工程中的应用 [J]. 智能建筑电气技术双月刊，2011 (5).